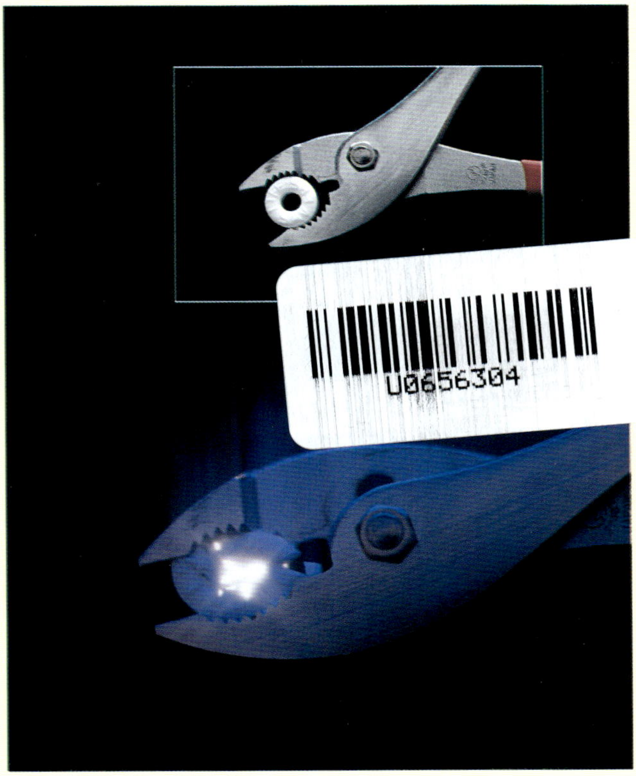

第12章 电荷与电场

如果你使自己的眼睛在黑暗中适应15min，然后碰到一位朋友在嚼冬青味的救生圈糖，你将看到，你朋友每嚼一下，都会从他口中发出微弱的蓝色闪光（为了避免损耗牙齿，可以像照片中那样，用钳子把这种糖块弄碎）.

那么，这种通常叫做“火花”的光是什么引起的呢？

第13章 高斯定理

壮观的闪电轰击着图森市①，每次轰击约传送10^{26}个电子从云底到地面.

一次闪电有多宽？由于轰击能从几千米远处看到，它是否像，比方说，汽车一样宽？

①美国亚利桑那州南部的城市——译者

第14章 电势

当从观景台欣赏赤杉国家公园时，这位女士发觉她的头发从头上竖了起来.她的兄弟觉得有趣就拍下了她的照片.在他们离去后5min，雷电轰击了观景台，造成一死七伤.

那么，是什么引起了该女士的头发竖起？

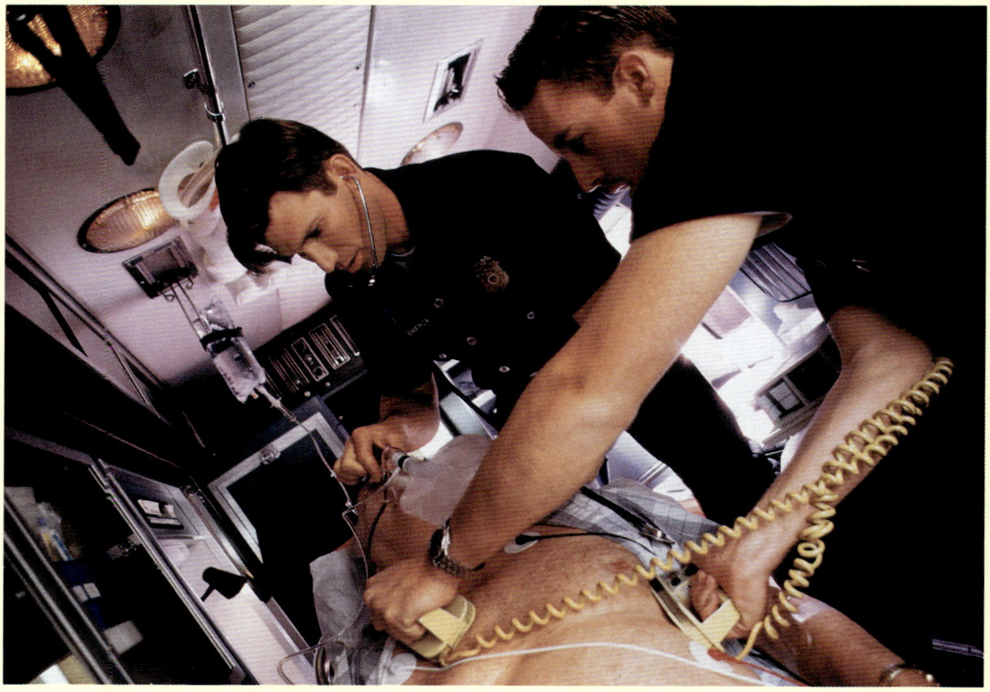

第15章 静电场中的导体和电介质 电容和电容器

心室纤维性颤动是一种常见类型的心脏病发作.在这期间，由于心脏腔体的肌肉纤维不规则地收缩和张弛，它们不能再抽运血液.要营救心室纤维性颤动患者，必须电击心肌以使其恢复正常节奏.为此，就必须使20A的电流通过胸腔，在约2ms内传输200J的电能，这要求约100kW的电功率.这样的要求在医院里可能很容易满足，但却不可能由，比方说，来营救患者的救护车的电力系统来满足.

那么，什么能在偏僻地区提供用于消除心室纤维性颤动所需的能量呢？

● 第16章 电流 电阻 电动势

兴登堡 (Hindenburg)号齐柏林飞艇是德国的骄傲和它那个时代的奇迹，它几乎有三个足球场长，是迄今被制造过的、最大的飞行器.虽然它借助16个高度易燃的氢气囊被保持在高空，但却完成多次跨越大西洋的飞行而无事故.事实上，完全依赖于氢气的齐柏林飞艇却从未遭遇到因氢气引起的事故.然而，1937年5月6日下午7时21分后不久，当兴登堡号准备好在新泽西州莱克赫斯特美国空军航站着陆时，飞艇突然起火，操作人员则在等待着一场暴雨来减小火势，并且控制缆绳刚好已下放给海军地勤人员.这时就看到从尾部向前约1/3距离处飞艇的蒙皮出现脉动，几秒钟后从该区域喷出火焰，红色的辉光照亮了飞艇的内部.在32s内，燃烧的飞艇落到了地面.

因氢气浮起的齐柏林飞艇在这么多次的成功飞行之后，为什么会突然起火?

第17章 磁场

如果你是在中纬度到高纬度地区室外的黑夜里，你就可能会看到极光——从天空下垂的、变幻的光“幕”. 这幅幕不只是局部的，它可能几百千米高并且几千千米长，环绕地球伸展成弧，然而，它却不到一千米厚.

那么，这种壮观的美景是怎样产生的呢？并且什么使它这样薄？

第18章 电流的磁场 磁介质

这是我们目前向空间发送物资的方式，然而，当我们开始开发月球和小行星时，因为在那里我们不具有用于这种常规火箭的燃料源，所以需要更有效的方式，电磁发射装置可能是个解决方案，它是一种小型样机——电磁轨道炮，目前，它能使射弹在1ms内由静止加速到10km/s（36000km/h）的速率.

那么，如此急剧的加速过程是怎样实现的呢？

● 第19章 电磁感应

20世纪50年代中期，摇滚乐问世之后不久，吉他手们就从弹奏原声吉他转向电吉他. 但是，最先将电吉他理解为电子乐器的，当推吉米 · 亨德里克斯[1]. 20世纪60年代期间，他在舞台上十分引人注目. 他在各地纵情弹拨，挎着吉他置身于话筒前接受听众的反应，再根据反应构成和弦。他推动了摇滚乐向前发展，使之从巴迪 · 霍利[2]的旋律变为20世纪60年代后期的迷幻摇滚乐，又进而在20世纪70年代变为齐柏林飞艇（Led Zeppelin）乐队早期的重金属摇滚乐及快乐小分队（Joy Division）乐队焕发原始活力的摇滚乐，而且他的观念仍在影响着今天的摇滚乐.

电吉他有什么特点使它区别于原声吉他，并使亨德里克斯得以如此广泛地发挥这种电子乐器的作用？

[1] Jimi Hendrix (1942—1970)，美国人，被誉为摇滚乐史上最伟大的吉他手. 有人甚至形容他"可以用牙齿来弹奏".

[2] Buddy Holly (1936—1959)，查尔斯 · 巴丁 · 霍利的流行名，美国著名摇滚歌手、流行歌曲作者和吉他手.

第20章 电磁场和电磁波

当彗星绕过太阳周围时，它表面的冰蒸发，把里面的尘埃和带电粒子释放出来，带电的“太阳风”把带电粒子推入一条沿径向背离太阳的直“尾巴”中．然而，尘埃不受太阳风的作用，它们似乎应该继续顺着彗星的轨道行进．

为何大量尘埃反而形成了照片中看到的下面那只弯曲的尾巴？

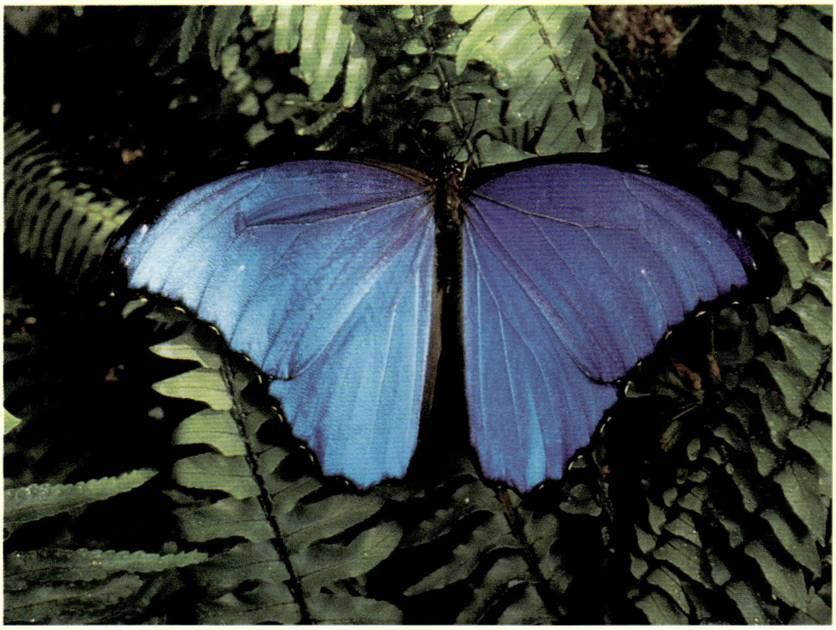

第21章 光的干涉

乍看起来，Morpho蝴蝶的翅膀上表面是单纯的蓝绿色．然而，这种颜色有点怪，因为不像大多数其他物体的颜色，它几乎只是闪现微光，如果改变观察的方向，或者蝴蝶扇动它的翅膀，这种颜色的色彩还会发生改变．它的翅膀的颜色被说成是彩虹色的，人们看到的蓝绿色掩盖了在翅膀底面出现的“真正的”暗棕色．

那么，显示如此令人炫目的色彩的翅膀上表面有什么不同呢？

第22章 光的衍射 光的偏振

Georges Seurat画过一幅《大亚特岛上的星期天中午》，他运用的不是通常意义上的许多笔画，而是无数的彩色小点.这种画法现在称为点画法.当你离画足够近时，可以看到这些点，但当你从它移向远处时，这些彩色小点最后会混合起来而不能分辨.还有，当远离时，看到的画面上任何给定位置的颜色都会改变——这就是为什么Seurat用点来作画的原因.

那么，什么使颜色发生了这种变化？

第23章 狭义相对论

阿尔伯特·爱因斯坦(1879—1955)，1905年在瑞士伯尔尼专利局任职时，发表了他的狭义相对论.狭义相对论被誉为新时空观理论，爱因斯坦因此被人们称为现代时空观的创始人.

那么，狭义相对论究竟是如何改变人们对时空的认识的？

第24章 光子和物质波

这是一幅气泡室的照片，其中微小的气泡显示电子和正电子运动经过的路径. 一束γ射线（它从顶部进入而没有留下径迹）从充满气泡室的液态氢的一个氢原子中打出一个电子(e_0^-)而自身转变为一个电子-正电子对(e_1^--e_1^+)，在图更下方的另一束γ射线也经历了电子对产生的过程(e_2^--e_2^+). 图中径迹（由于磁场而变成曲线）清楚地显示出电子和正电子都是沿着细窄路线运动的粒子. 尽管如此，这些粒子也可以用波来说明.

那么，一个粒子能是一列波吗？

第25章 原子统论

20世纪60年代，激光器刚一发明，就成了研究型实验室中新奇的光源. 今天，激光器已无处不在，在诸如声音和数据的传送、测量，焊接，百货店商品价格的扫描等各方面都应用着它. 图中显示的是正在使用由光导纤维传导的激光进行的外科手术. 激光器发出的激光和任何其他光源发出的光都来自原子的发射.

那么，从激光器发出的光在哪些方面有如比的不同？

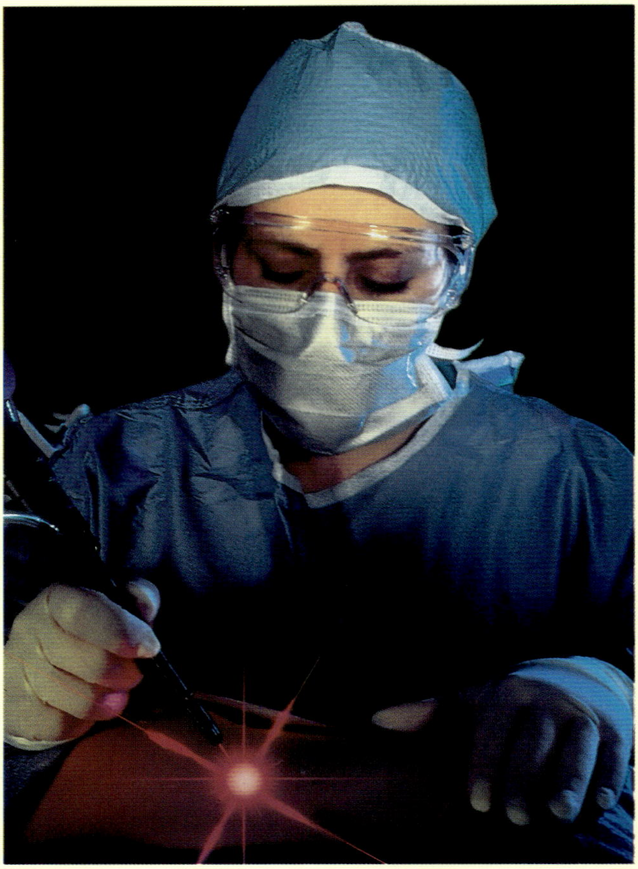

21世纪普通高等教育基础课规划教材

国外优秀教材精选改编

哈里德大学物理学

下 册

（源自美国的《Fundamentals of Physics》（6th Edition）的翻译版《物理学基础》）

（美）哈里德（Halliday）瑞斯尼克（Resnick）沃　克（Walker）著

张三慧　李　椿　滕小瑛　等译

滕小瑛　马廷钧　李　椿　改编

机 械 工 业 出 版 社

David Halliday, Robert Resnick, Jearl Walker
Fundamentals of Physics, 6th edition
Original ISBN 0-471-33236-4
Copyright © 2008 by John Wiley & Sons Inc.
AUTHORIZED TRANSLATION OF THE EDITION PUBLISHED BY JOHN WILEY & SONS, New York, Chichester, Brisbane, Singapore AND Toronto. No part of this book may be reproduced in any form without the written permission of John Wiley & Sons Inc. All Rights Reserved. This translation Published Under License.

本书中文简体翻译版由机械工业出版社和 John Wiley & Sons Inc. 合作出版。未经出版者预先书面许可，不得以任何方式复制或抄袭本书的任何部分。

本书封底贴有 John Wiley & Sons Inc. 的防伪标签，无标签者不得销售。

Copies of this book sold without a Wiley sticker on the cover are unauthorized and illegal.

声明：本书封面照片经英国 Science Photo Library 授权使用。

北京市版权局著作权登记号　图字：01-2008-2683 号

图书在版编目（CIP）数据

哈里德大学物理学．下册/（美）哈里德，瑞斯尼克，沃克著；张三慧等译；滕小瑛等改编．—北京：机械工业出版社，2009.2（2025.7 重印）
21 世纪普通高等教育基础课规划教材
ISBN 978-7-111-25965-7

Ⅰ．哈…　Ⅱ．①哈…②瑞…③沃…④张…　Ⅲ．物理学-高等学校-教材
Ⅳ．04

中国版本图书馆 CIP 数据核字（2008）第 211001 号

机械工业出版社（北京市百万庄大街 22 号　邮政编码 100037）
策划编辑：李永联　责任编辑：李永联　张金奎
责任校对：李秋荣　封面设计：张　静　责任印制：张　博
北京机工印刷厂有限公司印刷
2025 年 7 月第 1 版第 9 次印刷
184mm×260mm · 21.5 印张 · 4 插页 · 555 千字
标准书号：ISBN 978-7-111-25965-7
定价：59.00 元

电话服务	网络服务
客服电话：010-88361066	机　工　官　网：www.cmpbook.com
010-88379833	机　工　官　博：weibo.com/cmp1952
010-68326294	金　　书　　网：www.golden-book.com
封底无防伪标均为盗版	机工教育服务网：www.cmpedu.com

改编说明

哈里德的《物理学基础》是一部在内容选择上与我国物理教学体系较为接近，在知识、能力、素质综合培养方面结合十分独到，而内容又令人耳目一新的物理学教材。书中处处注重激发学生学习、思考的自主能动性，培养他们的学习兴趣，体现出国外教学注重物理与实际生活和科技进步紧密联系的独特理念。该书在2005年8月由机械工业出版社邀请著名物理教育家张三慧先生、李椿先生等，将其翻译成中文后正式出版，在我国大学物理教学领域受到了广大教师和相关技术人员的普遍好评，为将国外新的教学理念引入我国起到了积极的作用。与此同时，许多物理教师纷纷提出请求，希望将此书改编成适合我国大学生学习使用的大学物理教材。

然而我们发现，尽管该书的特色非常鲜明，值得借鉴之处颇多，但在内容上还是与我国教育部最新颁布的《大学物理基础课程教学基本要求》(2008年正式颁布，以下简称“基本要求”）相差较大，有些内容偏浅。另外，由于原书表述过于口语化，在叙述方式上，尤其是译为中文后显得繁琐、冗长，且原书的内容体系偏于松散，内容容量和习题量均较我国课程学时数要求的偏多，以致无谓的篇幅增大使其成本费用偏高，不利于推广。为此，我们应机械工业出版社之邀，本着充分吸收、融会国内外教学理念和方式之精华，以“基本要求”为指导的主导思想，通过采取缩并、删除、重写、增补等方式对其翻译版进行改编，从而为广大师生提供以国外优秀教材精华为主体，兼顾我国课程体系和教学基本要求，且价格适中的改编版教材，以满足广大师生对国外优秀教材的强烈需求。

改编原则和内容主要体现在以下几个方面：

1. 最大限度地保留原书在内容上的特色——大量鲜活的有关物理与实际生活紧密联系的实例和丰富的物理人文知识，不但有利于开阔学生眼界，拓展和深化学生思维，更利于激发学生的学习兴趣，增强学生学习、思考的自主能动性，引领学生自然、顺畅地掌握物理知识，从而提高学生应用物理知识的能力。同时将这些内容规并在“基本要求”的范围之内。

2. 保持原书在编排上的特色——每章开头设立一个“开章疑问”，提出一个有趣的疑难问题，同时配以精彩的插图，并在该章适当处给予解答，以激发学生的学习兴趣；在涉及重要概念的相应位置设置“检查点”，用以有效检查学生对刚学过的重要内容的理解程度，使其真正掌握物理学的知识和原理；每道例题均由解题的一个或几个“关键点”及相应的详细步骤构成，以帮助学生理解、掌握所学概念，活化知识，培养学生的解题技巧；在学习重要规律后给出“解题线索”，指导性强，易于学生掌握解题方法和技巧，避免常犯错误；最后还在每章结尾给出“复习和小结”等。我们认为，这种通过设问、叙述、建立概念、检查、指导、解答的循环讲述方式，不仅可使学生在生动有趣的环境中知道学习了什么，而且还通过这种方式教会学生怎样学习，从而使其掌握科学的学习方法，有益于广大学生活化深奥的物理知识，提高技能。因此，本书的改编充分尊重了原书作者的这种独特的结构创意，并尽可能延续这种编排风格。

3. 删除原书中不包含在我国传统教材内的部分内容，如静力学、声学、直流和交流电路、几何光学等。

4. 鉴于教材篇幅和实际教学学时数方面的原因，原书最后4章的内容，即固体的导电，核物理，核能以及夸克、轻子和大爆炸等未能编入。这4章主要阐述了固体的能带理论及其在半导体晶体管、发光二极管等方面的应用，原子核物理基础知识及其在放射性鉴年法、核反应堆、受控热核聚变等方面的应用以及基本粒子和宇宙大爆炸学说等，内容新鲜、精彩，十分有助于开阔学生的视野，感兴趣的学生可以参看原书《物理学基础》（原书第6版，翻译版，机械工业出版社出版）。

5. 添加原书未能覆盖而在基本要求中列为A类的知识点以及与此相匹配的例题和习题，如：变速圆周运动，振动、波动的叠加，波的干涉，电、磁介质，等倾干涉，黑体辐射等。将原书中与国内传统教材讲法不一致的内容加以修改，如原书中用正弦函数表示波函数现改为用余弦函数表示。

6. 在改编中，从原书中精心选出了与实际联系密切、难易程度不同的大量习题，以兼顾不同学时教学的需要。与此同时，适当添补了国内主流教材普遍采用的一些需用矢量代数及微积分运算的具有典型意义的例题及习题，对原书给出的大量例题、思考题、习题等进行了精选，以达到与学时相适应，并与我国国情相符。

7. 在贯彻以上原则的基础上，改编力求内容精简，改编后的《哈里德大学物理学》在篇幅上减少约50%。

本书改编分工如下：滕小瑛负责第1~5、21~23章；马廷钧负责第6~11章；李椿负责第12~20、24、25章。滕小瑛为主编，对全书进行了统稿及校核。

本书为理工科非物理类专业大学物理课程的教材，适用学时数为90~130学时。

由于学识所限，这本改编教材可能仍存在不少缺点和错误，敬请广大读者批评指正。

改编者

原书《物理学基础》译者的话

翻译书籍一向是国际文化交流的重要手段之一。就大学物理教材来说，在20世纪40年代，我国就有《达夫物理学》、《席尔斯物理学》中译本出版，70年代有哈里德、瑞斯尼克的《物理学》、《伯克利物理教程》全套和费因曼《物理学讲义》等中译本出版，这些中译本在当时都曾对我国物理教学的改进起到过良好的促进作用。

改革开放二十余年来，物理教学的国际交流日趋频繁，介绍外国教材的文章在相应期刊上也不断出现。近年来，各大专院校大力提倡双语教学，对外文教材的需求明显增加。机械工业出版社适应这种需求，影印出版了多种国外的优秀教材，已受到广大教师的欢迎。但受外语水平的限制，只是原版教材，还不能普遍地"造福"于广大师生。于是又组织翻译了《物理学基础》这部全球著名的物理学教材，这实在是一种适时的很有意义的"善事"。

D. 哈里德和 R. 瑞斯尼克最早合著的物理教材名为《物理学》（Physics），第 1 版于 1960 年问世（1992 年出版第 4 版），是美国物理教学革新的一项重要成果。其后，由于该书内容偏深，他们于 1974 年又出版了一部《物理学》的"简本"，名为《物理学基础》（Fundamentals of Physics），2001 年已出版其第 6 版，即本书（该书作者加入了 J. 沃克）。这部《物理学基础》内容深浅适当，讲解正确、清楚，例题指导详尽，叙述引人入胜，样图美观切题，全书着力联系实际，特别是注意介绍当代物理学的新进展，确实是一部难得的优秀教材。因此，该书不但在美国甚受欢迎，为很多名校用来作为物理教材，而且在世界范围内也十分畅销。据说，《物理学》和《物理学基础》在全世界销量已超过百万册。这确是教材类书中少有的。

本书是根据《物理学基础》第 6 版译出的，相信它的出版对我国物理教学在内容选择、讲解方法，特别是联系实际和现代化等方面以及物理教学思想上都会产生良好的影响，对双语教学在物理课程中的开展也会起到促进作用。

由于中文和英文水平的限制，本书可能存在不少缺点甚至错误，竭诚欢迎广大读者批评和指正。

译　者

2004 年 11 月于北京

目录

第4篇

第5篇

第 3 篇

第 12 章 电荷与电场

如果你使自己的眼睛在黑暗中适应 **15min**，然后碰到一位朋友在嚼冬青味的救生圈糖[一]，你将看到你朋友每嚼一下都会从他口中发出微弱的蓝色闪光（为了避免损耗牙齿，可以像照片中那样，用钳子把这种糖块弄碎）.

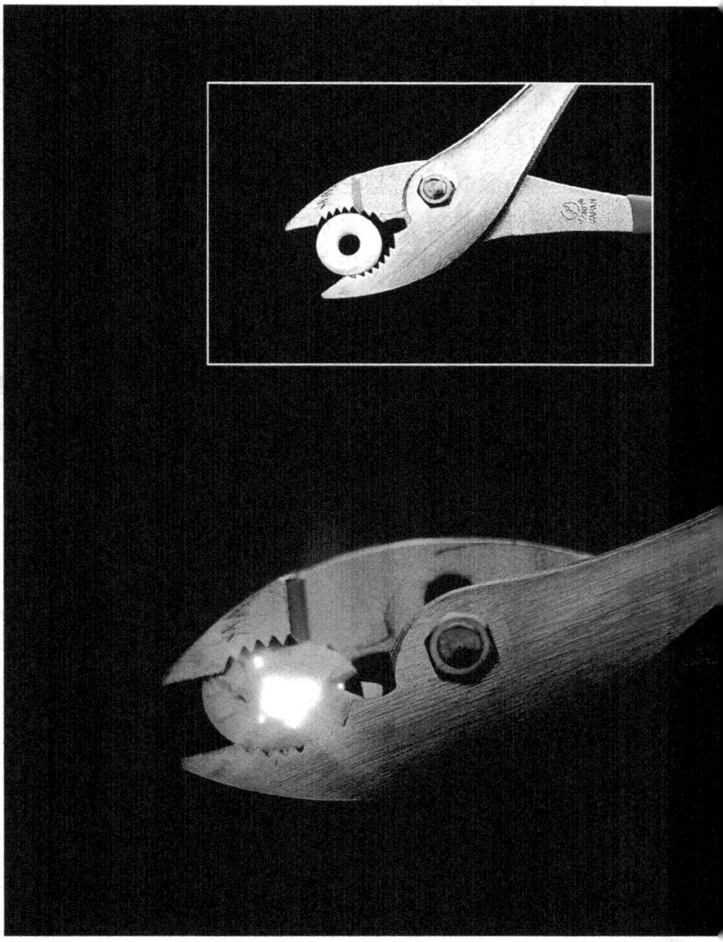

那么，是什么引起了这种通常叫做“火花”的光？

答案就在本章中。

[一] 这是流行于美国的一种硬块口香糖的商标名。其形状像救生圈（见照片），所以又称救生圈糖. 因所添加的食用香精的不同，这种糖有不同的味道。Wintergreen 指天然香料冬青油，可制作食用香精. 含冬青油的救生圈糖为薄荷味. ——编者注

古希腊的哲学家了解到，如果把一块琥珀摩擦过，它就会吸引草屑．这个古老的发现是我们所生活的电子时代的鼻祖（**电子**一词就是由表示琥珀的希腊词语派生出来的）．希腊人还记录过天然出产的"磁石"会吸引铁块，这种磁石现今叫做磁铁矿．

从这些朴素的开端起，电学和磁学独立地发展了好几个世纪，直到1820年为止．这时，丹麦科学家奥斯特（H. C. Oersted）发现了两者之间的联系，即导线中的电流会使磁针偏转．这种电磁间的联系是奥斯特在准备物理讲座的课堂演示时发现的．

电磁学（电现象和磁现象的综合）这一门新学科在许多世纪里被学者们进一步发展．其中最优秀的一位学者是英国科学家法拉第（M. Faraday）．他是一位具有物理直觉和想象才能的、真正的天才实验家．一个事实证明了他的天赋：在他整理的实验室笔记本中连一个方程式也没有．在19世纪中，英国物理学家麦克斯韦（J. C. Maxwell）采用了他自己的一些新概念将法拉第的构想发展成数学形式，从而使电磁学建立在了坚固的理论基础上．

12－1　电荷

数量巨大的电荷是隐藏在日常物体中的，物体含有等量的两种电荷：**正电荷**和**负电荷**．由于电荷的这种均等或平衡，物体是呈**电中性**的，即它不包含净电荷．如果两种类型的电荷不平衡，则有净电荷，我们就说物体**带电**，以表明其电荷的失衡或有净电荷．失衡时物体中所包含的正电荷及负电荷与总量相比总是很小的．

带电物体通过相互施力而发生相互作用．为了演示这一点，我们首先通过用丝绸摩擦玻璃棒的末端使玻璃棒带电．在棒与丝绸之间的接触点，极少量的电荷从一个物体转移到另一个物体，轻微地破坏了每个物体的电中性（我们在棒上**摩擦**丝绸以增加接触点的数目并因而增加所转移电荷的数量，但这个数量仍很小）．

假设我们把带电棒悬挂在细线上使它与四周**电绝缘**，以使它的电荷不能改变．如果再把第二根同样带电的玻璃棒拿到第一根玻璃棒的附近（见图12－1a），两根棒就互相**排斥**；即每根棒受到指向背离另一根棒的力．然而，如果用毛皮摩擦塑料棒，并且把它拿近悬挂着的玻璃棒（见图12－1b），则这两根棒互相**吸引**．

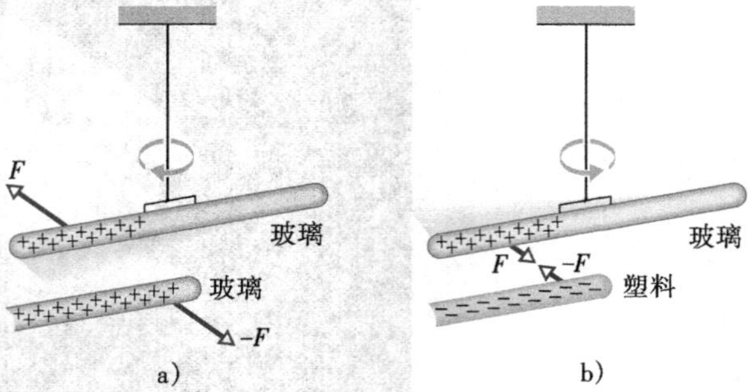

图12－1　a）两根带同号电荷的棒相互排斥．b）两根带异号电荷的棒相互吸引．正号表示正净电荷，负号表示负净电荷．

从正电荷及负电荷的观点来看，我们能理解这两个演示，当玻璃棒用丝绸摩擦时，玻璃棒失去一些负电荷然后具有少量失衡的正电荷（在图12－1a中用正号表示）．当塑料棒用毛皮摩擦时，塑料棒得到少量失衡的负电荷（在图 12-1b 中用负号表示），两个演示揭示出下述法则：

具有相同电符号的电荷互相排斥，而具有相反电符号的电荷互相吸引.

在 12-2 节中，我们将使这个法则成为定量的形式，即作为电荷之间**静电力**（或**电力**）的库仑定律. 术语**静电**被用来强调：电荷是彼此相对静止的，或是相对非常缓慢地运动的.

对电荷的“正”和“负”的名称及符号是由美国科学家富兰克林（B. Franklin）任意选定的. 他也能轻易地互换称号或使用某些其他一对对立物去区别这两种电荷（富兰克林是有国际声望的科学家，甚至传说，由于他是被高度评价的科学家，以致他的声誉使得美国独立战争期间他在法国的外交活动得以顺利开展，而且多半取得成功）.

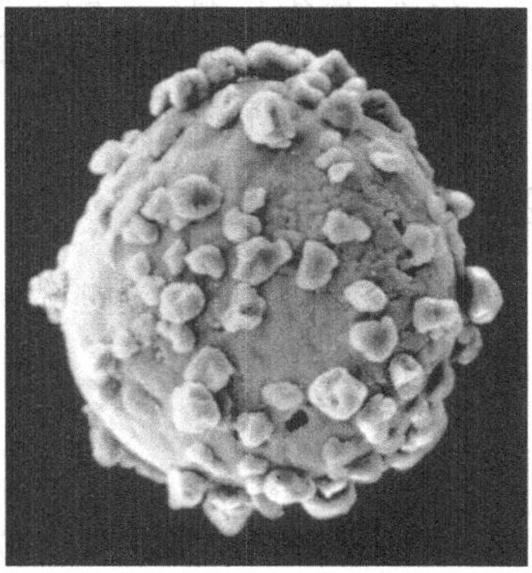

图 12-2 墨粉借助静电吸引粘着在静电复印机的小载体珠上. 珠的直径约 0.3mm.

带电物体之间的吸引和排斥有许多工业上的应用，包括静电喷漆和粉末敷层、烟筒中烟灰的捕集、非点击式喷墨印刷及照相复制等. 图 12-2 展示了静电复印机中微小的载体珠，它被称为**墨粉**的黑色粉末覆盖，粉末借助静电力附着在珠上. 带负电的墨粉粒子最后从载体珠被吸引到转鼓上，在那里形成被复制文件的带正电的图像. 带电的纸然后把墨粉粒子从转鼓吸引到它本身上，在这以后它们被热融在应有的位置以生成复制品.

电荷的一个特征是，它和能量、线动量及角动量一样，是遵守守恒定律的. 实验证明：当一种电荷出现时，必然有等量的异号电荷出现；当一种电荷消失时，必然有等量的异号电荷同时消失. 用丝绸摩擦玻璃棒时，正电荷出现在棒上，而测量表明，等量的负电荷必然出现在丝绸上. 这就说明，在这个过程中摩擦并不产生电荷，而只是使电荷从一个物体转移到了另一个物体. 这也可说成是，**在一个与外界没有电荷交换的系统内，不论发生什么样的过程，系统内一切正、负电荷的总和是保持不变的**，这就是电荷守恒定律.

在富兰克林时代，电荷被想象成是连续的流体，这对许多应用目的来说是一个有用的想法. 然而，我们现在了解到，流体本身如空气和水并不是连续的，而是由原子及分子组成的；物质是离散的. 实验证明“电流体”也是不连续的，是由某一元电荷的倍数所组成. 任何能被探测到的正的或负的电荷 q 都可以被写作：

$$q = ne \quad n = \pm 1, \pm 2, \pm 3, \cdots \qquad (12-1)$$

其中，e **为元电荷**，具有值

$$e = 1.60 \times 10^{-19}\mathrm{C} \qquad (12-2)$$

元电荷 e 是自然界的重要常量之一. 电子和质子具有大小为 e 的电荷（见表 12-1）（夸克，质子和中子的成分粒子，具有 $\pm e/3$ 或 $\pm 2e/3$ 的电荷，但很明显它们不能被单独探测到. 由于这个以及历史的原因，我们不把它们的电荷取为元电荷）.

表 12-1 三种粒子的电荷

粒子	代号	电荷
电子	e 或 e^-	$-e$
质子	p	$+e$
中子	n	0

现在我们回到本章首页中提到的问题. 当冬青救生圈糖用牙齿或钳子弄碎时，会发出微弱的蓝色闪光，电的颗粒性就是造成所发射蓝光的原因. 当糖块中糖（蔗糖）的晶体断裂时，断裂晶体的一部分具有过量的电子而另一部分具有过量的正离子. 几乎紧接着，电子和正离子跳过断裂的间隙使两边中和. 在跳跃期间，电子和正离子与当时流入间隙的空气中的氮分子碰撞.

这种碰撞导致发射你看不见的紫外光以及蓝光（来自光谱的可见区），然而这种蓝光太暗并不可见. 但是，晶体中的冬青油吸收紫外光并且立即发射足够强的蓝光以照亮嘴或钳子. 然而，如果糖块由于唾液变湿，则这个演示就将失灵，因为导电的唾液在火花能出现前就使断裂的晶体的两部分中和了.

12－2 库仑定律

设两个带电粒子（也叫做**点电荷**）具有电荷量 q_1 和 q_2，并被隔开距离 r，则它们之间吸引或排斥的**静电力**大小为

$$F = k\frac{|q_1||q_2|}{r^2} \quad （库仑定律） \tag{12-3}$$

式中，k 叫做静电常量. 每个粒子施加这样大小的力在另一个粒子上；这两个力形成牛顿第三定律的力对. 如果粒子互相**排斥**，则作用在每个粒子上的力指向**背离**另一个粒子的方向（如图 12－3a 和 b 所示）. 如果电荷互相**吸引**，则作用在每个粒子上的力指向**朝着**另一个粒子的方向（如图 12－3c 所示）.

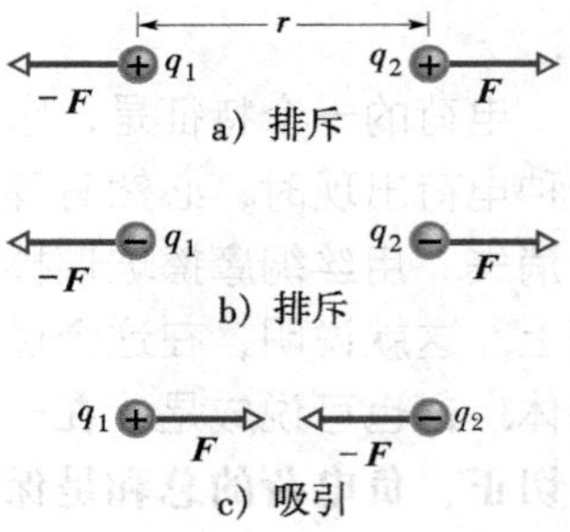

图 12－3 被隔开距离 r 的、两个带电粒子，如果它们的电荷 a）都为正及 b）都为负，则相互排斥. c）如果它们的电荷是异号的，则相互吸引. 在每种情况下作用在一个粒子上的力和作用在另一个粒子上的力都是大小相等而方向相反的.

式（12－3）以法国物理学家库仑（C. A. Coulomb）名字命名，叫做**库仑定律**. 库仑在 1785 年的实验中得到了这个定律的结果.

库仑定律已经经受了所有的实验检验，至今还没有发现对它有什么例外. 它甚至适用于原子的内部，并能描述带正电的原子核与各个带负电的电子之间的力，尽管在那个领域经典牛顿力学已经失效并被量子物理学所取代. 这个简明的定律还能正确地说明使原子结合在一起形成分子的力，以及使原子和分子结合在一起形成固体和液体的力.

由于与测量精度有关等实际原因，电荷的 SI 单位是由电流的 SI 单位安［培］（A）导出的. 电荷的 SI 单位是**库［仑］**（C）：**当导线中有 1A 电流时，在 1s 内传过此导线横截面的电荷量就是 1C.** 在 18－2 节中，我们将描述怎样用实验方法定义电流的单位安培. 一般说来，能写出

$$dq = i dt \tag{12-4}$$

式中，dq（按库计）是在时间间隔 dt（按秒计）内由电流 i（按安计）传输的电荷.

由于历史原因（并且因为这样做简化了许多其他公式），式（12－3）的静电常量 k 通常被写为 $1/4\pi\varepsilon$. 于是库仑定律变成

$$F = \frac{1}{4\pi\varepsilon_0}\frac{|q_1||q_2|}{r^2} \quad （库仑定律） \tag{12-5}$$

式（12-3）和式（12-5）中的常量具有数值

$$k = \frac{1}{4\pi\varepsilon_0} = 8.99 \times 10^9 \mathrm{N \cdot m^2/C^2} \tag{12-6}$$

量 ε_0 叫做**真空电容率**，有时单独出现在方程式中，为

$$\varepsilon_0 = 8.85 \times 10^{-12} \mathrm{C^2/N \cdot m^2} \tag{12-7}$$

静电力与引力之间的一个相似之处是，它也遵守叠加原理. 如果有 n 个带电粒子，它们独立地成对相互作用，于是作用在其中任意一个粒子（假定为粒子 1）上的力，由矢量和给定：

$$\boldsymbol{F}_{1,\mathrm{net}} = \boldsymbol{F}_{12} + \boldsymbol{F}_{13} + \boldsymbol{F}_{14} + \cdots + \boldsymbol{F}_{1n} \tag{12-8}$$

其中，例如，$\boldsymbol{F}_{14}$是由于粒子 4 的存在而作用在粒子 1 上的力，同样的公式适用于引力.

最后，我们在研究引力中发现的有用的两条球壳定理在静电学中也有类似的规律：

电荷均匀分布的球壳吸引或排斥球壳外的带电粒子时，就好像全部球壳的电荷都被集中在其中心一样.

如果带电粒子被设置在均匀带电球壳的内部，则没有来自球壳的合静电力作用在粒子上.

（在第一条定理中，我们假定球壳上的电荷量比粒子上的电荷量大很多. 因此，由于粒子上电荷的存在所引起的球壳上电荷的重新分布可被忽略.）

如果额外的电荷被放置在由导体材料制成的球壳上，则额外的电荷就均匀分布在它的（外）表面上. 例如，倘若我们把额外的电子放置在金属球壳上，那些电子相互排斥而趋于移开，散布在可利用的表面上直到它们被均匀地分布. 这种配置使所有额外的电子对之间的距离达到最大. 根据第一条球壳定理，这个球壳然后将吸引或排斥外部的电荷就好像球壳上的全部额外电荷都被集中在其中心一样.

如果我们从金属球壳移去一些负电荷，则由此在球壳上引起的正电荷也将均匀地分布在球壳的表面上. 例如，如果我们移去 n 个电子，则有 n 个正电荷的位置（失去一个电子的位置），这些位置均匀分布在球壳上. 根据第一条球壳定理，这个球壳将重新吸引或排斥外部电荷，好像球壳的全部额外电荷都被集中在其中心一样.

例题 12-1

（a）图 12-4a 示出两个被固定在 x 轴上的带电粒子. 电荷 $q_1 = 1.60 \times 10^{-19}\mathrm{C}$，$q_2 = 3.20 \times 10^{-19}\mathrm{C}$，且粒子的间距 $R = 0.0200\mathrm{m}$. 粒子 2 作用在粒子 1 上静电力的大小及方向如何？

【解】 这里**关键点**是，由于两个粒子都带正电荷，粒子 1 被粒子 2 排斥，具有由式（12-3）给出的力的大小. 因而，对粒子 1 的力 $\boldsymbol{F}_{12}$的方向是背离粒子 2 的，沿 x 轴的负方向，如图 12-4b 的示力图所示. 以间距 R 代替 r，用式（12-5），可写出这个力的大小 F_{12} 为

$$F_{12} = \frac{1}{4\pi\varepsilon_0}\frac{|q_1||q_2|}{R^2}$$

$$= (8.99 \times 10^9 \mathrm{N \cdot m^2/C^2}) \times \frac{(1.60 \times 10^{-19}\mathrm{C})(3.20 \times 10^{-19}\mathrm{C})}{(0.0200\mathrm{m})^2}$$

$$= 1.15 \times 10^{-24}\mathrm{N}$$

因而，力 $\boldsymbol{F}_{12}$具有下列大小及方向（相对于 x 轴的正方向）：

$$1.15 \times 10^{-24}\mathrm{N} \text{ 和 } 180°. \quad \text{（答案）}$$

我们还能按单位矢量标志法把 $\boldsymbol{F}_{12}$写作

$$\boldsymbol{F}_{12} = -(1.15 \times 10^{-24}\mathrm{N})\boldsymbol{i} \quad \text{（答案）}$$

（b）图 12-4c 等同于图 12-4a，不同的是粒子 3 现在位于 x 轴上粒子 1 与 2 之间. 粒子 3 具有电荷 $q_3 = -3.20 \times 10^{-19}\mathrm{C}$，并且在距离粒子 1 为 $\frac{3}{4}R$ 处.

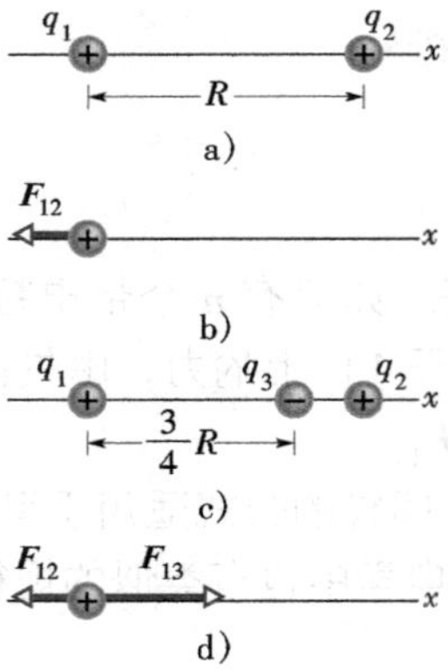

图12-4 例题12-1图 a) 带电粒子1和2被放置在x轴上，相距R. b) 对粒子1的示力图，表明粒子2对它的静电力. c) 粒子3同时被放置在x轴上. d) 对粒子1的示力图.

试求粒子2和3对粒子1的合静电力的大小及方向.

【解】 这里的第一个**关键点**是，粒子3的存在并不改变粒子2对粒子1的静电力，因而，力$\boldsymbol{F}_{12}$仍作用在粒子1上. 同样，粒子3对粒子1的力$\boldsymbol{F}_{13}$也不受粒子2存在的影响，因为粒子1和3具有相反符号的电荷，粒子1受粒子3吸引，因而，力$\boldsymbol{F}_{13}$指向粒子3，如图12-4d的示力图所示.

为了求出$\boldsymbol{F}_{13}$的大小，我们可把式（12-5）改写为

$$F_{13}=\frac{1}{4\pi\varepsilon_0}\frac{|q_1||q_4|}{\left(\frac{3}{4}R\right)^2}$$

$$=(8.99\times10^9\mathrm{N\cdot m^2/C^2})\times\frac{(1.60\times10^{-19}\mathrm{C})(3.20\times10^{-19})}{\left(\frac{3}{4}\right)^2(0.0200\mathrm{m})^2}$$

$$=2.05\times10^{-24}\mathrm{N}$$

我们还可按单位矢量标志法写出$\boldsymbol{F}_{13}$

$$\boldsymbol{F}_{13}=(2.05\times10^{-24}\mathrm{N})\boldsymbol{i}$$

这里的第二个**关键点**是，对粒子1的合力$\boldsymbol{F}_{1,\mathrm{net}}$是$\boldsymbol{F}_{12}$和$\boldsymbol{F}_{13}$的矢量和；即由式（12-8），我们可按单位矢量标志法把对粒子1的合力写作

$$\boldsymbol{F}_{1,\mathrm{net}}=\boldsymbol{F}_{12}+\boldsymbol{F}_{13}$$

$$=-(1.15\times10^{-24}\mathrm{N})\boldsymbol{i}+(2.05\times10^{-24}\mathrm{N})\boldsymbol{i}$$

$$=(9.00\times10^{-25}\mathrm{N})\boldsymbol{i} \qquad \text{（答案）}$$

因而，$\boldsymbol{F}_{1,\mathrm{net}}$具有下列大小及方向（相对于$x$轴的正方向）：

$$9.00\times10^{-25}\mathrm{N} \quad 和 \quad 0° \qquad \text{（答案）}$$

例题12-2

在图12-5a中，两个相同的绝缘导体球A和B隔开（中心到中心）的距离为a，a比球大. 球A具有正电荷$+Q$，而球B是电中性的. 最初，两球之间没有静电力（假定由于它们的大间距，球上没有感应电荷）.

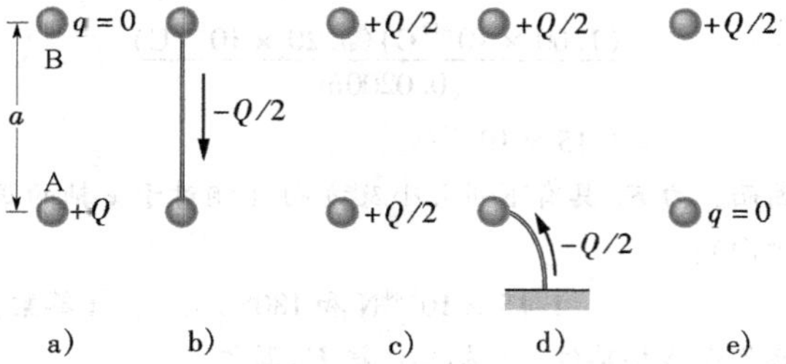

图12-5 例题12-2图

两个小导体球A和B a) 开始时，A带正电；b) 负电荷通过连线在两球间被转移；c) 两球都带正电；d) 负电荷通过接地导线转移到A球；e) 球A为中性的.

（a）假设两球被导线连接片刻. 导线足够细以致在它上面的任何净电荷都可忽略. 试问，在导线被拆除后两球之间的静电力有多大？

【解】 这里的一个**关键点**是，当两个球用导线连在一起时，球B上总是互相排斥的（负的）传导电子就有了彼此移开更远的路径（沿着导线到吸引它们的带正电的球A，见图12-5b）. 当球B失去负电荷，它就成为带正电的，而当球A得到负电荷，它带的正电荷就变少了. 第二个**关键点**是，因为两球完全相同，所以最终必定带有相等的电荷. 因而，当球B上的过量电荷已增加到$+Q/2$，而球A上的过量电荷已减少到$+Q/2$时，电荷的转移就停止了. 这种情况出现在$-Q/2$的电荷已被转移时.

在导线已被拆除后（见图12-5c），我们可以假定在任一球上的电荷并不干扰另一球上电荷分布的均匀性，因为两球相对于它们的间隔都是小的. 因而，我们可对每个球应用第一条球壳定理. 借助式（12-5）用$q_1=q_2=Q/2$且$r=a$，两球之间的静电力具有大小

$$F=\frac{1}{4\pi\varepsilon_0}\frac{(Q/2)(Q/2)}{a^2}=\frac{1}{16\pi\varepsilon_0}\left(\frac{Q}{a}\right)^2$$

（答案）

两个球，现在都带正电，互相排斥.

(b) 其次，假设球 A 被暂时接地，然后断开与地的连接. 两球之间现在的静电力有多大？

【解】 这里**关键点**是，接地使总电荷为 $-Q/2$ 的电子能从地移动到球 A 上（见图 12－5d），使该球中和（见图 12－5e）. 球 A 上没有电荷，两球之间就没有静电力了（正如最初在图 12－5a 中一样）.

12－3 电场 电场线

假设我们把一个正点电荷 q_1 固定在适当位置，然后把第二个正点电荷 q_2 放在靠近它的位置. 由库仑定律知道，q_1 施加静电排斥力在 q_2 上，而且如果给定足够的数据，我们就能确定那个力的大小和方向. 可是，有一个恼人的问题：q_1 怎么"知道" q_2 的出现？由于两个电荷并不接触，q_1 怎么能施力在 q_2 上呢？

通过假定 q_1 在环绕它的空间中激发起**电场**，能够回答这一关于**超距作用**的问题. 在该空间中任一给定点 P，电场都具有大小及方向，大小取决于 q_1 的大小和 P 与 q_1 之间的距离，方向取决于从 q_1 到 P 的方向和 q_1 的电符号. 因而，当我们把 q_2 放置在 P 点时，q_1 通过 P 点的电场与 q_2 相互作用. P 点电场的大小及方向决定了作用在 q_2 上力的大小及方向.

倘若我们移动 q_1，比方说，朝向 q_2，则会出现另一个超距作用问题. 库仑定律告诉我们，当 q_1 进一步靠近 q_2 时，作用在 q_2 上的静电排斥力会更大，而且事实的确如此. 然而，这里恼人的问题是：q_2 处的电场，以及作用在 q_2 上的力是否立即改变呢？

答案是否定的. 实际上，关于 q_1 移动的信息是作为电磁波以光速 c 从 q_1 向外（沿所有的方向）传播的. 当电磁波最终到达 q_2 时，由于 q_2 处电场的改变，因而作用在 q_2 上的力才发生改变.

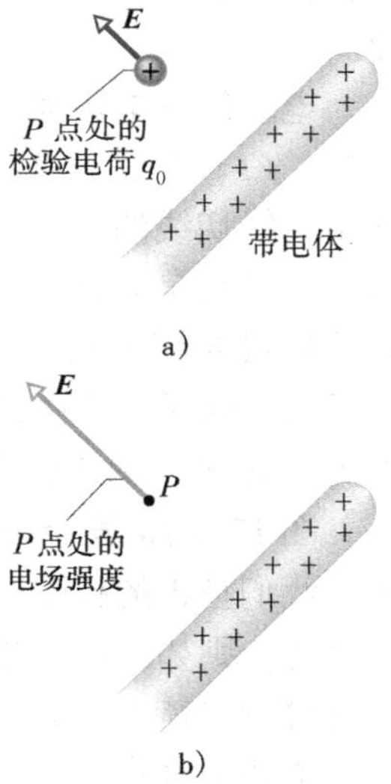

图 12－6 a) 静电力 $\boldsymbol{F}$ 作用在带电体附近 P 点的正检验电荷 q_0 上. b) 由带电体所产生的在 P 点的电场强度 $\boldsymbol{E}$.

1. 电场

温度在室内每一点都有一个确定的值. 我们可以通过在那里放一个温度计测量任一给定点或一组点的温度. 我们称最后得到的温度分布为**温度场**. 几乎同样地，我们可以设想在大气中的**压强场**，它由大气中每一点一个空气压强值的分布组成. 这两个例子是**标量场**，因为温度和空气压强都是标量.

电场是**矢量场**，它包括**矢量**的分布，对于带电体，比如带电棒，其周围空间中每一点有一个矢量. 原则上，我们可用电场强度的概念描述邻近带电体的某一点，比如图 12－6 中 P 点的矢量：我们先在该点放置一个**正**电荷 q_0，叫做**检验电荷**，然后测量作用在检验电荷上的静电力 $\boldsymbol{F}$，最后，我们定义由带电体所激发的在 P 点的电场强度为

$$\boldsymbol{E}=\frac{\boldsymbol{F}}{q_0}\qquad（电场强度）\qquad(12-9)$$

在 P 点电场强度 $\boldsymbol{E}$ 的大小为 $E=F/q$，而 $\boldsymbol{E}$ 的方向是作用在**正**的检验电荷上力 $\boldsymbol{F}$ 的方向. 如在图 12－6b 中所示，我们用末端在 P 的矢量表示在 P 点的电场强度. 为了定义某一区域内的电场强度，必须在该区域内所有的点同样地定义它.

电场强度的SI单位是牛每库（N/C）. 表12－2给出了在某些物理状态下的电场强度.

虽然我们利用正的检验电荷定义带电物体的电场强度，但场的存在并不依赖于检验电荷. 在图12－6b中，P点的电场强度既存在于图12－6a的检验电荷被放在那里之前，也存在于被放在那里之后（假定在我们的定义程序中，检验电荷的出现并不影响带电物体上电荷的分布，因而不改变我们正在定义的电场强度）.

表12－2　某些电场强度

场的位置或情况	电场强度/（N/C）	场的位置或情况	电场强度/（N/C）
在铀核的表面	3×10^{21}	邻近带电梳子	10^{3}
在氢原子内半径5.29×10^{-11} m处	5×10^{11}	在大气层下部	10^{2}
电击穿发生在空气中时	3×10^{6}	家用电路的铜线内部	10^{-2}
邻近复印机的带电鼓	10^{5}		

为了探讨带电物体间在相互作用中电场的作用，我们有两项任务：（1）计算由给定的电荷分布所激发的电场强度；（2）计算给定的电场作用于放置在其中的电荷上的力. 从12－4节到12－6节，我们将依次进行这两项任务. 不过，我们先讨论使电场形象化的方法.

2. 电场线

法拉第在19世纪引入了电场的概念，他认为围绕带电体的空间是充满**力线**的. 尽管我们已不再认为这些现在被叫做**电场线**的力线是真实的，但它们仍然提供了一种好的方法使电场形象化.

电场线与电场强度矢量之间的关系是这样的：（1）在任一点，直电场线的方向或弯曲电场线切线的方向给出该点处$\boldsymbol{E}$的方向；（2）电场线是这样画出的：垂直于电场线的单位横截面积上电场线的数目与$\boldsymbol{E}$的**大小**成正比. 这第二个关系意味着：电场线稠密的地方E大；稀疏的地方E小.

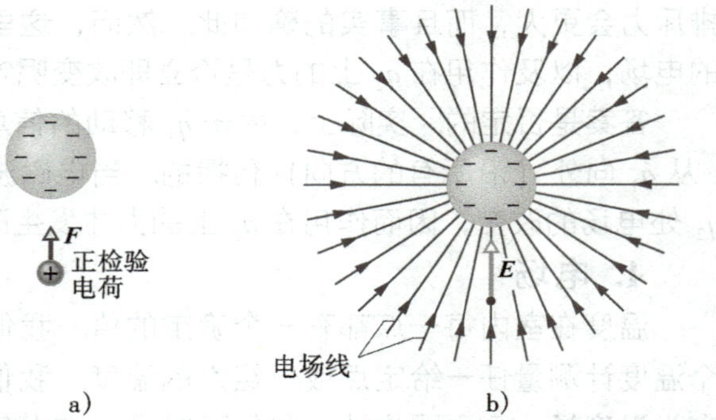

图12－7　a）作用在均匀带负电的球附近检验电荷上的静电力$\boldsymbol{F}$. b）在检验电荷所在处的电场强度矢量$\boldsymbol{E}$和在球附近空间中的电场线. 电场线伸向带负电的球（它们发自远处的正电荷）.

图12－7a表示一个均匀带负电的球. 如果我们把**正的**检验电荷放置在球附近的任何地方，则如图所示**指向**球心的静电力将作用在检验电荷上. 换句话说，在球附近的所有点电场强度矢量都沿着半径指向球心. 这些矢量的图样由图12－7b中的电场线简练地表示了出来. 电场线与力及电场强度矢量指向相同的方向. 此外，电场线随着离球的距离而散开告诉我们，电场强度的大小随着离球的距离的增大而减小.

如果图12－7的球是均匀带**正**电的，电场强度矢量在球附近的所有点都将沿着半径**背离**球心的方向. 因而，电场线也将沿着半径向背离球心的方向延伸，我们于是得出下述法则：

> 电场线远离正电荷（它们的发源之处）并朝向负电荷（它们终止之处）延伸.

图12－8a示出无限大绝缘**薄板**（或平面）的一部分，它在一侧具有均匀分布的正电荷. 如

果把正检验电荷放置在图 12-8a 中薄板附近的任一点，作用在检验电荷上的合力将垂直于薄板，因为作为对称性的结果，沿所有其他方向作用的力将互相抵消. 此外，如图所示在检验电荷上的合力将指向背离薄板的方向. 因而，在薄板任一侧空间中任一点的电场强度矢量也垂直于薄板并指向背离它的方向（见图 12-8b 和 c）. 由于电荷沿着薄板均匀分布，所有的电场强度矢量具有相同的大小，这样的电场强度在每一点都具有相同的大小及方向，是**均匀电场**.

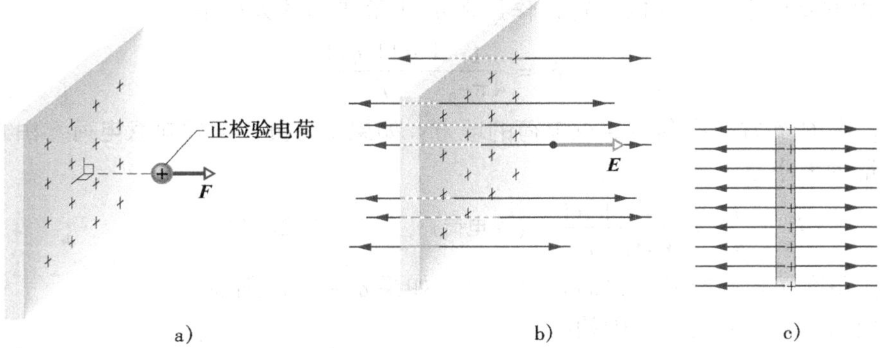

图 12-8 a) 一侧均匀带正电的、无限大绝缘薄板附近正检验电荷受的静电力 F. b) 检验电荷处的电场强度矢量 E，及薄板附近空间中的电场线. 电场线从带正电的板向远处延伸. c) 为 b) 的侧视图.

当然，实际中无限大的绝缘薄板（比如塑料的平坦扩展）是没有的，但如果我们考虑靠近实际薄板的中部而不是靠近其边缘的一个区域，则穿过那个区域的电场线就会像在图 12-8b 和 c 中那样分布.

图 12-9 示出两个相等的正电荷的电场线. 图 12-10 示出关于两个等量异号电荷的图样，这样的一正一负两个电荷的结构我们称为**电偶极子**.

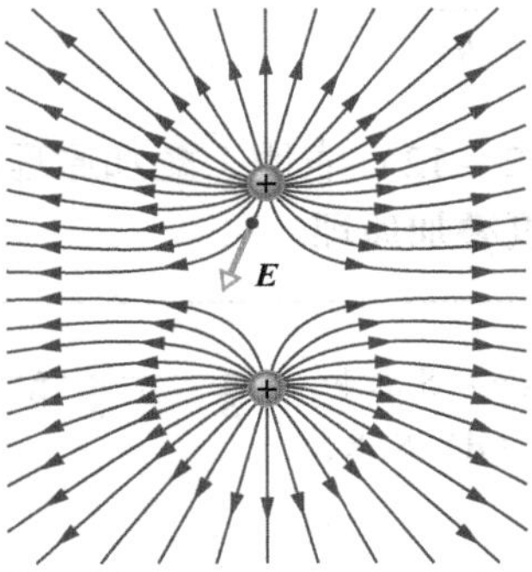

图 12-9 两个相等的、正点电荷的电场线. 两个电荷相排斥（这些线终止于远处的负电荷）. 为了"看"电场线的实际三维图像，想象将此图以通过此页面上的两个电荷的轴旋转. 这一三维图像和它表示的电场被说成是对于该轴具有**轴对称性**. 一个点上的电场强度矢量已画出；注意它是和通过该点的电场线相切的.

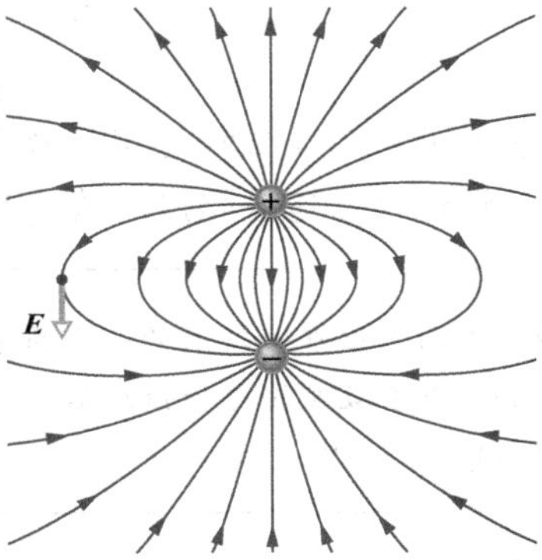

图 12-10 大小相等的一个正的和一个邻近的负的点电荷的电场线. 两电荷相互吸引. 电场线的图样和它表示的电场具有对通过页面上的两个电荷的轴具有轴对称性. 一个点上的电场强度矢量已画出；该矢量和通过该点的电场线相切.

12－4　电场强度的计算

1. 点电荷及点电荷组的电场强度

(1) 点电荷的电场强度

为了求出在距离点电荷 q 为 r 的任一点由点电荷激发的电场强度，我们放一个正检验电荷 q_0 在该点．根据库仑定律式（12－5），作用在 q_0 上静电力的大小是

$$F = \frac{1}{4\pi\varepsilon_0}\frac{|q||q_0|}{r^2} \tag{12－10}$$

如果 q 为正，则 $\boldsymbol{F}$ 的方向指向背离点电荷的地方；如果 q 为负，则指向点电荷．由式（12－9），电场强度矢量的大小是

$$E = \frac{F}{q_0} = \frac{1}{4\pi\varepsilon_0}\frac{|q|}{r^2} \quad (\text{点电荷}) \tag{12－11}$$

$\boldsymbol{E}$ 的方向与作用在正检验电荷上力的方向一样：如果 q 为正，则径直地背离点电荷；如果 q 为负，则朝向它．

因为我们为 q_0 选择的点不是特殊点，式（12－11）给出了围绕点电荷 q 的每一点处的电场强度．对于正点电荷的场，在图 12－11 中按矢量形式（不作为电场线）给出．

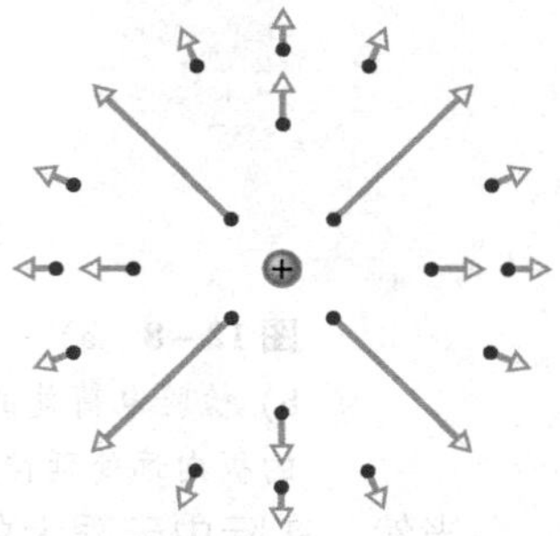

图 12－11　在围绕正点电荷一些点处的电场矢量．

我们可迅速求出由多于一个点电荷激发的净的，或合成的电场强度．如果在几个点电荷 q_1，q_2，…，q_n 附近放置一个正检验电荷，然后根据式（12－8），由 n 个点电荷作用在检验电荷上的合力 $\boldsymbol{F}$ 是

$$\boldsymbol{F} = \boldsymbol{F}_{01} + \boldsymbol{F}_{02} + \cdots + \boldsymbol{F}_{0n}$$

因此，由式（12－9），在检验电荷处的合电场强度是

$$\boldsymbol{E} = \frac{\boldsymbol{F}_0}{q_0} = \frac{\boldsymbol{F}_{01}}{q_0} + \frac{\boldsymbol{F}_{02}}{q_0} + \cdots + \frac{\boldsymbol{F}_{0n}}{q_0}$$
$$= \boldsymbol{E}_1 + \boldsymbol{E}_2 + \cdots + \boldsymbol{E}_n \tag{12－12}$$

这里，$\boldsymbol{E}_i$ 是由点电荷 i 单独作用所激发的电场强度．式（12－12）表明，叠加原理除适用于静电力之外，还适用于电场强度．式（12－12）叫做**电场强度叠加原理**.

检查点 1：右图示出在 x 轴上的一个质子 p 和一个电子 e．在（a）S 点和（b）R 点，由该电子激发的电场强度沿什么方向？在（c）R 点及（d）S 点，合电场强度沿什么方向？

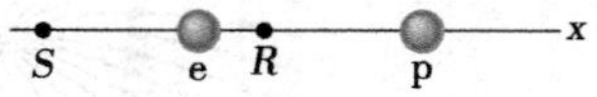

例题 12－3

图 12－12a 示出带有电荷 $q_1 = +2Q$，$q_2 = -2Q$、及 $q_3 = -4Q$ 的三个粒子，每个距离原点都为 d．它们在原点产生的合电场强度为何？

【解】　**这里关键点是**，电荷 q_1，q_2 及 q_3 分别在原点激发电场强度矢量 $\boldsymbol{E}_1$，$\boldsymbol{E}_2$ 和 $\boldsymbol{E}_3$，而合电场强度是矢量和 $\boldsymbol{E} = \boldsymbol{E}_1 + \boldsymbol{E}_2 + \boldsymbol{E}_3$．为了求这个和，应该先求出三个电场强度矢量的大小及方向．为了求出由 q_1 激发的 $\boldsymbol{E}_1$ 的大小，我们运用式（12－11），用 d 代替 r 并用 $2Q$ 代替 $|q|$ 可得到

$$E_1 = \frac{1}{4\pi\varepsilon_0}\frac{2Q}{d^2}$$

同样，我们求出电场强度 $\boldsymbol{E}_2$ 和 $\boldsymbol{E}_3$ 的大小将为

$$E_2 = \frac{1}{4\pi\varepsilon_0}\frac{2Q}{d^2}, E_3 = \frac{1}{2\pi\varepsilon_0}\frac{2Q}{d^2}$$

我们接着应该确定三个电场强度矢量在原点的取向．因为 q_1 是正电荷，它产生的电场强度矢量径直

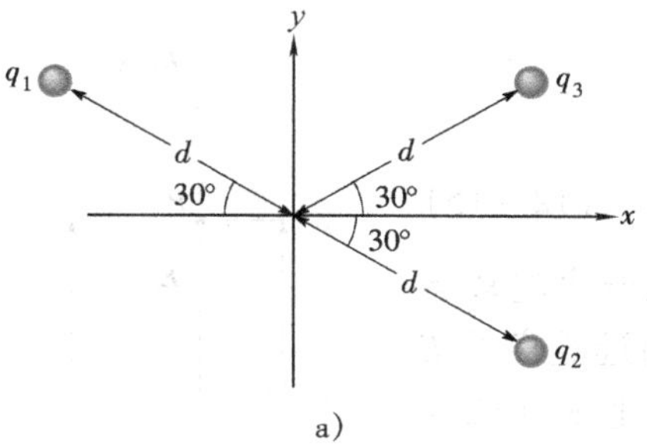

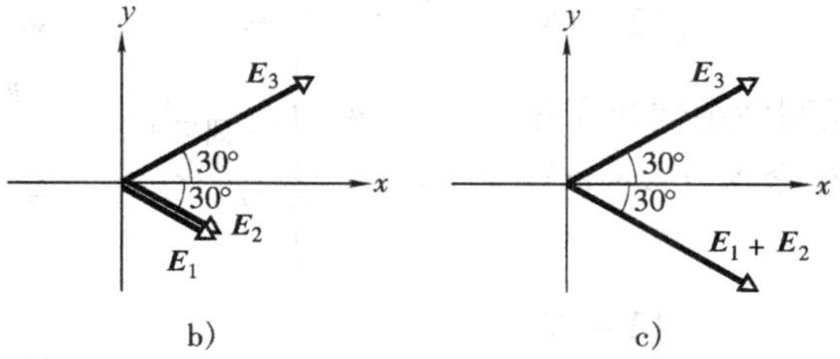

图 12-12 a) 带有电荷 q_1, q_2, q_3, 距离原点都为 d 的三个粒子. b) 由三个粒子在原点的电场强度 $\boldsymbol{E}_1$, $\boldsymbol{E}_2$, $\boldsymbol{E}_3$. c) 在原点的 $\boldsymbol{E}_3$ 及 $\boldsymbol{E}_1+\boldsymbol{E}_2$.

地指向背离它的方向，而因为 q_2 和 q_3 都是负的，所以它们产生的电场强度矢量径直地指向它们每一个. 因而，在原点三个带电粒子所激发的三个电场强度像图 12-12b 中那样取向（注意：我们已把这些矢量的末端放置在电场待计算的点处，这样做减少了错误的可能性）.

我们现在可以用矢量法把电场强度相加. 然而，这里我们可利用对称性使程序简化. 由图 12-12b 我们看到，$\boldsymbol{E}_1$ 和 $\boldsymbol{E}_2$ 具有同样的方向，所以，它们的矢量和取图示的那个方向，其大小为

$$E_1+E_2=\frac{1}{4\pi\varepsilon_0}\frac{2Q}{d^2}+\frac{1}{4\pi\varepsilon_0}\frac{2Q}{d^2}=\frac{1}{4\pi\varepsilon_0}\frac{4Q}{d^2}$$

它碰巧等于电场强度 $\boldsymbol{E}_3$ 的大小.

我们现在必须把两个矢量，$\boldsymbol{E}_3$ 与矢量和 $\boldsymbol{E}_1+\boldsymbol{E}_2$，结合起来，这两个矢量具有相同的大小而它们的方向相对于 x 轴对称. 由图 12-12c 的对称性我们知道，两个矢量相等的 y 分量相消而相等的 x 分量相加. 因而，在原点的合电场强度 $\boldsymbol{E}$ 沿 x 轴的正方向并具有大小

$$\begin{aligned}E&=2E_{3x}=2E_3\cos30°\\&=(2)\frac{1}{4\pi\varepsilon_0}\frac{4Q}{d^2}(0.866)\\&=\frac{6.93Q}{4\pi\varepsilon_0 d^2}\end{aligned}\qquad\text{（答案）}$$

（2）电偶极子的电场强度

图 12-13a 示出大小都为 q 但符号相反、相距为 d 的两个带电粒子. 如同图 12-10 指出的，我们把这种结构叫做**电偶极子**. 让我们求出由图 12-13a 的电偶极子在 P 点激发的电场强度，P 点距离电偶极子中点为 z 并且在被叫做**电偶极子轴**的、通过两个粒子的轴线上.

由对称性，在 P 点的电场强度 $\boldsymbol{E}$——以及组成电偶极子的两个独立电荷的电场强度 $\boldsymbol{E}_{(+)}$ 和 $\boldsymbol{E}_{(-)}$——应该沿着偶极子轴，该轴被我们取做 z 轴. 应用电场强度叠加原理，求得电场强度在 P 点的大小 E 为

$$\begin{aligned}E&=E_{(+)}-E_{(-)}\\&=\frac{1}{4\pi\varepsilon_0}\frac{q}{r_{(+)}^2}-\frac{1}{4\pi\varepsilon_0}\frac{q}{r_{(-)}^2}\\&=\frac{q}{4\pi\varepsilon_0\left(z-\frac{1}{2}d\right)^2}-\frac{q}{4\pi\varepsilon_0\left(z+\frac{1}{2}d\right)^2}\end{aligned}\qquad(12-13)$$

经代数运算后，我们可以把上式改写作

$$E=\frac{q}{4\pi\varepsilon_0 z^2}\left[\left(1-\frac{d}{2z}\right)^{-2}-\left(1+\frac{d}{2z}\right)^{-2}\right]\qquad(12-14)$$

我们通常只对在距离大于电偶极子线度处，即 $z\gg d$ 处的电偶极子电效应感兴趣. 在这样的远距离处，在式（12-14）中有 $d/2z\ll1$. 于是我们可借助二项式定理把方程中括号内的两个量展开，得到

$$\left[\left(1+\frac{2d}{2z(1!)}+\cdots\right)-\left(1-\frac{2d}{2z(1!)}+\cdots\right)\right]$$

因而，

$$E=\frac{q}{4\pi\varepsilon_0 z^2}\left[\left(1+\frac{d}{z}+\cdots\right)-\left(1-\frac{d}{z}+\cdots\right)\right] \qquad (12-15)$$

在式（12-15）的两个展开式中未写出含有 d/z 的逐渐升高的较高次幂的项. 由于 $d/z \ll 1$，那些项的贡献逐渐更小，而对远距离处 E 的近似值，可把它们忽略. 于是，在我们的概算中，可把式（12-15）改写作

$$E=\frac{q}{4\pi\varepsilon_0 z^2}\frac{2d}{z}=\frac{1}{2\pi\varepsilon_0}\frac{qd}{z^3} \qquad (12-16)$$

电偶极子的两个固有物理量 q 和 d 的乘积 qd 是叫做电偶极子的**电偶极矩** $\boldsymbol{p}$. 矢量 $\boldsymbol{p}$ 的大小为 $p=qd$，$\boldsymbol{p}$ 的单位是库仑米（C·m）. 因而，我们可把式（12-16）写作

$$E=\frac{1}{2\pi\varepsilon_0}\frac{p}{z^3} \quad （电偶极子） \qquad (12-17)$$

$\boldsymbol{p}$ 的方向，如图 12-13b 中所示，被取为从电偶极子的负端到正端. 我们可利用 $\boldsymbol{p}$ 来指定电偶极子的取向.

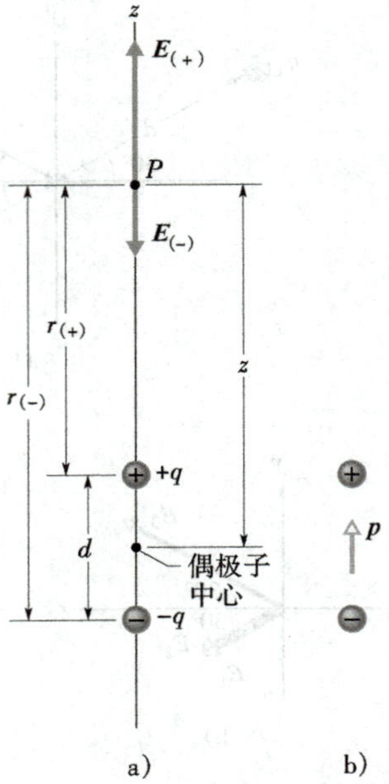

图 12-13　a）一个电偶极子. 在电偶极子轴上 P 点的电场强度矢量 $\boldsymbol{E}_{(+)}$ 和 $\boldsymbol{E}_{(-)}$ 由电偶极子的两个电荷产生. P 离形成偶极子的两个电荷的距离为 $r_{(+)}$ 和 $r_{(-)}$. b）电偶极子的电偶极矩 $\boldsymbol{p}$ 从负电荷指向正电荷.

式（12-17）表明，如果我们只在远处一些点测量电偶极子的电场强度，我们就不能分别地推断 q 和 d，而只能推断它们的积. 倘若，例如，q 被加倍而 d 同时被减半，则在远处各点的电场强度就不会改变. 因而，电偶极矩是电偶极子的一个基本性质.

虽然式（12-17）只适用沿电偶极子轴线远处的点，但结果证明，对于所有远处的点不管它们是否在电偶极子的轴线上，电偶极子的 E 都与 $1/r^3$ 成比例地变化. 这里 r 是正在讨论中的点与电偶极子中心之间的距离.

对图 12-13 和图 12-10 中场线的观察表明，对于电偶极子轴线上远处各点 $\boldsymbol{E}$ 的方向总是沿电偶极矩矢量 $\boldsymbol{p}$ 的方向. 不管图 12-13a 中的 P 点在电偶极子轴线的上部还是下部，这都是正确的.

对式（12-17）的观察表明，如果使一点离电偶极子的距离加倍，则在那点的电场强度下降到原来的八分之一；如果使离单个点电荷的距离加倍，则电场强度只下降到四分之一. 因而，电偶极子电场随距离的变化比单个电荷随距离的变化更快. 这种电偶极子电场强度快速减弱的物理原因在于，从远处看来电偶极子像两个等量异号的电荷，它们几乎——但不完全——重合. 因而，它们的电场强度在远处各点，几乎——但不完全——互相抵消.

2. 连续分布电荷的电场强度

（1）带电线的电场强度

至此，我们已考虑了由一个或几个点电荷所激发的电场强度. 我们现在考虑包含大量被密集放置的点电荷（也许数十亿个）的电荷分布. 这些电荷沿着一条线，在一个表面上，或在一个体积内分布. 这样的分布被认为是**连续的**而不是分立的. 由于这些分布能包含巨大数量的点电荷，我们借助微积分而不是通过逐一地考虑这些电荷来求出它们激发的电场强度. 现在我们

先讨论由电荷线激发的电场强度.

当我们处理连续的电荷分布时，最方便的办法是把物体上的电荷表示为**电荷密度**而不是总电荷. 例如，对于电荷线，我们需要知道线电荷密度（或单位长度的电荷）λ，其SI单位是库[仑]每米（C/m）. 表12－3示出了我们将使用的其他的电荷密度.

表12－3 电荷的某些度量标准

名称	代号	SI单位
电荷	q	C
线电荷密度	λ	C/m
面电荷密度	σ	C/m^2
体电荷密度	ρ	C/m^3

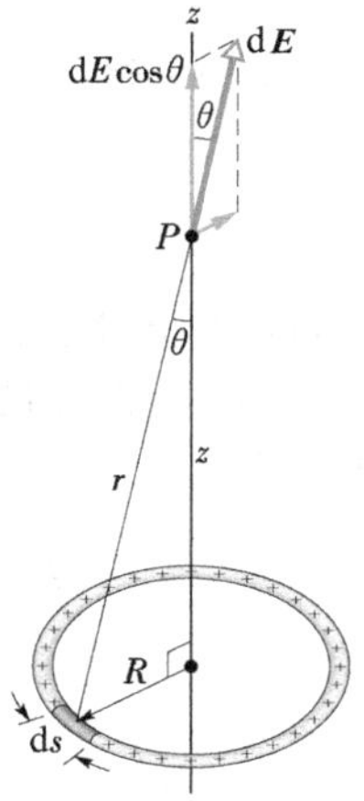

图12－14 一个均匀正电荷环. 一微元电荷占有长度ds（为清晰起见，它在图中被夸大了）. 此微元在P点激发电场强度d$\boldsymbol{E}$，它沿环的中心轴的分量为d$E\cos\theta$.

图12－14示出具有沿其圆周均匀分布、正线电荷密度为λ、半径为R的细环. 我们可以想象该环由塑料或其他绝缘体制成，以致电荷可被认为固定在适当位置. 试问：在沿环的中心轴距离环平面为z的P点，电场强度$\boldsymbol{E}$为何?

为了解答这个问题，我们不能只是用给出由点电荷所激发的电场强度公式（12－11），因为该环显然不是点电荷. 然而，我们可以在想象中把环分成电荷的微元，它们是如此小以致与点电荷一样，于是我们可对它们的每一个应用式（12－11）. 接着，我们可把由所有微元在P点所激发的电场强度相加. 所有那些电场强度的矢量和就是由环在P点所激发的电场强度.

设ds是环的任一微元的（弧）长度. 由于λ是单位长度的电荷，微元具有电荷的大小为

$$dq = \lambda ds \qquad (12-18)$$

这个微元电荷在P点激发起微分电场强度d$\boldsymbol{E}$，该点距离微分元为r. 把微元作为点电荷看待并运用式（12－18），我们可改写式（12－11）而把d$\boldsymbol{E}$的大小表示为

$$dE = \frac{1}{4\pi\varepsilon_0}\frac{dq}{r^2} = \frac{1}{4\pi\varepsilon_0}\frac{\lambda ds}{r^2} \qquad (12-19)$$

由图12－14，我们可把式（12－19）改写作

$$dE = \frac{1}{4\pi\varepsilon_0}\frac{\lambda ds}{(z^2+R^2)} \qquad (12-20)$$

图12－14向我们表明，d$\boldsymbol{E}$与中心轴（我们已把它取作z轴）成θ角并且具有垂直于和平行于该轴的分量.

环上的每个电荷元在P点激发起微分电场强度d$\boldsymbol{E}$，其大小由式（12－20）给出. 所有这些d$\boldsymbol{E}$矢量都具有在大小及方向上相同，且平行于中心轴的分量. 所有这些d$\boldsymbol{E}$矢量还具有垂直于中心轴的分量，这些垂直分量在大小上相等但指向不同. 事实上，对于任一指向给定方向的垂直分量，总有指向相反方向的另一个. 这一对分量的和，与所有其他相反指向的分量对的和一样，为零.

因而，这些垂直分量抵消，我们无需进一步考虑它们. 于是，就剩下了平行分量，它们全部具有相同的方向，所以在 P 点的合电场强度是它们的和.

图 12－14 所示的 $\mathbf{d}\boldsymbol{E}$ 的平行分量大小为 $\mathbf{d}\boldsymbol{E}\cos\boldsymbol{\theta}$，该图还向我们表明

$$\cos\theta=\frac{z}{r}=\frac{z}{(z^2+R^2)^{1/2}} \tag{12-21}$$

于是，对于 $\mathbf{d}\boldsymbol{E}$ 的平行分量，由式（12－21）和式（12－20）得

$$\mathrm{d}E\cos\theta=\frac{z\lambda}{4\pi\varepsilon_0(z^2+R^2)^{3/2}}\mathrm{d}s \tag{12-22}$$

为了把由所有电荷元激发的平行分量 $\mathrm{d}E\cos\theta$ 相加，我们沿环的圆周从 $s=0$ 到 $s=2\pi R$ 对式（12－22）求积分. 由于式（12－22）中在积分区间仅有的变量是 s，其他的量可被移到积分号外. 于是，由积分得

$$E=\int\mathrm{d}E\cos\theta=\frac{z\lambda}{4\pi\varepsilon_0(z^2+R^2)^{3/2}}\int_0^{2\pi R}\mathrm{d}s$$

$$=\frac{z\lambda(2\pi R)}{4\pi\varepsilon_0(z^2+R^2)^{3/2}} \tag{12-23}$$

由于 λ 是单位长度环的电荷，式（12－23）中 λ（$2\pi R$）一项是 q，即环上的总电荷，于是我们可把式（12－23）改写为

$$E=\frac{qz}{4\pi\varepsilon_0(z^2+R^2)^{3/2}}\quad（带电环） \tag{12-24}$$

如果环上的电荷是负的，而不是像我们已假定的那样是正的，电场强度的大小仍然由式（12－24）给出，而电场强度矢量则指向环而不是背离环.

让我们对在中心轴上很远以致 $z\gg R$ 的一点核查式（12－24）. 对这样一点，式（12－24）中的（z^2+R^2）可被近似为 z^2，式（12－24）变成

$$E=\frac{1}{4\pi\varepsilon_0}\frac{q}{z^2}\quad（在远处的带电环） \tag{12-25}$$

这是合理的结果，因为从远距离处，环“看起来像”点电荷. 如果我们在式（12－25）中用 r 代替 z，就得到式（12－11），即由点电荷激发的电场强度的大小.

现在让我们对在环中心处，即 $z=0$ 处的一点来检验式（12－24）. 式（12－24）告诉我们，在该点 $E=0$. 这是一个合理的答案. 因为，如果我们在环中心处放置一检验电荷，则将没有合静电力作用在其上；环的任一微元所引起的力将被在环的对侧上的微元所引起的力抵消，根据式（12－9），如果在环的中心处力为零，则那里的电场强度也将为零.

例题 12－4

图 12－15a 示出具有均匀分布的电荷 $-Q$ 的塑料杆. 这根杆已被弯成半径为 r 的 120°圆弧. 我们这样设置坐标轴以使杆的对称轴保持沿 x 轴且原点在杆的曲率中心 P 处. 若用 Q 和 r 来表示，那么，在 P 点由杆激发的电场强度 $\boldsymbol{E}$ 为何?

【解】 这里**关键点**是，因为杆具有连续的电荷分布，我们应该先求出由杆的微元所激发的电场强度的表达式，然后用微积分把那些电场强度求和. 考虑具有弧长 ds 并被放在 x 轴之上成 θ 角处的微分元（见图 12－15b）. 如果我们设 λ 表示杆的线电荷密度，则微元 ds 具有大小为

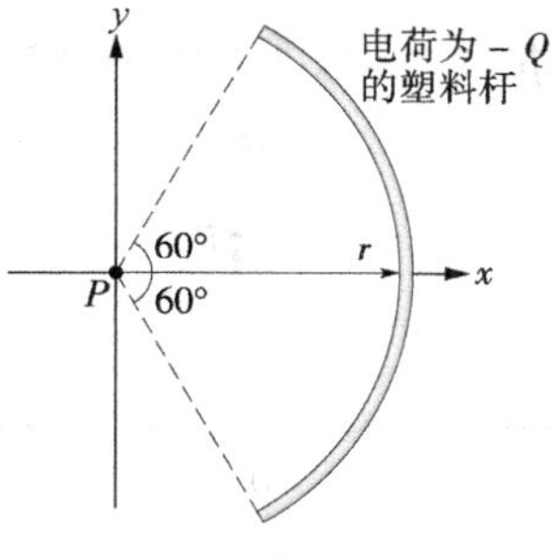

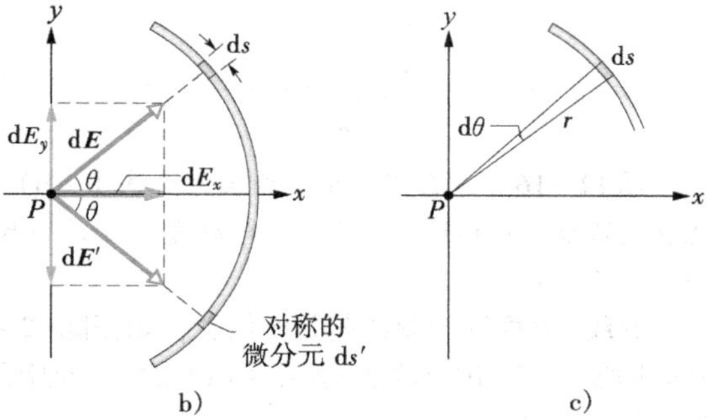

图 12－15 例题 12－4 图 a) 带电 $-Q$，被弯成半径为 r、圆心角为 120°的圆弧状的塑料杆. P 为曲率中心. b) 在杆的上半部，在与 x 轴成 θ 角处，弧长为 ds 的一微元在 P 点建立一微分电场强度 $d\boldsymbol{E}$. 对 x 轴与 ds 对称的微分元 ds′在 P 点的同样大小建立一电场强度 $d\boldsymbol{E}'$. c) 弧长 ds 对于 P 点的张角为 $d\theta$.

$$dq = \lambda ds \qquad (12-26)$$

的微元电荷. 该微元在距离它为 r 的 P 点激发一微分电场强度 $d\boldsymbol{E}$. 把微元作为点电荷处理，我们可重写式（12－11）而把 $d\boldsymbol{E}$ 的大小表达为

$$dE = \frac{1}{4\pi\varepsilon_0}\frac{dq}{r^2} = \frac{1}{4\pi\varepsilon_0}\frac{\lambda ds}{r^2} \qquad (12-27)$$

$d\boldsymbol{E}$ 的方向朝向 ds，因为电荷 dq 是负的.

这个微元具有一个在杆的下半部对称（镜像）设置的微元 ds′. 由 ds′在 P 点所激发的电场强度 $d\boldsymbol{E}$ 也具有由式（12－27）给出的大小，但电场强度矢量如图 12－15b 所示指向 ds′. 如果我们如在图 12－15b 中所示把 ds 和 ds′的电场强度矢量分解成 x 和 y 分量，则可看到它们的 y 分量抵消（因为它们具有相等的大小而沿相反的方向）. 我们还看到它们的 x 分量具有相等的大小并沿相同的方向.

因而，为了求出由杆所激发的电场强度，我们仅需要对由杆的全部微元所激发的微分电场强度的 x 分量（用积分）求和. 由图 12－15b 和式（12－27），我们可以把 ds 所建立的分量 dE_x 写作

$$dE_x = dE\cos\theta = \frac{1}{4\pi\varepsilon_0}\frac{\lambda}{r^2}\cos\theta ds \qquad (12-28)$$

式（12－28）有两个变量，θ 和 s. 我们在积分之前，必须消去一个变量. 我们通过替换 ds 来这样做，利用关系式

$$ds = r d\theta$$

其中，$d\theta$ 是弧长 ds 在 P 点的夹角（见图 12－15c）. 借助这个替换，我们可把式（12－28）对杆在 P 点所构成的角从 $\theta=-60°$ 到 $\theta=60°$ 求积，由杆激发的电场强度在 P 点的大小为

$$\begin{aligned}E &= \int dE_x = \int_{-60°}^{60°}\frac{1}{4\pi\varepsilon_0}\frac{\lambda}{r^2}\cos\theta r d\theta \\ &= \frac{\lambda}{4\pi\varepsilon_0 r}\int_{-60°}^{60°}\cos\theta d\theta = \frac{\lambda}{4\pi\varepsilon_0 r}[\sin\theta]_{-60°}^{60°} \\ &= \frac{\lambda}{4\pi\varepsilon_0 r}[\sin 60° - \sin(-60°)] \\ &= \frac{1.73\lambda}{4\pi\varepsilon_0 r} \qquad (12-29)\end{aligned}$$

（如果我们把积分的上下限颠倒过来，将得到同样的结果，但有个负号. 由于积分只给出 $\boldsymbol{E}$ 的大小，所以我们就将丢掉负号.）

为了计算 λ，我们注意到杆具有 120°的角，所以是整个圆周的三分之一. 于是其弧长为 $2\pi r/3$，而其线电荷密度应是

$$\lambda = \frac{电荷}{长度} = \frac{Q}{2\pi r/3} = \frac{0.477Q}{r}$$

把这个结果代入式（12－29）并化简，给出

$$E = \frac{1.73\times 0.477Q}{4\pi\varepsilon_0 r^2} = \frac{0.83Q}{4\pi\varepsilon_0 r^2} \qquad （答案）$$

$\boldsymbol{E}$ 的方向是沿电荷分布的对称轴而朝向杆的. 我们可按矢量标志法把 $\boldsymbol{E}$ 写作

$$\boldsymbol{E} = \frac{0.83Q}{4\pi\varepsilon_0 r^2}\boldsymbol{i}$$

解题线索

线索 1：用于求电荷线电场强度的指南

这里是用于求出由均匀的电荷线在某一 P 点所激发的电场强度 $\boldsymbol{E}$ 的通用指南. 电荷线可以是圆形的，也可以是直线的. 通常的策略是选出一个电荷元，

求出由它引起的 d$\boldsymbol{E}$，并将 d$\boldsymbol{E}$ 对整个电荷线积分.

步骤1 如果电荷线是圆形的，设 ds 是电荷分布的微元的弧长. 如果电荷线是直的，沿它设置 x 轴并设 dx 为微元的长度. 在草图上标出该微元.

步骤2 用 d$q=\lambda$ds 或 d$q=\lambda$dx 把微元电荷与微元长度联系起来. 认为 dq 和 λ 为正，即使电荷实际上为负（电荷的符号在下一步考虑）.

步骤3 用式（12－11）表达由 dq 在 P 点激发的电场强度 d$\boldsymbol{E}$，用 λds 或 λdx 替换在该式中的 q，如果线上的电荷为正，则在 P 点画一径直指向背离 dq 的矢量；如果电荷为负，则画一径直指向 dq 的矢量.

步骤4 寻求在所讨论的情况中的任何对称性. 如果 P 在电荷分布的对称轴上，则把由 dq 所引起的 d$\boldsymbol{E}$ 分解成垂直于和平行于对称轴的分量，然后考虑相对于对称轴和 dq 对称的第二个微元 dq'. 在 P 点画出这个对称的微分元激发的矢量 d$\boldsymbol{E}'$ 并把它分解成分量. 由 dq 所产生的分量之一是相消分量；它被由 dq' 所激发的对应的分量抵消，而无需进一步考虑. 由 dq 所引起的另一分量是相加分量；它添加到由 dq' 产生的对应的分量上. 借助积分求出所有微分电场相加分量的总和.

步骤5 这里是四种普通类型的均匀电荷分布，和相应的简化步骤4的积分的对策.

圆环，P 点在对称（中心）轴上，如图12－14所示. 在 dE 的表达式中，像在式（12－20）中那样，用 z^2+R^2 代替 r^2. 用 θ 表达 d$\boldsymbol{E}$ 的相加分量. 这就引入了 $\cos\theta$，但 θ 对所有的微元都相同，因而不是变量. 如在式（12－21）中那样替换 $\cos\theta$. 环绕环的半径对 s 积分.

圆弧，P 点在曲率中心，如在图12－15中那样. 用 θ 表达 d$\boldsymbol{E}$ 的相加分量，这就引入了 $\sin\theta$ 或 $\cos\theta$. 通过用 rdθ 代替 ds 把最后的两个变量 s 及 θ 减少到 θ 一个. 如在例题12－4中那样，从弧的一端到另一端对 θ 积分.

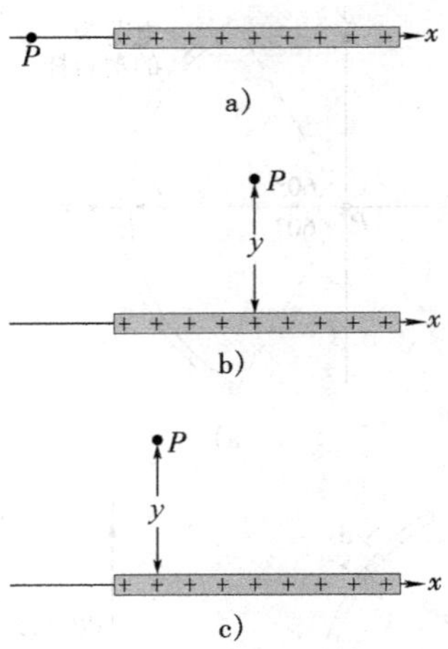

图12－16 a) P 点在电荷线的延长线上. b) P 点在电荷线的对称线上，离线的距离为 y. c) 和b)一样，不过 P 不在对称线上.

直线，P 点在电荷线的延长线上，如在图12－16a中那样. 在 dE 的表达式中，用 x 代替 r. 从电荷线的头到尾对 x 积分.

直线，P 点在离电荷线的垂直距离为 y 处，如在图12－16b中那样. 在 dE 的表达式中，用包含 x 和 y 的表达式代替 r. 如果 P 在电荷线的中垂线上，则求出 d$\boldsymbol{E}$ 的相加分量的表达式. 那就要引入 $\sin\theta$ 或 $\cos\theta$. 用包含 x 和 y 的表达式（按其定义）取代三角函数使最后的两个变量 x 和 θ 减少到只剩 x 一个. 从电荷线的头到尾对 x 积分. 如果 P 点不在对称线上，如在图12－16c中那样，建立一个求分量 dE_x 的和的积分式，并对 x 积分求出 E_x. 还要建立一个求分量 dE_y 的和的积分式，并再对 y 积分求出 E_y. 按通常的方式利用分量 E_x 和 E_y 求出 $\boldsymbol{E}$ 的大小 E 及方向.

步骤6 积分限的一种安排给出正的结果. 相反的安排给出具有负号的相同结果；丢掉负号. 如果结果需通过分布的总电荷 Q 表示，则用 Q/L 替换 λ，其中 L 是分布的长度，对圆环，L 是环的周长.

检查点2：这里的附图示出三根绝缘杆，一根圆的和两根直的. 每根的上半部和下半部都各有大小为 Q 的均匀电荷分布. 对每一根绝缘杆在 P 点的合电场强度沿什么方向？

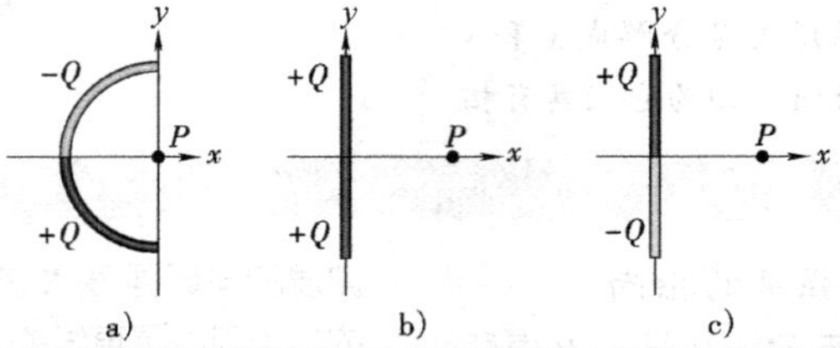

(2) 带电圆盘的电场强度

图 12－17 示出半径为 R 的塑料圆盘，其上表面具有均匀面电荷密度为 σ 的正电荷（见表 12－3）. 在沿盘的中心轴距离盘为 z 的 P 点处，电场强度为何?

我们的计划是把盘分成同心的扁平环，然后通过把所有的环在 P 点的电场强度加起来（即通过求积分）来计算在 P 点的电场强度. 图 12－17 示出了一个具有半径 r 和径向宽度 dr 的环. 由于 σ 是单位面积的电荷，则环上的电荷为

$$dq = \sigma dA = \sigma(2\pi r dr) \qquad (12-30)$$

这里 dA 是环的微分面积.

我们已经求解了由电荷环激发的电场强度问题. 用来自式（12－30）的 dq 代替式（12－24）中的 q，并用 r 替换式（12－24）中的 R，我们得到由扁平环在 P 点处激发的电场强度 dE 的表达式

$$dE = \frac{z\sigma 2\pi r dr}{4\pi\varepsilon_0 (z^2+r^2)^{3/2}}$$

我们可以把它写作

$$dE = \frac{\sigma z}{4\varepsilon_0}\frac{2r dr}{(z^2+r^2)^{3/2}} \qquad (12-31)$$

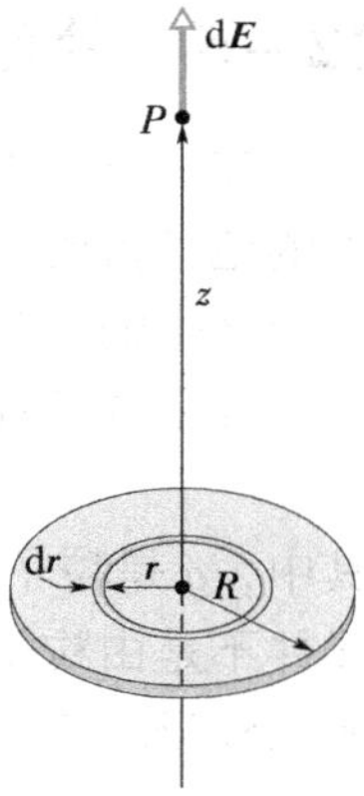

图 12－17 半径为 R、带有均匀正电荷的圆盘. 图中圆环的半径为 r，径向宽度为 dr. 它在轴上 P 点产生一微分电场强度的 $d\boldsymbol{E}$.

现在可通过对式（12－31）中盘的表面积分求出 E，也就是说，对变量 r 从 $r=0$ 到 $r=R$ 积分. 应注意在这个过程中 z 保持常量，可以得到

$$E = \int dE = \frac{\sigma z}{4\varepsilon_0}\int_0^R (z^2+r^2)^{-3/2}(2r)dr \qquad (12-32)$$

为了求解这个积分，我们通过令 $X=(z^2+r^2)$，$m=-\frac{3}{2}$，及 $dX=(2r)\ dr$ 把它改为 $\int X^m dX$ 的形式. 对于改写的积分有

$$\int X^m dX = \frac{X^{m+1}}{m+1}$$

所以式（12－32）变成

$$E = \frac{\sigma z}{4\varepsilon_0}\left[\frac{(z^2+r^2)^{-1/2}}{-\frac{1}{2}}\right]_0^R \qquad (12-33)$$

采用式（12－33）中的积分限并重新整理，求得

$$E = \frac{\sigma}{2\varepsilon_0}\left(1-\frac{z}{\sqrt{z^2+R^2}}\right) \quad \text{(带电圆盘)} \qquad (12-34)$$

为由扁平、圆形的带电盘在其中心轴上各点激发的电场强度的大小（在完成这个积分时，我们曾假定 $z \geqslant 0$）.

如果令 $R\to\infty$ 而保持 z 为有限值，式（12－34）中圆括号内的第二项趋近于 0，而这个方程简化为

$$E = \frac{\sigma}{2\varepsilon_0} \quad \text{(无限大薄板)} \qquad (12-35)$$

这是由均匀电荷被设置在无限大薄板绝缘体（比如塑料）的一侧时所产生的电场. 图 12－8 中

画出了这种情况的电场线.

如果我们令式（12－34）中 $z \to 0$ 而 R 保持有限值，也能得到式（12－35）. 这表明，在很接近盘的一些点，由盘所激发的电场强度与盘在广度上无限大时的情形一样.

12－5 外电场中的点电荷

在上一节中，我们完成了两项任务中的第一项：给定电荷分布，求出它在周围空间中所激发的电场强度. 这里我们开始第二项任务：确定当一个带电粒子在由其他静止或缓慢运动的电荷所产生的外电场中时，它将发生什么情况.

发生的情况是，静电力将作用在该粒子上，力由下式给出：

$$\boldsymbol{F} = q\boldsymbol{E} \tag{12-36}$$

其中，q 是粒子的电荷（包括其符号）；$\boldsymbol{E}$ 是其他电荷在粒子的位置处已激发的电场强度（这个场并不是由粒子本身所建立的场，为了区分两个场，在式（12－36）中作用在粒子上的场往往叫做外场. 带电粒子或带电物体不受它自己电场的影响）. 式（12－36）告诉我们：

倘若粒子的电荷 q 是正的，则作用在位于电场强度为 $\boldsymbol{E}$ 的外电场中的带电粒子上的静电力 $\boldsymbol{F}$ 具有 $\boldsymbol{E}$ 的方向；倘若 q 是负的，则具有相反的方向.

现在介绍两个应用外电场对带电粒子作用的实例.

1. 测定元电荷

式（12－36）在由密立根（M. A. Millikan）于 1910～1913 年对元电荷的测定中起过作用. 图 12－18 是他的仪器的示意图. 当微小的油滴被喷入室 A 时，其中的某些油滴在喷射过程中变得带正电或带负电. 考虑穿过板 P_1 中的小孔向下漂移并进入室 C 的一个油滴，假定这个油滴具有负电荷 q.

如果图 12－18 中的开关 S 如图所示是开着的，则电池 B 对室 C 不具有电效应. 如果开关被关闭（于是完成室 C 与电池正端之间的连接），电池在导体板 P_1 上引起过量的正电荷并在导体板 P_2 上引起过量的负电荷，两个带电的板在室 C 中建立起指向下方的电场强度 $\boldsymbol{E}$. 根据式（12－36），这个场对任一个将出现在室中的带电油滴施加静电力并影响其运动. 特别是带负电的油滴将趋于向上漂移.

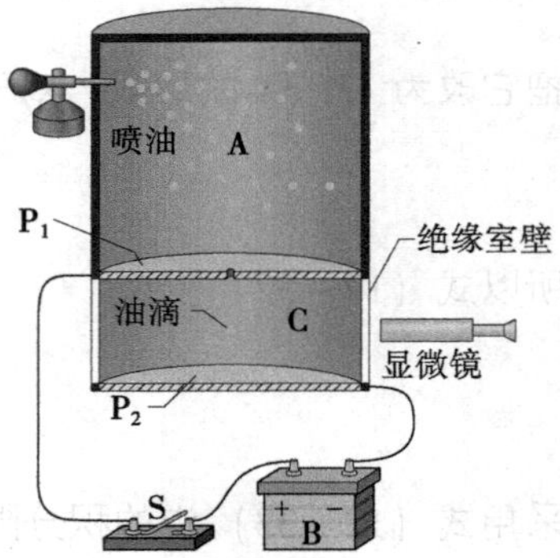

图 12－18 密立根用于测定基本电荷的油滴实验的仪器. 当一个带电油滴通过板 P_1 上的小孔漂入室 C 中后，可以通过开启和关闭开关 S 并因而在室 C 中建立或消除电场来控制它的运动. 显微镜用来观察油滴，以对它的运动计时.

通过开关开启时和关闭时对油滴的运动计时并因而确定对电荷 q 的影响，密立根发现 q 的值总是由下式给定

$$q = ne \quad (n = 0, \pm 1, \pm 2, \pm 3, \cdots) \tag{12-37}$$

其中 e 后来被证明是我们称为**元电荷**的基本常量，它等于 1.60×10^{-19}C. 密立根实验对电荷的量子化是有力的证明，并且密立根部分地由于这项工作赢得了 1923 年的诺贝尔物理学奖. 元电荷的现代测量依靠种类繁多的联锁实验，全都比密立根的开拓性实验更加精确.

2. 喷墨打印

由于对高质量、高速率打印的需要，人们开始寻求一种替换击打式打印（例如出现在标准的打字机中）的方法．通过在纸上喷射微小墨滴构成文字就是一种这样的替换．

图 12－19 示出运动在两块导体偏转板之间带负电的墨滴，在两板间已建立起均匀、指向下方的电场 $\boldsymbol{E}$．根据式（12－36），墨滴将向上偏转然后打到纸上某一位置，该位置由 $\boldsymbol{E}$ 的大小和墨滴上的电荷 q 确定．

在实践中，E 保持恒定，而墨滴的位置由在充电装置中传送给墨滴的电荷 q 决定．墨滴必须在进入偏转系统之前通过充电装置．充电装置本身又由把待打印材料编码的电子信号驱动．

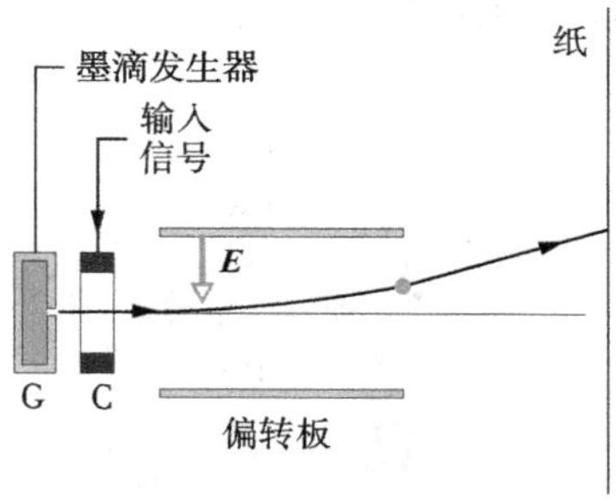

图 12－19　喷墨打印机的基本特征．墨滴从发生器 G 射出并在充电装置 C 中接受一个电荷．从计算机来的输入信号控制给于每个墨滴的电荷量，并因而控制电场强度 $\boldsymbol{E}$ 对墨滴的影响和墨滴落到纸上的位置．形成一个字母约需 100 个微小墨滴．

12－6　外电场中的电偶极子

电偶极子在均匀外电场中的性能可以完全用两个矢量 $\boldsymbol{E}$ 和 $\boldsymbol{p}$ 加以描述，而不需要有关电偶极子结构的任何细节．

水的分子（H_2O）是一个电偶极子，图 12－20 说明了为什么．在那里，一些黑点表示氧的原子核（有八个质子）和两个氢核（各有一个质子）．三个球形面积表示电子能围绕核所在的区域．

在水分子中，如图 12－20 所示，两个氢原子和一个氧原子并不位于一条直线上，而是形成约 105°的角．结果，分子具有确定的“氧侧”和“氢侧”．而且，分子的 10 个电子总趋向于跟氧核比跟氢核靠得更近．这使得分子的氧侧比氢侧稍微更负一些并生成如图所示的沿分子的对称轴指向的电偶极矩．如果水分子被放置在外电场中，它的行为将和对图 12－13 中更抽象的电偶极子所期望的一样．

为了探讨这种行为，我们现在考虑如图 12－21a 所示的、在均匀外电场中的这种抽象的电偶极子．我们假定电偶极子是一个大小各为 q 而中心相距为 d 的两个异号电荷组成的刚性结构．电偶极矩 $\boldsymbol{p}$ 与电场强度 $\boldsymbol{E}$ 成 θ 角．

静电力作用在电偶极子的带电末端上．因为电场是均匀的，两个力沿相反的方向作用，如图 12－21a 所示，并具有相同的大小 $F=qE$．**由于电场均匀**，它对电偶极子的合力为零，于是电偶极子的质心不移动．然而，在带电末端上力确实在电偶极子上产生一个绕其质心的合力矩 $\boldsymbol{M}$．质心位于连接两个带电末端的线上，离一个末端的距离为 x，因而离另一个末端的距离为 $d-x$．根据式 $M=rF\sin\phi$，我们可把合力矩 $\boldsymbol{M}$ 的大小写作

$$M = Fx\sin\theta + F(d-x)\sin\theta = Fd\sin\theta \qquad (12-38)$$

我们也可利用电场的大小和电偶极矩的大小 $p=qd$ 写出 $\boldsymbol{M}$ 的大小．为了这样做，在式（12－38）中用 qE 代替 F 并用 p/q 代替 d，求得 $\boldsymbol{M}$ 的大小为

$$M = pE\sin\theta \qquad (12-39)$$

我们可把这个公式推广为矢量形式：

$$\boldsymbol{M} = \boldsymbol{p}\times\boldsymbol{E} \quad \text{（对偶极子的力矩）} \qquad (12-40)$$

矢量 $\boldsymbol{p}$ 和 $\boldsymbol{E}$ 由图 12－21b 示出．作用在电偶极子上的力矩企图使 $\boldsymbol{p}$（因而电偶极子）转到电场强度 $\boldsymbol{E}$ 的方向，从而使 θ 减小．在图 12－21 中，这种转动是顺时针的．正如我们在第 5 章讨论过的，我们用力矩的大小包括一个负号来表示引起顺时针转动的力矩．用这种标志法，图 12－

21 的力矩可表示为

$$M = -pE\sin\theta \tag{12-41}$$

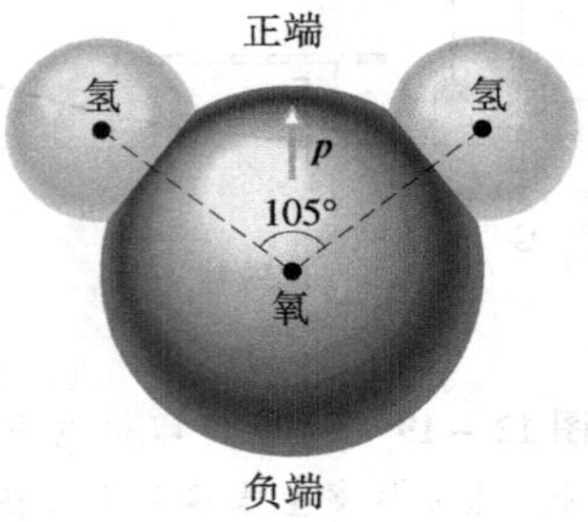

图12-20 一个 H_2O 分子，显示三个核（由点代表）和电子能存在的区域. 电偶极矩从分子（负的）氧端指向（正的）氢端.

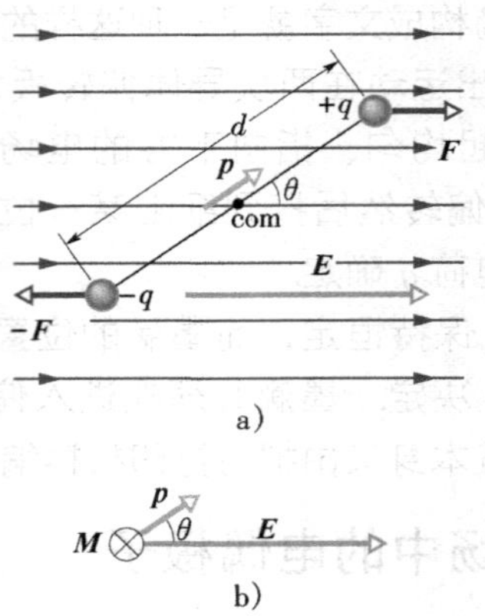

图12-21 a）均匀电场中的电偶极子. 两个相等而相反的电荷的中心相距为 d. 它们之间的直线表示它们的刚性连接. b）电场对电偶极子产生力矩 $\boldsymbol{M}$，$\boldsymbol{M}$ 的方向进入页面，如符号⊗表示的那样.

复习和小结

电荷 粒子与围绕它的物体间的电相互作用的强度取决于它的**电荷**. 电荷可以是正的或是负的. 同号电荷互相排斥而异号电荷互相吸引. 具有等量的两种电荷的物体是电中性的，而电荷失衡的物体则是带电的.

元电荷 电荷是**量子化**的：任一电荷都能被写作 ne，此处 n 是正的或负的整数，而 e 是被称为**元电荷**的自然界的常量（约 1.60×10^{-19} C）. 电荷是**守恒**的：任一个孤立系统的（代数的）净电荷都不会改变.

库仑和安培 电荷的 SI 单位是库［仑］（C），它通过电流的单位，安［培］（A），被定义. 1 库［仑］是指在一个特定点有 1 安［培］的电流时在 1 秒内通过那点的电荷.

库仑定律 库仑定律描述处于静止（或接近于静止）并被隔开距离 r 的小（点）电荷 q_1 与 q_2 之间的**静电力**

$$F = \frac{1}{4\pi\varepsilon_0}\frac{|q_1||q_2|}{r^2} \quad \text{（库仑定律）}$$

在这里，$\varepsilon_0 = 8.85\times10^{-12}\,\mathrm{C^2/N}$ 是真空**电容率**，而 $1/4\pi\varepsilon_0 = k = 8.99\times10^9\,\mathrm{N\cdot m^2/C^2}$.

静止点电荷之间的吸引力或排斥力沿连接两个电荷的直线作用. 如果多于两个电荷出现，则上式适用于每一对电荷，然后利用叠加原理，每个电荷受的合力可以由所有其他电荷对该电荷的力的矢量和求出.

对于静电学的两条球壳定理是：

电荷均匀分布的球壳吸引或排斥球壳外的带电粒子，就好像全部的球壳电荷都集中在其中心一样.

如果带电粒子放在均匀带电球壳的内部，则它就不受来自球壳的合静电力的作用.

电场 在电荷周围的空间存在着电场，电场的基本性质是对场中的其他电荷施有作用力. 于是电荷之间通过电场相互作用.

电场强度的定义 在任一点的电场强度 $\boldsymbol{E}$ 用放在该点的正检验电荷 q_0 受的静电力 $\boldsymbol{F}$ 定义

$$\boldsymbol{E} = \frac{\boldsymbol{F}}{q_0}$$

电场线 电场线提供了用于使电场的方向及大小形象化的手段. 在任一点的电场强度矢量与通过那点的电场线相切. 在任一区域电场线的密度正比于在那个区域电场强度的大小. 电场线起源于正电荷并终止于负电荷.

由点电荷激发的电场强度 由点电荷所激发的电场强度 $\boldsymbol{E}$ 在距离电荷为 r 处的大小是

$$E = \frac{1}{4\pi\varepsilon_0}\frac{|q|}{r^2}$$

倘若电荷为正，则 $\boldsymbol{E}$ 的方向背离点电荷；倘若电荷为负，则朝向点电荷.

由电偶极子激发的电场强度 电偶极子包含两个 q 大小相等而符号相反、被隔开一个小距离的电荷. 它们的电偶极矩 $\boldsymbol{p}$ 具有大小 qd，且从负电荷指向正电荷. 电偶极子在其轴线（它穿过两个电荷）上远处的点激发的电场强度的大小为

$$E = \frac{1}{2\pi\varepsilon_0}\frac{p}{z^3}$$

式中，z 是该点与电偶极子中心之间的距离.

由连续电荷分布激发的电场强度 由连续电荷分布激发的电场强度可通过把电荷元作为点电荷来处理，然后用积分把所有的电荷元的电场强度矢量相加求得.

在外电场中点电荷上的力 当点电荷被放置在其他电荷的电场（$\boldsymbol{E}$）中时，作用在点电荷上的静电力 $\boldsymbol{F}$ 为

$$\boldsymbol{F} = q\boldsymbol{E}$$

倘若 q 为正，$\boldsymbol{F}$ 具有与 $\boldsymbol{E}$ 相同的方向；倘若 q 为负，$\boldsymbol{F}$ 具有与 $\boldsymbol{E}$ 相反的方向.

外电场中的电偶极子 当电偶极矩为 $\boldsymbol{p}$ 的电偶极子被放置在电场（$\boldsymbol{E}$）中时，电场对电偶极子的力矩为

$$\boldsymbol{M} = \boldsymbol{p} \times \boldsymbol{E}$$

思考题

1. 库仑定律适用于所有的带电物体吗？

2. 图 12－22 显示在轴线上的两个带电粒子. 它们能自由移动. 然而，可以在某一点放第三个带电粒子使全部三个粒子都处于平衡. (a) 那一点是在前两个粒子的左边，右边，还是它们之间？(b) 第三个粒子应当带正电还是负电？(c) 平衡是稳定的还是不稳定的？

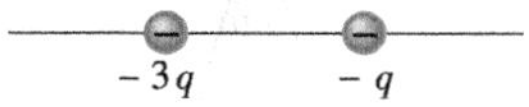

图 12－22 思考题 2 图

3. 在图 12－23 中，一个带电荷 $-q$ 的中央粒子被两个带电粒子的圆环围绕，两环的半径分别为 r 和 R，而 $R>r$. 由其他粒子引起的作用在中央粒子上的合静电力的大小及方向为何？

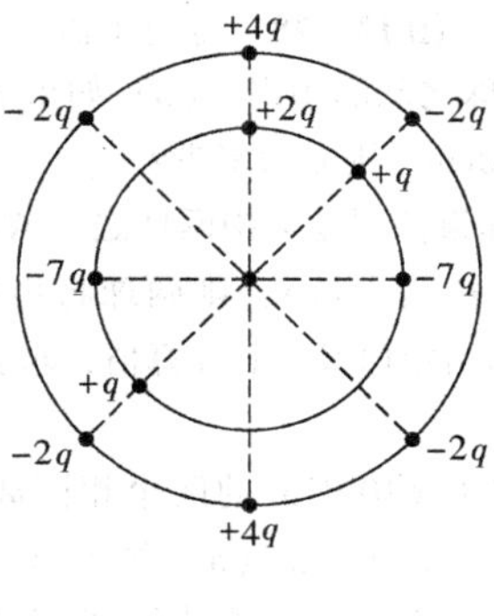

图 12－23 思考题 3 图

4. 让带正电的球靠近绝缘的中性导体，保持球与导体靠近的状态，然后使导体接地. 如果 (a) 球先被拿开然后断开导体与地的连接，及 (b) 先断开与地的连接，然后把球拿开，导体是带正电还是带负电，或是中性的？

5. (a) 一根带正电的玻璃棒吸引一个被绝缘细线悬挂着的物体，那么这物体肯定带负电或仅仅可能带负电？(b) 一根带正电的玻璃棒排斥一个同样悬挂着的物体，那么这物体肯定带正电或仅仅可能带正电？

6. 图 12－24 示出三根电场线. 正的检验电荷被放置在 (a) A 点及 (b) B 点，在检验电荷上的静电力沿什么方向？(c) 如果检验电荷被释放，则在 A 点还是 B 点，电荷的加速度会较大？

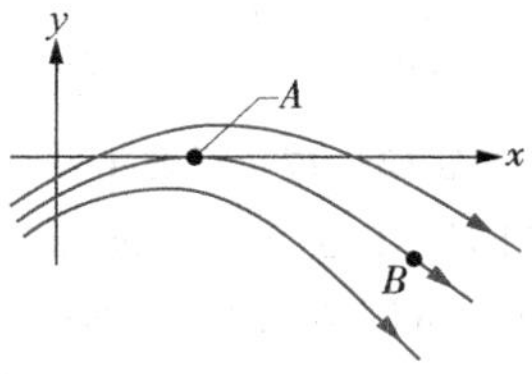

图 12－24 思考题 6 图

7. 图 12－25 示出带电粒子的两个正方形配置. 两个正方形都以 P 点为中心但位置没有对好. 这些粒子沿着正方形的周边被隔开 d 或 $d/2$. 在 P 点的合电场强度的大小及方向为何？

8. 两个电荷为 $-q$ 的粒子相对于 y 轴对称安排；每个粒子在该轴上 P 点激发电场强度. (a) 它们分别在 y 轴上任意点 P 处激发的电场强度的大小相等吗？(b) 每个电场强度是朝着还是背离产生它的电荷的方向？(c) 合电场强度在 P 点的大小等于每个电场强度矢量大小 E 的和（即等于 $2E$）吗？(d) 那两个电场强度矢量的 x 分量是相加还是相消？(e) 它们的 y 分量是相加还是相

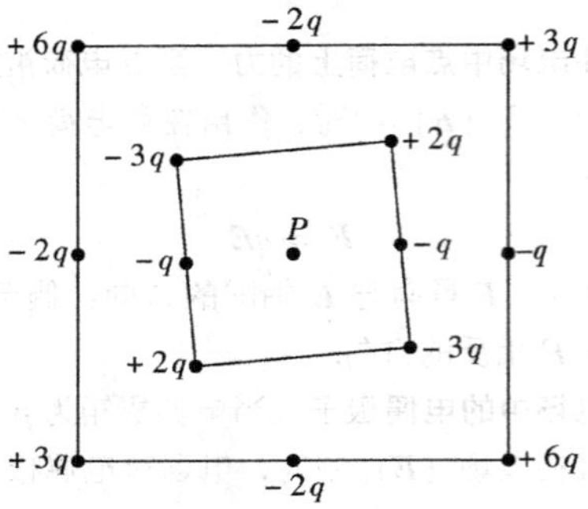

图 12－25　思考题 7 图

消？(f) 在 P 点合电场强度的方向沿相消分量还是相加分量的方向？(g) 合电场强度沿什么方向？

9. 三根曲率半径相同的圆形绝缘杆具有均匀电荷．杆 A 具有电荷 $+2Q$ 并张成 30°的弧，杆 B 具有电荷 $+6Q$ 并张成 90°的弧，而杆 C 具有电荷 $+4Q$ 并张成 60°的弧．请按照杆的线电荷密度把它们由大到小排序．

10. 图 12－26 示出带电粒子 1 通过均匀电场矩形区域的路径，粒子偏向页面的顶部．(a) 电场是指向左边、右边、页面的顶部、还是页面的底部？(b) 三个其他的带电粒子如图所示接近电场区域，哪些朝向页面顶部偏转？哪些朝向底部？

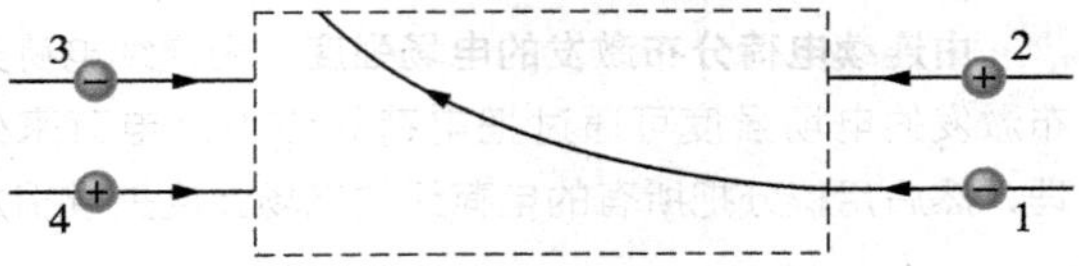

图 12－26　思考题 10 图

习题

1. 在图 12－27 中，如果 $q=1.0\times10^{-7}$C 而 $a=5.0$cm，则对在正方形左下角的带电粒子的合静电力的 (a) 水平分量及 (b) 垂直分量各多大？

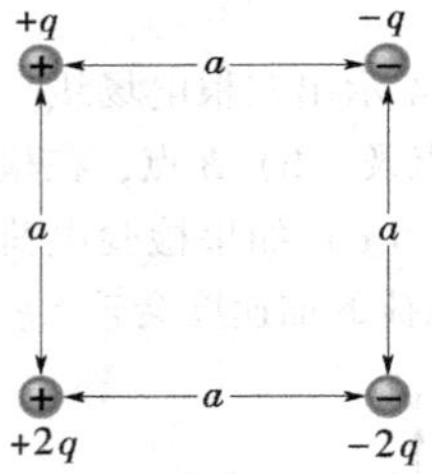

图 12－27　习题 1 图

2. 两个被固定在适当位置的相同的导体球，当两中心相距 50.0cm 时以 0.108N 的静电力互相吸引．用细导线将两球连接，当导线移去后，两球以 0.0360N 的静电力互相排斥，问：两球上的初始电荷各是多少？

3. 在正方形的两个对角上各放一电荷为 Q 的粒子，而在另两个对角上各放一电荷为 q 的粒子．(a) 如果作用在每个电荷为 Q 的粒子上的合静电力为零，则 Q 与 q 应有什么关系？(b) 是否有一个 q 值能使 4 个粒子中的每一个受的合静电力都为零？请解释之．

4. 在图 12－28 中，两个有相同质量 m，带同样电荷的小导电球悬挂在长为 L 的细线上．假定 θ 很小，以致 $\tan\theta$ 能用其近似值 $\sin\theta$ 来代替．(a) 证明：对于平衡状态，有

$$x=\left(\frac{q^2L}{2\pi\varepsilon_0 mg}\right)^{1/3}$$

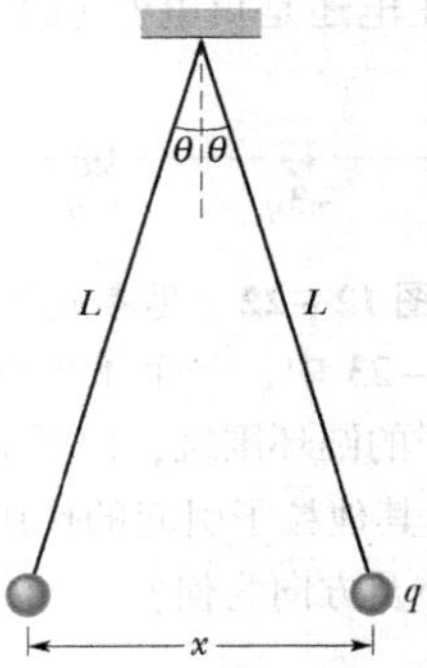

图 12－28　习题 4 图

式中，x 是两球之间的距离；(b) 如果 $L=120$cm、$m=10$g、$x=5.0$cm，则 q 为多少？

5. 说明如果使习题 4 中两球之一放电（比方说，把它的电荷 q 传给大地），则两球将出现什么情况．利用 L 和 m 的给定值及 q 的计算值，求新的平衡距离 x．

6. 相距 5.0×10^{-10}m 的两个相同离子之间静电力的大小是 3.7×10^{-9}N．(a) 每个离子的电荷量是多少？(b) 从每个离子“失去”了多少个电子（因而引起离子的电荷失衡）？

7. 在图 12－29 中左侧电场线的间距是右侧的两倍．(a) 如果在 A 点电场的大小是 40N/C，则作用在 A 点处质子上的力如何？(b) 在 B 点电场强度的大小

是多少？

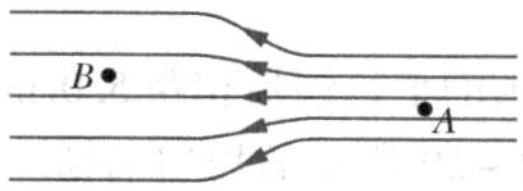

图 12－29　习题 7 图

8. 两个带有等量异号电荷的粒子保持相距 15cm，电荷的大小为 2.0×10^{-7}C. 在这两个电荷之间中点处 $\boldsymbol{E}$ 的大小及方向为何？

9. (a) 在图 12－30 中，两个固定的点电荷 $q_1=-5q$ 及 $q_2=-2q$ 被隔开距离 d. 确定由这两个电荷引起的合电场强度为零的点（或一些点）. (b) 定性绘出电场线图.

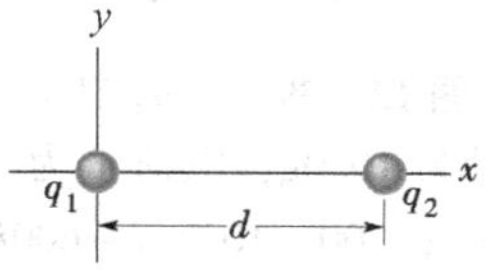

图 12－30　习题 9 图

10. 计算图 12－31 中 P 点处由三个点电荷所激发的电场强度的大小及方向.

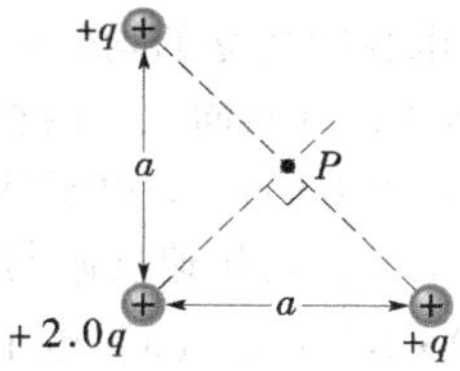

图 12－31　习题 10 图

11. 如图 12－32 所示，如果 $q=1.0\times10^{-8}$C 而 $a=5.0$cm，则在正方形中心电场强度的大小及方向为何？

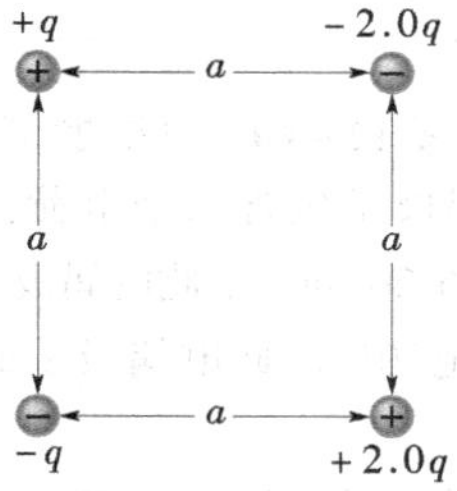

图 12－32　习题 11 图

12. 在图 12－33 中，求电偶极子在 P 点激发的电场强度的大小及方向. P 点在两电荷连线的中垂线上距离 $r\gg d$ 处. 把答案用电偶极矩 $\boldsymbol{p}$ 的大小及方向来表达.

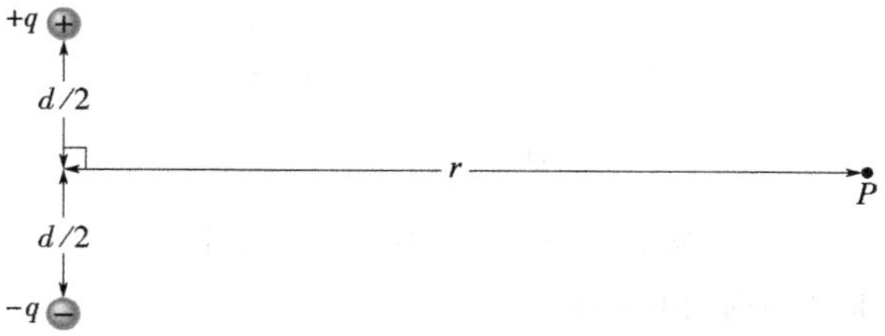

图 12－33　习题 12 图

13. 电四极子　图 12－34 示出一个电四极子，它由两个电偶极矩大小相等而方向相反的电偶极子组成. 证明在电四极子轴线上距离其中心为 z（设 $z\gg d$）的 P 点处 E 的值由下式给出

$$E=\frac{3Q}{4\pi\varepsilon_0 z^4}$$

其中，Q（$=2qd^2$）叫做该电荷分布的**四极矩**.

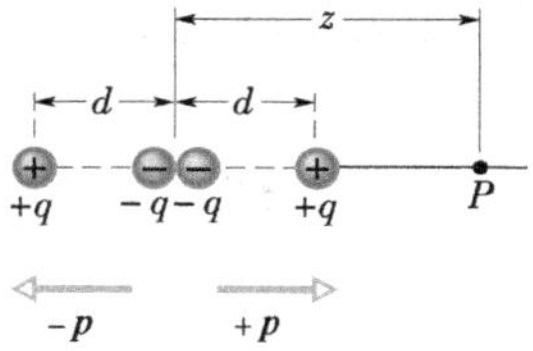

图 12－34　习题 13 图

14. 在图 12－35a 中，两根弯曲的塑料杆，一根带电荷 $+q$ 而另一根带电荷 $-q$，它们在 xy 平面内形成一半径为 R 的圆. x 轴穿过它们的连接点，并且电荷均匀分布在两根杆上. 在圆的中心 P 处，所产生的电场强度 $\boldsymbol{E}$ 的大小及方向为何？

15. 如图 12－35b 所示，一根细玻璃棍被弯成半径为 r 的半圆. 电荷 $+q$ 沿棍的上半部均匀分布，而电荷 $-q$ 沿下半部均匀分布. 求在半圆中心 P 点的电场强度 $\boldsymbol{E}$ 的大小及方向.

16. 在半径为 R 的均匀电荷环的中心轴上，距离多远处由环上电荷激发的电场强度为最大？

17. 在图 12－36 中，长 L 的绝缘杆具有沿其长度均匀分布的电荷 $-q$. (a) 杆的线电荷密度为多大？(b) 在距离杆末端为 a 的 P 点处电场强度为何？(c) 如果与 L 相比 P 点离杆很远，则杆看起来像一个点电荷，证明你对 (b) 的答案将简化为对 $a\gg L$

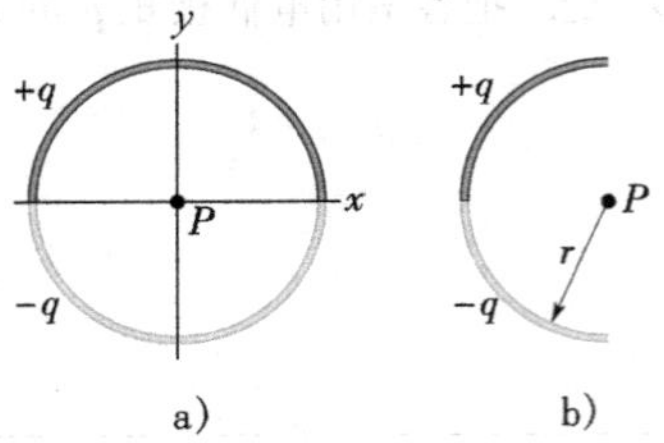

图 12 – 35　习题 14、习题 15 图

时点电荷的电场强度.

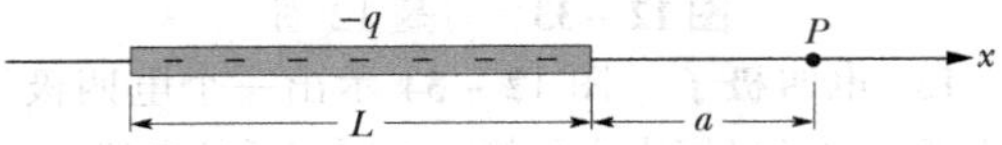

图 12 – 36　习题 17 图

18. 如图 12 – 37 所示，长 L 的细绝缘杆具有沿着它均匀分布的电荷 q. 试证明在杆的中垂线上 P 点的电场强度的大小为

$$E = \frac{q}{2\pi\varepsilon_0 y}\frac{1}{(L^2+4y^2)^{1/2}}$$

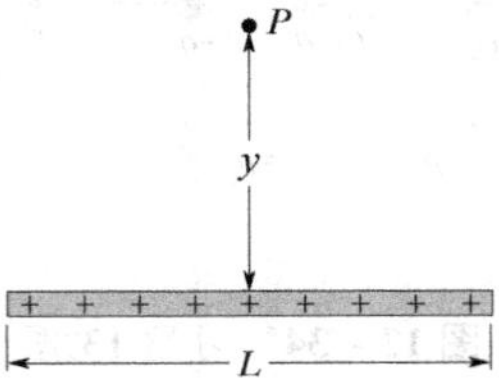

图 12 – 37　习题 18 图

19. 在图 12 – 38 中，一 “半无限长” 绝缘杆（即，只沿一个方向无限长）具有均匀线电荷密度 λ. 试证明在 P 点的电场与杆成 45°角，并且这个结果与距离 R 无关（**提示**：分别求出在 P 点电场强度的平行及垂直于杆的分量，然后比较这些分量）.

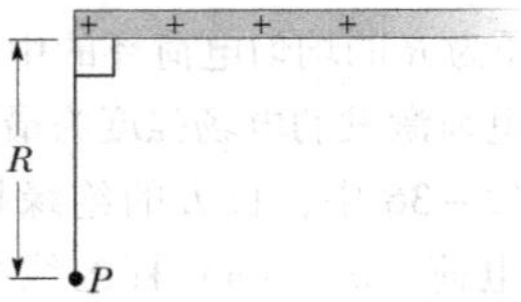

图 12 – 38　习题 19 图

20. 在半径为 R 的均匀带电塑料圆盘的中心轴上距离多远处，电场强度的大小等于圆盘表面中心处的一半？

21. 两块大的平行铜板相距 5.0cm，且在它们之间具有如图 12 – 39 所示的均匀电场. 在一质子从正电板被释放的同时，一电子从负电板被释放. 忽略两粒子彼此间的力，求当它们互相越过时它们与正电板的距离.（求解这道习题时并不需要知道电场强度，这不使人惊奇吗?）

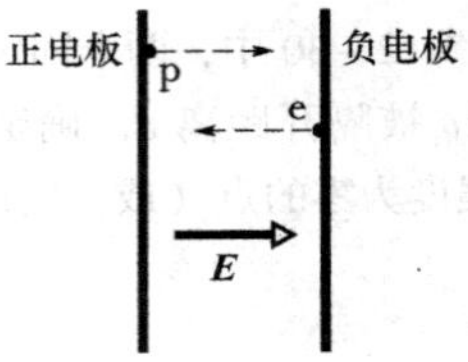

图 12 – 39　习题 21 图

22. 一质量为 10.0g，电荷量为 $+8.00\times10^{-5}$C 的物块放在 $\boldsymbol{E}=(3.00\times10^3)\boldsymbol{i}-600\boldsymbol{j}$ 的电场中，其中 $\boldsymbol{E}$ 的单位是 N/C.（a）作用在这物块上力的大小及方向为何？（b）如果该物块在 $t=0$ 时从原点由静止被释放，在 $t=3.00$s 时它的坐标为何？

23. 在图 12 – 40 中由于下板带正电，上板带负电，在两平行带电板间建立的均匀电场强度 $\boldsymbol{E}$ 的大小为 2.00×10^3N/C，方向向上. 两板具有长度 $L=10.0$cm 和间隔 $d=2.00$cm. 一电子从下板的左边缘被射入两板间. 电子的初始速度 $\boldsymbol{v}_0$ 与下板成 $\theta=45°$ 角而大小为 6.00×10^6m/s.（a）电子是否会打到任一板上？（b）如果能打到，则电子打到哪个板且在离其左边缘沿水平方向多远处？

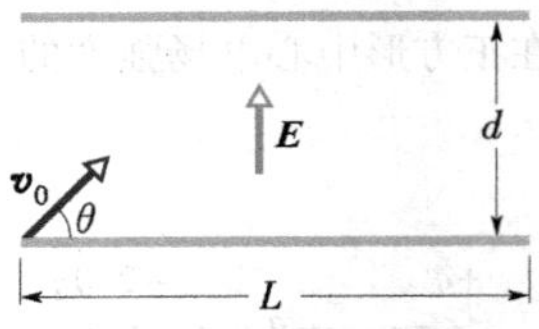

图 12 – 40　习题 23 图

24. 一电偶极子包含两个电荷，它们的大小为 1.50nC 并相距 6.20μm. 把此电偶极子放到电场强度为 1100N/C 的电场中. 此电偶极子的电偶极矩的大小是多少？

25. 一电偶极子由相距 0.78nm、分别带有 $+2e$ 与 $-2e$ 的两个电荷组成，它在电场强度为 3.4×10^6N/C 的电场中，计算当电偶极矩与电场（a）平行、（b）垂直及（c）反平行时，电偶极子受的力矩的大小.

26. 花的繁殖依赖昆虫把花粉粒从一朵花传送到另一朵．在其中蜜蜂能这样做的一种方式是通过电的方法收集粉粒，因为蜜蜂通常是带正电的．当蜜蜂在花的电绝缘的花药附近（见图 12－41）盘旋时，花粉粒（它们在一定程度上导电）跳向蜜蜂，在飞到下一朵花期间花粉粒粘附在蜜蜂上．当蜜蜂接近那朵花的柱头（它通过花的内部与地电连接）时，花粉粒从蜜蜂跳到柱头上，使花受精．

（a）假定带有典型的 45pC 电荷的一蜜蜂是球形导体，求在距离蜜蜂中心为 2.0cm 的花粉粒处蜜蜂的电场强度的大小．（b）那个场是均匀的还是不均匀的？（c）对为什么花粉粒跳往蜜蜂，在蜜蜂飞行期间粉粒粘附在它上面，以及然后从蜜蜂跳离到接地的柱头上，给出合理的说明．当花粉粒到达蜜蜂时，它是否与蜜蜂形成电接触，以致花粉粒上的电荷改变？

图 12－41　习题 26 图

第 13 章　高 斯 定 理

壮观的闪电轰击着图森市[一]，每次轰击从云底到地面传送约 10^{20} 个电子.

一次闪电有多宽？由于轰击能从几千米远处看到，它是否像，比方说，汽车一样宽？

答案就在本章中.

[一] 美国亚利桑那州南部的城市. ——编者注

如果想要确定一个土豆的质心，可以通过实验或通过涉及三重积分数值计算的艰苦运算来完成. 如果该土豆碰巧是个均匀的椭球体，那么，不经运算就能从其对称性知道质心确切在哪里. 对称的情况出现在物理学的一切领域；当可能时，把物理定律打造成充分利用这个事实的形式是有意义的.

库仑定律是静电学中的统治定律，但它并未被打造成在一些含有对称性的情况下使应用特别简化的形式。在本章中，我们引入一条由德国数学家和物理学家高斯（C. F. Gauss）导出的定理叫做**高斯定理**，它能被用于一些特殊的对称情况. 对于静电学问题，它与库仑定律完全等效.

高斯定理的核心是一个被叫做**高斯面**的假想的闭合面. 高斯面往往具有对称的形状，如球面、圆柱面或某种其他对称的形状. 它应该总是**闭合**面，以便清楚地区别面内、面上和面外的点.

高斯定理说明了在（闭合的）高斯面上各点的电场与该面所包围的净电荷的关系。

13-1 电通量

1. 通量的概念

如图 13-1a 所示，假设在面积为 A 的小方框处、具有均匀速度$\boldsymbol{v}$ 的宽气流。令 Φ 表示空气流过方框的**体积流量**（单位时间的体积）. 这个流量取决于$\boldsymbol{v}$ 与方框平面之间的角度。如果$\boldsymbol{v}$ 垂直于平面，则流量 Φ 等于 vA.

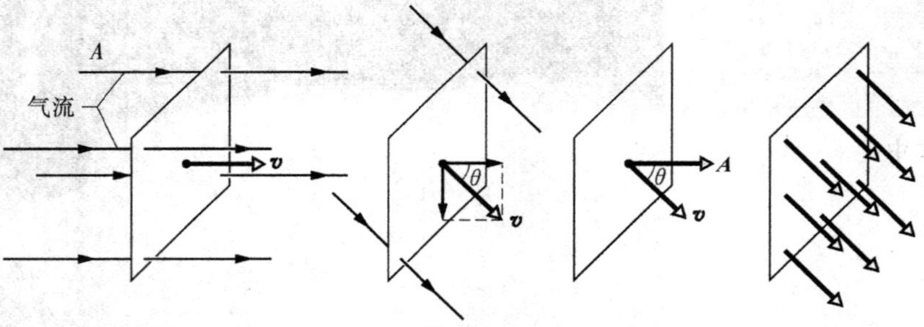

图 13-1 a）均匀气流垂直于面积为 A 的方框平面. b）流速$\boldsymbol{v}$ 垂直于框平面的分量为 $v\cos\theta$，其中 θ 是$\boldsymbol{v}$ 和平面法线之间的角. c）面积矢量 $\boldsymbol{A}$ 垂直于框平面，并与$\boldsymbol{v}$ 成 θ 角. d）被方框面积所拦截的速度场.

如果$\boldsymbol{v}$ 平行于方框平面，则没有空气通过该框，所以 Φ 为零。对于中间的角度，流量 Φ 取决于$\boldsymbol{v}$ 垂直于平面的分量（见图 13-1b）. 由于该分量是 $v\cos\theta$，流过方框的体积流量就是

$$\Phi = (v\cos\theta)A \tag{13-1}$$

这个通过面的流量是**通量**的一个例子，在这种情况下流量是**体积通量**. 在讨论静电学中涉及的通量之前，我们需要借助矢量改写式（13-1）.

为此，我们首先定义**面积矢量 $\boldsymbol{A}$** 为其大小等于一面积（这里是该框的面积）而其方向垂直于该面积的平面（图 13-1c）的矢量. 我们于是把式（13-1）改写为气流的速度矢量$\boldsymbol{v}$ 与该框面积矢量 $\boldsymbol{A}$ 的标（或点）积，即

$$\Phi = vA\cos\theta = \boldsymbol{v} \cdot \boldsymbol{A} \tag{13－2}$$

式中，θ 是 $\boldsymbol{v}$ 与 $\boldsymbol{A}$ 之间的角.

“通量”一词来自意指“流过”的拉丁词语. 如果我们谈论到穿过该框空气体积的流动，那个含义是有意义的. 然而，对式（13－2）可以按一种更抽象的方式来看待. 为了体会这一点，应注意到我们能对通过该框的气流中每一点给予一速度矢量（见图 13－1d），所有那些矢量的组合是一**矢量场**，所以我们可把式（13－2）解释为给出**矢量场穿过该框的通量**. 用这个解释，通量不再表示某些东西穿过一面积的实际流动，而是表示一面积与穿过该面积的场的乘积.

2. 电通量

为了定义电场的通量，考虑图 13－2，它示出浸没在非均匀电场中的任一（非对称的）高斯面. 让我们把该面划分成面积为 ΔA 的小正方形，每个正方形充分小使我们能忽略任何弯曲而认为各个正方形是平的. 用面积矢量 $\Delta\boldsymbol{A}$ 表示每个这样的面积元，其大小是 ΔA，每个矢量 $\Delta\boldsymbol{A}$ 垂直于高斯面并从面的内部指向外部.

因为这些正方形已被取为任意小，电场强度 $\boldsymbol{E}$ 可被假定遍及任一给定的正方形都是常量. 对每个正方形，矢量 $\Delta\boldsymbol{A}$ 和 $\boldsymbol{E}$ 互相成某个角度 θ. 图 13－2 示出高斯面上三个正方形（1，2 和 3）的放大图，及对每个正方形的角 θ.

对于图 13－2 的高斯面，电通量的临时定义是

$$\Phi = \sum \boldsymbol{E} \cdot \Delta\boldsymbol{A} \tag{13－3}$$

这个方程指示我们巡视高斯面上的每个正方形，计算我们在那里遇到的两个矢量 $\boldsymbol{E}$ 和 $\Delta\boldsymbol{A}$ 的标积 $\boldsymbol{E} \cdot \Delta\boldsymbol{A}$，并对形成高斯面的所有正方形用代数（即，带着符号）的方法去求那些标积的和. 从各个标积所得到的符号或零确定穿过其正方形的通量是正、负、或零. 像 1 那样的正方形，其中 $\boldsymbol{E}$ 指向面内，对式（13－3）的总和的贡献是负的. 像 2 那样的正方形，其中 $\boldsymbol{E}$ 躺在面上，贡献是零. 像 3 那样的正方形，其中 $\boldsymbol{E}$ 指向面外，贡献是正的.

使任一曲面 A 上像图 13－2 中所示那样的正方形面积逐渐变小趋近于微分极限 $\mathrm{d}A$，就可以得到电场穿过该曲面的通量的确切定义. 面积矢量于是趋近微分极限 $\mathrm{d}\boldsymbol{A}$，式（13－3）的求和就变成一积分，而我们对电通量的定义就是

$$\Phi = \int_{(A)} \boldsymbol{E} \cdot \mathrm{d}\boldsymbol{A} \quad （穿过曲面 A 的电通量） \tag{13－4}$$

这样的积分在数学上叫做**面积分**，积分号下的角标（A）表示此积分遍及整个曲面 A. 电通量是标量，其 SI 单位是牛平方米每库（$\mathrm{N \cdot m^2/C}$）.

高斯面都是闭合面，即曲面 A 是闭合的，在这种情况下，电通量应表示为

$$\Phi = \oint_{(A)} \boldsymbol{E} \cdot \mathrm{d}\boldsymbol{A} \tag{13－5}$$

积分号“$\oint_{(A)}$”强调是对整个**闭合**曲面进行积分.

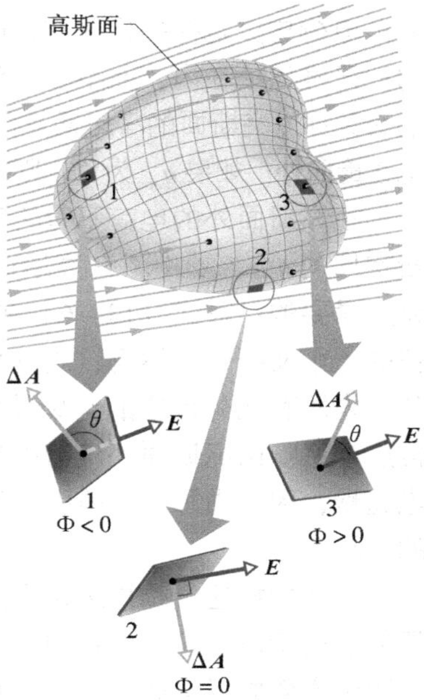

图 13－2 浸没在电场中一个任意形状的高斯面. 它被划分成许多小正方形面积. 图中画出了场强 $\boldsymbol{E}$ 和标以 1，2 和 3 的面积矢量为 $\Delta\boldsymbol{A}$ 的三个有代表性的正方形.

我们可按下述方式解释式（13－5）：首先回想我们利用穿过一面积的电场线密度作为那里电场强度 $\boldsymbol{E}$ 的成比例的量度．具体地讲，$\boldsymbol{E}$ 的大小正比于每单位面积的电场线条数．因而，式（13－5）中的标积 $\boldsymbol{E}\cdot \mathrm{d}\boldsymbol{A}$ 正比于穿过面积 $\mathrm{d}A$ 的电场线的条数．因为式（13－5）中的积分是对闭合的高斯面进行的，所以我们看到

> 穿过高斯面的电通量 Φ 正比于穿过该面的电场线的净条数．

13－2 库仑定律的另一种形式——高斯定理

高斯定理涉及穿过一闭合面（高斯面）电通量 Φ 与该面所包围的净电荷 q_{enc} 的关系．它告诉我们

$$\varepsilon_0\Phi = q_{\mathrm{enc}} \qquad \text{（高斯定理）} \qquad (13-6)$$

通过代入电通量的定义式（13－5），就能把高斯定理写作

$$\varepsilon_0\oint_{(A)}\boldsymbol{E}\cdot \mathrm{d}\boldsymbol{A} = q_{\mathrm{nec}} \qquad \text{（高斯定理）} \qquad (13-7)$$

式（13－6）和式（13－7）只适用于当电荷位于真空中或（对大多数实际目的是一样的）空气中．在第15－9节中，我们将使高斯定理变更到包括其中存在诸如云母、油类、或玻璃等材料的情况．

在式（13－6）和式（13－7）中，净电荷是所有被包围的正电荷与负电荷的代数和，而它可以是正的、负的或零．我们把符号包括在内，而不仅用到它们的大小，因为符号告诉我们有关穿过高斯面的净电通量的一些情况：如果 q_{enc} 为正，则净电通量**向外**；如果 q_{enc} 为负，则净电通量**向内**．

在高斯面外的电荷不管它可能多大或多近，都不包括在高斯定理的 q_{enc} 一项中．在高斯面内，电荷的确切形状或位置是无关紧要的；在式（13－6）的右边，重要的是被包围的净电荷的大小及符号．然而，式（13－6）左边的 $\boldsymbol{E}$ 是由高斯面外和面内所有电荷合成的电场强度．这可能看来是不合逻辑的，但应注意：由高斯面外电荷引起的电场并不提供**穿过**该面的净电通量，因为由那个电荷引起的电场线进入该面的与离开该面的一样多．

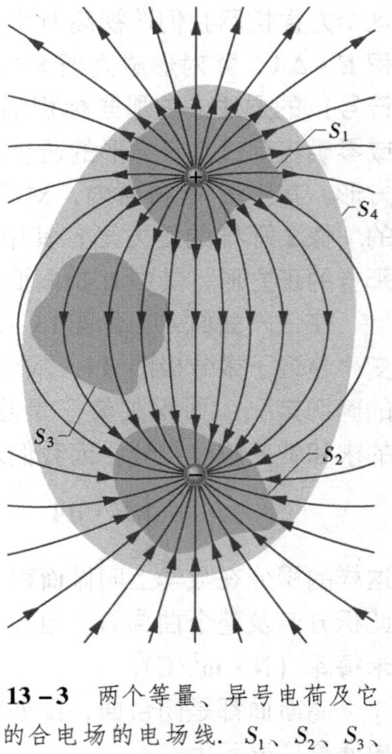

图13－3 两个等量、异号电荷及它们的合电场的电场线．S_1、S_2、S_3、S_4 是四个高斯面的截面．S_1 包围正电荷，S_2 包围负电荷，S_3 不包围电荷，S_4 包围两个电荷因而没有净电荷．

让我们把这些构想运用到图13－3．该图示出两个等量异号的点电荷及描绘它们在周围空间所激发的电场的电场线，还有四个高斯面以截面示出．让我们依次考虑每个面．

面 S_1 对于这个面上所有的点，电场都是向外的．因而，穿过这个面的电通量为正，正如高斯定理要求的，在该面内的净电荷也如此，即在式（13－6）中，如果 Φ 为正，则 q_{enc} 必定也为正．

面 S_2 对于这个面上所有的点电场都是向内的，因而，

电通量为负，而且正如高斯定理要求的，被包围的电荷也如此.

面 S_3 这个面未包围电荷，因而 $q_{enc}=0$. 高斯定理式（13-7）要求穿过这个面的净电通量为零，那是合理的. 因为全部电场线完整地穿过该面，在顶部进入而在底部离开.

面 S_4 这个面未包围净电荷，因为所包围的正电荷与负电荷具有相等的大小. 高斯定理要求穿过这个面的净电通量为零，那是合理的，因为离开 S_4 的电场线和进入它的一样多.

如果我们拿来一巨大的电荷 Q 一直到靠近图 13-3 中面 S_4 处，则将出现什么情况？电场线的图样肯定会改变，但对于四个高斯面的每一个净电通量将不改变. 我们能理解这一点，因为与所追加的 Q 相联系的电场线会完整地穿过四个高斯面的每一个，对于穿过这些面的任一个的净电通量没有贡献. Q 的值将不以任何方式进入高斯定理，因为 Q 位于我们考虑的所有四个高斯面的外部.

例题 13-1

图 13-4 示出五块带电的塑料和一个电中性的硬币以及一个高斯面的截面 S. 如果 $q_1=q_4=+3.1\text{nC}$、$q_2=q_5=-5.9\text{nC}$、且 $q_3=-3.1\text{nC}$，则穿过该面的电通量是多少？

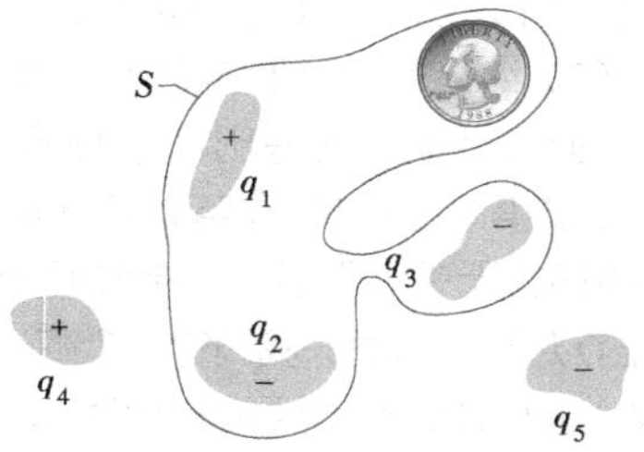

图 13-4 例题 13-1 图 该图示出五块带电的塑料和一个电中性的硬币以及一个高斯面的截面. 高斯面包围了三个塑料块和这个硬币.

【解】 这里关键点是，穿过该面的净电通量 Φ 取决于面 S 所包围的净电荷. 这意味着硬币和电荷 q_4 及 q_5 对 Φ 不作贡献. 硬币不作贡献的原因是它是中性的，因而含有等量的正电荷与负电荷. 电荷 q_4 与 q_5 不作贡献的原因是它们在面 S 外. 因而，q_{enc} 是 $q_1+q_2+q_3$，而式（13-6）给出

$$\Phi=\frac{q_{enc}}{\varepsilon_0}=\frac{q_1+q_2+q_3}{\varepsilon_0}$$

$$=\frac{+3.1\times10^{-9}\text{C}-5.9\times10^{-9}\text{C}-3.1\times10^{-9}\text{C}}{8.85\times10^{-12}\text{C}^2/\text{N}\cdot\text{m}^2}$$

$$=-670\text{N}\cdot\text{m}^2/\text{C} \qquad \text{（答案）}$$

负号表明，穿过该面的净电通量是向内的，因而在面内的净电荷是负的.

如果高斯定理与库仑定律是等效的，我们应该能从它们中的一个导出另一个. 这里，我们从高斯定理导出库仑定律，并引出一些关于对称性的考虑.

图 13-5 示出一正点电荷 q，我们已围绕它画了一半径为 r 的同心球形高斯面. 设我们把这个面划分成一些微分面积 dA. 按定义，在任一点的面积矢量 **dA** 垂直于那里的面且由内部指向外部. 从这一情况的对称性我们知道，在任一点的电场强度也垂直于该面并由内部指向外部. 因而，由于 $\boldsymbol{E}$ 和 **dA** 之间的角度为零，我们可把对高斯定律的式（13-7）改写作

$$\varepsilon_0\oint_{(A)}\boldsymbol{E}\cdot\mathrm{d}\boldsymbol{A}=\varepsilon_0\oint_{(A)}E\mathrm{d}A=q_{enc}$$

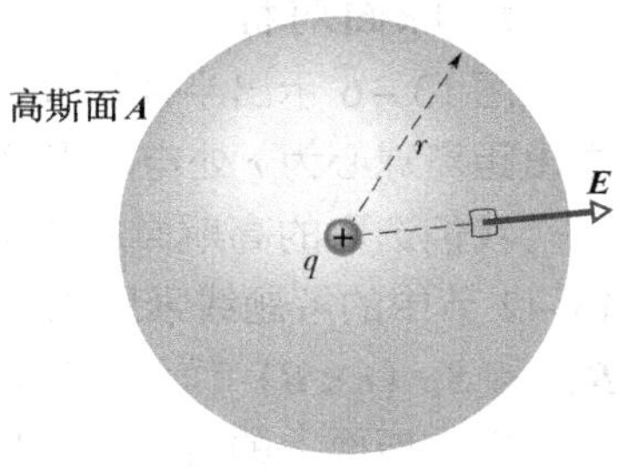

图 13-5 以点电荷 q 为中心的球形高斯面.

式中，$q_{enc}=q$. 尽管 E 沿半径随着离 q 的距离变化，但它在球形面上处处具有相同的值. 由于该式是对该面取的，E 在积分中是恒定的，可提到积分号外，于是得

哈里德大学物理学

$$\varepsilon_0 E \oint_{(A)} \mathrm{d}A = q \tag{13-8}$$

这个积分现在仅是球面上所有微分面积 dA 的总和，因而恰好是该面的面积 $4\pi r^2$. 代入这个结果，我们有

$$\varepsilon_0 E(4\pi r^2) = q$$

或

$$E = \frac{1}{4\pi\varepsilon_0}\frac{q}{r^2} \tag{13-9}$$

这正好是由点电荷所激发的电场强度式（12-11），它是我们运用库仑定律求得的. 同样，从库仑定律也能导出高斯定理. 由于本教材篇幅有限，故不在此讨论. 因此，高斯定理与库仑定律是等效的.

解题线索

线索1：选择高斯面

用高斯定理对式（13-9）的推导是对由其他电荷分布所激发的电场强度的推导的一种准备，所以让我们越过所涉及的步骤回过头来考虑一下. 我们以一给定的正点电荷开始；我们知道电场线按球对称的图样沿半径向外延伸.

为了用高斯定理式（13-6）求出电场强度在距离 r 处的大小 E，我们必须通过距离 q 为 r 的一点围绕 q 放置一假想的闭合高斯面，然后应通过积分去把遍及整个高斯面的 $\boldsymbol{E}\cdot \mathrm{d}\boldsymbol{A}$ 的值加起来. 为了尽可能简单地完成这个积分，我们选择球形高斯面（以适应电场的球对称性）. 该选择具有三个简化特点：（1）点积 $\boldsymbol{E}\cdot \mathrm{d}\boldsymbol{A}$ 变得简单，因为在高斯面上所有的点 $\boldsymbol{E}$ 和 d$\boldsymbol{A}$ 之间的角度为零，所以在所有的点我们有 $\boldsymbol{E}\cdot \mathrm{d}\boldsymbol{A}=E\mathrm{d}A$. （2）在高斯面上所有的点电场强度的大小 E 相同，所以在积分中是恒定的，可被提到积分号前面. （3）结果是一个非常简单的积分，即球面的微分面积的和，我们立刻写出它为 $4\pi r^2$.

应注意，高斯定理的成立与我们选择包围电荷 q_{enc} 的高斯面形状无关. 然而，如果我们已选定，比方说，一正立方形高斯面，我们的三个简化特点将会消失，而 $\boldsymbol{E}\cdot \mathrm{d}\boldsymbol{A}$ 对正方形面的积分将会非常困难. 这里的经验是选择那种最大限度简化高斯定理中的积分的高斯面.

13-3 高斯定理的应用

1. 球面对称

图 13-6 示出半径为 R、总电荷为 q 的均匀带电球壳，让我们求出距离球心为 r 处电场强度的大小 E 的表达式.

我们选取的高斯面应该与这个问题的球面对称性相适应. 按照 13-2 节中的解题线索所说，我们选择半径为 r 的同心球面 S_2（$r>R$）和 S_1（$r<R$）作为高斯面.

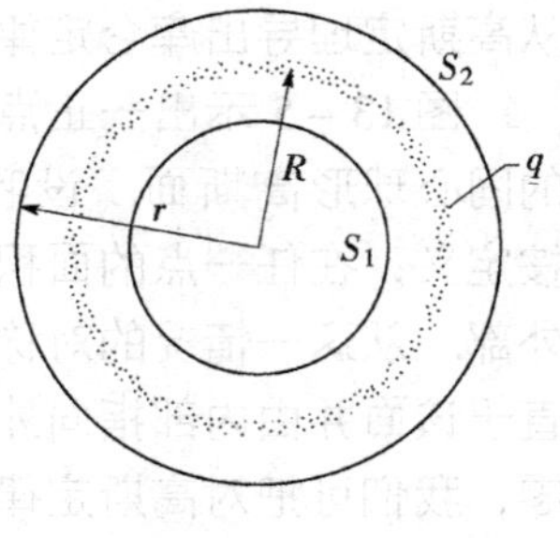

图 13-6 具有总电荷 q 的、均匀带电薄球壳的截面. S_1、S_2 为两个圆心的高斯面. S_2 包围球壳，S_1 仅包围球壳的空的内部.

在高斯面上的每一点，$\boldsymbol{E}$ 必定具有相同的大小 E，并且沿球壳半径方向.

把高斯定理应用于 S_2，由于 $r\geqslant R$，

$$\varepsilon_0 \Phi = q_{\text{enc}}$$

即

$$\varepsilon_0 E(4\pi r^2) = q$$

它给出

$$E=\frac{1}{4\pi\varepsilon_0}\frac{q}{r^2}\quad(\text{在 } r\geqslant R \text{ 处的电场强度})\tag{13-10}$$

把高斯定理应用于 S_1，由于 $r<R$，直接导出

$$E=0\quad(\text{在 } r<R \text{ 处的电场强度})\tag{13-11}$$

这两个结论实际上是我们在 12-2 节中曾经提出但未证明的两条球壳定理.

任何球对称的电荷分布，如图 13-7 所示那样，都能选取球形高斯面用以上的方法处理.

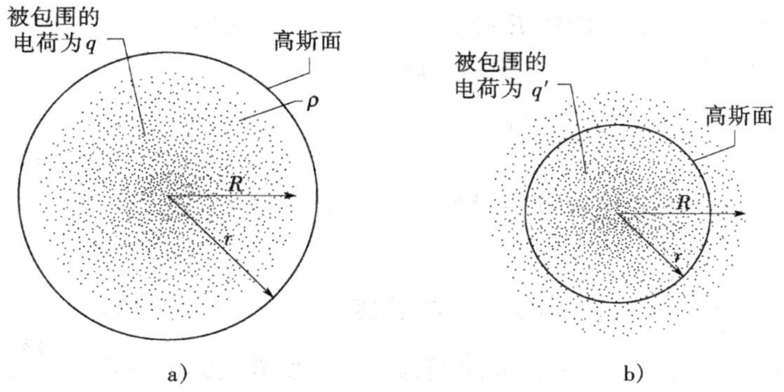

图 13-7 小点表示在半径为 R 的区域内电荷的球对称分布. 带电体不是导体，电荷假设是固定的. a) 中示出 $r>R$ 的高斯面；b) 中示出 $r<R$ 的高斯面.

在图 13-7a 中，全部电荷位于 $r>R$ 的高斯面内，电荷在高斯面上引起的电场正像位于中心的点电荷，因而式 (13-10) 成立.

图 13-7b 示出 $r<R$ 的高斯面. 为了求出这个高斯面上一些点处的电场强度，我们应把电荷分成两部分：高斯面外的电荷及被高斯面包围的电荷 q'. 式 (13-11) 表明，前一部分电荷不在高斯面上建立合电场强度；而后一部分电荷 q' 正像被集中在中心一样. 我们可把式 (13-10) 改写为

$$E=\frac{1}{4\pi\varepsilon_0}\frac{q'}{r^2}\quad(\text{在 } r\leqslant R \text{ 处的电场强度})\tag{13-12}$$

如果在半径 R 内所包围的电荷是均匀的，则有

$$\frac{q'}{\frac{4}{3}\pi r^3}=\frac{q}{\frac{4}{3}\pi R^3}\tag{13-13}$$

把这个结果代入式 (12-13)，得

$$E=\left(\frac{q}{4\pi\varepsilon_0 R^3}\right)r\quad(\text{均匀电荷,在 } r\leqslant R \text{ 处的电场强度})\tag{13-14}$$

2. 柱面对称

图 13-8 示出一无限长圆柱形塑料杆的截面，该杆具有均匀的正线电荷密度 λ. 让我们求在距离杆的轴线为 r 处的电场强度 $\boldsymbol{E}$ 的大小的表达式.

我们的高斯面应当与这个问题的柱面对称性相适应. 我们选择一半径 r、长 h、与杆共轴的

圆柱面. 高斯面必须是闭合的，所以，我们把两个末端作为该面的一部分.

现在假想，有人使塑料杆绕其纵向的轴线转动或把它两端的位置颠倒过来. 当你重新看这根杆时，将不会发觉任何改变. 由这种对称性我们判断，在这个问题中惟一独有的特定方向是沿半径的直线. 因而，在高斯面柱面上的每一点，$\boldsymbol{E}$ 必定具有相同的大小 E 并且方向（对于带正电的杆）必定沿半径指向外部.

由于 $2\pi r$ 是圆柱面的周长而 h 是其高，圆柱面的面积 A 为 $2\pi rh$. 穿过这个圆柱面的电通量于是为

$$\Phi = EA\cos\theta = E(2\pi rh)\cos 0 = E(2\pi rh)$$

没有电通量穿过两端面，因沿径向的 $\boldsymbol{E}$ 在每点都平行于两端面.

被高斯面包围的电荷是 λh，所以高斯定理

$$\varepsilon_0\Phi = q_{enc}$$

变为

$$\varepsilon_0 E(2\pi rh) = \lambda h$$

它给出

$$E = \frac{\lambda}{2\pi\varepsilon_0 r} \quad \text{（电荷线的电场强度）} \quad (13-15)$$

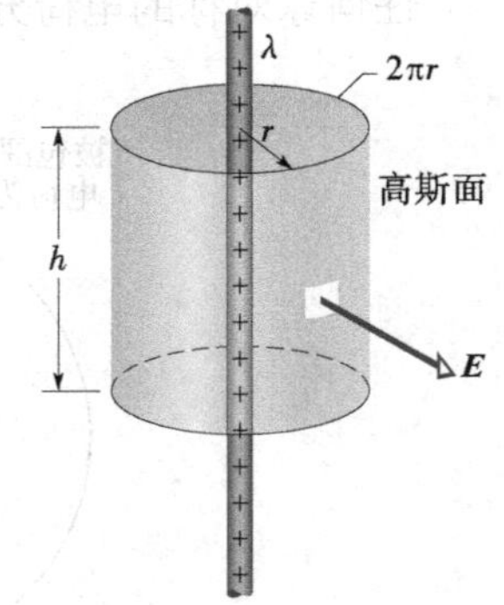

图 13-8 围绕无限长、均匀带电的、圆柱形塑料杆一段的闭合柱形高斯面.

这正是由无限长的直电荷线在与该线径向距离为 r 的一点激发的电场强度. 如果电荷为正，$\boldsymbol{E}$ 的方向沿半径离电荷线向外；如果为负，沿半径向内. 式(13-15)也近似为**有限长**的线电荷在不太接近其两端(与离线的距离相比)的一些点处的电场强度.

例题 13-2

现在我们回到本章开始提出的问题. 闪电的可见部分之前有一个不可见的阶段，在该阶段一根电子柱从浮云向下延伸到地面. 这些电子来自浮云和在该柱内被电离的空气分子. 沿该柱的线电荷密度一般为 -1×10^{-3}C/m. 一旦电子柱到达地面，柱内的电子迅速地倾泄到地面，在倾泄期间，运动电子与柱内空气的碰撞导致明亮的闪光. 倘若空气分子在超过 3×10^6N/C 的电场中被击穿，则电子柱的半径有多大?

【解】 这里**关键点**是，尽管电子柱不是直的或无限长，但我们可把它近似为图 13-8 中的电荷线(由于它含有负的净电荷，所以其电场强度 $\boldsymbol{E}$ 沿半径向内). 然后，按照式 (13-15)，电场强度的大小 E 随离电荷柱轴线距离的增大而减小.

第二个**关键点**是，电荷柱的表面应该在半径 r 处，该处 $\boldsymbol{E}$ 的大小为 3×10^6N/C，因为在该半径内的空气分子电离而那些向外更远的分子则不电离. 由式 (13-15) 解出 r 并代入已知的数据，我们求出电荷柱

图 13-9 闪电轰击一棵 20m 高的梧桐，因为树是湿的，大多数电荷经由树上的水传过，所以树未受损害.

的半径是

$$r = \frac{\lambda}{2\pi\varepsilon_0 E}$$

$$= \frac{1\times10^{-3}\text{C/m}}{(2\pi)(8.85\times10^{-12}\text{C}^2/\text{N}\cdot\text{m}^2)(3\times10^6\text{N/C})}$$

$$= 6\text{m}$$

（答案）

（雷击发光部分的半径较小，可能仅0.5m. 你可以从图13－9对这个宽度有一个概念）. 虽然一次闪电的发光半径可能只有6m，但也不要设想倘若你在离轰击点距离较大的某处会是安全的，因为轰击所倾泄的电子沿地面行进. 这种**地面电流**是致命的. 图13－10示出了这种地面电流的证据.

图13－10 来自一次闪电的地面电流烧毁了高尔夫球场草地，露出土壤.

3. 平面对称

图13－11示出具有均匀（正）面电荷密度σ的、无限大、绝缘薄片的一部分. 一侧均匀带电的薄塑料包装纸可作为一个简单的原型. 求在薄片前面距离r处的电场强度$\boldsymbol{E}$.

有效的高斯面是如图所示的垂直地贯穿薄片的闭合圆柱面，其端面的面积为A. 由对称性，$\boldsymbol{E}$必定垂直于薄片从而垂直于两端面. 此外，由于电荷为正，$\boldsymbol{E}$指向**背离**薄片的方向，因而电场线沿向外的方向贯穿高斯面的两个端面，因为电场线不穿过弯曲面，没有通量穿过高斯面的这部分. 这样，$\boldsymbol{E}\cdot\mathrm{d}\boldsymbol{A}$就是$E\mathrm{d}A$. 于是高斯定理

$$\varepsilon_0\oint_{(A)}\boldsymbol{E}\cdot\mathrm{d}\boldsymbol{A} = q_{\text{enc}}$$

变成

$$\varepsilon_0(EA+EA) = \sigma A$$

式中，σA是被高斯面包围的电荷，于是有

$$E = \frac{\sigma}{2\varepsilon_0} \quad \text{（电荷薄层的电场强度）} \qquad (13-16)$$

由于我们在考虑具有均匀电荷密度的无限大薄片，这个结果适用于距薄片有限距离的任一点. 式（13－16）与式（12－35）相符，后者是我们通过对各个电荷所引起的电场分量积分求得的.

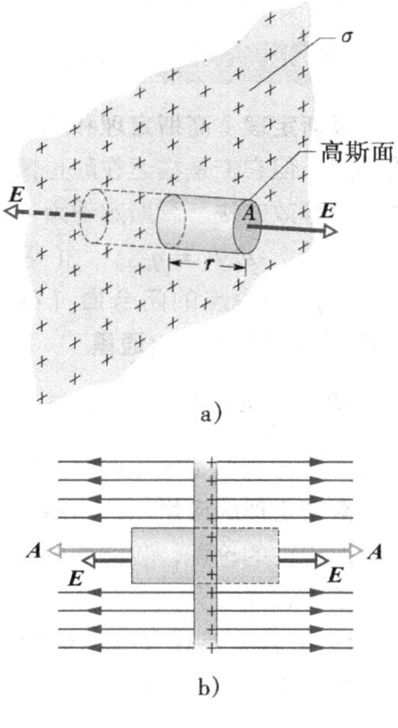

图13－11 一侧具有均匀面电荷密度σ的无限大塑料薄层的一部分. 闭合的高斯面垂直穿过薄层. a）为透视图，b）为侧视图.

图13－12a示出两块带等量异号均匀电荷分布的、无限大、平行薄片的截面. 它们所激发的电场强度，可以直接应用上面的结果，根据电场强度叠加原理求得，两块带电薄片在各自两侧激发的电场强度分别为$E_1=\dfrac{\sigma}{2\varepsilon_0}$，$E_2=\dfrac{\sigma}{2\varepsilon_0}$，方向如图，因此，

在Ⅰ区内：$E=E_1-E_2=0$

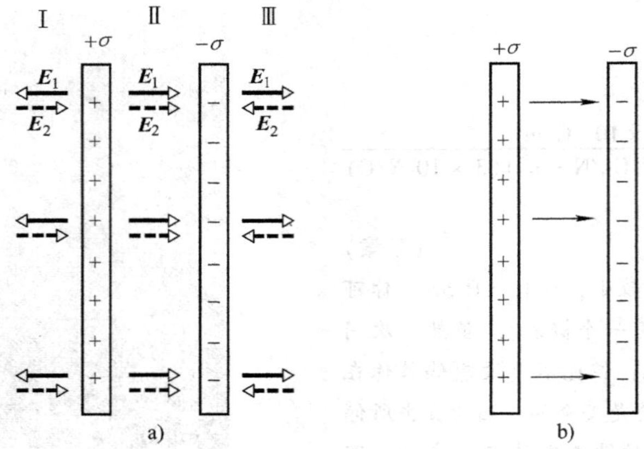

图 13-12　a）两块带等量异号均匀分布电荷的、无限大、平行薄片的截面，及在各自两侧激发的电场强度 $\boldsymbol{E}_1$ 和 $\boldsymbol{E}_2$，b）两薄片激发的总电场强度 $\boldsymbol{E}$.

在Ⅱ区内：$E = E_1 + E_2 = \dfrac{\sigma}{\varepsilon_0}$

在Ⅲ区内：$E = E_1 - E_2 = 0$

两块带等量异号均匀分布电荷、无限大、平行的薄片产生的电场分布如图 13-12b 所示.

复习和小结

高斯定理　**高斯定理**和库仑定律，虽然表达的形式不同，但它们是描述在静止情况下电荷与电场之间关系的等效方法、高斯定理为

$$\varepsilon_0 \Phi = q_{enc} \qquad \text{(高斯定理)}$$

式中，q_{enc}是假想的闭合面（**高斯面**）内的净电荷，而 Φ 是穿过该面的电**通量**.

$$\Phi = \oint_{(A)} \boldsymbol{E} \cdot \mathrm{d}\boldsymbol{A} \qquad \text{(穿过高斯面的电通量)}$$

库仑定律与高斯定理可以相互导出.

高斯定理的应用　应用高斯定理和在某些情形下关于对称性的论据，我们可导出在静电情况下的一些重要结果，其中有：

1）在具有半径 R 和总电荷 q 的**电荷球壳外**的电场强度方向沿半径并具有大小

$$E = \frac{1}{4\pi\varepsilon_0}\frac{q}{r^2} \qquad \text{(球壳，对于 } r \geq R\text{)}$$

式中，r 是从球壳中心到 E 被测量的点的距离.（对于球壳外的一些点，电荷表现为像全部位于球的中心一样）电荷球壳内的电场强度严格为零：

$$E = 0 \qquad \text{(球壳，对于 } r < R\text{)}$$

2）**均匀电荷球**内的电场强度方向沿半径并具有大小

$$E = \left(\frac{q}{4\pi\varepsilon_0 R^3}\right) r$$

3）由具有均匀线电荷密度 λ 的、无限长的**电荷线**在任一点激发的电场强度垂直于电荷线并具有大小

$$E = \frac{\lambda}{2\pi\varepsilon_0 r} \qquad \text{(电荷线)}$$

式中，r 是从电荷线到该点的垂直距离.

4）由具有均匀面电荷密度 σ 的、**无限大绝缘薄片**激发的电场强度垂直于薄片平面并具有大小

$$E = \frac{\sigma}{2\varepsilon_0} \qquad \text{(电荷薄片)}$$

思考题

1. 在图 13-13 中，整个高斯面包围了四个带正电粒子中的两个. 试问：(a) 这些粒子中哪些对该面上 F 点处的电场有贡献？(b) 由 q_1 的 q_2 引起的电场穿过该面的通量，和由所有四个电荷引起的电场穿过该面的通量，哪个较大？

2. 图 13-14 用截面示出三个带均匀电荷 Q 的圆

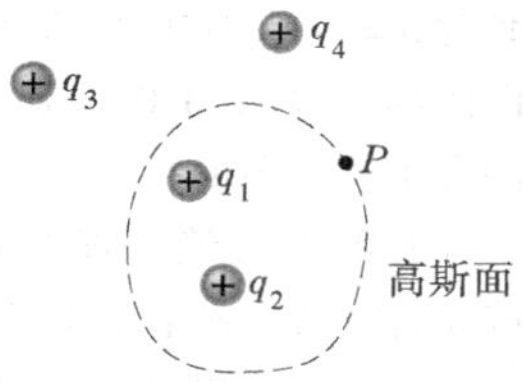

图 13－13　思考题 1 图

柱体. 每个圆柱体有一共轴的筒形高斯面，三个面有相同的半径. 按照在面上任一点的电场，把三个高斯面由大到小排序.

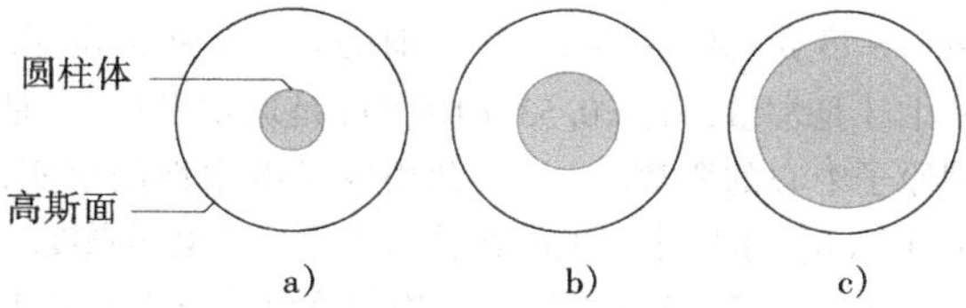

图 13－14　思考题 2 图

3. 一表面具有面积矢量 $\boldsymbol{A}=(2\boldsymbol{i}+3\boldsymbol{j})\ \mathrm{m}^2$. 如果电场是 (a) $\boldsymbol{E}=4\boldsymbol{i}$N/C，及 (b) $\boldsymbol{E}=4\boldsymbol{k}$N/C，则电场穿过该表面的电通量是多少?

4. 图 13－15 示出四个球体，每个具有贯穿其体积均匀分布的电荷 Q. (a) 按照体电荷密度把四个球由大到小排序. 该图对每个球还标出一点 P，它们都在离球心同样距离处. (b) 按照它们在 P 点引起电场的大小，把四个球由大到小排序.

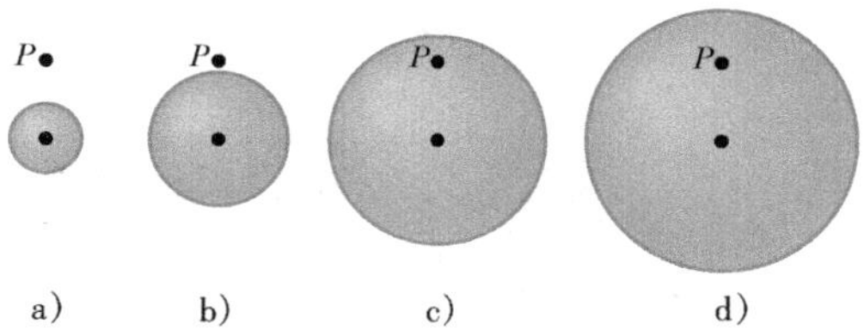

图 13－15　思考题 4 图

习题

1. 图 13－16 所示的正方形面每边有 3.2mm 长，它被放入具有大小 $E=1800$N/C 的均匀电场中. 电场线与该面的法线成 35°角，如图所示. 假定该法线为指向“外部”的方向，恰如该面是方盒的一个表面. 计算穿过该面的电通量.

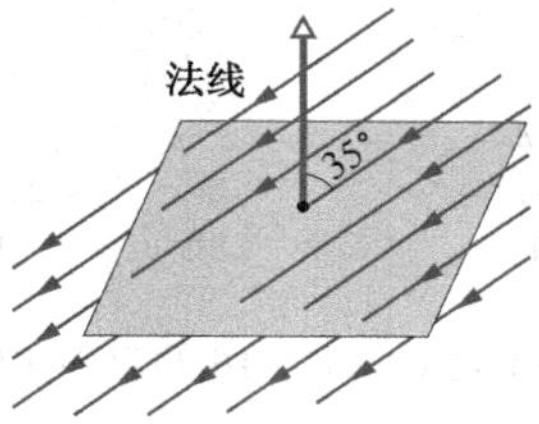

图 13－16　习题 1 图

2. 用实验方法已发现，在地球大气层的某个区域中电场强度的方向是竖直向下的. 在 300m 高处，电场强度具有大小 60.0N/C；在 200m 高处，大小则为 100N/C. 试求边长 100m，两水平表面在 200m 和 300m 高度的正立方形面内所包含的净电荷量. 忽略地球的曲率.

3. 一无限长的电荷线在距离 2.0cm 处激发 4.5×10^4N/C 的电场强度. 计算线电荷密度.

4. 在图 13－17 中，一蝴蝶网在大小为 E 的均匀电场中. 网框是一半径为 a 的圆，且被放置得与电场垂直. 求穿过网的电通量.

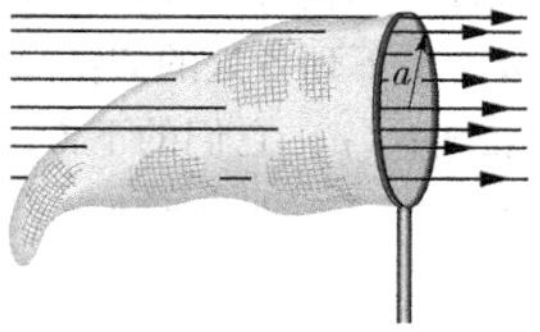

图 13－17　习题 4 图

5. 求穿过图 13－18 中给定的正立方形面的净通量，如果电场被给定为 (a) $\boldsymbol{E}=3.00y\boldsymbol{j}$，(b) $\boldsymbol{E}=-4.00\boldsymbol{i}+(6.00+3.00y)\boldsymbol{j}$，$E$ 按牛每库计，y 按米计. (c) 在每种情况中，各有多少电荷被立方形面包围?

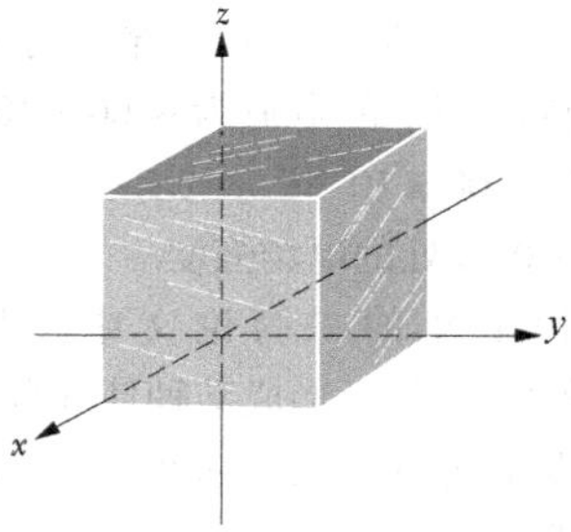

图 13－18　习题 5 图

6. 电荷均匀分布在半径为 R 的无限长圆柱体的体积内. (a) 证明在离柱的轴线 r $(r<R)$ 处

$$E=\frac{\rho r}{2\varepsilon_0}$$

式中，ρ 为体电荷密度. (b) 对于 $r>R$ 处，写出 E 的表达式.

7. 两个带电的同轴圆筒半径各为 3.0cm 和 6.0cm，内筒上每单位长度的电荷为 5.0×10^{-6}C/m，外筒上为 -7.0×10^{-6}C/m. 求（a）$r=4.0$cm 处及 $r=8.0$cm 处的电场强度. r 是离共同轴线的径向距离.

8. 如图 13－19 所示，一块大的绝缘平面具有均匀面电荷密度 σ，平面的中央开有一半径 R 的小圆孔. 忽略各边缘处电场线的弯曲（边缘效应），计算电场在孔轴上离孔中心为 z 的 P 点的电场强度.（提示：参见式（12－34）并利用叠加）

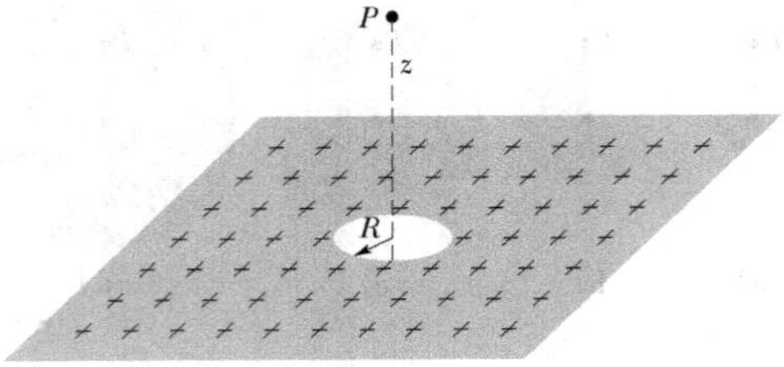

图 13－19 习题 8 图

9. 图 13－20 示出两个面积很大、相互平行的、绝缘薄片的横截面. 两薄片有相同的正电荷分布，而面电荷密度为 σ. 求下列各处的 $\boldsymbol{E}$：(a) 两薄片的上方；(b) 它们之间；(c) 它们的下方.

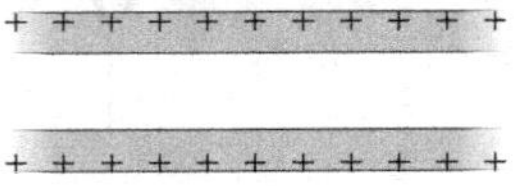

图 13－20 习题 9 图

10. 厚度为 d 的一块平板具有均匀体电荷密度 ρ. 求（a）板内及（b）板外空间中各点电场强度的大小. 结果用离板的中央平面的距离 x 表示.

11. 两个带电的同心球面，半径分别为 10.0cm 和 15.0cm，内球面上的电荷为 4.00×10^{-8}C 而外球面上的电荷为 2.00×10^{-8}C. 试求在（a）$r=12.0$cm 和（b）$r=20.0$cm 处的电场强度.

12. 在 1911 年的一篇论文中，卢瑟福（E. Rutherford）曾说："为了形成某种使 α 粒子偏转一个大角度所需要的力的概念，考虑一个原子［正如］包含一个在其中心的正点电荷 Ze 被在半径 R 的球内均匀分布着的 $-Ze$ 的负电荷所包围. 电场强度 $E\cdots$ 在原子内距中心为 r 的一点处［为］

$$E=\frac{Ze}{4\pi\varepsilon_0}\left(\frac{1}{r^2}-\frac{r}{R^3}\right)\text{"}$$

证明此式.

13. 一半径 4.0cm 的、长的、实心绝缘柱体具有均匀体电荷密度 ρ. ρ 是离柱体轴线的径向距离 r 的函数，函数关系为 $\rho=Ar^2$，其中 $A=2.5\mu\text{C/m}^5$. 在离柱体轴线的径向距离为（a）3.0cm 处及（b）5.0cm 处，电场强度的大小各是多少？

14. 一半径为 R 的实心绝缘球有非均匀电荷分布，体电荷密度 $\rho=\rho_s r/R$，式中 ρ_s 是常量而 r 是离球心的距离. 试证明（a）在球上的全部电荷是 $Q=\pi\rho_s R^3$ 及（b）球内电场强度的大小为

$$E=\frac{1}{4\pi\varepsilon_0}\frac{Q}{R^4}r^2$$

15. 一个氢原子可被看作具有一个带正电荷 $+e$ 的、在中心的、点状质子和一个带负电荷 $-e$，按体电荷密度 $\rho=A_{\text{exp}}(-2r/a_0)$ 围绕质子分布的电子. 其中 A 是常量，$a_0=0.53\times10^{-10}$m 是玻尔半径，r 是到原子中心的距离.（a）利用氢是电中性的事实，求 A；(b) 求原子产生的在玻尔半径处的电场强度.

16. 图 13－21a 示出具有均匀体电荷密度 ρ 的带电球壳. 作图表示由该壳引起的在离壳心的距离 r 从零到 30cm 的范围内的 E. 假定 $\rho=1.0\times10^{-6}\text{C/m}^3$，$a=10$cm，且 $b=20$cm.

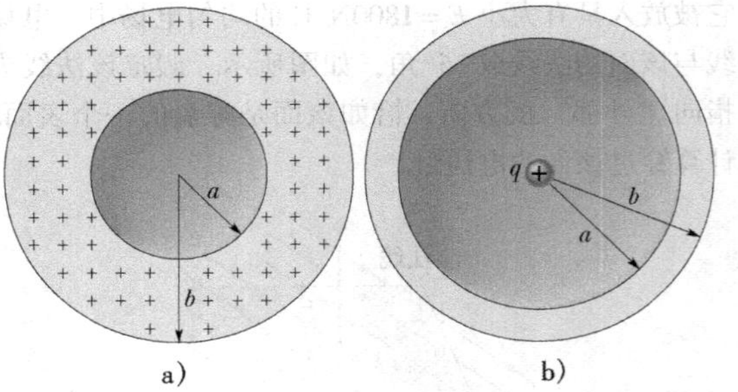

图 13－21 习题 16 和习题 17 图

17. 在图 13－21b 中，内半径为 a、外半径为 b 的不导电的球壳具有正的体电荷密度 $\rho=A/r$（在其厚度内），式中 A 是常量而 r 是离壳心的距离. 此外，一正电荷 q 被放置在该中心. 如果壳内（$a\leqslant r\leqslant b$）的电场是均匀的，则 A 应该具有什么值？（**提示**：常量 A 依赖于 a 而不依赖于 b.）

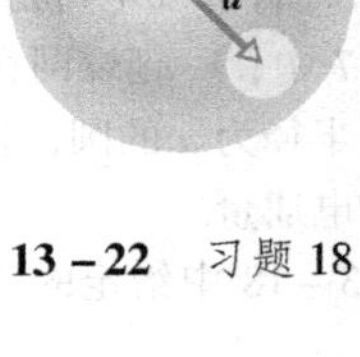

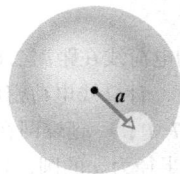

图 13－22 习题 18 图

18. 一不导电的球具有均匀体电荷密度 ρ. 令 $\boldsymbol{r}$ 为从球心到球内任一点 P 的矢量. (a) 证明 P 点的电场强度为 $\boldsymbol{E}=\rho\boldsymbol{r}/3\varepsilon_0$ (注意此结果与球半径无关); (b) 如图 13-22 所示, 在该球体中挖好了一球形空腔, 用叠加的概念证明在空腔内所有点处的电场是均匀的并等于 $\boldsymbol{E}=\rho\boldsymbol{a}/3\varepsilon_0$, 其中 $\boldsymbol{a}$ 是从球中心到空腔中心的位矢 (注意此结果与球半径及空腔半径无关).

19. 一球对称而不均匀的电荷体分布引起大小 $E=Kr^4$ 而方向沿半径指向外部的电场. 这里, r 是离中心的径向距离, 而 K 是常量. 电荷分布的体电荷密度为何?

第 14 章　电　　势

当从观景台欣赏赤杉国家公园时，这位女士发觉她的头发从头上竖了起来. 她的兄弟觉得有趣，就拍下了她的照片. 在他们离去后 **5min**，雷电轰击了观景台，造成一死七伤.

那么，是什么引起了该女士的头发竖起?

答案就在本章中.

14－1 电势能

关于引力的牛顿定律和关于静电力的库仑定律在数学形式上相同，因而我们曾提到的关于引力的一般特征应该也适用于静电力.

特别是，我们可以准确地断定静电力是**保守力**. 当带电粒子系统内两个或多个粒子之间有静电力作用时，我们就可以赋予该系统**电势能** W_E. 而且，如果系统的位形从一初始状态 i 改变到另一不同的终了状态 f，则静电力对粒子做功. 从第 3 章中讲过的保守力与势能的关系知道，由此引起的系统势能的改变 ΔW_E 为

$$\Delta W_E = W_{Ef} - W_{Ei} = -W \tag{14-1}$$

正如其他保守力的情况一样，静电力所做的功**与路径无关**. 设想一带电粒子在受到系统内其余粒子的静电力作用时从点 i 移动到点 f. 倘若系统的其余粒子不改变，则静电力所做的功对于点 i 与点 f 之间的所有路径都相同.

为了方便起见，我们通常取所有粒子彼此被无限隔开的位形为带电粒子系统的**参考位形**. 并且，我们通常约定相应的**参考势能**为零. 设想一些带电粒子从初始的无限分隔（状态 i）聚集在一起到形成粒子相互靠近的系统（状态 f），令初始势能 W_{Ei} 为零，并令 W_∞ 表示在从无穷远向里移动期间粒子之间的静电力所做的功，则根据式（14－1），系统终了的势能 W_E 为

$$W_E = -W_\infty \tag{14-2}$$

正如其他形式的势能一样，电势能被认为是机械能的一种类型. 回忆在第 3 章中讲过，如果在一（闭合）系统内仅有保守力作用，则系统的机械能守恒. 我们将在本章的剩余部分广泛地利用这个事实.

例题 14－1

电子持续地被从空间进入的宇宙射线粒子从大气的空气分子中撞出. 一旦被释放，每个电子受到地球上已有的带电粒子在大气中所产生的电场强度 $\boldsymbol{E}$ 的静电力 $\boldsymbol{F}$. 靠近地球表面处，电场强度具有大小 $E=150\text{N/C}$ 且指向下方. 当静电力使被释放的电子竖直向上通过距离 $d=520\text{m}$ 时（见图 14－1），该电子的势能改变是多少？

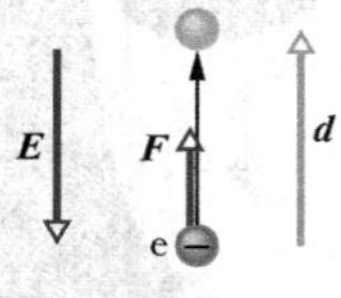

图 14－1 例题 14－1 图 大气中的电子在电场强度 $\boldsymbol{E}$ 的静电力 $\boldsymbol{F}$ 作用下向上通过位移 $\boldsymbol{d}$.

【解】 这里我们需要三个**关键点**. 一个是电子电势能的改变 ΔW_E 与电场对电子所做的功相关联，式 $\Delta W_E = -W$ 给出了这个关系. 第二个**关键点**是，第 3 章已给出，恒力 $\boldsymbol{F}$ 对经过位移 $\boldsymbol{d}$ 的粒子所做的功为

$$W = \boldsymbol{F}\cdot\boldsymbol{d}$$

最后，第三个**关键点**是，静电力与电场强度的关系由 $\boldsymbol{F}=q\boldsymbol{E}$ 给出，其中 q 是电子的电荷（-1.6×10^{-19} C）. 将 $q\boldsymbol{E}$ 替换上式中的 $\boldsymbol{F}$ 并取标积，得

$$W = q\boldsymbol{E}\cdot\boldsymbol{d} = qEd\cos\theta \tag{14-3}$$

式中，θ 是 $\boldsymbol{E}$ 和 $\boldsymbol{d}$ 的方向之间的夹角. 电场强度 $\boldsymbol{E}$ 的方向向下而位移 $\boldsymbol{d}$ 的方向向上，所以 $\theta=180°$. 把这个值和其他数据代入式（14－3），求得

$$W = (-1.6\times10^{-19}\text{C})(150\text{N/C})(520\text{m})\cos180° = 1.2\times10^{-14}\text{J}$$

由式（14－1）得

$$\Delta W_E = -W = -1.2\times10^{-14}\text{J} \quad \text{（答案）}$$

这个结果告诉我们，在 520m 的上升期间，电子的电势能降低了 1.2×10^{-14}J.

14－2　单位电荷的电势能——电势

正如从例题14－1所能推知的，在电场中带电粒子的势能与电荷的大小有关．然而，在电场中任一点每单位电荷的势能却只有一个惟一的值．

例如，设想我们在电场中某一点设置一带正电荷1.60×10^{-19}C的检验粒子，在那里该粒子具有2.40×10^{-17}J的电势能．于是，每单位电荷的势能为

$$\frac{2.40\times10^{-17}\mathrm{J}}{1.60\times10^{-19}\mathrm{C}}=150\mathrm{J/C}$$

其次，设想我们用一具有二倍电荷，即3.20×10^{-19}C的粒子替换该检验电荷，我们会发现，第二个粒子具有4.80×10^{-17}J的电势能，二倍于第一个粒子的电势能．然而，每单位电荷的势能将是相同的，仍为150J/C．

因而，每单位电荷的势能可以用W_E/q表示，它与我们选用的粒子的电荷q无关，而只是我们所研究的**电场的特征**．在电场中任一点每单位电荷的势能叫做在该点的**电势**V．因而，

$$V=\frac{W_E}{q} \tag{14－4}$$

应注意，电势是标量，而不是矢量．

电场中任何两点i与f之间的**电势差**ΔV等于该两点之间每单位电荷的势能差：

$$\Delta V=V_f-V_i=\frac{W_{Ef}}{q}-\frac{W_{Ei}}{q}=\frac{\Delta W_E}{q} \tag{14－5}$$

利用式（14－1）以$-W$代替式（14－5）中的ΔW_E，我们可把两点i与f之间的电势差定义为

$$\Delta V=V_f-V_i=-\frac{W}{q}\quad（电势差的定义） \tag{14－6}$$

因而，两点之间的电势差是把单位电荷从一点移动到另一点静电力所做的功的负值．电势差可以为正、负、或零，这取决于q和W的符号及大小．

如果我们以无穷远处$W_{Ei}=0$作为我们的参考势能，则根据式（14－4），那里的电势也应该为零．于是，根据式（14－6），我们可把电场中任一点的电势V定义为

$$V=-\frac{W_\infty}{q}\quad（电势的定义） \tag{14－7}$$

式中，W_∞是当该粒子从无穷远处移近到点f时由电场所做的功，它取决于q和W_∞的符号及大小，电势V可以为正、负、或零．

根据式（14－7）得出的电势的SI单位是焦［耳］每库［仑］．这个组合出现得太经常，所以用一个特设的单位，伏［特］（缩写为V）来表示．因而，

$$1\,伏[特]=1\,焦[耳]每库[仑] \tag{14－8}$$

至今我们是按牛每库来计量电场强度的，这个新单位使我们能为电场强度$\boldsymbol{E}$采用一个更通用的单位．借助于两个单位换算，我们得到

$$1\mathrm{N/C}=\left(1\,\frac{\mathrm{N}}{\mathrm{C}}\right)\left(\frac{1\mathrm{V}\cdot\mathrm{C}}{1\mathrm{J}}\right)\left(\frac{1\mathrm{J}}{1\mathrm{N}\cdot\mathrm{m}}\right)=1\mathrm{V/m} \tag{14－9}$$

在第二个括弧中的换算因子来自式（14－8）；在第三个括弧中的是由焦耳的定义导出的．今后，

我们将按伏每米而不按牛每库来表示电场的大小.

最后，我们可以定义一个在原子和亚原子领域中可以方便地进行能量计量的单位：**1 电子伏［特］**（eV）的能量，它等于使单个元电荷，比如电子或质子的电荷，通过恰好1伏特的电势差所需的功，式（14-6）告诉我们这个功的大小是 $q\Delta V$，所以

$$1\text{eV} = e\ (1\text{V}) = (1.60\times10^{-19}\text{C})\ (1\text{J/C}) = 1.60\times10^{-19}\text{J} \qquad (14-10)$$

解题线索

线索1：电势和电势能

电势 V 和电势能 W_E 是完全不同的量，所以不应被混淆.

电势是电场的特性，与一个带电体是否被放在该场中无关；它按 J/C 或 V 为单位计量.

电势能是一带电体在外电场中的能量（或更精确地说，由带电体和外电场组成的系统的能量）；它以 J 为单位计量.

设想我们通过对带电荷 q 的粒子施力使它从点 i 移动到点 f. 在移动期间，外力对电荷做功 W_{app}，而电场对电荷做功 W. 由功—动能定理，粒子动能的改变为

$$\Delta E_k = E_{kf} - E_{ki} = W_{app} + W \qquad (14-11)$$

现在假设粒子在移动以前和以后是静止的，则 E_{kf} 和 E_{ki} 都为零，于是式（14-11）化为

$$W_{app} = -W \qquad (14-12)$$

用语言来表述，外力在移动期间所做的功 W_{app} 等于电场所做的功的负值——倘若动能没有改变.

利用式（14-12）把 W_{app} 代入式（14-1），我们可把外力所做的功与粒子在移动期间势能的改变联系起来，得

$$\Delta W_E = W_{Ef} - W_{Ei} = W_{app} \qquad (14-13)$$

同样地，利用式（14-12）把 W_{app} 代入式（14-6），我们可把功 W_{app} 与粒子在初始与末了位置之间的电势差 ΔV 联系起来，得

$$W_{app} = q\Delta V \qquad (14-14)$$

W_{app} 可以为正、负、或零，这取决于 q 和 ΔV 的符号和大小. 它是使带电荷 q 的粒子在其动能不改变的情况下通过电势差 ΔV 必须做的功.

14-3 等势面

具有相同电势的邻近的点构成**等势面**，它既可是假想的面，也可是真实的、有形的面. 当带电粒子在同一等势面上两点 i 和 f 之间移动时，电场对该粒子所做的净功为零. 这是根据式（14-5）得出的，该式告诉我们，倘若 $V_f = V_i$，则 W 必定为零. 由于路径与功（因而电势能及电势）无关，对**任何**连接 i 和 f 的路径，$W=0$，不管那条路径是否完全位于该等势面上.

图14-2示出一**族**与某一电荷分布所引起电场相关联的等势面. 当带电粒子从路径Ⅰ和Ⅱ的一端移

动到另一端时，电场对粒子所做的功为零，因为那些路径的每一条都开始并终止在同一等势面上．当带电粒子从路径Ⅲ和Ⅳ的一端移动到另一端时，功不为零，但对那两条路径具有同样的值，因为对于该两条路径起始和末了的电势都相同；也就是说，路径Ⅲ和Ⅳ连接了同一对等势面．

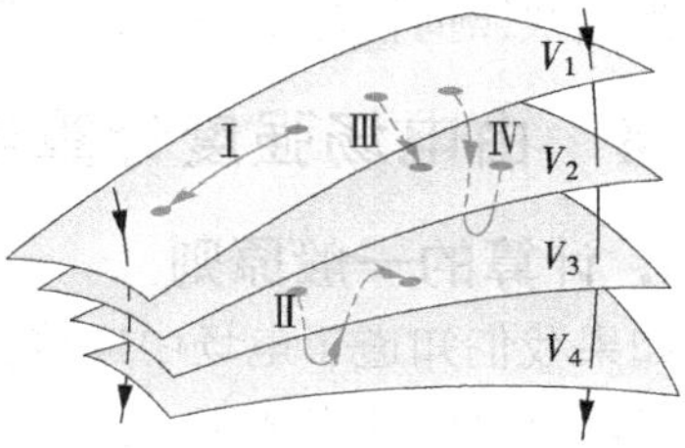

图 14-2 电势值分别为 $V_1=100\text{V}$、$V_2=80\text{V}$、$V_3=60\text{V}$、$V_4=40\text{V}$ 的四个等势面的一部分．检验电荷可能沿其运动的四条路径也画出了两条电场线．

根据对称性，由点电荷或球对称电荷分布所生成的等势面是一族同心球面．对于均匀电场，等势面是一族垂直于电场的平面．实际上，等势面总是垂直于电场线，因而垂直于始终与那些线相切的 $\boldsymbol{E}$．倘若 $\boldsymbol{E}$ 不垂直于等势面，它将具有沿该面伸展的分量．当带电粒子沿该面移动时，这个分量将对带电粒子做功．然而，如果该面确实是一等势面，根据式（14-6），就不会做功．惟一可能的结论是，$\boldsymbol{E}$ 必定处处垂直于该面．图 14-3 示出对于均匀电场和与点电荷及电偶极子相关联的电场的电场线和等势面的横截面．

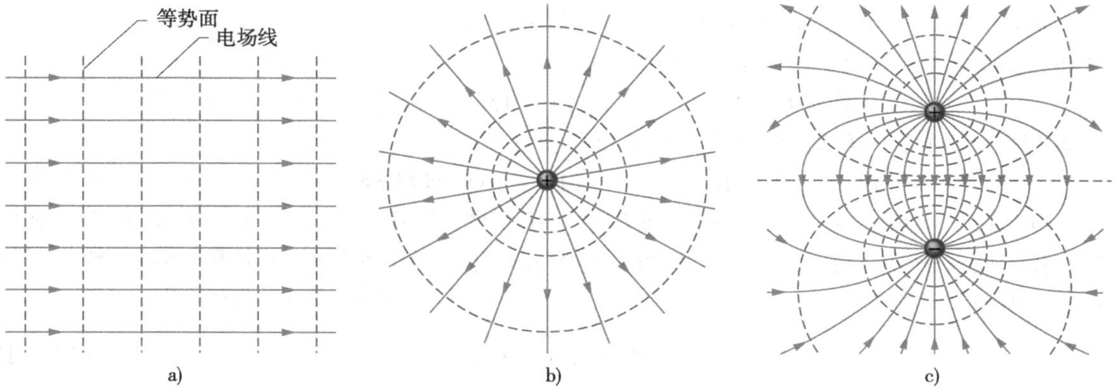

图 14-3 电场线（实线）和等势面的横截面虚线，对于：a）均匀电场；b）点电荷的电场；c）电偶极子的电场．

我们现在回到本章首页的照片中的妇女．因为她正站在连接到山腰的平台上，她处于约与山腰相同的电势．在头上，强烈带电的云系已向她移动并围绕她和山腰生成一强电场，电场强度 $\boldsymbol{E}$ 从她和山腰指向外部．由这个场造成的静电力驱动该妇女身上的某些传导电子通过她的身体向下传入地，留下她的头发带正电．$\boldsymbol{E}$ 的大小虽然很大，但小于将导致空气分子电击穿的约 $3\times10^6\text{V/m}$ 的值（以后当闪电轰击平台时，该值曾被短暂地超越）．

围绕在山腰平台上妇女的等势面能从她的头发被推知；头发是沿着电场强度 $\boldsymbol{E}$ 的方向延伸的，并因而垂直于等势面，所以等势面应该像在图 14-4 中所画的那样．电场强度的大小 E 显然在她的头顶正上方处最大（各等势面显然排得最密集），因为那里的头发比侧面的头发伸出得更远．

图 14-4

这里的教训很简单．如果电场引起头发从你头上竖起，比起为拍快照而摆起姿势来，你还是为躲避而跑掉更好.

14-4 由电场强度计算电势

1. 计算的一般原则

如果我们知道了电场中连接任意两点 i 与 f 的任意路径上各点的电场强度矢量 $\boldsymbol{E}$，我们就能计算该两点之间的电势差. 为了完成该计算，我们求出当一正检验电荷从 i 移动到 f 时电场对该电荷所做的功，然后应用式（14-6）.

考虑由图 14-5 中电场线所表示的一任意的电场，和沿图示的路径从点 i 移动到点 f 的一正检验电荷 q_0. 在该路径上任一点，当检验电荷移动一元位移 $d\boldsymbol{s}$ 时，静电力 $q_0\boldsymbol{E}$ 作用在该电荷上. 从第 3 章我们了解到，在位移 $d\boldsymbol{s}$ 期间，力 $\boldsymbol{F}$ 对粒子所做的元功为

$$dW = \boldsymbol{F} \cdot d\boldsymbol{s} \qquad (14-15)$$

对于图 14-5 的情况，$\boldsymbol{F} = q_0\boldsymbol{E}$ 而式（14-15）变成

$$dW = q_0\boldsymbol{E} \cdot d\boldsymbol{s} \qquad (14-16)$$

为了求得当粒子从点 i 移动到点 f 时电场对粒子所做的总功，我们通过积分把粒子沿该路径移过所有的元路径时对它能做的元功加起来

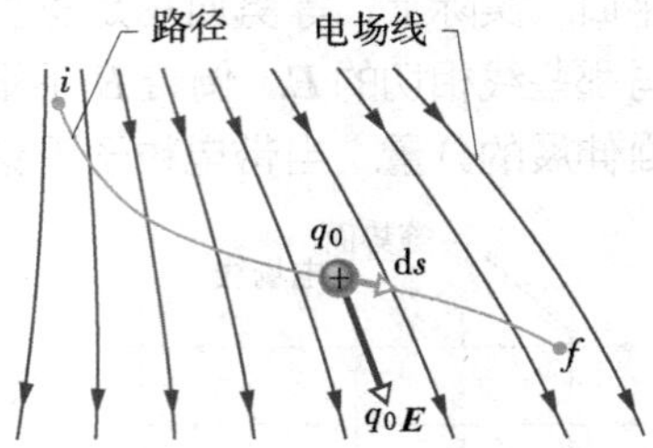

图 14-5 检验电荷 q_0 在一非均匀电场中沿所示路径从点 i 移动到点 f. 在位移 $d\boldsymbol{s}$ 中，静电力 $q_0\boldsymbol{E}$ 作用在检验电荷上，此力的方向沿检验电荷所在处的电场线.

$$W = q_0\int_i^f \boldsymbol{E} \cdot d\boldsymbol{s} \qquad (14-17)$$

如果我们把总功从式（14-17）代入式（14-6），求得

$$V_f - V_i = -\int_i^f \boldsymbol{E} \cdot d\boldsymbol{s} \qquad (14-18)$$

因而，电场中任何两点 i 与 f 之间的势差 $V_f - V_i$ 等于 $\boldsymbol{E} \cdot d\boldsymbol{s}$ 从 i 到 f 的**线积分**（表示沿一特定路径的积分）. 然而，因为静电力是保守力，所以一切路径（无论易于或难于用来积分）给出相同的结果.

如果电场遍及某个区域是已知的，则式（14-18）使我们能计算在电场中任何两点之间的电势差. 倘若在点 i 的电势 V_i 为零，则式（14-18）变成

$$V = -\int_i^f \boldsymbol{E} \cdot d\boldsymbol{s} \qquad (14-19)$$

其中我们已丢掉 V_f 中的角标 f. 式（14-19）给出电场中**相对于零电势**点 i 的任一点的电势 V. 如果我们设点 i 在无穷远处，则式（14-19）给出相对于无穷远处的零电势的任一点 f 处的电势 V.

例题 14-2

（a）图 14-6a 示出均匀电场 $\boldsymbol{E}$ 中的两个点 i 和 f. 它们位于同一条电场线（未示出）上并被隔开距离 d. 通过使一正检验电荷 q_0 沿所示的平行于电场强度方向的路径从 i 移动到 f，求出电势差 $V_f - V_i$.

【解】 这里**关键点**是，我们可按照式（14-18），通过沿连接电场中任何两点的一路径取 $\boldsymbol{E} \cdot d\boldsymbol{s}$ 的积分求出该两点之间的电势差. 我们通过想象沿该路径从起点 i 到终点 f 移动一检验电荷来这样做. 当我们沿图 14-6a 中的路径移动这一检验电荷时，其元位移 $d\boldsymbol{s}$ 始终具有与 $\boldsymbol{E}$ 相同的方向，因而，$\boldsymbol{E}$ 与 $d\boldsymbol{s}$ 之间的角度为零，从而式（14-18）中的标积为

$$\boldsymbol{E}\cdot \mathrm{d}\boldsymbol{s} = E\mathrm{d}s\cos\theta = E\mathrm{d}s \qquad (14-20)$$

于是由式（14－18）和式（14－20）得

$$V_f - V_i = -\int_i^f \boldsymbol{E}\cdot \mathrm{d}\boldsymbol{s} = -\int_i^f E\mathrm{d}s \qquad (14-21)$$

由于电场是均匀的，所以 E 在该路径上各点是常量而能被提到积分号之外，于是得

$$V_f - V_i = -E\int_i^f \mathrm{d}s = -Ed \qquad \text{（答案）}$$

其中，积分仅仅是该路径的长度 d. 结果中的负号表明在图 14－6a 中，点 f 处的电势低于点 i 处的电势. 这是一普遍的结果：电势总是沿在电场线方向延伸的路径降低.

（b）现在通过沿图 14－6b 中所示的路径 icf 把正检验电荷 q_0 从 i 移到 f，求 $V_f - V_i$.

【解】 （a）的**关键点**在这里也适用，只是现在我们移动检验电荷所沿的路径由 ic 和 cf 两段直线组成. 在沿直线 ic 的所有点，检验电荷的位移 $\mathrm{d}\boldsymbol{s}$ 垂直于 $\boldsymbol{E}$. 因而，$\boldsymbol{E}$ 与 $\mathrm{d}\boldsymbol{s}$ 之间的角度为 90°，而标积 $\boldsymbol{E}\cdot\mathrm{d}\boldsymbol{s}$ 为零. 于是由式（14－18）知道，点 i 和 c 处于相同的电势：$V_c - V_i = 0$.

对于直线 cf 我们有 $\theta = 45°$，于是，根据式（14－18），

$$V_f - V_i = -\int_c^f \boldsymbol{E}\cdot \mathrm{d}\boldsymbol{s} = -\int_c^f E(\cos45°)\mathrm{d}s$$

$$= -E(\cos45°)\int_c^f \mathrm{d}s$$

此式中的积分仅仅是直线 cf 的长度；由图 14－6b，长度为 $d/\sin45°$. 因而，

$$V_f - V_i = -E(\cos45°)\frac{d}{\sin45°} = -Ed \qquad \text{（答案）}$$

这是我们在（a）中曾得到的相同的结果，正如它必然是的那样；两点之间的电势差与连接它们的路径无关. 经验：当想要通过在两点之间移动一检验电荷去求该两点间的电势差时，可以通过选择一条简化式（14－18）的计算路径来节省时间和工作.

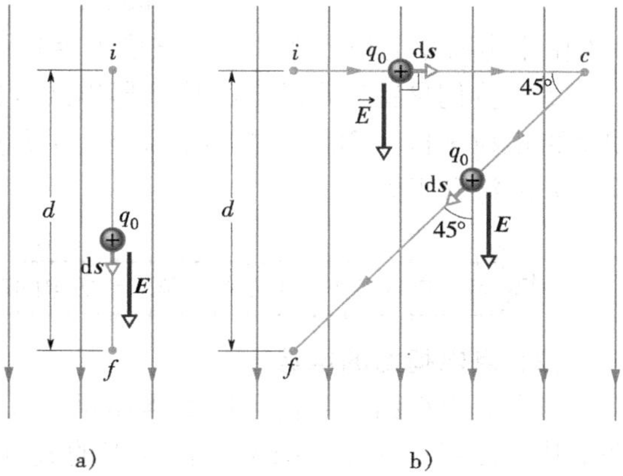

图 14－6 例题 14－2 图

a）检验电荷 q_0 沿均匀电场方向的直线从点 i 移到点 f. b）q_0 在相同的电场中沿路径 icf 移动.

2. 点电荷及点电荷组的电势

（1）点电荷的电势

我们现在将运用式（14－18）推导关于在围绕带电粒子的空间中，相对于无穷远处零电势的电势 V 的表达式. 考虑离固定的带正电荷 q 的粒子 R 处的一点 P（见图 14－7）. 为了运用式（14－18），我们想象把一正检验电荷从 P 点移动到无穷远处. 因为我们取的路径无关紧要，所以可以选择最简单的一条，即沿径向从该固定的粒子通过 P 延伸到无穷远的直线.

为了运用式（14－18），必须计算标积

$$\boldsymbol{E}\cdot \mathrm{d}\boldsymbol{s} = E\cos\theta \mathrm{d}s \qquad (14-22)$$

图 14－7 中的电场强度 $\boldsymbol{E}$ 是从固定的粒子沿半径指向外的，因而，检验粒子沿其路径的元位移 $\mathrm{d}\boldsymbol{s}$ 具有与 $\boldsymbol{E}$ 相同的方向. 这表明在式（14－22）中，角 $\theta = 0$ 而 $\cos\theta = 1$. 因为该路径是径向的，所以我们把 $\mathrm{d}s$ 写作 $\mathrm{d}r$，然后代入积分限 R 和 ∞，可把式（14－18）写作

$$V_f - V_i = -\int_R^\infty E\mathrm{d}r \qquad (14-23)$$

其次，我们约定 $V_f = 0$（在 ∞ 处）和 $V_i = V$（在 R 处）. 然后，对于在检验电荷处电场强度的大小，我们根据式（12－11）来代替：

$$E = \frac{1}{4\pi\varepsilon_0}\frac{q}{r^2} \qquad (14-24)$$

借助这些改变，由式（14－23）得

$$0 - V = -\frac{q}{4\pi\varepsilon_0}\int_R^\infty \frac{1}{r^2}\mathrm{d}r = \frac{q}{4\pi\varepsilon_0}\left[\frac{1}{r}\right]_R^\infty$$

$$= -\frac{1}{4\pi\varepsilon_0}\frac{q}{R} \qquad (14-25)$$

解 V 并把 R 改为 r，于是有

$$V = \frac{1}{4\pi\varepsilon_0}\frac{q}{r} \qquad (14-26)$$

V 为由带电荷 q 的粒子在任一与该粒子径向距离为 r 处的电势.

尽管我们是针对带正电的粒子导出式（14－26）的，但该推导对负带电粒子也适用. 在那种情况下，q 是负的量. 应注意 V 的符号与 q 的符号相同：

带正电的粒子引起正的电势. 带负电的粒子引起负的电势.

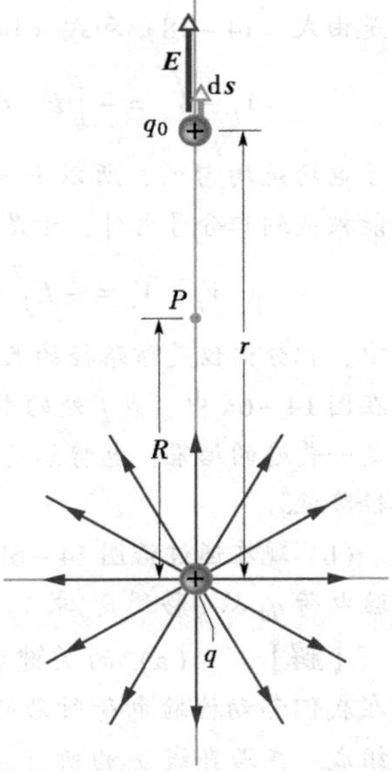

图 14－7 正点电荷 q 在 P 点的电场强度 $\boldsymbol{E}$ 及电势. 我们通过把检验电荷由 P 移到无穷远来求电势. 图示在元位移 $\mathrm{d}\boldsymbol{s}$ 期间，检验电荷在离点电荷 r 处.

（2）点电荷组的电势

对于点电荷组，我们可借助叠加原理求出它们在一点处引起的净电势，应用在计及电荷符号情况下的式（14－26），我们算出由各个电荷单独在给定点引起的电势，然后把这些电势加起来. 对于 n 个电荷，净电势为

$$V = \sum_{i=1}^{n} V_i = \frac{1}{4\pi\varepsilon_0}\sum_{i=1}^{n}\frac{q_i}{r_i} \quad (n\text{ 个点电荷}) \qquad (14-27)$$

这里，q_i 是第 i 个电荷的值，而 r_i 是第 i 个电荷与给定点的径向距离. 式（14－27）中的和是**代数和**，而不是像计算由一组点电荷激发的电场强度时用的那样的矢量和. 这个结果叫做**电势叠加原理**. 比起电场强度来，在这里存在着电势叠加上的便利：把一些标量加起来要比把一些矢量加起来容易得多，因为对矢量必须考虑它们的方向和分量.

例题 14－3

（ε）在图 14－8a 中，12 个电子（带电荷 $-e$）等间隔地固定在半径为 R 的圆上. 相对于无穷远处 $V=0$，由这些电子引起的在圆心 C 处的电势和电场强度是什么？

【解】 这里**关键点**是，在 C 处的电势是所有电子所贡献的电势的代数和（因为电势是标量，电子所处的方位无关紧要）. 因为电子都具有相同的负电荷 $-e$，且全都距 C 相同的距离，由式（14－27）得

$$V = -12\frac{1}{4\pi\varepsilon_0}\frac{e}{r}\text{（答案）} \qquad (14-28)$$

对于在 C 处的电场强度，**关键点**是电场强度是矢量，

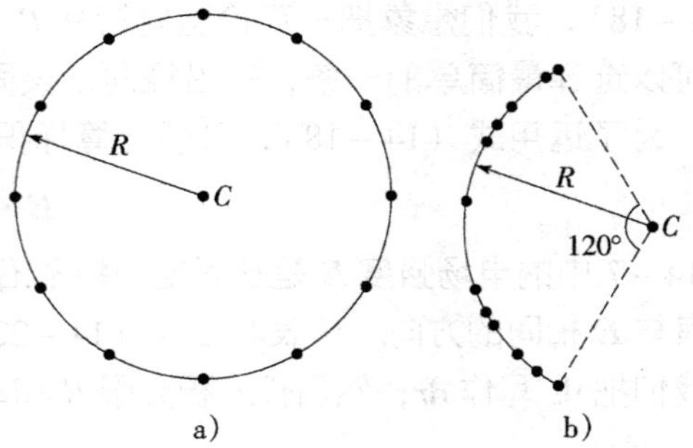

图 14－8 例题 14－3 图 a) 12 个电子围绕一圆被均匀放置. b) 那些电子沿原来圆的一段弧被非均匀放置.

因而电子所处的方位很重要. 因为在图 14－8a 中排列的对称性, 由任一给定电子引起的在 C 处的电场强度矢量与沿直径对着它的电子引起的电场矢量相消, 因而, 在 C 处,

$$\boldsymbol{E}=0 \quad \text{（答案）}$$

(b) 如果电子沿圆移动直到它们非均匀地隔开在 －120° 的弧上（见图 14－8b）, 那时在 C 处的电势是什么？在 C 处的电场强度怎样改变（如果真的）？

【解】 由于 C 与每个电子之间的距离未改变, 且方位不相关, 所以电势仍然由式（14－28）给定. 因为排列不再是对称的, 所以电场强度不再为零. 现在有一合电场强度, 它指向该电荷分布.

作为应用电势叠加原理的实例, 我们来计算由电偶极子引起的电势. 现在让我们把式（14－27）应用于一电偶极子以求出在图 14－9a 中任一点 P 处的电势. 在 P 点, 正点电荷（在距离 $r_{(+)}$ 处）引起电势 $V_{(+)}$ 而负电荷（在距离 $r_{(-)}$ 处）引起电势 $V_{(-)}$. 于是, 在 P 点的净电势由式（14－27）给定为

$$V=\sum_{i=1}^{2}V_i=V_{(+)}+V_{(-)}=\frac{1}{4\pi\varepsilon_0}\left(\frac{q}{r_{(+)}}+\frac{-q}{r_{(-)}}\right)$$
$$=\frac{q}{4\pi\varepsilon_0}\frac{r_{(-)}-r_{(+)}}{r_{(-)}r_{(+)}} \tag{14－29}$$

天然存在的电偶极子, 比如像许多分子所具有的, 都很小, 我们通常只对距电偶极子相对较远的一些点感兴趣, 以致 $r \gg d$, 其中 d 是两电荷之间的距离. 在那样的条件下, 从图 14－9b 得出的近似是

$$r_{(-)}-r_{(+)}\approx d\cos\theta \text{ 和 } r_{(-)}r_{(+)}=r^2$$

如果我们把这些量代入式（14－29）, 可使 V 近似为

$$V=\frac{q}{4\pi\varepsilon_0}\frac{d\cos\theta}{r^2}$$

式中, θ 如图 14－9a 所示是从电偶极子的轴线测量起的. 现在可把 V 写作

$$V=\frac{1}{4\pi\varepsilon_0}\frac{p\cos\theta}{r^2} \quad \text{（电偶极子）} \tag{14－30}$$

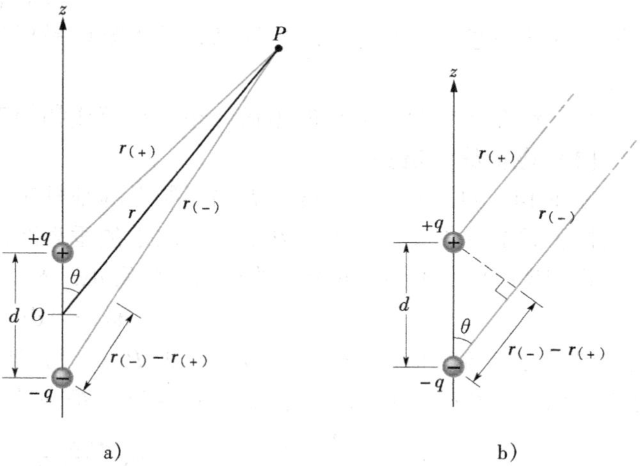

图 14－9　a) P 点离电偶极子中点 O 一段距离 r, 直线 OP 与电偶极子轴成 θ 角. b) 如 P 点远离电偶极子, 则长 $r_{(+)}$ 与 $r_{(-)}$ 的直线近似与长 r 的直线平行, 虚线近似垂直于长 $r_{(-)}$ 的直线.

其中 p（$=qd$）是在 12－4 节中所定义的电偶极矩 $\boldsymbol{p}$ 的大小. 矢量 $\boldsymbol{p}$ 的方向沿电偶极子轴线从负电荷到正电荷（因而, θ 是从 $\boldsymbol{p}$ 的方向测量起的）.

许多分子, 比如水分子, 具有**固有**电偶极矩. 而在其他的分子（叫做**无极分子**）和每个孤立的原子中, 正电中心和负电中心重合（见图 14－10a）, 因而没有电偶极矩形成. 然而, 如果我们把一个原子或无极分子放置在外电场中, 电场使电子轨道变形并使正电中心与负电中心分离（见图 14－10b）. 因为电子带负电, 它们趋于沿与电场相反的方向移动. 这个移动产生指向电场方向的电偶极矩 $\boldsymbol{p}$. 这个电偶极矩被认为是由电场**感生的**, 而原子或分子则被说成是被电场**极化的**（它具有正端和负端）. 当除去电场后, 感生电偶极矩和极化消失.

3. 连续电荷分布的电势

当电荷 q 分布是连续的（如在均匀带电细杆或圆盘上那样）时，我们不能应用式（14－27）的相加去求一点 P 的电势. 作为代替，我们应该选取电荷的一个微元 dq，确定 dq 在 P 点的电势 dV，然后对整个电荷分布求积分.

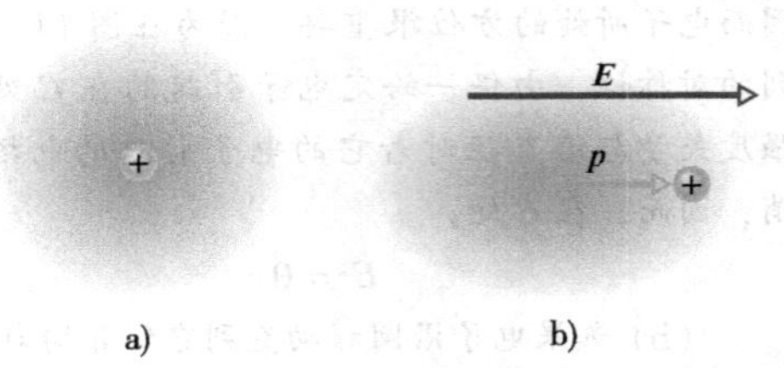

图 14－10 a）一个原子的正电核（小球）和负电子（阴影）的图，其中正电中心与负电中心重合. b）原子放在外电场 $\boldsymbol{E}$ 中，电子轨道变形以致正、负电中心不再重合，出现感生电偶极矩 $\boldsymbol{p}$. 图中变形被大大地夸大了.

我们仍然取零电势在无穷远处. 如果把电荷元 dq 作为点电荷处理，则可应用式（14－26）表达由 dq 在 P 点的电势 dV 为

$$dV=\frac{1}{4\pi\varepsilon_0}\frac{dq}{r}\quad（正的或负的\ dq）\qquad(14-31)$$

这里，r 是 P 与 dq 之间的距离. 为了求出 P 点的总电势 V，我们用积分把所有电荷元的电势加起来，即

$$V=\int dV=\frac{1}{4\pi\varepsilon_0}\int\frac{dq}{r}\qquad(14-32)$$

该积分应遍及整个电荷分布. 应注意，因为电势是标量，在式（14－32）中没有矢量的分量要考虑.

我们现在分析两个连续的电荷分布：电荷线和带电圆盘.

（1）电荷线的电势

在图 14－11a 中，一长度为 L 的不导电的细杆带有均匀线密度为 λ 的正电荷. 让我们确定由该杆引起的在 P 点的电势，P 点与杆左端的垂直距离为 d.

我们考虑如图 14－11b 所示的杆的一微元 dx. 杆的这个（或任何其他的）微元具有微元电荷

$$dq=\lambda dx\qquad(14-33)$$

这个电荷元在与它相距 $r=(x^2+d^2)^{1/2}$ 的 P 点产生电势 dV. 把该电荷元作为点电荷看待，我们可应用式（14－31）把电势 dV 写作

$$dV=\frac{1}{4\pi\varepsilon_0}\frac{dq}{r}=\frac{1}{4\pi\varepsilon_0}\frac{\lambda dx}{(x^2+d^2)^{1/2}}\qquad(14-34)$$

由于杆上的电荷是正的，并且我们已约定在无穷远处 $V=0$，所以在式（14－34）中的 dV 必定为正.

我们现在通过沿杆的长度从 $x=0$ 到 $x=L$ 对式（14－34）积分来求由杆产生的在 P 点的总电势 V. 利用积分求得

$$\begin{aligned}V&=\int dV=\int_0^L\frac{1}{4\pi\varepsilon_0}\frac{\lambda}{(x^2+d^2)^{1/2}}dx\\&=\frac{\lambda}{4\pi\varepsilon_0}\int_0^L\frac{dx}{(x^2+d^2)^{1/2}}\\&=\frac{\lambda}{4\pi\varepsilon_0}[\ln(x+(x^2+d^2)^{1/2}]_0^L\\&=\frac{\lambda}{4\pi\varepsilon_0}[\ln(L+(L^2+d^2)^{1/2}-\ln d]\end{aligned}$$

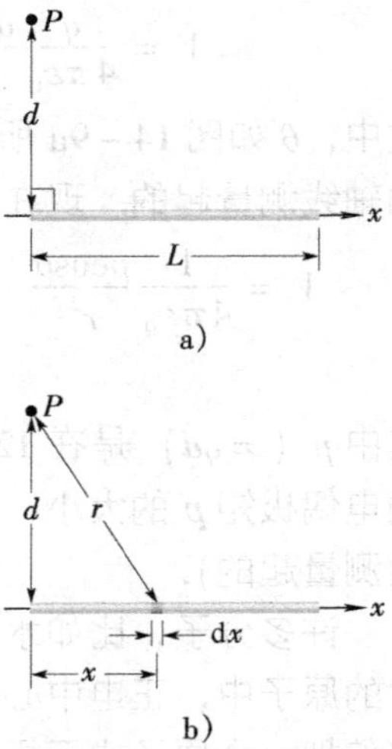

图 14－11 a）一细的，均匀带电杆在 P 点产生电势 V. b）电荷元在 P 点处产生微元电势 dV.

利用普遍关系 $\ln A-\ln B=\ln(A/B)$，我们可求出

$$V=\frac{1}{4\pi\varepsilon_0}\ln\left[\frac{L+(L^2+d^2)^{1/2}}{d}\right] \tag{14-35}$$

因为 V 是正值 $\mathrm{d}V$ 的和，它应该是正的，但式（14-35）是否给出了正的 V? 由于对数的**自变量**大于 1，所以该对数是正数，V 确实为正.

（2）带电圆盘的电势

在 12-4 节中，我们曾计算在半径为 R 的塑料圆盘的中心轴上各点的电场，该盘在其一个表面上具有均匀面电荷密度 σ. 这里我们推导在中心轴上任一点的电势 $V(z)$ 的表达式.

在图 14-12 中，考虑一由半径为 R' 且径向宽度为 $\mathrm{d}R'$ 的扁平圆环构成的微元，其电荷的大小为

$$\mathrm{d}q=\sigma(2\pi R')(\mathrm{d}R')$$

其中（$2\pi R'$）（$\mathrm{d}R'$）是环的上表面面积. 这个电荷元的所有部分都与盘轴上的 P 点有相同的距离 r. 借助于图 14-12，可运用式（14-31）写出这个环对 P 点电势的贡献为

$$\mathrm{d}V=\frac{1}{4\pi\varepsilon_0}\frac{\mathrm{d}q}{r}=\frac{1}{4\pi\varepsilon_0}\frac{\sigma(2\pi R')(\mathrm{d}R')}{\sqrt{z^2+R'^2}} \tag{14-36}$$

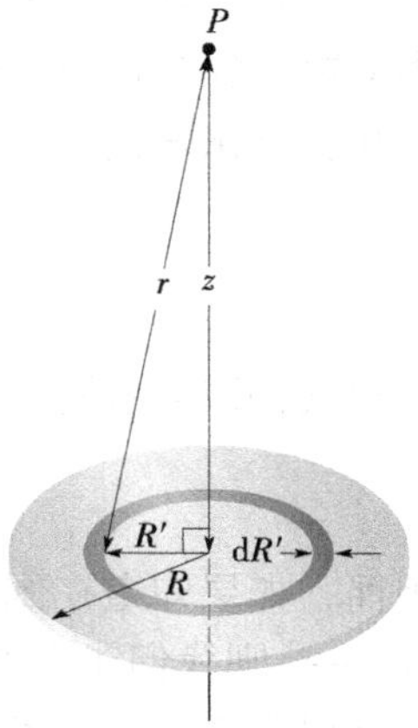

图 14-12 半径为 R、上表面具有均匀面电荷密度 σ 的塑料圆盘，我们要求在盘的中心轴上 P 点的电势.

我们把所有从 $R'=0$ 到 $R'=R$ 的窄条的贡献加起来（通过积分）求得 P 点的净电势为

$$V=\int\mathrm{d}V=\frac{\sigma}{2\varepsilon_0}\int_0^R\frac{R'\mathrm{d}R'}{\sqrt{z^2+R'^2}}=\frac{\sigma}{2\varepsilon_0}\left(\sqrt{z^2+R^2}-z\right) \tag{14-37}$$

应注意，在式（14-37）的第二个积分中变量是 R' 而不是 z，当对整个圆盘表面求积分时 z 保持常量（还应注意，在计算该积分中，我们已假定 $z\geqslant0$）.

14-5 由电势计算电场强度

我们从 14-4 节了解到，如果知道了沿一路径从参考点到 f 点的电场强度就可以求出在 f 点的电势. 在本节，我们打算走相反的路，也就是说，知道了电势去求电场强度. 如图 14-3 所示，用图解法求解这个问题很容易：如果我们知道在一电荷系统附近所有点的电势 V，我们就能画出一族等势面，垂直于那些面所草绘的电场线揭示出 $\boldsymbol{E}$ 的变化. 我们在这里所探寻的是这种图解过程的数学等价处理.

图 14-13 示出一族密集的等势面的横截面，每对邻近的面之间的电势差是 $\mathrm{d}V$，如图所示，在任一点 P 的电场强度 $\boldsymbol{E}$ 垂直于通过 P 的等势面.

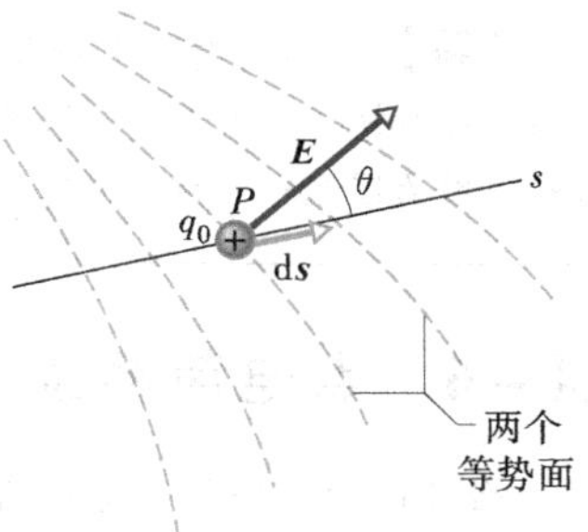

图 14-13 检验电荷 q_0 从一等势面移动距离 $\mathrm{d}\boldsymbol{s}$ 到另一等势面，（为清楚起见，等势面间的距离被夸大了）$\mathrm{d}\boldsymbol{s}$ 与电场强度 $\boldsymbol{E}$ 的方向成 θ 角.

设想一正检验电荷 q_0 从一个等势面移过位移 $\mathrm{d}\boldsymbol{s}$ 到相邻近的面，根据式（14-6），我们了解电场在移动期间对该检验电荷做的功是 $-q_0\mathrm{d}V$. 根据式（14-16）和图 14-13，电场所做的功也可被写作标积 $(q_0\boldsymbol{E})\cdot\mathrm{d}\boldsymbol{s}$，或 $q_0E(\cos\theta)\mathrm{d}s$. 使这两种功的表达相等，有

$$-q_0\mathrm{d}V=q_0E(\cos\theta)\mathrm{d}s \tag{14-38}$$

或

哈里德大学物理学

$$E\cos\theta = -\frac{dV}{ds} \quad (14-39)$$

由于 $E\cos\theta$ 是 $\boldsymbol{E}$ 沿 $\mathbf{ds}$ 方向的分量，式（14－39）变成

$$E_s = -\frac{\partial V}{\partial s} \quad (14-40)$$

我们已把角标加到 E 上并换成偏导数符号以强调式（14－40）仅涉及 V 沿一特定的轴（这里叫做 s 轴）的变化而且只是 $\boldsymbol{E}$ 沿该轴的分量．式（14－40）（它基本上是式（14－18）的反面）可用文字来表述：

> $\boldsymbol{E}$ 在任一方向的分量是在该方向电势随距离变化率的负值．

如果我们取 s 轴依次为 x、y 和 z 轴，则在任一点 $\boldsymbol{E}$ 的 x、y 和 z 分量为

$$E_x = -\frac{\partial V}{\partial x};\quad E_y = -\frac{\partial V}{\partial y};\quad E_z = -\frac{\partial V}{\partial z} \quad (14-41)$$

因而，如果知道在围绕电荷分布的区域内所有点的 V——也就是说，如果知道函数 $V(x, y, z)$——则我们能通过取偏导数求出在任一点处 $\boldsymbol{E}$ 的分量，进而求出 $\boldsymbol{E}$ 本身．

对于电场强度 $\boldsymbol{E}$ 是均匀的简单情况，式（14－40）变成

$$E = -\frac{\Delta V}{\Delta s} \quad (14-42)$$

式中，s 垂直于等势面．电场在任一平行于等势面方向的分量为零．

例题 14－4

在一均匀带电圆盘中心轴上任一点的电势由式（14－37）给定，

$$V = \frac{\sigma}{2\varepsilon_0}(\sqrt{z^2+R^2} - z)$$

从这个表达式出发，推导在该圆盘轴上任一点的电场强度表达式．

【解】 我们想求电场强度 $\boldsymbol{E}$ 作为沿圆盘轴的距离 z 的函数．对于 z 的任何值，$\boldsymbol{E}$ 的方向都应该沿该轴，因为圆盘对于该轴具有圆对称性．因而，我们只需 $\boldsymbol{E}$ 在 z 方向的分量 E_z．于是**关键点**是，这个分量为电势随距离 z 的变化率的负值．于是，根据式（14－41），有

$$E_z = -\frac{\partial V}{\partial z} = -\frac{\sigma}{2\varepsilon_0}\frac{d}{dz}(\sqrt{z^2+R^2} - z)$$

$$= \frac{\sigma}{2\varepsilon_0}\left(1 - \frac{z}{\sqrt{z^2+R^2}}\right) \quad \text{（答案）}$$

这与我们在 12－4 节中用库仑定律通过积分导出的表达式相同．

14－6　点电荷系统的电势能

在 14－1 节中，我们讨论了当静电力对一个带电粒子做功时它的电势能．在该节中，我们假定产生力的电荷被固定在适当位置，以致无论静电力还是相应的电场都能不受检验电荷出现的影响．在本节中我们可采取更广泛的考虑，去寻求电荷**系统**的电势能，该势能归因于**由**那些同样的电荷产生的电场．

作为一个简单例子，设想把两个带有同种电荷的物体推近，则必须做的功作为电势能被储存在这二电荷系统中（只要两物体的动能不改变）．如果稍后把两个带电体释放，当它们互相跑开时，这被储存的能量作为两个带电体的动能，可以全部或部分地被回收．

我们定义被未指明的力约束在固定位置的**点电荷系统**的电势能如下：

静止点电荷系统的电势能，等于把各点电荷从无穷远处移入组成该系统时外力必须做的功.

我们假定这些电荷不但在它们起始的无穷远位置上，而且在它们末了组成的结构中都是静止的.

图 14－14 示出被隔开距离为 r 的两个点电荷 q_1 和 q_2. 为了求出这个二电荷系统的电势能，我们应该想象从两电荷在无穷远处并处于静止开始组建该系统. 当我们从无穷远引入 q_1 并把它放在适当位置时我们不做功，因为没有静电力作用在 q_1 上. 然而，当我们接着从无穷远引入 q_2 并把它放在适当位置时，我们必须做功，因为在移动期间 q_1 施加一静电力在 q_2 上.

我们可通过丢掉负号用式（14－7）计算这个功（以使该式给出我们做的功而不是电场的功），并用 q_2 代替一般的电荷 q. 我们做的功于是等于 q_2V，这里 V 是由 q_1 在 q_2 所在处的电势. 根据式（14－26），该电势为

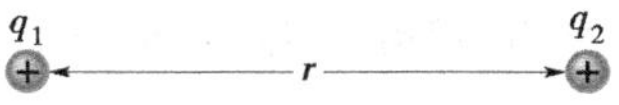

图 14－14　保持分开一固定距离 r 的两个电荷

$$V=\frac{1}{4\pi\varepsilon_0}\frac{q_1}{r}$$

因而，根据我们的定义，图 14－14 的一对点电荷的电势能为

$$W_E=W=q_2V=\frac{1}{4\pi\varepsilon_0}\frac{q_1q_2}{r} \tag{14-43}$$

如果两电荷具有相同的符号，我们必须做功来反抗它们的相互排斥以把它们推近. 因此，如式（14－43）表明，系统的电势能就是正的. 如果两电荷具有相反的符号，我们必须做负功来反抗它们的相互吸引以使它们移到一起而最后静止. 系统的电势能于是是负的. 例题 14－5 指出如何把这个过程推广到多于两个电荷的情况.

例题 14－5

图 14－15 表示被未指明的力保持在固定位置的三个点电荷. 这个电荷系统的电势能 W_E 是多少？假定 $d=12\text{cm}$ 且 $q_1=+q$，$q_2=-4q$，$q_3=+2q$，其中 $q=150\text{nC}$.

【解】　这里**关键点**是，该系统的电势能等于从无穷远移入每个电荷以组成系统时所必须做的功. 因此，让我们想象以一个点电荷，比方说 q_1，在适当位置，而另外两个在无穷远处开始建立图 14－15 的系统. 根据式（14－43），用 d 代替 r，与一对点电荷 q_1 和 q_2 相关联的电势能 W_{E12} 为

$$W_{E12}=\frac{1}{4\pi\varepsilon_0}\frac{q_1q_2}{d}$$

接着从无穷远处引入最后的点电荷 q_3 并把它放在适当位置. 在这最后的步骤中，我们必须做的功等于把 q_3 拿到靠近 q_1 要做的功和把 q_3 拿到靠近 q_2 要做的功之和. 根据式（14－43），用 d 代替 r，该和为

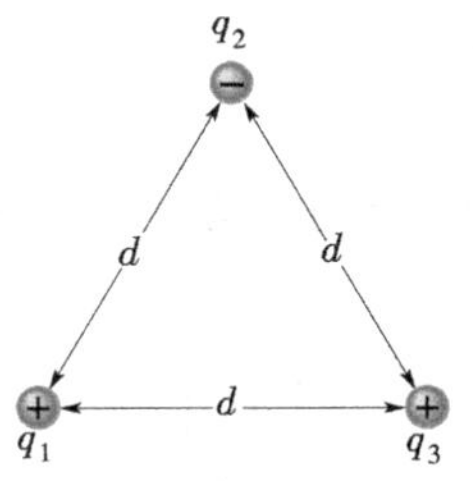

图 14－15　例题 14－5 图　三个电荷被固定在等边三角形的三个顶点，这个系统的电势能为何？

$$W_{13}+W_{23}=W_{E13}+W_{E23}=\frac{1}{4\pi\varepsilon_0}\frac{q_1q_3}{d}+\frac{1}{4\pi\varepsilon_0}\frac{q_2q_3}{d}$$

三电荷系统的电势能 W_E 是与三对电荷相关联的电势能之和，这个和（它实际上与这些电荷被移近的次序无关）为

$$W_E = W_{E12} + W_{E13} + W_{E23}$$

$$= \frac{1}{4\pi\varepsilon_0}\left(\frac{(+q)(-4q)}{d} + \frac{(+q)(+2q)}{d} + \frac{(-4q)(+2q)}{d}\right)$$

$$= -\frac{10q^2}{4\pi\varepsilon_0 d}$$

$$= -\frac{(8.99\times10^9\text{N}\cdot\text{m}^2/\text{C}^2)(10)(150\times10^{-9}\text{C})^2}{0.12\text{m}}$$

$$= -1.7\times10^{-2}\text{J}$$

$$= -17\text{mJ}$$

（答案）

负的电势能表示，从三个电荷被无穷远地隔开且处于静止开始组成这个结构就必须做负功. 用另一种方式表达则是：外力必须做 17mJ 的功来完全分散该结构使三个电荷隔开无穷远.

复习和小结

电势能 当点电荷在电场中从起始点 i 移动到终了点 f 时该电荷电势能 W_E 的改变 ΔW_E 为

$$\Delta W_E = W_{Ef} - W_{Ei} = -W$$

式中，W 为静电力（归因于电场）在点电荷从 i 移动到 f 期间对它所做的功. 如果在无穷远处电势能被定义为零，则在一特定点，点电荷的电势能 W_E 为

$$W_E = -W_\infty$$

这里，W_∞ 是电荷从无穷远移动到该特定点时静电力对点电荷所做的功.

电势差和电势 定义电场中两点 i 和 f 之间的电势差 ΔV 为

$$\Delta V = V_f - V_i = -\frac{W}{q}$$

式中，q 是电场对之做功的粒子的电荷. 在一点处的电势为

$$V = -\frac{W_\infty}{q}$$

电势的 SI 单位是伏［特］：1 伏［特］=1 焦［耳］每库［仑］.

电势和电势差也可用电场中带电荷 q 的粒子的电势能来表示：

$$V = \frac{W_E}{q}$$

$$\Delta V = V_f - V_i = \frac{W_{Ef}}{q} - \frac{W_{Ei}}{q} = \frac{\Delta W_E}{q}$$

等势面 等势面上的点全都具有相同的电势. 使检验电荷从一个等势面移到另一个时对该电荷所做的功，与在两个面上的起点和终点的位置及连接该两点的路径无关. 电场强度 $\boldsymbol{E}$ 的方向总是垂直于相应的等势面.

从 $\boldsymbol{E}$ 求 V 两点 i 与 f 之间的电势差为

$$V_f - V_i = -\int_i^f \boldsymbol{E}\cdot d\boldsymbol{s}$$

式中，积分沿连接两点的任一路径. 如果我们选择 $V_i=0$，则对于在一特定点处的电势有

$$V = -\int_i^f \boldsymbol{E}\cdot d\boldsymbol{s}$$

点电荷引起的电势 单个点电荷在距离该电荷为 r 处的电势是

$$V = \frac{1}{4\pi\varepsilon_0}\frac{q}{r}$$

V 具有与 q 相同的符号，由一组点电荷引起的电势为

$$V = \sum_{i=1}^{n} V_i = \frac{1}{4\pi\varepsilon_0}\sum_{i=1}^{n}\frac{q_i}{r_i}$$

电偶极子引起的电势 在离电偶极矩大小 $p=qd$ 的电偶极子 r 处，该电偶极子的电势是

$$V = \frac{1}{4\pi\varepsilon_0}\frac{p\cos\theta}{r^2}$$

对于 $r\gg d$；角 θ 的定义见图 14－9.

由连续电荷分布引起的电势 对于连续的电荷分布，式（14－27）变成

$$V = \frac{1}{4\pi\varepsilon_0}\int\frac{dq}{r}$$

其中，积分遍及整个分布.

从 V 计算 $\boldsymbol{E}$ $\boldsymbol{E}$ 在任一方向的分量为电势随距离在该方向变化率的负值：

$$E_s = -\frac{\partial V}{\partial s}$$

$\boldsymbol{E}$ 的 x、y 及 z 分量可根据下列各式求出：

$$E_x = -\frac{\partial V}{\partial x};E_y = -\frac{\partial V}{\partial y};E_z = -\frac{\partial V}{\partial z}$$

当 $\boldsymbol{E}$ 是均匀的时，式（14－40）变为

$$E = -\frac{\Delta V}{\Delta s}$$

式中，s 垂直于等势面. 在平行于等势面的方向上电场为零.

点电荷系统的电势能 点电荷系统的电势能等于使最初处于静止且彼此相距无穷远的一些电荷组合成该系统所需的功. 对于两个相距 r 的电荷系统，电势能为

$$W_E = W = \frac{1}{4\pi\varepsilon_0}\frac{q_1 q_2}{r}$$

思考题

1. 图 14－16 示出三条路径，沿着这三条路径，我们可使带正电的球 A 移近被固定在原位的带正电的球 B. (a) 球 A 将被移到较高还是较低的电势处? (b) 我们做的功和 (c) 电场（由第二个球引起）做的功是正的、负的、还是零? (d) 按照我们所做的功由大到小把这三条路径排序.

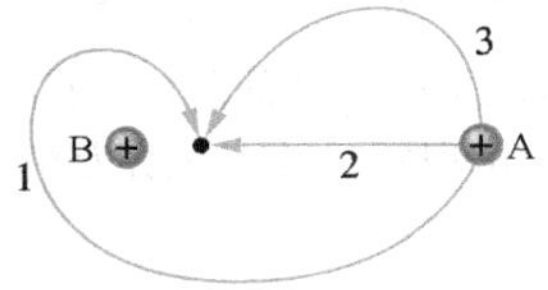

图 14－16 思考题 1 图

2. 图 14－17 示出一带电粒子的方阵，相邻粒子间的距离为 d. 如果电势在无穷远处为零，则在方阵中心 P 点的电势为何?

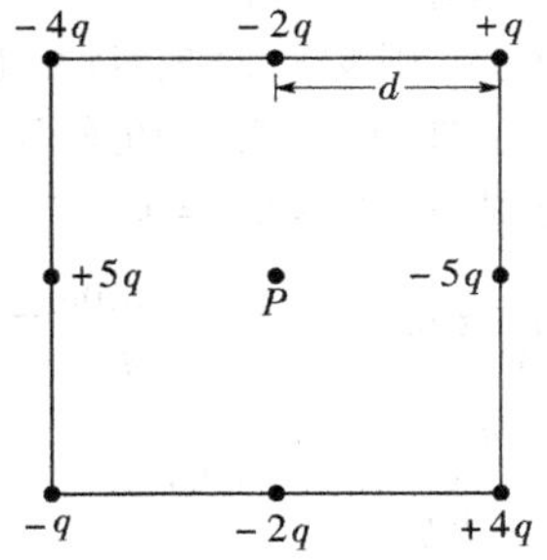

图 14－17 思考题 2 图

3. (a) 在图 14－18a 中，约定在无穷远处 $V=0$，离 P 点 R 处的电荷 Q 在 P 点引起的电势为何? (b) 在图 14－18b 中，上述电荷 Q 已被均匀分布在一半径为 R 且圆心角为 40°的圆弧上，在圆弧的曲率中心 P 点处电势为何? (c) 在图 14－18c 中，上述电荷已被均匀分布在半径为 R 的圆上，在圆心 P 点的电势为何? (d) 按照在 P 点的电场强度的大小由大到小把这三种情况排序.

4. 图 14－19 给出电势随 x 变化的关系. (a) 按照在五个区域内电场强度 x 分量的大小由大到小把这些区域排序. 在下列两个区域中，电场强度沿 x 轴的分量如何: (b) 区域 2 及 (c) 区域 4?

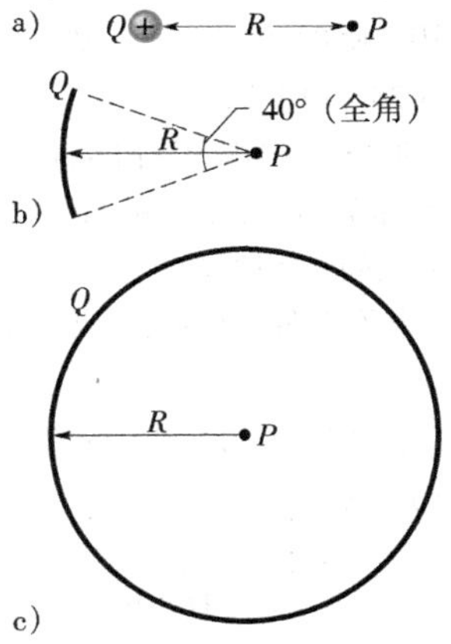

图 14－18 思考题 3 图

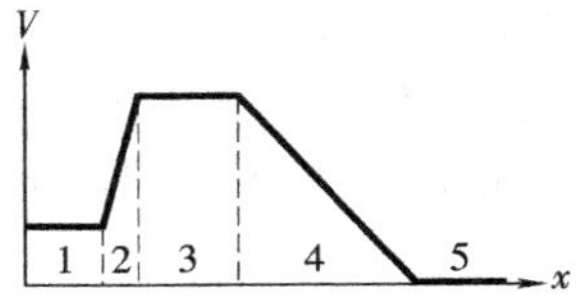

图 14－19 思考题 4 图

5. 图 14－20 示出三个带电粒子的系统. 如果使电荷 $+q$ 的粒子从 A 点移动到 D 点，下列各量是正、是负、还是零: (a) 该三粒子系统电势能的改变; (b) 合静电力对被移动的粒子所做的功; (c) 所施加的力做的功? 如果移动改为从 B 点到 C 点，则从 (a) 直到 (c) 的答案是什么?

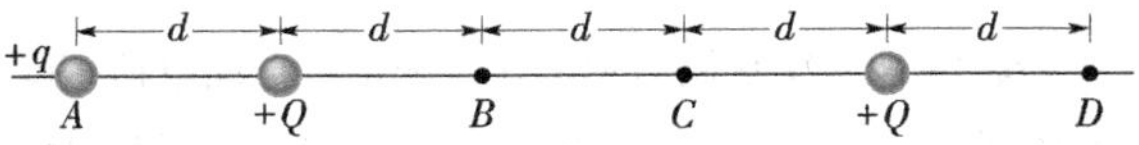

图 14－20 思考题 5 及 6 图

6. 在思考题 5 的情况中，如果移动是 (a) 从 A 到 B; (b) 从 A 到 C; (c) 从 B 到 D，所施加的力做的功是正、是负、还是零? (d) 按照所施加的力做功由大到小把这几种移动排序.

习题

1. 在一次特定的闪电中，云与地之间的电势差为 1.0×10^9V，而被转移的电荷量为 30C，(a) 该被转移的电荷的能量减少了多少？(b) 如果该能量全部用于使 1000kg 的汽车从静止加速，汽车的末速度是多大？(c) 如果该能量能用于使 0℃的冰融解，则它将融化多少冰，冰的融化热是 3.33×10^5J/kg.

2. 两块大的平行导体板相隔 12cm，且在它们相对的表面上带有等量异号电荷. 3.9×10^{-15}N 的静电力作用于被放置在两板间任何地方的一电子上（忽略边缘效应）. (a) 求在电子所在处的电场强度. (b) 两板间的电势差是多少？

3. 一带有均匀体电荷的不导电的球具有半径 R，其内部电场强度的方向沿半径且大小为

$$E(r) = \frac{qr}{4\pi\varepsilon_0 R^3}$$

这里 q（正或负）是球内的总电荷，而 r 是离球心的距离. (a) 取在球心处 $V=0$，求球内的电势 $V(r)$. (b) 球体表面上一点与球心之间的电势差为何？(c) 如果 q 为正，则两点中那一点的电势较高？

4. 电荷 q 均匀分布在一半径为 R 的球体的整个体积内. (a) 约定在无穷远处 $V=0$，证明距球心为 r 处的电势由下式给出

$$V = \frac{q(3R^2 - r^2)}{8\pi\varepsilon_0 R^3}$$

式中，$r<R$. (b) 为什么这个结果与习题 3 中 (a) 的结果不同？(c) 球体表面上一点与球心之间的电势差为何？(d) 为什么这个结果与习题 3 中 (b) 的结果没有不同？

5. 具有电荷 Q 和均匀体电荷密度 ρ 的厚球壳以半径 r_1 和 r_2 为界，其中 $r_2>r_1$. 以无穷远处 $V=0$，求电势 V 作为离壳心距离 r 的函数. 考虑下列区域：(a) $r>r_2$；(b) $r_2>r>r_1$；及 (c) $r<r_1$. (d) 这些解在 $r=r_2$ 和 $r=r_1$ 处一样吗？

6. 图 14-21 从侧面示出在一侧带有正面电荷密度为 σ 的、无限大不导电的薄片. (a) 运用式 (14-18) 和式 (13-16) 证明无限大电荷薄片引起的电场中一点的电势可写作 $V = V_0 - (\sigma/2\varepsilon_0)z$，其中 V_0 是薄片表面处的电势而 z 是离薄片的垂直距离. (b) 当一个小的、正检验电荷从在薄片上的起始位置移动到距薄片 z 处的终了位置时，薄片的电场做了多少功？

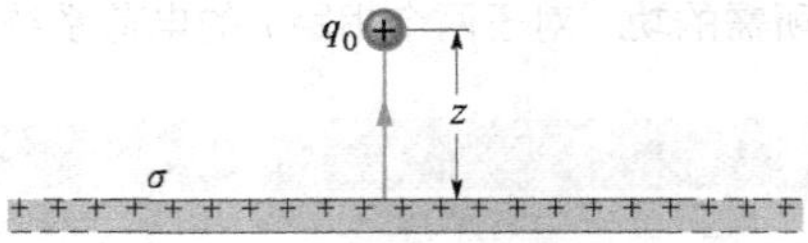

图 14-21 习题 6 图

7. 在图 14-22 中，约定在无穷远处 $V=0$ 并设两粒子带有电荷 $q_1=+q$ 和 $q_2=-3q$. 在 x 轴上确定（用间距 d 表示）一点（无穷远除外），在该点由两粒子引起的电势为零.

8. 在图 14-22 中，电荷为 q_1 和 q_2 的两个粒子相距 d. 两粒子的合电场强度在 $x=\frac{5}{4}d$ 处为零. 以无穷远处 $V=0$，试在 x 轴上确定（用间距 d 表示）一点（无穷远除外），在该点由两粒子引起的电势为零.

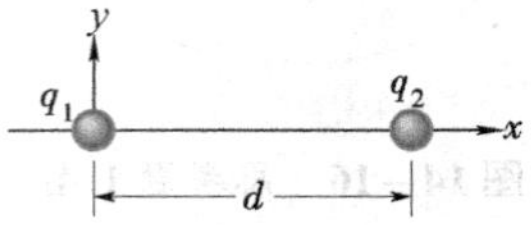

图 14-22 习题 7，8 图

9. 一球形水滴带有 30pC 的电荷，其表面的电势为 500V（以无穷远处 $V=0$）. (a) 该水滴的半径有多大？(b) 如果把两个具有同样电荷和半径的这种水滴合起来形成一单个的水滴，则该新水滴表面处的电势多大？

10. 在图 14-23 中，由四个点电荷引起的在 P 点的净电势是多少？假设无穷远处 $V=0$.

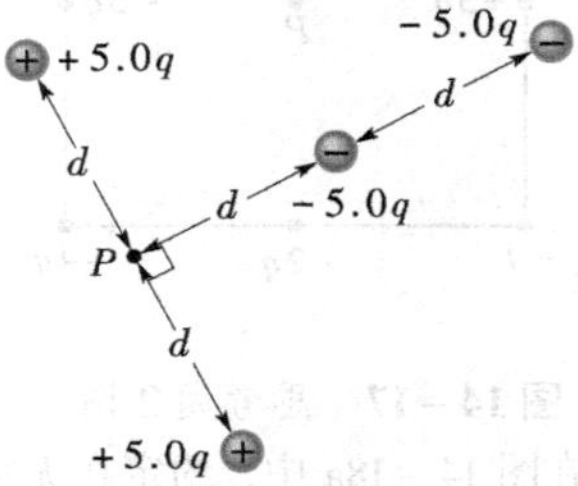

图 14-23 习题 10 图

11. 氨分子 NH_3 具有等于 1.47D 的永电偶极矩，其中 1D = 1 德拜 = 3.34×10^{-30}C·m. 试计算由氨分子引起的在沿电偶极子的轴并离它 52.0nm 远处 P 点的电势（设无穷远处 $V=0$）.

12. 图 14-24 示出位于水平轴线上的三个带电粒子. 对于在该轴线上 $r \gg d$ 的点（例如 P），证明电势 $V(r)$ 由下式给出

$$V(r) = \frac{1}{4\pi\varepsilon_0}\frac{q}{r}\left(1+\frac{2d}{r}\right)$$

（提示：该电荷结构可被看作一孤立电荷与一电偶极子的和）.

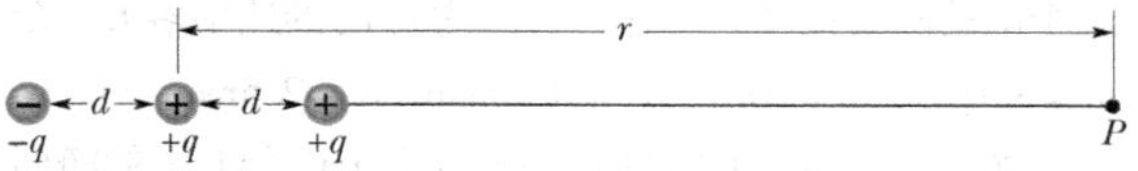

图 14-24 习题 12 图

13. 一塑料杆被弯成半径为 R 的圆形. 它具有沿其四分之一圆周均匀分布的正电荷 $+Q$ 和沿圆周其余部分均匀分布的负电荷 $-6Q$（见图 14-25）. 以无穷远处 $V=0$，在（a）圆心 C 处；（b）圆的中心轴上距圆心 z 的 P 点处的电势各为多少？

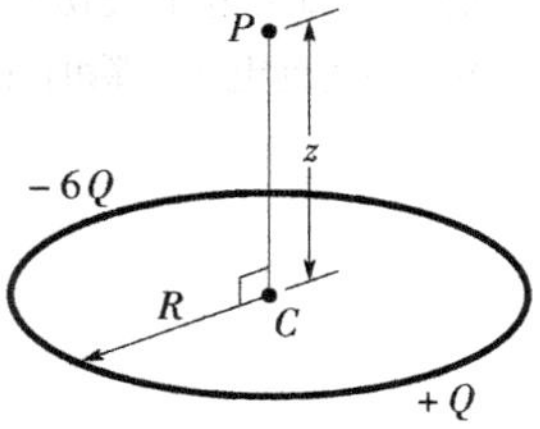

图 14-25 习题 13 图

14. 在图 14-26 中，一具有均匀电荷分布 $-Q$ 的塑料杆被弯成半径为 R 的圆弧，其圆心角为 120°. 以无穷远处 $V=0$，在杆的曲率中心 P 处的电势是多少？

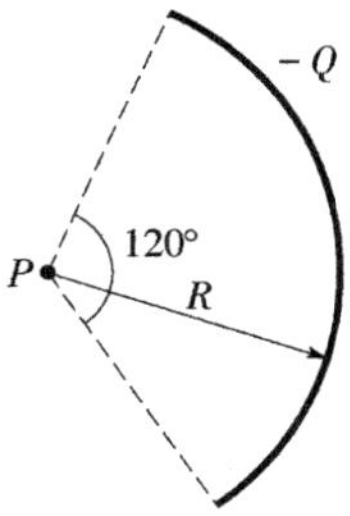

图 14-26 习题 14 图

15. 使一塑料圆盘在其一面带上均匀面电荷密度 σ，然后将圆盘的四分之三切掉，剩下的四分之一如图 14-27 所示. 以无穷远处 $V=0$，由剩下的四分之一引起的在 P 点的电势是多少？P 点在原来圆盘的中心轴上距原有的中心 z 处.

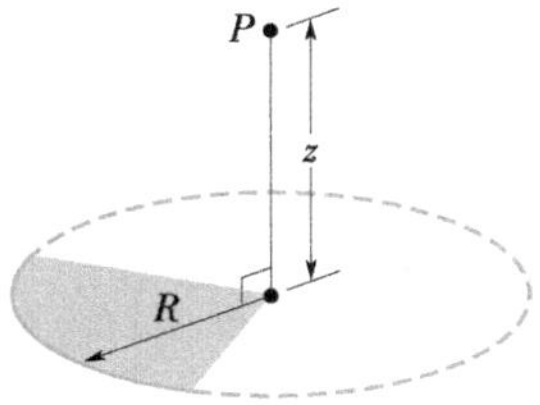

图 14-27 习题 15 图

16. 图 14-28 示出一放在 x 轴上的塑料杆，它的长度为 L 且带有均匀正电荷 Q. 以无穷远处 $V=0$，试求在轴上离杆的一端为 d 的 P_1 点的电势.

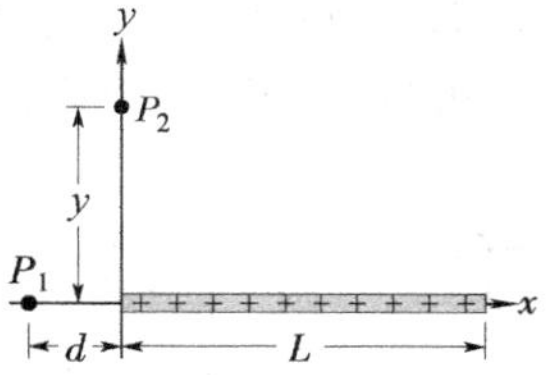

图 14-28 习题 16，17 图

17. 图 14-28 所示的塑料杆具有长度 L 和非均匀线电荷密度 $\lambda=cx$，其中 c 是正的常量. 以无穷远处 $V=0$，求在轴上离杆的一端为 d 的 P_1 点的电势.

18.（a）图 14-29a 示出一带正电的塑料杆，它具有长度 L 及均匀线电荷密度 λ. 设无穷远处 $V=0$，并考虑图 14-11 及式（14-35），不经书面计算求在 P 点处的电势.（b）图 14-29b 示出一相同的杆，只是被分成两半而右半部带负电；左，右两半具有同样大小的线电荷密度 λ. 以无穷远处 V 为零，图 14-29b 中 P 点的电势是多少？

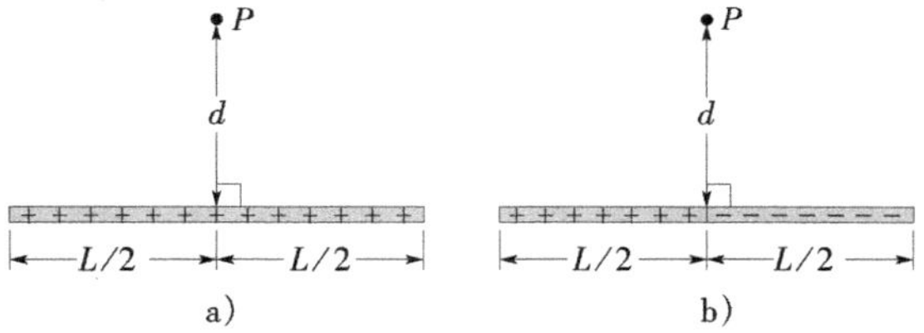

图 14-29 习题 18 图

19.（a）利用式（14-32）证明，在半径为 R 的细电荷环中心轴线上离环心为 z 的 P 点的电势为

$$V=\frac{1}{4\pi\varepsilon_0}\frac{q}{\sqrt{z^2+R^2}}$$

（b）根据这个结果，推导在环的轴线上各点 E 的表达式，把你的结果与 12-4 节中对 E 的计算相比较.

20.（a）利用习题 16 的结果求出在图 14-28 中 P_1 点处的电场强度分量 E_x（提示：首先在该结果中用 x 代替 d）.（b）试利用对称性确定在 P_1 点处的电场强度分量 E_y.

21. 图 14-28 中长度为 L 的塑料杆具有非均匀线电荷密度 $\lambda=cx$，式中 c 是正的常量.（a）以无穷远处 $V=0$，求在 y 轴上离杆的一端为 y 的 P_2 点的电势.（b）根据这个结果，求在 P_2 点的电场强度分量 E_y.（c）为什么在 P_2 点的电场强度分量 E_x 不能利用（a）的结果求出？

22. (a) 隔开 2.00nm 的两个电子的电势能是多少? (b) 如果间距增大, 则电势能是增大还是减小?

23. 在图 14-30 中, 把一个 $+5q$ 的电荷沿虚线引入并按如图所示放置在两个固定电荷 $+4q$ 和 $-2q$ 近旁需要做多少功? 假定距离 $d=1.40\text{cm}$, 电荷 $q=1.6\times10^{-19}\text{C}$.

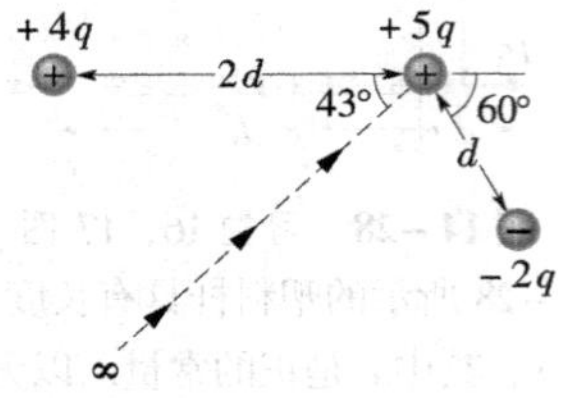

图 14-30 习题 23 图

24. 电荷为 q 的粒子被固定在 P 点, 另一个质量为 m 且有相同电荷 q 的粒子最初与 P 点保持一距离 r_1, 第二个电荷随后被释放, 它离 P 点为 r_2 时的速率多大? 令 $q_1=3.1\mu\text{C}$, $m=20\text{mg}$, $r_1=0.90\text{mm}$, $r_2=2.5\text{mm}$.

25. (a) 如果地球具有每平方米 1.0 个电子的净面电荷密度 (一个完全人为的假定), 它的电势将是什么? (b) 地球表面外紧邻处的电场强度将为何?

26. 两个电子被隔开 2.0cm 固定, 另一个电子从无穷远被射入并停止在它们的中间. 电子的初速应为多大?

27. 一电子以 $3.2\times10^5\text{m/s}$ 的初速度朝着一固定在适当位置的质子射出. 如果电子最初与质子的距离很远, 则在与质子多大距离处电子的瞬时速率为其初始值的两倍?

第 15 章　静电场中的导体和电介质 电容和电容器

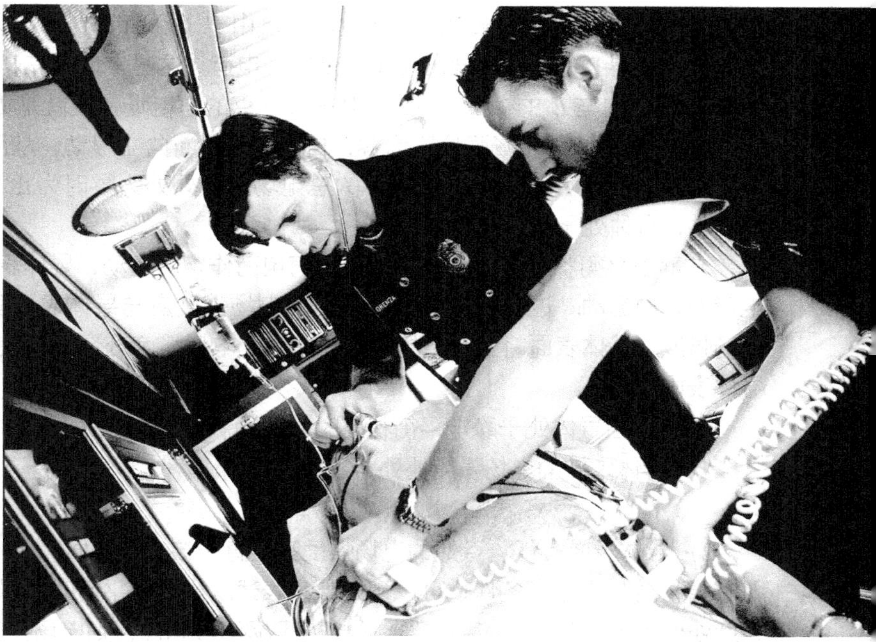

心室纤维性颤动是一种常见类型的心脏病发作．在这期间，由于心脏各腔体的肌肉纤维不规则地收缩和张弛，它们不再能抽运血液．要营救心室纤颤患者，必须电击心肌以使其恢复正常节奏．为此，就必须使 **20A** 的电流通过胸腔，在约 **2.0ms** 内传输 **200J** 的电能，这要求约 **100kW** 的电功率．这样的要求在医院里可能很容易满足，但却不可能由，比方说，来营救患者的救护车的电力系统来满足．

那么，什么能在偏僻地区提供用于消除纤颤所需的功率呢?

答案就在本章中．

前面讨论的是真空中的静电场. 当电场中有导体或电介质存在时，电场将给它们以影响；反过来，导体和电介质也将影响电场. 本章讨论导体和电介质在电场中的表现以及它们对电场的影响. 本章还将讨论由导体组成的一种重要构件——电容器.

15-1 静电场中的导体

1. 导体的静电平衡条件

最常见的导体是金属，本章只限于讨论金属在电场中的电学性质. 金属导体的特征是内部存在着大量的自由电子. 当导体不带电或不受外电场影响时，自由电子在导体内部作不规则热运动，无论对导体整体或对其中一部分来说，自由电子与晶体点阵上的正电荷总量是相等的，所以导体呈电中性. 在这种情况下，导体中的自由电子只作不规则热运动，而没有宏观的定向运动.

当把导体放置在外电场中时，导体中的自由电子将在电场力的作用下作宏观的定向运动，从而引起导体中电荷的重新分布而呈现带电现象. 这种现象叫做**静电感应**. 如图15-1所示，如果在均匀外电场 $\boldsymbol{E}$ 中放入一块金属板P，则P内每个自由电子都将受到一电场力，因而将逆着电场强度 $\boldsymbol{E}$ 的方向运动，使得P的两个侧面出现了等量异号电荷. 这些电荷将在P的内部建立起一附加电场，其电场强度 $\boldsymbol{E}'$ 的方向与 $\boldsymbol{E}$ 的相反. 这时，P内任一点的总电场强度就是 $\boldsymbol{E}$ 和 $\boldsymbol{E}'$ 两个电场强度的叠加. 开始时，$E'<E$，P内总电场强度不为零，自由电子不断向左移动，从而使 $\boldsymbol{E}'$ 增大. 这个过程一直延续到导体板P内处处 $E'=E$ 时，即导体的总电场强度处处为零时为止. 这时，导体内自由电子不再作定向运动，导体处于**静电平衡**状态.

在静电平衡状态下，不仅导体内没有电荷作定向运动，导体表面也应没有电荷作定向运动. 这就要求导体表面处的电场强度应与导体表面垂直. 否则，电场强度沿导体表面将有一定的分量，而这个电场强度分量将驱使自由电子沿导体表面运动.

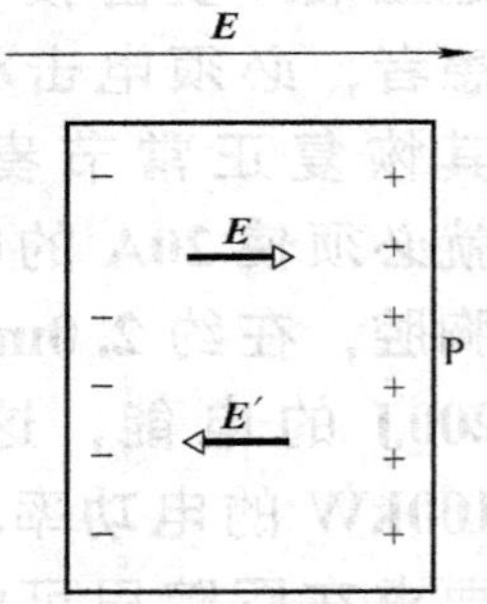

图15-1 均匀外电场 $\boldsymbol{E}$ 使金属板P产生静电感应. 当静电平衡时，感应电荷引起的电场强度 $\boldsymbol{E}'=-\boldsymbol{E}$，板内总电场强度处处为零.

因此，当导体处于静电平衡状态时，必须满足两个条件：

1）导体内部的电场强度处处为零，即

$$E_{内}=0 \qquad (15-1)$$

2）导体表面上任一点处的电场强度都垂直于该点的表面.

导体的静电平衡条件也可以用电势来表述. 当静电平衡时，导体内的电场强度处处为零. 因此，如果在导体内任意取两点1和2，则电场强度沿1、2点间任意路径的线积分必定为零，即

$$V_1-V_2=\int_1^2 \boldsymbol{E}\cdot \mathrm{d}\boldsymbol{s}=0 \qquad (15-2)$$

这表明，在静电平衡状态下，导体内任意两点的电势是相等的. 显然，这也同样适用于导体表面上的任意两点. 因此，导体的静电平衡条件还可表述为：在静电平衡条件下，导体是一个等势体，导体表面是一个等势面.

2. 静电平衡条件下，导体上的电荷分布

图15-2示出一个孤立导体的截面. 这个导体用绝缘的细线悬挂并带有过量的电荷 q. 我们设想设置一个高斯面刚好在导体的真实表面之内.

既然在静电平衡条件下导体内的 $\boldsymbol{E}$ 处处为零，则在我们所设置的高斯面上所有点的 $\boldsymbol{E}$ 也应该为零. 因为该面虽然接近导体的表面，但肯定在导体内. 这意味着穿过高斯面的电通量必定为零. 高斯

定理于是告诉我们，高斯面内的净电荷也应该为零. 因为过量的电荷不在高斯面内，所以它应该在该面之外，这表示它应该位于导体的真实表面上.

图 15-2b 示出同样悬挂着的导体，但它现在具有一全部在导体内的空腔. 也许有理由假设，当我们挖出电中性的材料以形成空腔时，我们并不改变存在于图 15-2a 中的电荷分布或电场的图样. 为了定量证明，我们再一次回到高斯定理.

我们画一环绕空腔的高斯面，它接近空腔表面但在导体内. 因为在导体内 $\boldsymbol{E}=0$，不能有电通量穿过这个新的高斯面. 因此，根据高斯定理，该面不可能包围净电荷. 我们断定没有净电荷在空腔的内壁上；所有的过量电荷都保持在导体的外表面，像在图 15-2a 中那样.

总之，处于静电平衡状态下的导体（包括内部有空腔的），其内部各处净电荷为零，电荷只能分布在其外表面上.

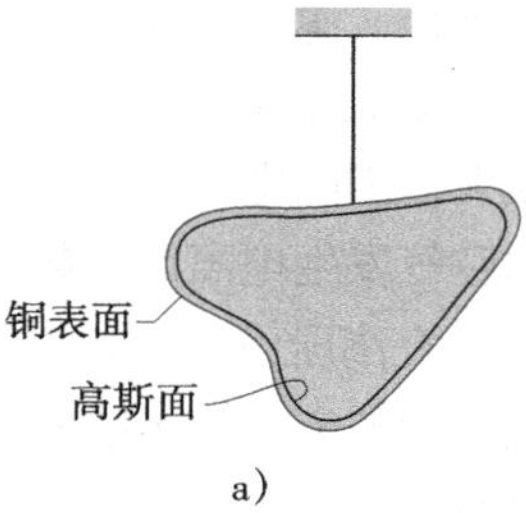

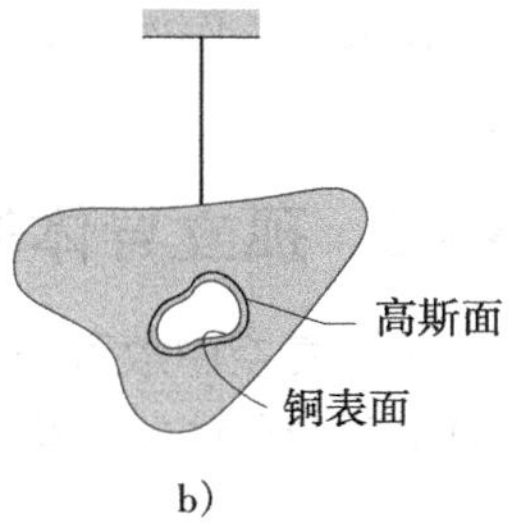

图 15-2 a) 带有电荷 q 的铜块挂在绝缘线上，在金属内部刚好是实际表面之内有一高斯面. b) 铜块现在具有在其内部的空腔. 在金属内部紧贴空腔有一个高斯面.

3. 导体表面电场强度与面电荷密度的关系

在静电平衡状态下，除非导体是球形的，电荷并不在其表面均匀分布. 换句话说，面电荷密度在非球形导体表面随处变化. 这种变化使导体外邻近表面处的电场比较复杂.

在导体表面邻近处取一点 P. 为了确定该点处的电场强度，设在通过该点平行于导体表面取一小面积元 ΔS，并如图 15-3 所示那样设置一嵌入该部分的微小圆柱形高斯面. 高斯面的一端完全在导体内，另一端完全在导体外，而圆柱面垂直于导体表面. 由于导体内部电场为零，而表面邻近处的 $\boldsymbol{E}$ 又与表面垂直，所以通过整个高斯面的电通量只是通过 ΔS 的电通量，即等于 $E\Delta S$. 如果以 σ 表示导体表面上 P 点附近的面电荷密度，则高斯面所包围的电荷就是 $\sigma\Delta S$，根据高斯定理可得

$$E\Delta S = \frac{\sigma\Delta S}{\varepsilon_0}$$

由此得

$$E = \frac{\sigma}{\varepsilon_0} \qquad (15-3)$$

这说明，处于静电平衡状态下导体表面外邻近处的电场强度大小与导体表面该处的面电荷密度成正比.

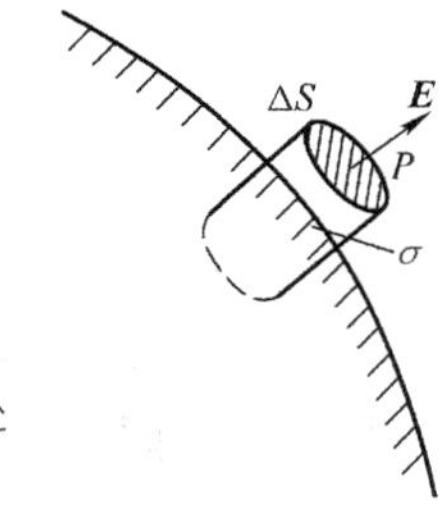

图 15-3 导体表面电场强度与面电荷密度的关系.

应注意，导体表面外某邻近处的电场强度不仅是由该处导体上的面电荷产生的，而实际上是由所有电荷（包括导体表面上的全部电荷以及导体外现有的其他电荷）产生的，而 $\boldsymbol{E}$ 是这些电荷的总电场强度. 当导体外的电荷发生变化时，导体表面的电荷分布也会发生变化，而导体外总电场强度的分布也会发生变化. 这种变化将一直持续到它们满足式（15-3）的关系使导体又处于静电平衡为止.

4. 尖端放电

实验表明，孤立的导体处于静电平衡状态时，其表面各处的面电荷密度与该处表面的曲率有关，曲率越大的地方，面电荷密度也越大. 例如，如图 15-4 所示，当带电的非球形导体处于静电平衡时，在靠近 A 点附近，曲率半径 r_1 较小，曲率较大，面电荷密度 σ_1 就较大；而在靠近 B 点附近，曲

率半径 r_2 较大，曲率较小，面电荷密度 σ_2 就较小.

如果带电导体具有突出的尖端，则在尖端处的面电荷密度很大，因而电场也很强. 在其尖锐的部位，电场可以大到使周围的空气发生电离而引起放电的程度. 这就是尖端放电现象.

在高压设备中，为了防止因尖端放电而引起的危险和漏电造成的损失，输电线的表面应该是光滑的. 具有高电压的零部件表面也必须做得十分光滑. 与此相反，在很多情况下，却需要利用尖端放电. 例如，避雷针就是利用尖端的缓慢放电而避免雷击的.

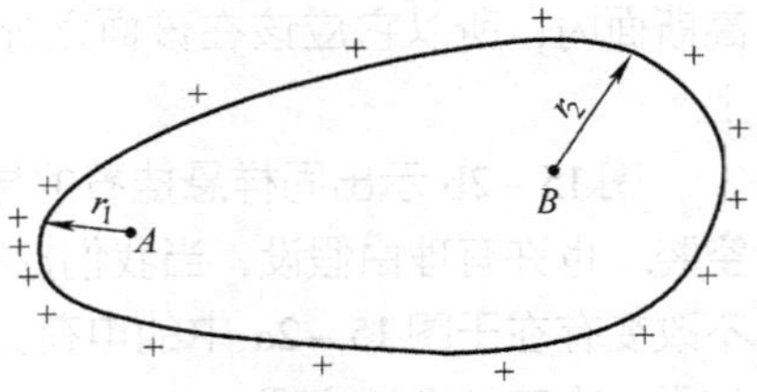

图 15－4　非球形导体处于静电平衡时的面电荷分布

15－2　孤立导体的电容

设在真空中放置一半径为 R，带电量为 Q 的球形导体，则根据式（13－10）和式（14－19）可计算出球形导体的电势为

$$V = \frac{1}{4\pi\varepsilon_0}\frac{Q}{R} \tag{15-4}$$

由上式可看出，球形导体的半径一定时，它所带的电荷量若增加一倍，则其电势也相应地增大一倍，而 $\frac{Q}{V}$ 则是一常量. 这个结论虽然是从球形导体得出的，但对一定形状（非球形）的孤立导体也同样成立. 这就是说，孤立导体的电势总是正比于其所带的电荷量 Q，它们的比值既不依赖于 V 也不依赖于 Q，仅与导体的形状和大小有关. 孤立导体带的电荷量 Q 与电势 V 的比值反映了导体容纳电荷的能力，因而定义为**孤立导体的电容**，用 C 表示，即

$$C = \frac{Q}{V} \tag{15-5}$$

例如，由式（15－4）可见，真空中孤立球形导体的电容就是

$$C = \frac{Q}{V} = \frac{Q}{\frac{1}{4\pi\varepsilon_0}\frac{Q}{R}} = 4\pi\varepsilon_0 R \tag{15-6}$$

可见，真空中孤立球形导体的电容正比于球的半径.

在 SI 中，电容的单位为**法拉**，简称**法**，用 F 表示. 法拉是一个非常大的单位，所以在实用中常采用微法（μF）或皮法（pF）为单位：

$$1\text{F} = 10^6\mu\text{F} = 10^{12}\text{pF}$$

15－3　电容器及其电容

电容器是由金属导体组成的重要器件. 除了用于储存电荷，并相应地储存能量外，在现代电力工业和电子工业中还有许多其他的广泛用途.

图 15－5 示出多种尺寸和形状的一些电容器. 图 15－6 示出任一电容器的基本组成部分，即任一个任何形状的被隔离的导体，无论它们的几何形状如何，是否为平的，我们都叫这些导体为**极板**.

图 15－7a 示出一种不通用但更规范的电容器，叫做**平行板电容器**，它包含两块面积为 A，被隔开距离 d 的导体板. 我们用来表示电容器的符号（⊣⊢）就是基于平行板电容器的结构的，但被用于一切几何形状的电容器. 我们目前假定在两极板之间没有实体材料（例如玻璃或塑料），在 15－7 节

中，我们将取消这个限制.

当电容器带电时，其两极板具有等量异号电荷 $+q$ 和 $-q$. 然而,我们把**电容器的电荷**认作是 q，即任一板上那些电荷的绝对值（应注意，q 并不是电容器的净电荷，其净电荷为零）.

因为两极板是导体，它们都是等势体；在一极板上所有的点都处于相同的电势，而且，两板之间有电势差. 我们用 U 来表示这个电势差的绝对值.

电容器的电荷 q 与电势差 U 互成正比，即

$$q = CU \tag{15-7}$$

比例常量 C 叫做电容器的**电容**，其值取决于电容器的几何结构而不取决于两板的电荷与电势差. 电容是要使两板之间产生确定的电势差必须使两板带多少电荷的量度；**电容越大，所需的电荷越多.**

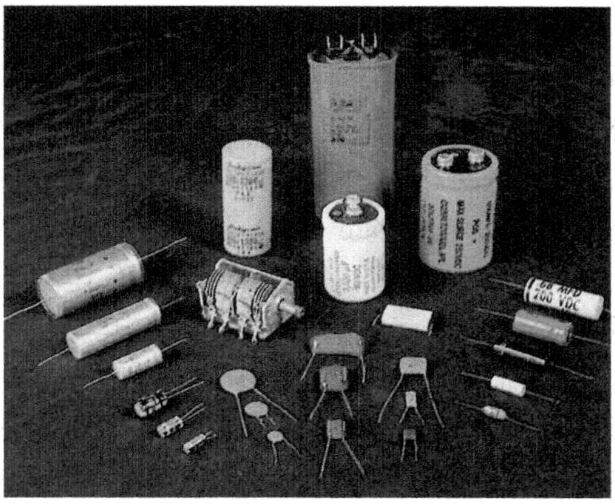

图 15－5　各种各样的电容器.

根据式（15－7）得出的电容的 SI 单位是库/伏. 这个单位在上一节提到已被给予一特殊的名称，法［拉］（F），而在实践中更方便的单位是法拉的分数单位：微法和皮法.

使电容器充电的一种方法是把它连到有电池的电路中. 电池在其两个电极之间保持确定电势差，电池内部的电荷借助于内在的电化学反应中的电力而移动.

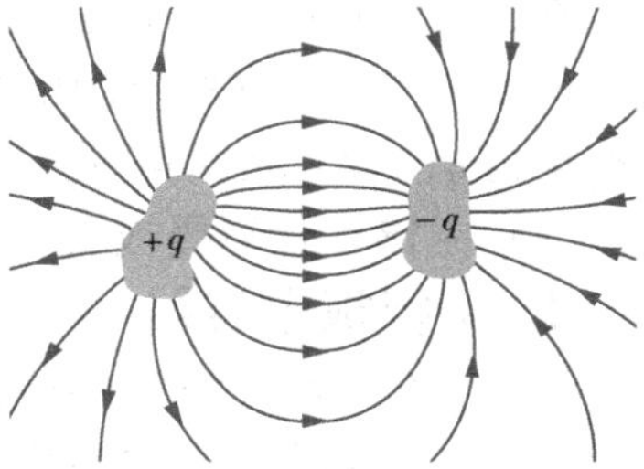

图 15－6　两个相互绝缘并与外界绝缘的导体形成一个**电容器**. 电容器带电时，这两个导体，被称为**极板**，具有相等但相反的大小为 q 的电荷.

在图 15－8a 中，电池 B、开关 S、未充电的电容器 C 和连接导线形成电路. 同一个电路由图 15－8b 的**示意图**表示，在该图中用电池、开关和电容器的符号表示相应的器件，电池在两电极之间保持电势差 U. 电势较高的电极标以 +，称为**正极**；电势较低的电极标以 －，称为**负极**.

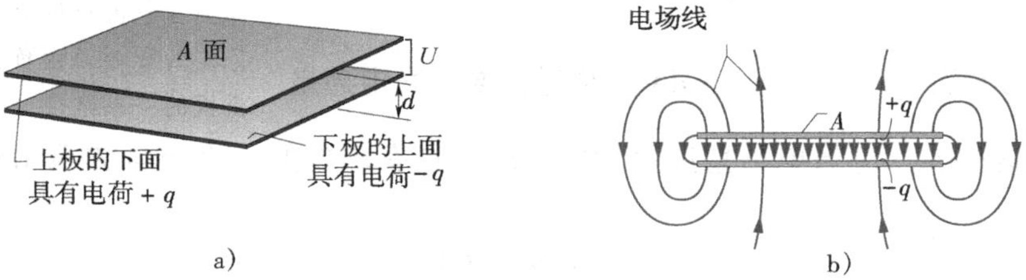

图 15－7　a）由两块面积为 A、被隔开距离为 d 的平板组成的平行板电容器. 在它们相对的两面上有相等和相反的、大小为 q 的电荷. b）如电场线所示，由带电极板在两板间中央区域所引起的电场是均匀的. 在极板的边缘场是不均匀的，就像那里的电场线的"边纹"表示的那样.

在图 15－8a 和 b 中所示的电路是**不闭合的**，因为开关是**打开**的，即它未使连着它的两根导电线连接. 当开关被关闭时，那两根导电线连接，电路闭合，电荷于是能流过开关和导线. 当图 15－8 的电路闭合时，电子受电池在导线中建立的电场的驱动通过导线. 电场驱动电子从电容器的极板 h 到电池的正极，因而，失去电子的极板 h 变得带正电. 电场驱动完全一样多的电子从电极的负极到电容器的极板 l. 因而，获得电子的极板 l 变得带负电，电荷**正好**与失去电子变得带正电的极板 h **一样**多.

最初，当两极板未带电时，它们之间的电势差为零．随着两极板不断充带相反的电荷，其电势差也增大，直到它等于电池两极之间的电势差为止．然后极板 h 和电池的正极处于相同的电势，而且在它们之间的导线中不再有电场．同样，极板 l 和负极达到相同的电势，而且在它们之间的导线中那时也没有电场．因而，在电场为零的情况下，没有对电子的进一步驱动，电容器就被认为是充电**完毕**，并具有被式（15－7）联系起来的电势差 U 与电荷 q.

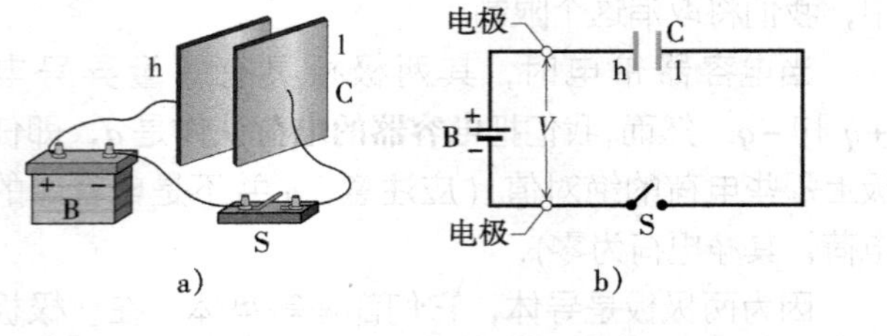

图 15－8　a）由电池 B、开关 S 和电容器的两个极板 h 和 l 连成的电路．b）示意图，各电路元件用它们的符号表示．

15－4　电容器电容的计算

在这里，我们的任务是在知道电容器的几何结构之后计算它的电容．我们将考虑几种不同的几何结构．计算这些不同电容器的步骤是相同的．简单地说，步骤如下：（1）假定在两极板上有电荷 q；（2）应用高斯定理根据此电荷计算两极板之间的电场强度 $\boldsymbol{E}$；（3）知道了 $\boldsymbol{E}$，再根据式（14－18）计算极板之间的电势差；（4）根据式（15－7）计算 C.

1. 平行板电容器

图 15－9 表明，假定平行板电容器的两极板很大且很靠近以致电场在极板边缘处的边缘效应可以忽略，从而认为极板间各处的 $\boldsymbol{E}$ 为常量．

如图 15－9 所示，我们取一高斯面使它刚好包围住正极板上的电荷．根据高斯定理，我们有

$$\varepsilon_0 \oint_{(A)} \boldsymbol{E} \cdot \mathrm{d}\boldsymbol{A} = q$$

q 是高斯面所包围的电荷，而 $\oint_{(A)} \boldsymbol{E} \cdot \mathrm{d}\boldsymbol{A}$ 是穿过该面的净电通量．

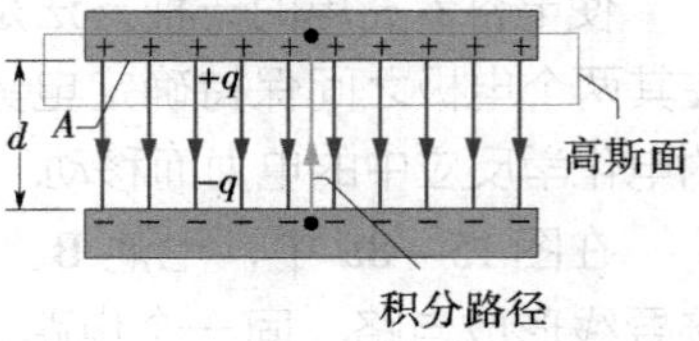

图 15－9　带电的平行板电容器．高斯面包围正极板上的电荷．求电势差的积分沿由负极板直接指向正极板的一条路径计算．

由于高斯面是这样的：每当电通量穿过它时，$\boldsymbol{E}$ 都具有均匀的大小而且 $\boldsymbol{E}$ 和 $\mathrm{d}\boldsymbol{A}$ 总是平行的．于是可得

$$q = \varepsilon_0 EA \qquad (15-8)$$

式中，A 是极板的面积．

在式（14－18）

$$V_f - V_i = -\int_i^f \boldsymbol{E} \cdot \mathrm{d}\boldsymbol{s}$$

中，积分沿连接一个极板到另一个极板的任一路径计算．为了方便，我们可选择沿一条从负极板到正极板的电场线的路径．对于这条路径，矢量 $\boldsymbol{E}$ 和 $\mathrm{d}\boldsymbol{s}$ 具有相反的方向，所以标积 $\boldsymbol{E} \cdot \mathrm{d}\boldsymbol{s}$ 将等于 $-E\mathrm{d}s$．因而，上式右方将为正．令 U 表示电势差 $V_f - V_i$，然后我们可把上式改写为

$$U = \int_-^+ E\mathrm{d}s \qquad (15-9)$$

－和＋提醒我们，积分路径始于负极板并终于正极板．

现在我们把式（15－8）中的 q 和式（15－9）中的 U 代入关系式 $q = CU$，就可得到

$$C=\frac{\varepsilon_0 A}{d}\quad（平行板电容器）\tag{15－10}$$

因而，电容确实只依赖于几何因素，即极板面积 A 和极板间距 d

应注意到，式（15－10）使我们能把真空电容率 ε_0 以更适于在包括电容器问题中应用的单位表达，即

$$\varepsilon_0=8.85\times10^{-12}\mathrm{F/m}=8.85\mathrm{pF/m}\tag{15－11}$$

我们以前已把这个常量表达为

$$\varepsilon_0=8.85\times10^{-12}\mathrm{C^2/N\cdot m^2}\tag{15－12}$$

2. 圆柱形电容器

图 15－10 用横截面示出由两个半径为 a 和 b 的共轴圆柱面构成的、长度为 L 的柱形电容器. 并且假定 $L\gg b$，以致可忽略出现在柱面两端的电场边缘效应. 每个极板带有大小为 q 的电荷.

作为高斯面，我们选择一长度为 L 且半径为 r，被两个端盖闭合的圆柱面，如图 15－10 中所示. 于是，式（15－8）给出

$$q=\varepsilon_0 EA=\varepsilon_0 E(2\pi rL)$$

其中，$2\pi rL$ 是高斯面弯曲部分的面积. 没有电通量穿过两端盖. 解 E 得出

$$E=\frac{q}{2\pi\varepsilon_0 Lr}\tag{15－13}$$

把这个结果代入式（15－9）得

$$U=\int_-^+ E\mathrm{d}s=-\frac{q}{2\pi\varepsilon_0 L}\int_b^a\frac{\mathrm{d}r}{r}$$

$$=\frac{q}{2\pi\varepsilon_0 L}\ln\left(\frac{b}{a}\right)\tag{15－14}$$

式中，我们已用到在这里 $\mathrm{d}s=-\mathrm{d}r$ 的事实（沿半径向内求积分）. 根据关系式 $C=q/U$，于是有

$$C=2\pi\varepsilon_0\frac{L}{\ln(b/a)}\quad（柱形电容器）\tag{15－15}$$

可以看到，柱形电容器的电容与平行板电容器的一样，仅取决于几何因素，在这种情况下为 L，b 和 a.

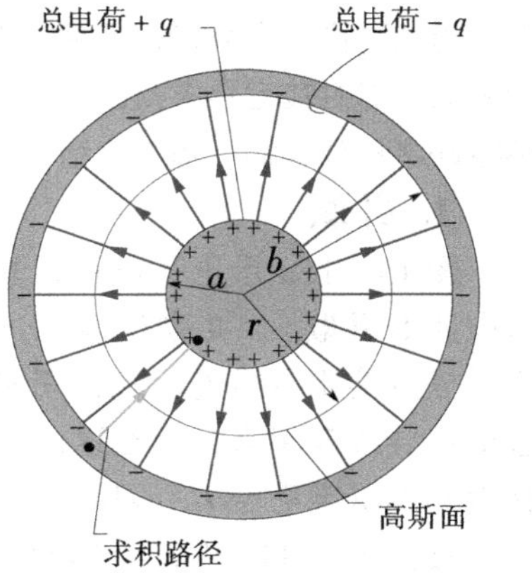

图 15－10　一长的柱形电容器的截面，它示出半径为 r 的柱形高斯面（它包围着正极板）和应用式（14－18）的积分时所沿的径向路径. 此图也用于表示球形电容器通过其球心的截面.

3. 球形电容器

图 15－10 也可以作为包含两个半径为 a 和 b 的同心球壳的电容器的中央横截面. 我们画一半径为 r 与两球壳同心的球面作为高斯面，于是式（15－8）给出

$$q=\varepsilon_0 EA=\varepsilon_0 E(4\pi r^2)$$

其中，$4\pi r^2$ 是球形高斯面的面积. 解此式求 E，得到

$$E=\frac{1}{4\pi\varepsilon_0}\frac{q}{r^2}\tag{15－16}$$

我们认出它是由均匀球形电荷分布所引起的电场的表达式.

如果把这个表达式代入式（15－9），则求得

$$U = \int_{-}^{+} E\mathrm{d}s = -\frac{q}{4\pi\varepsilon_0}\int_b^a \frac{\mathrm{d}r}{r^2} = \frac{q}{4\pi\varepsilon_0}\left(\frac{1}{a} - \frac{1}{b}\right)$$

$$= \frac{q}{4\pi\varepsilon_0}\frac{b-a}{ab} \qquad (15-17)$$

式中，已再一次用 $-\mathrm{d}r$ 代替 $\mathrm{d}s$. 如果现在把式（15－17）代入式（15－7）并求解 C，可以求得

$$C = 4\pi\varepsilon_0 \frac{ab}{b-a} \quad \text{（球形电容器）} \qquad (15-18)$$

15－5　电容器的并联和串联

当电路中有电容器的组合时，人们有时能用一**等效电容器**替代那个组合. 等效电容器是一单个的电容器，它具有与实际的电容器组合相同的电容. 借助这样一个替代，可使电路简化，为电路的未知量提供较容易求得的解. 这里我们讨论两种容许这种替代的、基本的组合.

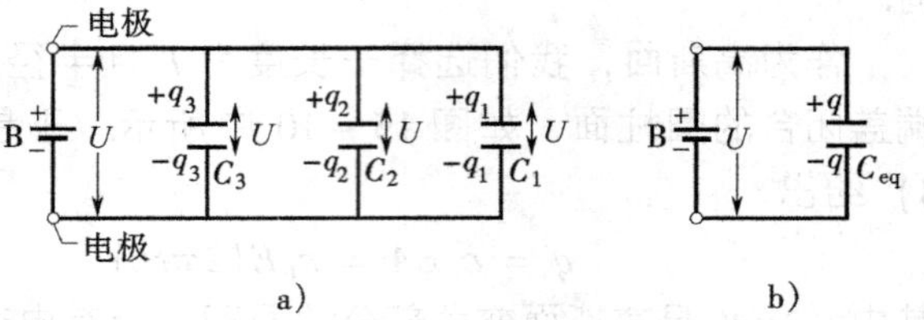

图 15－11　a）三个电容器并联到电池 B 上. 电池保持它两极间并因此**每个**电容器上的电势差. b）具有电容 C_{eq} 的等效电容器替代了并联组合.

1. 并联

图 15－11a 示出一电路，其中三个电容器与电池 B **并联**. "并联"表示这些电容器的一个极板直接用导线连起来，同时另一个极板也直接用导线连起来，而在这两组用导线连接的极板间加以电势差 U. 因而，每个电容器都具有相同的电势差 U，该电势差在电容器上产生电荷（在图 15－11a 中，所加的电势差 U 由电池保持）. 概括地说，

> 当电势差 U 加到几个并联的电容器上时，该电势差也加到了每个电容器上. 在这些电容器上存储的总电荷是在所有各电容器上存储的电荷之和.

当我们分析并联电容器的电路时，可借助这种想象中的替代使电路简化：

> 并联的电容器能用一等效电容器替代，该电容器与那些实际的电容器具有相同的**总**电荷及相同的电势差 U.

图 15－11b 表示已替代图 15－11a 的三个电容器（具有实际的电容 C_1，C_2 和 C_3）的等效电容器（具有等效电容 C_{eq}）.

为了导出图 15－11b 中 C_{eq} 的表达式，首先应用式（15－7）求出在每个实际电容器上的电荷：

$$q_1 = C_1U,\ q_2 = C_2U,\ q_3 = C_3U$$

在图 15－11a 的并联组合上的总电荷于是为

$$q = q_1 + q_2 + q_3 = (C_1 + C_2 + C_3)U$$

具有与该组合相同的电荷 q 和电势差 U 的等效电容则是

$$C_{eq} = \frac{q}{U} = C_1 + C_2 + C_3$$

这个结果可以容易地推广到任何数目 n 的电容器

$$C_{eq} = \sum_{j=1}^{n} C_j \quad (\text{并联的}\ n\ \text{个电容器}) \qquad (15-19)$$

因而，为了求出并联组合的等效电容，我们只不过是把各个电容器的电容相加.

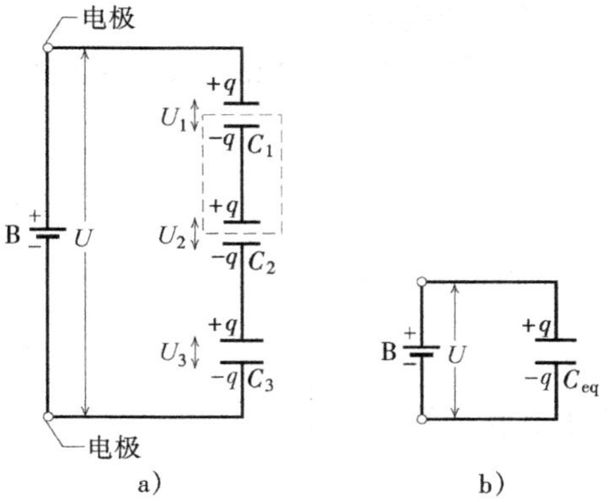

图 15 -12 a) 三个电容器串联到电池 B 上. 电池保持串联组合的最上和最下两板间的电势差. b) 具有电容 C_{eq} 的等效电容器替代了串联组合.

2. 串联

图 15 -12a 示出三个电容器与电池 B **串联**. "串联"表示这些电容器连续地，即一个接一个地用导线连接，而电势差 U 加到该系列的两个终端.（在图 15 -12a 中，这个电势差 U 由电池 B 保持）. 这样，在串联中的各电容器上都有电势差，它们使这些电容器上产生相等的电荷.

当电势差 U 加在几个串联的电容器上时，这些电容器具有相等的电荷 q. 所有这些电容器的电势差之和等于所加的电势差.

我们可解释这些电容器是怎样通过下述事件的**连锁反应**最后达到相同的电荷的，该反应使每个电容器的充电引起下一个电容器的充电. 我们不妨从电容器 3 开始并向上到电容器 1 进行说明. 当电池最初连接到串联的电容器上时，它在电容器 3 的底板上产生电荷 $-q$. 这些负电荷随后从电容器 3 的顶板上排斥走负电荷（给它留下电荷 $+q$）. 被排斥走的负电荷移到电容器 2 的底板上（给予它电荷 $-q$）. 在电容器 2 的底板上的负电荷然后又从电容器 2 的顶板上排斥走负电荷（给它留下电荷 $+q$）到电容器 1 的底板上（给予它电荷 $-q$）. 最后电容器 1 的底板上的电荷促使负电荷从电容器 1 的顶板移到电池，给该顶板留下电荷 $+q$.

关于电容器串联，有两点很重要：

1）当电荷在一系列电容器中从一个移到另一个时，它只能沿一条路线移动，例如在图 15 -12a 中从电容器 3 到电容器 2. 如果有另外的路线，电容器就不是串联的.

2）电池只在和它连接的两个极板（图 15 -12a 中电容器 3 的底板和电容器 1 的顶板）上直接产生电荷，其他极板上所产生的电荷仅归因于已经在这些极板上的电荷的移动. 例如，在图 15 -12 中被虚线包围的部分电路是与电路的其余部分电隔离的，因而，那部分的净电荷不能被电池改变——其电荷只能重新分布.

当我们分析串联电容器的电路时，可借助这种想象中的替代使电路简化：

串联的电容器能用一等效电容器替代，该电容器与那些实际的串联电容器具有相同的电荷 q 及相同的**总**电势差.

图 15 -12b 表示已替代图 15 -12a 中三个电容器（具有实际的电容 C_1，C_2 和 C_3）的等效电容器

（具有等效电容 C_{eq}）.

为了导出图 15－12b 中 C_{eq} 的表达式，我们首先应用式（15－7）求出每个实际电容器的电势差：

$$U_1=\frac{q}{C_1},\ U_2=\frac{q}{C_2},\ U_3=\frac{q}{C_3}$$

电池产生的总电势差是这三个电势差之和. 因而，

$$U=U_1+U_2+U_3=q\left(\frac{1}{C_1}+\frac{1}{C_2}+\frac{1}{C_3}\right)$$

等效电容于是为

$$C_{eq}=\frac{q}{U}=\frac{1}{1/C_1+1/C_2+1/C_3}$$

或

$$\frac{1}{C_{eq}}=\frac{1}{C_1}+\frac{1}{C_2}+\frac{1}{C_3}$$

我们能容易地把这个结果推广到任何数目 n 的电容器：

$$\frac{1}{C_{eq}}=\sum_{j=1}^{n}\frac{1}{C_j}\quad（串联的 n 个电容器）\qquad(15-20)$$

利用式（15－20）可以证明串联电容的等效值总是**小于**该串联中最小的电容.

检查点 1：电势差为 U 的电池使两个相同的电容器的组合存储电荷 q. 在两电容器是（a）并联、（b）串联的两种情况下，每一个电容器上的电势差是多大？每个电容器上的电荷是多少？

例题 15－1

具有 $C_1=3.55\mu F$ 的电容器 1 利用 6.30V 的电池充电到 $U_0=6.30V$，然后把电池拆掉并把电容器按图 15－13 所示与一未充电的电容器 2 连接，且 $C_2=8.95\mu F$. 当开关 S 合上后，电荷在电容器之间流动直到它们具有相同的电势差 U 为止，试求 U.

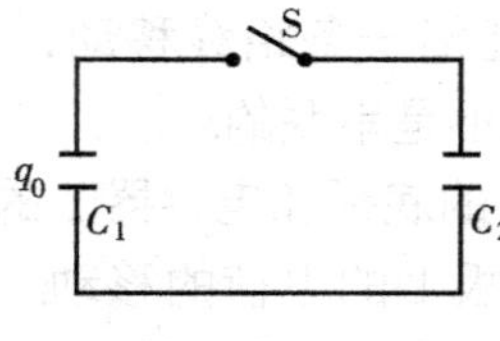

图 15－13　例题 15－1 图　电势差 U_0 加到电容器 1 上而充电电池已移去. 接着开关 S 关闭以使电容器 1 的电荷与电容器 2 分享.

【解】　这里，在开关 S 刚合上时，仅有的电势差是电容器 1 加在电容器 2 上的电势差，而该电势差在减小. 因而，尽管在图 15－13 中电容器板对板地连接，但在这种情况下它们并不是**串联的**；并且虽然它们被画成平行，但在这种情况下它们也不是**并联的**.

为了求出最后的电势差（当系统达到平衡、电荷停止流动时），我们利用这个**关键点**：当开关被关闭后，电容器 1 上原来的电荷在电容器 1 与电容器 2 之间重新分布（被分享），当达到平衡时，我们可写出

$$q_0=q_1+q_2$$

把原来的电荷 q_0 与最后的电荷 q_1 及 q_2 联系起来. 把关系式 $q=CU$ 应用到这个方程的每一项，给出

$$C_1U_0=C_1U+C_2U$$

由上式

$$U=U_0\frac{C_1}{C_1+C_2}=\frac{6.30V\times3.55\mu F}{3.55\mu F+8.95\mu F}=1.79V\qquad（答案）$$

当两电容器达到这个电势差值时，电荷停止流动.

检查点2：在这个例题中，假设电容器2被串联着的电容器3和4代换. (a) 在电键合上而且电荷停止流动后，原来的电荷 q_0、现在电容器1上的电荷 q_1 和等效电容器 C_{34} 上的电荷 q_{34} 之间的关系为何？(b) 如果 $C_3 > C_4$，电容器3上的电荷 q_3 是多于、少于还是等于电容器 C_4 上的电荷 q_4？

15 - 6 电场中所存储的能量

要使电容器充电，外力必须做功. 从未充电的电容器开始，例如，从一个极板移去电子并把它们一个一个地转移到另一个极板. 在两极板之间建立的电场具有趋向于反抗进一步转移的方向. 因而，随着电荷在电容器极板上积累，必须做越来越多的功以转移更多的电子. 实际上，这个功是由电池通过消耗它存储的化学能来完成的.

我们把电容器充电所需的功想象为以**电势能** W_E 的形式被存储在两极板之间的电场中，并可通过使电容器在电路中放电恢复所存储的电势能.

假定在一给定的时刻，电荷 q' 已从电容器的一个极板被转移到另一个. 在该时刻两极板之间的电势差将是 q'/C. 如果随后电荷的增量 dq' 被转移，则所需的功的增量根据式 (14 - 6) 将是

$$dW = U'dq' = \frac{q'}{C}dq'$$

转移电容器的全部电荷直到最终值 q 所需的功为

$$W = \int dW = \frac{1}{C}\int_0^q q'dq' = \frac{q^2}{2C}$$

这个功作为电势能 W_E 存储在电容器中，因此

$$W_E = \frac{q^2}{2C} \quad (\text{电势能}) \qquad (15 - 21)$$

根据式 (15 - 7)，我们也能把此式写作

$$W_E = \frac{1}{2}CU^2 \quad (\text{电势能}) \qquad (15 - 22)$$

无论电容器的几何结构怎样，式 (15 - 21) 和式 (15 - 22) 都适用.

为了获得对能量存储的一些物理洞察，考虑两个相同的平行板电容器，它们二者除了电容器1具有两倍于电容器2的板距外，其余均相同. 于是，电容器1具有两倍的极板间体积，而且根据式 (15 - 10) 还具有电容器2一半的电容. 式 (15 - 8) 告诉我们，如果两电容器具有相同的电荷，则在它们的两极板间的电场是相同的. 而式 (15 - 21) 告诉我们，电容器1具有两倍于电容器2所存储的电势能. 因而，在具有相同电荷及相同电场而在其他方面一样的电容器中，具有两倍极板间体积的一个具有两倍的存储的电势能，像这样的论据趋向于证实我们较早的假定：

充电电容器的电势能可以被认为是存储在其极板间的电场中的.

在一平行板电容器中，忽略边缘效应，电场强度在极板间所有的点都具有相同的值. 因而，**能量密度** u_E——即极板间每单位体积的电势能——应该也是均匀的. 我们通过用总电势能除以极板间的空间体积 Ad 可以求出 u_E. 利用式 (15 - 22) 得到

$$u_E = \frac{W_E}{Ad} = \frac{CU^2}{2Ad}$$

借助式 $C = \varepsilon_0 A/d$，这个结果变成

$$u_E = \frac{1}{2}\varepsilon_0\left(\frac{U}{d}\right)^2$$

然而，根据式（14－42），U/d 等于电场的大小 E，所以

$$u_E = \frac{1}{2}\varepsilon_0 E^2 \quad (能量密度) \qquad (15-23)$$

虽然我们是针对平行板电容器的特殊情形推导出这个结果的，但无论电场源可能是什么，它都是普遍适用的，如果电场强度 $\boldsymbol{E}$ 存在于空间任一点，就可把那点看作每单位体积储有按式（15－23）给出的电势能的场所.

例题 15－2

一孤立导体球具有电荷 $q = 1.25\text{nC}$，其半径 R 为 6.85cm.

(a) 在这个带电导体的电场中存储了多少能量？

【解】 这里**关键点**是，按照式（15－21），电容器中所存储的能量 W_E 取决于电容器上的电荷 q 及电容器的电容 C. 根据式（15－6）代入 C，由式（15－21）得

$$W_E = \frac{q^2}{2C} = \frac{q^2}{8\pi\varepsilon_0 R}$$

$$= \frac{(1.25\times10^{-9}\text{C})^2}{(8\pi)(8.85\times10^{-12}\text{F/m})(0.0685\text{m})}$$

$$= 1.03\times10^{-7}\text{J} = 103\text{nJ} \qquad (答案)$$

(b) 球表面处的能量密度是多少？

【解】 这里的**关键点**是，按照式（15－23）（$u_E = \frac{1}{2}\varepsilon_0 E^2$），电场中所存储能量的密度取决于电场强度的大小 E，所以首先应求出在该球表面处的 E，这由式（13－10）给出

$$E = \frac{1}{4\pi\varepsilon_0}\frac{q}{R^2}$$

于是能量密度为

$$u_E = \frac{1}{2}\varepsilon_0 E^2 = \frac{q^2}{32\pi^2\varepsilon_0 R^4}$$

$$= \frac{(1.25\times10^{-9}\text{C})^2}{(32\pi^2)(8.85\times10^{-12}\text{C}^2/\text{N}\cdot\text{m}^2)(0.0685\text{m})^4}$$

$$= 2.54\times10^{-5}\text{J/m}^3 = 25.4\mu\text{J/m}^3 \qquad (答案)$$

现在我们回到本章前提出的有趣问题. 电容器存储电势能的能力是**除颤**器设备的基础，该设备被应急医疗队用来制止心脏病发作患者的纤维性颤动. 在便携的型式中，电池在短于一分钟内使电容器充电到高电势差，存储大量的能量. 电池仅保持一适当的电势差；电子线路反复地使用该电势差以大大地升高电容器的电势差. 功率或能量的传输率在这期间也是适中的.

导线头（"电击板"）被放置在患者的胸膛上. 当控制开关闭合时，电容器发送它存储的一部分能量通过患者从一个电击板到另一个电击板. 作为例子，当除纤颤器中一个 70μF 的电容器被充电到 5000V 时，式（15－22）给出在电容器中存储的能量为

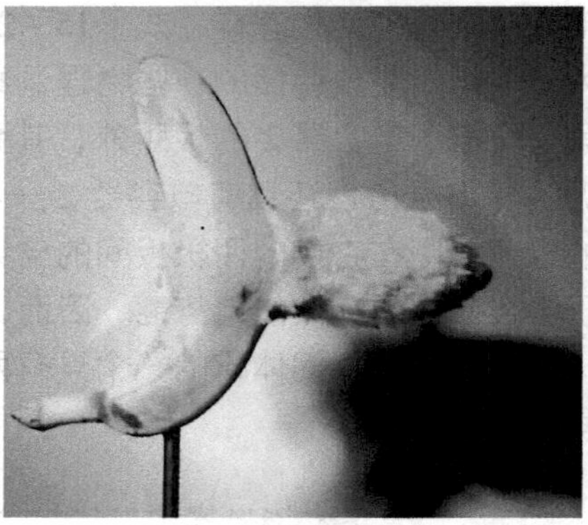

图 15－14 用频闪照相机拍摄的子弹飞过香蕉，使香蕉爆开的照片. 频闪照相机的发明者 Harold Edgerton 用一个电容器向他的频闪灯供电. 使该灯把香蕉照亮了仅 0.3μs.

$$W_E = \frac{1}{2}CU^2 = \frac{1}{2} \times 70 \times 10^{-6}\text{F} \times (5000\text{V})^2 = 875\text{J}$$

这个能量中的约 200J 在约 2ms 的脉冲期间被发送通过患者，该脉冲的功率为

$$P = \frac{W_E}{t} = \frac{200\text{J}}{2.0 \times 10^{-3}\text{s}} = 100\text{kW}$$

它远大于电池本身的功率. 这种用电池给电容器缓慢充电然后在高得多的功率下使它放电的技术通常也被用于闪光照相术和频闪照相术（见图 15 – 14）中.

15 –7　有电介质的电容器

如果用电介质，一种绝缘材料，如矿物油或塑料，填充电容器极板间的空间，它的电容将发生什么情况？法拉第首先在 1837 年研究了这个问题. 利用很像在图 15 – 15 中所示的那些简单设备，他发现电容增大了一个数字因子 ε_r. ε_r 称为绝缘材料的**相对电容率**. 表 15 – 1 示出一些介电材料和它们的相对电容率. 真空的相对电容率按定义为 1. 因为空气基本上是空的空间，其被测定的相对电容率仅稍大于 1.

引入电介质的另一作用是把在极板间所能加的电势差限制在被称为**击穿电势**的某个值 V_{max} 以内. 如果事实上超过了这个值，介电材料将被击穿并在极板间形成导电通路. 每种电介质材料具有一特有的**介电强度**，它是电介质能承受而不被击穿的电场的最大值. 一些这样的值列在表 15 – 1 中.

表 15 – 1　介电体的一些性质①

材料	相对电容率 ε_r	介电强度 /（kV/mm）
空气（1atm）	1.00054	3
聚苯乙烯	2.6	24
纸	3.5	16
变压器油	4.5	
派热克斯玻璃	4.7	14
红宝石云母	5.4	
瓷	6.5	
硅	12	
锗	16	
乙醇	25	
水（20℃）	80.4	
水（25℃）	78.5	
二氧化钛陶瓷	130	
钛酸锶	310	8
对于真空，$\varepsilon_r = 1$		

① 室温下测量，水除外.

图 15 – 15　法拉第用过的静电仪器，一个组合起来形成球形电容器的仪器（从左向右第二个）包括一个中心黄铜球和一个同心的黄铜球壳. 法拉第在球与壳之间放上介电材料.

法拉第的发现在于，在电介质完全充满极板间空间的情况下，

$$C = \varepsilon_r C_{air} \qquad (15-24)$$

式中，C_{air} 是极板间仅有空气的情况下电容的值.

图 15 – 16 提供了对法拉第实验的一些理解. 在图 15 – 16a 中，电池保证极板间的电势差 U 不变. 当电介质板被插入极板间时，极板上的电荷 q 增大一因数 ε_r；额外的电荷由电池输送给

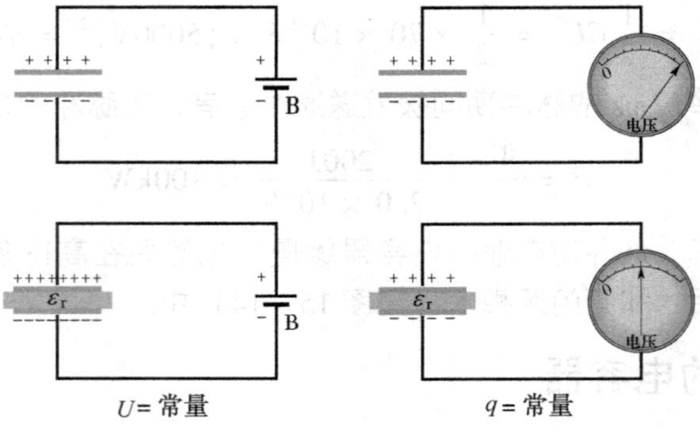

图 15-16 a) 如果电池 B 保持电容器的电势差，电介质的作用是增加极板上的电荷. b) 如果电容器上的电荷保持不变，电介质的作用是降低两板间的电势差. 所示刻度是**电势差计**的刻度，是用来测量电势差（这里是板间的）的，电容器不可能通过电势差计放电.

电容器的极板. 在图 15-16b 中没有电池，因此，当电介质板被插入时电荷 q 应保持不变. 那时，极板间的电势差 U 下降一因数 ε_r. 这两方面的观察都与电介质导致电容的增大一致（通过关系 $q=CU$）.

电介质的作用可以一般地被概括为：

> 在被相对电容率 ε_r 的介电材料完全填充的区域中，所有含真空电容率 ε_0 的静电学公式都可以通过用 $\varepsilon_r\varepsilon_0$ 替代 ε_0 加以修改.

因而，在电介质内的点电荷引起的电场按库仑定律具有大小

$$E=\frac{1}{4\pi\varepsilon_r\varepsilon_0}\frac{q}{r^2} \tag{15-25}$$

还有，对于在紧邻浸入电介质中的孤立导体外部的电场表达式变成

$$E=\frac{\sigma}{\varepsilon_r\varepsilon_0} \tag{15-26}$$

这两个方程都表明，**对于固定的电荷分布，电介质的作用是削弱**在没有电介质的情况下理应存在的**电场**.

例题 15-3

一电容 C 为 13.5pF 的平行板电容器由电池充电到极板间电势差 $U=12.5\text{V}$. 现在充电电池被断开并在极板间插入一瓷板（$\varepsilon_r=6.50$），在瓷板被放入以前和以后，电容器瓷板装置的电势能各是多少？

【解】 这里**关键点**是，我们可把电容器的电势能 W_E 与电容及电势差 U 或电荷 q 联系起来：

$$W_{Ei}=\frac{1}{2}CU^2=\frac{q^2}{2C}$$

因为初始电势差 U（等于 12.5V）已给定，应用式（15-22）求出初始的存储能量为

$$W_{Ei}=\frac{1}{2}CU^2=\frac{1}{2}\times13.5\times10^{-12}\text{F}\times(12.5\text{V})^2$$
$$=1.055\times10^{-9}\text{J}$$
$$=1055\text{pJ}\approx1100\text{pJ} \qquad \text{（答案）}$$

为了求出终了的电势能 W_{Ef}（在瓷板被插入后），需要另一个**关键点**：因为电池已被断开，当介质被插入时，电容器上的电荷不能改变，然而，电势差**的确**改变. 因而，可以应用式（15-21）（以 q 为基础）

写出 W_{Ef}，但既然瓷板在电容器内，电容是 $\varepsilon_r C$，于是有

$$W_{Ef}=\frac{q^2}{2\varepsilon_r C}=\frac{W_{Ei}}{\varepsilon_r}=\frac{1055\text{pJ}}{6.05}$$

$$=162\text{pJ}\approx 160\text{pJ} \qquad \text{(答案)}$$

当瓷板被插入时，势能降低一因数 ε_r.

原则上讲，"失去的"能量对于插入瓷板的人将是显而易见的，电容器将对瓷板施加一极小的拉力并对它做功，其大小为

$$W=W_{Ei}-W_{Ef}=(1055-162)\text{pJ}=893\text{J}$$

如果容许瓷板不受制约地在极板之间滑动并假设无摩擦，则瓷板将以 893pJ 的（恒定的）机械能在极板之间来回摆动，而这个系统的能量将在运动瓷板的动能与存储在电场中的电势能之间来回转换.

15-8 从原子观点看电介质

当我们把电介质放入电场中时，从原子和分子的观点来看，会发生什么情况？这有两种可能性，取决于分子的性质：

1. 极性电介质

一些电介质，如水，其分子相当于一个有着固有电偶极矩的电偶极子. 在这样的材料（叫做**极性电介质**）中，电偶极子如图 15-17 所示趋向于沿外电场排列. 由于在不规则热运动中，分子连续不断地互相挤撞，这种排列是不完全的. 但是，当所加的电场增大（或当温度降低，随之挤撞减弱）时，它变得更完全. 电偶极矩的排列激发一个与所加电场方向相反的电场强度较小的电场.

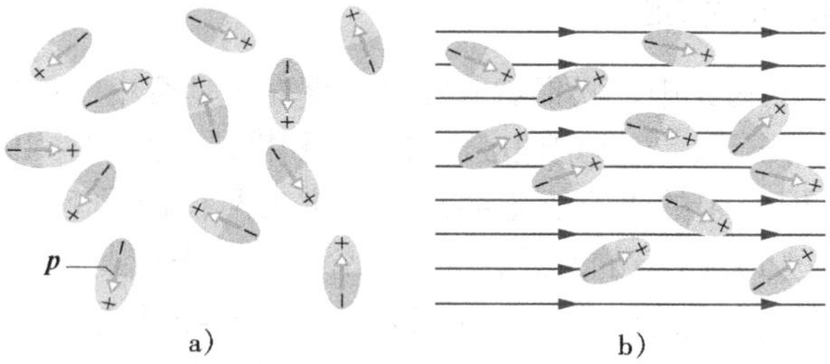

图 15-17 a) 有着电偶极矩的分子在无外电场时的混乱取向. b) 加上电场时，产生电偶极子的部分排列. 热运动阻止完全排齐.

2. 非极性电介质

无论它们是否具有固有电偶极矩，当放在外电场中时，分子都通过感应获得电偶极矩. 在 14-4 节（见图 14-10），我们看到这种情况的发生是由于外电场趋向于"拉伸"分子使其正、负电中心稍微分离造成的.

图 15-18a 示出在没有外电场情况下的非极性电介质板. 在图 15-18b 中，通过所示的极板带电的电容器施加一电场 $\boldsymbol{E}_0$. 其结果是板内各正、负电荷分布的中心稍微分离，在电介质板的一个表面上产生正电荷（归因于在该表面处的电偶极子的正端），而在相对的表面上产生负电荷（归因于在该表面处的电偶极子的负端）. 电介质板就总体讲保持电中性，并且——在板内——任何体积元中都无过量电荷.

图 15-18c 示出在两个表面上的面电荷激发与所加电场强度 $\boldsymbol{E}_0$ 方向相反的电场强度 $\boldsymbol{E}'$. 在电介质内的合电场强度 $\boldsymbol{E}$（电场强度 $\boldsymbol{E}_0$ 和 $\boldsymbol{E}'$ 的矢量和）具有 $\boldsymbol{E}_0$ 的方向但强度较小.

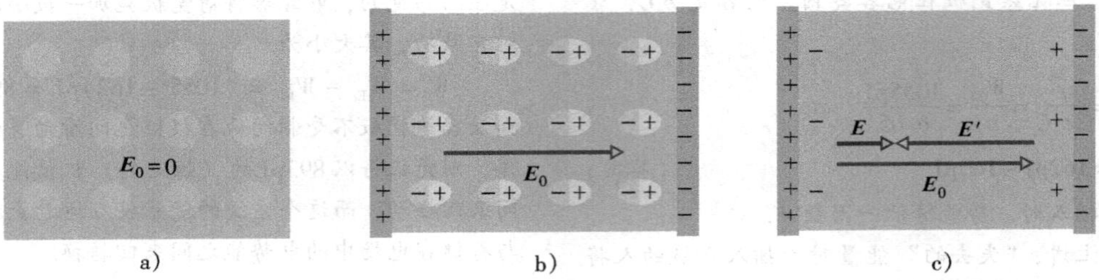

图 15 – 18 a) 一块非极性电介质板. 小圆代表板中的电中性原子. b) 通过带电的电容器板加上电场；该电场轻微地拉伸原子使其正负电荷中心分离. c) 此分离在两板面上产生面电荷. 这些电荷激发和所加电场强度 $\boldsymbol{E}_0$ 相反的电场强度 $\boldsymbol{E}'$. 电介质中的合电场强度 $\boldsymbol{E}$ ($\boldsymbol{E}_0$ 和 $\boldsymbol{E}'$ 的矢量和) 具有和 $\boldsymbol{E}_0$ 相同的方向但强度较小.

图 15 – 18c 中由面电荷激发的电场强度 $\boldsymbol{E}'$和图 15 – 17 中由固有电偶极矩激发的电场强度都按相同的方式表现，都与所加的电场强度 $\boldsymbol{E}_0$ 反方向. 因而，极性和非极性电介质的作用都是削弱任何在它们内部所加的电场，如在电容器的极板间那样.

我们现在可以明白了为什么例题 15 – 3 中的电介质瓷板被拉入电容器：当它进入极板间的空间时，在瓷板每个表面出现的面电荷都具有与邻近的电容器极板上电荷相反的符号，因而，瓷板与两极板互相吸引.

15 – 9 电介质与高斯定理

在第 13 章对高斯定理的讨论中，我们曾假定电荷存在于真空中. 这里我们将察看如果那些被列在表 15 – 1 中的介电材料出现，高斯定理应怎样修改和推广. 图 15 – 19 示出在有电介质和没有电介质两种情况下极板面积为 A 的平行板电容器. 假定在两种情况下极板上的电荷 q 是相同的. 应注意，极板间的电场通过 15 – 8 节的方式之一在电介质的两表面上感应出电荷.

对于图 15 – 19a 中没有电介质的情况，我们可以像在图 15 – 9 中曾做过的那样求出极板间的电场强度：我们用一高斯面包围顶板上的电荷 $+q$，然后应用高斯定理. 令 E_0 表示电场强度的大小，求得

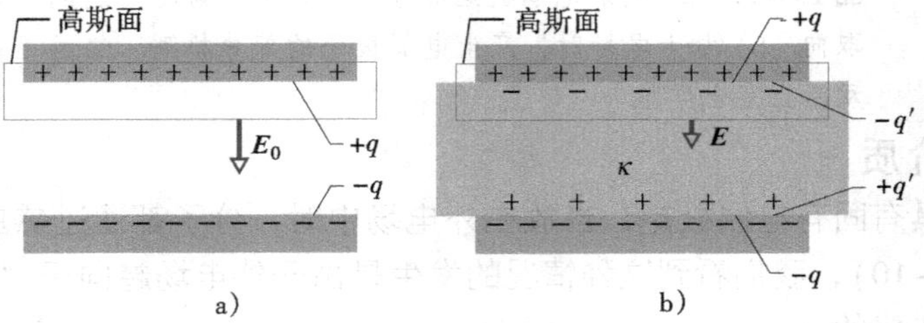

图 15 – 19 平行板电容器 a) 无电介质，b) 有电介质. 假设两种情况下板上的电荷一样.

$$\varepsilon_0 \oint_{(A)} \boldsymbol{E} \cdot \mathrm{d}\boldsymbol{A} = \varepsilon_0 E_0 A = q \qquad (15-27)$$

或

$$E_0 = \frac{q}{\varepsilon_0 A} \qquad (15-28)$$

在图 15 – 19b 中，有电介质在那里，我们可通过用上述的高斯面求出极板间（和电介质内）

的电场. 然而，现在该面包围两种类型电荷：它仍然包围顶板上的电荷 $+q$，但它还包围在介电体上表面上的感生电荷 $-q'$. 导体板上的电荷称为**自由电荷**，因为倘若改变极板的电势，自由电荷就能移动；电介质表面上的感生电荷不是自由电荷，因为它不能从那个表面移动.

在图 15－19b 中高斯面所包围的净电荷是 $q-q'$，所以由高斯定理得

$$\varepsilon_0 \oint_{(A)} \boldsymbol{E} \cdot \mathrm{d}\boldsymbol{A} = \varepsilon E A = q - q' \qquad (15-29)$$

或

$$E = \frac{q-q'}{\varepsilon_0 A} \qquad (15-30)$$

介电体的作用是使原来的电场强度大小 E_0 削弱一因数 ε_r，所以可以写出

$$E = \frac{E_0}{\varepsilon_r} = \frac{q}{\varepsilon_r \varepsilon_0 A} \qquad (15-31)$$

式（15－30）与式（15－31）的比较表明

$$q - q' = \frac{q}{\varepsilon_r} \qquad (15-32)$$

式（15－32）正确地指出感生表面电荷的大小 q'小于自由电荷的大小 q，并且倘若没有电介质存在（此时，在上式中 $\varepsilon_r=1$）则为零.

根据式（15－32），将 $q-q'$代入式（15－29），我们可按下列形式写出高斯定理：

$$\varepsilon_0 \oint_{(A)} \varepsilon_r \boldsymbol{E} \cdot \mathrm{d}\boldsymbol{A} = q \quad \text{（有电介体的高斯定理）} \qquad (15-33)$$

这个重要方程尽管是为平行板电容器导出的，但却普遍成立，并且是高斯定理能被写出的最普遍的形式. 应注意以下几点：

1）通量的积分现在包含 $\varepsilon_r \boldsymbol{E}$，而不仅是 $\boldsymbol{E}$. 矢量 $\varepsilon_0\varepsilon_r\boldsymbol{E}$ 叫做**电位移 $\boldsymbol{D}$**，它与电场强度 $\boldsymbol{E}$ 类似，是描述电场的物理量，但它是一个辅助量. 因此，式（15－33）可被写成

$$\oint_{(A)} \boldsymbol{D} \cdot \mathrm{d}\boldsymbol{A} = q \qquad (15-34)$$

上式叫做有**电介质存在时的高斯定理**，或**普遍的高斯定理**.

2）高斯面包围的电荷 q 现在**仅取自由电荷**. 由于已充分考虑了在式（15－33）的左边引入相对电容率 ε_r，所以在右边的感生面电荷可有意忽略掉.

3）式（15－33）与原来的高斯定理的不同之处仅在于，在后面的公式中 ε_0 已被 $\varepsilon_r\varepsilon_0$ 替代. 我们保留 ε_r 在式（15－33）的积分内以供 ε_r 在整个高斯面上不为常量的情形之用.

例题 15－4

在半径为 R、带电荷量为 Q 的金属球外，有一与金属球同心的均匀电介质球壳，其外半径为 R'. 电介质的相对电容率为 ε_r，如图 15－20 所示，求电介质内、外的电场分布和电势分布.

【解】 金属球上自由电荷的分布是均匀对称的. 由于是均匀电介质，故电介质内外的电场强度分布也具有对称性. 设 P 点到球心的距离为 r，并以此

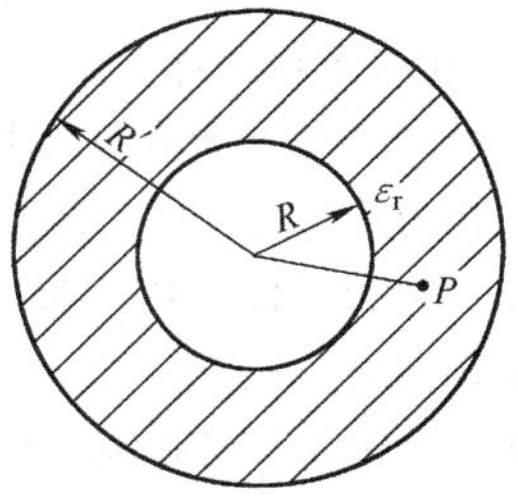

图 15－20　例题 15－4 图

为半径作球形高斯面，球面上各点的 $\boldsymbol{D}$ 的数值均相同，方向沿矢径向外. 由高斯定理有

$$\oint \boldsymbol{D}\cdot \mathrm{d}\boldsymbol{A} = D4\pi r^2 = q \quad \text{由此得}$$

$$D = \frac{q}{4\pi r^2};\quad E = \frac{q}{4\pi\varepsilon_0\varepsilon_r r^2}$$

(1) 电场分布

金属球内 ($r<R$); $q=0$, $E_1=0$

电介质球壳内 ($R<r<R'$); $q=Q$, $E_2 = \dfrac{Q}{4\pi\varepsilon_0\varepsilon_r r^2}$

电介质球壳外 ($r>R'$): $q=Q$, $\varepsilon_r=1$, $E_3 = \dfrac{Q}{4\pi\varepsilon_0 r^2}$

(2) 电势分布（取无穷远电势为零）

金属球内 ($r<R$)

$$V_1 = \int_R^\infty \boldsymbol{E}\cdot \mathrm{d}\boldsymbol{l} = \int_R^{R'} \boldsymbol{E}_2\cdot \mathrm{d}\boldsymbol{r} + \int_{R'}^\infty \boldsymbol{E}_3\cdot \mathrm{d}\boldsymbol{r}$$

$$= \frac{Q}{4\pi\varepsilon_0\varepsilon_r}\int_R^{R'}\frac{\mathrm{d}r}{r^2} + \frac{Q}{4\pi\varepsilon_0}\int_{R'}^\infty \frac{\mathrm{d}r}{r^2}$$

$$= \frac{Q}{4\pi\varepsilon_0\varepsilon_r}\left(\frac{1}{R} + \frac{\varepsilon_r - 1}{R'}\right)$$

电介质球壳内 ($R<r<R'$):

$$V_2 = \int_r^{R'} \boldsymbol{E}_2\cdot \mathrm{d}\boldsymbol{r} + \int_{R'}^\infty \boldsymbol{E}_3\cdot \mathrm{d}\boldsymbol{r}$$

$$= \frac{Q}{4\pi\varepsilon_0\varepsilon_r}\left(\frac{1}{r} + \frac{\varepsilon_r - 1}{R'}\right)$$

电介质球壳外 ($r>R'$)

$$V_3 = \int_r^\infty \boldsymbol{E}_3\cdot \mathrm{d}\boldsymbol{r} = \frac{Q}{4\pi\varepsilon_0 r}$$

例题 15-5

图 15-21 示出极板面积为 A、板间距为 d 的平行板电容器. 电势差 U_0 加在两极板间. 电池然后被断开，而一厚度为 b 且相对电容率为 ε_r 的介电质板如图 15-21 所示放置在极板间. 假定 $A=115\mathrm{cm}^2$, $d=1.24\mathrm{cm}$, $U_0=85.5\mathrm{V}$, $b=0.780\mathrm{cm}$, $\varepsilon_r=2.61$.

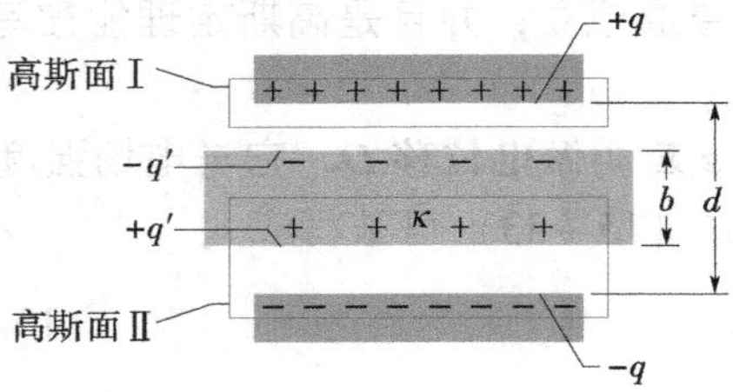

图 15-21 例题 15-5 图 一个电容器，其中电介质板仅部分地填充极板间的空间.

(a) 在电介质板插入前电容 C_0 为多大?

【解】 根据式 (15-10) 我们有

$$C_0 = \frac{\varepsilon_0 A}{d} = \frac{(8.85\times10^{-12}\mathrm{F/m})\ (115\times10^{-4}\mathrm{m}^2)}{1.24\times10^{-2}\mathrm{m}}$$

$$=8.21\times10^{-12}\mathrm{F}=8.21\mathrm{pF} \qquad \text{(答案)}$$

(b) 有多少自由电荷出现在极板上?

【解】 根据式 (15-7)，

$$q = C_0U_0 = (8.21\times10^{-12}\mathrm{F})\ (85.5\mathrm{V})$$

$$=7.02\times10^{-10}\mathrm{C}=702\mathrm{pC} \qquad \text{(答案)}$$

(c) 在极板与电介质板间的间隙中电场强度 E_0 为多大?

【解】 这里关键点是，应用按式 (15-33) 形式的高斯定理于图 15-21 中穿过该间隙的高斯面Ⅰ，则该面只包围电容器极板上的自由电荷. 因为面积矢量 $\mathrm{d}\boldsymbol{A}$ 和电场矢量 $\boldsymbol{E}_0$ 二者都指向下方，所以式 (15-33) 中的标积变成

$$\boldsymbol{E}_0\cdot \mathrm{d}\boldsymbol{A} = E_0\mathrm{d}A\cos0^\circ = E_0\mathrm{d}A$$

式 (15-33) 于是变成

$$\varepsilon_0\varepsilon_r E_0\oint \mathrm{d}A = q$$

其中的积分现在只不过给出极板的面积 A. 因而，我们得到

$$\varepsilon_0\varepsilon_r E_0 A = q$$

或

$$E_0 = \frac{q}{\varepsilon_0\varepsilon_r A}$$

在计算 E_0 前所需要的另一个关键点是，在这里应令 $\varepsilon_r=1$，因为高斯面Ⅰ不通过电介质，因而，有

$$E_0 = \frac{q}{\varepsilon_0\varepsilon_r A}$$

$$= \frac{7.02\times10^{-10}\mathrm{C}}{(8.85\times10^{-12}\mathrm{F/m})\ (1)\ (115\times10^{-4}\mathrm{m}^2)}$$

$$=6900\mathrm{V/m}=6.90\mathrm{kV/m} \qquad \text{(答案)}$$

应注意，当电介质板被插入时 E_0 的值并不改变，这是因为被图 15-21 中高斯面Ⅰ所包围的电荷量不改变.

(d) 在电介质板中的电场强度 E_1 有多大?

【解】 这里关键点是，应用式 (15-33) 到图 15-21 中的高斯面Ⅱ. 该面包围自由电荷 $-q$ 与感生电荷 $+q'$，但当用式 (15-33) 时，我们可略去后者，求得

$$\varepsilon_0\oint\varepsilon_r \boldsymbol{E}_1\cdot d\boldsymbol{A} = -\varepsilon_0\varepsilon_r E_1 A = -q \qquad (15-35)$$

（上式中的第一个负号来自标积 $\boldsymbol{E}_1\cdot d\boldsymbol{A}$，因为现在电场矢量 $\boldsymbol{E}_1$ 指向下方而面积矢量 $d\boldsymbol{A}$ 指向上方.）由式（15－35）得

$$E_1 = \frac{q}{\varepsilon_0\varepsilon_r A} = \frac{E_0}{\varepsilon_r} = \frac{6.90\text{kV/m}}{2.61} = 2.64\text{kV/m}$$

（答案）

（e）在电介质板被插入后极板间的电势差 U 是多少？

【解】 这里**关键点**是，通过沿从底板直接延伸到顶板的直线路径积分求出 U. 在介电体内部，路径长度为 b 而电场强度为 E_1. 在介电体上方和下方两个间隙中，路径总长度为 $d-b$ 而电场强度为 E_0. 由式（15－9）得

$$U = \int_-^+ E\mathrm{d}s = E_0(d-b)+E_1 b$$
$$= (6900\text{V/m})(0.0124\text{m}-0.00780\text{m}) + (2640\text{V/m})(0.00780\text{m})$$
$$= 52.3\text{V}$$

（答案）

这个结果小于原来的 85.5V 的电势差.

（f）电介质板存在时电容为多大？

【解】 这里**关键点**是，电容 C 借助于式（15－7）与自由电荷 q 及电势差 U 相联系，正像电介质不在时那样. 从（b）取用 q 并从（e）取用 U，有

$$C = \frac{q}{U} = \frac{7.02\times10^{-10}\text{C}}{52.3\text{V}} = 1.34\times10^{-11}\text{F} = 13.4\text{pF}$$

（答案）

这个结果大于原来的 8.21pF 的电容.

复习和小结

导体的静电平衡条件

$$\boldsymbol{E}_{内}=0,\ \boldsymbol{E}_{表面}\perp 表面$$

或导体内任意两点（包括表面上）电势相等.

静电平衡状态下导体内的电荷分布

$$q_{内}=0,\ \sigma_{表}=E/\varepsilon_0$$

在静电平衡状态下，导体表面面电荷密度与表面曲率的关系：曲率越大，面电荷密度也越大. 在导体的尖端处，会发生放电现象.

电容器；电容 **电容器**包含两个带等量异号电荷 $+q$ 与 $-q$ 的孤立导体（极板），其**电容**根据

$$q = CU$$

定义，其中 U 是极板间的电势差. 电容的 SI 单位是法［拉］（1 法［拉］＝1 库/伏）

电容的计算 我们一般通过下列步骤计算一特定电容器的电容：（1）假定已被放置在极板上的电荷 q；（2）求出由这个电荷激发的电场强度 $\boldsymbol{E}$；（3）计算电势差 U；（4）根据式 $q=CU$ 计算 C. 一些具体结果如下：

极板面积为 A 且板间距为 d 的**平行板电容器**具有电容

$$C = \frac{\varepsilon_0 A}{d}$$

长度为 L 且半径为 a 及 b 的**柱形电容器**（两个长的共轴圆柱面）具有电容

$$C = 2\pi\varepsilon_0\frac{L}{\ln(b/a)}$$

具有半径为 a 及 b 的、同心球面极板的**球形电容器**具有电容

$$C = 4\pi\varepsilon_0\frac{ab}{b-a}$$

如果我们令上式中 $b\to\infty$ 且 $a=R$，则得到半径为 R 的孤立球体的电容为

$$C = 4\pi\varepsilon_0 R$$

电容器的并联和串联 一些单个电容器**并联**和**串联**组合的**等效电容**能从下式求得

$$C_{eq} = \sum_{j=1}^{n} C_j \quad (n\text{ 个并联的电容器})$$

及

$$\frac{1}{C_{eq}} = \sum_{j=1}^{n}\frac{1}{C_j} \quad (n\text{ 个串联的电容器})$$

等效电容可用于计算更复杂的串－并联组合的电容.

电势能与能量密度 充电电容器的**电势能** W_E 为

$$W_E = \frac{q^2}{2C} = \frac{1}{2}CU^2$$

它等于使电容器充电所需的功. 这个能量与电容器的电场强度 $\boldsymbol{E}$ 相关联. 通过延伸，我们可把被存储的能量与电场联系起来. 在真空中，在电场强度为 E 的电场内部的**能量密度** u_E，或每单位体积的电势能由下式给出：

$$u_E = \frac{1}{2}\varepsilon_0 E^2$$

有电介质的电容 如果电容器两极板之间充满电介质材料，则电容 C 增大一因数 ε_r. ε_r 叫做**相对电**

容率，是材料的特征．在被电介质完全充填的区域中，所有含 ε_0 的静电学公式都必须通过用 $\varepsilon_r\varepsilon_0$ 替代 ε_0 加以修改.

添加电介质的作用可以通过电场对电介质板中固有电偶极矩或感生电偶极矩的作用来从物理上理解，其结果是，在电介质表面上形成感生电荷，这会导致对于极板上带相同的自由电荷时电介质内的电场的削弱.

有电介质存在时的高斯定理 当电介质存在时，高斯定理可被推广为

$$\varepsilon_0\oint\varepsilon_r \boldsymbol{E}\cdot d\boldsymbol{A}=q$$

式中，q 是自由电荷；通过把相对电容率 ε_r 包括在积分内，任何感生面电荷都被考虑到了．矢量 $\varepsilon_0\varepsilon_r\boldsymbol{E}$ 叫做电位移 $\boldsymbol{D}$，上式可被写作

$$\oint\boldsymbol{D}\cdot d\boldsymbol{A}=q$$

思考题

1. 用一个带电的小球与一个不带电的绝缘大金属球接触，小球上的电荷会全部传到大球上去吗？为什么？

2. 将一个带电导体接地后，其上是否还会有电荷？为什么？分别就此导体附近有无其他带电体的不同情况讨论之。

3. 一个孤立导体球带有电荷量 q，其表面附近的电场强度沿什么方向？当我们把另一带电体移近这个导体球时，球表面附近的电场强度将沿什么方向？其上电荷分布是否均匀？其表面是否等电势？电势有没有变化？球内任一点的电场强度有无变化？

4. 图15－22示出一断开的开关、一电势差为 U 的电池、一测量电流的电表及三个电容为 C 的电容器．当开关合上且电路达到平衡时，(a) 跨越每个电容器的电势差是多少？(b) 在每个电容器左极板上的电荷是多少？(c) 在充电期间流过电表的电荷有多少？

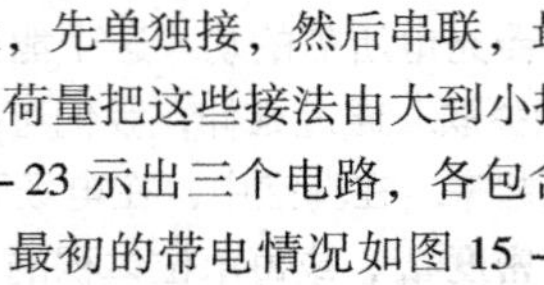

图15－22 思考题4图

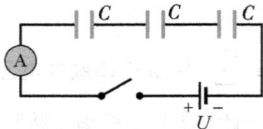

5. 有两个电容 C_1 和 C_2，其中 $C_1>C_2$，现把它们接到电池上，先单独接，然后串联，最后并联．按照所存储的电荷量把这些接法由大到小排序.

6. 图15－23示出三个电路，各包含一个开关和两个电容器，最初的带电情况如图15－23所示．在开关合上后，在哪个电路（如果有的话）中左边电容器上的电荷将会 (a) 增加、(b) 减少及 (c) 保持不变？

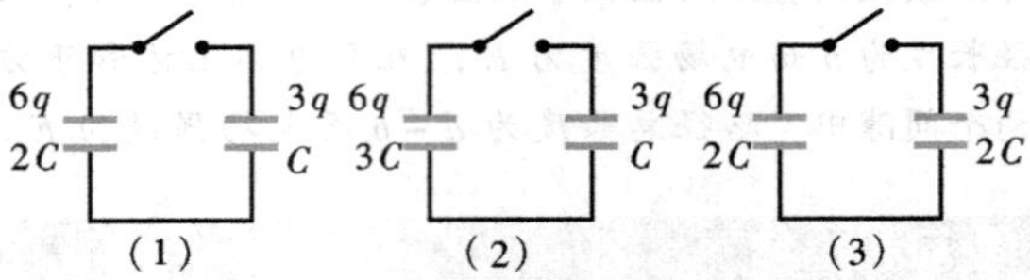

图15－23 思考题6图

7. 两个孤立的金属球A和B分别具有半径 R 和 $2R$ 且带有相同的电荷 q．试问：(a) A的电容是大于、小于还是等于B的电容？(b) 刚好在A的表面外处的能量密度是大于、小于还是等于B的相应处的？(c) 在离A的中心 $3R$ 处的能量密度是大于、小于还是等于B在离其中心同样距离处的？(d) 由A引起的电场的总能量是大于、小于还是等于B的？

8. 当把一电介质板插入图15－24中两个相同电容器中一个的两极板之间时，该电容器的 (a) 电容，(b) 电荷，(c) 电势差，(d) 电势能是增大、减小、还是保持不变？(e) 另一个电容器的上述性能发生什么改变？

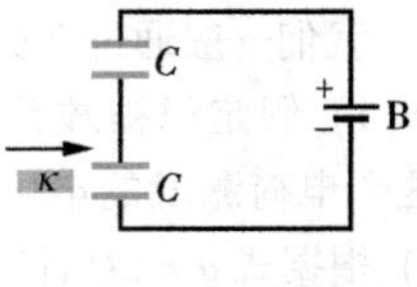

图15－24 思考题8图

9. 在球壳形的均匀电介质中心放置一点电荷 $+q$，试画出电介质球壳内外的 $\boldsymbol{E}$ 和 $\boldsymbol{D}$ 线的分布．在电介质球壳内外的电场强度和没有电介质球壳时是否相同？为什么？

习题

1. 一点电荷 $+q$ 被放置在内半径为 a 且外半径为 b 的、电中性的、导体球壳的中心．出现在 (a) 壳的内表面上及 (b) 壳的外表面上的电荷为何？在距离壳中心为 r 处的合电场为何 (c) $r<a$、(d) $b>r>$

a、及 (e) $r>b$? 对那三个区域，画出电场线图. 由 (f) 中心的点电荷与内表面的电荷及 (g) 外表面的电荷引起的合电场为何? 现在把点电荷 $-q$ 放置在壳外，这个点电荷使在 (h) 外表面上及 (i) 内表面上的电荷分布改变吗? 试画出现在的电场线图. (j) 对第二个点电荷是否有静电力作用? (k) 对第一个点电荷是否有合静电力? (l) 这种情况违背牛顿第三定律吗?

2. 在图 15-25 中，一半径为 a 的球体，带有在其体内均匀分布的电荷 $+q$. 与此球同心放置的有一导体球壳，球壳的内半径为 b、外半径为 c，此球壳带有净电荷 $-q$. 对下列几个区域求出电场强度 E 作为半径 r 的函数的表达式: (a) 球体内 ($r<a$); (b) 球体与球壳之间 ($a<r<b$); (c) 球壳内 ($b<r<c$); (d) 球壳外 ($r>c$). (e) 球壳内表面和外表面上的电荷各为何?

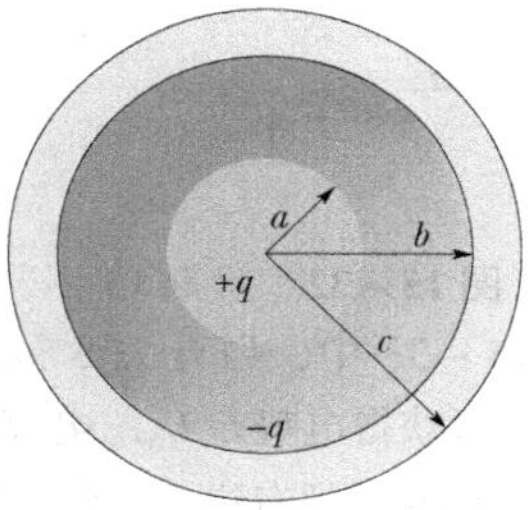

图 15-25 习题 2 图

3. 两个半径为 R_1 和 R_2 ($R_1<R_2$) 的孤立的同心薄导体球壳具有电荷 q_1 和 q_2. 以无穷远处 $V=0$，导出 $E(r)$ 和 $V(r)$ 的表达式，其中 r 为到球心的距离. 对于 $R_1=0.50\text{m}$、$R_2=1.0\text{m}$、$q_1=+2.0\mu\text{C}$、$q_2=+1.0\mu\text{C}$，画出 $E(r)$ 和 $V(r)$ 从 $r=0$ 到 $r=4.0\text{m}$ 的曲线.

4. 考虑被隔开很远的两个导体球 1 和 2，第二个球的直径是第一个的 2 倍. 小球最初具有正电荷 q，而大球最初未带电. 现在用一细长的导线把两球连接. (a) 与两球相关的，终了电势 V_1 和 V_2 是什么? (b) 在两球上终了电荷 q_1 和 q_2 是多少? 用 q 表示. (c) 球 1 对球 2 的终了面电荷密度之比是多少?

5. 半径各为 3.0cm 的两金属球具有 2.0m 的中心间距. 一个带有 $+1.0\times10^{-8}\text{C}$ 的电荷，另一个带有 $-3.0\times10^{-8}\text{C}$ 的电荷. 假定该间距相对于两球的大小已大到足以使我们认为在每个球上的电荷都被均匀分布 (两球不互相影响)，以无穷远处 $V=0$，计算 (a) 在两球心之间中点的电势及 (b) 每个球的电势.

6. 一半径 15cm 的带电金属球具有 $3.0\times10^{-8}\text{C}$ 的净电荷. (a) 在球表面处电场强度为何? (b) 如果在无穷远处 $V=0$，则球表面的电势多大? (c) 在距球表面多大距离处电势减小到 500V?

7. 图 15-26 示出薄壁长金属管的一段，管半径为 R，管表面每单位长度带有电荷 λ. 对 (a) $r>R$ 及 (b) $r<R$ 两种情况，导出 E 的表达式，用 r 表示. 假定 $\lambda=2.0\times10^{-8}\text{C/m}$ 且 $R=3.0\text{cm}$，在 $r=0$ 到 $r=5.0\text{cm}$ 的范围内，把你的结果绘成曲线. (提示: 用和金属管共轴的圆柱形高斯面).

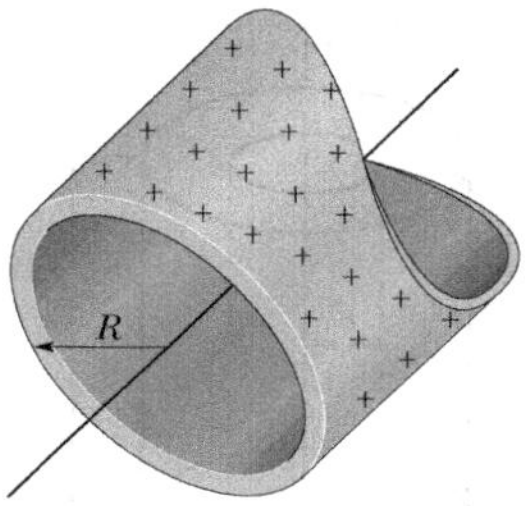

图 15-26 习题 7 图

8. 如图 15-27 所示，一根长度为 L、带有电荷 q 的很长的圆柱形导体杆，被一个带有总电荷 $-2q$ 的圆柱形导体壳 (长度也为 L) 包围. 用高斯定律求: (a) 导体壳外各点处的电场强度; (b) 壳上的电荷分布; (c) 壳与杆之间区域中的电场强度.

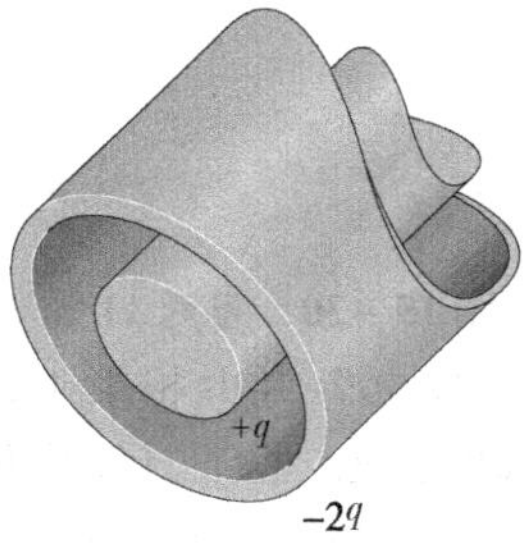

图 15-27 习题 8 图

9. 一球形电容器内外两壳的半径分别为 R_1 和 R_4，在两壳之间放一个内外半径分别为 R_2 和 R_3 的同心导体球壳 (见图 15-28). 给内壳 (R_1) 以电荷量 q，求: (a) R_1 和 R_4 两壳间的电势差; (b) 以 R_1 和 R_4 为两极的电容.

10. 在图 15-29 中，半径为 R_1 的导体圆柱和与它同轴的，半径为 R_2 的导体圆筒构成圆柱形电容器.

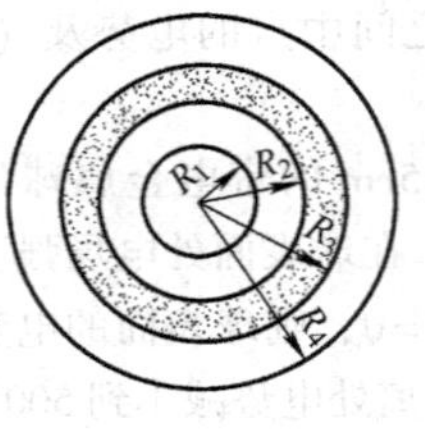

图 15－28　习题 9 图

电容器的长度为 L，其间充满相对电容率为 ε_r 的电介质. 设沿轴线单位长度上圆柱带有电荷 $+\lambda$，圆筒单位长度上带有电荷 $-\lambda$，忽略边缘效应，求：(a) 电介质中的电位移和电场强度；(b) 两极之间的电势差；(c) 该圆柱形电容器的电容.

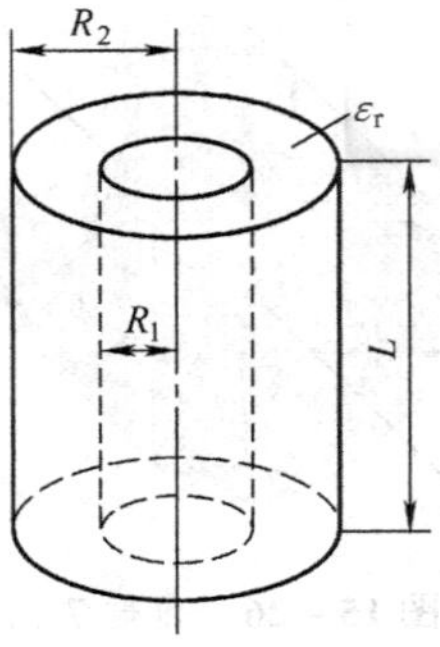

图 15－29　习题 10 图

11. 图 15－30 中的两个金属物带有净电荷 +70pC 和 －70pC，这导致在它们之间产生 20V 的电势差. (a) 该系统的电容是多大？(b) 如果被充电到电荷为 +200pC 和 －200pC，电容怎样改变？(c) 电势差怎样改变？

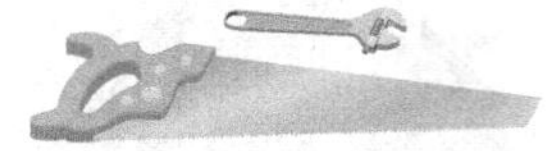

图 15－30　习题 11 图

12. 一平行板电容器由相距 1.3mm、半径为 8.2cm 的两块圆板组成. (a) 计算其电容. (b) 如加上 120V 的电势差，则在两极板上将出现多少电荷？

13. 球形电容器的两个极板具有半径 38.0mm 和 40.0mm. (a) 计算其电容. (b) 要使一平行板电容器具有相同的板间距和电容，平行板的面积应该为多大？

14. 求图 15－31 中电容器组合的等效电容. 假定 $C_1 = 10.0\mu F$，$C_2 = 5.00\mu F$，$C_3 = 4.00\mu F$.

15. 图 15－32 示出串联的两个电容器，长度为 b 的中间部分可在竖直方向移动. 试证明这个串联组合的等效电容与中间部分的位置无关，且由下式给出：

$$C = \frac{\varepsilon_0 A}{a - b}$$

式中，A 是极板面积.

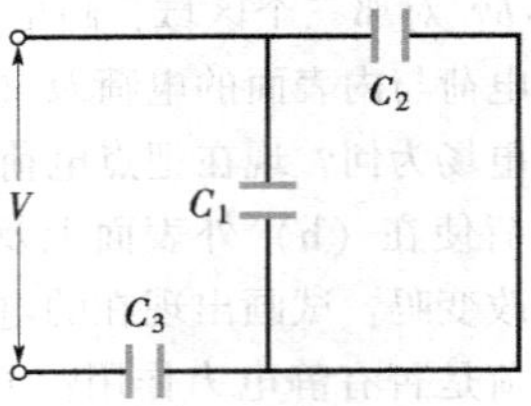

图 15－31　习题 14 图

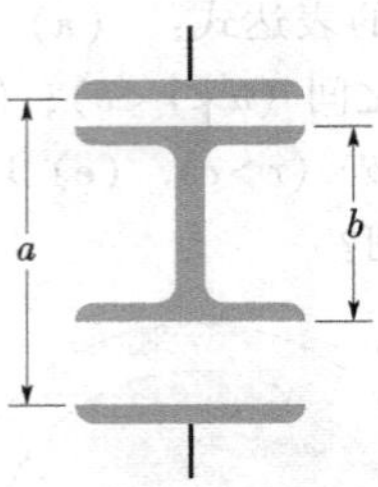

图 15－32　习题 15 图

16. 在图 15－33 中，当开关 S 被推到左边时，电容器 1 的两极板获得电势差 U_0. 电容器 2 和 3 最初未充电. 开关现在被推到右边，三个电容器上最后的电荷 q_1、q_2 及 q_3 各为多少？

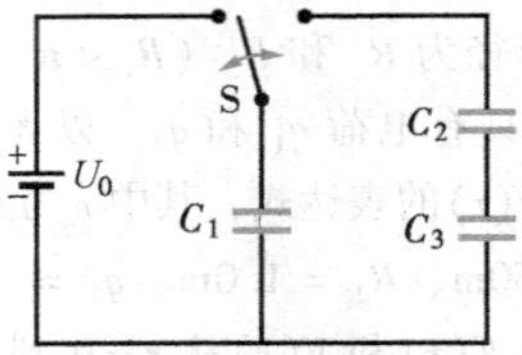

图 15－33　习题 16 图

17. 两个并联的电容器，电容分别为 2.0μF 和 4.0μF，两端加上 300V 的电势差. 试计算该系统所存储的总能量.

18. 一由 2000 个电容为 5.00μF 的电容器并联而成的组合被用来存储能量. 假设电价为每 kW · h 五角钱，则把该电容器组充电到 50000V 所需的电费为多少？

19. 将一电容器充电直到它所存储的能量为 4.0J，然后将未充电的第二个电容器与之并联. (a) 如果电荷在两个电容器上平均分配，则存储在电场中的总能量是多少？(b) 其余的能量到哪里去了？

20. 将一极板面积为 A、板距为 d 的平行板电容器充电到电势差 U，然后将充电电池断开，并把两极板拉开到相距 $2d$ 为止．用 A、d 及 U 导出下列各量的表达式：(a) 新的电势差；(b) 最初和最后存储的能量；(c) 把两极板拉开所需的功．

21. 一带电的孤立金属球的直径为 10cm．相对于 $V=0$ 的无穷远处它的电势为 8000V．计算在接近该球表面处电场中的能量密度．

22. (a) 试证明平行板电容器两极板的相互吸引力为 $F=q^2/2\varepsilon_0 A$．可以通过计算在电荷 q 保持恒定的情况下使极板间距由 x 增加到 $x+\mathrm{d}x$ 所需的功来证明．(b) 证明作用在任一极板上每单位面积的力（**静电应力**）为 $\frac{1}{2}\varepsilon_0 E^2$（实际上，对于在表面处电场强度为 E 的**任何**形状的**任**一导体来说，这个结果都是正确的）．

23. 一极板间为空气的平行板电容器具有 1.3pF 的电容．当极板的间距加倍并在极板间插入石蜡后，电容变为 2.6pF．试求石蜡的相对电容率．

24. 有一 7.4pF 的空气电容器，需要把它改变成在 652V 的最大电势差的情况下能存储多达 7.4μJ 能量的电容器．你应该采用表 15－1 中什么电介质填充该电容器的间隙？倘若不考虑误差量．

25. 有某种物质，其相对电容率为 2.8 而介电强度为 18MV/m，如果用该物质作为平行板电容器的介电材料，则为了使电容器的电容为 7.0×10^{-2}μF 且保证能承受 4.0kV 的电势差，这电容器的极板面积最小应为多少？

26. 如在图 15－34 中，一平行板电容器用两种电介质填充．证明其电容为

$$C=\frac{\varepsilon_0 A}{d}\frac{\varepsilon_{r1}+\varepsilon_{r2}}{2}$$

就可能想到的极限情形对此公式进行检验．（提示：能否判断这种结构相当于两个电容器并联？）

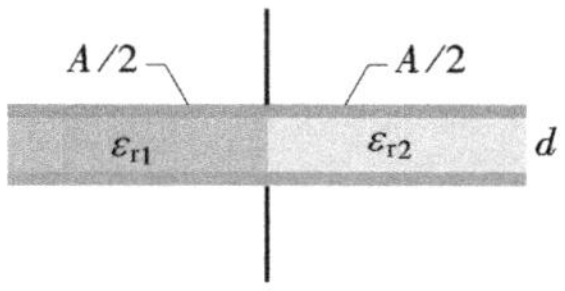

图 15－34　习题 26 图

27. 一平行板电容器的电容为 100pF，极板面积为 100cm^2，两极板间填满 $\varepsilon_r=5.4$ 的云母．试计算在 50V 的电势差下，(a) 云母中的电场强度大小 E；(b) 极板上自由电荷的大小；(c) 云母上感生面电荷的量．

28. 在例题 15－5 中，假定当电介质板插入时电池仍保持连接．计算 (a) 电容；(b) 电容器极板上的电荷；(c) 间隙中的电场强度；(d) 电介质板放好后，其中的电场强度．

29. 两个半径为 a 和 b（$b>a$）的同心导体球壳之间的空间用相对电容率为 ε_r 的物质填充．确定：(a) 该装置的电容；(b) 当给电容器两极板加电势差 U 时，求内壳上的自由电荷 q；(c) 沿内壳表面所感生的电荷 q'．

30. 一厚度为 b 的电介质板被插入一平行板电容器的两极板之间，极板的间距为 d．试证明其电容由下式给出：

$$C=\frac{\varepsilon_r\varepsilon_0 A}{\varepsilon_r d-b(\varepsilon_r-1)}$$

（提示：你可遵循例题 15－5 中概括出的程序推导这个公式．）这个公式是否能给出例题 15－5 的正确数值结果？对于 $b=0$，$\varepsilon_r=1$ 的特殊情况，核实这个公式是否给出正确结果．

第 16 章　电流　电阻　电动势

兴登堡（**Hindenburg**）号齐柏林飞艇是德国的骄傲和它那个时代的奇迹，它几乎有三个足球场长，是迄今被制造过的、最大的飞行器. 尽管它借助 **16** 个高度易燃的氢气囊被保持在高空，但却完成多次跨越大西洋的飞行而无事故. 事实上，完全依赖于氢气的德国齐柏林飞艇，却从未遭遇到因氢气引起的事故. 然而，**1937** 年 **5** 月 **6** 日下午 **7** 时 **21** 分后不久，当兴登堡号准备好在新泽西州莱克赫斯特美国空军航站着陆时，飞艇突然起火，操作人员则在等待着一场暴雨来减小火势，并且控制缆绳刚好已下放给海军地勤人员. 这时就看到从尾部向前约 **1/3** 距离处飞艇的蒙皮出现脉动. 几秒钟后从该区域喷出火焰，而且红色的辉光照明了飞艇的内部. 在 **32s** 内，燃烧的飞艇落到地面.

用氢气浮起的齐柏林飞艇在这么多次的成功飞行之后，为什么会突然发出火焰?

答案就在本章中.

16 –1　电流与电流密度

从第 12 章到第 15 章，我们主要讨论静电学，也就是说，电荷处于静止的情况．从这一章开始，我们把注意力集中到电流，即运动中的电荷上．在本章中，我们主要研究传导电子（导体中可以自由移动的电子）通过金属导体的恒定电流．

1. 电流

在图 16 –1a 所示的孤立导体回路中，回路全部处于同一电势．没有电场能在其内部或表面存在．尽管有传导电子在，但没有净电场对它们的作用，因而没有电流．

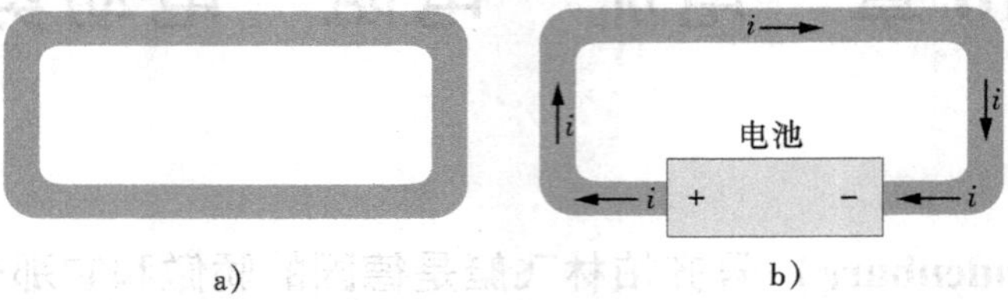

图 16 –1　导体回路

a）处于静电平衡的铜的回路．整个回路处于同一电势而在铜线内各处的电场强度为零．b）连上电池就对与电池两极相连的回路的两端之间加上了电势差．电池就这样从极到极在回路中产生了电场而这电场使电荷围绕着回路运动．这种电荷的运动就是电流 i.

在图 16 –1b 中，如果我们在回路中接入一电池，则导体回路不再处于单一的电势．电场作用在形成回路的材料内，施加力在传导电子上，导致它们运动，因而引起电流．在极短的时间后，电子的流动达到恒定值，于是电流处于其**稳恒状态**（它不随时间改变）．

图 16 –2 示出一段导体，它是在其中已建立起电流的导体回路的一部分．如果电荷 $\mathrm{d}q$ 在时间 $\mathrm{d}t$ 内通过一假想平面（比如 aa'），则通过该平面的电流被定义为

$$i=\frac{\mathrm{d}q}{\mathrm{d}t}\text{（电流的定义）}\qquad(16-1)$$

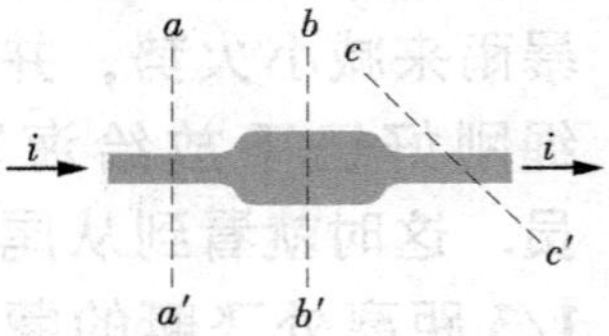

图 16 –2　通过导体的电流 i 在 aa'，bb'，cc' 平面处有相同的值．

通过求积分可求出从 0 到 t 的时间间隔内通过该平面的电荷为

$$q=\int \mathrm{d}q=\int_0^t i\mathrm{d}t\qquad(16-2)$$

式中，电流 i 可随时间改变．

在稳态的条件下，对于平面 aa'，bb' 及 cc'，甚至对于完全穿过导体的、所有的平面，不论它们的位置及取向，电流都相同．这是根据电荷守恒的事实得出的．在这里所假定的稳态条件下，对于每一个通过平面 cc' 的电子，都必定有一个电子通过平面 aa'．这就像，如果我们碰到通过庭院胶管的稳恒水流，则对应于每一滴从胶管另一端进入的水，都必定有一滴水从胶管的喷口离去．胶管中的水量是一个守恒的量．

电流的 SI 单位是库每秒，也叫做安［培］（A）：

$$1\text{ 安［培］}=1\mathrm{A}=1\text{ 库每秒}=1\mathrm{C/s}$$

安［培］是一个基本的 SI 单位；如我们在第 12 章讨论过的，库［仑］通过安［培］定义．安［培］的正式定义将在第 18 章中讨论．

由式（16-1）所定义的电流是标量，因为在该式中的电荷与时间都是标量．然而，如在图16-1b中，我们往往用箭头表示电流以表明电荷在流动．但是，这样的箭头并不意味是矢量．图16-3a示出一具有电流 i_0 的导体在节点处分成两条支路．因为电荷是守恒的，在支路中电流的大小应该相加以给出原来导体中电流的大小，因此

$$i_0 = i_1 + i_2 \tag{16-3}$$

如图16-3b表明，导线在空间的弯曲和重新取向不改变式（16-3）的正确性．电流的箭头只表明沿导体的流动方向（或指向），而不是在空间中的方向．

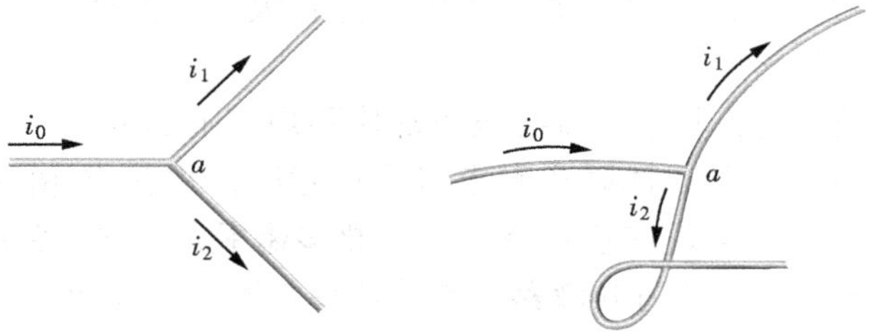

a)　　　　b)

图16-3　不管三根导线在空间的取向如何，在节点 a 处，$i_0 = i_1 + i_2$ 都是对的．电流是标量，不是矢量．

在图16-1b中，我们是沿电场迫使正电荷通过回路的方向画电流箭头的．这样的正**载流子**，将总是从电池的正极移向负极．事实上，在导体回路中的载流子是电子，因而带负电．电场迫使它们沿电流箭头相反的方向运动，从负极到正极．然而，由于历史的原因，我们遵循惯例：

> 电流箭头沿正载流子将运动的方向画出，即使实际的载流子是负的且沿相反的方向运动．

我们可以采用这个惯例，因为在大多数情况下，沿一个方向的假想的正载流子的运动与沿相反方向的实际的负载流子的运动有相同的效果．

2. 电流密度

在某些时候，我们对特定导体中的电流感兴趣．在另外一些时候，我们采取局部的观点研究通过导体横截面上一特定点的电荷流动．为了描述这个流动，我们可应用**电流密度 $\boldsymbol{J}$**．如果电荷是正的，则 $\boldsymbol{J}$ 具有与运动电荷的速度相同的方向，而如果是负的，则具有相反的方向．对于横截面的每个面元，电流密度的大小 J 等于通过该面元每单位面积的电流．我们可把通过该面元的电流写作 $\boldsymbol{J}\cdot \mathrm{d}\boldsymbol{A}$，其中 $\mathrm{d}\boldsymbol{A}$ 是面元的面积矢量，它垂直于面元．通过该面的总电流于是为

$$i = \int_{(A)} \boldsymbol{J}\cdot \mathrm{d}\boldsymbol{A} \tag{16-4}$$

如果电流横过该面是均匀的且平行于 $\mathrm{d}\boldsymbol{A}$，则 $\boldsymbol{J}$ 也是均匀的且平行于 $\mathrm{d}\boldsymbol{A}$．此时，式（16-4）变成

$$i = \int_{(A)} J\mathrm{d}A = J\int_{(A)} \mathrm{d}A = JA$$

所以

$$J=\frac{i}{A} \tag{16-5}$$

式中，A 是该面的总面积，根据式（16-4）和式（16-5）我们看到，电流密度的 SI 单位是安每平方米（A/m^2）.

在第 12 章中，我们曾看到可用电场线表示电场. 图 16-4 示出电流密度可用相似的一组线表示，我们称之为**流线**. 在图 16-4 中，朝向右方的电流完成从左侧较宽的导体向右侧较窄的导体的转变. 因为在转变期间电荷是守恒的，电荷的数量因而电流的强弱不能改变. 然而，电流密度必定改变，在较窄的导体中它比较大. 流线间距变小表示电流密度的这种增大.

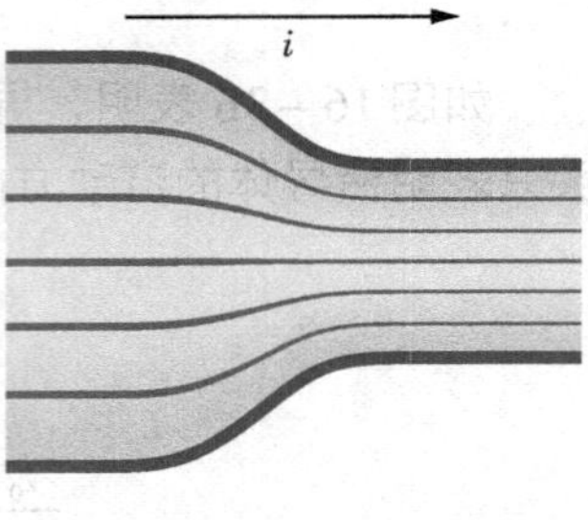

图 16-4 表示在截面收缩的导体中的电流密度的流线.

当导体中没有电流通过时，其中各传导电子都作不规则的运动，不具有沿任何方向的净运动. 当导体确实有电流通过它时，那些电子实际上仍然不规则地运动，但现在它们趋向于以**漂移速率** v_d 沿着与外加的、引起电流的电场相反的方向**漂移**. 漂移速率与不规则运动的速率相比非常小. 例如，在家用的铜导线中，电子的漂移速率可能是 10^{-5} 或 10^{-4} m/s，而不规则运动的速率约为 10^6 m/s.

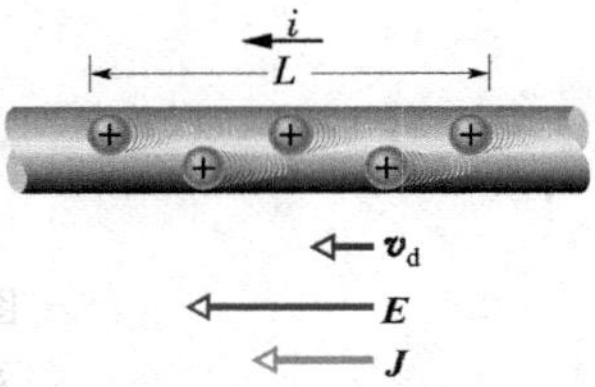

图 16-5 正载流子以速率 v_d 沿外加电场强度 $\boldsymbol{E}$ 的方向漂移. 根据惯例，电流密度 $\boldsymbol{J}$ 和电流箭头的指向画在那同一方向.

我们可利用图 16-5 使通过导线的电流中传导电子的漂移速率 v_d 与导线中电流密度的大小 J 联系起来. 为方便起见，图 16-5 示出沿外加电场强度 $\boldsymbol{E}$ 方向的**正**载流子的等效漂移运动. 假定那些载流子全部都以相同的漂移速率 v_d 运动，而且电流密度 J 是均匀地通过导线的横截面积 A 的. 在长度为 L 的导线中载流子的数目为 nAL，其中 n 是每单位体积的载流子数. 于是在长度 L 中，每个电荷为 e 的载流子的总电荷为

$$q=(nAL)e$$

因为载流子全部以速率 v_d 沿导线运动，这个总电荷在时间间隔

$$t=\frac{L}{v_d}$$

内通过导线的任一横截面. 式（16-1）告诉我们，电流 i 是穿过横截面单位时间转移的电荷，所以在这里有

$$i=\frac{q}{t}=\frac{nALe}{L/v_d}=nAev_d \tag{16-6}$$

解出 v_d 并回顾式 $J=i/A$，我们得到

$$v_d=\frac{i}{nAe}=\frac{J}{ne}$$

或推广到矢量形式有

$$\boldsymbol{J}=(ne)\boldsymbol{v}_d \tag{16-7}$$

这里的乘积 ne 是**载流子电荷密度**，其 SI 单位为库每立方米（C/m^3）.

对于正载流子，ne 为正而式（16-7）预示 $\boldsymbol{J}$ 与 $\boldsymbol{v}_d$ 同方向. 对于负载流子，ne 为负而 $\boldsymbol{J}$ 与 $\boldsymbol{v}_d$ 反方向.

例题 16-1

当半径 $r=900\mu m$ 的铜线中有均匀电流 $i=17mA$ 时，其传导电子的漂移速率多大？假定每个铜原子对电流提供一个传导电子且电流密度在导线的横截面上是均匀的.

【解】 我们在这里需要三个**关键点**:

(1) 漂移速率 v_d 与电流密度 $\boldsymbol{J}$ 及每单位体积的传导电子数按照式 (16-7) 相联系，它们的数量关系为 $J=nev_d$.

(2) 因为电流密度是均匀的，其大小 J 依据式 (16-5) ($J=i/A$, 这里 A 是导线的截面积) 与给定的电流及导线的尺寸相联系.

(3) 因为我们假定一个原子提供一个传导电子，每单位体积的传导电子数与每单位体积的原子数相同.

让我们通过写出下式从第三点开始:

$$n=\begin{pmatrix}\text{原子数}\\\text{每}\\\text{单位体积}\end{pmatrix}$$

$$=\begin{pmatrix}\text{原子数}\\\text{每}\\\text{摩尔}\end{pmatrix}\begin{pmatrix}\text{物质的量}\\\text{每}\\\text{单位质量}\end{pmatrix}\begin{pmatrix}\text{质量}\\\text{每}\\\text{单位体积}\end{pmatrix}$$

每摩尔的原子数是阿伏伽德罗常数 N_A (等于 $6.02\times10^{23}mol^{-1}$). 摩尔每单位质量是质量每摩尔，在这里是铜的摩尔质量的倒数，质量每单位体积是铜的(质量) 密度 ρ_{mass}. 因而,

$$n=N_A\left(\frac{1}{M}\right)\rho_{mass}=\frac{N_A\rho_{mass}}{M}$$

从**附录 F** 取铜的摩尔质量 M 和密度 ρ_{mass}, 于是有

$$n=\frac{(6.02\times10^{23}mol^{-1})\ (8.96\times10^{3}kg/m^{3})}{63.54\times10^{-3}kg/mol}$$

$$=8.49\times10^{29}\text{电子}/m^{3}$$

或

$$n=8.49\times10^{28}m^{-3}$$

其次我们通过写出

$$\frac{i}{A}=nev_d$$

把前两个关键点结合起来. 用 πr^2 (等于 $2.54\times10^{-6}m^2$) 替代 A, 并解出 v_d, 于是求出

$$v_d=\frac{i}{ne\ (\pi r^2)}=$$

$$\frac{17\times10^{-3}A}{(8.49\times10^{28}m^{-3})\ (1.60\times10^{-19}C)\ (2.54\times10^{-6}m^2)}$$

$$=4.9\times10^{-7}m/s$$

(答案)

它只是 1.8mm/h，比懒蜗牛还慢.

你可能有理由问:"如果电子这么慢地漂移，为什么当我按下开关时室内灯接通得那样快?" 在这一点上的混淆起因于未能把电子的漂移速率与电场分布的**改变**沿导线传播的速率区分开. 这后一个速率接近于光速；在导线中各处的电子几乎同时开始漂移，包括进入灯泡. 同样，当你打开庭院胶管的阀门，在胶管充满水的情况下，压强波以水中的声速沿胶管传播. 水本身通过胶管的速率——可以用一个着色的标志测量——要小得多.

16-2 电阻与电阻率

如果我们把相同的电势差分别加在几何形状相似的铜杆和玻璃杆的两端，则结果形成非常不相同的电流. 这里涉及的导体的特征是其**电阻**. 我们通过把电势差加在导体的任何两点之间来测量它形成的电流以确定那两点间的电阻，于是电阻为

$$R=\frac{U}{i}\quad(R\text{ 的定义})\tag{16-8}$$

根据式 (16-8) 得出的电阻的 SI 单位是伏每安. 这个组合出现得那么经常，所以我们给它一特殊的名称，欧 [姆] (符号 Ω)；也就是

$$1\text{ 欧[姆]}=1\Omega=1\text{ 伏每安}$$

$$=1V/A\tag{16-9}$$

在电路中，其功能在于提供特定电阻的导体叫做**电阻器**. 在电路中，我们用符号 —∧∧∧∧— 或

—□—表示电阻和电阻器.

正像我们在其他方面已经屡次做过的那样，我们往往希望采用普遍的考察并且不涉及特定的物体而只涉及材料. 这里，我们的注意力不在特定电阻器上的电势差 U，而在电阻性材料中一点的电场强度 $\boldsymbol{E}$. 我们不讨论通过电阻器的电流，而讨论所考虑的一点的电流密度 $\boldsymbol{J}$. 不讨论一个物体的电阻，而讨论材料的**电阻率** ρ，即

$$\rho = \frac{E}{J} \quad (\rho\text{ 的定义}) \tag{16-10}$$

如果我们按照式（16－10）把 E 和 J 的 SI 单位结合起来，就得到 ρ 的单位，欧［姆］－米（$\Omega \cdot m$）：

$$\frac{E\text{ 的单位}}{J\text{ 的单位}} = \frac{V/m}{A/m^2} = \frac{V}{A}m = \Omega \cdot m$$

表 16－1 列出了一些材料的电阻率.

表 16－1 一些材料在室温（20℃）下的电阻率

材料	电阻率 $\rho/\Omega \cdot m$	电阻率的温度系数 α/K^{-1}
	常见的金属	
银	1.62×10^{-8}	4.1×10^{-3}
铜	1.69×10^{-8}	4.3×10^{-3}
铝	2.75×10^{-8}	4.4×10^{-3}
钨	5.25×10^{-8}	4.5×10^{-3}
铁	9.68×10^{-8}	6.5×10^{-3}
铂	10.6×10^{-8}	3.9×10^{-3}
锰铜①	4.82×10^{-8}	0.002×10^{-3}
	典型的半导体	
纯硅	2.5×10^{3}	-70×10^{-3}
硅，n 型②	8.7×10^{-4}	
硅，p 型③	2.8×10^{-3}	
	典型的绝缘体	
玻璃	$10^{10} \sim 10^{14}$	
熔凝石英	$\sim 10^{16}$	

① 特殊设计的、具有小 α 值的合金.

② 纯硅用磷掺杂到载流子密度为 $10^{23} m^{-3}$.

③ 纯硅用铝掺杂到载流子密度为 $10^{23} m^{-3}$.

我们可把式（16－10）按矢量形式写作：

$$\boldsymbol{E} = \rho \boldsymbol{J} \tag{16-11}$$

式（16－10）和式（16－11）仅适用于**各向同性**材料，这种材料的电学性能在所有的方向都相同.

我们经常谈到材料的**电导率** σ，它是材料的电阻率的倒数，所以

$$\sigma = \frac{1}{\rho} \quad (\sigma \text{ 的定义}) \tag{16－12}$$

电导率的 SI 单位是欧［姆］－米的倒数，$(\Omega \cdot m)^{-1}$．该单位的名称有时用姆欧每米（姆欧是欧姆的倒逆）．σ 的定义使我们能把式（16－11）写成另一种形式

$$\boldsymbol{J} = \sigma \boldsymbol{E} \tag{16－13}$$

我们刚才已作出一个重要的区分：

电阻是物体的属性．电阻率是材料的属性．

如果我们了解一种材料如铜的电阻率，就能计算由该材料制成的一根导线的电阻．设 A 是导线的横截面积，L 是其长度，并且设它的两端之间的电势差为 U（见图 16－6）．如果表示电流密度的流线遍及导线是均匀的，则电场强度和电流密度将对导线内所有的点是均匀的，根据式（14－42）和式（16－5）将具有值

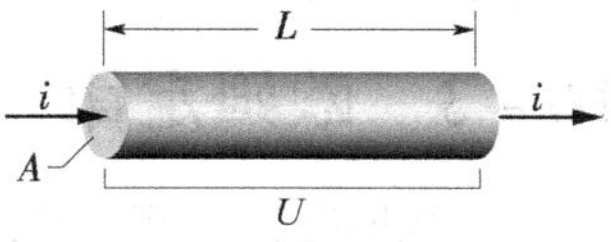

图 16－6　电势差 U 加在长 L 和横截面 A 的导线的两端，引起电流 i.

$$E = U/L \quad \text{及} \quad J = i/A \tag{16－14}$$

于是，我们可把式（16－10）和式（16－14）结合起来写出

$$\rho = \frac{E}{J} = \frac{U/L}{i/A} \tag{16－15}$$

然而，U/i 为电阻，这样，我们可把式（16－15）改写为

$$R = \rho \frac{L}{A} \tag{16－16}$$

式（16－16）仅适用于横截面保持不变的、均匀的各向同性导体.

当我们在对特定的导体进行电测量时，最关心的是宏观量 U、i 及 R. 它们是我们在仪表上可直接读出的量．当我们关心材料的基本电性能时，我们转向微观量 E、J 和 ρ.

大多数物理参数的值随温度变化，电阻率也不例外．例如，图 16－7 示出铜的这个参数在大的温度范围内的变化．温度与电阻率的关系对于铜——一般说来对于金属——在颇大的温度范围内是相当线性的．对于这样的线性关系，我们可写出对大多数工程用途足够好的经验近似式：

$$\rho - \rho_0 = \rho_0 \alpha (T - T_0) \tag{16－17}$$

这里 T_0 是被选定的参考温度；ρ_0 是在该温度下的电阻率．通常对于铜 $T_0 = 293\text{K}$（室温），$\rho_0 = 1.69 \times 10^{-8}\,\Omega \cdot m$（$T_0$、$\rho_0$ 在图 16－7 的曲线上用点标明）.

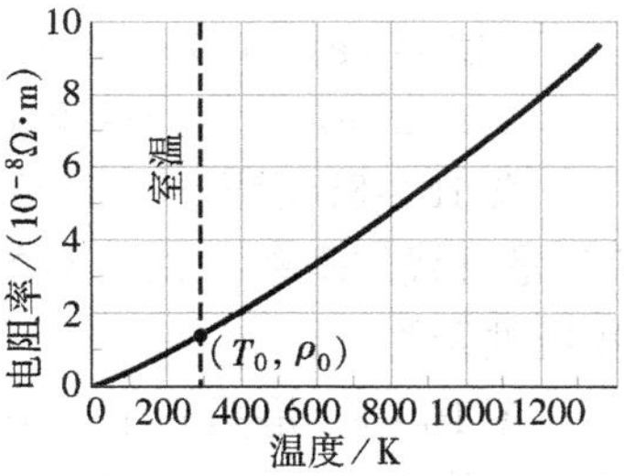

图 16－7　铜的电阻率随温度的变化关系曲线上的点标出一个在温度 $T_0 = 273\text{K}$ 和电阻率 $\rho_0 = 1.69 \times 10^{-8}\,\Omega \cdot m$ 的方便的参考点.

因为温度在式（16－17）中仅以差的形式出现，它与在该式中是采用摄氏温标或开尔文温标无关，因为在这些温标中度的大小是相同的．式（16－17）中的 α 叫做**电阻率的温度系数**，它被选择得在选定的温度范围内与实验很好地符合．金属的一些 α 值列在表 16－1 中.

我们现在来回答本章首页提出的问题．当**兴登堡号**齐柏林飞艇正准备着陆时，控制绳已被放下给地勤人员．由于暴露在雨水中，所以绳索变湿了（因而能传导电流）．在这样的条件下，绳索使它们所连接的齐柏林飞艇的金属桁架“接地”；即潮湿的绳索在桁架与地之间形成导电

通路，使桁架的电势与地的相同. 这理应使齐柏林飞艇的外层蒙皮也接地. 然而，兴登堡号是第一架外层蒙皮涂有高电阻率密封胶的齐柏林飞艇. 因而，该蒙皮保持在齐柏林所在的约 43m 高度处大气的电势. 由于暴雨造成的结果，该电势相对于地平面处的电势是高的.

绳索的操纵显然损坏了氢气囊中的一个气囊并使氢气释放到气囊与飞艇的外蒙皮之间，引起所显示的蒙皮的脉动，于是危险的情况出现了：蒙皮被导电的雨水打湿了并且处于与飞艇桁架极不相同的电势. 显然，电荷沿湿的蒙皮流动，然后穿过被释放的氢气打火花到达飞艇的金属桁架，并在这个过程中点燃氢气、燃烧迅速地点燃飞艇中其他一些氢气囊并使飞艇下落. 如果在兴登堡号外层蒙皮上的密封胶是电阻率较低的（像较前或较后的齐柏林飞艇的密封胶），兴登堡号的事故很可能就不会发生.

16－3 欧姆定律

如我们在上一节中刚讨论过的，电阻器是一具有特定电阻的导体. 无论所加电势差的大小及方向（极性）如何，它都具有相同的电阻. 然而，其他的导电器件可以具有随外加电势差改变的电阻.

图 16－8a 示出如何辨别这样的器件. 电势差 U 加在被检验的器件上，改变 U 的大小和极性，测量通过该器件的电流 i. 当器件左端处于比右端高的电势时，U 的极性被任意地取为正. 由此引起的电流的方向（从左到右）被任意地赋于正号. U 的相反的极性（在右端处于较高电势的情况下）则为负；它引起的电流被赋予负号.

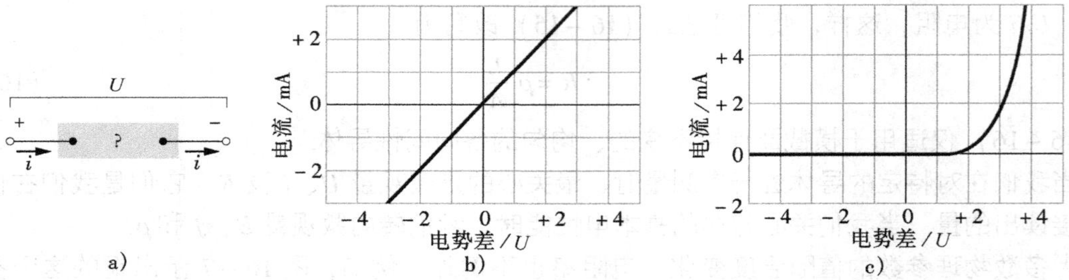

图 16－8 a) 电势差加到一器件的两端，引起电流. b) 器件为 1000Ω 的电阻器时，$i-U$ 关系曲线. c) 器件为半导体 pn 结二极管时，$i-U$ 关系曲线.

图 16－8b 示出一个器件的 i 随 U 变化的关系图线. 图线是通过原点的直线，所以比值 i/U（它是直线的斜率）对所有的 U 值都相同. 这表示该器件的电阻 $R=U/i$ 与外加电势差 U 的大小和极性无关.

图 16－8c 是另一个导电器件的图线. 只有当 U 的极性为正且外加的电势差大于约 1.5V 时，电流才能在这个器件中存在. 当电流存在时，i 与 U 之间的关系不是线性的；它与外加的电势差 U 的值有关.

我们通过表明一种器件遵守欧姆定律而另一种不遵守来区别该两种类型的器件.

欧姆定律是一要求：通过一器件的电流始终正比于加到该器件上的电势差.

（这个要求只在某些情况正确；由于历史原因，仍然用了“定律”这个词.）图 16－8b 中原来是 1000Ω 电阻器的器件遵守欧姆定律. 图 16－8c 中原来是通常所说的 pn 结二极管的器件，不遵守欧姆定律.

当一导电器件的电阻与外加电势差的大小和极性无关时，该器件遵守欧姆定律.

现代微电子技术几乎全部依赖于不遵守欧姆定律的器件. 例如，计算器就充满了这种器件.

常常说 $U=iR$ 是欧姆定律的表述，那是不正确的！这个公式是电阻的定义式，它适用于所有的导电器件，无论它们是否遵守欧姆定律. 如果我们测量加在任一器件上的电势差 U 和通过它的电流 i，甚至是 pn 结二极管，我们就能求出在该 U 值下它的电阻 $R=U/i$. 然而，欧姆定律的实质在于 i 随 U 变化的图线是线性的；即 R 不依赖于 U.

如果我们集中注意力于导电**材料**而不是导电**器件**，则我们能按更普遍的方式表达欧姆定律. 相应的关系则由类似 $U=iR$ 的式 $\boldsymbol{E}=\rho\boldsymbol{J}$ 给出.

当导电材料的电阻率不依赖于外加电场强度 $\boldsymbol{E}$ 的大小及方向时，该材料遵守欧姆定律.

所有的均匀材料，无论它们是像铜那样的导体或像纯硅或含有特定杂质的硅那样的半导体，都在电场值的某个范围内遵守欧姆定律. 然而，如果电场过于强，则在所有的情况下都存在对欧姆定律的偏离.

为了弄清楚**为什么**一些特定的材料遵守欧姆定律，我们必须在原子的层次上查看导电过程的细节. 这里我们只考虑金属的导电. 我们把分析建立在**自由电子模型**上，其中我们假定金属中的传导电子在样品中各处自由运动，像封闭容器中的气体分子那样. 我们还假定电子不相互碰撞而只与金属中的原子碰撞.

按照经典物理学，电子应该有点像气体分子那样遵从麦克斯韦速率分布. 在这样的分布中，电子的平均速率将正比于热力学温度的平方根. 然而，电子的运动并不由经典物理学的规律支配而由量子物理学的规律支配. 其结果是，非常接近于量子真相的假定是在金属中传导电子以单一的有效速率 v_{eff}运动而这个速率基本上与温度无关. 对于铜，$v_{\text{eff}}\approx 1.6\times10^6\,\text{m/s}$.

当我们加电场于金属样品时，电子会稍微改变它们的不规则运动，并且沿与电场强度相反的方向以平均漂移速率 v_{d} 非常慢地漂移. 在常见的金属导体中，漂移速率约为 $5\times10^{-7}\,\text{m/s}$，比有效速率（$1.6\times10^6\,\text{m/s}$）小许多数量级. 图 16-9 提供了这两种速率之间的关系. 实线示出电子在没有外加电场时一条可能的不规则路径；电子从 A 行进到 B，沿途碰撞 6 次，虚线示出当电场强度 $\boldsymbol{E}$ 加上时同一过程**可能**怎样发生. 我们看到，电子稳定地向右方漂移，结束在 B'处而不在 B 处. 图 16-9 借助假定 $v_{\text{d}}\approx0.02v_{\text{eff}}$被画出. 然而，因为实际值更接近 $v_{\text{d}}\approx(10^{-13})\,v_{\text{eff}}$，在图中所显示的漂移被大大地夸大了.

在电场强度 $\boldsymbol{E}$ 中，传导电子的运动因而是由不规则碰撞引起的运动和由电场引起的运动的合成. 当我们考虑所有的自由电子时，它们的不规则运动平均为零而对漂移速率无贡献. 因而，漂移速率仅是由于电场对电子的作用.

如果质量为 m 的电子被放置在电场强度大小为 E 的电场中时，电子将获得由牛顿第二定律给出的加速度

$$a=\frac{F}{m}=\frac{eE}{m} \tag{16-18}$$

传导电子所经受的碰撞的本质是这样的，在典型的碰撞以后，每个电子——可以说是——将完全丧失它对原先的漂移速率的记忆. 每个电子在每次碰撞后将重新出发，沿任意的方向离去.

在连续两次碰撞之间的平均时间 τ 内，具有平均特征的电子将获得 $v_d = a\tau$ 的漂移速率. 而且，如果我们在任一时刻测量所有电子的漂移速率，将发现它们的平均漂移速率还是 $a\tau$. 因而，在任一时刻，平均来说，电子将具有漂移速率 $v_d = a\tau$. 于是由式（16-18）得

$$v_d = a\tau = \frac{eE\tau}{m} \qquad (16-19)$$

将此式和式 $\boldsymbol{J} = ne\boldsymbol{v}_d$ 的数值形式相结合，可得

$$v_d = \frac{J}{ne} = \frac{eE\tau}{m}$$

此式我们可写作

$$E = \left(\frac{m}{e^2 n\tau}\right)J$$

把此式与式 $\boldsymbol{E} = \rho \boldsymbol{J}$ 的数值形式比较，得出

$$\rho = \frac{m}{e^2 n\tau} \qquad (16-20)$$

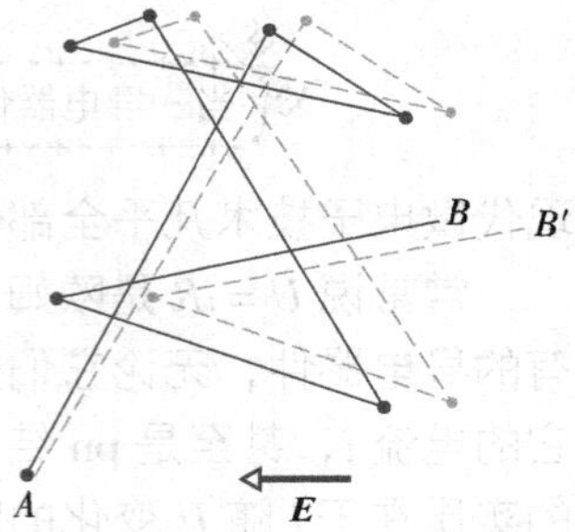

图16-9 实线表示一个电子从 A 到 B 运动，在路途上碰6次. 虚线表示有外加电场强度 $\boldsymbol{E}$ 时它的路径会是什么样子. 注意沿 $-\boldsymbol{E}$ 方向的稳定漂移（实际上各段虚线应该略微弯曲些，以表示在电场影响下电子在两次碰撞之间的抛物线路径）.

如果我们能证明金属的 ρ 是常数，与外加电场的强度 $\boldsymbol{E}$ 无关，则式（16-20）可被取作关于金属遵守欧姆定律的陈述. 因为 n、m 和 e 都是常量，这就使我们要相信连续两次碰撞之间的平均时间（平均自由时间）τ 是常量，与外加的电场强度无关. 事实上，可以认为 τ 是常量，因为由电场引起的漂移速率 v_d 比有效速率 v_{eff} 小得多，以致电子的速率因为 τ 而很难受电场的影响.

例题16-2

(a) 对于铜中的自由电子，连续两次碰撞之间的平均时间 τ 是多少？

【解】 这里**关键点**是，铜的平均时间 τ 近似为常量，尤其是与可能对铜的样品加的任一电场无关. 因而，我们不需要考虑外加电场的任何特定值. 然而，因为铜在电场下所显示出的 ρ 与 τ 有关，所以我们可根据式（16-20）（$\rho = m/e^2n\tau$）求出平均时间 τ. 由此式得

$$\tau = \frac{m}{ne^2\rho}$$

我们从例题16-1取铜中单位体积内自由电子数 n 的值，从表16-1选用 ρ 的值. 分母于是为

$$(8.49\times10^{28}\,\text{m}^{-3})(1.6\times10^{-19}\,\text{C})^2(1.69\times10^{-8}\,\Omega\cdot\text{m})$$
$$=3.67\times10^{-17}\,\text{C}^2\cdot\Omega/\text{m}^2$$
$$=3.67\times10^{-17}\,\text{kg/s}$$

式中，我们曾转换单位：

$$\frac{\text{C}^2\cdot\Omega}{\text{m}^2}=\frac{\text{C}^2\cdot\text{V}}{\text{m}^2\cdot\text{A}}$$
$$=\frac{\text{C}^2\cdot\text{J/C}}{\text{m}^2\cdot\text{C/s}}=\frac{\text{kg}\cdot\text{m}^2/\text{s}^2}{\text{m}^2/\text{s}}=\frac{\text{kg}}{\text{s}}$$

利用这些结果并代入电子的质量 m，则有

$$\tau=\frac{9.1\times10^{-31}\,\text{kg}}{3.67\times10^{-17}\,\text{kg/s}}=2.5\times10^{-14}\,\text{s}$$

（答案）

(b) 导体中传导电子的平均自由程 λ 是电子在连续两次碰撞之间所经过的平均距离（这个定义相当于在气体动理论中对气体分子平均自由程的定义）. 在铜中传导电子的平均自由程有多大？假定它们的有效速率 v_{eff} 为 $1.6\times10^6\,\text{m/s}$.

【解】 这里关键点是，任一粒子以匀速率 v 在某一确定的时间 t 内经过的距离为 $d = vt$，于是有

$$\lambda = v_{eff}\tau = 1.60\times10^6\,\text{m/s}\times2.5\times10^{-14}\,\text{s}$$
$$=4.0\times10^{-8}\,\text{m} = 40\,\text{nm}$$

（答案）

这大约是在铜的点阵中两个最邻近的原子间距离的150倍. 因而，平均说来，每个传导电子在最终碰撞一个铜原子之前，将越过许多铜原子.

16－4　电路中的功率

图16－10示出一电路，它包括一电池和一未加说明的导电设备，二者用电阻可忽略的导线相连．该设备可能是电阻器、蓄电池、电动机或一些其他的设备．电池在它自己的两极间并因而在该未加说明的设备两端间保持大小为 U 的电势差，设备的 a 端具有高于 b 端的电势．

由于在电池的两极之间有一外部的导电通路，并且由于电池保持着所加的电势差，在电路中从 a 端指向 b 端就产生了恒定电流 i．在时间间隔 $\mathrm{d}t$ 内，在那两端之间运动的电荷量 $\mathrm{d}q$ 等于 $i\mathrm{d}t$．这电荷量 $\mathrm{d}q$ 通过一大小为 U 的电势的降落，因而其电势能减少的数量为

$$\mathrm{d}W_E = \mathrm{d}qU = i\mathrm{d}tU$$

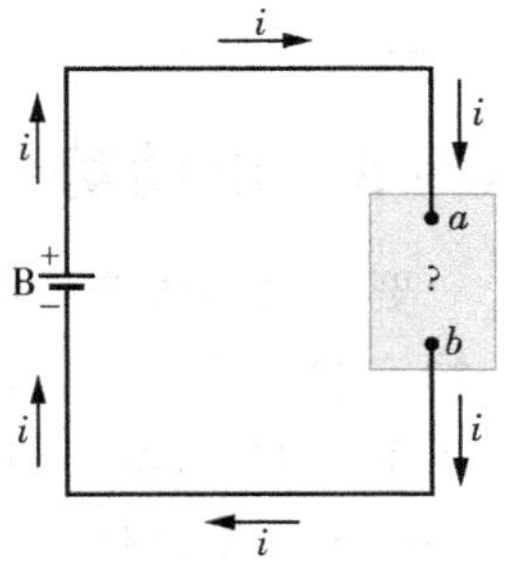

图16－10　电池B在含有一个未说明导电设备的电路中引起电流．

能量守恒原理告诉我们，电势能从 a 到 b 的减少伴随有能量转换成其他形式．与该转换相联系的功率 P 是转换率 $\mathrm{d}W_E/\mathrm{d}t$，它是

$$P = iU \qquad \text{（电能的转换率）} \qquad (16-21)$$

此外，功率 P 也是能量从电池转移到该未加说明的设备的时率，如果该设备是一台连接到机械负载上的电动机，则能量转换为对负载所做的功．如果该设备是正在充电的蓄电池，则能量转换为在蓄电池中所存储的化学能．如果该设备是电阻器，则能量转换为会使电阻器温度升高的热能．

根据式（16－21）得出的功率的单位是伏－安（V·A），我们可把它写为

$$1\mathrm{V}\cdot\mathrm{A} = \left(1\frac{\mathrm{J}}{\mathrm{C}}\right)\left(1\frac{\mathrm{C}}{\mathrm{s}}\right) = 1\frac{\mathrm{J}}{\mathrm{s}} = 1\mathrm{W}$$

电子以恒定的漂移速率通过电阻器的过程与降落的石块以恒定的极限速率穿过水的过程很相似．电子的平均动能保持恒定，而它失去的电势能作为电阻器和环境中的热能出现．在微观的尺度上，这个能量的转换归因于电子与电阻器原子之间的碰撞，它导致电阻器晶格温度的升高．机械能像这样转换为热能而被耗散（失去），因为该转换是不能逆转的．

对于具有电阻 R 的电阻器或一些其他的设备，我们可把式 $R=U/i$ 和式（16－21）结合而得到由电阻所导致的电能耗散率：

$$P = i^2R \qquad \text{（电阻性耗散）} \qquad (16-22)$$

或

$$P = \frac{U^2}{R} \qquad \text{（电阻性耗散）} \qquad (16-23)$$

注意：我们必须把这两式与式（16－21）区别开：$P=iU$ 适用于电势能转换为各种能量；$P=i^2R$ 和 $P=U^2/R$ 只适用于电势能转换为具有电阻的设备中的热能．电流通过电阻释放的热，常被叫做**焦耳热**．

例题16－3

有一段由镍、铬、铁合金制成的、叫做镍铬合金的均匀加热丝，它具有72Ω的电阻．在下列每种情况中：(1) 120V的电势差加到该丝的全长上；(2) 该丝被分成两半，120V的电势差加到每一半长度上，能量的耗散率为多大？

【解】　这里**关键点**是，电流在电阻性材料中会引起电能转换为热能．转换（耗散）率由式（16－21）至式（16－23）给出．因为已知电势差 U 和电阻 R，我们采用式（16－23），对于情况1，它给出

$$P = \frac{U^2}{R} = \frac{(120\mathrm{V})^2}{72\Omega} = 200\mathrm{W} \qquad \text{（答案）}$$

在情况 2 中，每一半加热丝的电阻为 (72Ω)/2，或 36Ω. 因而，每一半的耗散率为

$$P' = \frac{(120\text{V})^2}{36\Omega} = 400\text{W}$$

而两个一半共为

$$P = 2P' = 800\text{W} \qquad \text{(答案)}$$

这是全长加热丝耗散率的四倍. 因而，你可能决定去买一加热线圈，把它切成两半，并重新连接它以获得四倍的热输出. 为什么这是不明智的？（线圈中电流的大小将发生什么情况？）

16-5 电动势

要在导体内产生恒定的电流，必须在导体内维持一恒定的电场，也就是在导体的两端维持一恒定的电势差，但是单依靠静电力是不能达到这一目的的. 我们可以电容器放电为例来说明. 如图 16-11 所示，用导线把已经充了电的电容器的两个极板 A 和 B 连接起来. 电路接通后，在静电力的作用下，正电荷从电势高的正极板 A 移向电势低的负极板 B，在导线内形成电流. 但是，在这样的电路里电流是不可能持久的. 这是因为正电荷移动的结果将使两极板间的电势差逐渐减小. 当两极板的电势相等时，电流就终止了. 这说明，单有静电力作用，在电路中是不可能形成恒定电流的. 要在电路中形成恒定电流，就必须另外有非静电作用，来反抗静电力不断地把正电荷从负极板 B 搬回到正极板 A，以在 A、B 之间维持一恒定的电势差.

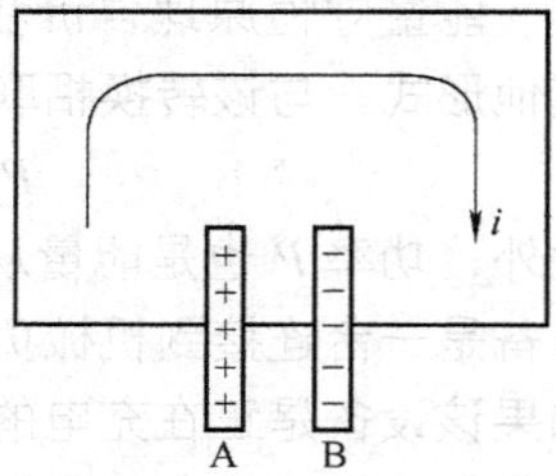

图 16-11 用导线把已充电的电容器两极板 A 和 B 连接起来. 在静电力的作用下，正电荷从 A 移向 B，形成电流. 但这种电流是不可能持久的.

电源，如电池、发电机，是一种能提供非静电作用的装置，或形象地说，是提供非静电力的装置. 图 16-12 是说明电源作用原理的示意图. 电源有两个电极 P 和 N，P 上积累着正电荷，电势较高，叫**正极**；N 上积累着负电荷，电势较低，叫**负极**. 当用导线从电源外部把正极和负极连接起来时，静电力将驱使正电荷通过导线由高电势处移向低电势处，也就是从正极 P 移向负极 N. 在电源内部，电源所提供的非静电力驱使正电荷反抗静电力的作用，从低电势处移向高电势处，也就是从负极 N 移向正极 P. 这样，在静电力和电源提供的非静电力的共同作用下，正电荷才可能持续不断地流动，在电路中形成恒定电流.

电源的类型很多，在不同类型的电源中，形成非静电力的过程是不同的. 在化学电池中，非静电力是与离子的溶解和沉积过程相联系的化学作用；在发电机中，非静电力是导体在磁场中作机械运动所引起的电磁力；在温差电池中，非静电力是与温度差及电子浓度差相联系的扩散作用.

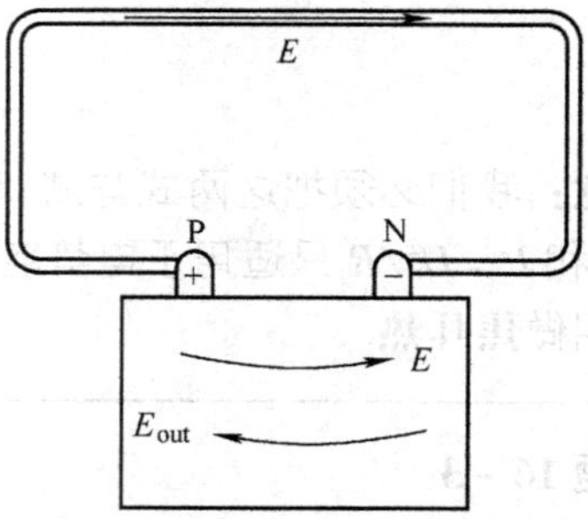

图 16-12 电源工作原理的示意图.

电源也是一种能源，电源通过它提供的非静电力克服静电力做功不断地把其他形式的能量转化成电荷的电势能. 在不同的电源内，由于非静电力的不同，使相同的电荷由负极移到正极时，非静电力所做的功是不同的. 这说明，不同的电源转化能量的本领是不同的. 为了定量地描述电源转化能量本领的大小，我们引入电动势的概念. **在电源内，单位正电荷从负极移向正极的过程中非静电力所做的功**叫做**电源的电动势**. 如果

在电源内电荷量为 q 的正电荷从负极移到正极时，非静电力所做的功为 $W_{非}$，则电源的电动势 $\mathscr{E}$ 为

$$\mathscr{E} = \frac{W_{非}}{q} \tag{16－24}$$

电动势的 SI 单位与电势的一样，也是伏特（V）.

从能量的观点来看，式（16－24）定义的电动势也等于单位正电荷从负极移到正极由于非静电力作用所增加的电势能，或者说，就等于电荷从负极到正极非静电力所引起的电势升高．通常把这个电势升高的方向，即从负极通过电源内部到正极的方向，叫做电动势的方向．但应注意，电动势并不是矢量.

从场的观点，我们也可以把非静电力作用看作是一种非静电场的作用，这种场统称为**外来场**．如以 $\boldsymbol{E}_{out}$ 表示外来场的电场强度，则外来场作用于电荷 q 的非静电力就是 $\boldsymbol{F}_{out} = q\boldsymbol{E}_{out}$．在电源内，电荷 q 由负极移到正极时非静电力所做的功为

$$W_{非} = \int_{-\,(电源内)}^{+} q\boldsymbol{E}_{out} \cdot \mathrm{d}\boldsymbol{s} \tag{16－25}$$

将此式代入式（16－24）可得

$$\mathscr{E} = \int_{-}^{+} \boldsymbol{E}_{out} \cdot \mathrm{d}\boldsymbol{s} \tag{16－26}$$

有时电动势并不限定在“电源内”这一段路径上，而是分布在整个电路中．这时，已无法区分电源的“内部”和“外部”，因为就将 $\boldsymbol{E}_{out}$ 沿整个回路 L 的积分定义为回路的电动势：

$$\mathscr{E} = \oint_{(L)} \boldsymbol{E}_{out} \cdot \mathrm{d}\boldsymbol{s} \tag{16－27}$$

即**电动势等于使单位正电荷绕回路 L 一周非静电力所做的功**．积分号的下脚标 L 表示积分是沿回路 L 进行的.

最后，我们考虑一只有电动势 $\mathscr{E}$ 的理想电池 B（内电阻可以忽略）、电阻为 R 的电阻器和两根导线（假定导线的电阻可以忽略）组成的简单的闭合电路中的能量转换关系.

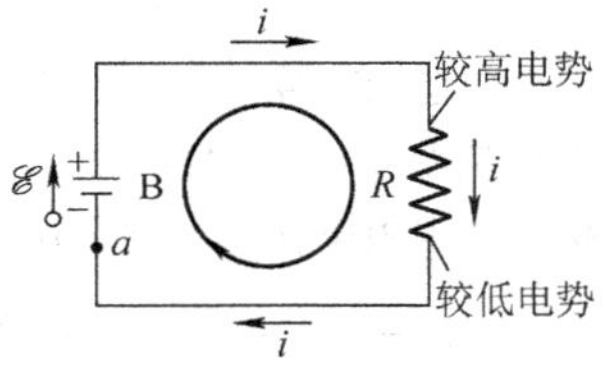

图 16－13 由电池和电阻组成的简单电路.

设图 16－13 所示电路中的电流为 i，则根据式（16－22），在时间间隔 $\mathrm{d}t$ 内电流通过电阻器产生的热能为

$$Q = i^2R\mathrm{d}t$$

在这段时间间隔内，电荷 $\mathrm{d}q = i\mathrm{d}t$ 通过了电池，根据式（16－24），电池对这部分电荷做了功

$$\mathrm{d}W = \mathscr{E}\mathrm{d}q = \mathscr{E}i\mathrm{d}t$$

根据能量守恒定律，电池做的功必定等于出现在电阻器中的热能，即

$$\mathscr{E}i\mathrm{d}t = i^2R\mathrm{d}t$$

于是我们得到

$$\mathscr{E} = iR$$

电动势 $\mathscr{E}$ 是电池转移到每单位运动电荷的能量．量 iR 是**从**每单位运动电荷转移到电阻器内的热能.

因此，此式表明转移到每单位运动电荷的能量等于从每单位运动电荷转移走的能量．解 i，求得

$$i = \frac{\mathscr{E}}{R} \qquad (16-28)$$

式（16－28）叫做**闭合电路的欧姆定律**，应注意，它只适用于电源内阻可忽略的情形.

复习和小结

电流 导体中的电流由下式定义

$$i = \frac{dq}{dt}$$

式中，dq 是在时间 dt 内通过导体横截面的（正）电荷量. 按惯例，电流的方向被取为正载流子运动的方向. 电流的SI单位是**安［培］**（A）：1A＝1C/s.

电流密度 电流（标量）由下式

$$i = \int_{(A)} \boldsymbol{J} \cdot d\boldsymbol{A}$$

与**电流密度** $\boldsymbol{J}$（矢量）联系起来. 式中 $d\boldsymbol{A}$ 是垂直于面积为 dA 的面元的矢量而积分遍及导体的任一横截面. 若电荷为正，$\boldsymbol{J}$ 具有与运动电荷速度相同的方向；若电荷为负则具有相反的方向.

载流子的漂移速率 当电场 $\boldsymbol{E}$ 在导体中建立时，载流子（假定为正）获得沿 $\boldsymbol{E}$ 的方向的**漂移速率** v_d，速度 $\boldsymbol{v}_d$ 与电流密度由式

$$\boldsymbol{J} = (ne)\boldsymbol{v}_d$$

联系起来，式中 ne 是载流子电荷密度.

导体的电阻 导体的电阻被定义为

$$R = \frac{U}{i} \quad (R\text{的定义})$$

式中，U 是加在导体上的电势差而 i 是电流. 电阻的SI单位是欧［姆］（Ω）：1Ω＝1V/A. 类似的公式定义材料的电阻率 ρ 和电导率 σ：

$$\rho = \frac{1}{\sigma} = \frac{E}{J} \quad (\rho\text{和}\sigma\text{的定义})$$

式中，E 是外加电场强度的大小. 电阻率的SI单位是欧［姆］-米（Ω·m）. 上式对应于矢量式

$$\boldsymbol{E} = \rho \boldsymbol{J}$$

长度为 L 且横截面均匀的导线的电阻是

$$R = \rho \frac{L}{A}$$

式中 A 是导线的横截面积.

ρ 随温度的变化 大多数材料的 ρ 随温度变化. 对于许多材料，包括金属，ρ 与温度 T 的关系近似为下式

$$\rho - \rho_0 = \rho_0 \alpha (T - T_0)$$

这里 T_0 是一参考温度；ρ_0 是在温度 T_0 下的电阻率；α 是材料电阻率的温度系数.

欧姆定律 如果一给定设备（导体、电阻器，或任何其他的电气设备），其由式 $R = U/i$ 定义的电阻与外加的电势差无关，则该设备遵守**欧姆定律**. 如果一给定的**材料**，其由式 $\rho = E/J$ 定义的电阻率与外加电场强度 $\boldsymbol{E}$ 的大小及方向无关，则该材料遵守欧姆定律.

金属的电阻率 通过假定金属中的传导电子与气体的分子一样能自由运动，就可能导出金属电阻率的表达式

$$\rho = \frac{m}{e^2 n \tau}$$

这里，n 是每单位体积的自由电子数；τ 是电子与金属原子连续两次碰撞之间的平均时间. 通过指出 τ 基本上与加到金属的任何电场强度的大小 E 无关，我们能解释为什么一些金属遵守欧姆定律.

功率 在有电势差 U 保持在其两端的电气设备中，功率或能量的转换率为

$$P = iU \quad (\text{电能的转换率})$$

电阻性耗散 如果设备是电阻器，则我们可把上式写作

$$P = i^2 R = \frac{U^2}{R} \quad (\text{电阻性耗散})$$

在电阻器中，电势能通过载流子与原子之间的碰撞转化成内热能.

电动势 非静电力反抗静电力移动电荷做功，把其他形式的能量转化为电荷的电势能，引起电势的升高.

$$\mathscr{E} = \frac{W_{非}}{A}$$

$$\mathscr{E} = \oint_{(L)} \boldsymbol{E}_{out} \cdot d\boldsymbol{s}$$

闭合电路的欧姆定律：

$$i = \frac{\mathscr{E}}{R}$$

思考题

1. 如果拉伸一根圆柱形导线而它保持圆柱形，该导线的电阻（沿其长度从这头到那头测量）是增大、减小、还是保持不变？

2. 图 16－14 示出三根相同长度和材料的长导体的横截面，这些正方形横截面的边长如图所示．导体 B 能贴身地嵌入导体 A，且导体 C 能贴身地嵌入导体 B．按照它们从这头到那头的电阻由大到小把下列单个导体和导体组合排序：A；B；C；A＋B；B＋C；A＋B＋C．

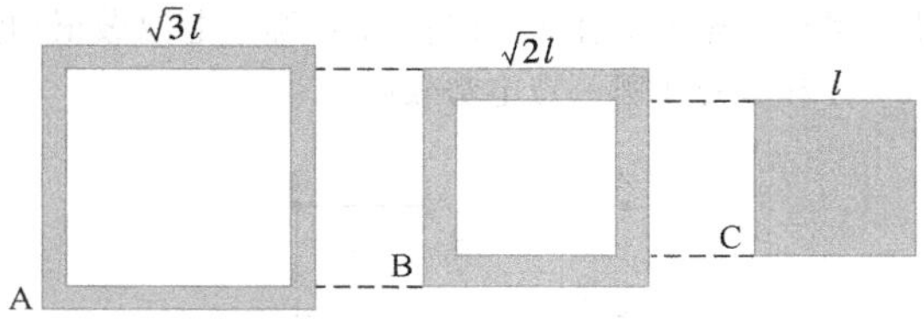

图 16－14　思考题 2 图

3. 图 16－15 示出一边长为 L、$2L$ 及 $3L$ 的矩形实心导体．一确定的电势差 U 将加在导体的下列三对相对的表面之间：左—右；顶—底；前—后．按照：(a) 导体内电场强度的大小；(b) 导体内的电流密度；(c) 通过导体的电流；(d) 通过导体的电子的漂移速率，由大到小把上述三对表面排序．

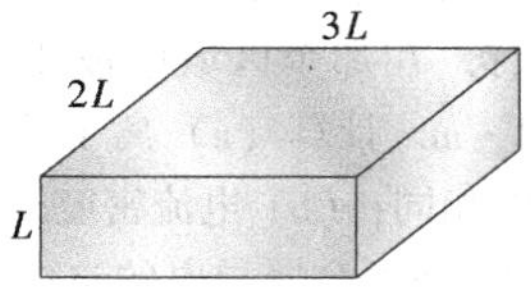

图 16－15　思考题 3 图

4. 下表给出材料 A、B、C 和 D 的电导率和传导电子密度．按照材料中传导电子连续两次碰撞之间的平均时间，由大到小把四种材料排序．

	A	B	C	D
电导率	σ	2σ	2σ	σ
电子数/m^3	n	$2n$	n	$2n$

5. 三根直径相同的导线依次连接到电势差恒定的两点之间．它们的电阻率和长度分别是 ρ 及 L（导线 A），1.2ρ 及 $1.2L$（导线 B），和 0.9ρ 及 L（导线 C）．按照在它们内部电势能到热能的转换率由大到小把三根导线排序．

习题

1. 一绝缘的导体球具有 10cm 的半径．一根导线将 1.000 002 0A 的电流带进此导体球，而另一根导线将 1.000 000 0A 的电流带出导体球．问需要多长时间才能使此导体球的电势上升到 1000V？

2. 在直径为 2.5mm 的导线中存在有很小但可测量的 1.2×10^{-10}A 的电流．假定该电流是均匀的，试计算 (a) 电流密度和 (b) 电子的漂移速率（见例题 16-1）．

3. 电路中的保险丝是设计用来在电流超过预定值时能熔化从而断开电路的金属丝．假设当电流密度上升到 440A/cm^2 时保险丝的材料熔化．要使保险丝能限制电流到 0.50A，圆柱形保险丝的直径应该多大？

4. 倘若小到 50mA 的电流在心脏近旁通过，人也会被电死．用多汗的双手操作的一个电气工人用每只手各握住一个导体而形成良好的接触．如果他的电阻是 2000Ω，则致死的电势差可能为多大？

5. 一长度为 4.00m 且直径为 6.00mm 的导线具有电阻 15.0mΩ．如果将一 23.0V 的电势差加在导线的两端，则 (a) 导线中的电流多大？(b) 电流密度多大？(c) 计算导线材料的电阻率，鉴别它是什么材料（利用表 16－1）．

6. 一导线具有电阻 R．另一导线用相同的材料制成，而长度和直径都只是前一根导线的一半．这第二根导线的电阻是多大？

7. 两根导体用相同的材料制成且具有同样的长度．导体 A 是半径为 1.0mm 的实心线，导体 B 是外径为 2.0mm 而内径为 1.0mm 的空心管．在它们两端间所测定的电阻比 R_A/R_B 是多大？

8. 一普通闪光灯泡的定额为 0.30A 及 2.9V（在工作条件下电流和电压的值）．如果在室温（20℃）下灯丝的电阻是 1.1Ω，当灯泡工作时，灯丝的温度是多少？灯丝由钨制成．

9. 地球的下层大气含有在土壤中的和来自空间

的宇宙射线中的放射性元素所产生的正、负离子. 在某个区域，大气的电场强度是120V/m，方向竖直向下. 这个电场导致密度为620 个/cm^3 带有单个正电的离子向下漂移和密度为550 个/cm^3 带有单个负电的离子向上漂移. 在那个区域中被测定的电导率为 $2.70\times10^{-14}/\Omega\cdot m$. 计算 (a) 离子的漂移速率. 假定正、负离子的相同；(b) 电流密度.

10. 试证明，按照金属导电的自由电子模型和经典物理学，金属的电阻率应该正比于$\sqrt{T}$，其中 T 是以开为单位的温度.

11. 一1250W 的辐射加热器限定在 115V 下工作. (a) 在加热器中的电流多大？(b) 加热器线圈的电阻多大？(c) 加热器在 1h 内所生成的热能是多少？

12. 一加热元件由一段具有 $2.60\times10^{-6}m^2$ 横截面积的镍铬丝制成，保持在 75.0V 的电势差下工作. 镍铬合金的电阻率为 $5.00\times10^{-7}\Omega\cdot m$. (a) 如果该元件的功率为5000W，则其长度是多少？(b) 如果加上100V 的电势差时仍获得上述加热功率，则长度应为多少？

13. 100W 的灯泡插到标准的 120V 的电源插座上. (a) 若灯泡持续接通，每个月需花费多少钱？假定电能的价格是每千瓦小时五角钱. (b) 灯泡的电阻多大？(c) 灯泡中的电流多大？(d) 当灯泡关闭时，它的电阻改变吗？

14. 一直线加速器产生一脉冲电子束. 脉冲电流为 0.50A，而每个脉冲的持续时间为 0.10μs. (a) 每个脉冲加速的电子数是多少？(b) 对于每秒产生500 个脉冲的加速器来说，其平均电流多大？(c) 如果把电子加速到 500MeV 的能量，则该加速器的平均功率输出和峰值功率输出各为多少？

15. 一横截面积为 $2.0\times10^{-6}m^2$ 且长度为4.0m的铜导线具有在横截面上均匀分布的 2.0A 的电流. (a) 沿导线的电场强度的大小是多少？(b) 在 30min 内，有多少电能转换成热能？

16. 在图 16－16 中，$\mathscr{E}_1=12V$，$\mathscr{E}_2=8V$. (a) 电阻器中的电流沿什么方向？(b) 哪个电池做正功？(c) A 和 B 点中哪一点电势较高？

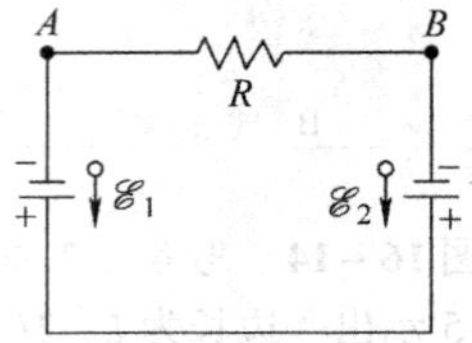

图 16－16 习题 16 图

17. 一电阻为 5.0Ω 的导线连接到电动势 $\mathscr{E}$ 为 2.0V 且内阻为 1.0Ω 的电池上. 在 2.0min 内，(a) 有多少能量从化学形式转换成电形式？(b) 有多少能量作为热能出现在导线中？(c) 算出 (a) 与 (b) 之间的差.

第 17 章　磁　　场

如果你在中纬度到高纬度地区室外的黑夜里，你可能会看到极光——从天空下垂的、变幻的光“幕”．这幅幕不只是局部的；它可能几百千米高并且几千千米长，环绕地球伸展成弧，然而，它却不到一千米厚．

这种壮观的美景是怎样产生的呢？它这样薄的原因是什么？

答案就在本章中．

在现代生产和日常生活中，除了电场，我们还接触到磁场. 例如，在工业上，把线圈绕在铁心上通入电流以形成电磁铁，用它所激发的磁场从杂物中拣出金属碎片（见图 17-1）. 又如，在家中，通过小块永久磁体所激发的磁场把纸条固定在电冰箱上.

实验表明，磁场的基本性质在于对位于其中的运动电荷（或电流）有作用力，本章先引入描述磁场的基本物理量——磁感应强度，再着重讨论磁场对运动电荷及电流的作用.

图 17-1 在轧钢厂用电磁体收集并转移金属碎片.

17-1 磁感应强度和磁感应线

1. 磁感应强度

在研究电场的时候，我们从电场对电荷有作用力这一事实出发，在电场中引入试探电荷，从而建立电场强度 $\boldsymbol{E}=\dfrac{\boldsymbol{F}}{q_0}$ 来描述电场. 与此相似，由于磁场对位于其中的运动电荷有作用力，我们可以在磁场中引入运动试探电荷（简称运动电荷），并由此建立磁感应强度 $\boldsymbol{B}$ 的概念来描述磁场.

原则上，我们通过发射一带电粒子使它以不同的方向和速率通过有待定义 $\boldsymbol{B}$ 的一点，并确定在该点作用在粒子上的力 $\boldsymbol{F}_B$. 在多次这样的试验之后，我们将发现，当粒子的速度 $\boldsymbol{v}$ 沿着通过该点的一个特定的轴线时，力 $\boldsymbol{F}_B$ 为零. 对于 $\boldsymbol{v}$ 的所有其他方向，$\boldsymbol{F}_B$ 的大小总是与 $v\sin\phi$ 成正比，其中 ϕ 是零-力轴线与 $\boldsymbol{v}$ 的方向之间的角度. 而且，$\boldsymbol{F}_B$ 的方向始终垂直于 $\boldsymbol{v}$ 的方向.

于是，我们可定义磁感应强度 $\boldsymbol{B}$ 为沿零-力轴线方向的矢量，接着可在 $\boldsymbol{v}$ 垂直于该轴线时测量 $\boldsymbol{F}_B$ 的大小，然后通过那个力的大小定义 $\boldsymbol{B}$ 的大小为

$$B=\frac{F_B}{|q|v}$$

式中，q 是粒子的电荷.

我们可用下列矢量方程概括所有这些结果：

$$\boldsymbol{F}_B=q\boldsymbol{v}\times\boldsymbol{B} \tag{17-1}$$

即，作用在粒子上的力 $\boldsymbol{F}_B$ 等于电荷 q 乘以粒子的速度 $\boldsymbol{v}$ 与磁感应强度 $\boldsymbol{B}$（全部在同一参考系内测量）的矢积. 根据矢积的定义，可把 $\boldsymbol{F}_B$ 的大小写作

$$F_B=|q|vB\sin\phi \tag{17-2}$$

式中，ϕ 是速度 $\boldsymbol{v}$ 与磁感应强度 $\boldsymbol{B}$ 之间的角度.

式（17-2）告诉我们，作用在磁场中粒子上的力 $\boldsymbol{F}_B$ 的大小正比于电荷 q 及粒子的速率 v. 因而，如果电荷为零或粒子是静止的，则力等于零. 式（17-2）还告诉我们，如果 $\boldsymbol{v}$ 和 $\boldsymbol{B}$ 是平行（$\phi=0°$）的或反平行（$\phi=180°$）的，则力的大小为零，并且当 $\boldsymbol{v}$ 与 $\boldsymbol{B}$ 相互垂直时力最大.

式（17-1）告诉了我们 $\boldsymbol{F}_B$ 的方向. 式（17-1）中的矢积 $\boldsymbol{v}\times\boldsymbol{B}$ 是一矢量，它垂直于 $\boldsymbol{v}$ 和 $\boldsymbol{B}$ 两个矢量. 由右手定则（见图 17-2a）可知，当四个手指从 $\boldsymbol{v}$ 扫向 $\boldsymbol{B}$ 时右手拇指指向 $\boldsymbol{v}\times\boldsymbol{B}$ 的方向. 如果 q 为正，则力 $\boldsymbol{F}_B$ 与 $\boldsymbol{v}\times\boldsymbol{B}$ 具有相同的符号，因而必定沿相同的方向，即，对于正的 q，$\boldsymbol{F}_B$ 指向拇指的方向（见图 17-2b）. 如果 q 为负，则力 $\boldsymbol{F}_B$ 与矢积 $\boldsymbol{v}\times\boldsymbol{B}$ 具有相反的符号，

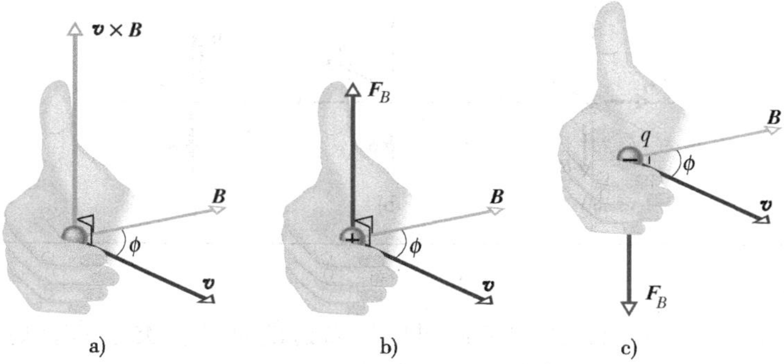

图 17-2 a）右手定则（其中使$\boldsymbol{v}$通过它们之间的较小的角扫向$\boldsymbol{B}$）给出$\boldsymbol{v}\times\boldsymbol{B}$的方向就是拇指的指向. b）如果$q$为正，则$\boldsymbol{F}_B=q\boldsymbol{v}\times\boldsymbol{B}$的方向在$\boldsymbol{v}\times\boldsymbol{B}$的方向上. c）如果$q$为负，则$\boldsymbol{F}_B$的方向和$\boldsymbol{v}\times\boldsymbol{B}$的相反.

因而必定沿相反的方向，即对于负的q，$\boldsymbol{F}_B$指向与拇指相反的方向（见图 17-2c）.

然而，无论电荷的符号如何，

> 作用在以速度$\boldsymbol{v}$通过磁感应强度为$\boldsymbol{B}$的磁场中带电粒子上的力$\boldsymbol{F}_B$永远垂直于$\boldsymbol{v}$和$\boldsymbol{B}$.

因而，$\boldsymbol{F}_B$总不会具有平行于$\boldsymbol{v}$的分量. 这意味$\boldsymbol{F}_B$不能改变粒子的速率v（因而它不能改变粒子的动能）. 该力只能改变$\boldsymbol{v}$的方向（因而运动的方向）；仅在这个意义上，$\boldsymbol{F}_B$能加速粒子.

根据式（17-1）和式（17-2）得出的$\boldsymbol{B}$的 SI 单位是$\frac{牛}{(库)(米/秒)}$. 为了方便，把它叫做特［斯拉］（T）：

$$1\,特［斯拉］=1\mathrm{T}=1\,\frac{牛}{(库)(米/秒)}$$

回想到 1 库每秒是 1 安，我们有

$$1\mathrm{T}=1\,\frac{牛}{(库/秒)(米)}=1\,\frac{\mathrm{N}}{\mathrm{A\cdot m}} \tag{17-3}$$

$\boldsymbol{B}$的仍在经常使用的较早的（非 SI）单位是**高斯**（Gs），而

$$1\,特［斯拉］=10^4\,高斯 \tag{17-4}$$

表 17-1 列出了在一些情况下发生的磁感应强度的近似值. 应注意地球表面附近的磁感应强度约为 $10^{-4}\mathrm{T}$（$=100\mu\mathrm{T}$ 或 1Gs）.

表 17-1 一些磁感应强度的近似值

中子星表面处	$10^8\mathrm{T}$	地球表面处	$10^{-4}\mathrm{T}$
大磁铁附近	1.5T	星际空间中	$10^{-10}\mathrm{T}$
小条形磁铁附近	$10^{-2}\mathrm{T}$	磁屏蔽室内的最小值	$10^{-14}\mathrm{T}$

检查点 1：下图示出带电粒子以速度$\boldsymbol{v}$穿过一均匀磁场$\boldsymbol{B}$的三种情况. 在每一种情况中，粒子上磁力$\boldsymbol{F}_B$沿什么方向？

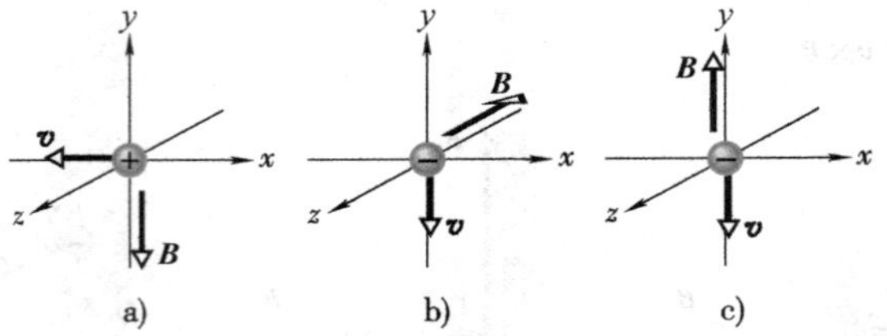

2. 磁感应线

我们可用磁感应线表示磁场，正像前面对电场做过的那样，类似的规则在这里也适用. 那就是 (1) 在磁场中任一点磁感应线的切线方向给出该点 $\boldsymbol{B}$ 的方向；(2) 磁感应线的间距表示 $\boldsymbol{B}$ 的大小，磁感应线越密集处磁场越强，反之亦然.

图 17－3a 示出**条形磁体** (成条形的永磁体) 附近的磁场是如何用磁感应线表示的. 磁感应线全部穿过磁体，并且它们全部形成闭合曲线 (即使有那些在图中未表现为闭合的). 条形磁体的外部磁效应在其两端附近最强，那里磁感应线最密集. 因而，图 17－3b 中条形磁体的磁场主要在磁体的两端附近吸聚铁屑.

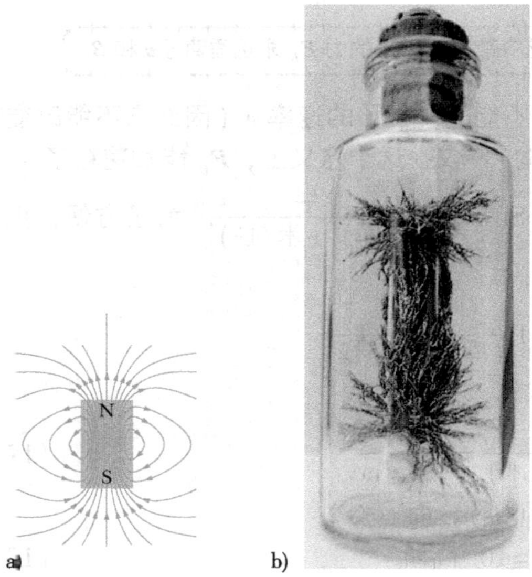

图 17－3 a) 条形磁铁的磁感应线. b) "乳牛磁铁"是用来使它滑到乳牛的瘤胃中，以防止被意外咽下的少许铁屑进入乳牛肠内的条形磁铁，其两端的铁屑揭示出磁感应线.

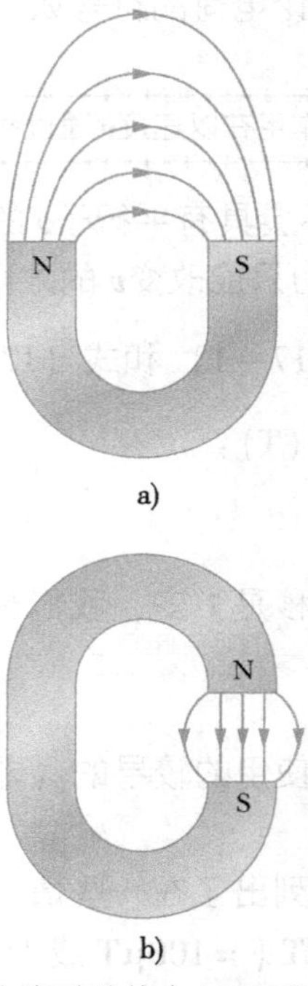

图 17－4 a) 马蹄形磁铁和 b) C 形磁铁 (只画出几条外部磁感应线).

(闭合的) 磁感应线进入磁体的一端并从另一端出来. 磁感应线从磁体出来的那一端叫做磁体的**北极**；磁感应线进入磁体的另一端叫做磁体的**南极**. 我们用来把便条固定在冰箱上的磁体是短的条形磁体. 图 17－4 示出磁体的另外两种常见的形状：**马蹄形磁体**和已被弯成 C 形从而使其两极面相互面对的磁体 (两极面间的磁场于是近似为均匀的). 不管磁体的形状如何，如果我们把两个磁体彼此放近，就发现：

相反的磁极相互吸引，而相同的磁极相互排斥.

地球具有磁场，它由地核内尚不清楚的机制所产生. 在地球表面上我们可用指南针检测这个磁场. 指南针基本上是放在摩擦很小的支枢上的窄条形磁体. 这个条形磁体或磁针，由于其北极被吸引向地球的北极地区而转动. 因而，地磁场的**南极**必定位于靠近北极的地区. 逻辑上，我们则应该叫那里的极为南极. 然而，因为我们叫那个方向为北，我们只好这样表述：地球在那个方向具有**地理北极**.

借助更精细的测量，我们将发现在北半球，地球的磁场线一般向下进入地球并指向北极区，在南半球，它们一般从地球中向上出来而指离南极区，即，指离地球的**地理南极**.

例题 17－1

如图 17－5 所示，一大小为 1.2mT、方向竖直向上的均匀磁场 $\boldsymbol{B}$ 遍及一实验用小箱内各处. 一具有 5.3MeV 动能的质子进入小箱水平地从南向北运动. 当质子进入该箱时，作用在其上的磁偏转力有多大？质子的质量为 1.67×10^{-27}kg（忽略地球的磁场）.

【解】 因为质子带电并通过磁场，所以受到磁力 $\boldsymbol{F}_B$ 的作用. 这里**关键点**是，因为质子速度的初始方向不沿磁感应线，$\boldsymbol{F}_B$ 绝对不为零. 为了求出 $\boldsymbol{F}_B$ 的大小，倘若先求出质子的速率 v，就可以用式（17－2）求解. 我们可从给定的动能求出 v. 由于 $E_k=\frac{1}{2}mv^2$，解 v 可得到

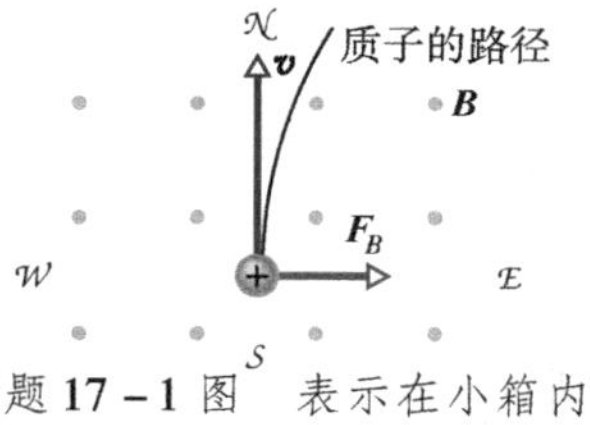

图 17－5　例题 17－1 图　表示在小箱内，质子从南向北运动的俯视图，磁场在箱内垂直向上如小点的阵列所示（小点就像箭的尖端）. 质子偏向东方.

$$v=\sqrt{\frac{2E_k}{m}}=\sqrt{\frac{(2)(5.3\text{MeV})(1.60\times10^{-13}\text{J/MeV})}{1.67\times10^{-27}\text{kg}}}$$
$$=3.2\times10^7\text{m/s}$$

由式（17－2）得

$$F_B=|q|\,vB\sin\phi$$
$$=(1.60\times10^{-19}\text{C})(3.2\times10^7\text{m/s})(1.2\times10^{-3}\text{T})(\sin90^\circ)$$
$$=6.1\times10^{-15}\text{N}$$

（答案）

这似乎是很小的力，但它作用在质量很小的粒子上，就产生了很大的加速度，即

$$a=\frac{F_B}{m}=\frac{6.1\times10^{15}\text{N}}{1.67\times10^{-27}\text{kg}}$$
$$=3.7\times10^{12}\text{m/s}^2$$

为了求出 $\boldsymbol{F}_B$ 的方向，我们用到**关键点**：$\boldsymbol{F}_B$ 具有矢积 $q\boldsymbol{v}\times\boldsymbol{B}$ 的方向. 因为 q 为正，$\boldsymbol{F}_B$ 应该具有与 $\boldsymbol{v}\times\boldsymbol{B}$ 相同的方向，这可用关于矢积的右手定则来确定（如在图 17－2b 中）. 我们知道，$\boldsymbol{v}$ 水平地从南指向北而 $\boldsymbol{B}$ 竖直向上. 右手定则向我们指出，偏转力 $\boldsymbol{F}_B$ 一定沿水平方向从西向东，如图 17－5 所示（图中小点的阵列表示磁场指向图面外，×的阵列将表示磁场指向图面内）.

如果粒子的电荷为负，则磁偏转力将指向相反方向，也就是说，水平地从东向西. 如果用负值取代 q，则这将由式（17－1）自动预示.

17－2　磁场对运动电荷的作用

1. 洛伦兹力

带电粒子在磁场中运动时，会受到磁场力的作用. 在 17－1 节中，我们曾根据这个事实定义了磁感应强度 $\boldsymbol{B}$. 那时曾指出，当带电粒子 q 以速度$\boldsymbol{v}$ 通过磁场中磁感应强度为 $\boldsymbol{B}$ 的某一点时，所受的磁场力为

$$\boldsymbol{F}_B = q\boldsymbol{v} \times \boldsymbol{B}$$

即式（17－1），根据此式，$\boldsymbol{F}_B$ 的大小为

$$F_B = |q| vB\sin\phi$$

即式（17－2）. 式中，ϕ 是$\boldsymbol{v}$ 和 $\boldsymbol{B}$ 之间的夹角. $\boldsymbol{F}_B$ 的方向由矢积的右手定则确定.

根据式（17－1）所确定的磁场力，也叫做**洛伦兹力**.

当带电粒子在电场和磁场共同存在的空间运动时，它将同时受到电场力 $q\boldsymbol{E}$ 和磁场力 $q\boldsymbol{v}\times\boldsymbol{B}$ 的作用，合力为

$$\boldsymbol{F} = q(\boldsymbol{E} + \boldsymbol{v}\times\boldsymbol{B}) \tag{17-5}$$

上式叫做**洛伦兹力公式**.

2. 带电粒子在均匀磁场中的运动

先讨论带电粒子的初速度$\boldsymbol{v}$ 垂直于磁感应强度 $\boldsymbol{B}$ 的情况. 如图 17－6 所示，均匀磁场垂直于图平面向里，一带正电荷 q 的粒子以速度$\boldsymbol{v}$ 射入磁场，$\boldsymbol{v}$ 与磁感应强度 $\boldsymbol{B}$ 垂直. 根据式（17－1），粒子所受磁场力 $\boldsymbol{F}$ 的方向沿$\boldsymbol{v}\times\boldsymbol{B}$. 因 $\boldsymbol{F}$ 与$\boldsymbol{v}$ 垂直，$\boldsymbol{F}$ 是法向力，它只改变$\boldsymbol{v}$ 的方向，而不改变$\boldsymbol{v}$ 的大小. 粒子射入磁场后，经过一段时间间隔，运动到下一个位置时，由于$\boldsymbol{v}$ 的大小未变，所以法向力的大小不变，仍为 qvB，在这个大小恒定的法向力作用下，粒子将在垂直于磁场的平面内作匀速率圆周运动.

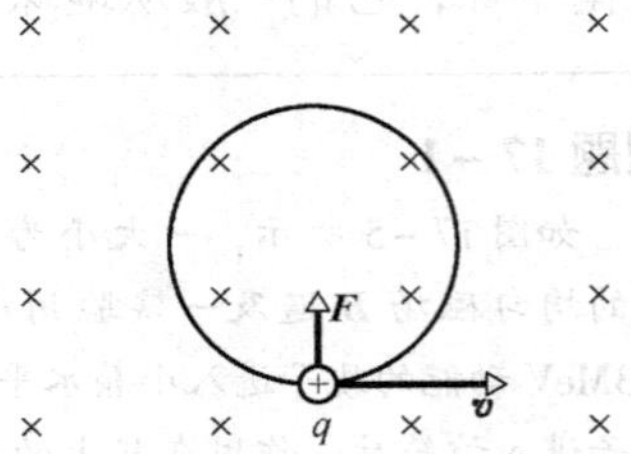

图 17－6 带正电荷 q 的粒子以速度$\boldsymbol{v}$ 垂直射入均匀磁场，在磁场力的作用下作匀速圆周运动.

这个圆周运动具有以下特点：

(1) 圆周半径

设用 r 表示圆周的半径，则由牛顿第二定律有

$$qvB = m\frac{v^2}{r}$$

因而

$$r = \frac{mv}{qB} \quad（半径） \tag{17-6}$$

对于给定的粒子，$\frac{m}{q}$有一个确定的值，如果 B 也是确定的，则

$$r \propto v$$

即圆周半径 r 与粒子的速率 v 成正比.

(2) 圆周运动的周期

带电粒子的运动是周期运动，粒子绕行一周所需的时间就是运动的**周期**.

粒子绕行一周走过的路径为 $2\pi r$，绕行速率为 v，所以周期为

$$T = \frac{2\pi r}{v} = \frac{2\pi m}{qB} \tag{17-7}$$

可见，周期 T 与半径 r 及速率 v 无关. 粒子的速率大，则其绕大圆周运动，粒子的速率小，则其绕小圆周运动，但在同一磁场中绕行一周所需的时间相同.

(3) 频率

周期运动的频率为

$$\nu=\frac{1}{T}=\frac{qB}{2\pi m} \tag{17-8}$$

频率 ν 是带电粒子在磁场运动中的特征频率，有时叫做**回转频率**.

现在进一步考虑带电粒子在磁场中运动的一般情形，即粒子的初速度 $\boldsymbol{v}$ 与磁感应强度 $\boldsymbol{B}$ 成任一角度 ϕ 的情形. 这时，如图 17-7a 所示，粒子的速度可分解成平行于 $\boldsymbol{B}$ 的分量 $v_{/\!/}=v\cos\phi$ 及垂直于 $\boldsymbol{B}$ 的分量 $v_{\perp}=v\sin\phi$. 如果只有垂直分量 $v_{\perp}$，转子将在垂直于磁场的平面内作匀速圆周运动，圆周半径为 $r=\frac{mv_{\perp}}{qB}$；如果只有平行分量 $v_{/\!/}$，粒子将不受磁场力，因而沿磁场方向作匀速直线运动. 这两方面运动合成的结果是，粒子作如图 17-7b 所示的螺旋线运动. 螺旋线的**螺距** p，即粒子在绕行一周的时间 T 内沿磁场方向所走的路程为

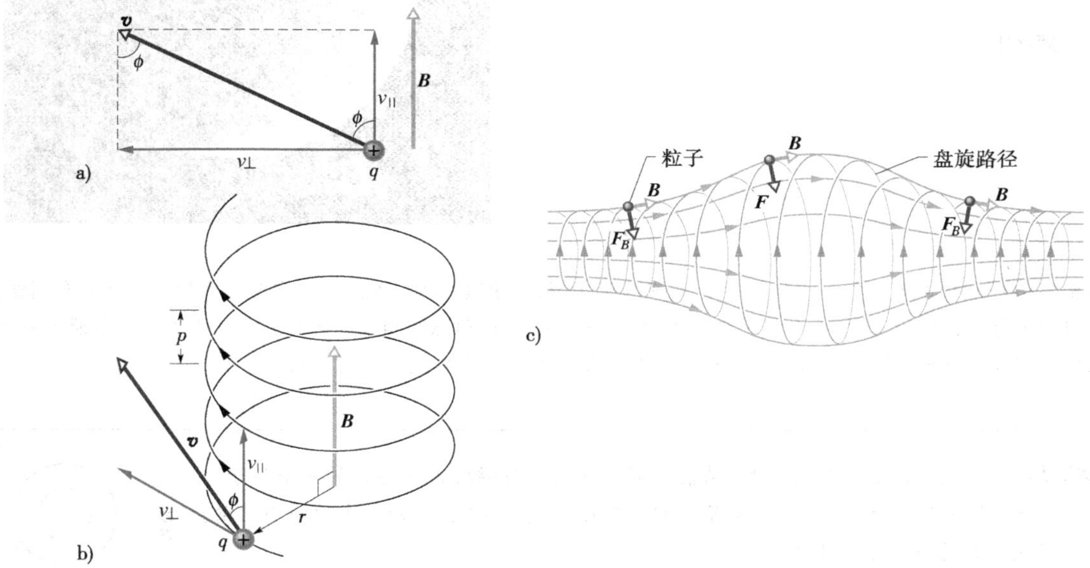

图 17-7 a) 带电粒子在均匀磁场 $\boldsymbol{B}$ 中运动，速度 $\boldsymbol{v}$ 与 $\boldsymbol{B}$ 成 ϕ 角. b) 带电粒子沿螺旋线路径运动. c) 带电粒子在非均匀磁场中作螺旋线运动（粒子可能被陷俘，在两端强磁场区域之间来回作螺旋线运动）. 注意在左边和右边的磁力矢量都有一个指向图的中心的分量.

$$p=v_{/\!/}T=\frac{2\pi m}{qB}v\cos\phi \tag{17-9}$$

图 17-7c 示出一在非均匀磁场中作螺旋线运动的带电粒子. 在左、右两侧具有更小间距的磁感应线表明那里的磁场更强. 当磁场在一端足够强时，粒子从该端“反射”. 如果粒子从两端都反射，就说它是陷俘在**磁瓶**中的.

电子和质子被地磁场按这种方式陷俘. 所陷俘的粒子形成**范艾伦辐射带**，它在地球大气上方很高处地球的地磁南、北极之间形成一个很好的环. 这些粒子在几秒内从这个磁瓶的一端到另一端，来回地跳动.

当巨大的太阳爆发将更多的高能电子和质子射入辐射带时，在电子正常反射的区域中形成一电场. 这个场消除反射而代之以驱动电子向下进入大气，在那里它们与空气的原子和分子碰撞，引起空气发光. 这种光构成了极光——下垂到约 100km 高度的光幕. 绿光由氧原子发出，淡红光由氮分子发出，但这个光通常太暗淡，以致我们只看出白光.

极光在地球上方按弧形延伸并且能出现在叫做**极光卵形环**的区域中. 极光卵形环如图17－8和如从空间所见的图17－9所示. 虽然极光很长，但它的厚度小于1km（从南到北），因为随着电子沿着会聚的磁感应线螺旋形下降时，产生它的路径也在会聚（见图17－8）.

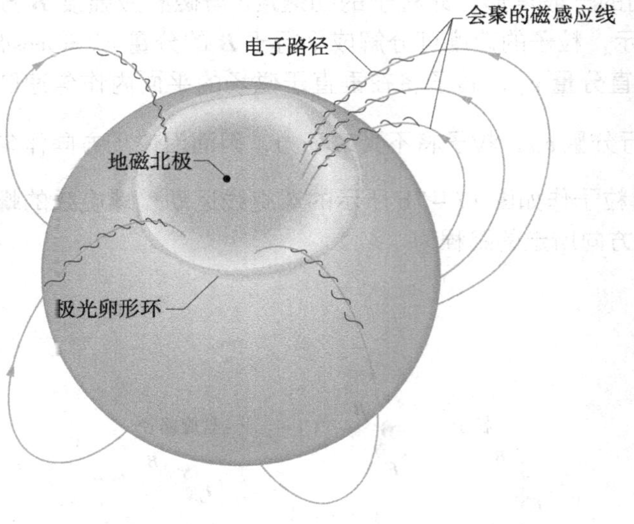

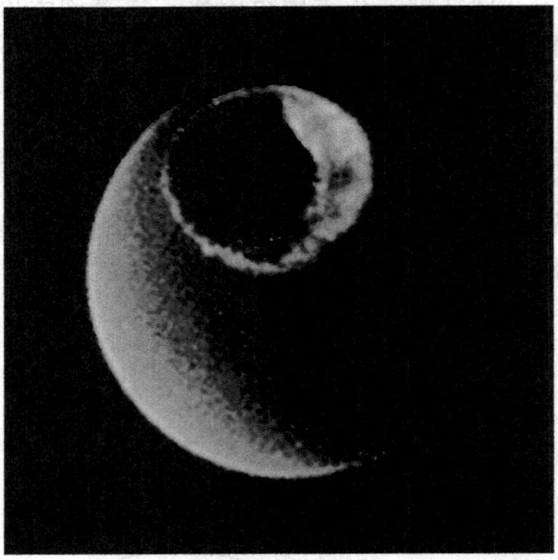

图17－8 环绕地磁北极（在西北格陵兰）的极光卵形环. 磁场线向该极会聚，向地球运动的电子被“捉住”并环绕场线螺旋式前进，在高纬度处进入地球大气并在卵形环内产生极光.

图17－9 在北极光卵形环内的极光伪彩色图像，由**动态探测**者卫星所记录. 地球被太阳照亮一部分是左边的新月状区.

检查点2：这里的右图示出以相同速率在指向页面内的均匀磁场 $\boldsymbol{B}$ 中运动的两个粒子的圆形路径. 一个粒子是质子，另一个是电子（它较轻）.（a）哪个粒子沿较小的圆周运动？（b）该粒子是顺时针还是逆时针运动？

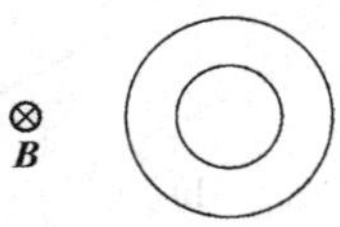

例题17－2

图17－10示出用于测量离子质量的质谱仪的基本结构. 质量为 m（待测的）且电荷为 q 的离子在源S中产生. 最初静止的离子被电势差 U 引起的电场加速. 离子离开S并进入分离室，其中磁感应强度为 $\boldsymbol{B}$ 的均匀磁场垂直于离子的路径. 磁场使离子沿半圆运动，在离入口狭缝距离 x 处撞击（并因而改变）一照相底片. 假设在某次试验中 $B = 80.000\text{mT}$ 而 $U = 1000.0\text{V}$，并且电荷为 $q = +1.6022 \times 10^{-19}\text{C}$ 的离子在 $x = 1.6254\text{m}$ 处撞到底片上. 按统一的原子质量单位（$1\text{u} = 1.6605 \times 10^{-27}\text{kg}$）计，单个离子的质量是多少？

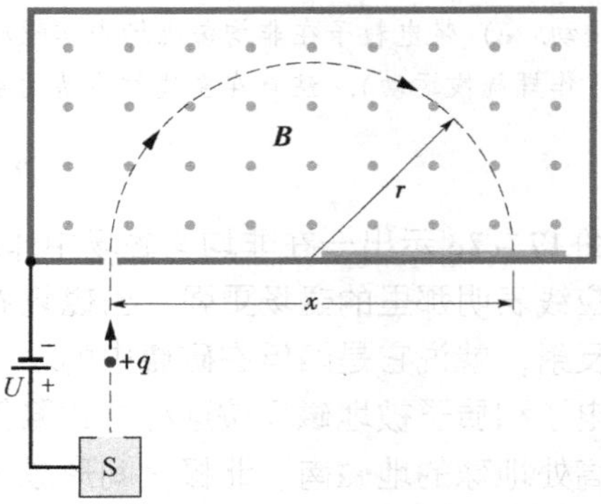

图17－10 例题17－2图 质谱仪的基本结构. 一个正离子从源S出来被电势差 U 加速后进入有均匀磁场 $\boldsymbol{B}$ 的室内. 在那里它行经一个半径为 r 的半圆在离进口距离为 x 处撞击一照相底片.

【解】 这里一个**关键点**是，因为（均匀的）磁场使（带电的）离子沿圆形路径运动，我们可用式 $r = mv/qB$ 把离子的质量与路径的半径联系起来. 由图17－10可见，$r = x/2$ 并且磁感应强度的大小 B

已给出. 然而，我们缺少离子在被电势差 U 加速后在磁场中的速率 v.

为了把 v 和 U 联系起来，可以利用在加速期间机械能 ($E_{mec}=E_k+E_p$) 守恒的**关键点**. 当离子从源出来时，其动能近似为零. 当加速结束，其动能为 $\frac{1}{2}mv^2$. 还有，在加速期间，正离子通过一个 $-U$ 的电势差. 这样，因为离子具有正电荷，所以其电势能改变了 $-qU$. 如果现在把机械能守恒写为

$$\Delta E_k+\Delta E_p=0$$

就可得到

$$\frac{1}{2}mv^2-qU=0$$

或

$$v=\sqrt{\frac{2qU}{m}} \tag{17-10}$$

把这代入式 (17-6)，我们有

$$r=\frac{mv}{qB}=\frac{m}{qB}\sqrt{\frac{2qU}{m}}=\frac{1}{B}\sqrt{\frac{2mU}{q}}$$

因而,

$$x=2r=\frac{2}{B}\sqrt{\frac{2mU}{q}}$$

解此式求 m 并代入给定的数据，得出

$$m=\frac{B^2qx^2}{8U}$$

$$=\frac{(0.080000\text{T})^2(1.6022\times10^{-19}\text{C})(1.6254\text{m})^2}{8\times1000.0\text{V}}$$

$$=3.3863\times10^{-25}\text{kg}=203.93\text{u}$$ （答案）

17-3 回旋加速器与同步加速器

回旋加速器是用来加速带电粒子（如质子、氘核等）的装置. 加速后的高能粒子可用来轰击原子核，引起核反应以获取有关核结构的信息，高能粒子也可用来生产放射性材料并用于医学治疗. 回旋加速器所依据的基本原理就是带电粒子垂直于磁场作匀速率圆周运动时其周期与速率无关.

图 17-11 是回旋加速器的粒子（比如说，质子）在其中环行区域的俯视图. 两个中空的 D 形盒（它们的直侧面是开口的）由薄铜板制成. 这两个 **D 形电极**，正像它们被称为的，是使跨越它们之间间隙的电势差不断更迭的电振荡器的一部分. 两 D 形电极的电符号是轮换的，以使间隙中的电场来回地变换方向，先朝向一个 D 形电极然后再朝向另一个. D 形电极被浸没在磁场中 ($B=1.5\text{T}$)，其方向由页面向外. 磁场由大电磁铁建立.

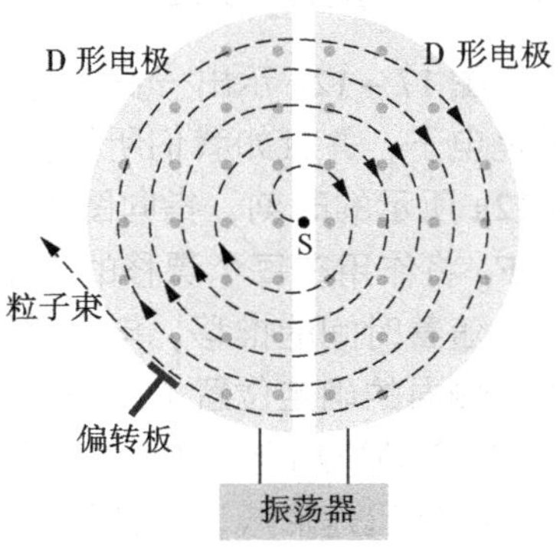

图 17-11 回旋加速器的基本结构，显示粒子源 S 和 D 形电极. 均匀磁场指向页面外. 质子在 D 形电极内螺旋环行，每次跨越两电极间隙时获得能量.

假设一质子由在图 17-11 中回旋加速器中央的源 S 注入，最初向一个带负电的 D 形电极运动. 它将向这个 D 形电极加速并进入其中. 一旦进入，它就被 D 形电极的铜壁屏蔽而与电场隔绝，即电场不进入 D 形电极. 然而，磁场并不被（非磁性的）铜的 D 形电极屏蔽，所以质子沿圆形路线运动，其半径决定于其速率，由式 $r=mv/qB$ 给出.

假定在质子从第一个 D 形电极进入中央间隙的时刻，两 D 形电极间的电势差颠倒了. 于是，质子**再次**面对带负电的 D 形电极并**再次**被加速. 这个过程继续，环行的质子始终与 D 形电极电势的振荡合拍，直到质子已向外盘旋到 D 形电极系统的边缘，在那里，一个偏转板把它送出小洞.

回旋加速器运转的关键在于，质子在磁场中环行的频率 f（还在于它不依赖于质子的速率）必须等于电振荡器的确定的频率 f_{osc}，即

$$f = f_{osc} \quad (共振条件) \tag{17-11}$$

这个**共振条件**表明，如果环行质子的能量要增大，必须按频率f_{osc}向它提供能量，而f_{osc}等于质子在磁场中环行的固有频率f.

将式（17－7）与式（17－11）结合起来，我们可把共振条件写作

$$qB = 2\pi m f_{osc} \tag{17-12}$$

对于质子，q和m是固定的. 振荡器（我们假定）被设计成能以单一的确定频率运转. 然后我们通过改变B来“调谐”回旋加速器，直到满足式（17－12）. 于是就有许多质子穿过磁场环行，并作为粒子束射出.

当质子的能量高于50MeV时，常规的回旋加速器开始失效，因为设计它的假设之一是在磁场中环形的带电粒子的回转频率与它的速率无关. 这个假设只有在粒子速率远小于光速的情形下才成立. 当质子的速率较大（约光速的10%以上）时，则必须用相对论处理问题. 按照相对论，随着环行的质子的速率趋近光速，质子的回转频率稳定地降低. 因而，质子与频率保持在确定的f_{osc}的回旋加速器的振荡器不再同步，最终环行质子的能量不再增大.

还有另一个困难，对于在1.5T的磁场中500GeV的质子，其轨道半径是1.1km. 用于适当尺寸的传统的回旋加速器的相应磁铁将是无法想象地昂贵，其极面的面积约为$4\times10^6\text{m}^2$.

质子同步加速器是设计来对付这两个困难的. 磁感应强度B和振荡器的频率f_{osc}不再像传统的回旋加速器那样具有固定的值，而是使之在加速循环时随时间变化. 当适当地做到这一点时，(1) 环行质子的频率始终保持与振荡器同步，(2) 质子沿一个圆形而不是螺旋形轨道运动. 因而，磁铁只需沿圆形轨道延伸，而不需遍及约$4\times10^6\text{m}^2$的面积. 然而，如果要实现高的能量，则圆形轨道仍然必须很大. 位于美国伊利诺斯州的费米国家加速器实验室的质子同步加速器具有6.3km的周长并能产生具有约1TeV（$=10^{12}$eV）能量的质子.

17－4 霍尔效应

图17－12a示出一宽度为d的、载有电流的铜片，电流的方向为从图的顶部到底部. 载流子是电子，并且如我们所知，它们沿相反的方向从底部到顶部漂移（以漂移速率v_d）. 在图17－12a所示的时刻，指向图平面内的均匀外磁场已加好，根据式（17－1）可以看出，一磁偏转力$\boldsymbol{F}_B$将作用在每个漂移的电子上，把它推向铜片的右侧.

随着时间的推移，电子移到右边，大部分积聚在铜片的右侧面，剩下未被抵消的正电荷处于左侧面的确定位置上. 正、负电荷的分离在铜片内部引起一在图17－12中从左指向右的电场$\boldsymbol{E}$. 这个场施加电力$\boldsymbol{F}_E$在每个电子上，企图把它推到左侧.

平衡迅速形成，在其间每个电子上的电力增长直到它恰好与磁力抵消. 当这种情况出现时，如图17－12所示，由$\boldsymbol{B}$产生的力与由$\boldsymbol{E}$产生的力平衡. 漂移的电子则以速度$\boldsymbol{v}_d$沿铜片移向页面上部. 铜片的右侧面上不会进一步聚集电子，因而电场$\boldsymbol{E}$不再增强.

伴随着电场产生一跨越铜片厚度d的**霍尔电势差**U，根据式（14－42），该电势差的大小为

$$U = Ed \tag{17-13}$$

通过跨越该厚度连接一伏特计，可以测量铜片两侧面间的电势差. 并且伏特计能告诉我们哪个侧面处于较高的电势. 对于图17－12a的情况，我们将发现左侧面处于较高的电势，这符合关于载流子带负电的假定.

设想让我们作相反的假定，电流中的载流子是带正电的（见图17－12c）. 随着载流子在铜

片中从顶部向底部运动，它们被 $\boldsymbol{F}_B$ 推到右侧面，因而**右**侧面处于较高的电势．这与伏特计的读数相矛盾，所以载流子必定带负电．

现在进行定量的讨论．当电力与磁力处于平衡时（见图 17－12b），由 $\boldsymbol{E}$ 的定义式和式（17－2）得

$$eE = ev_{\rm d}B \qquad (17-14)$$

根据式（16－7），漂移速率为

$$v_{\rm d} = \frac{J}{ne} = \frac{i}{neA} \qquad (17-15)$$

式中，$J(=i/A)$ 是铜片中的电流密度；A 是铜片的横截面积；而 n 是载流子的**数密度**（每单位体积的数目）．

在式（17－14）中，用式（17－13）取代 E 并用式（17－15）取代 $v_{\rm d}$，可以得到

$$n = \frac{Bi}{Ule} \qquad (17-16)$$

式中，$l(=A/d)$ 是片的厚度，借助此式就能由一些可测量的量求出 n．

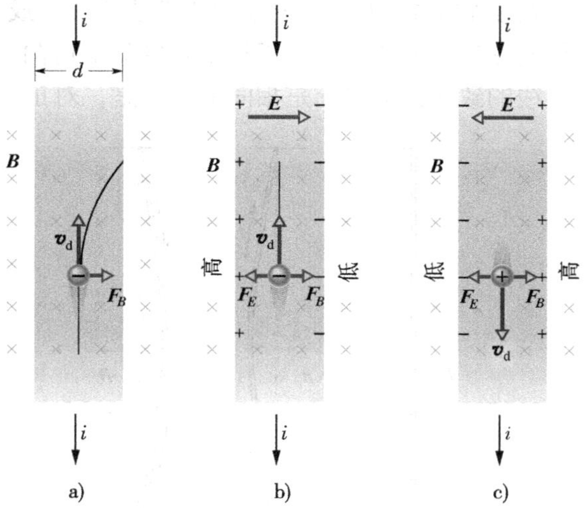

图 17－12 载流铜片放在磁场中．a）磁场刚加上时的情况．画出了一个电子要采取的路径．b）很快就达到平衡的情况．注意负电荷集聚在铜片的右侧面，在左侧面留下未被抵消的正电荷．因此，左侧面的电势比右侧面高．c）对于同一电流方向，如果载流子带正电它们就要在右侧面上集聚，而右侧面的电势将较高．

还可能应用霍尔效应直接测量载流子的漂移速率 $v_{\rm d}$，它的数量级是每小时几厘米．在这个巧妙的实验中，用机械方法使金属片沿着与载流子漂移速度相反的方向通过磁场，然后调节金属片的速率直到霍尔电势差消失．在这个情况下，没有霍尔效应，载流子相对于**实验室参考系**的速度应该为零，所以铜片的速度应该与负载流子的速度大小相等而方向相反．

霍尔效应是在 1879 年由年仅 24 岁的美国霍布金大学的研究生霍尔（E. H. Hall）发现的．霍尔效应证明在铜导线中漂移的传导电子能被磁场偏转，它还使我们能搞清楚导体中的载流子是带正电还是带负电．此外，我们还可测定导体单位体积内这种载流子的数目．

17－5 磁场对载流导线的作用

1. 安培力

从霍尔效应已看到，磁场对导线中的运动电子有侧向力作用．电子通过与结晶点阵上正离子间的碰撞把动量因而把这个力传递给晶格点阵，从而使整个载流导体受到侧向力的作用．磁场对载流导体的作用力叫做**安培力**．

在图 17－13a 中，一未通电流的竖直导线的两端固定，并从磁铁的两个竖直的极面间穿过．极面间的磁场指向页面外．在图 17－13b 中，导线通入向上的电流，导线就向右偏移．在图 17－13c 中，我们使电流的方向反向，导线向左偏移．

图 17－14 示出在图 17－13 中导线内发生的情况．可以看到，一个传导电子以设想的漂移速率 $v_{\rm d}$ 向下漂移．式（17－2）（其中 ϕ 应为 90°）告诉我们，大小为 $ev_{\rm d}B$ 的力 $\boldsymbol{F}_{\rm B}$ 应该作用在每个这样的电子上．根据式（17－1），这个力必定指向右边．于是我们预期，导线作为整体受到一向右的力，与图 17－13 一致．

在图 17－14 中，如果我们使磁场的方向**或**电流的方向反向，作用在导线上的力也将反向，即指向左边. 还应注意，不管是考虑负电荷向下漂移（实际情况）还是考虑正电荷向上漂移，对导线的致偏力的方向是相同的. 于是，对正电荷的电流我们同样可以处理.

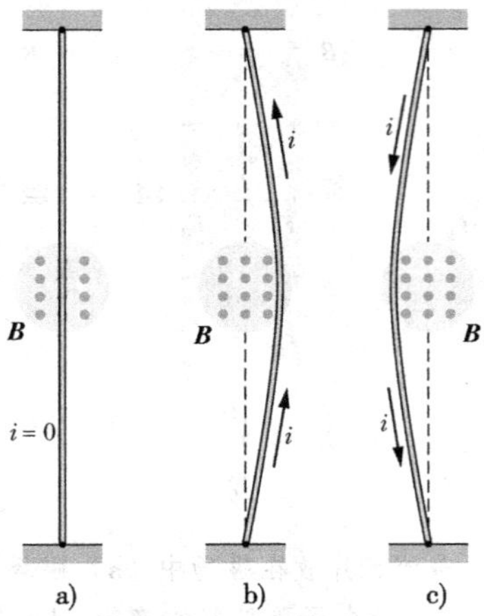

图 17－13 磁铁两极面间的一根软导线. a) 没有电流时导线是直的；b) 有向上的电流时，导线向右偏移；c) 有向下的电流，导线向左偏移. 未画出电线两端使电流向上或下的连接部件.

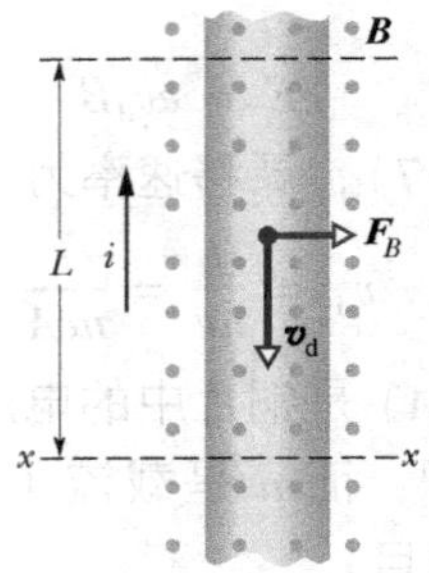

图 17－14 图 17－13b 中一段导线的特写镜头. 电流向上，说明电子向下漂移. 指向页面外的磁场使电子和导线向右偏移.

考虑图 17－14 中导线的一段长度 L. 这段导线中的所有传导电子在时间 $t = L/v_d$ 内将通过图 17－14 中的平面 xx. 因而，在那段时间内，电荷

$$q = it = i\frac{L}{v_d}$$

将通过该平面. 把上式代入式（17－2），可得

$$F_B = qv_dB\sin\phi = \frac{iL}{v_d}v_dB\sin 90°$$

即

$$F_B = iLB \qquad (17-17)$$

此式给出作用在载有电流 i 且浸没在垂直于导线的磁场 $\boldsymbol{B}$ 中长 L 的一段直导线上的安培力.

如果磁场**不**与导线垂直，如在图 17－15 中，则磁力由式（17－17）的推广给出，即

$$\boldsymbol{F}_B = i\boldsymbol{L}\times\boldsymbol{B}\text{(安培力)} \qquad (17-18)$$

这里 $\boldsymbol{L}$ 是长度矢量，它具有大小 L，其方向沿导线段指向电流的方向. 力的大小 F_B 为

$$F_B = iLB\sin\phi \qquad (17-19)$$

式中，ϕ 是 $\boldsymbol{L}$ 的方向与 $\boldsymbol{B}$ 的方向之间的夹角. 因为我们假定电流 i 是正的量，所以 $\boldsymbol{F}_B$ 的方向为矢积 $\boldsymbol{L}\times\boldsymbol{B}$ 的方向. 式（17－18）告诉我们，如图 17－15 所示，$\boldsymbol{F}_B$ 永远垂直于由 $\boldsymbol{L}$ 和 $\boldsymbol{B}$ 所确定的平面.

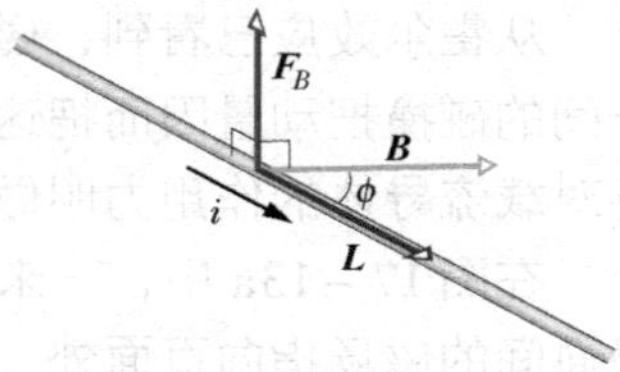

图 17－15 载有电流 i 的导线与磁感应强度 $\boldsymbol{B}$ 成一角度 ϕ. 场中的导线长为 L，长度矢量为 $\boldsymbol{L}$（沿电流的方向）. 磁力 $\boldsymbol{F}_B = i\boldsymbol{L}\times\boldsymbol{B}$ 作用在导线上.

如果导线不是直的或磁场不均匀，则可以想象把导线分成一些小的直线段并将式（17－18）应用于每个线段. 作用在导线整体上

的力则是所有作用在这些线段上的力的矢量和. 用微分极限，可以写出

$$\mathrm{d}\boldsymbol{F}_B = i\mathrm{d}\boldsymbol{L} \times \boldsymbol{B} \tag{17-20}$$

我们可通过遍及任一给定的电流构形积分式（17－20）求出作用在该构形上的合力.

在应用式（17－20）时应记住，并没有一个孤立的、长度为 dL 的载流导线段那样的东西. 永远应该有一通路把电流从线段的一端引入，并从另一端引出.

2. 磁场作用在载流回路上的力矩

世界上的大量工作都是由电动机完成的. 这种作业幕后的力就是我们在前一节研究过的安培力，即磁场作用于载流导线上的力.

图17－16示出一简单的电动机，它包含处于磁场中的单个载流回路. 两个磁力 $\boldsymbol{F}$ 和 $-\boldsymbol{F}$ 在回路上形成一力矩，它试图使回路环绕其中轴旋转. 虽然已省略了许多重要的细节，但该图的确表明了磁场对电流回路的作用是怎样产生旋转运动的. 我们现在来分析这个作用.

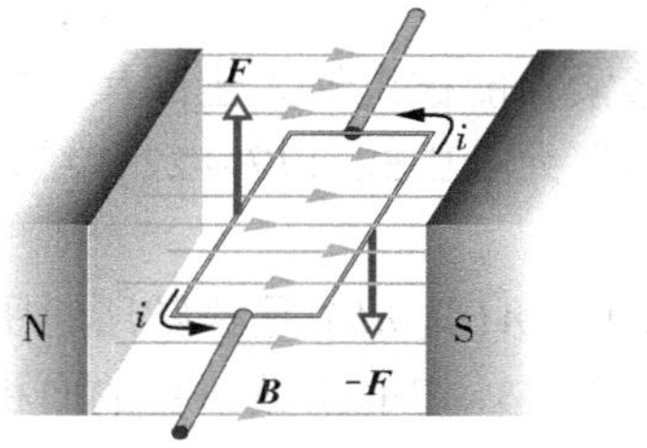

图17－16　电动机的基本结构. 一个载有电流并可自由绕一固定轴转动的矩形线圈放入一均匀磁场. 作用在导线的磁力产生一个使它转动的力矩、一个换向器（未画出）每半周将电流方向倒转一次使得力矩总在同一方向作用.

图17－17a示出一穿过均匀磁场的矩形回路，它的长为 a 而宽为 b，载有电流 i. 我们把它放置在磁场中，使它的长边1和3垂直于磁场方向（它进入页面）. 把电流引入和引出回路还需要导线，但为简单起见，它们并未画出.

为了确定回路在磁场中的取向，我们利用垂直于回路平面的法向矢量 $\boldsymbol{n}$. 图17－17b示出用来确定 $\boldsymbol{n}$ 的方向的右手定则. 让你右手的四个手指指向或弯向回路上任一点的电流的方向，伸直拇指时就指向法向矢量 $\boldsymbol{n}$ 的方向.

在图17－17c中，回路的法向矢量与磁感应强度 $\boldsymbol{B}$ 的方向成任意的角度 θ. 我们要求出在这个取向时作用在回路上的合力及合力矩.

在回路上的合力是作用在其四条边上诸力的矢量和. 对于边2，式(17－20)中矢量 $\boldsymbol{L}$ 指向

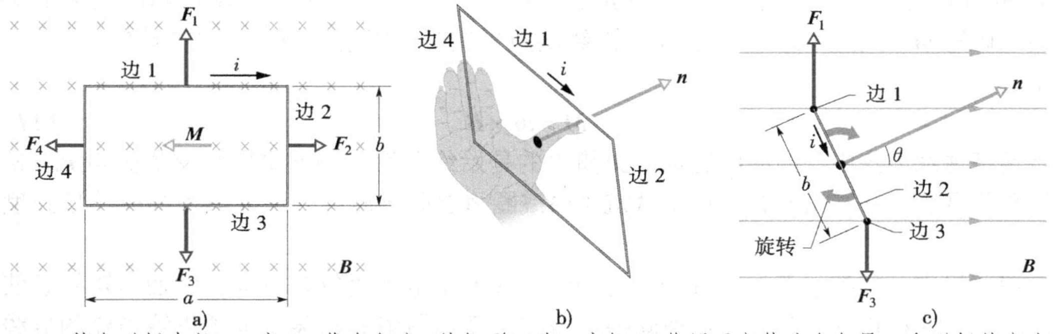

图17－17　均匀磁场中长 a、宽 b、载有电流 i 的矩形回路. 力矩 $\boldsymbol{M}$ 作用于它使法向矢量 $\boldsymbol{n}$ 和磁场的方向一致. a）沿磁场方向所见的回路. b）说明如何用右手定则确定垂直于回路平面的 $\boldsymbol{n}$ 的方向的透视图. c）从边2看的回路的侧视图. 回路按所示方向转动.

电流的方向且具有大小 b. $\boldsymbol{L}$ 与 $\boldsymbol{B}$ 之间的夹角对于边2（见图17－17c）是 $90°-\theta$. 于是，作用在这条边上力的大小为

$$F_2 = ibB\sin(90° - \theta) = ibB\cos\theta \tag{17-21}$$

可以证明，作用在边4上的力 $\boldsymbol{F}_4$ 具有与 $\boldsymbol{F}_2$ 相同的大小，但方向相反. 因而，$\boldsymbol{F}_2$ 和 $\boldsymbol{F}_4$ 正好抵

消，它们的合力为零．而且因为它们共同的作用线穿过回路的中心，所以其合力矩也为零．

对于边1和边3，情况则不同．对于它们，$\boldsymbol{L}$ 垂直于 $\boldsymbol{B}$，所以力 $\boldsymbol{F}_1$ 和 $\boldsymbol{F}_3$ 具有相同的大小 iaB．因为这两个力具有相反的方向，所以它们不会使回路向上或向下运动．然而，如图17－17c所示，这两个力并**不**共用同一作用线，所以它们**的确**产生一合力矩．这个力矩会使回路旋转以使其法向矢量 $\boldsymbol{n}$ 与磁场 $\boldsymbol{B}$ 的方向一致．该力矩具有对回路中轴 $(b/2)\sin\theta$ 的力臂．于是，由力 $\boldsymbol{F}_1$ 和 $\boldsymbol{F}_3$ 所形成的力矩的大小 M'（见图17－17c）为

$$M' = \left(iaB\,\frac{b}{2}\sin\theta\right) + \left(iaB\,\frac{b}{2}\sin\theta\right) = iabB\sin\theta \qquad (17-22)$$

假定我们用 N 个回路，或 N **匝**的线圈替代电流的单个回路，并且，假定这些匝线圈缠得足够紧，能被近似为全部具有相同的尺寸并位于一个平面．于是，这些匝线圈构成**平面线圈**，并具有大小由式（17－22）给出的力矩 M'作用在每一匝上．对线圈的总力矩则具有大小

$$M = NM' = NiabB\sin\theta = (NiA)B\sin\theta \qquad (17-23)$$

式中，$A(=ab)$ 是线圈所包围的面积．括号中的量（NiA）被组合在一起，因为它们全都是线圈的属性：它的匝数、它的面积和它载有的电流．式（17－23）适用于一切平面线圈，不管它们的形状如何，只要磁场是均匀的．

对于单匝载流平面线圈，我们引入磁矩的概念来描述它在外磁场中所受的作用，以及它在周围空间激发的磁场．单匝载流平面线圈磁矩的定义是

$$\boldsymbol{m} = iA\boldsymbol{n} \qquad (17-24)$$

式中，i 为线圈中的电流；A 为线圈的面积；$\boldsymbol{n}$ 为线圈平面法线方向的单位矢量，其正方向与电流的环绕方向之间满足右手定则，如图17－18所示．

对于这里的多匝（N 匝）载流平面线圈，则定义其磁矩为

$$\boldsymbol{m} = NiA\boldsymbol{n} \qquad (17-25)$$

式中，N 为线圈的匝数，其磁矩 $\boldsymbol{m}$ 的大小为

$$m = NiA$$

磁矩 $\boldsymbol{m}$ 的方向沿线圈平面法线单位矢量 $\boldsymbol{n}$ 的方向．

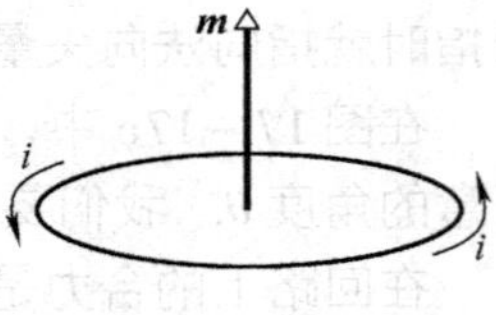

图17－18 单匝载流平面线圈的磁矩

引入磁矩 $\boldsymbol{m}$ 的概念后，多匝载流平面线圈所受的磁力矩就可概括成矢量式：

$$\boldsymbol{M} = \boldsymbol{m} \times \boldsymbol{B} \qquad (17-26)$$

不用把注意力集中于线圈的运动，更简单的是始终监视与线圈平面正交的矢量 $\boldsymbol{n}$．式（17－23）告诉我们，被放置在磁场中的载流平面线圈将趋向于旋转到使 $\boldsymbol{n}$ 具有与磁感应强度相同的方向．

在电动机中，随着 $\boldsymbol{n}$ 开始与磁场方向一致，线圈中的电流倒转方向，致使力矩继续使线圈转动．电流的这种自动换向是通过换向器完成的．换向器借助从某个电源供给电流的导线上的固定接触器与转动线圈电连接．

例题17－3

模拟伏特计和安培计是通过测量磁场对载流线圈的力矩来工作的．读数由指针在刻度上的偏转显示．图17－19示出**电流计**的基本结构，模拟伏特计和模拟安培计二者都以它为基础．假定线圈高2.1cm、宽1.2cm，有250匝，安装后能绕轴（该轴进入页面内）在 $B=0.23\text{T}$ 的均匀**径向**磁场中转动．对于线圈的任一取向，穿过线圈的净磁场都垂直于线圈的法向

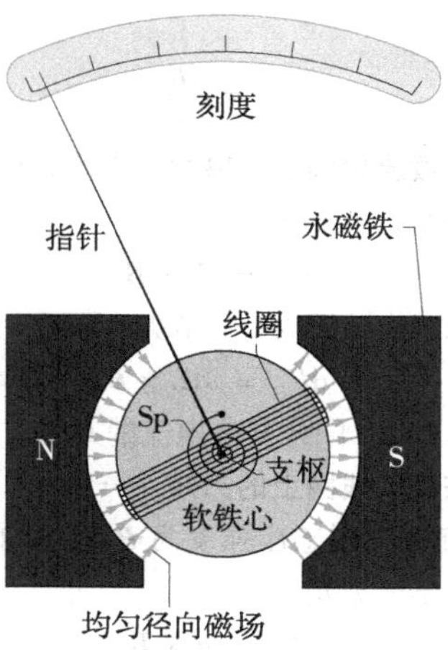

图 17－19 例题 17－3 图
电流计的基本结构. 由外部电路决定, 此装置可以改装成伏特计或安培计.

矢量 (因而平行于线圈平面). 弹簧 Sp 提供一平衡磁力矩的反抗力矩, 以使线圈中一给定的稳定电流 i 导致一稳定的角偏转 ϕ. 电流越大, 偏转越大, 因而所要求的弹簧的力矩也越大. 如果一 100μA 的电流引起 28°的角偏转, 则如在式 (7－24) $M = -\kappa\phi$ 中所用的弹簧的扭转常量应该是多少?

【解】 这里**关键点**是, 在恒定电流通过装置的情况下, 所引起的磁力矩式 (17－23) 被弹簧力矩平衡, 因而, 它们的大小相等:

$$NiAB\sin\theta = \kappa\phi \qquad (17-27)$$

式中, ϕ 是线圈和指针的偏转角; $A(=2.52\times10^{-4}\,\mathrm{m^2})$ 是线圈所包围的面积. 由于穿过线圈的总磁场始终垂直于线圈的法向矢量, 对于指针的任何取向, $\theta = 90°$.

解式 (17－27) 求 κ, 我们得到

$$\kappa = \frac{NiAB\sin\theta}{\phi} = (250)(100\times10^{-6}\mathrm{A})(2.52\times10^{-4}\mathrm{m^2})\times\frac{(0.23\mathrm{T})(\sin 90°)}{28°} = 5.2\times10^{-8}\,\mathrm{N\cdot m/(°)}$$

许多现代的安培计和伏特计是数字式、直读型的, 而且不使用运动线圈.

例题 17－4

一电流回路成边长为 30cm、40cm 及 50cm 的直角三角形, 载有强度为 5.0A 的电流. 回路位于磁感应强度为 80mT 的均匀磁场中, 磁场的方向与回路的 50cm 边中的电流平行. 求 (a) 回路的磁矩的大小及 (b) 作用在回路上的力矩的大小.

【解】 (a) 这里的**关键点**是, 欲求回路的磁矩, 可以根据式 (17－24) 所给出的定义, 先求回路的面积 A, 再求磁矩的大小 m, 即

$$A = \frac{1}{2}(30\mathrm{cm})(40\mathrm{cm}) = 6.0\times10^2\,\mathrm{cm^2}$$

$$m = iA = (5.0\mathrm{A})(6.0\times10^{-2}\mathrm{m^2}) = 0.30\,\mathrm{A\cdot m^2}$$

(b) 这里的**关键点**是, 因为回路位于均匀磁场中, 而且是平面线圈, 据题知磁场的方向与回路的 50cm 边中的电流平行, 即与线圈平面的法线方向相垂直, 所以可以利用式 (17－26) 求出作用在回路上的力矩的大小为

$$M = mB\sin\theta = (0.30\,\mathrm{A\cdot m^2})(80\times10^3\mathrm{T})\sin 90° = 2.4\times10^{-2}\,\mathrm{N\cdot m}$$

(答案)

复习和小结

磁感应强度 $\boldsymbol{B}$ **磁感应强度 $\boldsymbol{B}$** 依据作用在具有电荷 q 以速度 $\boldsymbol{v}$ 通过磁场的检验粒子上的力 $\boldsymbol{F}_B$ 定义:

$$\boldsymbol{F}_B = q\boldsymbol{v}\times\boldsymbol{B}$$

$\boldsymbol{B}$ 的 SI 单位是**特[斯拉]**(T):1T = 1N/(A · m) = 10^4Gs.

带电粒子 q 在电场强度 $\boldsymbol{E}$ 和磁感应强度 $\boldsymbol{B}$ 共同存在的空间中运动时,同时受到电场力和磁场力的作用,其合力为

$$\boldsymbol{F} = q(\boldsymbol{E}+\boldsymbol{v}\times\boldsymbol{B})$$

在磁场中环行的带电粒子 具有质量 m 及电荷 q、以速度 $\boldsymbol{v}$ 垂直于均匀磁场 $\boldsymbol{B}$ 运动的带电粒子将沿圆周运动. 把牛顿第二定律应用到该圆周运动,得出

$$qvB = \frac{mv^2}{r}$$

由此求出圆周的半径将为

$$r = \frac{mv}{qB}$$

回转频率 f、角频率 ω 及运动的周期 T 由下式给出:

$$f = \frac{\omega}{2\pi} = \frac{1}{T} = \frac{qB}{2\pi m}$$

回旋加速器与同步加速器 回旋加速器是一种粒子加速器,它利用磁场使带电粒子保持在半径增大的圆形轨道上,以使一适中的加速电势差可反复地作用在粒子上,向粒子提供高能量.因为随着运动粒子的速率接近光速的10%以上时,粒子变得与振荡器不同步,所以用回旋加速器所能达到的能量有一上限.同步加速器避免了这个困难,这时B和振荡器频率f_{osc}二者都按拟定程序作变化,以使粒子不仅能达到高能量,而且能以恒定的轨道半径这样做.

霍尔效应 当厚度为l载有电流i的导体片被放置在均匀磁场中时,一些载流子(具有电荷e)积累在导体的两个侧面上,生成一跨越导体片的电势差U.两侧面的极性表明载流子的符号;载流子的数密度可用下式计算:

$$n = \frac{Bi}{Ule}$$

作用在载流导线上的磁力 在均匀磁场中载有电流i的直导线受到一侧向力

$$\boldsymbol{F}_B = i\boldsymbol{L} \times \boldsymbol{B}$$

作用在磁场中电流元$i\mathrm{d}\boldsymbol{L}$上的力为

$$\mathrm{d}\boldsymbol{F}_B = i\mathrm{d}\boldsymbol{L} \times \boldsymbol{B}$$

长度矢量$\boldsymbol{L}$或$\mathrm{d}\boldsymbol{L}$的方向是电流的方向.

作用在载流线圈上的力矩 一线圈(面积A、匝数N、载有电流i)在磁感应强度为$\boldsymbol{B}$的均匀磁场中将受到由下式给出的力矩:

$$\boldsymbol{M} = \boldsymbol{m} \times \boldsymbol{B}$$

这里$\boldsymbol{m}$是线圈的**磁矩**,具有大小$m = NiA$及由右手定则给定的方向.

思考题

1. 图17-20示出速度为$\boldsymbol{v}$的正粒子通过均匀磁场$\boldsymbol{B}$并受到磁力$\boldsymbol{F}_B$作用的三种情况.在每一种情况中,试确定这些矢量的实际取向是否在物理上合理.

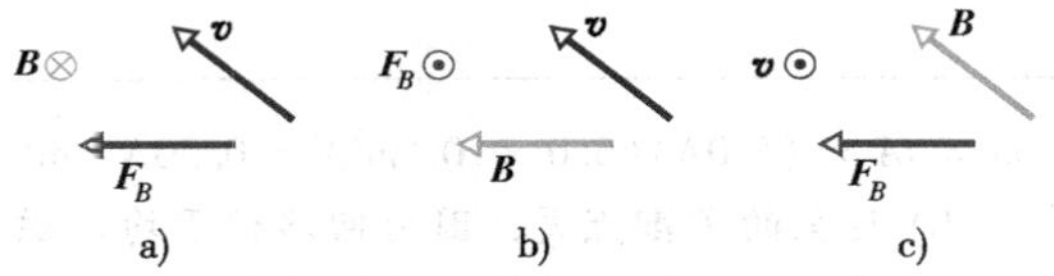

图17-20 思考题1图

2. 这里是质子在某一时刻以速度$\boldsymbol{v}$通过均匀磁场$\boldsymbol{B}$的四种情况:

(a) $\boldsymbol{v} = 2\boldsymbol{i} - 3\boldsymbol{j}$ 而 $\boldsymbol{B} = 4\boldsymbol{k}$

(b) $\boldsymbol{v} = 3\boldsymbol{i} + 2\boldsymbol{j}$ 而 $\boldsymbol{B} = -4\boldsymbol{k}$

(c) $\boldsymbol{v} = 3\boldsymbol{j} - 2\boldsymbol{k}$ 而 $\boldsymbol{B} = 4\boldsymbol{i}$

(d) $\boldsymbol{v} = 20\boldsymbol{i}$ 而 $\boldsymbol{B} = -4\boldsymbol{i}$

不用书面计算,按照质子所受磁力的大小把这四种情况由大到小排序.

3. 在本章中,我们讨论过粒子通过正交场时受到相反的$\boldsymbol{F}_E$和$\boldsymbol{F}_B$.试证明倘若其速率由$v = E/B$给出,则粒子沿直线运动(即哪个力都不能单独支配运动).如果粒子的速率换为(a)$v < E/B$及(b)$v > E/B$,则两个力中哪一个处于支配地位?

4. 图17-21示出正交且均匀的电场$\boldsymbol{E}$和磁场$\boldsymbol{B}$,并且在某一时刻,10个带电粒子的速度矢量都列在表17-2中(这些矢量未按比例画).该表给出了电荷的符号与粒子的速率;速率以小于或大于E/B(参见思考题3)的形式给出.在图17-21的时刻之后,哪些粒子将朝着你向页面外运动?

表 17-2

粒子	电荷	速率	粒子	电荷	速率
1	+	小于	6	−	大于
2	+	大于	7	+	小于
3	+	小于	8	+	大于
4	+	大于	9	−	小于
5	−	小于	10	−	大于

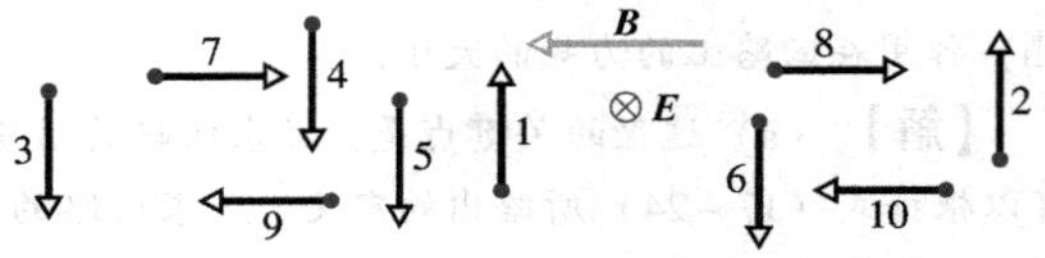

图17-21 思考题4图

5. 在图17-22中,带电粒子以速率v_0进入均匀磁场,在时间T_0内通过一半圆,然后离开磁场.(a)电荷是正的还是负的?(b)粒子的末速率是大于、小于还是等于v_0?(c)如果初速率是$0.5v_0$,则在磁场$\boldsymbol{B}$中所花费的时间将大于、小于还是等于T_0?(d)路径将是半圆、大于半圆还是小于半圆?

6. 图17-23示出一个电子通过大小为B_1和B_2的两个均匀磁场区域的路径.它在每个区域的路径都是半圆,(a)哪个磁场较强?(b)两个磁场各是什么方向?(c)电子在$\boldsymbol{B}_1$的区域中所花费的时间是大于、小于还是等于在$\boldsymbol{B}_2$的区域中所花费的时间?

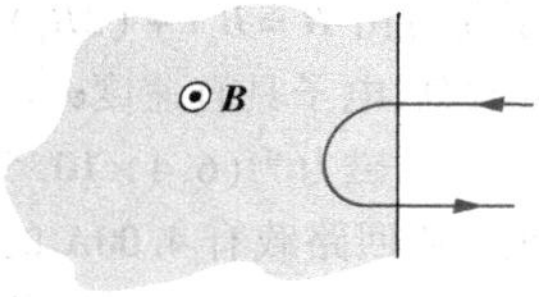

图 17－22　思考题 5 图

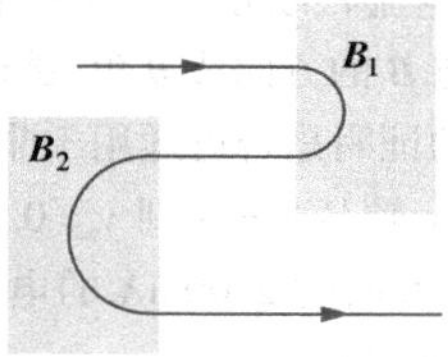

图 17－23　思考题 6 图

7. 粒子的迂回路线. 图 17－24 示出穿过均匀磁场区域的 11 条路径. 一条是直线；其余的都是半圆. 表 17－3 给出沿这些路径按所示的方向穿过磁场的 11 个粒子的质量、电荷及速率. 图中的哪条轨迹对应于表中的哪个粒子？

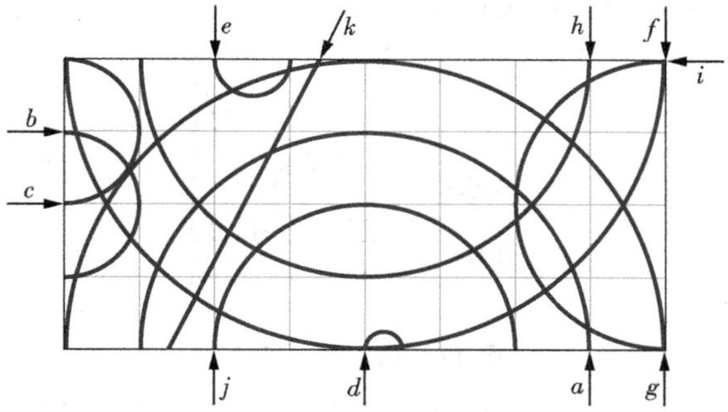

图 17－24　思考题 7 图

表　17－3

粒子	质量	电荷	速率
1	$2m$	q	v
2	m	$2q$	v
3	$m/2$	q	$2v$
4	$3m$	$3q$	$3v$
5	$2m$	q	$2v$
6	m	$-q$	$2v$
7	m	$-4q$	v
8	m	$-q$	v
9	$2m$	$-2q$	$3v$
10	m	$-2q$	$8v$
11	$3m$	0	$3v$

习题

1. 一 α 粒子以大小为 550m/s 的速度 $\boldsymbol{v}$ 通过大小为 0.045T 的均匀磁场 $\boldsymbol{B}$（α 粒子具有 $+3.2\times10^{-19}$C 的电荷及 6.6×10^{-27}kg 的质量）. $\boldsymbol{v}$ 与 $\boldsymbol{B}$ 之间的夹角为 52°. (a) 磁场作用在粒子上的力 $\boldsymbol{F}_B$ 的大小为多少？(b) 由 $\boldsymbol{F}_B$ 所引起的加速度有多大？(c) 粒子的速率是增大、减小还是保持为 550m/s？

2. 与磁感应强度为 2.60mT 的磁场成 23.0°运动的质子受到 6.50×10^{-17}N 的磁力. 计算 (a) 质子的速率及 (b) 其按电子伏计的动能.

3. 一质子通过均匀磁场和电场. 磁感应强度为 $\boldsymbol{B}=-2.5\boldsymbol{i}$mT. 在某一时刻质子的速度为 $\boldsymbol{v}=2000\boldsymbol{j}$m/s. 在该时刻，如果电场强度为：(a) 4.0$\boldsymbol{k}$V/m；(b) −4.0$\boldsymbol{k}$V/m；(c) 4.0$\boldsymbol{i}$V/m，则作用在质子上合力的大小是多少？

4. 一个 6.50cm 长、0.850cm 宽、0.760mm 厚的金属片以恒定的速度 $\boldsymbol{v}$ 通过 $B=1.20$mT、方向垂直于该片的均匀磁场，如图 17－25 所示. 在跨越该片的 x、y 两点间测出的电势差为 3.90μV. 计算速率 v.

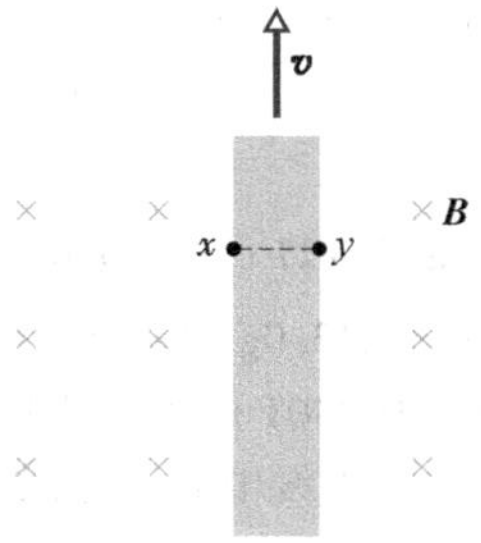

图 17－25　习题 4 图

5. 动能为 E_k 的电子束从加速管末端的薄箔“窗”射出. 有一金属板位于与射束垂直的方向且离窗的距离为 d（见图 17－26）. 证明：如果我们在电子束前进的路上施加一均匀磁场 $\boldsymbol{B}$，且

$$B\geqslant\sqrt{\frac{2mE_k}{e^2d^2}}$$

就能使电子束不致打到金属板上. 式中，m 和 e 是电子

哈里德大学物理学

的质量及电荷. $\boldsymbol{B}$ 应取什么方向?

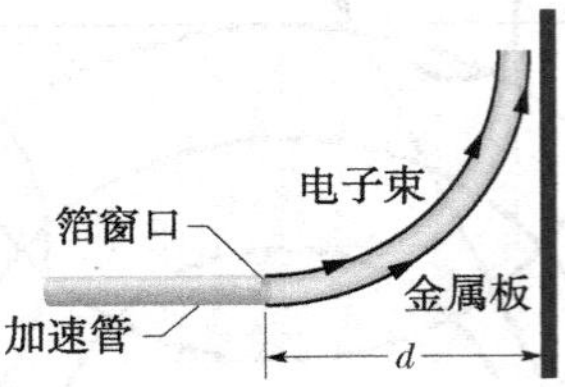

图 17-26 习题 5 图

6. 某种工业用质谱仪(参见例题 17-2)被用于从其他相关的核素中分离质量为 3.92×10^{-25}kg 且电荷为 3.20×10^{-19}C 的铀离子. 离子通过 100kV 的电势差被加速然后进入均匀磁场,在那里它们进入半径为 1.00m 的圆形路径. 在经过 180°并穿过一宽 1.00mm、高 1.00cm 的狭缝后,它们被收集在一只杯中. (a)分离器中(垂直的)磁感应强度的大小是多少? 如果该设备每小时分离出 100mg 的材料,计算:(b)在设备中所需要的离子的电流;(c)1.00h 内在杯中所产生的热能.

7. 在图 17-27 中,一带电粒子进入均匀磁场 $\boldsymbol{B}$ 的区域,通过半个圆,然后退出该区域. 该粒子是质子或电子(你可以决定它). 它在该区域内度过 130ns. (a)$\boldsymbol{B}$ 的大小是多少? (b)如果粒子通过磁场被送回(沿相同的初始路径),但其动能为原先的 2.00 倍,则它在磁场内度过多长时间?

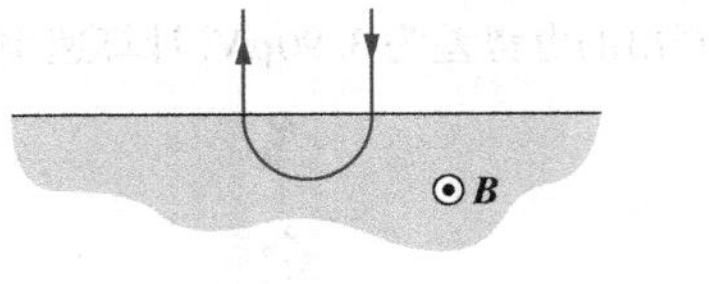

图 17-27 习题 7 图

8. 一 62.0cm 长、13.0g 重的导线被两根可伸缩的引线悬挂在大小为 0.440T 的均匀磁场中(见图 17-28). 要除去两根承重引线中的张力,所需电流的大小及方向为何?

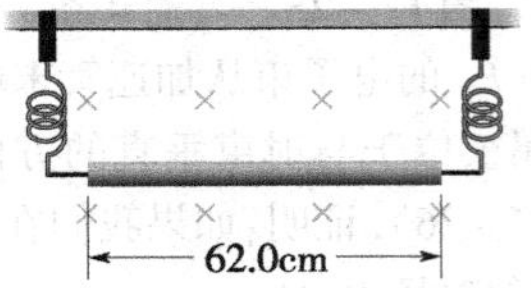

图 17-28 习题 8 图

9. 在某回旋加速器中,质子沿半径为 0.50m 的圆周运动,磁感应强度的大小为 1.2T. (a)振荡器频率是多少? (b)质子的动能是多大? 按电子伏计.

10. 一电子通过由 $\boldsymbol{B}=B_x\boldsymbol{i}+(3B_x)\boldsymbol{j}$ 给定的均匀磁场. 在一特定时刻,电子具有速度 $\boldsymbol{v}=(2.0\boldsymbol{i}+4.0\boldsymbol{j})$ m/s,而作用在其上的磁力为 $(6.4\times10^{-19}\text{N})\boldsymbol{k}$. 求 B_x.

11. 一单匝电流回路载有 4.00A 的电流. 回路成边长为 50.0cm、120cm 及 130cm 的直角三角形,并处于磁感应强度为 75.0mT 的均匀磁场中. 磁场的方向平行于回路的 130cm 边中的电流. (a)求回路每个边上磁力的大小. (b)证明回路上的总磁力为零.

12. 一载有电流 i 的闭合导线回路处于均匀磁场 $\boldsymbol{B}$ 中,回路平面与 $\boldsymbol{B}$ 的方向成 θ 角. 试证明在回路上的总磁力为零. 你的证明是否也适用于非均匀磁场?

13. 一根沿 y 轴从 $y=0$ 到 $y=0.250$m 平放的导线载有沿 y 轴负方向的 2.00mA 的电流. 导线位于由下式给出的均匀磁场中:

$$\boldsymbol{B}=(0.300\text{T/m})y\boldsymbol{i}+(0.400\text{T/m})y\boldsymbol{j}$$

用单位矢量表示法表示:对(a)位置 y 处的线元 dy 及(b)整个导线的磁力为何?

14. 一质子以 +50m/s 的恒定速度沿 x 轴通过正交的电场与磁场. 磁场为 $\boldsymbol{B}=(2.0\text{mT})\boldsymbol{j}$. 电场为何?

15. 图 17-29 示出一20 匝的矩形导线线圈,其尺寸为 10cm×50cm,它载有 0.10A 的电流并沿一长边被铰接. 线圈装配在 xy 平面内,与磁感应强度为 0.50T 的均匀磁场的方向成 30°角. 求作用在线圈上绕铰接线的力矩的大小及方向.

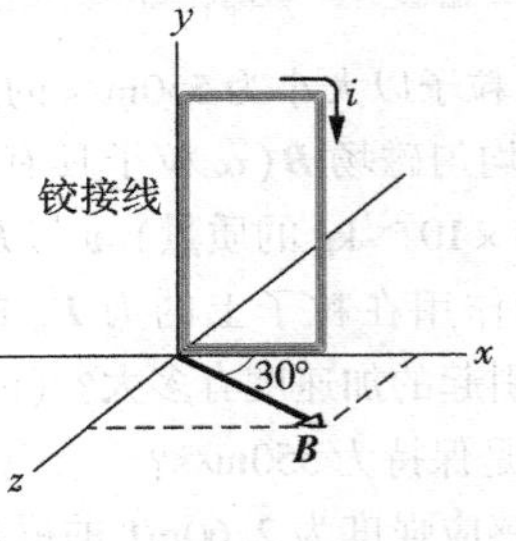

图 17-29 习题 15 图

16. 一长 l 的导线载有电流 i. 证明:如果导线被弯成圆形线圈,则当这线圈只有一匝时,它在给定的磁场中所受的力矩为最大,且这个最大力矩的大小为

$$M=\frac{1}{4\pi}L^2iB$$

17. 图 17-30 所示为一质量 $m=0.250$kg 且长度 $L=0.100$m 的木制圆柱. 围绕圆柱沿纵向绕有 $N=10.0$ 匝的导线,使圆柱的轴位于线圈平面内. 一斜面与水平方向成 θ 角,处于大小为 0.500T 的、竖直均匀磁场中. 如果线圈平面与斜面平行,则通过线圈的电流

至少为多大,圆柱才不致滚下斜面?

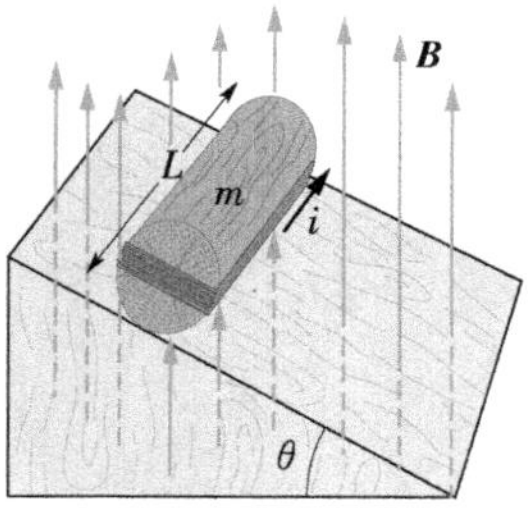

图 17－30　习题 17 图

18. 一160匝的圆线圈具有1.90cm的半径.(a)计算能导致2.30A·m^2的磁矩的电流.(b)求载有此电流的该线圈在35.0T的均匀磁场中能受到的最大力矩.

19. 一半径为15.0cm的圆形导线回路载有2.60A的电流.它被放置得使其平面的法线与12.0T的均匀磁场成41.0°角.(a)计算回路的磁矩.(b)作用在回路上的力矩为何?

20. 一带电 q 的粒子以速率 v 沿半径为 a 的圆周运动.把这个圆形路径作为具有等于其平均电流的恒定电流回路看待,求磁感应强度为 B 的均匀磁场施加于回路的最大力矩.

第 18 章　电流的磁场　磁介质

这是我们目前向空间发送物资的方式，然而，当我们开始开发月球和小行星时，因为在那里我们不具有用于这种常规火箭的燃料源，所以需要更有效的方式．电磁发射装置可能是个解决方案．它是一种小型样机——电磁轨道炮，目前能使射弹在 **1ms** 内由静止加速到 **10km/s**（**36000km/h**）的速率．

怎样能实现如此急剧的加速过程呢？

答案就在本章中．

19 世纪以来物理学的发展揭示，在宏观世界中，虽然永磁体和电流都能激发磁场，但是究其本源却只有一个，就是电流．这就是说，运动电荷（单独的或作为电流的一部分）不仅激发电场，还激发磁场．

本章先就真空的情况研究电流激发磁场的规律，然后介绍磁场中有磁介质存在的情况，具体地讲，就是磁场对磁介质的作用以及磁介质反过来对磁场的影响．

18 –1 毕奥 – 萨伐尔定律及其应用

电流激发磁场的基本规律是电流元激发磁场的规律．它是法国科学家毕奥（J. B. Biot）和萨伐尔（F. Savart）在研究长直导线中电流的磁场对磁极作用力的基础上提出的．

图 18 –1 所示是一条任意形状的载流导线，$i\mathrm{d}\boldsymbol{s}$ 是其中一段典型的电流元，我们需要确定该电流元在相距为 $\boldsymbol{r}$ 的任一点 P 处所激发的微元磁感应强度 $\mathrm{d}\boldsymbol{B}$．

电流元 $i\mathrm{d}\boldsymbol{s}$ 在 P 点所激发的 $\mathrm{d}\boldsymbol{B}$ 的大小被证明为

$$\mathrm{d}B = \frac{\mu_0}{4\pi}\frac{i\mathrm{d}s\sin\theta}{r^2} \tag{18 – 1}$$

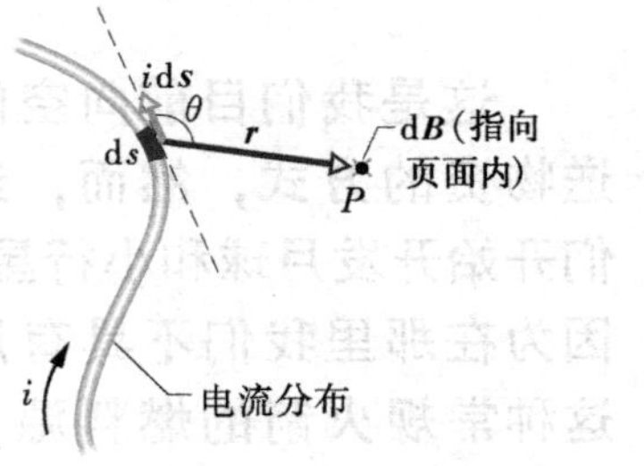

图 18 –1 电流元 $i\mathrm{d}\boldsymbol{s}$ 在 P 点激发微元磁感应强度 $\mathrm{d}\boldsymbol{B}$，P 点的 × 号表示 $\mathrm{d}\boldsymbol{B}$ 指向页面内．

式中，θ 是 $\mathrm{d}\boldsymbol{s}$ 与从 $\mathrm{d}\boldsymbol{s}$ 引伸到 P 的矢量 $\boldsymbol{r}$ 之间的夹角；μ_0 是一个常量，叫做**真空磁导率**，其值被精确地定义为

$$\mu_0 = 4\pi\times10^{-7}\mathrm{T\cdot m/A}\approx1.26\times10^{-6}\mathrm{T\cdot m/A} \tag{18 – 2}$$

$\mathrm{d}\boldsymbol{B}$ 的方向是矢积 $\mathrm{d}\boldsymbol{s}\times\boldsymbol{r}$ 的方向，在图 17 –5 中表示为指向页面内．由此能把式（18 –1）写作矢量形式

$$\mathrm{d}\boldsymbol{B} = \frac{\mu_0}{4\pi}\frac{i\mathrm{d}\boldsymbol{s}\times\boldsymbol{r}}{r^3}\quad（毕奥 – 萨伐尔定律） \tag{18 – 3}$$

这个矢量方程及其标量式，即式（18 –1）叫做**毕奥 – 萨伐尔定律**．根据实验我们了解到，磁感应强度像电场强度一样，可以叠加，以求出总磁感应强度．下面，我们就应用这个定律计算由不同的电流分布在任一点 P 处激发的总磁感应强度 $\boldsymbol{B}$．

1. 直导线中电流激发的磁感应强度

如图 18 –2 所示，一根直导线由下至上通有电流 i．我们希望求出与导线距离为 R 的 P 点处的磁感应强度 $\boldsymbol{B}$．根据式（18 –1），与 P 点相距为 $\boldsymbol{r}$ 的电流元 $i\mathrm{d}\boldsymbol{s}$ 在 P 点处所激发的微磁感应强度的大小为

$$\mathrm{d}B = \frac{\mu_0}{4\pi}\frac{i\mathrm{d}s\sin\theta}{r^2}$$

如图 18 –2 所示，$\mathrm{d}\boldsymbol{B}$ 的方向沿 $\mathrm{d}\boldsymbol{s}\times\boldsymbol{r}$ 的方向，即垂直页面向内．

应注意，在 P 点处 $\mathrm{d}\boldsymbol{B}$ 的方向对导线的所有电流元都一致．因此，在求总磁感应强度 $\boldsymbol{B}$ 的大小时，只需求 $\mathrm{d}B$ 的代数和．对于一段有限长的导线 A_1A_2 来说，

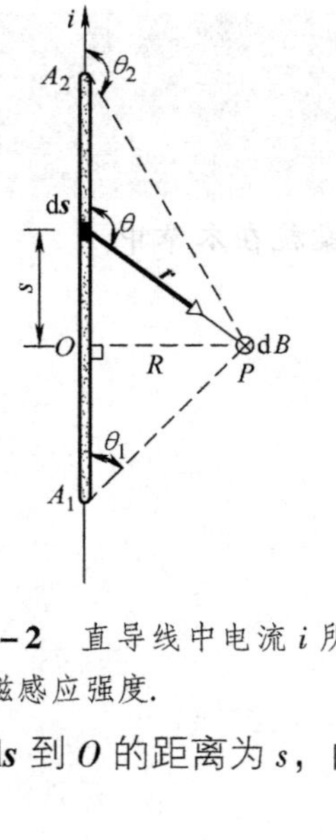

图 18 –2 直导线中电流 i 所激发的磁感应强度．

$$B = \int_{A_1}^{A_2}\mathrm{d}B = \frac{\mu_0}{4\pi}\int_{A_1}^{A}\frac{i\mathrm{d}s\sin\theta}{r^2} \tag{18 – 4}$$

从 P 点作直导线的垂线 PO，已知其长度为 R．以 O 为原点，设电流元 $\mathrm{d}\boldsymbol{s}$ 到 O 的距离为 s，由图

18－2 可以看出：

$$s = r\cos(\pi - \theta) = -r\cos\theta$$
$$R = r\sin(\pi - \theta) = r\sin\theta$$

由此消去 r，可得

$$s = -R\cot\theta$$

取微分：

$$\mathrm{d}s = \frac{R\mathrm{d}\theta}{\sin^2\theta}$$

将上面的积分变量 s 换为 θ 后得到

$$B = \frac{\mu_0}{4\pi}\int_{\theta_1}^{\theta_2}\frac{i\sin\theta\mathrm{d}\theta}{R} = \frac{\mu_0 i}{4\pi R}(\cos\theta_1 - \cos\theta_2) \qquad (18-5)$$

式中，θ_1、θ_2 分别为在 A_1、A_2 两端 θ 角的数值.

如果导线为无限长，$\theta_1=0$，$\theta_2=\pi$，则

$$B = \frac{\mu_0}{4\pi}\cdot\frac{2i}{R} = \frac{\mu_0 i}{2\pi R} \qquad (18-6)$$

上式表明，**无限长直导线中电流在周围所激发的磁感应强度 B 与垂直距离 R 的一次方成反比.**

长直导线中电流所激发的磁场的磁感应线如图 18－3 所示，就像图 18－4 中的铁粉显示的那样，环绕导线，形成同心圆. 图 18－3 中，磁感应线间距随着到导线距离的增大而加大，显示出由式（18－5）所表示的 $\boldsymbol{B}$ 的大小按 $1/R$ 的比例减小. 图中两个矢量 $\boldsymbol{B}$ 的长度也按 $1/R$ 的比例减小.

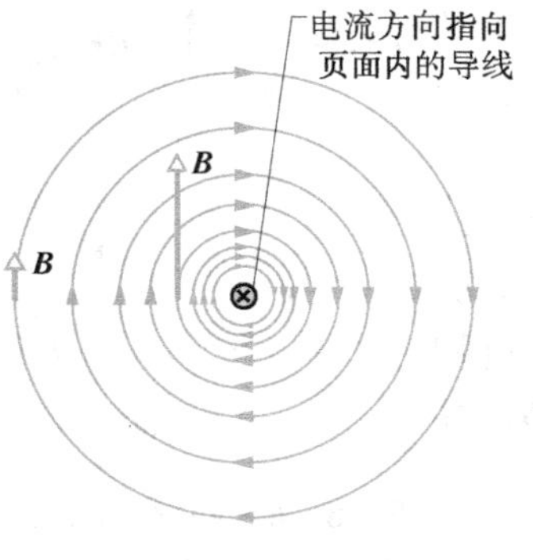

图 18－3 长直导线中的电流产生的磁感应线形成环绕电流元的同心圆. ×表示电流是指向页面内的.

图 18－4 当电流通过中心导线时撒在纸板上的铁粉聚集成很多同心圆. 铁粉沿磁感应线排列，是由电流产生的磁场引起的.

下面是简单的右手定则，来确定由电流元，如一根长导线的一段所产生的磁感应强度的方向.

右手定则：把电流元握在你的右手中，拇指伸直指向电流方向，其余的手指将自然地沿由该电流元激发的磁感应强度的方向弯曲.

把这个右手定则应用到图 18－3 中直导线中的电流，结果如图 18－5a 所示．为了确定由这个电流在任一特定点所建立的磁感应强度 $\boldsymbol{B}$ 的方向，想象用你的右手卷绕导线，并使拇指指向电流方向．再让你的其他指尖通过该点，它们的方向就是那一点的磁感应强度的方向．从图 18－3 可看出，$\boldsymbol{B}$ 在任一点**都与磁感应线相切**；从图 18－5 可看出，**它垂直于连接该点与电流的径向虚线**.

2. 圆弧形导线中电流的磁感应强度

为了求出弯曲导线中的电流在一点所激发的磁感应强度，我们将重新应用式（18－1）写出由单个电流元所激发磁感应强度的大小，并重新积分求出由所有电流元所激发的总磁感应强度．这个积分可能比较困难，这将取决于导线的形状．但当导线是圆弧且该点是曲率中心时，该积分是相当简单的.

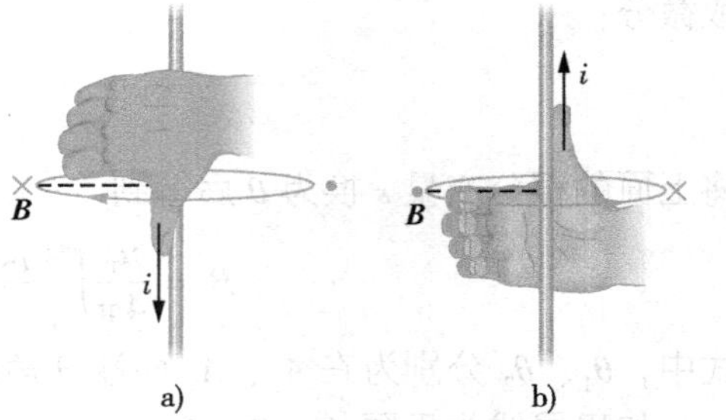

图 18－5 右手定则给出由导线中电流所引起的磁感应强度的方向．a）图 18－3 的情形的侧视图．导线左边任一点的 $\boldsymbol{B}$ 垂直于径向虚线而指向页面内，沿指尖的方向，如 × 所标明的．b）如果电流方向相反，导线左边任一点的 $\boldsymbol{B}$ 仍和径向虚线垂直但现在指向页面外，如点所标明的.

图 18－6a 所示就是这样的圆弧形导线，它具有圆心角 ϕ、半径 R、圆心 C，且载有电流 i．在 C 点处，导线的每个电流元 $i\mathrm{d}\boldsymbol{s}$ 产生一个由式（18－1）给出的大小为 $\mathrm{d}B$ 的磁感应强度．并且，如图 18－6b 所示，无论电流元位于导线上何处，矢量 $\mathrm{d}\boldsymbol{s}$ 与 $\boldsymbol{r}$ 之间的夹角都是 90° 且 $r=R$．因此，可用 R 替代 r 并用 90° 替代 θ，由式（18－1）可得

$$\mathrm{d}B=\frac{\mu_0}{4\pi}\frac{i\mathrm{d}s\sin 90^\circ}{R^2}=\frac{\mu_0}{4\pi}\frac{i\mathrm{d}s}{R^2} \qquad (18-7)$$

圆弧上每一个电流元在 C 处所引起的磁感应强度大小都是这个值.

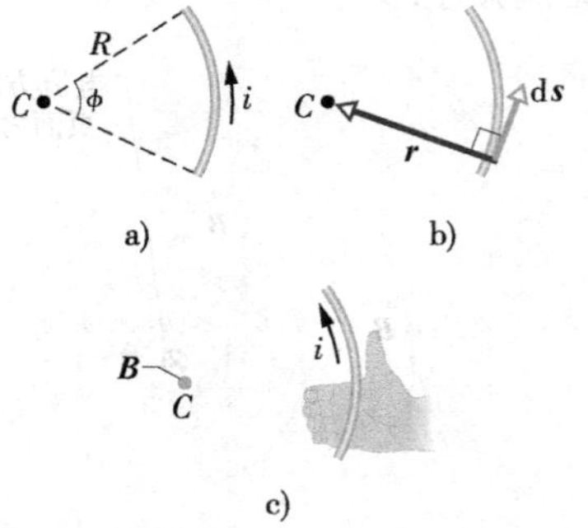

图 18－6 a）载有电流 i 而圆心在 C 处的圆弧形导线．b）对于沿圆弧的任一电流元 $\mathrm{d}\boldsymbol{s}$ 与 $\boldsymbol{r}$ 都成 90°．c）圆心 C 处的磁感应强度方向为从纸面向外沿指尖的方向.

沿导线任意点应用右手定则（见图 18－6c）可见，所有的微元在 C 处的 $\mathrm{d}\boldsymbol{B}$ 都具有相同的方向，即垂直从页面向外．因此，C 处的总磁感应强度就是所有微元磁感应强度 $\mathrm{d}\boldsymbol{B}$ 的和（通过积分）．我们应用恒等式 $\mathrm{d}s=R\mathrm{d}\phi$ 把求积的变量由 $\mathrm{d}s$ 改为 $\mathrm{d}\phi$，并根据式（18－7）可得

$$B=\int \mathrm{d}B=\int_0^{\phi}\frac{\mu_0}{4\pi}\frac{iR\mathrm{d}\phi}{R^2}=\frac{\mu_0 i}{4\pi R}\int_0^{\phi}\mathrm{d}\phi$$

求积分后得到

$$B=\frac{\mu_0 i\phi}{4\pi R} \quad \text{（在圆弧圆心处）} \qquad (18-8)$$

应注意，此式仅给出在载流圆弧曲率中心处的磁感应强度．当把数据代入此式时，应注意将 ϕ 用弧度表示而不是度．例如，为了求出载流的整个圆在圆心处磁感应强度的大小，应该用 $2\pi\,\mathrm{rad}$ 替代式（18－8）中的 ϕ，求得

$$B=\frac{\mu_0 i(2\pi)}{4\pi R}=\frac{\mu_0 i}{2R} \quad \text{（在整个圆的圆心处）} \qquad (18-9)$$

例题 18-1

图 18-7a 中的导线载有电流 i，它包括一段半径为 R、圆心角为 $\pi/2$ rad 的圆弧和两个延伸部分在 C 点相交的直线段. 电流在 C 处所产生的磁感应强度为何?

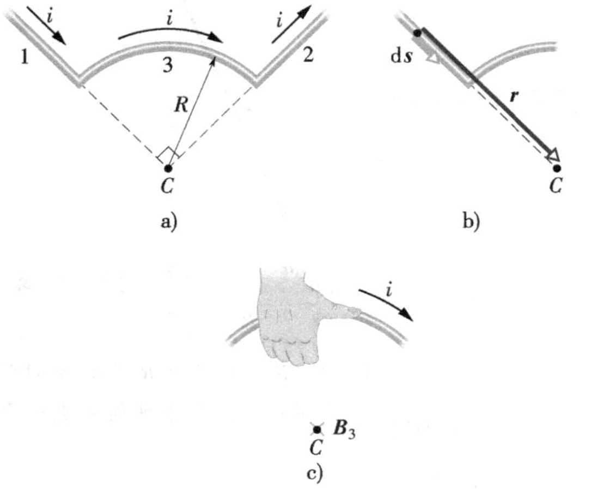

图 18-7 例题 18-1 图 a) 由圆弧 (3) 及两直线段 (1 和 2) 组成的载有电流 i 的导线. b) 对于 1, $d\boldsymbol{s}$ 与 $\boldsymbol{r}$ 之间的夹角为零. c) 确定由 3 中电流在 C 处所引起的磁感应强度 $\boldsymbol{B}_3$ 的方向为指向页面内.

【解】 这里的一个**关键点**是，我们能通过将毕奥-萨伐尔定律应用于导线，求出 C 点处的磁感应强度. 第二个**关键点**是，式 (18-3) 的应用能通过计算三个可区分的导线段的 $\boldsymbol{B}$ 而被简化. 这三段为 (1) 在左边的直线段; (2) 在右边的直线段; (3) 圆弧.

直线段: 对于直线段 1 中的任一电流元，$d\boldsymbol{s}$ 与 $\boldsymbol{r}$ 之间的夹角为零 (见图 18-7b)，由式 (18-1) 可得

$$dB_1 = \frac{\mu_0}{4\pi}\frac{i ds \sin\theta}{r^2} = \frac{\mu_0}{4\pi}\frac{i ds \sin 0}{r^2} = 0$$

因此，在直线段 1 中沿导线全部长度的电流对在 C 处的磁场无贡献，即

$$B_1 = 0$$

在直线段 2 中，也是同样的情况，任一电流元 $d\boldsymbol{s}$ 与 $\boldsymbol{r}$ 之间的夹角为 180°，因此

$$B_2 = 0$$

圆弧: 这里的**关键点**是，应用毕奥-萨伐尔定律计算圆弧中心处的磁感应强度就是使用式 $B = \mu_0 i\phi/4\pi R$. 这里，圆弧的圆心角为 $\pi/2$. 因此，根据式 (18-8)，可得在圆弧中心 C 点的磁场 $\boldsymbol{B}_3$ 的大小为

$$B_3 = \frac{\mu_0 i(\pi/2)}{4\pi R} = \frac{\mu_0 i}{8R}$$

为了确定 $\boldsymbol{B}_3$ 的方向，我们应用在图 18-5 中所示的右手定则. 想象用你的右手如图 18-7c 所示那样握住圆弧，使拇指指向电流的方向，这时其余手指环绕导线弯曲的方向就是环绕导线的磁感应线的方向，在 C 点的区域 (圆弧的内侧) 中指尖指向**页面内**，因此，$\boldsymbol{B}_3$ 就指向页平面内.

总磁感应强度: 通常当我们必须把两个或更多的磁感应强度组合以求出总磁感应强度时，应该把这些量作为矢量组合而不只是把它们的大小相加. 然而，这里只有圆弧在 C 点产生磁感应强度，因此，我们能把总磁感应强度 $\boldsymbol{B}$ 的大小写作

$$B = B_1 + B_2 + B_3 = 0 + 0 + \frac{\mu_0 i}{8R} = \frac{\mu_0 i}{8R}$$

(答案)

$\boldsymbol{B}$ 的方向就是 $\boldsymbol{B}_3$ 的方向，即指向图 18-7 的页面内.

检查点 1: 右图所示为三个由同心圆弧 (半径为 r、$2r$ 及 $3r$ 的半圆或四分之一圆) 及它们的径向线段组成的电路，电路中载有相同的电流. 按照在曲率中心 (图中小点) 激发的 $\boldsymbol{B}$ 的大小把它们由大到小排序.

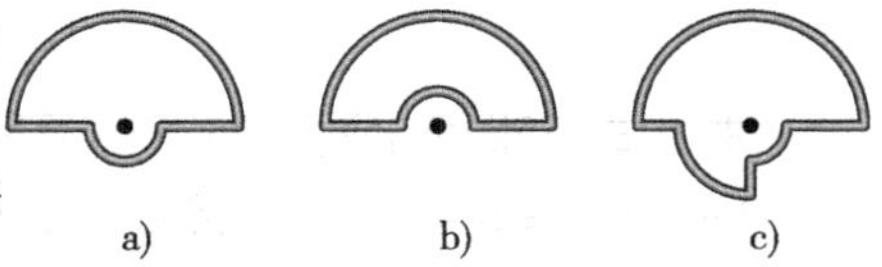

3. 圆形线圈中电流在中心轴上的磁感应强度

图 18-8 所示为半径 R、载有电流 i 的圆形线圈后面的一半. 我们要求出在线圈中心轴上距离线圈平面为 z 的某点 P 处的 $\boldsymbol{B}$. 把毕奥-萨伐尔定律应用到线圈左侧的微元 ds. 这个微元的长度矢量 $d\boldsymbol{s}$ 垂直地指向页面外. 图 18-8 中，$d\boldsymbol{s}$ 与 $\boldsymbol{r}$ 之间的夹角 θ 为 90°. 由这两个矢量所构

成的平面垂直于图平面且含有 $\boldsymbol{r}$ 及 $\mathrm{d}s$. 根据毕奥－萨代尔定律，这个微元中的电流在 P 点激发的微元磁感应强度 $\mathrm{d}\boldsymbol{B}$ 垂直于此平面，因而在图平面内，并垂直于 $\boldsymbol{r}$，如图 18－8 所示.

我们把 $\mathrm{d}\boldsymbol{B}$ 分解成两个分量：沿线圈轴向的 $\mathrm{d}\boldsymbol{B}_{\parallel}$ 及垂直于这个轴的 $\mathrm{d}\boldsymbol{B}_{\perp}$. 根据对称性，由线圈的全部微元产生的所有垂直分量 $\mathrm{d}B_{\perp}$ 的矢量和为零. 这样，就只剩下轴向分量 $\mathrm{d}B_{\parallel}$，而我们有

$$B = \int \mathrm{d}B_{\parallel}$$

对于图 18－8 中的微元 $\mathrm{d}s$，毕奥－萨伐尔定律式（18－1）告诉我们，在距离 r 处的磁感应强度大小为

$$\mathrm{d}B = \frac{\mu_0}{4\pi}\frac{i\mathrm{d}s\sin 90°}{r^2}$$

我们还有

$$\mathrm{d}B_{\parallel} = \mathrm{d}B\cos\alpha$$

把这两个关系式结合起来，可以得到

$$\mathrm{d}B_{\parallel} = \frac{\mu_0 i\cos\alpha\mathrm{d}s}{4\pi r^2} \qquad (18-10)$$

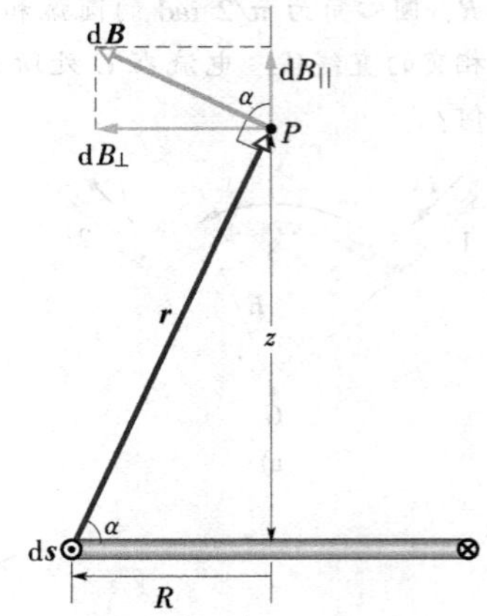

图 18－8　半径为 R 的电流回路的后面一半，回路平面垂直于页面.

图 18－8 显示，r 和 α 并不独立而是相互关联的. 我们用变量 z 和线圈半径 R 来表示它们，即

$$r = \sqrt{R^2 + z^2} \qquad (18-11)$$

$$\cos\alpha = \frac{R}{r} = \frac{R}{\sqrt{R^2 + z^2}} \qquad (18-12)$$

把式（18－11）和式（18－12）代入式（18－10），求得

$$\mathrm{d}B_{\parallel} = \frac{\mu_0 iR}{4\pi(R^2 + r^2)^{3/2}}\mathrm{d}s$$

应注意，i、R 及 z 对环绕线圈的所有微元 $\mathrm{d}s$ 具有相同的值，所以当我们积分此式时，可得出

$$B = \int \mathrm{d}B_{\parallel} = \frac{\mu_0 iR}{4\pi(R^2 + z^2)^{3/2}}\int \mathrm{d}s$$

或者，由于 $\int \mathrm{d}s$ 就是线圈的周长 $2\pi R$，可得

$$B(z) = \frac{\mu_0 iR^2}{2(R^2 + z^2)^{3/2}} \qquad (18-13)$$

由上式不难确定两个特殊位置的磁感应强度：

（a）当 $z = 0$ 时，在圆线圈圆心处的磁感应强度为

$$B = \frac{\mu_0 i}{2R}$$

这就是式（18－9）.

（b）当 $z \gg R$ 时，$(R^2 + z^2) \approx z^2$，即在中心轴上远离圆心处的磁感应强度近似为

$$B \approx \frac{\mu_0 iR^2}{2z^3} = \frac{\mu_0 i\pi R^2}{2\pi z^3} = \frac{\mu_0 iS}{2\pi z^3} \qquad (18-14)$$

由此可知，P 点的磁感应强度决定于线圈的面积 S 和电流 i 的乘积. 对于平面载流线圈，我们曾在第 17-5 节中引入磁矩的概念，其定义是（见式（17-24））

$$\boldsymbol{m} = iS\boldsymbol{n}$$

这样，式（18-14）就可以用磁矩表示为

$$\boldsymbol{B} = \frac{\mu_0}{2\pi}\frac{\boldsymbol{m}}{z^3} \quad (18-15)$$

解题线索

线索 1： *右手定则*

为了有助于选择已学过的（以及将要提出的）右手定则，下面作一个回顾.

用于矢积的右手定则： 它是一个确定由矢积所形成的矢量方向的方法. 将你的右手手指从乘积中的第一个矢量经过两个矢量之间较小的角度，扫到第二个矢量，则你伸直的拇指就是矢积所形成的矢量的方向. 在力学中，我们曾应用这个右手定则来确定力矩和角动量矢量的方向. 在后面，我们将应用它来确定磁场对载流导线的力的方向.

用于磁学的曲-直右手定则： 在磁学中，很多情况下，你需要把“卷曲的”元素与“挺直的”元素关联起来，这时就可以通过右手用“卷曲的”手指和“挺直的”拇指完成这种关联. 在 17-5 节中已经有一个实例，我们把环绕回路的电流（卷曲的元素）与回路的法线矢量 $\boldsymbol{n}$（挺直的元素）联系起来：按环绕回路中的电流方向卷曲右手的手指，则伸直的拇指就给出了 $\boldsymbol{n}$ 的方向，这也是回路的磁矩 $\boldsymbol{m}$ 的方向.

在本节中，曾介绍第二个曲-直右手定则. 为了确定环绕电流元的磁感应线的方向，用右手伸直的拇指指向电流的方向，其余的手指则环绕电流元沿磁感应线的方向卷曲.

18-2 平行载流长直导线间的相互作用

两根平行的载流长直导线会相互施加作用力. 利用上一节中长直导线中电流激发磁场的规律式（18-5）和第 17-5 节中磁场对载流长直导线作用力的规律式（17-19），可以求出这两根导线彼此施加的力.

我们首先分析图 18-9 中由导线 a 中的电流对导线 b 的力. 这个电流产生磁感应强度 $\boldsymbol{B}_a$. 实际上，也正是这个磁场产生了对导线 b 的力. 为了求出这个力，需要知道**导线 b 所在处** $\boldsymbol{B}_a$ 的大小及方向. 根据式（18-6）可得导线 b 处的每一点 $\boldsymbol{B}_a$ 的大小为

$$B_a = \frac{\mu_0 i_a}{2\pi d} \quad (18-16)$$

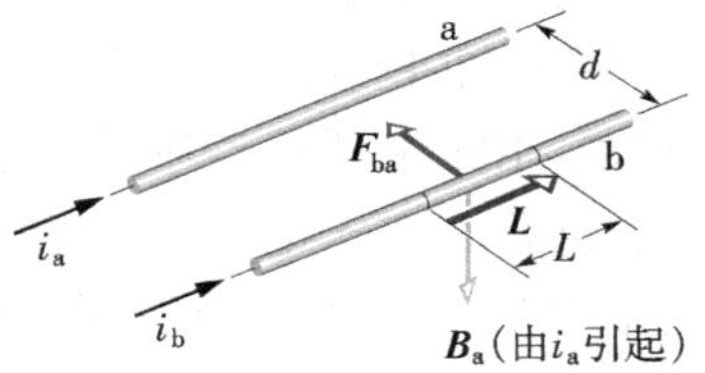

图 18-9 载有同方向电流的两根平行导线相互吸引. $\boldsymbol{B}_a$ 是导线 a 中的电流在导线 b 处产生的磁感应强度；$\boldsymbol{F}_{ba}$ 是导线 b 由于在 $\boldsymbol{B}_a$ 中载有电流而受的力.

（曲-直）右手定则告诉我们，如图 18-9 所示，在导线 b 处 $\boldsymbol{B}_a$ 的方向是向下的.

既然确定了这个磁场，就能求出它对导线 b 的力. 式（17-19）告诉我们，外磁场 $\boldsymbol{B}_a$ 对导线 b 的 L 长度的力为

$$\boldsymbol{F}_{ba} = i_b\boldsymbol{L}\times\boldsymbol{B}_a \quad (18-17)$$

式中，$\boldsymbol{L}$ 是导线的长度矢量. 在图 18-9 中，矢量 $\boldsymbol{L}$ 与 $\boldsymbol{B}_a$ 垂直，所以借助式（18-16），可以写出

$$F_{ba} = i_bLB_a\sin 90° = \frac{\mu_0 L i_a i_b}{2\pi d} \quad (18-18)$$

$\boldsymbol{F}_{ba}$的方向是矢积$\boldsymbol{L}\times\boldsymbol{B}_a$的方向．把矢积的右手定则应用于图18－9中的$\boldsymbol{L}$与$\boldsymbol{B}_a$，由图可见，$\boldsymbol{F}_{ba}$指向a.

求载流导线受力的一般步骤如下：

为了求出第二根载流导线对第一根载流导线的力，首先求出第二根导线在第一根导线所在处的磁感应强度；然后求出该磁场对第一根导线的力.

我们现在就能按这个步骤来计算由导线b中的电流对导线a的力了．这个力的方向是指向导线b的．因此，具有同方向电流的两根导线将相互吸引．同样，如果两个电流是反方向的，也能证明两根导线将相互排斥．因而有：

同方向电流吸引，而反方向电流排斥.

作用在平行导线中电流之间的力是定义七个SI基本单位之一——安培的基础．1946年所采用的定义如下：安培是这样的恒定电流，如果它在两根在真空中相距1m的、无限长而且圆形横截面可忽略的平行直导线中流通，则对每根导线将产生大小为每米长度2×10^{-7}N的力.

本章首页曾提到一种利用磁能在短时间内把射弹加速到高速的装置，即电磁轨道炮，现在简单说明其原理.

轨道炮是一种装置，它利用磁能在短时间内把射弹加速到高速．轨道炮的原理如图18－10a所示．大电流沿两条平行的导体轨道之一送出，流过两轨道之间的导电“熔体”（如窄铜片），然后沿第二条轨道回到电流源．把待发射的射弹平放在熔体的前面并松弛地嵌在两轨道之间．电流一通入，熔体立刻熔化并汽化，在轨道间熔体原来所在处形成导电气体.

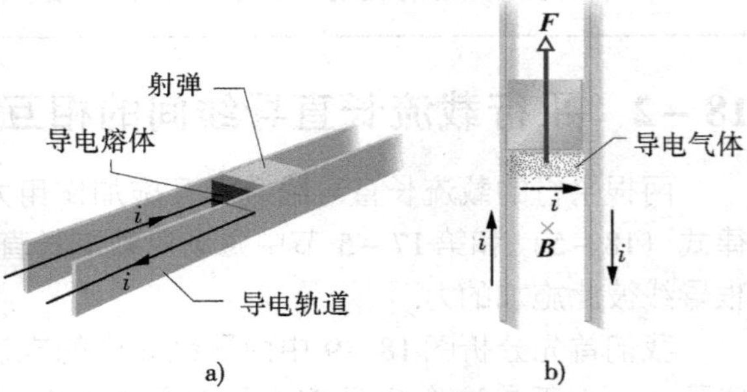

图18－10 a）开始通入电流的轨道炮．电流迅速使导电熔体汽化．b）电流在轨道间产生磁感应强度$\boldsymbol{B}$．$\boldsymbol{B}$对作为电流通路一部分的导电气体作用一个力$\boldsymbol{F}$．气体沿轨道推动射弹，将其发射.

应用图18－5所示的曲－直右手定则可知，图18－10a中两轨道中的电流在轨道间产生向下的磁场．由于电流i流过气体，磁场$\boldsymbol{B}$会对气体施加一个力$\boldsymbol{F}$（见图18－10b）．借助式（18－17）和矢积的右手定则可知，$\boldsymbol{F}$沿轨道指向外部．随着气体被迫沿轨道向外运动，它就推动射弹以高达5×10^6g的加速度加速，然后将以10km/s的速率发射出去，全部过程只有1ms.

18－3 磁场的高斯定理和安培环路定理

本节介绍稳恒磁场的两条基本定理——高斯定理和安培环路定理．这两条定理都可以由毕奥－萨伐尔定律推导出来．但由于本教材篇幅和教学要求的限制，故推导过程从略.

1. 磁场的高斯定理

在第13章中曾引入电场的通量——电通量：

$$\Phi_E=\int_{(A)}\boldsymbol{E}\cdot\mathrm{d}\boldsymbol{A}$$

与此相似，可以引入磁场的通量——磁通量．我们定义通过任一面积 A 的磁通量为

$$\Phi_B = \int_{(A)} \boldsymbol{B} \cdot \mathrm{d}\boldsymbol{A} \tag{18-19}$$

式中，$\mathrm{d}\boldsymbol{A}$ 是面积 A 上的一个面积元矢量．上式中的面积分应遍及整个面积 A.

磁通量的直观意义是，它正比于顺着法线方向穿过面积 A 的磁感应线的根数.

在 SI 中，磁通量的单位是 $\mathrm{T \cdot m^2}$（特斯拉平方米）．为了纪念物理学家韦伯（W. E. Weber），这个单位叫做**韦伯**，用 Wb 表示，即 $1\mathrm{Wb} = 1\mathrm{T \cdot m^2}$.

由于在自然界不存在单个的磁极（至少可以说至今尚未观察到单个的磁极），磁感应线没有像电荷那样的端点．所以，如果任意取一闭合面 A，则从闭合面上一部分穿入的磁通量必等于从另一部分穿出的磁感应通量；也就是，通过任一闭合面 A 的磁通量恒等于零，即

$$\oint_{(A)} \boldsymbol{B} \cdot \mathrm{d}\boldsymbol{A} = 0 \tag{18-20}$$

积分号上面的圆圈表示积分遍及整个闭合面 A，在上式中规定外法线为正，上式称为**磁场的高斯定理**.

高斯定理反映了磁场性质的一个侧面．它否定了单个磁极的存在并揭示出磁场是无源场．实验证明，这一定理对稳恒磁场和非稳恒磁场都同样成立.

2. 安培环路定理及其应用

与电场的高斯定理相似，如果电流分布具有某种对称性，我们可以应用安培环路定理较容易地确定磁感应强度．这条定理传统上归功于法国数学家安培（A. M. Ampere），但实际上这条定理是由麦克斯韦提出的.

安培环路定理表示为

$$\oint_{(L)} \boldsymbol{B} \cdot \mathrm{d}\boldsymbol{s} = \mu_0 i_{\mathrm{enc}} \quad \text{（安培环路定理）} \tag{18-21}$$

这个积分在数学上叫线积分．积分号上的圆圈表示标（或点）积 $\boldsymbol{B} \cdot \mathrm{d}\boldsymbol{s}$ 将沿被叫做**安培回路** L 的整个**闭合**回路积分．等号右边的电流 i_{enc} 是被该回路所包围的**净**电流.

为了了解标积 $\boldsymbol{B} \cdot \mathrm{d}\boldsymbol{s}$ 及其积分的含义，我们首先把安培环路定理应用于图 18－11 所示的一般情况．图中的三根长直导线分别载有径直进入页面或径直从页面出来的电流 i_1、i_2 及 i_3．一个位于页面内的任意安培回路 L 包围两个电流，但未包围第三个．在回路 L 上标明的逆时针方向为式（18－21）任意选定的积分方向.

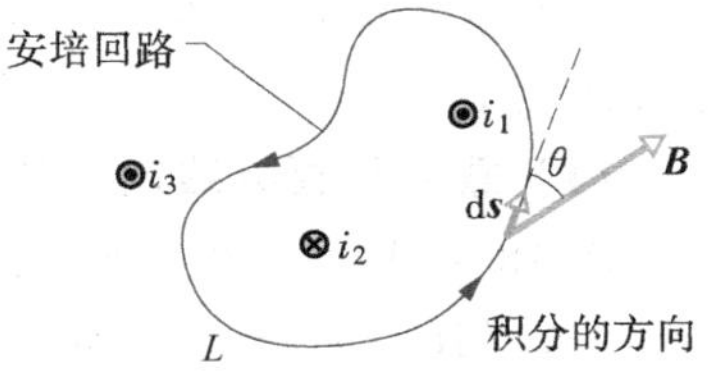

图 18－11　安培环路定理应用于任意安培回路 L．它包围两个垂直导线而排除第三个导线，注意电流的方向.

为了应用安培环路定理，我们想象把回路 L 划分割成矢量元 $\mathrm{d}\boldsymbol{s}$，它们处处沿回路 L 的切线按积分的方向定向．假定在图 18－11 中微元 $\mathrm{d}\boldsymbol{s}$ 的所在处，由三个电流所激发的总磁感应强度为 $\boldsymbol{B}$．由于三根导线垂直于纸面，我们可知由各个电流激发的在 $\mathrm{d}\boldsymbol{s}$ 处的磁感应强度都在图 18－11 的平面中．因此，它们在 $\mathrm{d}\boldsymbol{s}$ 处的总磁感应强度 $\boldsymbol{B}$ 也在该平面中．然而，我们不知道 $\boldsymbol{B}$ 在平面内的方向．在图 18－11 中，$\boldsymbol{B}$ 被任意画成与 $\mathrm{d}\boldsymbol{s}$ 的方向成 θ 角.

在式（18－21）等号左边的标积 $\boldsymbol{B} \cdot \mathrm{d}\boldsymbol{s}$ 等于 $B\cos\theta \mathrm{d}s$．因此，安培环路定理可写作

$$\oint_{(L)} \boldsymbol{B} \cdot \mathrm{d}\boldsymbol{s} = \oint_{(L)} B\cos\theta \mathrm{d}s = \mu_0 i_{\mathrm{enc}} \tag{18-22}$$

我们现在可把标积 $\boldsymbol{B}\cdot \mathrm{d}\boldsymbol{s}$ 理解为安培回路 L 的一段 $\mathrm{d}s$ 与沿回路切线的磁感应强度分量 $B\cos\theta$ 的乘积. 于是可以把积分理解为沿整个回路 L 的所有的这样的乘积之和.

当我们能真正进行这个积分时，在积分之前并不需要知道 $\boldsymbol{B}$ 的方向，而只需假设 $\boldsymbol{B}$ 为沿积分的方向（见图 18－11）. 然后，可以用下述的曲－直右手定则来确定被包围的总电流 i_{enc} 中的每个电流的正负号：

顺着安培回路卷曲你的右手，用手指指向积分的方向，沿着伸直的拇指的方向穿过回路的电流取正号，而沿反方向的电流取负号.

最后，我们求解式（18－22）得到 $\boldsymbol{B}$ 的大小. 如果 B 的结果为正，则我们为 $\boldsymbol{B}$ 假设的方向是对的；如果结果为负，则应忽略负号，并沿相反的方向重新画出 $\boldsymbol{B}$.

在图 18－12 中，我们把用于安培环路定理的曲－直右手定则应用到图 18－11 的情况. 在积分方向为逆时针的情况下，被回路 L 所包围的净电流为

$$i_{\text{enc}} = i_1 - i_2$$

（电流 i_3 未被回路包围.）于是可把式（18－22）改写为

$$\oint_{(L)} B\cos\theta \mathrm{d}s = \mu_0(i_1 - i_2) \qquad (18-23)$$

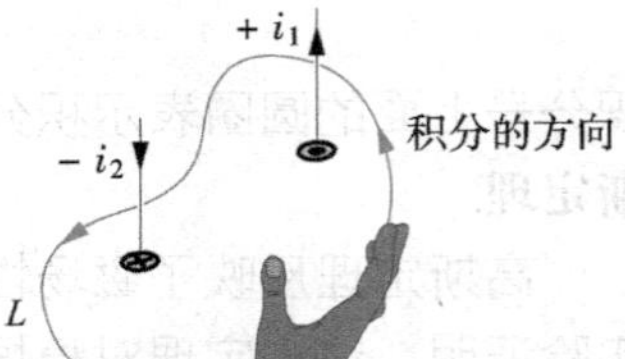

图 18－12 用于安培环路定理的右手定则，决定被安培回路 L 包围的电流的符号（针对图 18－11 所示的情况）.

由于电流 i_3 对在式（18－23）等号左边的 B 的大小有影响，你可能感到不解，为什么等号右边不需要它？答案在于，电流 i_3 对磁场的贡献被抵消了，因为式（18－22）中的积分是沿整个回路 L 进行的. 相反，被包围的电流对磁场的贡献不会被抵消.

我们不可能求解式（18－23）得到 B 的大小. 因为对于图 18－11 所示的情况，没有足够的数据去简化该积分. 然而，我们的确知道积分的结果，它一定等于 $\mu_0(i_1 - i_2)$ 的值，这是由穿过回路的净电流所决定的.

下面我们把安培环路定理应用于三种情况，它们的对称性确实可以使计算简化并求出积分，从而求得 B.

（1）载流长直导线内、外部的磁感应强度

图 18－13 所示为一根长直导线，载有径直地从页面流出的电流 i. 式（18－5）告诉我们，由电流所激发的磁感应强度在与导线等距的所有点处具有相同的大小，即磁感应强度 $\boldsymbol{B}$ 相对于导线具有柱面对称性. 如果我们像在图 18－13 中那样，用半径为 r 的同心圆作安培回路 L 包围导线，就可以利用该对称性简化安培环路定理中的积分了. 磁感应强度 $\boldsymbol{B}$ 在回路 L 上的每一点都具有相同的大小 B. 我们将逆时针求积分，以使 $\mathrm{d}\boldsymbol{s}$ 具有在图 18－13 中所示的方向.

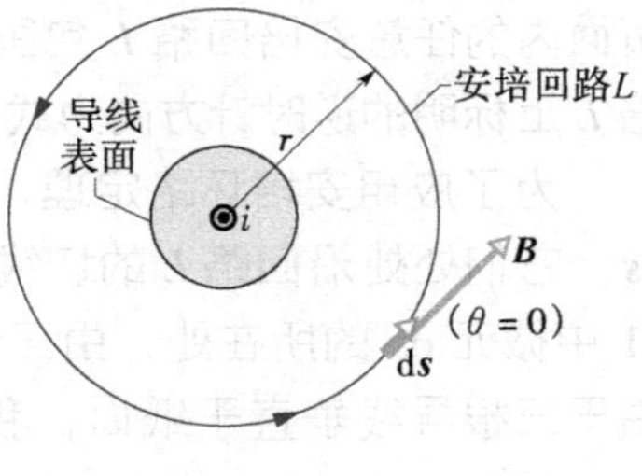

图 18－13 应用安培环路定理求载有电流的长直导线的磁场. 安培回路是在导线外的同心圆.

我们注意到，回路 L 上每一点处的 $\boldsymbol{B}$ 的方向都是沿回路 L 的切线方向，而且 $\mathrm{d}\boldsymbol{s}$ 也是这样，这就能进一步简化式（18－22）中的 $B\cos\theta$. 在回路 L 上的每一点，$\boldsymbol{B}$ 和 $\mathrm{d}\boldsymbol{s}$ 或是同向或是反向，这里我们假定为前者，则在每一点 $\mathrm{d}\boldsymbol{s}$ 与 $\boldsymbol{B}$

之间的夹角都是0°，所以 $\cos\theta=\cos0°=1$. 于是式（18－22）就变成

$$\oint_{(L)}\boldsymbol{B}\cdot d\boldsymbol{s}=\oint_{(L)}B\cos\theta ds=B\oint_{(L)}ds=B(2\pi r)$$

应该注意，上面的 $\oint_{(L)}ds$ 是圆形回路上所有线段的长度 ds 的和，即它是回路的周长 $2\pi r$.

对于图 18－13 中的电流，根据右手定则，其符号为正. 于是安培环路定理的右边变成 $+\mu_0 i$，则

$$B(2\pi r)=\mu_0 i$$

或

$$B=\frac{\mu_0 i}{2\pi r} \qquad (18-24)$$

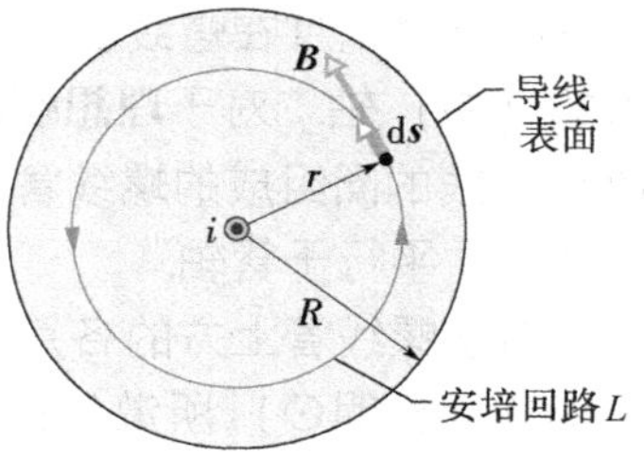

图 18－14　应用安培环路定理求电流 i 在圆横截面的长直导线内部产生的磁场. 电流在导线截面积上均匀分布并从纸面出来. 安培回路画在导线内部.

请注意，这样稍稍换个符号就成为式（18－6），而这是我们在前面用毕奥－萨伐尔定律导出的. 此外，因为 B 的数值为正，我们可知 $\boldsymbol{B}$ 的正确方向应该是图 18－13 中所示的方向.

图 18－14 所示为一长直导线的横截面，半径为 R. 导线载有径直从纸面流出的、均匀分布的电流 i. 因为电流在导线的横截面上均匀分布，它产生的磁感应强度 $\boldsymbol{B}$ 必定是柱面对称的. 因此，为了求出在导线内部各点的磁感应强度，可以再一次采用图 18－14 所示的、半径为 r 的安培回路 L，并有 $r<R$. 对称性再一次提示，$\boldsymbol{B}$ 与回路 L 相切，如图所示，所以安培环路定理的左边仍可给出

$$\oint_{(L)}\boldsymbol{B}\cdot d\boldsymbol{s}=B\oint_{(L)}ds=B(2\pi r) \qquad (18-25)$$

为了求出安培环路定理的右边，应注意，电流是均匀分布的，被回路 L 所包围的电流 i_{enc} 正比于被回路所包围的面积，即

$$i_{enc}=i\frac{\pi r^2}{\pi R^2} \qquad (18-26)$$

右手定则告诉我们，i_{enc} 取正号，于是，由安培定律可得

$$B(2\pi r)=\mu_0 i\frac{\pi r^2}{\pi R^2} \qquad (18-27)$$

或

$$B=\left(\frac{\mu_0 i}{2\pi R^2}\right)r \qquad (18-28)$$

因此，在导线内部，磁感应强度的大小 B 正比于 r；在中心处，大小为零；而在表面处，$r=R$，有最大值. 此处应注意，在 $r=R$ 处，对于 B，式（18－24）和式（18－28）给出相同的值，即对于导线外部和导线内部磁场的两个表达式在导线的表面处有相同的结果.

（2）螺线管的磁感应强度

我们现在把注意力转到另一个说明安培环路定理应用的情况. 它是关于在长的、用导线密绕成的螺旋形线圈中的电流所产生的磁场. 这样的线圈叫做**螺线管**（见图 18－15）. 我们假定螺线管的长度比直径大得多.

图 18－16 所示为一部分“被拉长的”螺线管的纵截面. 螺线管的磁感应强度是构成该螺线管的许多单个匝（回路）所产生的磁感应强度的矢量和. 对于非常靠近某匝的点，导线的磁场几乎和长直导线一样，而那里的磁感应线几乎是同心圆. 图 18－16 表明，相邻两匝间的磁场趋

于互相抵消，且在螺线管内部距导线相当远的各点处，$\boldsymbol{B}$ 近似平行于螺线管的（中）轴. 对于**理想螺线管**，即无限长且由紧密地挤在一起的（**密绕的**）寻线的圈组成的螺线管，在这种极限情况下，螺线管内部的磁场是均匀的 并平行于管轴.

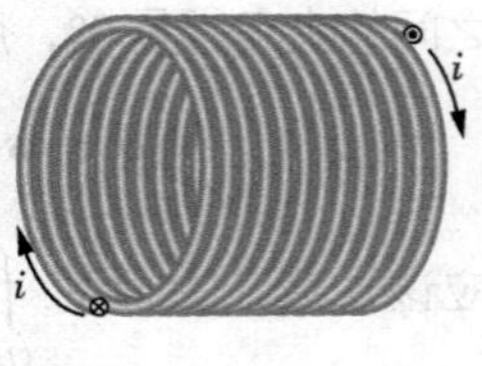

图 18－15 载有电流 i 的螺线管.

对于螺线管上方的各点，如图 18－16 中的 P 点，由螺线管线圈的上半部分（标明⊙）所激发的磁感应强度方向向左（如图中 P 点附近标出的），并趋向于抵消由线圈的下半部分（标明⊗）所激发的方向向右的磁感应强度（图中未画出）. 在理想螺线管的极限情况下，螺线管外部的磁感应强度为零. 在螺线管的长度比其直径大很多，而且考虑不在螺线管任一末端的外部的点如 P 时；取外部磁感应强度为零是对实际螺线管最好的假设. 沿螺线管轴的磁感应强度方向由曲－直右手定则给出，用右手握住螺线管以使手指沿着线圈中电流的方向；则伸直的右拇指就指向轴向磁感应强度的方向.

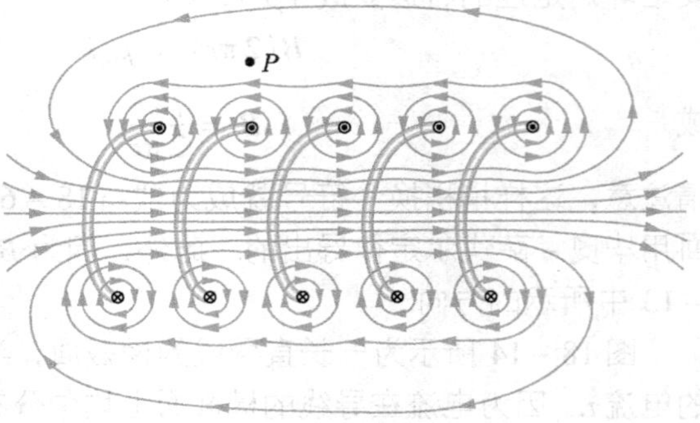

图 18－16 "被拉长的"螺线管通过中轴的竖直截面. 五圈的后半圈和通过螺线管的电流的磁感应线都画出来了，每一圈在近旁产生圆形磁感应线. 在接近轴的地方磁感应线合成沿轴方向的净磁场. 这里密集的磁感应线表明强磁场；在螺线管外，磁感应线间距很大，那里的磁场很弱.

图 18－17 所示为一个实际螺线管的磁感应线. 在中央区域磁感应线的间距表明，线圈内部的磁感应强度相当强并且在线圈的横截面上是均匀的. 然而，外部的磁感应强度是相对弱的.

现在我们把安培环路定理

$$\oint_{(L)} \boldsymbol{B} \cdot \mathrm{d}\boldsymbol{s} = \mu_0 i_{\mathrm{enc}}$$

应用到图 18－18 所示的理想螺线管，图中 $\boldsymbol{B}$ 在螺线管内部是均匀的，而在其外部为零. 采用矩形的安培回路 $abcda$，我们把 $\oint_{(L)} \boldsymbol{B} \cdot \mathrm{d}\boldsymbol{s}$ 写成四个积分，对应每段路径一个，其总和为

$$\oint_{(L)} \boldsymbol{B} \cdot \mathrm{d}\boldsymbol{s} = \int_a^b \boldsymbol{B} \cdot \mathrm{d}\boldsymbol{s} + \int_b^c \boldsymbol{B} \cdot \mathrm{d}\boldsymbol{s} + \int_c^d \boldsymbol{B} \cdot \mathrm{d}\boldsymbol{s} + \int_d^a \boldsymbol{B} \cdot \mathrm{d}\boldsymbol{s} \tag{18－29}$$

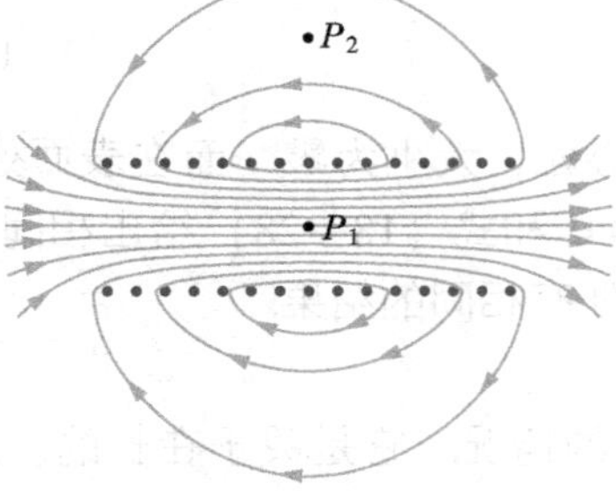

图 18－17 有限长的实际螺线管的磁场线. 内部各点如 P_1 点的磁场很强且均匀，但是外部各点，如 P_2 点的磁场相对较弱.

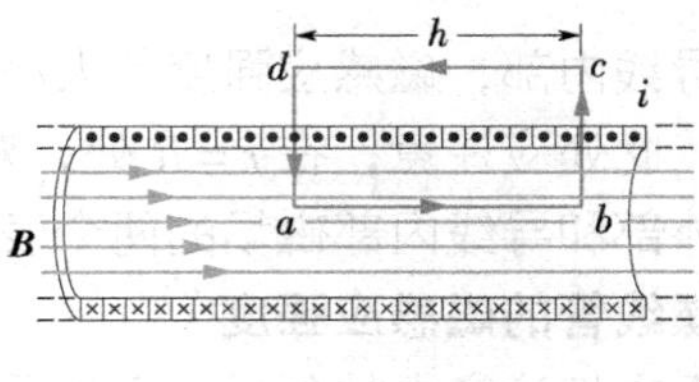

图 18－18 安培环路定理应用于理想的长的载有电流 i 的螺线管. 安培回路是矩形 $abcd$.

式（18－29）右边的第一个积分为 Bh，其中 B 是螺线管内部均匀磁感应强度 $\boldsymbol{B}$ 的大小，而 h 是从 a 到 b 的路径的（任意的）长度；第二和第四个积分为零，因为对于这些路径上的每个微元 $\mathrm{d}\boldsymbol{s}$，$\boldsymbol{B}$ 或者垂直于 $\mathrm{d}\boldsymbol{s}$，或者为零，因而乘积 $\boldsymbol{B}\cdot\mathrm{d}\boldsymbol{s}$ 为零；第三个积分是沿位于螺线管外部的路径进行的，其值为零，因为对所有的外部点，$B=0$. 因此，对整个矩形回路，$\oint_{(L)}\boldsymbol{B}\cdot\mathrm{d}\boldsymbol{s}$ 的值为 Bh.

在图 18－18 中，矩形安培回路所包围的总电流 i_{enc} 与螺线管线圈中的电流 i 并不相同. 因为线圈穿过这个回路不止一次. 设 n 为螺线管每单位长度的匝数，则回路包围 nh 匝，而

$$i_{enc} = i(nh)$$

于是由安培环路定理得出

$$Bh = \mu_0 inh$$

或

$$B = \mu_0 in \quad \text{（理想螺线管）} \qquad (18-30)$$

尽管我们是对无限长的理想螺线管导出式（18－30）的，但该式对于螺线管内部充分远离其两端各点的实际螺线管，它也可以很好地适用. 式（18－30）与实验结果相一致：螺线管内部磁感应强度的大小 B 不依赖于螺线管的直径或长度，并且在螺线管的横截面上是均匀的. 因此，螺线管为建立供实验用的、已知的均匀磁场提供了实用的手段，就像平行板电容器为建立已知的均匀电场提供了实用的手段一样.

（3）螺绕环的磁感应强度

图 18－19a 所示为**螺绕环**，可以认为它是弯成空心面包圈形的螺线管. 在其内部各点（面包圈的空心内）会建立怎样的磁场呢？根据安培环路定理及面包圈的对称性，我们就能确定.

根据对称性可以看出，在螺绕环内部，磁感应线形成同心圆，它们的方向如图 18－19b 所示. 我们可以选择一个半径为 r 的同心圆作为安培回路 L，并沿顺时针方向通过它. 式（18－21）给出

$$B(2\pi r) = \mu_0 iN$$

式中，i 是螺绕环线圈中的电流（并且对于被安培回路 L 包围的那些线圈是正值）；N 是总匝数. 由此可得

$$B = \frac{\mu_0 iN}{2\pi}\frac{1}{r} \text{（螺绕环）} \qquad (18-31)$$

与螺线管的情况相反，在螺绕环的横截面上，B 不是恒定的. 借助安培环路定理不难证明，对于理想螺绕环外部的各点，$B=0$（好像螺绕环是用一个理想螺线管做成的）.

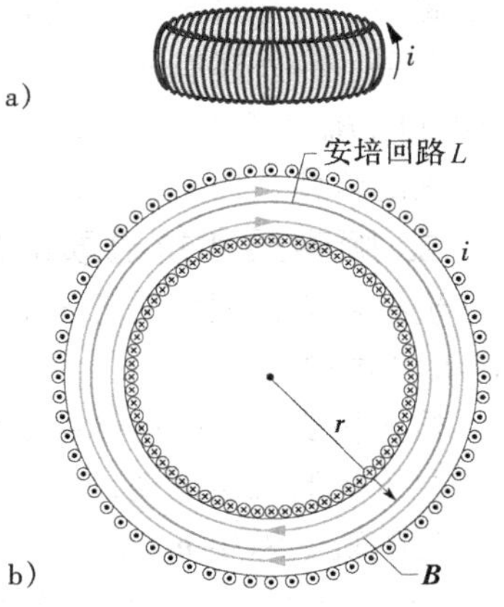

图 18－19　a）载有电流 i 的螺绕环. b）螺绕环的水平截面. 其内部磁场（面包圈形管的内部）可以应用安培环路定理，按图示安培回路求出.

螺绕环内部磁感应强度的方向是以我们的曲－直右手定则得出的：用右手手指沿线圈中的电流方向弯曲，握住螺绕环，则伸直的右拇指就指向磁感应强度的方向.

例题 18－2

某螺线管的长度 $L=1.23\text{m}$，内径 $d=3.55\text{cm}$，载有电流 $i=5.57\text{A}$. 它包含五个密绕的层，每层沿长度 L 有 850 匝. 其中央处的 B 是多大？

【解】　这里的一个**关键点**是，沿螺线管中央磁感应强度的大小通过式（18－30）与螺线管的电

流 i 及每单位长度的匝数 n 相联系. 第二个关键点是, B 不取决于线圈的直径, 所以, 对于相同的五层, n 的值仅仅是每层匝数的五倍. 于是, 由式 (18-30) 可得

$$B=\mu_0 in=(4\pi\times10^{-7}\mathrm{T\cdot m/A})(5.57\mathrm{A})\frac{5\times850\text{ 匝}}{1.23\mathrm{m}}$$
$$=2.42\times10^{-2}\mathrm{T}=24.2\mathrm{mT}$$

(答案)

18-4 磁介质的磁化

各种物质在外磁场中都会呈现不同程度的磁性, 这叫做**磁化**. 在研究物质的磁化现象时, 就把所研究的物质叫做**磁介质**. 在前几节我们研究的是真空中的磁场, 现在进一步讨论有磁介质存在的情况.

1. 磁介质的磁化

设载流导体在任一点所激发的磁感应强度为 $\boldsymbol{B}_0$, 磁介质磁化后在该点所激发的附加磁感应强度为 $\boldsymbol{B}'$, 则根据叠加原理, 该点的总磁感应强度就等于 $\boldsymbol{B}_0$ 和 $\boldsymbol{B}'$ 的矢量和, 即

$$\boldsymbol{B}=\boldsymbol{B}_0+\boldsymbol{B}' \qquad (18-32)$$

实验表明, 附加磁感应强度的方向和大小因磁介质而异, 有一类磁介质, 所激发的 $\boldsymbol{B}'$ 与 $\boldsymbol{B}_0$ 同方向, 使得 $B>B_0$, 这类磁介质叫做**顺磁质**, 如锰、铬、铝、空气等. 还有一类磁介质, 所激发的 $\boldsymbol{B}'$ 与 $\boldsymbol{B}_0$ 反方向, 这类磁介质叫做**抗磁质**, 如铋、铜、银、氢等实验还指出, 无论顺磁质或抗磁质, 附加磁感应强度 B' 都比 B_0 小得多 (约十万分之几), 它们对 $\boldsymbol{B}_0$ 的影响实际上极微弱. 但是, 另外还有一类磁介质, 在任一点所激发的 $\boldsymbol{B}'$ 与顺磁质一样, 与 $\boldsymbol{B}_0$ 同方向, 然而 B' 的值却比 B_0 大很多, 即 $B'\gg B_0$. 这类磁介质叫做**铁磁质**, 如铁、镍、钴、钆、镝、钬以及这些元素的合金, 还有含铁的氧化物 (铁氧体) 等.

2. 顺磁质和抗磁质的磁化机制

现在我们根据物质分子的电结构学说来说明顺磁质和抗磁质的磁化过程, 对于铁磁质留待18-6节再说明.

根据物质分子的电结构系统, 物质内部分子、原子中的电子都同时参与两种运动. 一是电子绕原子核的轨道运动, 为简单计, 可把它看做是一圆形电流, 因而具有一定的轨道角动量 $\boldsymbol{L}_{轨}$ 和一定的轨道磁矩 $\boldsymbol{m}_{轨}$, 如图 18-20 所示. 另一是电子本身固有的自旋, 相应地有自旋磁矩 $\boldsymbol{m}_{自}$, 一个分子中所有电子的各种磁矩的总和构成这个分子的固有磁矩, 叫做分子磁矩 $\boldsymbol{m}_{分}$, 分子磁矩可以看做是一个等效的圆形分子电流 $i_{分}$ 所激发的, 如图 18-21 所示.

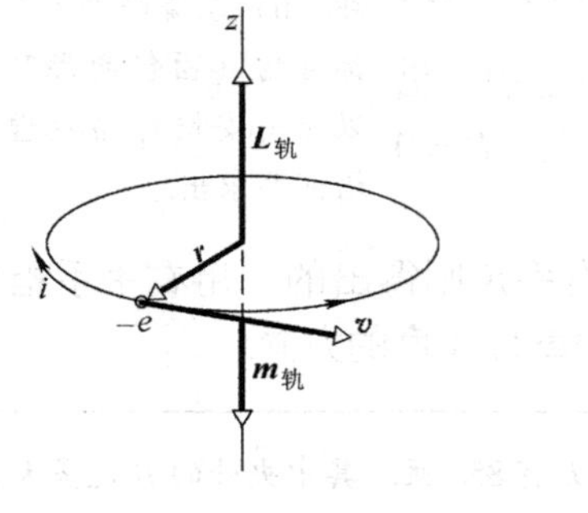

图 18-20 电子的轨道运动 $\boldsymbol{L}_{轨}$ 为电子的角动量, $\boldsymbol{m}_{轨}$ 为相应的磁矩.

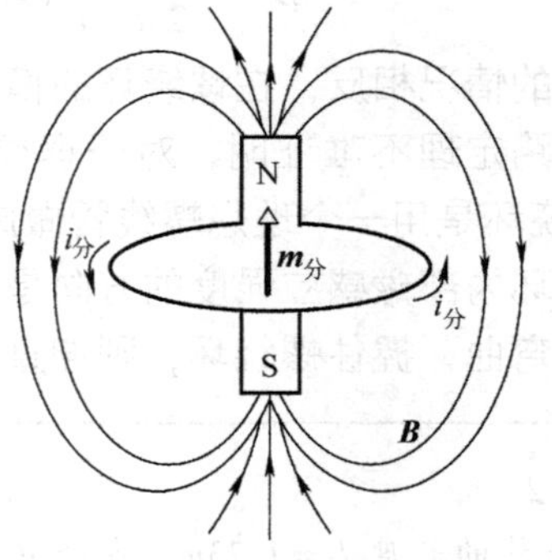

图 18-21 分子电流 $i_{分}$ 和分子磁矩 $\boldsymbol{m}_{分}$.

当处于外磁场 $\boldsymbol{B}_0$ 中时，磁介质受到两种作用：

（1）组成顺磁质的每个分子都具有固有的磁矩，即 $\boldsymbol{m}_{分}\neq0$. 当没有外磁场存在时，由于分子的不规则热运动，分子磁矩的取向杂乱无章（见图 18－22a），它们的磁效应互相抵消，磁介质整体对外不显示磁性. 当有外磁场存在时，每个分子磁矩都受到外磁场施予的一个力矩. 这个力矩会使分子磁矩转到外磁场方向（见图 18－22b）. 但由于分子的热运动，各个分子磁矩并不能完全转到外磁场方向，而只是在一定程度上沿着外磁场方向排列起来（见图 18－22c）. 结果在任一点产生与该点外磁场 $\boldsymbol{B}_0$ 方向相同的附加磁感应强度 $\boldsymbol{B}'$.

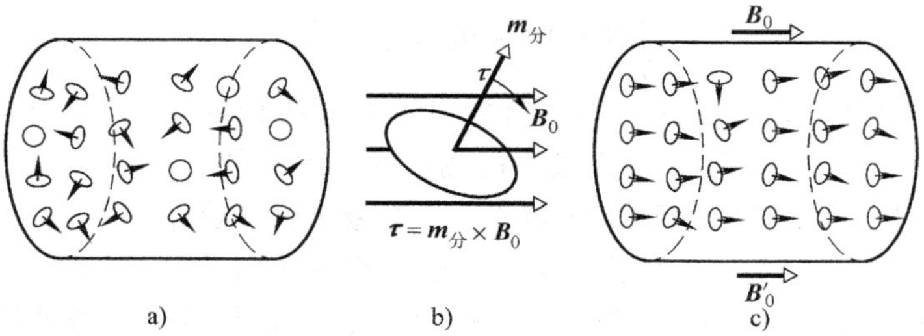

图 18－22　a）无外磁场时顺磁质内各个分子磁矩取向杂乱无章. b）在外磁场中每个分子磁矩都受到一个使其转向外磁场方向的磁力矩 $\boldsymbol{\tau}$. c）在外磁场作用下顺磁质中各个分子磁矩在一定程度上沿外磁场方向排列.

（2）组成抗磁质的分子，当不存在外磁场时，根本不具有分子磁矩，即 $\boldsymbol{m}_{分}=0$，因而，磁介质整体也不显示磁性. 当在外磁场中时，理论研究表明，分子中的每个电子在外磁场的作用下，除了仍然作轨道运动并具有自旋磁矩外，其轨道平面（或电子的轨道角动量矢量），还会以恒定的角速度绕外磁场方向转动，如图 18－23 所示. 这种转动叫做**进动**. 不论电子原来的运动情况如何，进动的转向总是与外磁场 $\boldsymbol{B}_0$ 的方向遵守，曲-直右手定则. 电子的进动也相当于一圆形电流，并产生附加的磁矩. 因为电子带负电，这个附加磁矩的方向与外磁场 $\boldsymbol{B}_0$ 的方向相反（见图 18－23）.

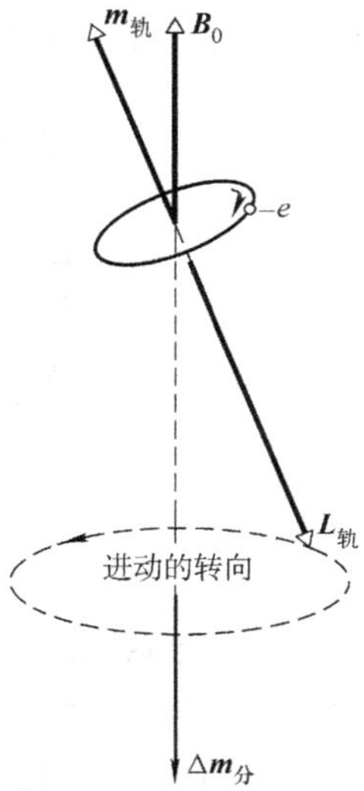

图 18－23　电子的进动. 进动产生的附加磁矩 $\Delta\boldsymbol{m}_{分}$ 与外磁场 $\boldsymbol{B}_0$ 方向相反.

组成抗磁质的分子原来并不具有分子磁矩. 由于在外磁场的作用下，分子内每个电子，从而每个分子整体都获得一个与外磁场 $\boldsymbol{B}_0$ 方向相反的附加磁矩 $\Delta\boldsymbol{m}_{分}$，所以在任一点都产生与外磁场方向相反的磁感应强度 $\boldsymbol{B}'$.

当然，每个顺磁质的分子，在外磁场的作用下也会因电子的进动获得一个与外磁场 $\boldsymbol{B}_0$ 方向相反的附加磁矩 $\Delta\boldsymbol{m}_{分}$. 但因其固有的分子磁矩 $\boldsymbol{m}_{分}$ 比 $\Delta\boldsymbol{m}_{分}$ 大得多，以致 $\Delta\boldsymbol{m}_{分}$ 与 $\boldsymbol{m}_{分}$ 相比可以忽略不计，因此，分子磁矩是顺磁质产生磁效应的主要原因，而在抗磁质中附加磁矩 $\Delta\boldsymbol{m}_{分}$ 是它产生磁效应的唯一原因.

18－5　有磁介质存在时的安培环路定理　磁场强度

在第 18－3 节中，我们介绍了真空中磁场的两条基本规律，即磁场的高斯定理和安培环路定理. 磁场的高斯定理可以直接应用到有磁介质存在的情况，而安培环路定理则不然. 因此，下面考虑如何把安培环路定理推广到有磁介质存在的情况.

在式（18－21），即

$$\oint_{(L)} \boldsymbol{B} \cdot \mathrm{d}\boldsymbol{s} = \mu_0 i_{\mathrm{enc}}$$

中，i_{enc}是被安培环路L所包围的净传导电流. 当有磁介质存在时，磁场中既有传导电流，又有分子电流，式中的i_{enc}应包括这两种电流，因而上式应改写为

$$\oint_{(L)} \boldsymbol{B} \cdot \mathrm{d}\boldsymbol{s} = \mu_0 (i_{\mathrm{enc}} + i'_{\mathrm{enc}}) \tag{18-33}$$

式中，i_{enc}和i'_{enc}分别表示安培环路所包围的传导电流的代数和及分子电流的代数和. i_{enc}是可以测量的，可以认为是已知的，而i'_{enc}是无法直接测量的，因而是未知的. 因此，我们需要设法把i'_{enc}由上式中消除，使上式右边只出现传导电流. 下面就来讨论这个问题.

为了简单起见，我们考虑一个特例，设一无限长螺线管线圈内充满均匀的顺磁质. 当线圈通有电流i时，磁介质中的分子磁矩将趋于与$\boldsymbol{B}_0$平行，也就是分子电流的平面将趋于与$\boldsymbol{B}_0$垂直，图18－24b示出磁介质圆柱体的一个横截面上分子电流的排列情况. 由图可见，在磁介质内任一点都有大小相等、方向相反的两个电流通过，因而这两个电流所产生的磁效应互相抵消，只剩下横截面边缘上的电流未被抵消. 这些未被抵消的电流形成沿圆柱体表面流动的电流，叫做**磁化面电流**. 如图18－24a中用虚线画出的箭头所示. 对于顺磁质，磁化面电流的方向与线圈中传导电流的方向相同.

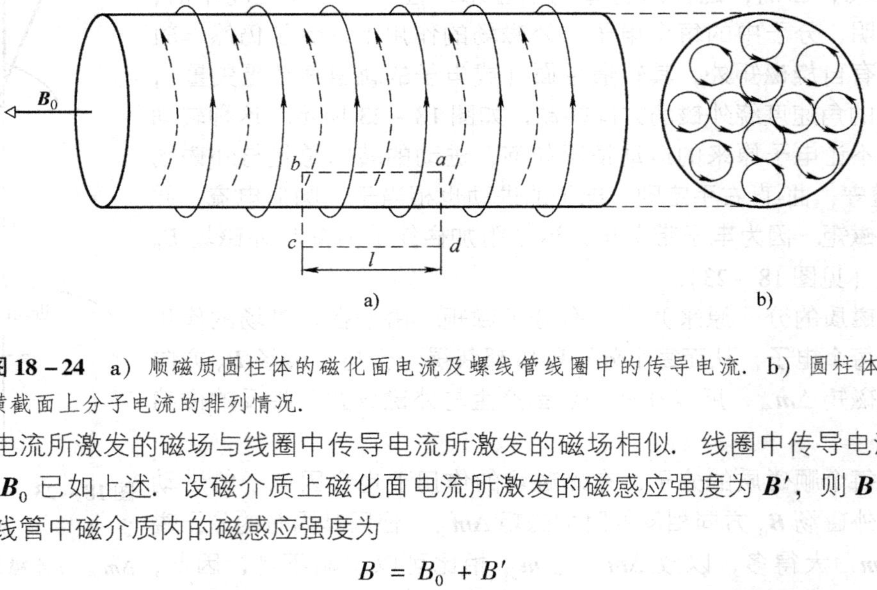

图18－24 a）顺磁质圆柱体的磁化面电流及螺线管线圈中的传导电流. b）圆柱体横截面上分子电流的排列情况.

磁化面电流所激发的磁场与线圈中传导电流所激发的磁场相似. 线圈中传导电流所激发的磁感应强度$\boldsymbol{B}_0$已如上述. 设磁介质上磁化面电流所激发的磁感应强度为$\boldsymbol{B}'$，则$\boldsymbol{B}'$与$\boldsymbol{B}_0$同方向，所以螺线管中磁介质内的磁感应强度为

$$B = B_0 + B' \tag{18-34}$$

如果设单位长度圆柱面上的磁化面电流为j_s，单位长度螺线管线圈中的传导电流为ni，则

$$B_0 = \mu_0 ni \qquad B' = \mu_0 j_s \tag{18-35}$$

代入式（18－34）得

$$B = \mu_0 (ni + j_s) \tag{18-36}$$

在电磁学中，定义磁介质的总磁感应强度B与传导电流所激发的磁感应强度B_0之比为磁介

质的**相对磁导率**，用 μ_r 表示，即令

$$\frac{B}{B_0}=\mu_r \tag{18-37}$$

μ_r 是表征磁介质本身性质的物理量，它是一个没有量纲和单位的纯数.

由相对磁导率 μ_r 的定义及式（18-35）中的第一式，可得

$$B=\mu_r B_0=\mu_r\mu_0 ni \tag{18-38}$$

再令

$$\mu=\mu_r\mu_0 \tag{18-39}$$

为磁介质的**磁导率**，则式（18-38）可写作

$$B=\mu ni \tag{18-40}$$

由上式和式（18-36）可解出

$$j_s=\frac{\mu-\mu_0}{\mu_0}ni \tag{18-41}$$

在 15-9 节中我们曾把高斯定理应用于充满电介质的平行板电容器. 利用电介质表面上极化电荷与极板上自由电荷之间的关系式（15-32）消去极化电荷，从而导出有电介质存在时的高斯定理. 下面我们用类似的方法来推导有磁介质存在时的安培环路定理.

如图 18-24 所示，取长方形安培环路 $abcd$，其中 ab 及 cd 是与螺线管轴线平行的线段，它们的长度为 l，ab 在磁介质内，cd 在螺线管外. 此回路所包围的传导电流为 $i_{enc}=lni$，穿过同一回路的磁化面电流为 $i'_{enc}=lj_s$. 将式（18-41）代入，可得

$$\begin{aligned} i'_{enc} &= lj_s=\frac{\mu-\mu_0}{\mu_0}lni \\ &= \frac{\mu-\mu_0}{\mu_0}i_{enc} \end{aligned} \tag{18-42}$$

将式（18-42）中的 i'_{enc} 代入式（18-33），即得

$$\oint_{(L)}\boldsymbol{B}\cdot \mathrm{d}\boldsymbol{s}=\mu_0 i_{enc}+\mu i_{enc}-\mu_0 i_{enc}=\mu i_{enc}$$

或

$$\oint_{(L)}\frac{\boldsymbol{B}}{\mu}\cdot \mathrm{d}\boldsymbol{s}=i_{enc} \tag{18-43}$$

令

$$\boldsymbol{H}=\frac{\boldsymbol{B}}{\mu} \tag{18-44}$$

则式（18-43）化为

$$\oint_{(L)}\boldsymbol{H}\cdot \mathrm{d}\boldsymbol{s}=i_{enc} \tag{18-45}$$

式中，矢量 $\boldsymbol{H}$ 叫做**磁场强度**，而式（18-45）就是**有磁介质存在时的安培环路**定理. 虽然它是由均匀顺磁质充满无限长螺线管这一特例推出的，但它是普遍适用的.

在 SI 中，磁场强度的单位为安培每米，符号为 $\mathrm{A\cdot m^{-1}}$.

引入磁场强度 $\boldsymbol{H}$ 后，安培环路定理式（18-45）右边只包含传导电流，所以用它来处理磁介质中的磁场问题就可以不必考虑分子电流了.

例题 18－3

如图 18－25 所示，将磁导率为 μ 的铁磁质做成一细圆环，在环上密绕着线圈，就成为有铁芯的螺绕环. 设单位长度上的导线匝数为 $n=500$，当导线中的电流为 $i_0=4\text{A}$ 时，$\mu=5.6\times10^{-4}\text{H}\cdot\text{m}^{-1}$.

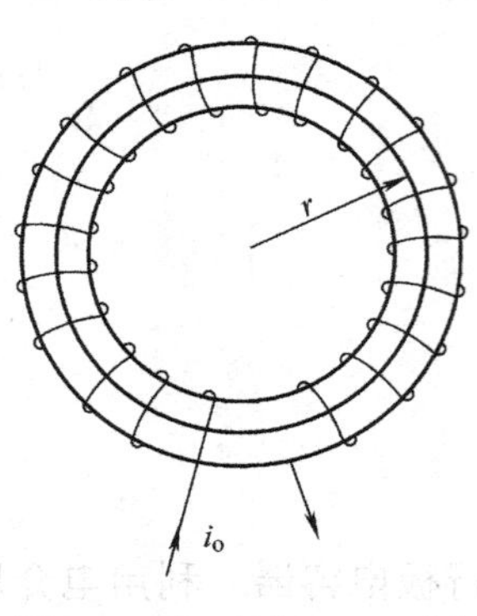

图 18－25 例题 18－3 图

有铁芯的螺绕环

计算：(a) 环内的磁场强度 $\boldsymbol{H}$、磁感应强度 $\boldsymbol{B}$.

【解】 要用安培环路定理求 $\boldsymbol{H}$，需先选择安培环路. 这里的关键点是，根据对称性，磁介质环内的磁感应线是一系列圆心在对称轴上的圆，在同一条磁感应线上各点的 $\boldsymbol{B}$ 因而 $\boldsymbol{H}$ 的值相等，各点的 $\boldsymbol{H}$ 矢量都与磁感应线相切，且沿顺时针方向，所以取半径为 r 的磁感应线为安培环路 L. 根据安培环路定理式 (18－45)，有

$$H(2\pi r)=(2\pi r)ni_o$$

即

$$H=ni_0 \qquad (18-46)$$

根据式 (18－44)，有

$$B=\mu ni_0 \qquad (18-47)$$

将给定的数据代入以上两式，即得

$$H=500\times4\text{A}\cdot\text{m}^{-1}=2\times10^3\text{A}\cdot\text{m}^{-1}$$

$$B=5.0\times10^{-4}\times2\times10^3\text{Wb}\cdot\text{m}^{-2}=1.0\text{Wb}\cdot\text{m}^{-2}$$
$$=1.0\text{T} \qquad \text{(答案)}$$

(b) 磁介质环单位长度的磁化面电流 j_s

【解】 这里的关键点是，根据式 (18－35) 第二式，磁化面电流激发的附加磁感应强度 $B'=\mu_0 j_s$，求出 B'就可确定 j_s，由叠加原理，$B'=B-B_0$，而 $B_0=\mu_0 ni_0$，所以

$$B'=\mu ni_0-\mu_0 ni_0=(\mu-\mu_0)ni_0$$

与长螺线管一样，螺绕环内磁介质上的磁化面电流也与传导电流方向相同. 将上式与 $B'=\mu_0 j_s$ 式相比较，可得

$$j_s=\left(\frac{\mu}{\mu_0}-1\right)ni_0=\left(\frac{5\times10^{-4}}{4\pi\times10^{-7}}-1\right)\times500\times4\ \text{A}\cdot\text{m}^{-1}$$

$$=7.9\times10^5\ \text{A}\cdot\text{m}^{-1} \qquad \text{(答案)}$$

从以上计算结果可看出，铁磁质磁化后的磁化面电流比传导电流大得多，它所激发的附加磁场 B' 也比 B_0 大得多.

18－6 铁磁质

在各种磁介质中，最重要的是以铁为代表的一类磁性很强的物质，叫做**铁磁质**.

1. 铁磁质的磁化特性

铁磁质的磁化规律通常用以下的实验方法测定，如图 18－26 所示，将待测的铁磁质做成闭合环充填在螺绕环内．设螺绕环单位长度上的匝数为 n，通过的电流为 i_0，根据例题 18－3 的结果，磁介质内磁场强度的大小为 $H=ni_0$，因而由 n 和 i_0 可以确定 H. 至于磁感应强度 B，一般用一个与冲击电流计 BG 相连接的、套在螺绕环上的次级线圈来测量、用反向开关 S 使螺绕环中的电流 i_0 反方向，在反向的过程中，根据电磁感应原理，在次级线圈中将产生一个感应电动势，并在其中引起瞬时的感应电流. 用冲击电流计测出由此引起的迁移电荷量就可以确定 B，实验时，不断改变 i_0，测出相应的 B 和 H，就可确定磁介质的磁化规律.

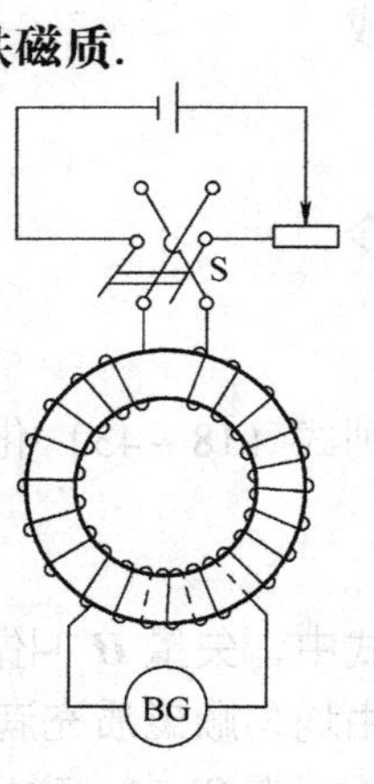

图 18－26 测定铁磁质磁化规律的电路.

假设磁介质环在磁场强度 $H=0$ 时未处于磁化状态，即 $B=0$，在 B-H 图（图 18－27）上，这个状态对应于坐标原点 O. 当磁场强度 H 由零逐渐

增大时，B 也从零增大．开始时，B 增大得比较缓慢（B-H 曲线上 OA 段），然后经过一段急剧增长过程（AF 段），又缓慢下来（FS 段）．当 H 再继续增大时，B 几乎不再增大，说明磁介质的磁化已达到饱和状态．曲线 $OAFS$ 叫做**起始磁化曲线**．由于磁化曲线不是直线，磁导率 $\mu=\dfrac{B}{H}$ 和相对磁导率 $\mu_r=\dfrac{\mu}{\mu_0}$ 都不是恒量．如果在磁化达到饱和以后，使磁场强度减小，则 B 也减小，但不是沿曲线 SO 减小，而是沿曲线 SR 减小，当 $H=0$ 时，$B=B_r$（曲线上 R 点）．在没有外磁场的条件下，铁磁质的磁感应强度 B_r 叫做**剩余磁感应强度**，简称**剩磁**．有剩磁的磁介质，就是通常所说的永久磁石．如果使 H 再从零向反方向增大，则 B 继续减小，当反向磁场强度 H 的值等于 H_c 时，B 变为零（曲线上 C 点）．这个 H 的值 H_c 叫做**矫顽力**，其含意是消除剩磁所需的外部作用．当反向磁场强度 H 的值继续增大时，铁磁质将反方向磁化，并且很快地磁化到饱和状态（曲线上奇对称于 S 的点 S'），此后若使反向磁场强度的值减小到零，然后又沿正方向增大，B 将沿 $S'R'C'S$ 曲线变化，形成闭合曲线 $SRCS'R'C'S$.

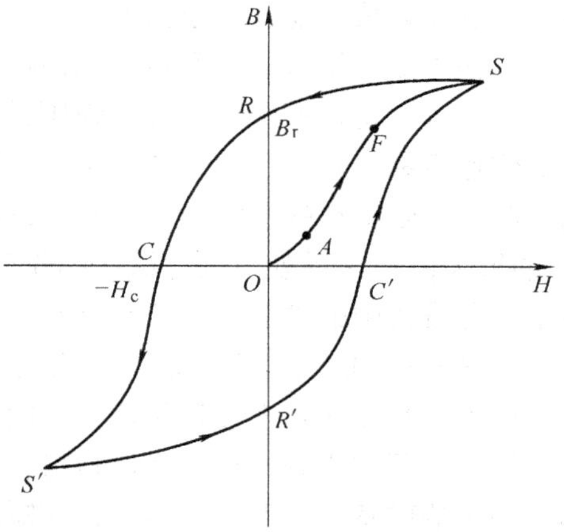

图 18-27　铁磁质的起始磁化曲线和磁滞回线.

实验指出，当铁磁质在交变磁场作用下反复磁化时要发热．这表明，有能量损耗，该能量是由磁化场的电流电源供给的．这种因铁磁质反复磁化而发生的能量损失叫做**磁滞损耗**．理论和实践都证明，磁滞回线所包围的面积越大，磁滞损耗也越大，在电器设备中这种损耗十分有害，必须尽量使它减小.

2. 铁磁材料

实用的铁磁质，可按矫顽力的大小分为**硬磁材料**和**软磁材料**两类，矫顽力大的（10^2～10^4 Oe㊀）叫做硬磁材料，它的磁滞回线所包围的面积肥大，如图 18-28a 所示，碳钢和特殊钢属于这一类．矫顽力小的（10^{-2} Oe）叫做软磁材料，它的磁滞回线呈细长条形，如图 18-28b 所示，纯铁、硅钢及坡莫合金等属于这一类.

除了金属铁磁体外，还有一种叫做**铁氧体**的非金属磁性材料，它是由氧化铁（Fe_2O_3）和一种或多种金属氧化物（如 CuO、ZnO、BaO 及 NiO 等）的粉末烧结而成．由于它们的制造过程类似于陶瓷，所以通常又叫做**磁性瓷**．铁氧体的电阻率很高，具有半导体的性质，因而又叫做**磁性半导体**．铁氧体也有硬磁材料和软磁材料两种.

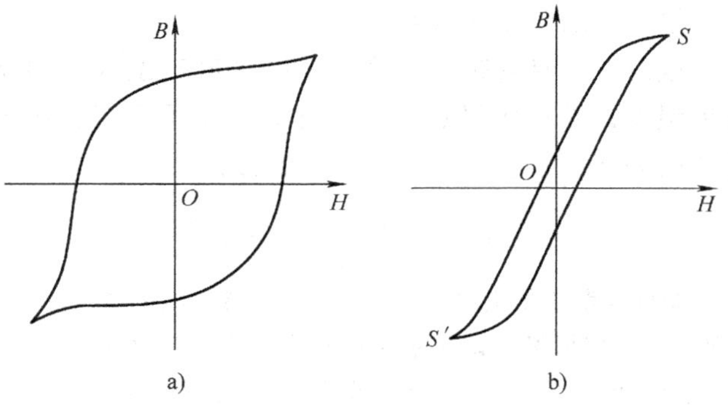

图 18-28　两种磁滞曲线：a）硬磁材料；b）软磁材料.

由于硬磁材料的矫顽力大，这种材

㊀ 1Oe = 79.5775A/m

料一旦被磁化后常能保持很强的剩磁，所以适用于制造永久磁铁. 制造许多电器设备，如各种电表、扬声器、微音器、耳机、电话机、录音机等都需要用永久磁铁.

由于软磁材料的磁滞回线所包围的面积小，磁滞损耗低，并且矫顽力小，所以这种材料容易磁化也容易退磁，适用于交变磁场，可用来制造变压器、电磁铁、电机及各种高频电磁元件的铁芯. 软磁材料的性能主要由起始磁导率（起始磁化曲线在原点 O 的斜率）及最大磁导率 μ_m（μ 的最大值）来反映. 因为铁芯的作用是增大线圈中的磁通量，所以要求很高的磁导率，小型电子电源设备中的铁芯，由于设备中的电流很小，其工作状态处于起始磁化曲线开头的一段，因而要求材料的起始磁导率高；而用于电机、电力变压器等电力设备中的铁芯，由于设备中的电流很大，其工作状态接近于饱和，因而要求材料的最大磁导率较高.

另外，还常用到一种铁氧体材料，其磁滞回线呈矩形，所以也称为矩磁材料. 它的剩磁 B_r 和饱和时的磁感应强度几乎接近，而矫顽力很小. 当它在两个方向上磁化时，剩磁总是处于 B_r 或 $-B_r$ 状态，将这两种状态分别表示为计算机二进位制的两个数码"0"和"1"，可将它制成所谓的"记忆"元件.

3. 磁畴

铁磁质的磁化特性是由其特殊的微观机制所决定的，按照现代认识，在铁磁质的相邻原子之间存在着特殊的"交换耦合作用". 这是一种纯量子效应，不能用经典理论来解释. 由于这种作用，电子的自旋磁矩在一个个区域内完全整齐地排列起来，这种自发的磁化区域，叫做**磁畴**. 每个磁畴，虽已饱和磁化，但如图 18-29 所示，因各个磁畴的磁化方向不同，所以磁介质整体并不显示出磁性.

在外磁场的作用下，磁化方向接近于外磁场的磁畴将扩大它们的区域，其他磁畴的磁化方向将在不同程度上转向外磁场方向，由于磁畴磁化方向的有序程度提高了，因而磁介质整体显示出磁性，这种磁化状态建立以后，由于存在原子间的相互作用，所以这种状态不易被扰动. 因此，即使外磁场撤消，磁介质也可以有剩磁.

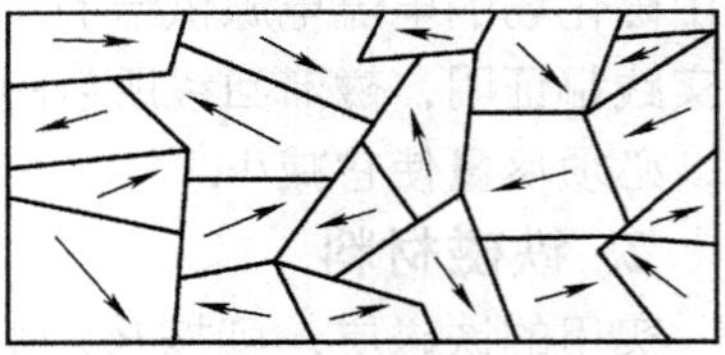

图 18-29 磁畴示意图

在早年，磁畴说只是一种设想，但在 1931 年人们首次获得磁畴界壁的显微照片. 今天，利用现代技术已不难在实验室里观察到磁畴，实验观察到的磁畴的大小，因不同材料而异，其线度从纳米量级到毫米量级.

铁磁质的特殊磁性只在一定的温度范围内才显示出来. 每种材料都有一个临界温度，叫做**居里温度**，简称**居里点**. 当温度达到居里点时，由于剧烈的热运动的影响，磁畴全部瓦解，铁磁质失去自己的特性而转变为顺磁质.

复习和小结

毕奥-萨伐尔定律 由载流导体所激发的磁感应强度可根据**毕奥-萨伐尔定律**求出. 这个定律认定电流元 $i\mathrm{d}\boldsymbol{s}$ 在距其为 r 的 P 点激发的磁感应强度为

$$\mathrm{d}\boldsymbol{B} = \frac{\mu_0}{4\pi}\frac{i\mathrm{d}\boldsymbol{s}\times\boldsymbol{r}}{r^3} \quad \text{（毕奥-萨伐尔定律）}$$

这里，$\boldsymbol{r}$ 是从电流元指向 P 的矢量；μ_0 叫做真空磁导率，其值为 $4\pi\times10^{-7}\mathrm{T\cdot m/A}\approx1.26\times10^{-6}\mathrm{T\cdot m/A}$.

载流直导线的磁感应强度 对于载有电流 i 的直导线，由毕奥-萨伐尔定律可导出，与导线垂直距离为 R 处的磁感应强度的大小为

$$B = \frac{\mu_0 i}{4\pi R}(\cos\theta_1 - \cos\theta_2)$$

式中，θ_1、θ_2 为该处与导线上、下两端点的连线与直

导线所成的角.

如直导线为无限长，$\theta_1=0$，$\theta_2=\pi$，则

$$B=\frac{\mu_0 i}{2\pi R}\quad（长直导线）$$

载流圆弧的磁感应强度 对半径为 R、圆心角为 ϕ（按弧度计算）、载有电流 i 的圆弧，其中心处的磁感应强度大小为

$$B=\frac{\mu_0 i\phi}{4\pi R}\quad（圆弧中心处）$$

载流线圈在中心轴上的磁感应强度 由载流线圈在沿线圈的中轴线距离为 z 的 P 点处所激发的磁感应强度平行于轴线，并由下式给出：

$$\boldsymbol{B}(z)=\frac{\mu_0}{2\pi}\frac{\boldsymbol{m}}{z^3}$$

式中，$\boldsymbol{m}$ 是线圈的磁矩. 此式仅当 z 远大于线圈的直径时适用.

磁场的高斯定理

$$\oint_{(A)}\boldsymbol{B}\cdot d\boldsymbol{A}=0$$

安培环路定理 定理指出

$$\oint_{(L)}\boldsymbol{B}\cdot d\boldsymbol{s}=\mu_0 i_{enc}\quad（安培环路定理）$$

式中的线积分沿叫做**安培回路**的闭合**回路 L 进行**. 电流为被回路所包围的**净**电流. 对于某些电流分布，此式更易于计算电流产生的磁感应强度.

载流长直导线内、外部的磁感应强度 外部距导线中心为 r 的任一点处磁感应强度为

$$B=\frac{\mu_0 i}{2\pi r}$$

$\boldsymbol{B}$ 的方向与电流 i 的方向遵从曲—直右手定则.

导线内部距中心为 r 处的磁感应强度为

$$B=\left(\frac{\mu_0 i}{2\pi R^2}\right)r$$

$\boldsymbol{B}$ 的方向与电流 i 的方向遵从曲—直右手定则. 式中，R 为导线的半径.

螺线管与螺绕环的磁感应强度 在载有电流 i 的**长螺线管**内，在不靠近其两端的各点，磁感应强度的大小 $\boldsymbol{B}$ 为

$$\boldsymbol{B}=\mu_0 in\quad（理想螺线管）$$

式中，n 是单位长度的匝数. 在**螺绕环**内某点的磁感应强度的大小 B 为

$$B=\frac{\mu_0 iN}{2\pi}\frac{1}{r}\quad（螺绕环）$$

式中，r 是从螺绕环中心到该点的距离.

磁介质的磁化 在外磁场 $\boldsymbol{B}_0$ 中，磁介质因磁化激发附加磁感应强度 $\boldsymbol{B}'$，磁介质由任一点的总磁感应强度为

$$\boldsymbol{B}=\boldsymbol{B}_0+\boldsymbol{B}'$$

对于顺磁质：$B=B_0+B'$

对于抗磁质：$B=B_0-B'$

对于铁磁质：$B=B_0+B'$ 且 $B'\gg B_0$

磁化特点由 $B-H$ 的磁滞回线反映.

有磁介质存在时的安培环路定理

$$\oint_{(L)}\boldsymbol{H}\cdot d\boldsymbol{s}=\mu i_{enc}$$

其中

$$\boldsymbol{H}=\frac{\boldsymbol{B}}{\mu}$$

为**磁场强度**.

$$\mu=\mu_r\mu_0$$

为磁介质的**磁导率**. 其中

$$\mu_r=\frac{B}{B_0}$$

为磁介质的**相对磁导率**.

思考题

1. 图 18－30 所示为两根长直导线的横截面. 左边的导线载有径直从页面流出的电流 i_1. 如果由两个电流所引起的总磁感应强度在 P 点处为零，(a) 在右边导线中电流 i_2 的方向应径直指向页内还是页外？(b) i_2 应大于、小于、还是等于 i_1？

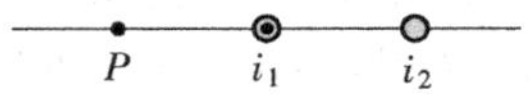

图 18－30 思考题 1 图

2. 图 18－31 显示了四种组合，在相同的正方形的四角处，平行的长导线载有相等的电流. 电流径直地进入页面或从页面流出. 按照在正方形中心处总磁感应强度的大小，由大到小把四种组合排序.

3. 图 18－32 所示三个电路，每个电路中都包含一个半径 r 和一个较大半径 R 的同心圆弧，以及两个在它们之间具有相同夹角的径向线段. 按照在中心处总磁感应强度的大小由大到小将它们排序.

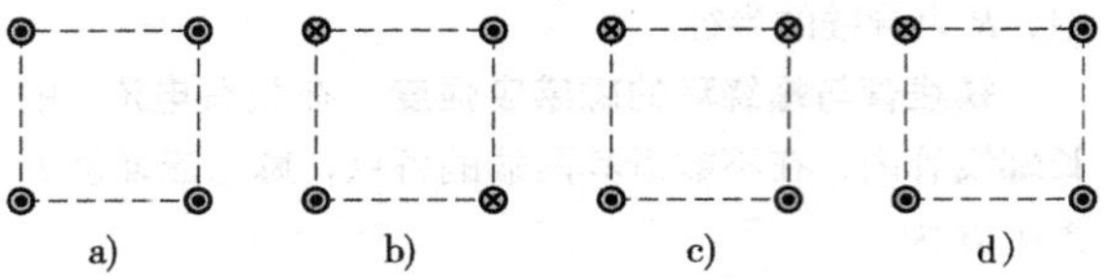

图 18－31　思考题 2 图

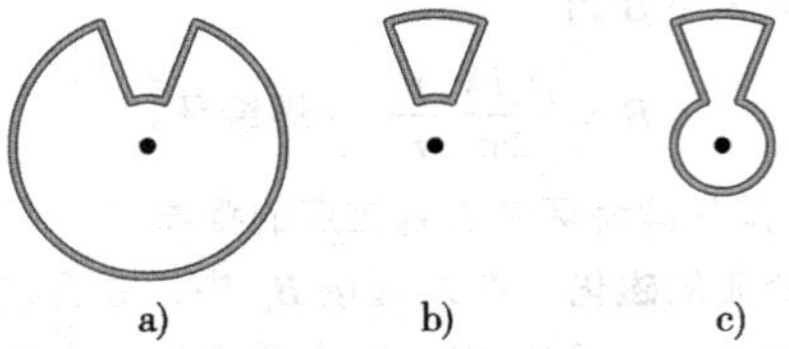

图 18－32　思考题 3 图

4. 图 18－33 所示为一均匀磁场 $\boldsymbol{B}$ 和四条长度相等的直线路径. 按照沿这些路径所取的 $\int \boldsymbol{B} \cdot \mathrm{d}\boldsymbol{s}$ 的大小从大到小将它们排序.

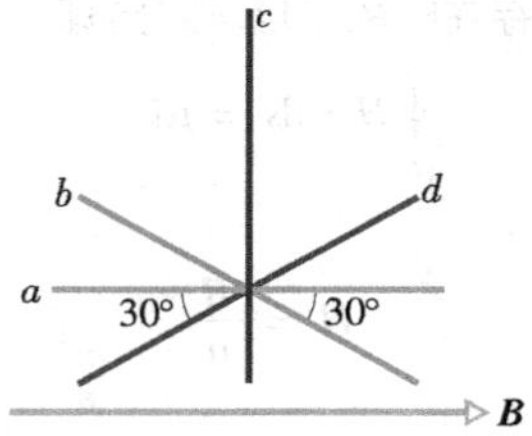

图 18－33　思考题 4 图

5. 图 18－34a 示出了四条与一根导线同心的安培回路. 导线中的电流径直从页面流出，并且在导线的圆形截面上均匀分布. 按照沿各回路的 $\oint_{(L)} \boldsymbol{B} \cdot \mathrm{d}\boldsymbol{s}$ 的大小由大到小它们排序.

6. 图 18－34b 示出了四条安培回路（细线）和用横截面表示的四个圆形长导体（粗线和图片），它们全都同轴. 导体中的三个是空心的圆筒，中央的导体是实心圆柱. 导体中的电流，从最小的半径到最大的半径，分别为：4A，从页面流出；9A，流入页面；5A，从页面流出；3A 流入页面. 按照沿各回路的 $\oint_{(L)} \boldsymbol{B} \cdot \mathrm{d}\boldsymbol{s}$ 的大小由大到小将各回路排序.

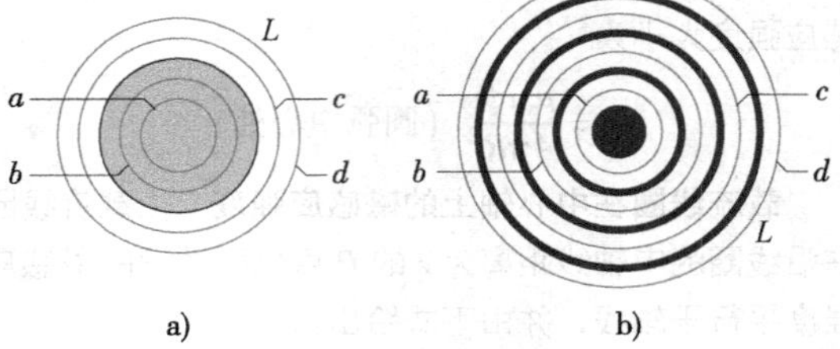

图 18－34　思考题 5、6 图

7. 图 18－35 示出了四个同样的电流 i 和五条包围它们的安培路径. 按照沿图示方向所取的 $\oint_{(L)} \boldsymbol{B} \cdot \mathrm{d}\boldsymbol{s}$ 的值把五条路径排序，正值最大的排第一，负值最大的排最后.

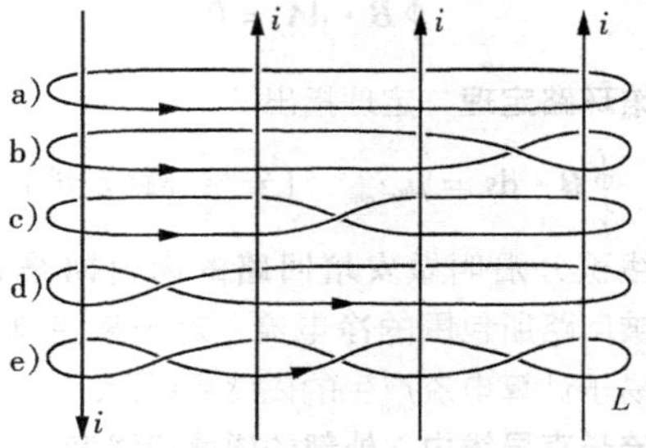

图 18－35　思考题 7 图

8. 下表给出了通过六个不同半径的理想螺线管的电流和这些螺线管每单位长度的匝数. 现想把它们中的几个同轴地组合起来，以产生沿中央轴线为零的总磁场. 用（a）其中两个；（b）其中三个；（c）其中四个；（d）其中五个，能做到吗？如果能，列出用哪几个螺线管，并指出其中电流的方向.

螺线管	1	2	3	4	5	6
n:	5	4	3	2	10	8
i:	5	3	7	6	2	3

习题

1. 在一传统的电视显像管内，电子枪对准屏幕以 0.22mm 直径的圆形电子束发射动能为 25keV 的电子，每秒有 5.6×10^{14} 个电子到达. 计算在距电子束轴线 1.5mm 处由电子束产生的磁感应强度.

2. 一长直导线载有电流 i，在距导线 d 处有一正电荷 q 以速率 v 垂直于导线运动. 当该电荷（a）向着导线或（b）背离导线运动时，它的力各为多大？方向如何？

3. 如图 18－36 所示，一个载有电流 i 的直导线被分成两个相同的半圆圈．在所形成的圆形回路的中心 C 处，磁感应强度为何？

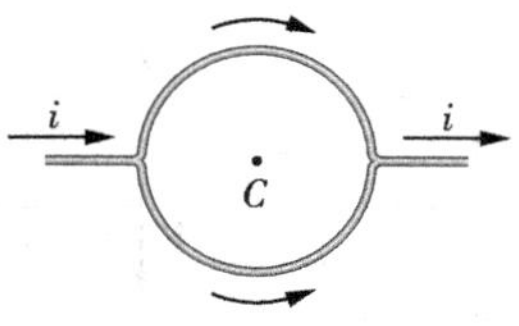

图 18－36　习题 3 图

4. 一载有电流 i 的导线具有图 18－37 所示的结构，即与同一个圆相切的两段半无限长的直线段与沿圆周的一段圆心角为 θ 的弧连接．所有的线段都在同一平面内．要使圆心处的 B 为零，θ 应为多大？

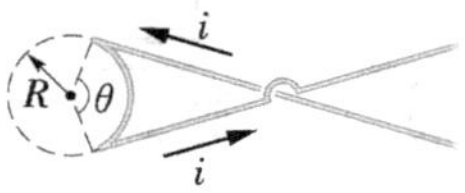

图 18－37　习题 4 图

5. 应用毕奥－萨伐尔定律计算图 18－38a 中半圆弧 AD 和 HJ 的公共圆心 C 处的磁感应强度．两个圆弧的半径分别为 R_2 和 R_1，它们是通有电流 i 的电路 $ADJHA$ 的一部分．

6. 在图 18－38b 所示的电路中，弯曲的线段是具有公共圆心 P 的、半径为 a 和 b 的圆弧，直线段沿半径方向．试求 P 点处的磁感应强度．设电路中的电流为 i．

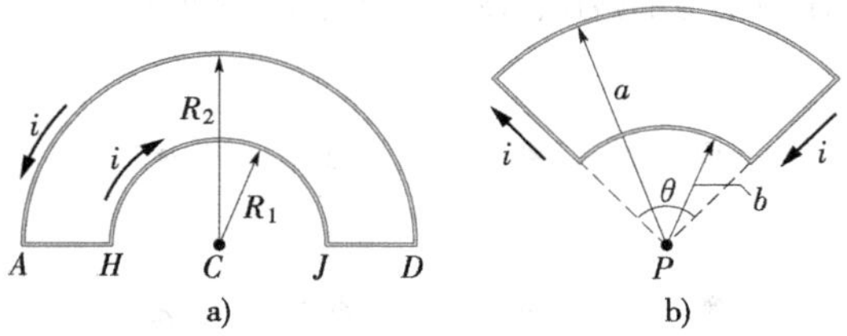

图 18－38　习题 5、6 图

7. 图 18－39 所示的导线载有电流 i．(a) 每个长 L 的直线段；(b) 半径为 R 的半圆段；(c) 整个导线，在圆心 C 的磁感应强度各为何？

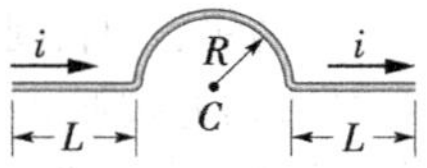

图 18－39　习题 7 图

8. 一边长 a 的正方形线圈载有电流 i．试证明在线圈的中心电流所产生的磁感应强度大小为

$$B=\frac{2\sqrt{2}\mu_0 i}{\pi a}$$

9. 在图 18－40 中，长 a 的直导线载有电流 i．证明电流在 P 点产生的磁感应强度大小为

$$B=\frac{\sqrt{2}\mu_0 i}{8\pi a}$$

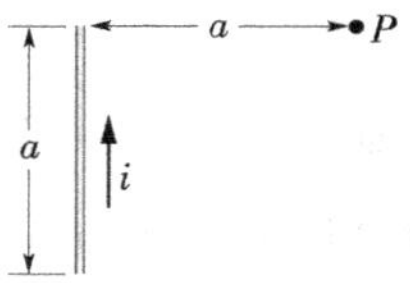

图 18－40　习题 9 图

10. 图 18－41 所示为一宽度为 w 的长薄条带的截面，它载有均匀分布的、流入页面的总电流 i．计算在薄条的平面内，距离其边缘为 d 的 P 点的磁感应强度大小和方向．（**提示**：想象薄条板由许多长而细的平行导线构成．）

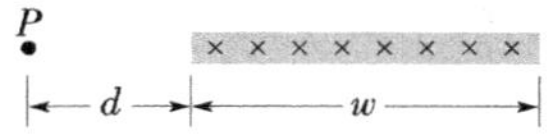

图 18－41　习题 10 图

11. 在图 18－42 中，长 L 的直导线载有电流 i．证明：这个线段在其垂直平分线上距线段为 R 的 P_1 点所产生的磁感应强度的大小为

$$B=\frac{\mu_0 i}{2\pi R}\frac{L}{(L^2+4R^2)^{1/2}}$$

证明当 $L\to\infty$ 时，这个 B 的表达式将简化为一个预知的结果．

12. 在图 18－42 中，长 L 的直导线载有电流 i．试证明由导线在与其一端垂直距离为 R 的 P_2 处产生的磁感应强度的大小为

$$B=\frac{\mu_0 i}{4\pi R}\frac{L}{(L^2+R^2)^{1/2}}$$

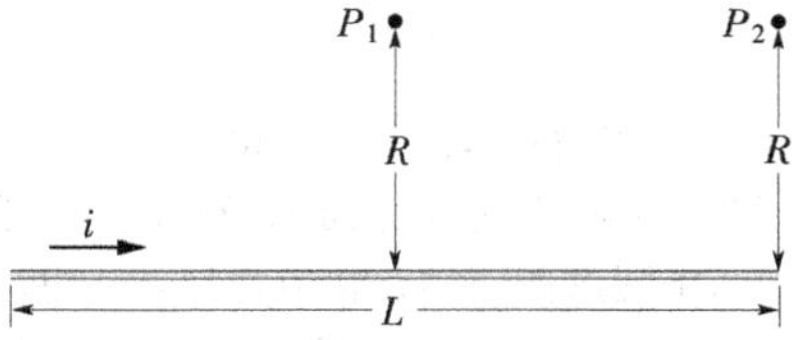

图 18－42　习题 11、12 图

13. 利用习题 11 证明，在长 L 且宽 W 载有电流 i 的矩形线圈中心产生的磁感应强度的大小为

$$B=\frac{2\mu_0 i}{\pi}\frac{(L^2+W^2)^{1/2}}{LW}$$

14. 四根长铜线彼此平行，它们的横截面构成具有边长 $a=20\text{cm}$ 的正方形的四角，每根导线中都载有20A 的电流，方向如图 18－43 所示．在正方形中心处磁感应强度 $\boldsymbol{B}$ 的大小及方向为何？

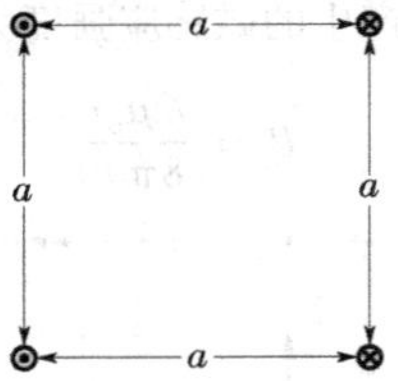

图 18－43 习题 14 图

15. 图 18－44a 所示为一段载有电流 i，并弯成一匝圆形线圈的导线．在图 18－44b 中，同一段导线被弯得更厉害，成为两匝线圈，半径为原来的一半．(a) 如果 B_a 和 B_b 为两个线圈中心处磁感应强度的大小，则比率 B_b/B_a 是多少？(b) 两线圈的磁矩之比 m_b/m_a 是多少？

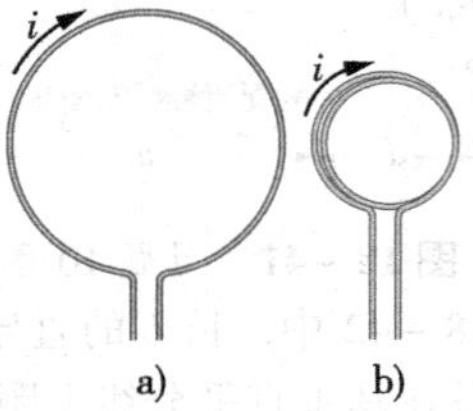

图 18－44 习题 15 图

16. 图 18－45 所示为叫做亥姆霍兹线圈的装置．它包含 N 匝半径为 R 且相隔距离为 R 的两个线圈．两线圈载有沿相同方向、大小相等的电流 i．求在两线圈中间 P 处总磁感应强度的大小．

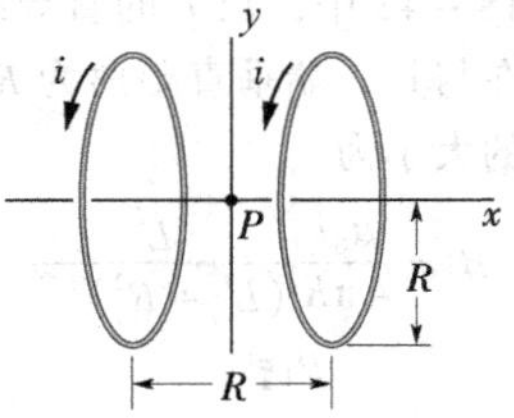

图 18－45 习题 16 图

17. 图 18－46 所示是轨道炮的理想示意图．射弹 P 位于两条圆形截面的宽轨道之间；一电流源发送电流，通过两轨道并通过（导电的）射弹本身（未使用熔体）．(a) 设两轨道间的距离为 w，R 为轨道半径，i 为电流，证明：作用在射弹上的力是沿轨道向右的并且其大小由下式近似给出：

$$F=\frac{i^2\mu_0}{2\pi}\ln\frac{w+R}{R}$$

(b) 如果射弹由静止从轨道左端向右运动，求它在右端发出时的速率 v．假定 $i=450\text{kA}$，$w=12\text{mm}$，$R=6.7\text{cm}$，$L=4.0\text{m}$，射弹的质量为 $m=10\text{g}$．

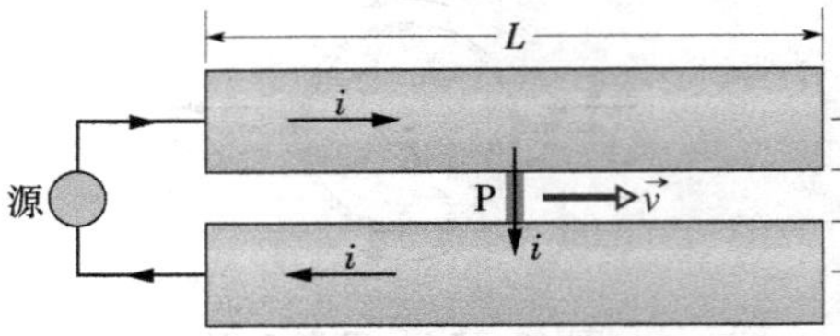

图 18－46 习题 17 图

18. 在图 18－47 中，长直导线载有 30A 的电流，矩形线圈载有 20A 的电流．计算该线圈受的合力．假定 $a=1.0\text{cm}$，$b=8.0\text{cm}$，且 $L=30\text{cm}$．

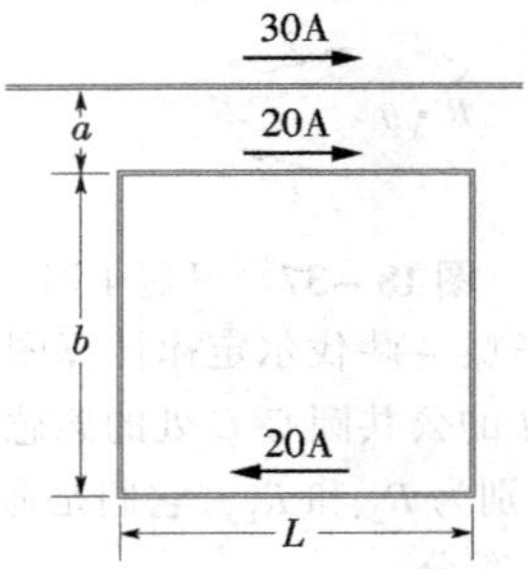

图 18－47 习题 18 图

19. 图 18－48 中，八根导线的每一根都载有 2.0A 的电流，电流流入页面或从页面流出．两条用于线积分 $\oint \boldsymbol{B}\cdot d\boldsymbol{s}$ 的路径如图示．对于 (a) 在左方 (b) 在右方的路径，该积分的值各是多少？

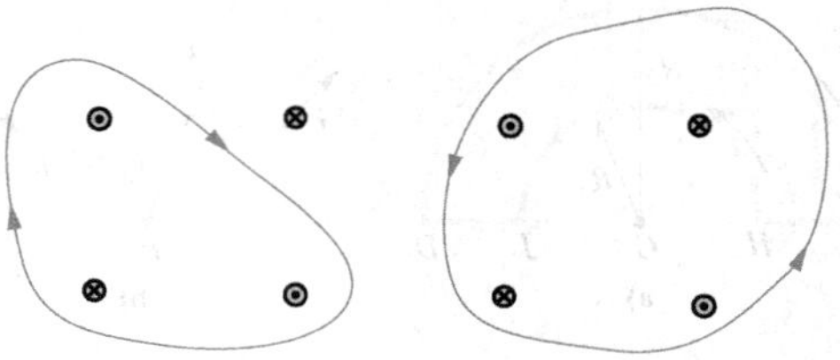

图 18－48 习题 19 图

20. 图 18－49 所示为半径为 a 的长圆柱形导体的横截面，该导体载有均匀分布的电流 i．假定 $a=2.0\text{cm}$ 且 $i=100\text{A}$，画出在 $0<r<6.0\text{cm}$ 范围内的 $B(r)$ 图线．

21. 在一半径为 a 的实心的长圆柱形导线内，电流密度沿中央轴线的方向并按照 $J=J_0r/a$ 随离轴线的径向距离 r 线性地变化．求导线内的磁感应强度．

22. 一长直导线（半径为 3.0mm）载有在其横截面上均匀分布的恒定电流．如果电流密度为 100

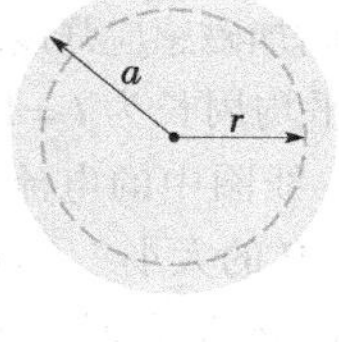

图 18－49　习题 20 图

A/m^2,则（a）在距导线轴 2.0mm 处（b）在距导线轴 4.0mm 处，磁感应强度的大小各为多少？

23. 证明：当有人垂直于均匀磁场 $\boldsymbol{B}$，沿如图 18－50 所示的水平箭头移动时，磁感应强度 $\boldsymbol{B}$ 不可能突然降为零（如图中 a 点右方没有磁场线）．（**提示**：把安培环路定理应用于由虚线所示的矩形路径．）在实际的磁体中，总会发生磁场线的“边缘效应”，它这意味着 $\boldsymbol{B}$ 将逐渐地趋近于零．修改图中的磁场线，以表示实际的情况．

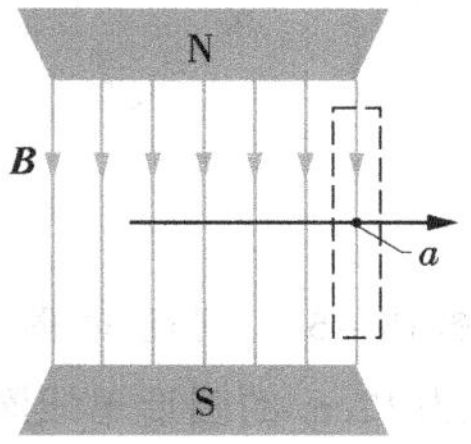

图 18－50　习题 23 图

24. 如图 18－51 所示，两个正方形导体回路分别载有 5.0A 和 3.0A 电流．对于图示的两个闭合路径，$\oint \boldsymbol{B}\cdot d\boldsymbol{s}$ 的值各为多少？

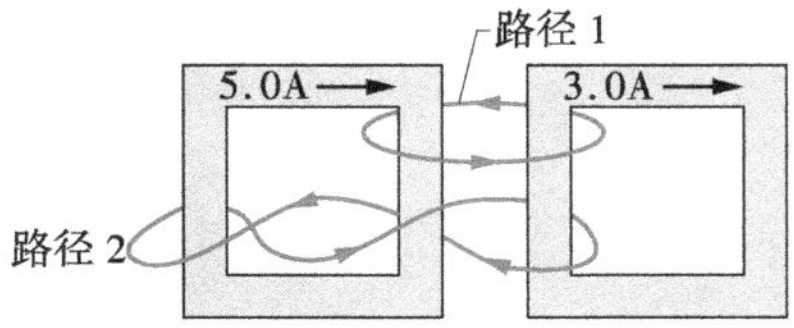

图 18－51　习题 24 图

25. 图 18－52 所示为一无限大导电薄片的横截面．薄片中的电流垂直地从页面流出，每单位 x 长度的电流为 λ．（a）用毕奥－萨伐尔定律和对称性证明：在薄片上方的所有点 P 和薄片下方的所有点 P'，磁感应强度 $\boldsymbol{B}$ 都平行于薄片，并有如图所示的方向．（b）用安培环路定理证明：在所有的点 P 和 P' 处，

$$B = \frac{1}{2}\mu_0\lambda$$

26. 图 18－53 所示为一半径为 a 的长圆柱形导体的横截面，其中包含一个半径为 b 的长圆柱形孔，

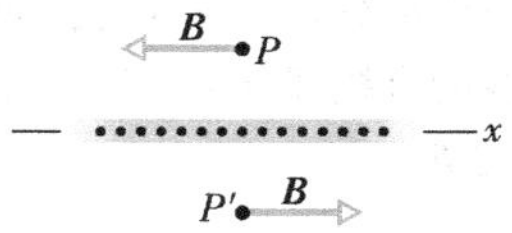

图 18－52　习题 25 图

圆柱体与孔的轴平行，但相距 d．电流 i 均匀分布在图中的灰色区域内．用叠加原理证明：在孔中心处的磁感应强度大小为

$$B = \frac{\mu_0 i d}{2\pi(a^2 - b^2)}$$

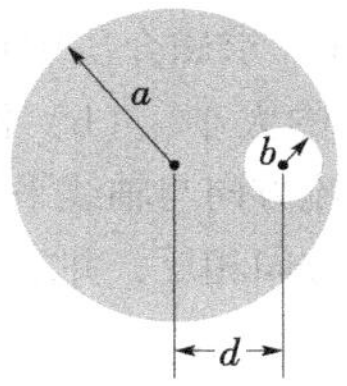

图 18－53　习题 26 图

27. 一外半径为 R 的长圆管载有（均匀分布的）如图 18－54 所示的流入页面的电流 i．一长导线以 $3R$ 的中心间距平行于长管．要使 P 点处的总磁感应强度与管心处的总磁感应强度具有相同的大小但相反的方向，导线中电流的大小及方向应为何？

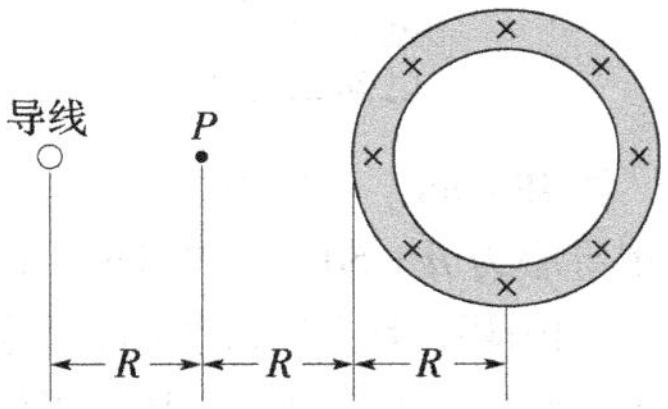

图 18－54　习题 27 图

28. 一长度为 1.30m 直径为 2.60cm 的螺线管载有 18.0A 的电流．螺线管内部的磁感应强度为 23.0mT．求形成此螺线管的导线的长度．

29. 一螺绕环的横截面是边长为 5.00cm 的正方形，它的内半径为 15cm，匝数为 500，且载有 0.800A 的电流．（它用正方形螺线管——而不是像图 18－15 那样的圆形螺线管——弯成环状制成．）在螺绕环内部的（a）内半径处（b）外半径处的磁感应强度各为何？

30.（a）一长导线被弯成图 18－55 所示的形状，在 P 处导线实际上无交叉接触，圆形部分的半径为 R．当电流沿图示的方向通过时，确定在圆形部分中心 C 处磁感应强度 $\boldsymbol{B}$ 的大小及方向；（b）假设导线的圆形部分绕所标明的直径作无形变地转动，直到圆平面与导线的直线部分垂直. 这时, 圆形部分的磁矩方向就是沿导线的直线部分中电流的方向. 确定在这种情况下 C 处的 $\boldsymbol{B}$.

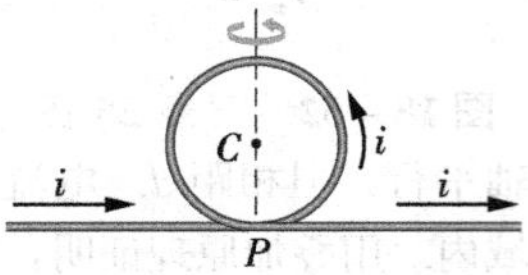

图 18-55 习题 30 图

31. 如图 18-56 所示, 半径为 a 的载流长直导线, 电流为 i, 外面裹有一层厚度为 b, 相对磁导率为 μ_r 的磁介质. (a) 求磁介质中任一点的磁场强度 $\boldsymbol{H}$ 和磁感应强度 $\boldsymbol{B}$ 的大小. (b) 沿磁介质内、外表面流动的磁化面电流方向与轴线平行, 试证明这两个面电流大小相等、方向相反, 并求其大小.

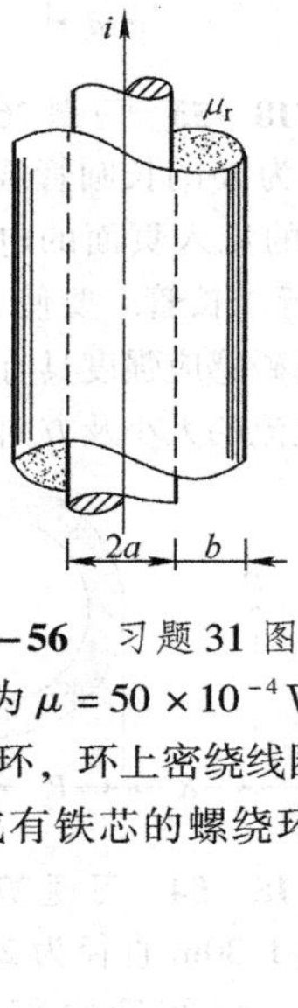

图 18-56 习题 31 图

32. 将磁导率为 $\mu = 50 \times 10^{-4}\,\mathrm{Wb \cdot A^{-1} \cdot m^{-1}}$ 的铁磁质做成一细圆环, 环上密绕线圈, 单位长度的匝数为 $n = 500$, 形成有铁芯的螺绕环. 当线圈中的电流 $i = 4\mathrm{A}$ 时, 试计算: (a) 环内 $\boldsymbol{B}$、$\boldsymbol{H}$ 的大小; (b) 磁化面电流激发的附加磁感应强度.

33. 螺绕环的平均周长为 $l = 10\mathrm{cm}$, 环上的线圈匝数为 $N = 200$ 匝, 线圈中的电流为 $i = 100\ \mathrm{mA}$. 试求: (a) 管内 $\boldsymbol{B}$ 和 $\boldsymbol{H}$ 的大小. (b) 当环内充满相对磁导率 $\mu_r = 4200$ 的磁介质时, 环内 $\boldsymbol{B}$ 和 $\boldsymbol{H}$ 的大小.

34. 如图 18-57 所示, 一段导线组成包含半径为 a 及 b 的两个半圆的闭合电路, 该电路载有电流 i. (a) 在 P 点处磁感应强度 $\boldsymbol{B}$ 的大小及方向为何? (b) 求这个电路的磁矩.

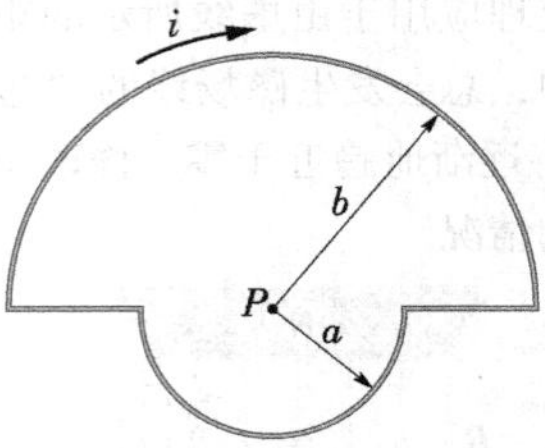

图 18-57 习题 34 图

35. 一半径为 12cm 的圆形单线圈载有 15A 的电流. 一匝数为50、载有 1.3A 电流的、半径为 0.82cm 的平面线圈与该单线圈同心. (a) 单线圈在其中心处产生的磁感应强度 $\boldsymbol{B}$ 为何? (b) 作用在平面线圈上的力矩为何? 假定两线圈的平面相互垂直并且由单线圈引起的磁场在平面线圈所占据的体积内是均匀的.

第 19 章 电磁感应

20 世纪 50 年代中期，摇滚乐问世之后不久，吉他手们就从弹奏原声吉他转向电吉他，但是，最先将电吉他理解为电子乐器的，当推吉米·亨德里克斯㊀. 60 年代期间，他在舞台上十分引人注目. 他在各地的舞台上纵情弹拨，挎着吉他置身于话筒前接受听众的反应，再根据反应构成和弦. 他推动了摇滚乐向前发展，使之从巴迪·霍利㊁的旋律变为 60 年代后期的迷幻摇滚乐，又进而在 70 年代变为齐柏林飞艇（Led Zeppelin）乐队早期的重金属摇滚乐及快乐小分队（Joy Division）乐队焕发原始活力的摇滚乐. 而且他的观念仍在影响着今天的摇滚乐.

电吉他有什么特点，使它区别于原声吉他，并使亨德里克斯得以如此广泛地发挥这种电子乐器的作用?

答案就在本章中.

㊀ Jimi Hendrix（1942—1970），美国人，被誉为摇滚乐史上最伟大的吉他手. 有人甚至形容他“可以用牙齿来弹奏”.

㊁ Buddy Holly（1936—1959），查尔斯·巴丁·霍利的流行名，美国著名摇滚歌手、流行歌曲作者和吉他手.

在第 17 章中我们曾看到，如果把导电回路放在磁场中，然后使电流通过回路，则磁场对它的力矩使回路转动：

$$\text{电流回路}+\text{磁场}\Rightarrow\text{力矩} \qquad (19-1)$$

假设换成在电流切断的情况下，我们用手转动回路，与式(19－1)相反的情况会发生吗？即会有电流出现在回路中吗？

$$\text{力矩}+\text{磁场}=\text{电流？} \qquad (19-2)$$

答案是肯定的，即电流的确会出现．式（19－1）和式（19－2）的情况是对称的．式（19－2）所依赖的定律叫做**法拉第电磁感应定律**．其实，式（19－1）是电动机的基本原理，而式（19－2）和法拉第定律是发电机的基本原理．本章就介绍该定律及其描述的过程．

19－1 法拉第电磁感应定律

我们先探讨两个简单的实验，为讨论法拉第电磁感应定律作准备．

实验一：图 19－1 所示为一连接到灵敏电流计的导电线圈．由于不包含电池或其他电动势源，电路中没有电流．然而，如果我们朝着线圈移动条形磁体，则电路中会突然出现电流．当磁体停止移动时，电流就消失．如果再把磁体从线圈移开，电流又突然重新出现，但沿相反方向．如果试验一段时间，则将发现下述现象：

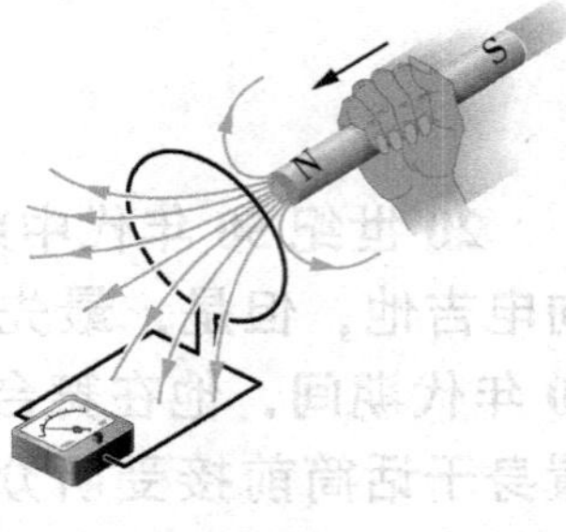

图 19－1 磁体相对于回路运动时，电流表显示导线回路中出现电流．

（1）只有当线圈与磁体之间有相对运动时电流才出现；当它们之间的相对运动停止时电流就消失．

（2）较快的运动产生较大的电流．

（3）如果磁体的北极移向线圈时引起顺时针的电流，则北极移开时引起逆时针的电流；南极移向线圈或从线圈移开时也引起电流，但都沿相反的方向．

在线圈中所产生的电流叫做**感应电流**；为产生该电流而对单位电荷所做的功（使形成电流的传导电子移动）叫做**感应电动势**；产生该电流和电动势的过程叫做**电磁感应**．

实验二：对于这个实验，我们使用图 19－2 所示的、两个彼此靠近但不接触的导电线圈．如果我们合上开关 S，使右边线圈中电流接通，则在左边回路中电流计突然并短暂地显示一电流，即感应电流；如果我们随后断开开关，则又一个突然而短暂的感应电流出现在左边线圈中，但沿相反的方向．只有当右边线圈中的电流正在变化（在接通或在断开），而不是当它恒定（即使它很大）时，我们才得到感应电流（因而感应电动势）．

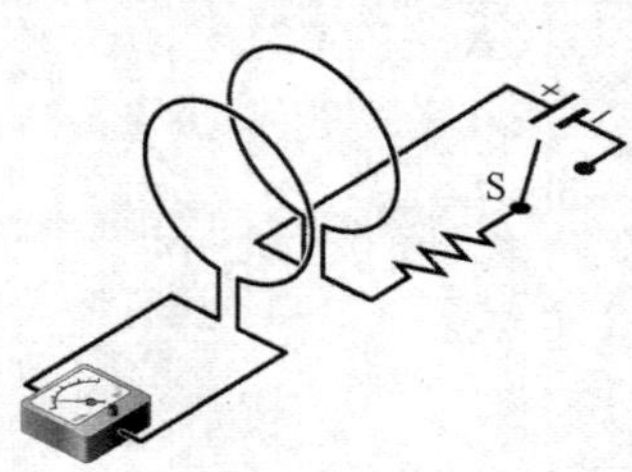

图 19－2 当刚合下开关 S（接通右边线圈中的电流）或刚打开它（切断右边线圈中的电流）时，电流计显示左边线圈中的出现电流．线圈没有动．

很明显，当某些东西变化时才在这些实验中引起了感应电动势和感应电流——但这“某些东西”是什么？法拉第给出了答案．

法拉第认识到，使穿过线圈的**磁场的量**发生变化，能在线圈中感应出电动势和电流．他进一步认识到“磁场的量”能利用穿过线圈的磁感应线加以形象化．针对上述实验，**法拉第电磁感应定律**可以这样表述为：

> 当穿过图 19－1 和图 19－2 中左边线圈磁感应线的条数变化时，线圈中就感应出电动势.

穿过线圈的磁感应线的实际条数无关紧要；感应电动势和感应电流的大小由磁感应线的**变化率**确定.

在第一个实验中（见图 19－1），磁感应线从磁铁的北极出发. 因此，随着我们移动北极接近线圈时，穿过线圈的磁感应线数目增加. 这个增量使传导电子在线圈中移动（感应电流），并为它们的运动提供能量（感应电动势）. 当磁体停止运动时，穿过线圈的磁感应线数目不再变化，感应电流和感应电动势就消失了.

在第二个实验中（见图 19－2），当开关断开时（无电流），没有磁感应线通过，而当接通右边线圈中的电流时，增大的电流在该线圈周围及左边线圈处建立磁场. 当磁场建立时，穿过左边线圈的磁感应线数目增加. 如同在第一个实验中那样，穿过该线圈磁感应线的增加在那里感应出电流和电动势. 当右边线圈中电流达到最终的稳定值时，穿过左边线圈的磁感应线数目不再变化，感应电流和感应电动势也就消失了.

法拉第电磁感应定律并未说明在上述两个实验中为什么会感应出电流和电动势，它只是帮助我们使感应现象形象化的一种表述.

为了使法拉第电磁感应定律起作用，我们需要一种计算穿过一个回路的**磁场的量**的方法. 这就是我们在第 18－3 节中引入的磁通量 Φ_B.

引入磁通量的概念，我们可把法拉第电磁感应定律表达成定量的形式：

> 在导电回路中所感应的电动势的大小 $\mathscr{E}$ 等于穿过该回路的磁通量 Φ_B 随时间的变化率.

在下一节中将看到，感应电动势 $\mathscr{E}$ 趋向于反抗磁通量的变化，所以法拉第电磁感应定律被正式地写作

$$\mathscr{E} = -\frac{\mathrm{d}\Phi_B}{\mathrm{d}t} \quad \text{（法拉第电磁感应定律）} \tag{19－3}$$

负号就表明了这种反抗. 我们经常省略掉式（19－3）中的负号，只关注感应电动势的大小.

如果我们使穿过 N 匝线圈的磁通量变化，那么在每匝线圈中都会产生感应电动势，总感应电动势就是每匝的感应电动势的和. 如果线圈紧密缠绕（**密集的**），以使相同的磁通量 Φ_B 穿过所有匝，则在线圈中所感应的总电动势为

$$\mathscr{E} = -N\frac{\mathrm{d}\Phi_B}{\mathrm{d}t} \quad \text{（}N\text{ 匝线圈）} \tag{19－4}$$

下面是使穿过线圈的磁通量变化的一般方法：

（1）使线圈中磁感应强度的大小 B 变化.

（2）使线圈的面积或位于磁场内的那部分面积变化（例如，通过使线圈扩展或使它移入或移出磁场）.

（3）使磁感应强度 $\boldsymbol{B}$ 的方向与线圈面积之间的夹角变化（例如，通过转动线圈使磁感应强度 $\boldsymbol{B}$ 先垂直于线圈平面转至沿着该平面）.

例题 19－1

如图 19－3 所示，长螺线管 S（横截面）为 220 匝/cm，且载有电流 $i=1.5\text{A}$，直径 D 为 3.2cm. 在其中心放置直径 $d=2.1\text{cm}$ 的、密绕 130 匝的线圈 C. 在 25ms 内，螺线管中的电流以稳定的速率降低到零. 当电流正在变化时，线圈中所感应出的电动势有多大？

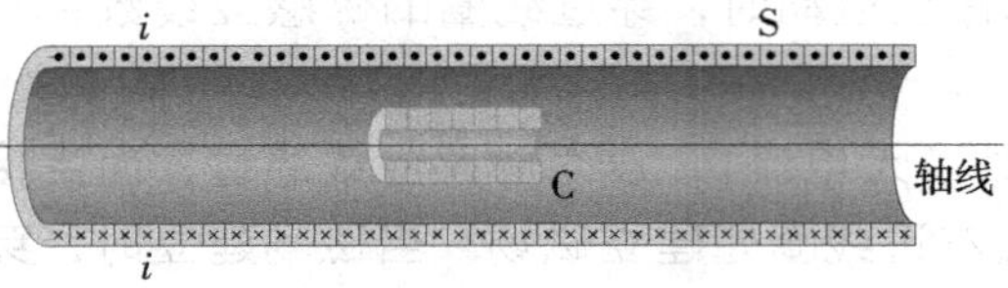

图 19－3 例题 19－1 图 线圈 C 放在载有电流 i 的螺线管 S 内.

【解】 这里**关键点**是：

(1) 因为线圈 C 在螺线管内部，位于螺线管中电流所产生的磁场内，因而有磁通量 Φ_B 穿过线圈 C.

(2) 因为电流 i 减小，所以磁通量 Φ_B 也减小.

(3) 当 Φ_B 减小时，按照法拉第电磁感应定律，在线圈中感应出电动势 $\mathscr{E}$.

因为线圈 C 不止一匝，我们应用按式（19－4）形式的法拉第电磁感应定律，其中匝数 N 为 130，$d\Phi/dt$ 是磁通量在每一匝中的变化率.

因为线圈中的电流以稳定的速率减小，则磁通量 Φ_B 也以稳定的速率减小. 而 $d\Phi_B/dt$ 可写作 $\Delta\Phi_B/\Delta t$，为了计算 $\Delta\Phi_B$，我们需要磁通量的终值和初值. 因为螺线管中最终电流为零，所以磁通量终值为零. 为了求出磁通量的初值 Φ_B，我们需要另外两个**关键点**：

(4) 穿过线圈 C 的每一匝的磁通量，取决于其面积 A 及该匝在螺线管的磁感应强度 $\boldsymbol{B}$ 中的取向. 因为 $\boldsymbol{B}$ 是均匀的且垂直于面积 A，所以磁通量可由式 $\Phi_B=\int_{(A)}\boldsymbol{B}\cdot d\boldsymbol{A}=BA$ 给出.

(5) 螺线管内部磁感应强度的大小 B，按照式 $B=\mu_0 in$，取决于螺线管的电流 i 及其单位长度的匝数 n.

对于图 19－3 所示的情况，A 为 $\frac{1}{4}\pi d^2$（$=3.46\times10^{-4}\text{m}^2$）而 n 为 220 匝/cm，或 22000 匝/m. 把 $B=\mu_0 in$ 代入式 $\Phi_B=BA$ 可导出

$$\begin{aligned}\Phi_{B,i}&=BA=(\mu_0 in)A\\&=(4\pi\times10^{-7}\text{T}\cdot\text{m/A})(1.5\text{A}\times22000\text{ 匝/m})\times(3.46\times10^{-4}\text{m}^2)\\&=1.44\times10^{-5}\text{Wb}\end{aligned}$$

现在我们可写出

$$\begin{aligned}\frac{d\Phi_B}{dt}&=\frac{\Delta\Phi_B}{\Delta t}=\frac{\Phi_{B,f}-\Phi_{B,i}}{\Delta t}\\&=\frac{(0-1.44\times10^{-5}\text{Wb})}{25\times10^{-3}\text{s}}\\&=-5.76\times10^{-4}\text{Wb/s}\\&=-5.76\times10^{-4}\text{V}\end{aligned}$$

我们只对大小感兴趣，所以忽略这里及式（19－4）中的负号，写出

$$\begin{aligned}\mathscr{E}&=N\frac{d\Phi_B}{dt}=(130\text{ 匝})(5.76\times10^{-4}\text{V})\\&=7.5\times10^{-2}\text{V}=75\text{mV}\end{aligned}$$

（答案）

19－2 楞次定律

在法拉第提出他的感应定律之后不久，德国物理学家楞次（H. F. Lenz）提出了一条用于确定回路中感应电流方向的法则，现在称为**楞次定律**：

感应电流的方向总是使它所产生的磁场去反抗产生它的磁通量的变化.

而且，感应电动势的方向就是感应电流的方向. 为了获得对楞次定律的感性认识，我们按两种不同但等效的方式把它应用到图 19－4 中，即磁体的北极朝着导电回路移动.

1. 反抗磁极移动

图 19－4 中磁体北极的趋近使回路中的磁通量增加，由此在回路中感应出电流. 我们知道该回路相当于一个具有南极和北极的磁矩 $\boldsymbol{m}$，且其方向是从南指向北. 为了**反抗**由磁体所导致

的磁通量的增加，回路的北极（及 $\boldsymbol{m}$）必定**朝着**趋近的北极以便排斥它（见图 19-4）．然后，用于 $\boldsymbol{m}$ 的曲-直右手定则告诉我们，在图 19-4 的回路中所感应的电流应该是逆时针方向的．

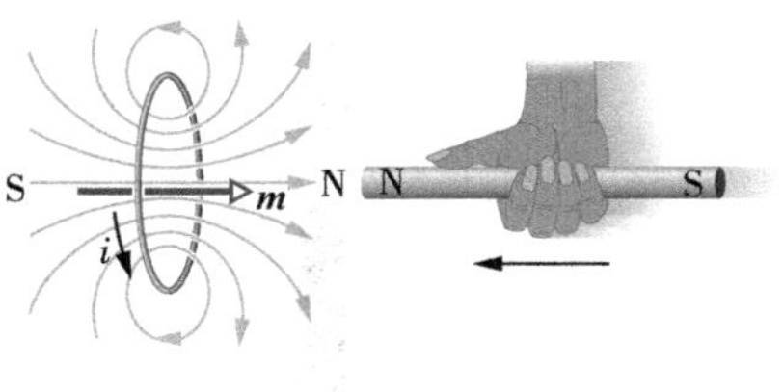

图 19-4 楞次定律在起作用．磁体移向回路，在回路中感应出电流．电流产生自身的磁场，回路极矩 $\boldsymbol{m}$ 的方向与磁体运动的方向相反，因而，感应电流必是如图所示逆时针方向．

如果我们接着使磁体远离回路，回路中将重新感应出电流．然而，现在回路的南极将面向后退的磁体的北极，以便反抗其后退．因此，感应电流将是顺时针的．

2. 反抗磁通量变化

在图 19-4 中，在磁体最初远离的情况下，没有磁通量穿过回路；当磁体的北极随着其**指向左边**的磁场接近回路时，穿过回路的磁通量增加．为了反抗磁通量的增加，感应电流 i 必须建立它自己的磁场 $\boldsymbol{B}_i$ 在回路内**指向右方**，如图 19-5a 所示．于是，磁场 $\boldsymbol{B}_i$ 向右的磁通量反抗磁场 $\boldsymbol{B}$ 向左的磁通量的增加．图 19-5 中的曲-直右手定则告诉我们，在图 19-5a 中 i 应该是逆时针的．

应特别注意，$\boldsymbol{B}_i$ 的改变总是反抗 $\boldsymbol{B}$ 的**变化**的，但那并不意味着 $\boldsymbol{B}_i$ 与 $\boldsymbol{B}$ 方向相反．例如，如果我们接着使磁体远离回路，则来自磁体的磁通量 Φ_B 仍然指向左方穿过回路，但它现在是在减少．$\boldsymbol{B}_i$ 现在必定在回路内指向左方，以反抗 Φ_B 的减少，如图 19-5b 所示．因此，$\boldsymbol{B}_i$ 与 $\boldsymbol{B}$ 现在沿相同的方向．

图 19-5c、d 所示分别为磁体的南极靠近和远离回路的情况．

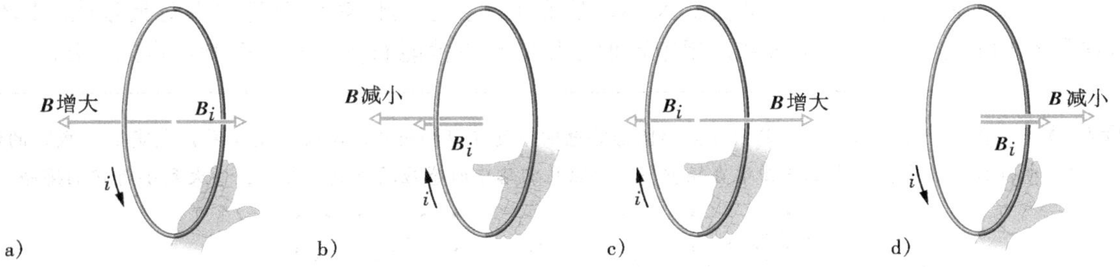

图 19-5 回路中感应电流 i 的方向总是使它产生的磁感应强度 $\boldsymbol{B}_i$ 去反抗引起 i 的磁感应强度 $\boldsymbol{B}$ 的变化．$\boldsymbol{B}_i$ 总是和增加的 $\boldsymbol{B}$(a,c) 方向相反，而和减弱的 $\boldsymbol{B}$(b,d) 方向相同．曲－直右手定则在感应磁场方向的基础上给出感应电流的方向．

图 19-6 所示为芬德牌 Stratocaster 型电吉他，就是本章首页提到的亨德里克斯和其他许多音乐家使用的那种类型．原声的吉他靠弦线振荡在仪器的空心腔体中产生声共鸣提供声音，而电吉他则是实心的乐器，所以没有腔体的共鸣．而是金属弦的振荡由电拾音器检测并把信号传送到放大器及一组话筒．

拾音器的基本结构如图 19-7 所示，连接乐器到放大器的导线绕在小磁体上，成为线圈．磁体的磁场在磁体正上方的一段金属弦中产生北极和南极，这段弦就具有了它自己的磁场．当弦被弹拨从而产生振荡时，它相对于线圈的运动使它的磁场穿过线圈的磁通量变化，于是在线圈中感应出电流．当弦朝向和背离线圈振荡时，感应电流以与弦振荡相同的频率改变方向，因而把振荡的频率传送到放大器和话筒．

在 Stratocaster 型电吉他中，有三组拾音器，安装在弦的近端（在琴身的宽阔部分上）．距近端最近的一组能更好地检测高频振荡；离近端最远的一组能更好地检测低频振荡．通过拨动开关，音乐家就能挑选哪一组或哪两组发送信号到放大器及话筒．

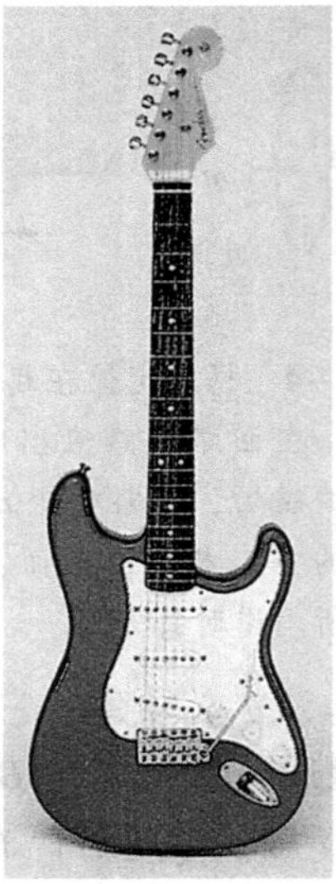

图 19-6 一只 FenderStratocaster 型电吉他，具有三组，每组6个的电拾音器（在其宽体内）.（在吉他底部的）一只拨动开关使演奏者决定用哪一组拾音器向放大器和接着的扬声系统发送信号.

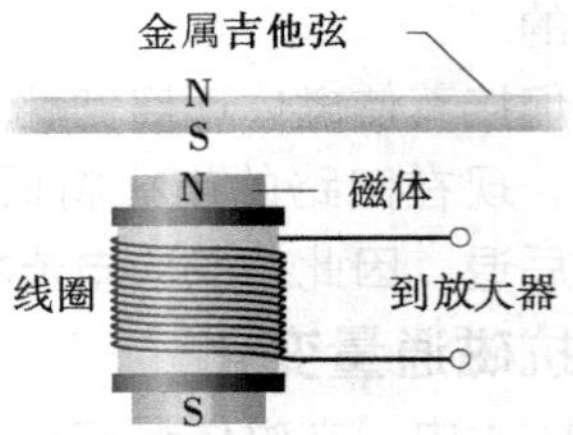

图 19-7 电吉他拾音器的侧视图. 当使金属弦（它像一个磁体）振动时，它在线圈中引起磁通量的变化而感应出电流.

为了增进对他的乐曲的控制，亨德里克斯有时重绕吉他拾音器中的导线以改变其匝数. 这样，他改变了线圈中所感应的电动势的大小，从而也改变了它们对弦振荡的相对灵敏度. 即使没有这种附加的办法，你也能看到，用电吉他比用原声吉他能有多得多的控制声音的方法.

检查点1：下图示出了三种情况，其中相同的圆形导电回路处在以相同的时率或增大（增）或减小（减）的均匀磁场中. 在每种情况中，虚线都与回路直径重合. 按照在回路中所感应的电流的大小，由大到小将它们排序.

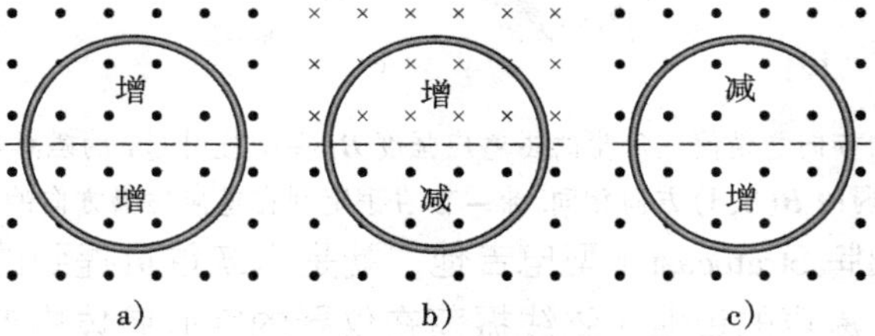

例题 19-2

图19-8所示为一个被放入非均匀变化磁场 $\boldsymbol{B}$ 中的矩形回路. 磁场垂直指向页面内，大小为 $B=4t^2x^2$. B 的单位为特斯拉，t 的单位为秒，x 的单位为米. 回路宽度 $W=3.0\text{m}$，高度 $H=2.0\text{m}$. 当 $t=0.010\text{s}$ 时，环绕回路所感应的电动势 $\mathscr{E}$ 的大小及方向为何？

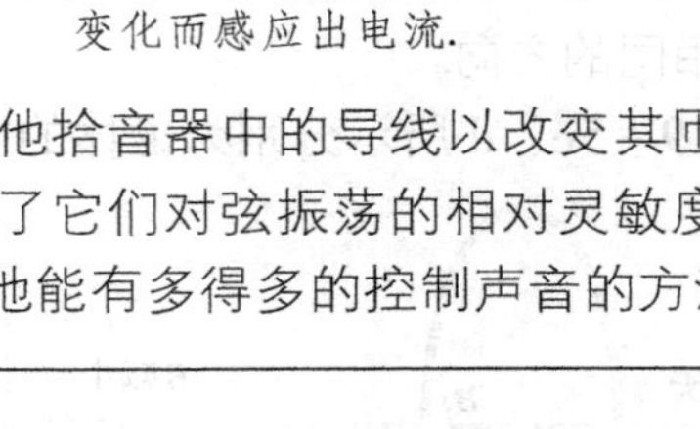

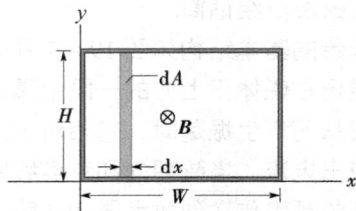

图 19-8 例题19-2图 在指向页面内的非均匀的变化磁场中放有一个闭合导电回路. 为应用法拉第电磁感应定律，我们利用高 H，宽 dx 和面积 dA 的竖直窄条.

【**解**】 这里一个**关键点**是，因为磁感应强度 $\boldsymbol{B}$ 的大小随时间变化，穿过回路的磁通量也在变化. 第二个**关键点**是，按照法拉第电磁感应定律，变化的磁通量在回路中感应出电动势，我们可把它写作 $\mathscr{E}=\mathrm{d}\Phi_B/\mathrm{d}t$.

要应用该定律，我们需要磁通量 Φ_B 在任一时刻 t 的表达式. 然而，第三个**关键点**是，因为在回路所包围的面积中，B 是不均匀的，我们不能应用式 $\Phi_B=BA$ 求得这个表达式，而必须应用式 $\Phi_B=\int_{(A)}\boldsymbol{B}\cdot\mathrm{d}\boldsymbol{A}$.

在图 19－8 中，$\boldsymbol{B}$ 垂直于回路平面（从而平行于微元面积矢量 $\mathrm{d}\boldsymbol{A}$），所以上式的标积给出 $B\mathrm{d}A$. 因为磁场随坐标 x 而不随坐标 y 变化，我们可把微元面积 $\mathrm{d}A$ 取为高 H 且宽 $\mathrm{d}x$ 的竖直窄条（见图 19－8 所示），于是 $\mathrm{d}A=H\mathrm{d}x$，而穿过回路的磁通量为

$$\Phi_B=\int_{(A)}\boldsymbol{B}\cdot\mathrm{d}\boldsymbol{A}=\int_{(A)}B\mathrm{d}A=\int BH\mathrm{d}x=\int 4t^2x^2H\mathrm{d}x$$

将这个积分中的 t 看作常数，并代入积分限 $x=0$ 和 $x=3.0\mathrm{m}$，就可得到

$$\Phi_B=4t^2H\int_0^{3.0}x^2\mathrm{d}x=4t^2H\left[\frac{x^3}{3}\right]_0^{3.0}=72t^2$$

式中，我们已代入 $H=2.0\mathrm{m}$，Φ_B 按韦伯计. 现在可以应用法拉第电磁感应定律求出 $\mathscr{E}$ 在任一时刻 t 的大小了：

$$\mathscr{E}=\frac{\mathrm{d}\Phi_B}{\mathrm{d}t}=\frac{\mathrm{d}(72t^2)}{\mathrm{d}t}=144t$$

其中，$\mathscr{E}$ 的单位是伏. 当 $t=0.10\mathrm{s}$ 时，有

$$\mathscr{E}=(1.44\mathrm{V/s})(0.10\mathrm{s})\approx 14\mathrm{V}$$

（答案）

在图 19－8 中，穿过回路的 $\boldsymbol{B}$ 是指向页面内的，并且大小随时间增大. 按照楞次定律，感应电流的磁感应强度 $\boldsymbol{B}_i$ 应该反抗这个增大，所以方向为指向页面外. 图 19－5 所示的曲-直右手定则告诉我们，在回路中感应电流是逆时针的，因而感应电动势 $\mathscr{E}$ 也如此.

19－3　感应与能量转换

根据楞次定律，无论你把磁体移向图 19－1 中的回路或把磁体从回路移开，都有磁力阻止运动，因此，需要施力去做正功. 与此同时，由运动产生的感应电流，在回路的材料中由于其电阻的存在会产生热能. 通过施力而转移到闭合**回路＋磁体**系统的能量最终都转换为这种热能（目前，忽略在感应期间作为电磁波从回路辐射走的能量）. 移动磁体越快，施力做功就越迅速，而能量转换为回路中热能的时率就越大；就是说，转换的功率越大.

无论回路中的电流是怎样感应出来的，由于回路中存在电阻，在这个过程中能量总会转换成热能. 例如，在图 19－2 中，当开关 S 闭合同时在左边的回路中感应出短暂的电流时，能量从电池中转换成该回路中的热能.

图 19－9 所示为感应电流的另一种情况. 一宽 L 的矩形导线回路，一边在垂直进入回路平面的均匀外磁场中，这个磁场可能由大电磁体产生. 图 19－9 中的虚线示出磁场的假定边界. 这里忽略磁场的边缘效应. 要求你以恒定的速度 $\boldsymbol{v}$ 向右拉动这个回路.

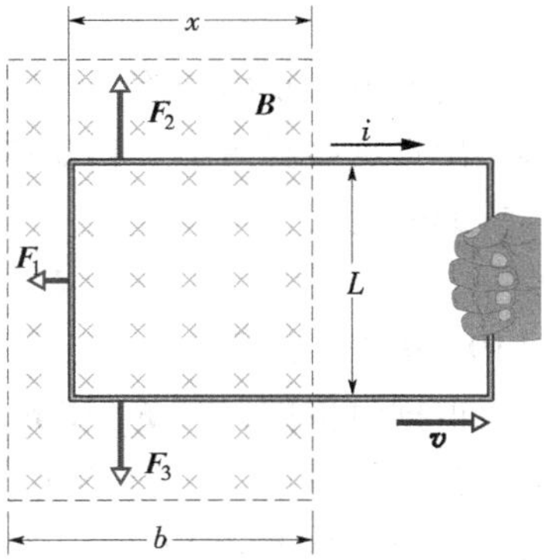

图 19－9　以速度 $\boldsymbol{v}$ 把闭合回路拉出磁场. 当回路运动时，在回路中产生感应电流，回路仍在磁场中的部分受到力 $\boldsymbol{F}_1$，$\boldsymbol{F}_2$ 和 $\boldsymbol{F}_3$.

图 19－9 所示的情况在本质上与图 19－1 所示的情况并没有区别. 在两种情况中，磁场和导体回路都在作相对运动，穿过回路的磁通量都在随时间变化. 事实上，在图 19－1 中，磁通量的变化是因为 $\boldsymbol{B}$ 在变化，而在图 19－9 中，磁通量的变化是因为留在磁场中的回路面积在变化，但这个差别并不重要. 两种情况的重要不同在于，图 19－9 中的装置使计算更为容易. 让我们现在计算当稳定地继续拉动图 19－9 中的回路时，所做的机械功功率.

可以发现，为了以恒定的速度$\boldsymbol{v}$拉动回路，必须对回路施加一个恒力，因为有一大小相等、方向相反的磁力作用在回路上反抗拉动. 根据第3-1节，做功的功率为

$$P = Fv \tag{19-5}$$

式中，F是所施加的力的大小. 我们希望找到一个P的表达式，用磁感应强度的大小B和回路的一些特征参数，如电阻R及其尺寸L来表示.

图19-9中，当向右移动回路时，其面积在磁场内的部分在减小. 因此，穿过回路的磁通量也减小. 按照楞次定律，在回路中会产生电流. 正是这个电流的出现，产生了反抗拉力的力.

为了求出该电流，我们首先应用法拉第电磁感应定律. 当x是回路留在磁场中的长度时，回路留在磁场中的面积是Lx. 于是，根据式（19-4）可得穿过回路的磁通量大小为

$$\Phi_B = BA = BLx \tag{19-6}$$

当x减小时，磁通量也减小. 法拉第电磁感应定律告诉我们，伴随着这个磁通量的减小，将在回路中感应出电动势. 略去式（19-3）中的负号，并应用式（19-6），我们可把这个电动势的大小写作

$$\mathscr{E} = \frac{d\Phi_B}{dt} = \frac{d}{dt}BLx = BL\frac{dx}{dt} = BLv \tag{19-7}$$

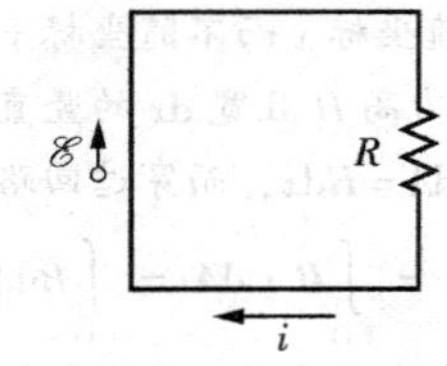

图19-10 图19-9所示的回路移动时的电路图.

其中，我们已用回路移动的速率v替代了dx/dt.

图19-10所示为图19-9中回路的等效电路：感应电动势$\mathscr{E}$表示在左边，该回路的总电阻R表示在右边. 感应电流i的方向可借助图19-5b所示的右手定则确定，$\mathscr{E}$应该具有相同的方向.

为了求出感应电流的大小，在电路中应用电势差的回路定则，因为，如同在19-4节中将看到的我们不能为感应电动势定义电势差. 然而，我们应用公式$i=\mathscr{E}/R$，借助式（19-7），可得

$$i = \frac{BLv}{R} \tag{19-8}$$

因为图19-9中回路的三段都载有这个电流穿过磁场，侧向偏转力将作用在这些线段上. 根据安培定律我们可知，按通常的表示法，这样的偏转力为

$$\boldsymbol{F}_d = i\boldsymbol{L} \times \boldsymbol{B} \tag{19-9}$$

在图19-9中，作用在回路三段上的偏转力用$\boldsymbol{F}_1$、$\boldsymbol{F}_2$及$\boldsymbol{F}_3$标明. 但应注意根据对称性，力$\boldsymbol{F}_2$和$\boldsymbol{F}_3$大小相等、方向相反，因而相抵消. 这样，就仅剩下$\boldsymbol{F}_1$，它与你施加在回路上的力$\boldsymbol{F}$方向相反，从而反抗拉力，因此有$\boldsymbol{F} = -\boldsymbol{F}_1$.

应用式（19-9）可得到$\boldsymbol{F}_1$的大小，注意$\boldsymbol{B}$与左边线段的长度矢量$\boldsymbol{L}$夹角为90°，所以有

$$F = F_1 = iLB\sin 90° = iLB \tag{19-10}$$

将式（19-8）中的i代入式（19-10），则

$$F = \frac{B^2L^2v}{R} \tag{19-11}$$

由于B、L及R是恒定的，如果施于回路的力的大小也是恒定的，则

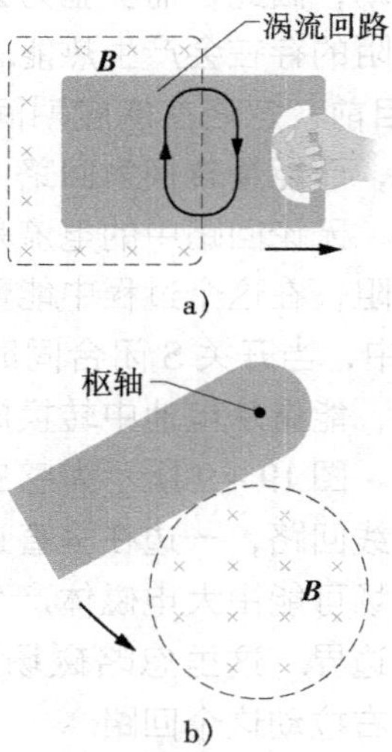

图19-11 a）把导体板从磁场中拉出时，板中产生**涡流**. 图中画出了一个典型的涡流回路. b）导体板绕着一根枢轴穿过磁场像摆那样摆动，当它进入或离开磁场时，板中产生涡流.

移动回路的速率就是恒定的.

将式(19-11)代入式(19-5),可求出在磁场中拉动回路时,对回路做功的功率为

$$P = Fv = \frac{B^2L^2v^2}{R} \quad (\text{做功的功率}) \tag{19-12}$$

为了完成分析,我们求出当以恒定的速率向前拉动回路时,回路中热能的功率. 根据式(16-22),可得

$$P = i^2R \tag{19-13}$$

由式(19-8)把 i 代入式(19-13),我们求得

$$P = \left(\frac{BLv}{R}\right)^2 R = \frac{B^2L^2v^2}{R} \quad (\text{热能功率}) \tag{19-14}$$

这正好等于对回路做功的功率式(19-12). 因此,拉动回路穿过磁场所做的功表现为回路中的热能.

假设我们用一实心的导体板替代图 19-10 中的导体回路,如果像对回路所做的那样(图 19-11a)把导体板拉出磁场,则磁场与导体的相对运动也在导体中感应出电流. 因此,我们也遇到反抗的力,并且由于感应电流而必须做功. 然而,在导体板的情况下,形成电流的传导电子并不像它们在回路中那样遵循一条路径,而是电子在板内盘旋,就像陷进旋涡(涡流)中那样. 这样的电流叫做**涡流**,而且能如图 19-11a 那样表示,就**好像**沿着单一的路径流通.

像图 19-9 中的导体回路那样,导体板中的感应电流使机械能转化为热能而耗散掉. 这种耗散在图 19-11 所示的情形中更加明显. 能够绕枢轴自由转动的导体板可以像摆那样摆动穿过磁场. 该板每次进入或离开磁场,都有其机械能的一部分转换成热能. 在几次摆动之后,就没有了机械能,而只有变热的导体板挂在枢轴上了.

19-4 感生电场

如图 19-12a 所示,我们把一半径为 r 的铜环放在均匀外磁场中. 忽略掉边缘效应,磁场填充了半径为 R 的圆柱形体积,磁场的方向垂直指向页面内. 假设以恒定的速率增大这个磁场的强度,如通过用合适的方式增大产生磁场的电磁体绕组中的电流,则穿过铜环的磁通量将以恒定的速率变化. 而根据法拉第电磁感应定律,感应电动势及感应电流将出现在环中. 根据楞次定律,我们能推断感应电流的方向在图 19-12a 中是逆时针的.

如果在铜环中有电流,则沿着该环必定有电场存在,因为做功移动传导电子是需要电场的. 而且,该电场应该是由随时间变化着的磁通量产生的. 这个**感生电场 $\boldsymbol{E}$** 像静止电荷所产生的电场一样真实,都会对带电 q 的粒子施加一个力 $q_0\boldsymbol{E}$.

沿着这条思路,我们可得到法拉第电磁感应定律实用而深刻的重新表述:

随时间变化的磁场产生电场.

这种表述的惊人之处在于,即使没有铜环,也能感生出电场. 在历史上,这一表述是英国物理学家麦克斯韦以假说的形式提出的.

为了说明这些构想,考虑图 19-12b,它几乎与图 19-12a 一样,除了铜环已被半径为 r 的假想圆形路径所替代. 我们像先前那样,假定磁感应强度 $\boldsymbol{B}$ 的值以恒定的速率 dB/dt 增长. 根

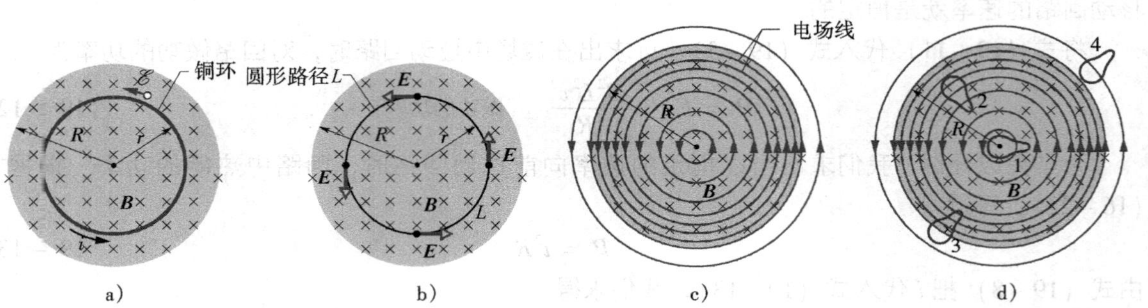

图19-12 a）磁场以恒定速率增大，在半径为 r 的铜环中感应出恒定电流. b）即使铜环被移去，感生电场仍存在，如在图中标出的四点所示. c）感生电场的完整图像，如电场线所示. d）同样面积的四个相似的闭合路径，沿着完全处于变化磁场区域内的路径1和2，感应出相同的电动势；沿部分在该区域内的路径3，感应出较小的电动势；完全在磁场外的路径4没有感应出电动势.

据对称性，感生电场在沿圆形路径的不同点处都与圆相切，如图19-12b所示. 因此，圆形路径就是电场线. 半径为 r 的圆并无特殊之处，所以由随时间变化的磁场所产生的电场线必定是一组如图19-12c所示的同心圆.

只要磁场随时间在**增强**，图19-12c中所示的圆形电场线就将存在. 如果磁场随时间保持**恒定**，则将没有感生电场，因而没有电场线. 如果磁场随时间（以恒定时率）在**减弱**，则电场线将仍然如图19-12c所示，为同心圆，但方向相反. 所有这些都是当我们说："随时间变化的磁场产生电场"时所应想到的.

下面，利用感生电场的概念，我们把法拉第电磁感应定律表述为另一种形式：

考虑一沿图19-12b中的圆形路径 L 运动的、电荷为 q_0 的粒子. 在旋转一圈时感生电场对它所做的功 W 为 $q_0\mathscr{E}$，其中 $\mathscr{E}$ 是感应电动势，即在使检验电荷沿该路径运动时对单位电荷所做的功. 根据另一种观点，这功为

$$\int_{(L)} \boldsymbol{F} \cdot d\boldsymbol{s} = (q_0 E)(2\pi r) \tag{19-15}$$

式中，q_0E 是作用在检验电荷上力的大小；$2\pi r$ 是这个力作用的路程. 令这两个 W 的表达式相等，并消去 q_0，我们得到

$$\mathscr{E} = 2\pi r E \tag{19-16}$$

更一般地，我们可改写式（19-15），以给出对沿任一闭合路径运动的、电荷为 q_0 的粒子所做的功为

$$W = \oint_{(L)} \boldsymbol{F} \cdot d\boldsymbol{s} = q_0 \oint_{(L)} \boldsymbol{E} \cdot d\boldsymbol{s} \tag{19-17}$$

积分号上的圆圈表示该积分环绕闭合路径 L 进行，用 $q_0\mathscr{E}$ 替代 W，我们得到

$$\mathscr{E} = \oint_{(L)} \boldsymbol{E} \cdot d\boldsymbol{s} \tag{19-18}$$

如果我们对图19-12b所示的特殊情况求积分值，则这个积分立刻简化为式（19-16）.

借助式（19-18），我们能扩展感应电动势的含义. 以前，感应电动势表示为保持由随时间变化的磁场所产生的电流而对单位电荷所做的功，或者说它表示对在随时间变化的磁场中沿闭合路径运动的带电粒子上每单位电荷所做的功. 然而，借助图19-12b和式（19-18），感应电

动势能不需要电流或粒子而存在；感应电动势是 $\boldsymbol{E}\cdot d\boldsymbol{s}$ 沿闭合路径 L 的总和，即积分. 其中，$\boldsymbol{E}$ 是由随时间变化的磁场所感应出的电场；$d\boldsymbol{s}$ 是沿闭合路径的微元长度矢量.

如果我们把式（19－18）与按式 $\mathscr{E}=-d\Phi_B/dt$ 表述的法拉第电磁感应定律结合起来，则可把法拉第电磁感应定律改写为

$$\oint_{(L)}\boldsymbol{E}\cdot d\boldsymbol{s}=-\frac{d\Phi_B}{dt}\quad\text{（法拉第电磁感应定律）}\tag{19－19}$$

此式清楚地表明，随时间变化的磁场感生出电场. 随时间变化的磁场出现在此式的右边，电场出现在左边.

按式（19－19）形式的法拉第电磁感应定律适用于随时间变化的磁场中的**任何**闭合路径. 例如，图 19－12d 所示的四条路径，它们具有相同的形状及面积但位于变化磁场中不同的位置. 对于路径 1 和 2，感应电动势 $\mathscr{E}\left(=\oint_{(L)}\boldsymbol{E}\cdot d\boldsymbol{s}\right)$ 相等，因为两条路径全部位于磁场中，因而 $\frac{d\Phi_B}{dt}$ 具有相同的值. 尽管图中的电场线表明，在这些路径上各点的电场强度矢量不同，但这也是正确的. 对于路径 3，感应电动势较小，因为它所包围的 Φ_B（及 $d\Phi_B/dt$）较小. 而对于路径 4，感应电动势为零，尽管电场强度并不是在路径上任一点都为零.

在第 14 章中，对于静电场我们引入了电势的概念. 但是，这样引入的电势概念是否适用于感生电场?

感生电场不由静止电荷而由随时间变化的磁场产生. 虽然按任一种方式所产生的电场都对带电粒子有作用力，但它们之间有重要的差别. 这种差别的最简单的表现在于，感生电场的电场线形成闭合回路，如图 19－12c 所示；由静止电荷所产生的电场线永远不会这样，而必定起始于正电荷并终止于负电荷.

在更规范的意义上，我们可以用下述语言来表述由感生电场与由静止电荷产生的电场之间的差别：

电势只对由静止电荷产生的电场有意义，对感生电场无意义.

你可以通过考虑沿图 19－12b 中圆形路径一周的带电粒子上所发生的情况来理解这句话. 它从某一点出发，并且在返回到该点时，已感受到电动势 $\mathscr{E}$，如 5V，即 5J/C 的功已作用在粒子上. 因此，粒子应处于电势增高了 5V 的某一点. 然而，那是不可能的，因为它返回到了同一点，而该点不能具有两个不同的电势值. 我们可以断言，电势对于随时间变化的磁场所感生的电场没有意义.

我们可以通过回忆电场 $\boldsymbol{E}$ 中 i 与 f 两点间的电势差的定义式（14－18）：

$$V_f-V_i=-\int_i^f\boldsymbol{E}\cdot d\boldsymbol{s}$$

作一次更正式的审视. 在第 14 章中，我们尚未遇到法拉第电磁感应定律，所以在式（14－18）的推导中所提及的电场是由静止电荷所引起的场. 如果式（14－18）中的 i 和 f 是同一点，则连接它们的路径是闭合回路，V_i 和 V_f 是相同的，上式可简化为

$$\oint\boldsymbol{E}\cdot d\boldsymbol{s}=0\tag{19－20}$$

然而，当存在随时间变化的磁场时，式（19－19）确定的积分不为零，而是 $-d\Phi_B/dt$. 因此，

把电势赋予感生电场将导致矛盾. 于是我们断言，电势对于与感应相联系的电场是没有意义的.

19－5 电感器与电感

我们曾在第15章得知，电容器能用来产生所需的电场. 我们曾把平行板结构看作是电容器的基本形式. 同样，**电感器**（符号ℓℓℓℓ）能用来产生所需的磁场. 我们将把长螺线管（更准确地说，接近长螺线管中央的一段）看作是电感器的基本形式.

如果使电感器（螺线管）的绕组（或线圈）中产生电流 i，则电流将产生磁通量 Φ_B，穿过电感器的中央区域. 电感器的**电感**则为

$$L=\frac{N\Phi_B}{i}\quad（电感的定义）\qquad (19-21)$$

式中，N 是匝数. 电感器的绕组被称为共享的磁通量铰链，而乘积 $N\Phi_B$ 叫做**磁链**. 电感则是由电感器每单位电流所产生的磁链的量度.

磁通量的SI单位是特·米²，电感的SI单位是特·米²/安（$\mathrm{T\cdot m^2/A}$），我们称这个单位为**亨利**（H），以美国物理学家亨利（J. Henry）的名字命名. 亨利是法拉第的同代人，而且是电磁感应定律的共同发现者.

$$1\,亨利=1\mathrm{H}=1\mathrm{T\cdot m^2/A}\qquad (19-22)$$

本章的后面部分，我们假定，不论其几何结构如何，所有的电感器都没有磁性材料（如铁）在它们的附近. 这样的材料将使电感器的磁场发生畸变.

现在考虑一截面积为 A 的长螺线管. 计算接近其中央单位长度的电感.

为了应用电感的定义式（19－21），我们必须计算由螺线管绕组中一给定电流产生的磁链. 考虑在接近螺线管中央长为 l 的一段，这一段的磁链为

$$N\Phi_B=(nl)(BA)$$

式中，n 为螺线管单位长度的匝数；B 为螺线管内磁感应强度的大小.

B 的值由式（18－30）给出

$$B=\mu_0 in$$

所以，根据式（19－21）有

$$L=\frac{N\Phi_B}{i}=\frac{(nl)(BA)}{i}=\frac{(nl)(\mu_0 in)(A)}{i}$$

$$=\mu_0 n^2 lA\qquad (19-23)$$

因此，对于螺线管，接近其中央单位长度的电感为

$$\frac{L}{l}=\mu_0 n^2 A\quad（螺线管）\qquad (19-24)$$

电感值与电容一样，仅取决于该器件的几何结构. 由式（19－24）可见，电感值必然与单位长度的匝数平方相关. 如果使 n 增至三倍，则不仅使匝数（N）增至三倍，而且还使穿过每一匝的磁通量（$\Phi_B=BA=\mu_0 inA$）也增至三倍，因此，电感 L 就增至九倍.

如果螺线管比其半径长很多，则式（19－23）可给出

图19－13 法拉第用于发现感应定律的粗制的电感器.

电感的理想近似值. 这个近似忽略了磁感应线在接近螺线管两端处的散开，正如平行板电容器公式（$C=\varepsilon_0 A/d$）忽略了电场线在接近电容器极板边缘处的边缘效应一样.

根据式（19－23），并且考虑到 n 是单位长度上的匝数，我们能看出，电感可写成真空磁导率 μ_0 与一个具有长度量纲的物理量的乘积. 这意味着 μ_0 的单位可表示为亨/米：

$$\begin{aligned}\mu_0 &= 4\pi\times10^{-7}\,\mathrm{T\cdot m/A}\\ &= 4\pi\times10^{-7}\,\mathrm{H/m}\end{aligned} \qquad (19-25)$$

19－6 自感与互感

1. 自感

如果两个线圈——我们现在可把它们都称为电感器——彼此靠近，则一个线圈中的电流 i 引起的磁通量 Φ_B 穿过第二个线圈. 如果我们通过改变电流使这个磁通量变化，则按照法拉第电磁感应定律，在第二个线圈中将出现感应电动势，应注意的是，在这个过程中，在第一个线圈中同样也会出现感应电动势.

感应电动势 $\mathscr{E}_L$ 出现在电流在其中变化的任一线圈中.

这个过程（见图 19－14）叫做**自感**，而产生的电动势叫做**自感电动势**. 它正像其他感应电动势一样，遵守法拉第电磁感应定律.

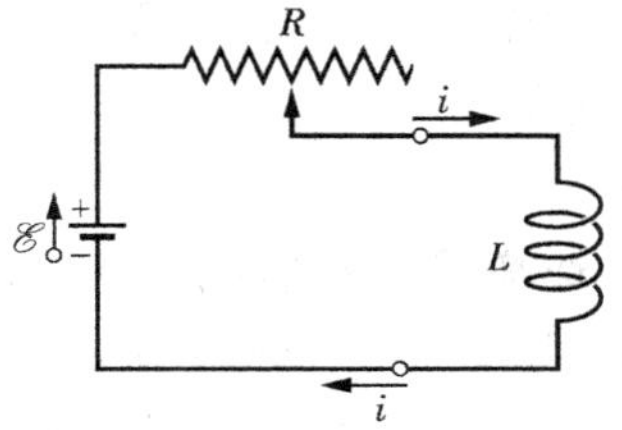

图 19－14 当通过调节可变电阻器使线圈中**电流改变时**，线圈中出现自感电动势 $\mathscr{E}_L$.

对于任一电感器，式（19－21）告诉我们

$$N\Phi_B = Li \qquad (19-26)$$

法拉第电磁感应定律告诉我们

$$\mathscr{E}_L = -\frac{\mathrm{d}(N\Phi_B)}{\mathrm{d}t} \qquad (19-27)$$

把以上两式结合起来，可以写出

$$\mathscr{E}_L = -L\frac{\mathrm{d}i}{\mathrm{d}t} \quad (\text{自感电动势}) \qquad (19-28)$$

因此，在任何电感器（如线圈、螺线管及螺绕环）中，每当电流随时间变化时，就有自感电动势出现. 电流的大小对感应电动势的大小并无影响，只需要考虑电流的变化.

我们可根据楞次定律确定自感电动势的**方向**. 式（19－28）中的负号表明，正像该定律表述的，自感电动势的方向总是使它反抗电流 i 的变化. 当只需要 $\mathscr{E}_L$ 的大小时，我们可略去该负号.

如图 19－15a 所示，假设使一线圈中形成电流 i，并使它以变化率 $\mathrm{d}i/\mathrm{d}t$ 增大. 用楞次定律的语言来说，这个增大是自感应该反抗的“变化”. 为了发生这样的反抗，自感电动势必定出现在线圈中，其方向如图所示，是反抗电流增大的. 如果使电流随时间减小，如图 19－15b 所示，则自感电动势必定指向企图反抗电流减小的方向，如图所示.

在 19－4 节中了解到，我们无法为由变化磁通量所感生的电场（及电动势）定义电势差. 这意味着当自感电动势在图 19－14 中的电感器中产生时，我们不能在磁通量变化着的电感器自身内定义一个电势. 然而，在不处于电感器内的电路的各点，即由电荷分布及与它们相关联的

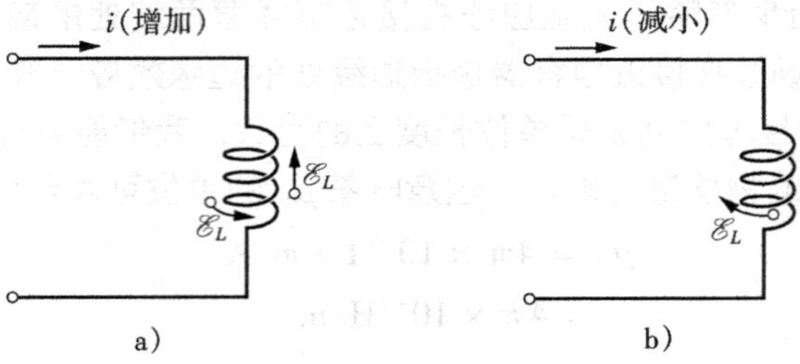

图 19-15 a) 电流 i 增大，$\mathscr{E}_L$ 在线圈中沿反抗 i 增大的方向出现. 表示 $\mathscr{E}_L$ 的箭头可沿一匝画，也可画在线圈旁边，图中二者都画出了. b) 电流 i 减小，$\mathscr{E}_L$ 沿反抗 i 减小的方向出现.

电势产生电场的那些点，仍然能定义电势.

此外，我们可定义**跨越电感器**（在其被假设为处于变化磁通量区域外部的两个末端之间）的自感电势差 U_L. 如果电感器是**理想的电感器**（其导线电阻可忽略），U_L 的大小等于自感电动势的大小.

如果电感器中的导线具有电阻 r，则我们在想象中把电感器分解成电阻 r（我们认为它在变化磁通量之外）和自感电动势为 $\mathscr{E}_L$ 的理想电感器. 正如电动势为 $\mathscr{E}$、内阻为 r 的理想电池一样，跨越实际电感器两端的电势差不同于其电动势. 除非另外指出，我们在这里假定电感器是理想的.

检查点 2：右图所示为线圈中产生电动势 $\mathscr{E}_L$. 试问下列的哪个说法能描述通过线圈的电流：(a) 恒定并向右；(b) 恒定并向左；(c) 增大并向右；(d) 减小并向右；(e) 增大并向左；(f) 减小并向左.

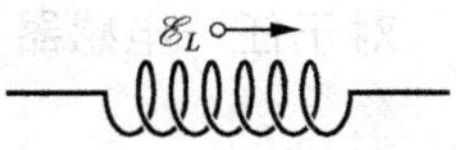

---

2. 互感

如果使本节开头提到的两个线圈像在图 19-16 中那样靠近，则在一个线圈中的稳定电流 i 将形成穿过另一个线圈（和另一个线圈**铰链的**）的磁通量 Φ. 如果我们使 i 随时间变化，则由法拉第电磁感应定律给定的电动势 $\mathscr{E}$ 将出现在第二个线圈中. 我们称这个过程为**感应**. 可能更确切地应称它为**互感**，以表示两个线圈的相互作用，并把它与仅涉及一个线圈的**自感**区别开来.

让我们定量地来考察互感. 图 19-16a 所示为彼此靠近并共轴的两个密绕线圈. 在线圈 1 中有由外电路中电池所引起的电流 i_1. 这个电流激发由图中 B_1 的磁感应线表示的磁场. 线圈 2 连接到灵敏电流计但不包含电池. 磁通量 Φ_{21}（与线圈 1 中电流相联系的穿过线圈 2 的磁通量）和线圈 2 的 N_2 匝铰链.

我们定义线圈 2 相对于线圈 1 的互感 M_{21} 为

$$M_{21} = \frac{N_2 \Phi_{21}}{i_1} \tag{19-29}$$

它具有与自感的定义式 $L = N\Phi/i$ 相同的形式. 我们可把式（19-29）改写作

$$M_{21} i_1 = N_2 \Phi_{21}$$

如果借助外部作用，使 i_1 随时间变化，则有

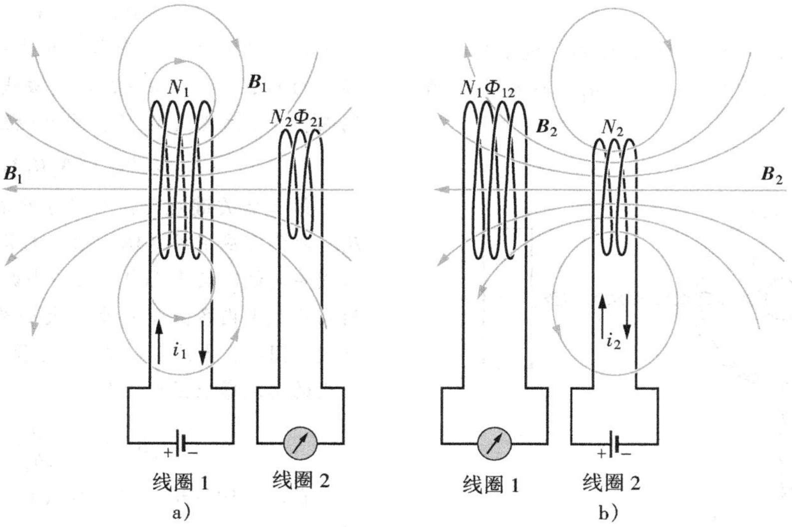

图 19-16 互感

a) 线圈 1 中的电流变化将在线圈 2 中感应出电动势

b) 线圈 2 中的电流变化将在线圈 1 中感应出电动势

$$M_{21}\frac{\mathrm{d}i_1}{\mathrm{d}t} = N_2\frac{\mathrm{d}\Phi_{21}}{\mathrm{d}t}$$

按照法拉第电磁感应定律，此式的右边正好是由于线圈 1 中的变化电流而在线圈 2 中产生的电动势的大小. 因而，借助一负号表明方向，则有

$$\mathscr{E}_2 = -M_{21}\frac{\mathrm{d}i_1}{\mathrm{d}t} \tag{19-30}$$

我们可以把上式与关于自感的式（19-28）相比较.

我们现在互换线圈 1 和 2 的角色，如图 19-16b 所示，即借助于电池在线圈 2 中产生一电流，而这个电流产生和线圈 1 铰链的磁通量 Φ_{12}. 如果我们使 i_2 随时间变化，则借助上面给出的论据，可有

$$\mathscr{E}_1 = -M_{12}\frac{\mathrm{d}i_2}{\mathrm{d}t} \tag{19-31}$$

因而，我们看到，在任一线圈中所感应的电动势正比于在另一线圈中电流的变化率. 比例常数 M_{21} 和 M_{12} 似乎不相同. 我们断言，**不作证明**，事实上它们相同，以致不需要下标（这个结论是正确的，但一点也不明显）. 因而，我们有

$$M_{21} = M_{12} = M \tag{19-32}$$

并且能够把式（19-30）和式（19-31）改写作

$$\mathscr{E}_2 = -M\frac{\mathrm{d}i_1}{\mathrm{d}t} \tag{19-33}$$

及

$$\mathscr{E}_1 = -M\frac{\mathrm{d}i_2}{\mathrm{d}t} \tag{19-34}$$

感应确实是相互的. M 的 SI 单位（和 L 一样）是亨利.

例题 19-3

图 19-17 所示为两个密绕的线圈，较小的（半径 R_2，匝数 N_2）与较大的（半径 R_1，匝数 N_2）在同一平面中共轴.

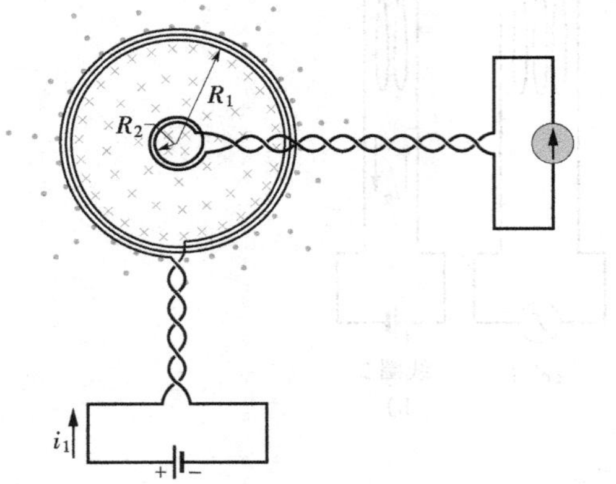

图 19-17 例题 19-3 图 小线圈位于大线圈的中心. 线圈的互感可以通过使大线圈中有电流 i_1 确定.

(a) 对这样结构的两个线圈，试推导互感 M 的表达式，假定 $R_1 \gg R_2$.

【解】 这里的**关键点**是，这两个线圈的互感是穿过一个线圈的磁链（$N\Phi$）与另一个线圈中产生该磁链的电流的比值. 因而，我们需要假定在两线圈中存在电流，然后计算通过其中一个线圈中的磁链.

由小线圈产生的穿过大线圈的磁场在大小及方向上都是不均匀的，所以相应的磁通量也是不均匀的，且难以计算. 然而，小线圈小到足以使我们假定穿过它的由大线圈产生的磁场是近似均匀的. 因而，穿过它的由大线圈产生的磁通量也是近似均匀的. 于是，为了求出 M，我们将假定电流 i_1 在大线圈中，并计算在小线圈中的磁链 $N_2\Phi_{21}$：

$$M = \frac{N_2\Phi_{21}}{i_1} \qquad (19-35)$$

第二个**关键点**是，根据式 $\Phi_B = BA$，穿过小线圈每匝的磁通量 Φ_{21} 为

$$\Phi_{21} = B_1A_2$$

式中，B_1 是在小线圈内各点由大线圈产生的磁感应强度的大小，A_2（$=\pi R_2^2$）是被线匝所包围的面积. 因而，在小线圈（N_2 匝）中的磁链为

$$N_2\Phi_{21} = N_2B_1A_2 \qquad (19-36)$$

第三个**关键点**是，为了求出在小线圈内各点的 B_1，我们可应用式（18-13）而将 z 取为 0，因为小线圈在大线圈的平面内. 该式告诉我们，大线圈的每匝在小线圈内各点处产生一大小为 $\mu_0 i/2R$ 的磁感应强度. 因而，大线圈（以其 N_1 匝）在小线圈内各点产生的总磁感应强度的大小为

$$B_1 = N_1\frac{\mu_0 i_1}{2R_1} \qquad (19-37)$$

在式（19-36）中用式（19-37）代替 B_1，并用 πR_2^2 代替 A_2，得出

$$N_2\Phi_{21} = \frac{\pi\mu_0 N_1N_2R_2^2 i_1}{2R_1}$$

把这个结果代入式（19-35），就可求得

$$M = \frac{N_2\Phi_{21}}{i_1} = \frac{\pi\mu_0 N_1N_2R_2^2}{2R_1} \qquad (19-38)$$

（答案）

(b) 对于 $N_1 = N_2 = 1200$ 匝，$R_2 = 1.1\text{cm}$，$R_1 = 15\text{cm}$，M 的值是多少？

【解】 式（19-38）给出

$$M = \frac{(\pi)(4\pi\times10^{-7}\text{H/m})(1200)(1200)(0.011\text{m})^2}{2\times0.15\text{m}}$$

$$= 2.29\times10^{-3}\text{H} \approx 2.3\text{mH}$$

（答案）

考虑这种情况：假设我们颠倒两个线圈的角色，即使小线圈中形成电流 i_2，并试图根据式（19-29）按方式

$$M = \frac{N_1\Phi_{12}}{i_2}$$

计算 M. 要计算 Φ_{12}（被大线圈所包围的小线圈磁场的非均匀磁通量）并不简单，如果使用计算机用数字计算去完成，我们将发现 M 将为 2.3mH，像以上一样！这强调了式 $M_{21} = M_{12} = M$ 并不是显而易见的.

19-7 磁场中所存储的能量 磁场的能量密度

1. 磁场中存储的能量

当我们把两个带异性电荷的粒子拉开，使它们相互远离时，我们说所得到的电势能被存储在粒子的电场中. 通过使两个粒子重新移回原来更靠近的位置时，我们又从电场取回这些能量.

按同样的方式，我们能设想能量也将被存储在磁场中.

为了计算磁场所存储的能量，我们考察图 19－18 所示的电路，这个电路由电动势为 $\mathscr{E}$ 的理想电池（内电阻可以忽略）、电阻器 R 和电感器 L 组成，当电路接通后，由于电感器中自感电动势 $\mathscr{E}_L$ 的阻碍作用，电流只可能由零逐渐达到稳定值 i，在这一过程中，电池所做的功除了有一部分转化为电阻器所释放的热能外，还有一部分用于反抗电感器中的自感电动势，以维持电流的增长，我们知道，当电路中的电流由零增长到 i 时，电路附近的空间只是在电感器中建立起一定强度的磁场，而没有其他的变化，所以这后一部分，即反抗自感电动势所做的功，显然在建立磁场的过程中转化为磁场的能量了.

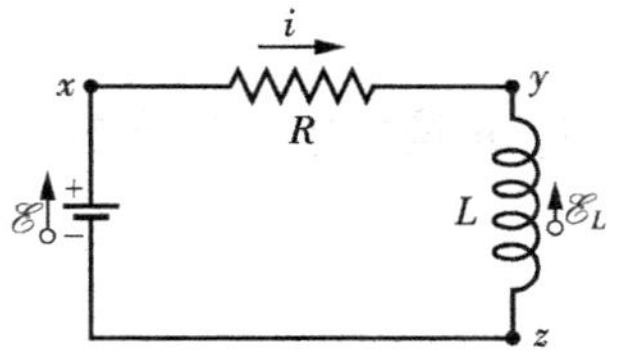

图 19－18　由电池、电阻器 R 和电感器组成的电路.

假定在一给定的时刻，电路中电流的瞬时值为 i'，其随时间的变化率为 $\dfrac{\mathrm{d}i'}{\mathrm{d}t}$，则在时间间隔 $\mathrm{d}t$ 内，磁场所存储的能量 $\mathrm{d}W_\mathrm{B}$ 就等于在这段时间间隔内反抗自感电动势所做的功 $-\mathrm{d}q\mathscr{E}_\mathrm{L}=-i'\mathrm{d}t\left(-L\dfrac{\mathrm{d}i'}{\mathrm{d}t}\right)=Li'\mathrm{d}i'$，即

$$\mathrm{d}W_\mathrm{B}=Li'\mathrm{d}i'$$

取积分就可求出磁场所存储的能量

$$W_\mathrm{B}=\int_0^i Li'\mathrm{d}i'=\frac{1}{2}Li^2\quad（磁能）\qquad(19-39)$$

当切断电池时，电路中的电流由稳定值 i 减为零，在这个过程中，电感器中产生与电流方向相同的自感电动势，自感电动势引起的电场力做正功，这个功为

$$\int_0^i i'\mathscr{E}_\mathrm{L}\mathrm{d}t=-L\int_0^i i'\mathrm{d}i'=\frac{1}{2}Li^2$$

这说明，原来存储在电感器磁场中的能量通过自感电动势做功全部释放了出来.

2. 磁场的能量密度

对于磁场的能量也可以引入能量密度的概念，考虑一面积为 A、载有电流 i 的长螺线管中部附近长度为 l 的一段. 与这段相关联的体积为 Al，由这段螺线管所存储的能量全部位于这部分体积内，因为这种螺线管外部的磁场近似为零. 此外，存储的能量必定均匀地分布在螺线管内部，因为磁场在内部处处是（近似地）均匀的.

因而，磁场单位体积所存储的能量为

$$w_B=\frac{W_B}{Al}$$

或者，由于

$$W_B=\frac{1}{2}Li^2$$

我们有

$$w_B=\frac{Li^2}{2Al}=\frac{L}{l}\frac{i^2}{2A}$$

式中，L 是螺线管长度为 l 一段的电感.

将式（19－24）代入 L/l，可以求得

$$w_B = \frac{1}{2}\mu_0 n^2 i^2 \tag{19-40}$$

式中，n 是每单位长度的匝数. 根据式 $B=\mu_0 ni$，我们能把这个**能量密度**写作

$$w_B = \frac{B^2}{2\mu_0} \quad (\text{磁能密度}) \tag{19-41}$$

此式给出在磁感应强度为 B 的任一点处所存储的能量的密度. 尽管我们是通过螺线管的特殊情况导出它的，但式（19-41）适用于所有的磁场，无论它们是如何生成的. 此式可与式（15-23），即

$$w_E = \frac{1}{2}\varepsilon_0 E^2$$

相比较. 式（15-23）给出在电场中任一点处的能量密度（在真空中）. 应注意 w_B 和 w_E 都正比于相应的场的大小，B 或 E 的平方.

复习和小结

磁通量 穿过磁场中面积 A 的磁通量 Φ_B 被定义为

$$\Phi_B = \int_{(A)} \boldsymbol{B}\cdot d\boldsymbol{A}$$

式中的积分遍及该面积 A. 磁通量的 SI 单位是韦伯，1 韦伯 = 1T · m². 如果 $\boldsymbol{B}$ 垂直于该面积且在该面积上是均匀的，则上式变成

$$\Phi_B = BA \quad (\boldsymbol{B}\perp \text{面积}, \boldsymbol{B}\text{均匀})$$

法拉第电磁感应定律 如果穿过一闭合导电回路所包围面积的磁通量随时间变化，则在回路中产生感应电流和感应电动势，这个过程叫做**电磁感应**. 感应电动势为

$$\mathscr{E} = -\frac{d\Phi_B}{dt} \quad (\text{法拉第电磁感应定律})$$

如果回路被一 N 匝的密绕线圈替代，则感应电动势为

$$\mathscr{E} = -N\frac{d\Phi_B}{dt}$$

楞次定律 感应电流的方向总是使它的磁场反抗产生电流的磁通量的变化. 感应电动势具有与感应电流相同的方向.

电动势与感生电场 即使随时间变化的磁通量所穿过的回路不是有形的导体而是假想的回路，变化磁通量也感应出电动势. 随时间变化的磁通量在这种回路的每一点处都感应出感生电场 $\boldsymbol{E}$. 感应电动势通过

$$\mathscr{E} = \oint_{(L)} \boldsymbol{E}\cdot d\boldsymbol{s}$$

与 $\boldsymbol{E}$ 相联系. 上式的积分沿该回路 L 进行. 根据上式，我们能把法拉第电磁感应定律写作其最普遍的形式：

$$\oint_{(L)} \boldsymbol{E}\cdot d\boldsymbol{s} = -\frac{d\Phi_B}{dt} \quad (\text{法拉第电磁感应定律})$$

这个定律的本质是，随时间变化的磁场感应出电场 $\boldsymbol{E}$.

电感器 **电感器**是能用来在特定区域中产生给定磁场的装置. 如果电流 i 通过电感器 N 匝的每一匝，磁通量 Φ_B 与那些绕组铰链，电感器的**电感** L 为

$$L = \frac{N\Phi_B}{i} \quad (\text{电感的定义})$$

电感的 SI 单位是**亨利**（H），

$$1\text{ 亨利} = 1\text{H} = 1\text{T}\cdot\text{m}^2/\text{A}$$

在截面积为 A 且每单位长度 n 匝的长螺线管中央附近，每单位长度的电感为

$$\frac{L}{l} = \mu_0 n^2 A \quad (\text{螺线管})$$

自感 如果一线圈中的电流随时间变化，则在该线圈自身中感应出电动势. 自感电动势为

$$\mathscr{E}_L = -L\frac{di}{dt}$$

$\mathscr{E}_L$ 的方向根据楞次定律确定，其作用在于反抗产生它的变化.

互感 如果两个线圈（标示为 1 和 2）彼此靠近，则任一线圈中变化的电流能在另一线圈中感应出电动势. 这种互感应由下式描述：

$$\mathscr{E}_2 = -M\frac{di_1}{dt}$$

及

$$\mathscr{E}_1 = -M\frac{di_2}{dt}$$

式中，M（用亨利度量）是线圈装置的互感.

磁能 如果电感器载有电流 i，则电感器存储的能量为

$$W_B = \frac{1}{2}Li^2 \quad (\text{磁能})$$

如果 B 是磁感应强度在任一点处（在电感器中或其他任何地方）的大小，则在该点处所存储的磁能密度为

$$w_B = \frac{B^2}{2\mu_0} \quad (\text{磁能密度})$$

思考题

1. 如果图 19－19 中的圆形导体在均匀磁场中发生热膨胀，则将沿它以顺时针方向感应出一电流. 磁场的方向是指向页面内还是从页面向外的?

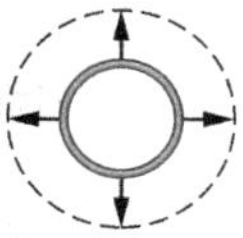

图 19－19 思考题 1 图

2. 如图 19－20 所示的两个电路，导体棒以相同的速率穿过相同的均匀磁场，沿 U 形导线滑动. 导线的两平行线段在电路 1 相隔 $2L$，在电路 2 相隔 L. 电路 1 中的感应电流是逆时针的. (a) 磁场的方向是指向页面内还是指向页面外的? (b) 电路 2 中感应电流的方向是顺时针，还是逆时针的? (c) 电路 1 中的电流是大于、小于还是等于电路 2 中的电流?

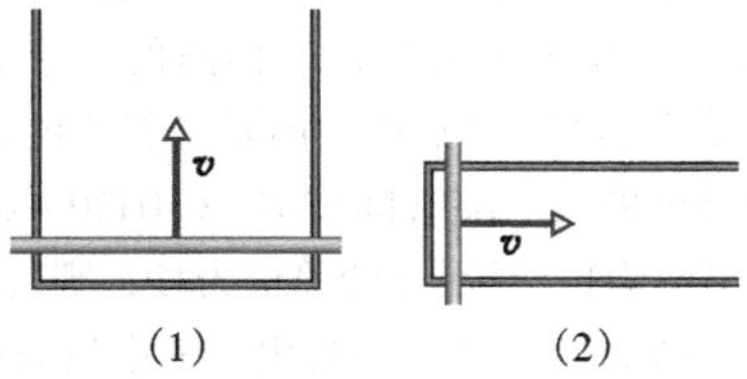

图 19－20 思考题 2 图

3. 图 19－21 所示为两个绕在绝缘杆上的线圈. 线圈 X 连接到电池和一可变电阻. 在以下两种情况中：(a) 线圈 Y 移向线圈 X；(b) 线圈 X 中的电流在减小，而两线圈的相对位置无任何变化，通过线圈 Y 所连接电流表的感应电流的方向为何?

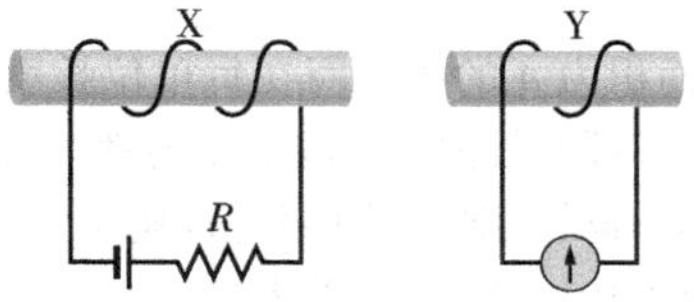

图 19－21 思考题 3 图

4. 图 19－22a 所示的圆形区域中，增长的均匀磁场指向页面外，还有一条待计算其线积分 $\oint_{(L)} \boldsymbol{E}\cdot d\boldsymbol{s}$ 的同心圆形路径 L. 附表给出了三种情况中磁感应强度的初始大小，其增长量及增长的时间间隔. 按照沿该路径所感生的电场大小，由大到小将三种情况排序.

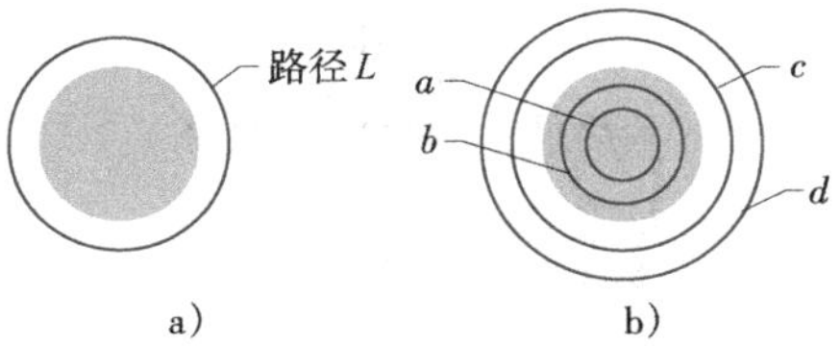

图 19－22 思考题 4、5 图

情况	初始磁感应强度	增长量	时间
a	B_1	ΔB_1	Δt_1
b	$2B_1$	$\Delta B_1/2$	Δt_1
c	$B_1/4$	ΔB_1	$\Delta t_1/2$

5. 图 19－22b 所示的圆形区域中，减小的均匀磁场指向页面外，还有四条同心的圆形路径. 按照沿这四条路径所计算的 $\oint_{(L)} \boldsymbol{E}\cdot d\boldsymbol{s}$ 的大小，由大到小将它们排序.

6. 图 19－23 所示为具有相同电池、电感器及电

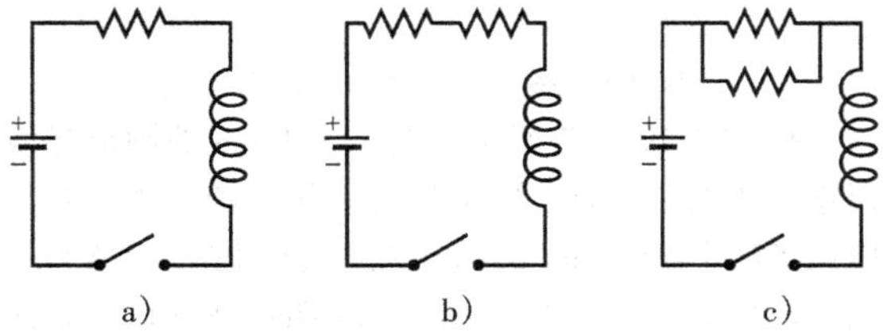

图 19－23 思考题 6 图

哈里德大学物理学

阻器的三个电路. 按照在开关合上以后电流达到其平衡值的50%的时间由大到小将三个电路排序.

7. 图19－24所示为具有两个相同电阻器及一个理想电感器的电路. (a) 在开关S刚合下时; (b) 在开关S合下长时间以后; (c) 长时间以后, 在S刚被重新打开时和 (d) 在开关S重新打开长时间以后, 通过中央电阻器的电流是大于、小于、还是等于通过其他电阻器的电流?

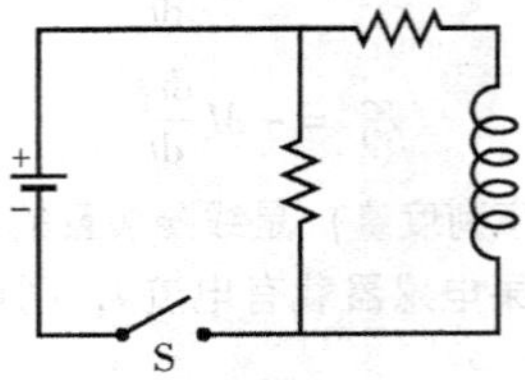

图19－24 思考题7图

习题

1. 一面积为A的小线圈在每单位长度n匝且载有电流i的长螺线管内, 线圈的轴与螺线管的轴同方向. 若$i = i_0\sin\omega t$, 则线圈中的感应电动势有多大?

2. 在图19－25中, 半径为1.8cm且电阻为5.3Ω的120匝线圈套在例题19－1那样的螺线管外面. 如果螺线管中的电流也如例题19－1中那样变化, 则当螺线管的电流在变化时, 出现在线圈中的电流是多大?

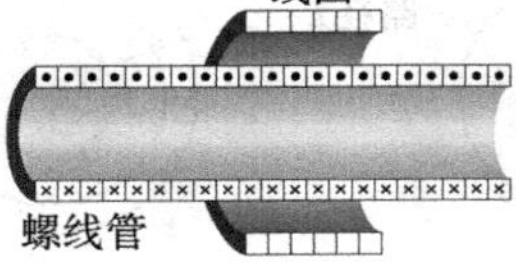

图19－25 习题2图

3. 图19－26所示的穿过回路的磁通量按照以下关系式增大:

$$\Phi_B = 6.0t^2 + 7.0t$$

式中, Φ_B的单位为毫韦, t的单位为秒. (a) 当t = 2.0s时, 回路中感应电动势的大小是多少? (b) 通过R的电流方向为何?

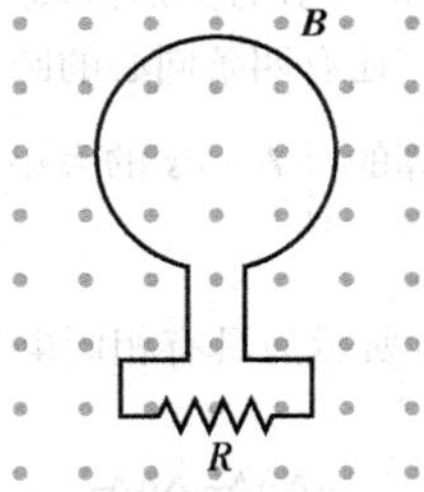

图19－26 习题3、习题5图

4. 如图19－27所示, 直径为10cm的圆形导线回路 (侧视图) 的法线$\boldsymbol{N}$与大小为0.50T的均匀磁感应强度$\boldsymbol{B}$的方向成$\theta = 30°$角. 然后转动线圈, 使$\boldsymbol{N}$绕磁场方向以100rev/min的恒定速率在锥面上转动, 在此过程中角θ保持不变. 回路中的感应电动势为何?

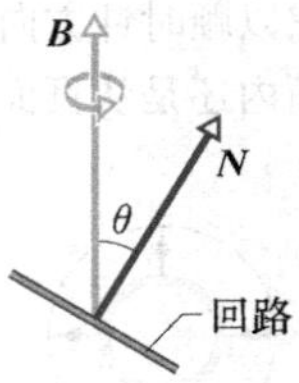

图19－27 习题4图

5. 在图19－26中, 令$t=0$时穿过回路的磁通量为Φ_B (0), 然后令磁感应强度$\boldsymbol{B}$按任意的方式连续变化, 因此在t时刻磁通量可用Φ_B (t) 表示. (a) 证明在时间t内通过电阻器R的电荷q (t) 为

$$q(t) = \frac{1}{R}[\Phi_B(0) - \Phi_B(t)]$$

且与$\boldsymbol{B}$变化的方式无关. (b) 如果在$\Phi_B(t) = \Phi_B(0)$的特殊情况下, 我们有q (t) =0, 则在整个$0 \sim t$的时间间隔内, 感应电流是否都必须为零?

6. 一边长2.00m的正方形导线回路垂直于均匀磁场放置, 如图19－28所示, 回路的一半面积在磁场中. 回路中连有一20.0V、内阻可忽略的电池. 如果磁感应强度的大小随时间按$B = 0.0420 - 0.870t$变化, B的单位为特斯拉, t的单位为秒, 则 (a) 电路中的总电动势为何? (b) 通过电池的电流方向为何?

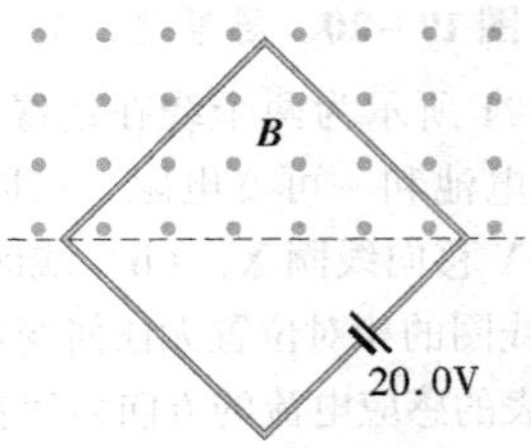

图19－28 习题6图

7. 如图19－29所示, 一根硬导线弯成半径为a的半圆, 使这个半圆以频率f在均匀磁场中转动. 在此回路中所感应的变化电动势的 (a) 频率及 (b)

振幅各为多大？

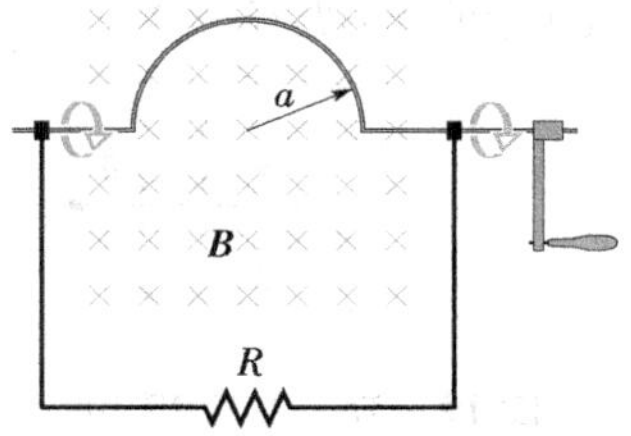

图 19－29 习题 7 图

8. 在图 19－30 中，正方形的导线框边长为 2.0cm．一磁场指向页面外，大小由 $B=4.0t^2y$ 给出．式中，B 的单位为特斯拉；t 的单位为秒；y 的单位为米．确定当 $t=2.5$s 时，环绕正方形的电动势，并给出其方向．

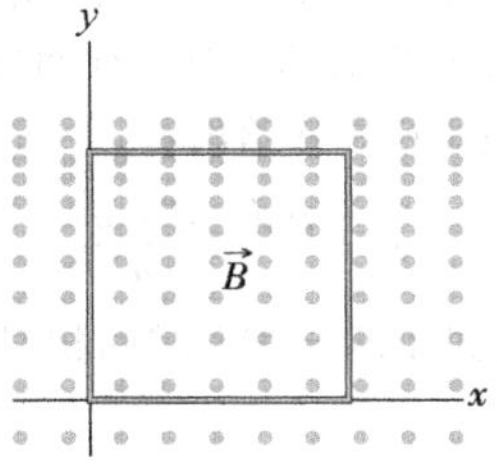

图 19－30 习题 8 图

9. 对于图 19－31 所示的情况，$a=12.0$cm，$b=16.0$cm．长直导线中的电流 $i=4.50t^2-10.0t$．式中，i 的单位为安培；t 的单位为秒．(a) 求 $t=3.00$s 时，方回路中的电动势；(b) 回路中感应电流的方向为何？

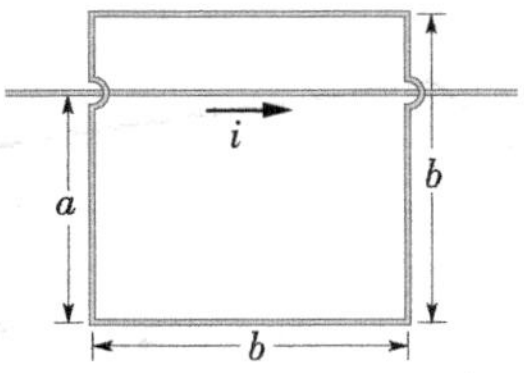

图 19－31 习题 9 图

10. 如图 19－32 所示，一金属杆以恒定速度$\boldsymbol{v}$沿两根平行的金属轨道移动．两轨道的一端用金属条连接．$B=0.350$T 的磁场指向页面外．(a) 如果两轨道相隔 25.0cm，杆的速率为 55.0cm/s，则所生成的电动势为多大？(b) 如果该杆具有 18.0Ω 的电阻，而两轨道及连接器的电阻可忽略，则杆中的电流有多大？(c) 能量转换为热能的时率有多大？

11. 如图 19－33 所示，一长度为 a，宽度为 b，电阻为 R 的矩形导线回路邻近一载有电流 i 的无限长

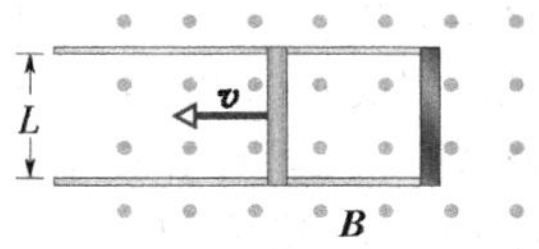

图 19－32 习题 10、13 图

导线放置．从长导线到该回路中心的距离为 r．试求：(a) 穿过回路的磁通量的大小；(b) 当回路以速率 v 从长导线移开时，回路中的电流．

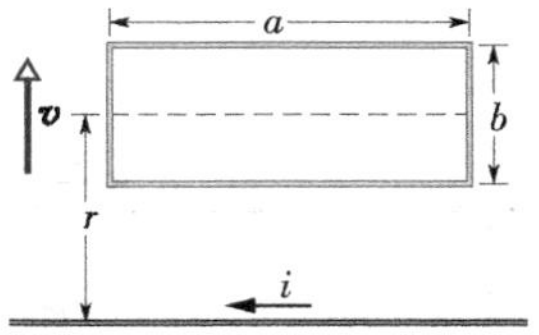

图 19－33 习题 11 图

12. 在图 19－34 中，一宽为 L、电阻为 R、质量为 m 的长矩形导体回路挂在水平的、均匀磁场中．磁场进入页面并仅存于线 aa 的上方．使回路下落，在下落过程中，回路一直加速，直到达到某个极限速率 v_t．忽略空气阻力，求该极限速率．

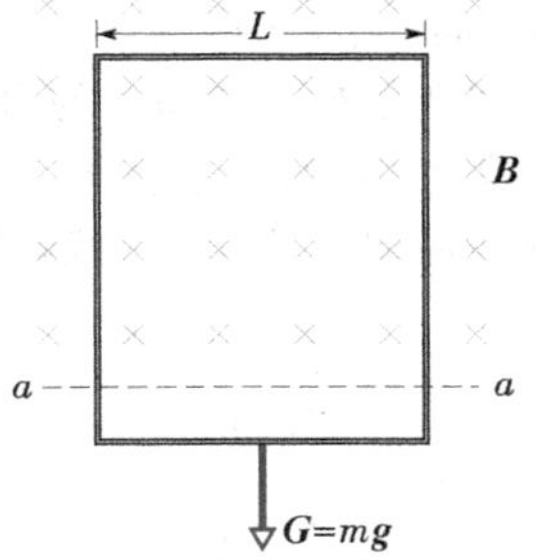

图 19－34 习题 12 图

13. 如图 19－32 中所示，沿两条水平的无摩擦导体轨道以恒定速度$\boldsymbol{v}$拉动一长度为 L 的导体杆，两轨道在一端由金属条连接．垂直页面向外的均匀磁场 $\boldsymbol{B}$ 充满此杆移动的区域．假定 $L=10$cm，$v=5.0$m/s，$B=1.2$T，(a) 杆中感应电动势的大小及方向为何？(b) 导体回路中的电流有多大？设杆的电阻为 0.40Ω，而两轨道及金属条的电阻可忽略不计；(c) 在杆中生成热能的时率为多大？(d) 为了保持杆的运动，外界必须对杆施加多大的力？(e) 外界对杆做功的功率为多大？把此答案与 (c) 的答案相比较．

14. 图 19－35 所示为一长为 L 的导体杆沿着两根水平的导体轨道以恒定的速度$\boldsymbol{v}$ 移动．该杆移动的区

域中，磁场是不均匀的，是由平行于轨道的一导线中的电流 i 产生的. 假设 $v=5.0\text{m/s}$，$a=10.0\text{mm}$，$L=10.0\text{cm}$，$i=100\text{A}$. (a) 计算杆中的感应电动势；(b) 导体回路中的电流为何？假定杆的电阻为 0.400Ω，两轨道及右边连接它们的窄条的电阻可忽略不计. (c) 杆中生成热能的时率为多大？(d) 为了保持杆的运动，外界必须对杆施加多大的力？(e) 外界对杆做功的功率有多大，把此答案与 (c) 的答案相比较.

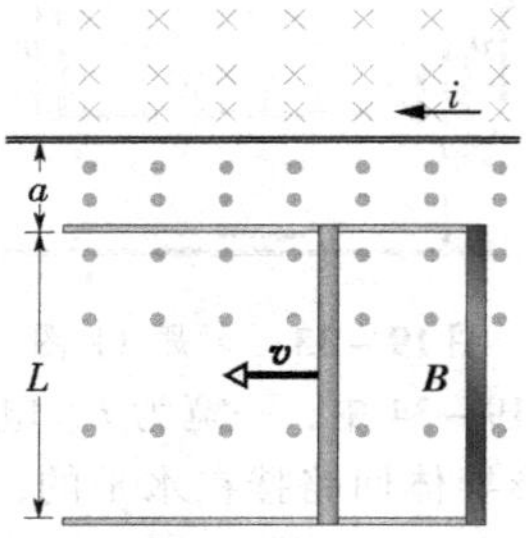

图 19－35 习题 14 图

15. 图 19－36 所示为半径 $r_1=20.0\text{cm}$ 和 $r_2=30.0\text{cm}$ 的两个圆形区域 R_1 和 R_2. 在 R_1 中，磁感应强度为 $B_1=50.0\text{mT}$ 的均匀磁场垂直进入页面，而在 R_2 中，磁感应强度为 $B_2=75.0\text{mT}$ 的均匀磁场垂直指向页面外（忽略这些场的边缘效应）. 两个磁场都以 8.50mT/s 的速率减弱. 对三条虚线路径分别计算积分 $\oint \boldsymbol{E}\cdot \text{d}\boldsymbol{s}$.

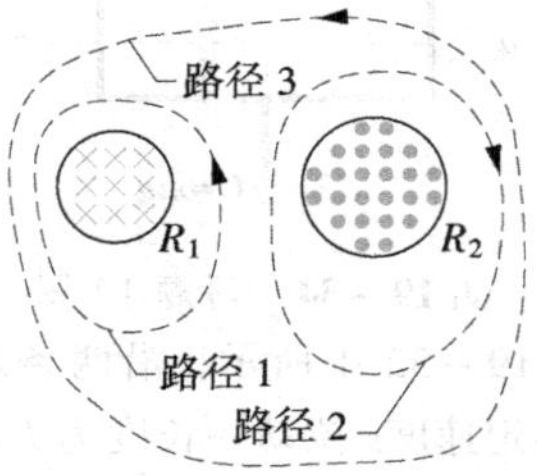

图 19－36 习题 15 图

16. 一长螺线管的直径为 12.0cm. 当其绕组中存在电流时，其内部产生 $B=30.0\text{mT}$ 的均匀磁场. 通过减小电流 i，使磁感应强度以 6.50mT/s 的时率减弱. 试计算距离螺线管轴线为 (a) 2.20cm 及 (b) 8.20cm 处感生电场的大小.

17. 证明：当有人垂直于带电的平行板电容器中电场 $\boldsymbol{E}$ 的方向，即沿着图 19－37 所示的水平箭头方向前进时，$\boldsymbol{E}$ 不可能突然降为零（如在图中 a 点）. 在实际的电容器中，电场线的边缘效应总是存在的. 这意味着，$\boldsymbol{E}$ 是连续而逐渐地趋近于零的（参考第 18 章中习题 23）.（**提示**：把法拉第电磁感应定律应用到图中虚线所示的矩形路径上.）

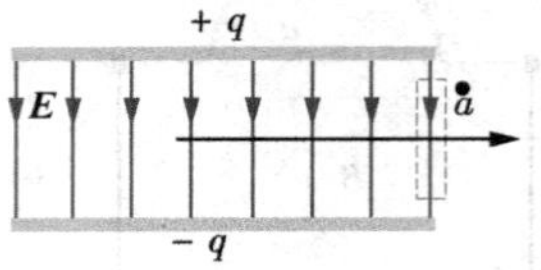

图 19－37 习题 17 图

18. 一圆形线圈，半径 10.0cm 且包含 30 匝密绕导线. 磁感应强度为 2.60mT 的外加磁场与线圈垂直. (a) 如果线圈中无电流，则链接其线匝的磁通量是多少？(b) 当线圈中一个方向的电流为 3.80A 时，发现穿过线圈的总磁通量等于零. 线圈的电感是多少？

19. 两根平行长导线，半径都为 a，它们的中心相距 d，载有大小相等而方向相反的电流. 假设两导线内部的磁通量可以忽略不计，证明这样一对导线长度为 l 一段的电感由下式给出：

$$L=\frac{\mu_0 l}{\pi}\ln\frac{d-a}{a}$$

（**提示**：计算穿过由两导线形成两相对边的矩形的磁通量.）

20. 一 12H 的电感器载有 2.0A 的稳恒电流. 怎样才能使该电感器中出现 60V 的自感电动势？

21. 通过一 4.6H 电感器的电流 i 如图 19－38 所示随时间 t 变化. 该电感器有 12Ω 的电阻. 试求在下列时段内感应电动势的大小 $\mathscr{E}$：(a) $t=0$ 到 $t=2\text{ms}$；(b) $t=2\text{ms}$ 到 $t=5\text{ms}$；(c) $t=5\text{ms}$ 到 $t=6\text{ms}$.（忽略在这些时段两端的情况.）

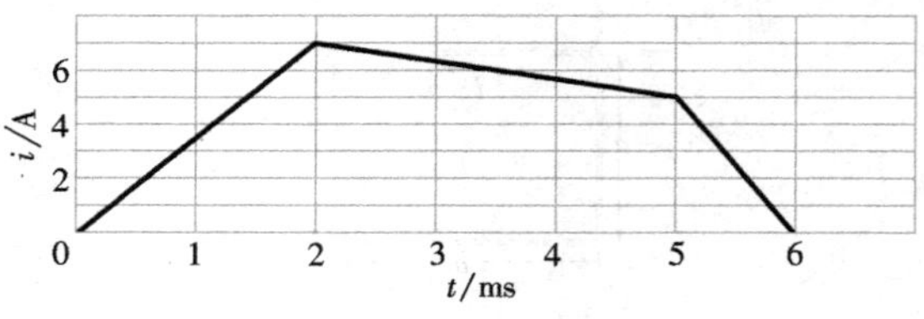

图 19－38 习题 21 图

22. 在一给定时刻，一电感器中的电流和自感电动势的方向如图 19－39 所示. (a) 电流是在增大还是在减小？(b) 感应电动势为 17V，电流的变化率为 25kA/s，试求电感.

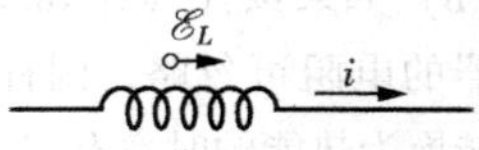

图 19－39 习题 22 图

23. 一具有 2.0H 电感和 10Ω 电阻的线圈突然连

接到 $\mathscr{E}=100V$ 而无内阻的电池上. 在连接后的 0.10s, (a) 能量存储到磁场中的时率是多少? (b) 热能出现在电阻中的时率是多少? (c) 由电池提供能量的时率是多少?

24. 一线圈与 10.0kΩ 的电阻器串联, 50.0V 的电池加到这两个器件的两端, 电流在 5.00ms 后达到 2.00mA. (a) 求线圈的电感; (b) 在同一时刻, 线圈中存储的能量有多少?

25. 一 85.0cm 长的螺线管具有 17.0cm² 的横截面积, 有 950 匝线圈, 载有 6.60A 的电流. (a) 计算螺线管内磁场的能量密度; (b) 求螺线管磁场中存储的全部能量 (忽略端效应).

26. 如果一均匀电场与磁感应强度为 0.50T 的磁场具有相同的能量密度, 则此均匀电场的强度必须多大?

27. 一段铜导线载有在其横截面上均匀分布的 10A 的电流. 计算在导线表面处的 (a) 磁场及 (b) 电场的能量密度. 已知导线的直径为 2.5mm, 其单位长度的电阻为 3.3Ω/km.

28. 两个线圈的位置在固定, 当线圈 1 中没有电流而线圈 2 中的电流以 15.0A/s 的时率增大时, 线圈 1 中的电动势为 25.0mV. (a) 它们的互感是多少? (b) 当线圈 2 中没有电流而线圈 1 中有 3.60A 的电流时, 线圈 2 中的磁链是多少?

29. 图 19-40 所示为两个同轴螺线管的截面. 证明对于长度为 l 的这种螺线管-螺线管组合, 其互感由下式给出:

图 19-40 习题 29 图

$$M=\pi R_1^2 l\mu_0 n_1 n_2$$

式中, n_1 和 n_2 分别为两螺线管每单位长度的匝数; R_1 为内螺线管的半径. 为什么 M 依赖于 R_1 而与 R_2 无关?

30. 图 19-41 所示为匝数 N_2 的线圈, 缠绕在匝数为 N_1 的螺绕环的局部上. 螺绕环的内半径为 a, 外半径为 b, 高度为 h. 试证明: 对于此螺绕环线圈组合, 其互感为

$$M=\frac{\mu_0 N_1 N_2 h}{2\pi}\ln\frac{b}{a}$$

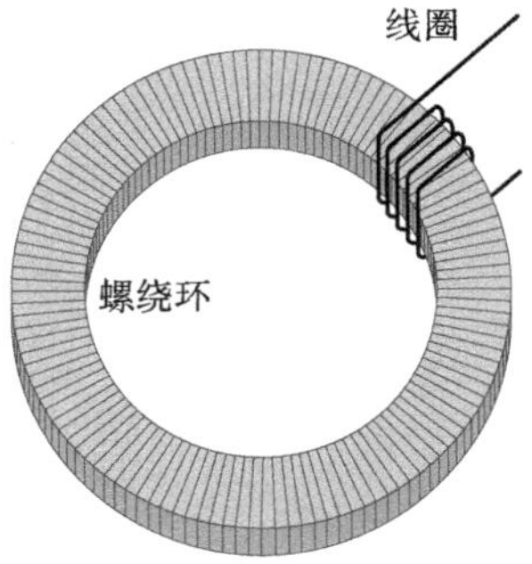

图 19-41 习题 30 图

31. 一 N 匝密绕矩形线圈如图 19-42 所示, 邻近一长直导线放置. (a) 此回路-导线组合的互感为何? (b) 若 $N=100$, $a=1.0cm$, $b=8.0cm$, $l=30cm$, 求 M 的值.

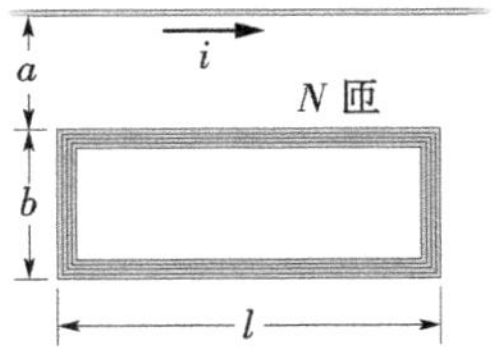

图 19-42 习题 31 图

第 20 章　电磁场和电磁波

彗星绕过太阳周围时，它表面的冰蒸发，把里面的尘埃和带电粒子释放出来. 带电的“太阳风”把带电粒子推入一条沿径向背离太阳的直“尾巴”中. 然而，尘埃不受太阳风的作用，它们似乎应该继续沿着彗星的轨道行进.

为何大量尘埃反而形成了照片中看到的下面那只弯曲的尾巴?

答案就在本章中.

19世纪60年代，麦克斯韦在把静电场和稳恒磁场的规律推广到非稳恒情形的过程中，揭示出电场与磁场之间的相互联系，建立了统一的电磁场概念，并在前人成就的基础上总结出一套反映电磁场运动和变化规律的完整方程——麦克斯韦方程组，这是本章将要介绍的第一方面内容.

在历史上，由麦克斯韦方程组得到的第一个辉煌成果，就是预言到电磁波的存在，而这个预言直到二十多年以后才被德国物理学家赫兹用实验证实，本章将讨论的第二方面内容就是说明从麦克斯韦电磁场理论的基本概念出发可推断出电磁波的存在，并简单介绍电磁波的基本性质.

20-1 涡旋电场和位移电流

在前几章中，我们先后介绍了静电场和稳恒磁场所遵从的规律，麦克斯韦为了把这些规律推广到非稳恒情形并把它们综合成一个完整而对称的理论系统，针对电场与磁场之间的相互联系，以假说的形成提出了两个基本概念——涡旋电场和位移电流.

1. 涡旋电场

在第19-4节中已提到麦克斯韦为了解释电磁感应现象提出了感生电场的假说. 其内容是：

随时间变化的磁场会在周围空间激发感生电场.

这就是认为，不仅电荷是电场的源，随时间变化的磁场也是电场的源. 后一种电场，即感生电场与静电场不同，其场线是无头无尾的闭合线，所以也叫做**涡旋电场**.

在第19-4节中曾把法拉第电磁感定律改写为

$$\oint_{(L)} \boldsymbol{E} \cdot \mathrm{d}\boldsymbol{s} = -\frac{\mathrm{d}\Phi_B}{\mathrm{d}t}$$

根据式（18-19），穿过面积A的磁通量为

$$\Phi_B = \int_{(A)} \boldsymbol{B} \cdot \mathrm{d}\boldsymbol{A}$$

因而式（19-19）可进一步改写为

$$\oint_{(L)} \boldsymbol{E} \cdot \mathrm{d}\boldsymbol{s} = -\frac{\mathrm{d}}{\mathrm{d}t}\int_{(A)} \boldsymbol{B} \cdot \mathrm{d}\boldsymbol{A} = -\int_{(A)} \frac{\partial \boldsymbol{B}}{\partial t} \cdot \mathrm{d}\boldsymbol{A} \qquad (20-1)$$

式中，$\boldsymbol{E}$是涡旋电场的电场强度；$\boldsymbol{B}$是磁感应强度；L是任意闭合路径；$\boldsymbol{A}$是以L为回路的任一曲面. $\frac{\mathrm{d}\boldsymbol{B}}{\mathrm{d}t}$是$\boldsymbol{B}$对时间的变化率，这里被换成偏导数符号$\frac{\partial \boldsymbol{B}}{\partial t}$以强调仅涉及$\boldsymbol{B}$对时间的变化，而不涉及对空间坐标$x$、$y$、$z$的变化. 式中的负号反映$\boldsymbol{E}$的回转方向，后面将对此进一步说明. 把式（19-19）进一步改写作式（20-1）的形式可以更明确反映麦克斯韦涡旋电场假说的内容.

在稳恒情形下，各物理量不随时间变化，所以$\frac{\partial \boldsymbol{B}}{\partial t}=0$，上式变为

$$\oint_{(L)} \boldsymbol{E} \cdot \mathrm{d}\boldsymbol{s} = 0$$

这叫做**静电场的环路定理**. 可见，式（20-1）是静电场环路定理在非稳恒情形下的推广.

2. 位移电流

位移电流假说是麦克斯韦把安培环路定理推广到非稳恒情形遇到矛盾时提出的. 其实质是说明：

随时间变化的电场会激发磁场.

在第18章曾经指出，在稳恒情形下，磁场遵从安培环路定理. 但是在非稳恒情形下，这一定理则不成立. 为了说明这一点，可以考虑电容器的充电过程. 如图20－1所示，设想在电容器的一个极板（如左边的极板）附近围绕着导线取一闭合路径L. 按照安培环路定理，沿L的线积分应等于μ_0乘以穿过以L为周界的任一面积的电流. 现在设想以L为周界取两个曲面A_1和A_2，A_1与导线相交，A_2通过电容器的两个极板之间不与导线相交. 显然，穿过A_1的传导电流（指导体内由自由电子作定向运动而形成的电流）为i，而穿过A_2的传导电流为零. 两个曲面以同一闭合路径为周界而穿过它们的传导电流却不同. 这说明，在这种情形，安培环路定理不再适用，需要加以修正.

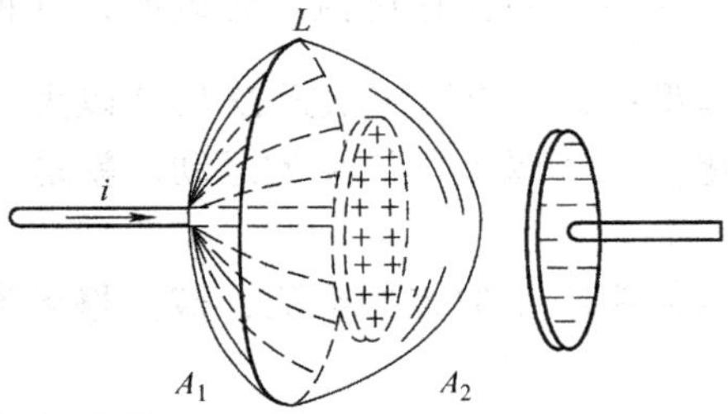

图20－1 以电容器充电过程说明安培环路定理在非稳恒情形下需要修正.

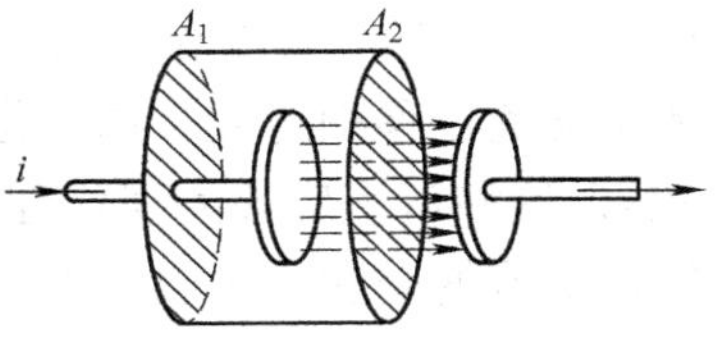

图20－2 用圆柱形闭合面包围电容器的左极板，则通过圆柱面底面A_1的传导电流与穿过底面A_2的$\frac{d\Phi_D}{dt}$相等

其实，上面的讨论不仅暴露了矛盾，而且也提出了解决矛盾的线索. 设想如图20－2所示，取一圆柱形闭合面把电容器左边的极板包围起来，则通过闭合面左边底面A_1的传导电流为i，而通过右边底面A_2的传导电流为零. 但值得注意的是，虽然没有传导电流通过A_2，但当电容器极板上积累电荷时，两极板间产生电场，有电位移矢量$\boldsymbol{D}$存在. 当导线中传导电流变化时，$\boldsymbol{D}$也相应地变化. 现在来看看$\boldsymbol{D}$对时间的变化率与传导电流i间的关系.

设在某一瞬时导线中的传导电流为i，电容器的两个极板分别带电$+q$、$-q$. 根据电荷守恒定律有

$$i = \frac{dq}{dt}$$

$\boldsymbol{D}$的大小是由q决定的. 为了确定这个关系，设想如图20－3所示，包围电容器左极板带电表面取一扁平的高斯面，一个底面A_3取在导体内，另一底面A_4取在两极板间，根据有介电质存在时的高斯定理，通过此闭合高斯面的电位移矢量$\boldsymbol{D}$的通量为

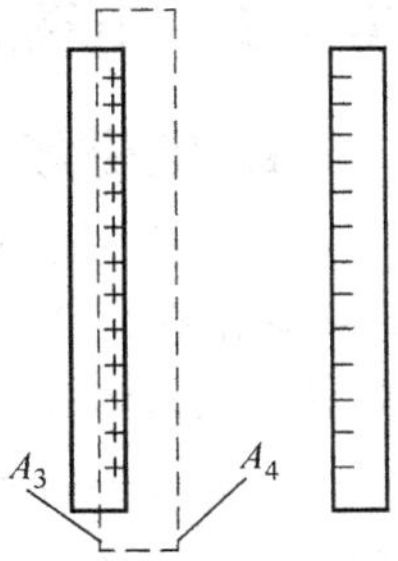

图20－3 用有电介质存在时的高斯定理确定$\frac{d\boldsymbol{D}}{dt}$与$i$的关系.

$$\begin{aligned}\Phi_D &= \oint_{(A)} \boldsymbol{D}\cdot d\boldsymbol{A} \\ &= \int_{(A_3)} \boldsymbol{D}\cdot d\boldsymbol{A} + \int_{(A_4)} \boldsymbol{D}\cdot d\boldsymbol{A} + \int_{(\text{侧面})} \boldsymbol{D}\cdot d\boldsymbol{A} \\ &= q\end{aligned}$$

哈里德大学物理学

由于导体内 $\boldsymbol{E}=0$，$\boldsymbol{D}=0$，所以通过 A_3 面的电位移通量为零；对于侧面，由于 $\boldsymbol{D}$ 与侧面的法线矢量垂直，所以电位移通量也为零，因此

$$\Phi_D = \int_{(A_4)} \boldsymbol{D} \cdot \mathrm{d}\boldsymbol{A} = q$$

代入 $i=\frac{\mathrm{d}q}{\mathrm{d}t}$，可得

$$i = \frac{\mathrm{d}q}{\mathrm{d}t} = \frac{\mathrm{d}\Phi_D}{\mathrm{d}t} = \frac{\mathrm{d}}{\mathrm{d}t}\int_{(A_4)} \boldsymbol{D} \cdot \mathrm{d}\boldsymbol{A} = \int_{(A_4)} \frac{\partial \boldsymbol{D}}{\partial t} \cdot \mathrm{d}\boldsymbol{A} \tag{20-2}$$

这说明，穿过 A_1 的传导电流 i 等于穿过 A_2 的电位移通量对时间的变化率 $\frac{\mathrm{d}\Phi_D}{\mathrm{d}t}$.

在历史上，麦克斯韦把电位移通量对时间的变化率 $\frac{\mathrm{d}\Phi_D}{\mathrm{d}t}$ 叫做**位移电流**. 应说明，这种叫法是以电磁现象的机械观为基础的. 在“以太”的机械模型中，麦克斯韦认为 $\boldsymbol{D}$ 与“以太”质点离开其平衡位置的位移相对应. 这一位移随时间的变化，即“以太”质点的运动，就是“位移电流”. 当然，这种认识应该为现代理解所取代.

引入位移电流的概念后可以看到，在电容器极板表面中断了的传导电流，被位移电流所接替，即传导电流和位移电流的总和仍保持连续性.

综合上述，把安培环路定理推广到非稳恒情形所遇到的矛盾就在于传导电流不再连续. 引入位移电流的概念后，就可以在任何情形下使电流保持连续性. 与此相应，麦克斯韦把非稳恒情形下的安培环路定理推广为

$$\oint_{(L)} \boldsymbol{H} \cdot \mathrm{d}\boldsymbol{s} = i_{\text{enc}} + i_{\text{denc}} = i_{\text{enc}} + \frac{\mathrm{d}\Phi_D}{\mathrm{d}t} = i_{\text{enc}} + \int_{(A)} \frac{\partial \boldsymbol{D}}{\partial t} \cdot \mathrm{d}\boldsymbol{A} \tag{20-3}$$

式中，i_{enc} 为穿过以闭合路径 L 为周界的传导电流，i_{denc} 为穿过以 L 为周界的位移电流。

从以上的讨论可见，位移电流虽然与传导电流同称为电流，但它们是两个不同的物理概念. 它们唯一的共同性质，就是都能激发磁场，也就是说以同样的地位出现在被推广后的安培环路定理式（20－3）的右端. 它们之间的区别在于传导电流是由电荷的定向运动形成的，而位移电流却与电荷的运动无关，其实质在于反映：随时间变化的电场会激发涡旋磁场.

20－2　电磁场　麦克斯韦方程组

1. 电磁场

上面介绍了麦克斯韦提出的涡旋电场和位移电流两个基本概念，涡旋电场的概念指出随时间变化的磁场激发涡旋电场；位移电流的概念则指出随时间变化的电场激发涡旋磁场. 总之，这两个基本概念揭示了电场和磁场之间的内在联系.

当电荷作加速运动时，在其周围的空间除了磁场外，还存在随时间变化的电场. 一般说来，电场的变化率也是时间的函数，因而它所激发的磁场也是随时间变化的. 概括地讲，在充满变化的电场的空间，同时也充满变化的磁场.

电流激发磁场，随时间变化的电流激发随时间变化的磁场. 一般说来，磁场的变化率也是时间的函数，因而它所激发的电场也随时间变化. 这样，在充满变化的磁场的空间，同时也充满变化的电场.

电场和磁场相互联系，在一定的条件下又可以相互转化. 电场和磁场的统一体，叫做**电磁场**，前面所研究的静电场和稳恒磁场都只不过是电磁场的两种特殊形式.

2. 麦克斯韦方程组

麦克斯韦在系统总结前人成就的基础上，结合他引入的涡旋电场和位移电流的概念，把静电场和稳恒磁场的基本规律加以修正和推广，得到一组适用于一般电磁场的完整的方程组. 这个方程组叫做**麦克斯韦方程组**，其积分形式是

$$\oint_{(A)} \boldsymbol{D} \cdot \mathrm{d}\boldsymbol{A} = q \tag{15-34}$$

$$\oint_{(A)} \boldsymbol{B} \cdot \mathrm{d}\boldsymbol{A} = 0 \tag{18-20}$$

$$\oint_{(L)} \boldsymbol{E} \cdot \mathrm{d}\boldsymbol{s} = -\int_{(A)} \frac{\partial \boldsymbol{B}}{\partial t} \cdot \mathrm{d}\boldsymbol{A} \tag{20-1}$$

$$\oint_{(L)} \boldsymbol{H} \cdot \mathrm{d}\boldsymbol{s} = i_{\text{enc}} + \frac{\mathrm{d}\Phi_D}{\mathrm{d}t} = i_{\text{enc}} + \int_{(A)} \frac{\partial \boldsymbol{D}}{\partial t} \cdot \mathrm{d}\boldsymbol{A} \tag{20-3}$$

下面简要地说明一下上列各方程的物理意义：

方程（15－34）是一般形式下电场的高斯定理，它说明电位移矢量与电荷的联系. 尽管电场与随时间变化的磁场也能有联系（如感生电场），但总电场遵从这一高斯定理.

方程（18－20）是磁场的高斯定理. 它反映一个实验事实，即磁感应线不可能起于或终于空间任一点；也就是说不存在单一的“磁荷”.

方程（20－1）是法拉第电磁感应定律. 它揭示出随时间变化的磁场与电场之间的联系. 尽管电场也可能由电荷激发，但总电场与磁场总是遵从这一条定律的.

式（20－3）是推广后的安培环路定理. 它揭示出磁场与电流以及随时间变化的电场之间的联系.

为了求出电磁场对带电粒子的作用而预言粒子的运动，还需要用到洛伦兹力公式（17－5）

$$\boldsymbol{F} = q\boldsymbol{E} + q\boldsymbol{v} \times \boldsymbol{B}$$

上式实际上是电场强度矢量和磁感应强度矢量的定义式.

麦克斯韦方程最基本的形式是真空中的电磁场规律. 在真空的情况下，因 $\boldsymbol{D}=\varepsilon_0\boldsymbol{E}$，$\boldsymbol{H}=\dfrac{1}{\mu_0}\boldsymbol{B}$，所以前面列出的四个方程变为

$$\begin{cases} \oint_{(A)} \boldsymbol{E} \cdot \mathrm{d}\boldsymbol{A} = \dfrac{1}{\varepsilon_0} q \\ \oint_{(A)} \boldsymbol{B} \cdot \mathrm{d}\boldsymbol{A} = 0 \\ \oint_{(L)} \boldsymbol{E} \cdot \mathrm{d}\boldsymbol{s} = -\int_{(A)} \dfrac{\partial \boldsymbol{B}}{\partial t} \cdot \mathrm{d}\boldsymbol{A} \\ \oint_{(L)} \boldsymbol{B} \cdot \mathrm{d}\boldsymbol{s} = \mu_0 i_{\text{enc}} + \varepsilon_0\mu_0 \int_{(A)} \dfrac{\partial \boldsymbol{E}}{\partial t} \cdot \mathrm{d}\boldsymbol{A} \end{cases} \tag{20-4}$$

从麦克斯韦方程组出发，通过数学运算，可以推测出电磁场的各种性质. 在已知电荷和电流分布的条件下，由这组方程可以确定电磁场的唯一分布，特别是当初始条件给定后，由这组

方程还可推断出电磁场在以后的变化情况. 正像牛顿运动方程能完全描述质点的动力学过程一样，麦克斯韦方程组能完全描述电磁场的运动及变化过程. 然而，应用麦克斯韦方程组去解决各种具体问题一般都较复杂，超出本教材的要求. 在下面，我们将只介绍由麦克斯韦方程组得到的一些最重要的结论.

20－3 电磁波

1. 电磁波的传播

当弹性媒质中的某一部分发生振动时，这一部分与相邻其他部分之间的弹性力就会迫使其他部分跟着振动起来，而相邻部分的振动又会迫使更远部分的媒质跟着振动. 这就是说，振动在媒质内不会局限在一个地方，而会传播开来. 这种**振动传播的过程**就叫**波动**.

电磁波就是我们日常所说的电波. 作为一种波动，电磁波与弹性媒质中的机械波一样都是振动的传播，不过它与机械波有本质的区别. 在机械波的情形里，作振动的，即大小方向随时间变化的是弹性媒质质点的位移矢量，而振动是通过质点之间相互作用的弹性力来传播的；在电磁波的情形里，作振动的是电磁场矢量 $\boldsymbol{E}$ 和 $\boldsymbol{B}$，振动是通过电场和磁场之间的联系来传播的. 形象地讲，如图 20－4 所示，设想在空间某处存在着电磁场的振源，即在这里有交变电流或交变电场，则它将在自己的周围激发涡旋磁场. 由于这个磁场也是交变的，它又在自己的周围激发涡旋电场. 交变的涡旋磁场和涡旋电场互相激发，闭合的磁感应线和电场线就象链条的扣环一样一环环地套连下去，在空间传播开来，形成电磁波. 实际上，电磁波是沿着各个不同的方向传播的，图中所示只是电磁波沿某一条直线的传播过程的示意图.

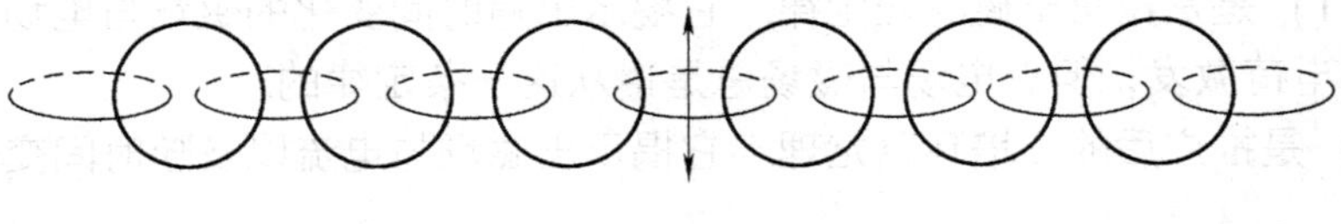

图 20－4 交变的涡旋磁场和涡旋电场互相激发，在空间传播开来形成电磁波.

总之，机械振动之所以能在弹性媒质中传播是依靠质点之间相互作用的弹性力，而电磁波之所以能在空间传播关键是依靠麦克斯韦揭示的反映电场和磁场之间相互联系的两个基本事实：(1) 随时间变化的磁场会激发涡旋电场；(2) 随时间变化的电场会激发涡旋磁场.

如上一节中指出，这两个基本概念已体现在麦克斯韦方程组中，现在对这个问题作一些进一步的分析. 比较式 (20－4) 中的后两式，首先可以看到，麦克斯韦提出的两个基本概念使电场和磁场的关系变得更加对称，其次，尤其重要的是我们应注意到，在式 (20－4) 中的 $\frac{\partial \boldsymbol{E}}{\partial t}$ 和 $\frac{\partial \boldsymbol{B}}{\partial t}$ 之前有着不同的符号：一正，一负. 式 (20－4) 中的第四个式子的正号表示由 $\boldsymbol{E}$ 的变化所激发的磁场的磁感应线与 $\frac{\partial \boldsymbol{E}}{\partial t}$ (与传导电流 i 一样) 遵从右手定则；而第三个式子中的负号则表示由 $\boldsymbol{B}$ 的变化所激发的涡旋电场的电场线与 $\frac{\partial \boldsymbol{B}}{\partial t}$ 遵从左手定则，因而一正一负实质上反映了一右一左. 值得注意的是这一正一负或一右一左的差别有着十分重要的意义. 如果没有这个差别，则电磁场就根本不可能存在. 这是因为当电场或磁场中的一个有任意的增大而引起另一个增大时，这另一个的增大就会助长前一个的进一步增大（而不是阻止前一个增大，即不像实际上由遵从相反的定则而发生的那样). 这样一来, 电场或磁场中任一个有一微小的变化, 就会引起两者的无限增大, 或减弱到零. 在这两种情形里, 场能都是自发地在无任何补充的情况下发生变化, 因而违反能量守恒定律. 只有当两个不同时, 电场和磁场最终才可能具有有限值, 也才可能形成统一的电磁场, 并导致电磁波的传播.

2. 电磁波的产生

要产生波动, 必须有波源. 要产生电磁波, 必须首先在一个区域内产生振荡变化的电磁场. 从原则上讲, 能产生振荡电磁场的最简单的电路是由电容器 C 和电感器 L 组成的 ***LC* 振荡电路** (见图 20-5a) 从而这种电路可作为电磁波的波源.

下面具体分析图 20-5 所示的 LC 振荡电路, 我们将看到这个电路的特征是存在着振荡的电荷、电流、电场和磁场.

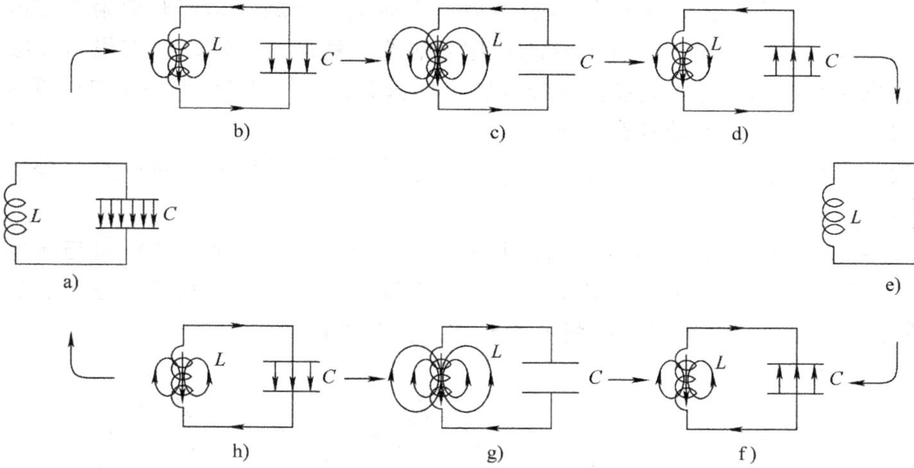

图 20-5 *LC* 振荡电路的工作过程

设电路的起始状态如图 20-5a 所示. 此时电容器的带电荷量 $q=Q$, 通过自感线圈的电流 $i=0$; 储存在电容器内的能量由式 (15-21) 知为

$$W_E = \frac{1}{2}\frac{q^2}{C} = \frac{1}{2}\frac{Q^2}{C}$$

储存在线圈内的能量由式 (19-39) 知满足

$$W_B = \frac{1}{2}Li^2$$

应为零, 因为 $i=0$. 这时电容器开始通过线圈放电, 如图 20-5b 所示, 正电荷沿逆时针方向移动. 这表明建立起一个向下通过线圈的电流 $i=\frac{dq}{dt}$.

随着电容器带电荷量 q 的减少, 电容器所储存的能量也减少. 由于线圈中建立起电流, 能量转移到线圈周围. 因而电场减弱, 磁场建立, 能量由前者转移到后者.

在图 20-5c 所示的时刻, 电容器所带的电荷全部消失, 电容器内的电场为零, 所储存的能量全部转移到线圈的磁场中. 由式 (19-39) 可知, 此时必定有电流通过线圈, 而且电流为极大值.

图 20-5c 所示线圈中的电流, 将使正电荷从电容器的上极板继续向下极板移动, 如图 20-5d 所示. 能量从线圈返回到电容器内重新建立起的电场. 最后, 能量将全部返回到电容器内,

如图20－5e所示．图20－5e所示的状态与电路的起始状态相似，不同之处在于电容器是反向充电的．

此时，电容器将重新放电．如图20－5f所示，电流沿顺时针方向流动．根据上述相同的道理，电路最后将回到起始状态，而上述过程将以一个确定的频率f_0继续重复进行．在理想的情况下（电路中无电阻），LC振荡一旦开始，就将无限止地进行下去，能量在电容器的电场与线圈的磁场之间往返穿梭．

能反映LC振荡电路特征的物理量是电路的**固有频率**．理论计算表明，振荡电路的固有频率由下式决定：

$$f_0=\frac{1}{2\pi\sqrt{LC}} \tag{20-5}$$

需要指出的是，上面分析的只是一种理想情形．实际上，电路中总是有电阻存在的，电流通过电阻时要释放焦耳热，即把一部分电磁能转化为热能而耗散掉．所以，在没有持续的能量补充的情况下，振荡是逐渐衰减的，要产生持续的电磁振荡，必须把LC电路与电子管或晶体管相接组成振荡器，由外电源不断地补充能量．

要想使电磁振荡能有效地从振荡电路发射出去，除了必须有持续的能量补充之外，电路还必须满足以下条件：

（1）振荡频率必须高．理论上可以证明，振荡电路在单位时间内辐射的能量与振荡频率的四次方成正比．所以，振荡电路的固有频率越高，才能越有效地把能量发射出去，从式（20－5）可见，要提高固有频率，必须减小电路中的电感L和电容C．

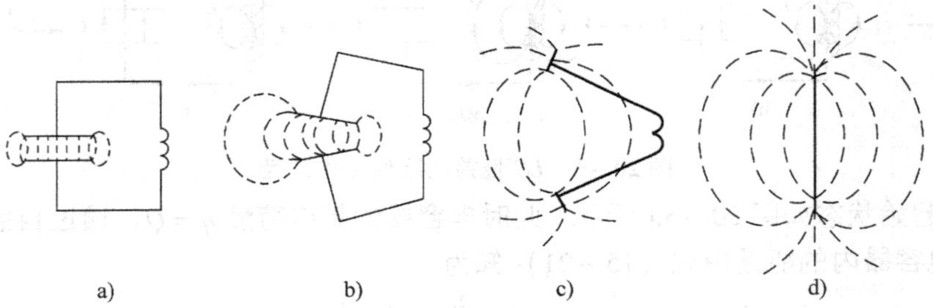

图20－6　逐步把LC振荡电路改造成开放型的振荡偶极子

（2）电路必须开放．上面介绍的LC振荡电路是集中性元件的电路，即电场和电能都集中在电容元件中，磁场和磁能都集中在电感元件中．为了把电磁能有效地发射出去，必须把电路加以改造，以便使电磁场能够充分分布在空间中．

为此，设想把LC振荡电路按图20－6中a、b、c、d的顺序加以改造．改造的趋势是使电容器的极板面积越来越小，两极板的间距越来越大，而线圈的匝数越来越少．这样，一方面可以使L和C减小，以加大固有频率f_0，另一方面是使电路越来越开放，使电场和磁场分布到更大范围的空间中去．最后，振荡电路演化为一根直导线（图20－6d），电流在其中往复振荡，两端交替出现等量异号电荷．显然，它实际上就相当于一个电荷分布在不断往复振荡的电偶极子，所以这种开放型的LC电路就叫作**振荡偶极子**，或**偶极振子**．广播电台或电视台的天线都可看成是这类振荡偶极子．

1865年，麦克斯韦由电磁场理论预测到电磁波的存在．1887年，赫兹用与上述振荡偶极子类似的装置产生并接收了电磁波，在历史上第一次用实验直接验证了电磁波的存在．

赫兹实验中所用产生电磁波的装置如图 20-7a 所示. A、B 是两段共轴的黄铜杆，它们是振荡偶极子的两半部，A、B 相对着的两个端点各焊有一个磨光的黄铜球，两球间留有一个间距为几毫米的火花间隙. 这样做的目的是防止两个端点随时放电，以使 A、B 间能充电到足够高的电压. A、B 分别与感应圈（一种能产生直流高电压的装置）的两极相接. 当充电到一定程度时，两铜球间的空气波击穿，发生火花放电，两段铜杆被连成一条导电通路. 这时它相当于一个振荡偶极子，在其中产生高频振荡（在赫兹实验中振荡频率约为 10^8 Hz）. 感应圈以 $10^1 \sim 10^2$ Hz 的频率一次一次地使火花间隙充电，但由于能量不断地辐射出去，每次放电后引起的高频振荡衰减得很快，所以在赫兹实验中产生的是一种间歇性的阻尼振荡.

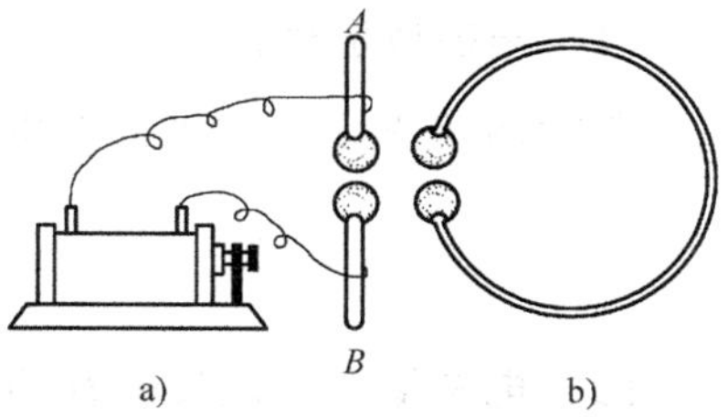

图 20-7 赫兹实验的示意图

为了探测由振子发射出来的电磁波，赫兹采用了图 20-6b 所示的圆形铜环. 在铜环中也留有端点为球状的火花间隙，间隙的距离可以用螺旋作微小的调节. 这种装置，叫做**谐振器**. 把谐振器放在离振子一定距离处，适当地选择其方位，赫兹发现，在发射振子的间隙处有火花跳动的同时，谐振器的间隙处也有火花跳动. 这是因为，当火花在振子的间隙处跳动时，它的周围就产生迅速变化的电场和磁场，这种变化的场以电磁波的形式在空间传播；当电磁波传播到谐振器处，就在那里激发出变化的电场和磁场，正是这个电场使谐振器的间隙处产生了火花.

此后，赫兹又通过一系列的实验观察电磁波的反射和衍射；演示传播媒质对电磁波的影响；显示电磁波以有限速度传播；证明电磁波的横波性；用干涉法测定电磁波的波长. 总之，赫兹证实了麦克斯韦电磁理论的推测，即电磁波的存在以及光是电磁波.

3. 电磁波的基本性质

常用的电磁波源是发射天线（例如，最简单的天线就是一个偶极振子，也叫做偶极子天线）. 当振荡电荷在天线内往返作加速运动时，在天线周围的空间就激发起电场和磁场. 变化的电场产生变化的磁场；变化的磁场又反过来产生变化的电场. 这样，电磁波就从天线发射出去. 电磁波发射的最简单的情形是天线内偶极子的电偶极矩随时间作正弦或余弦变化. 这种情形下，在距偶极子为 r 的任一点处（图 20-8），电磁波的电矢量 $\boldsymbol{E}$ 和磁矢量 $\boldsymbol{B}$ 在时刻 t 的量值可求得为

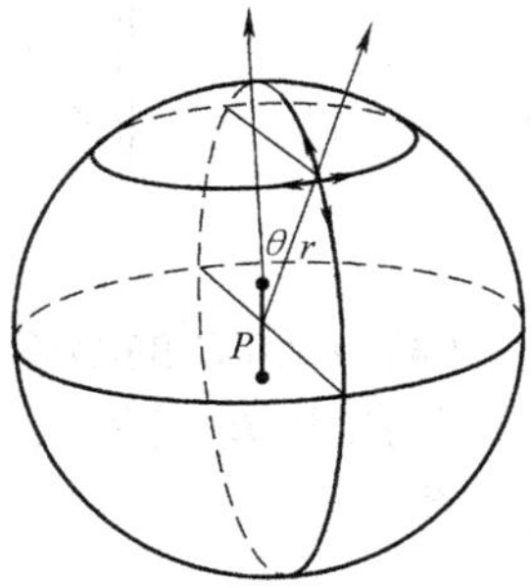

图 20-8 距天线中偶极子为 r 的任一点处的 $\boldsymbol{E}$ 和 $\boldsymbol{B}$

$$E = E_0 \cos\omega\left(t - \frac{r}{c}\right)$$

$$B = B_0 \cos\omega\left(t - \frac{r}{c}\right)$$

式中，c 是电磁波在真空中的传播速率；E_0 和 B_0 分别为电矢量 $\boldsymbol{E}$ 和磁矢量 $\boldsymbol{B}$ 的幅值，它们与距离 r 以及径矢 $\boldsymbol{r}$ 的方向有关.

在天线附近，电场和磁场的分布较复杂，不在这里讨论. 在距偶极振子极远处，电磁波可看作是平面波. 在平面电磁波中，电场和磁场的分布较为简单；在任一时刻，在垂直于传播方向的平面上，电矢量 $\boldsymbol{E}$ 和磁矢量 $\boldsymbol{B}$ 都不因场点在平面上坐标的不同而改变. 解麦克斯韦方程组可以推测出平面电磁波具有以下一些基本性质.

(1) 电磁波是横波

令$\hat{k}$为沿电磁波传播方向的单位矢量，则电矢量$\boldsymbol{E}$和磁矢量$\boldsymbol{B}$都与$\hat{k}$垂直，即

$$\boldsymbol{E} \perp \hat{k}$$

$$\boldsymbol{B} \perp \hat{k}$$

(2) 电矢量$\boldsymbol{E}$和磁矢量$\boldsymbol{B}$相互垂直

$$\boldsymbol{E} \perp \boldsymbol{B}$$

以上两条性质我们由图20－8已经可以看到，在那里电磁波是球面波，$\hat{k}$沿径矢$\boldsymbol{r}$的方向.

(3) 电矢量$\boldsymbol{E}$和磁矢量$\boldsymbol{B}$同相位

在电磁波中，在任一时刻电矢量$\boldsymbol{E}$和磁矢量$\boldsymbol{B}$都是随时间变化的. 它们沿正方向增大，达到极大值；减小为零，沿反方向增大……. 在变化过程中，$\boldsymbol{E}$和$\boldsymbol{B}$始终保持同步调，即同时达到正方向极大值；同时减为零；同时达到反方向极大值；等等.

因此，在任何地点，任何时刻，$\boldsymbol{E}$、$\boldsymbol{B}$和$\hat{k}$总是构成一个右旋的直角坐标系（图20－9）. 也就是说，$\hat{k}$总是沿着$\boldsymbol{E}\times\boldsymbol{B}$的方向的.

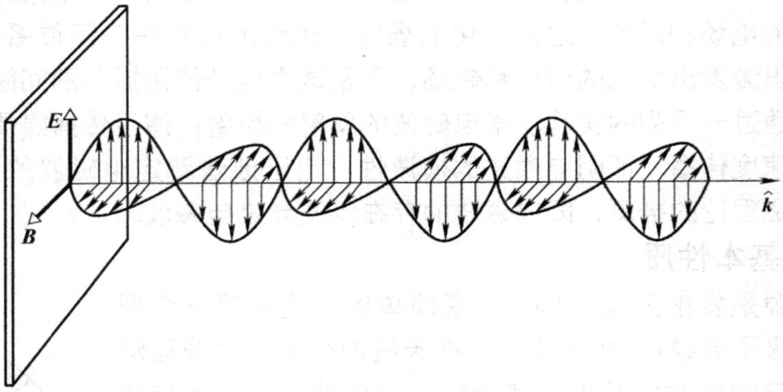

图20－9　$\boldsymbol{E}$、$\boldsymbol{B}$和$\hat{k}$构成右旋的直角坐标系

(4) $\boldsymbol{E}$和$\boldsymbol{B}$的幅值成正比

令E_0和B_0分别表示$\boldsymbol{E}$和$\boldsymbol{B}$的幅值，则对于在真空中传播的电磁波，E_0和B_0有如下的比例关系：

$$\sqrt{\varepsilon_0}E_0 = \frac{1}{\sqrt{\mu_0}}B_0$$

ε_0和u_0分别为真空电容率和真空磁导率.

由于$\boldsymbol{E}$和$\boldsymbol{B}$同相位，所以它们又满足以下比例关系：

$$\sqrt{\varepsilon_0}E = \frac{1}{\sqrt{\mu_0}}B \tag{20-6}$$

(5) 电磁波在真空中的传播速率为

$$c = \frac{1}{\sqrt{\varepsilon_0\mu_0}} \tag{20-7}$$

因为$\varepsilon_0 = 8.85\times10^{-12}\mathrm{C^2\cdot N^{-1}\cdot m^{-2}}$，$\mu_0 = 4\pi\times10^{-7}\mathrm{T\cdot m\cdot A^{-1}}$，所以

$$c = 3.0\times10^8\mathrm{m\cdot s^{-1}}$$

c 的数值与由实验测定的真空中可见光的速率一致．根据这一事实，麦克斯韦提出光是一种电磁波，而 c 则是光在真空中的速率．

这样，麦克斯韦的电磁理论不仅把电与磁结合起来，而且把光也纳入了电磁学的框架．

20－4　麦克斯韦彩虹

麦克斯韦最伟大的成就是提出了光是**电磁波**．在麦克斯韦的年代（18 世纪中期），对于电磁波，只知道可见光、红外光和紫外光．然而在麦克斯韦工作的激励下，赫兹发现了如今称之为无线电波的波，并且证明了它们在实验室中传播的速度与可见光相同．

如图 20－10 所示，现在知道电磁波有一个很宽的**谱**（范围），一个富于想像力的作家称之为“麦克斯韦彩虹”．我们来看充斥在身边在这个谱中的各种电磁波．太阳，它的辐射决定了我们作为一个物种已在其中演化和适应的环境，是占统治地位的电磁波源；我们也不断被无线电和电视信号穿插；来自雷达系统和电话中继系统的微波可能传到我们身上，还有来自电灯泡、发热的汽车引擎、X 光机、闪电以及地下放射性物质发出的电磁波．此外，从银河系以及其他星系中的恒星或者其他物体发来的辐射也传到我们身上．还有向其他方向传播的电磁波，大约自 1950 年以来，由地球传出的电视信号，已经把所携带的关于地球人类的消息（伴着“**我爱露西**”插曲，虽然**非常**微弱）送到了绕着最近的 400 多个恒星运行的行星上，而在这些行星上可能居住着某些精通技术的智慧生物．

在图 20－10 中的波长标尺中（相应的频率标尺也类似），每一个刻度记号表示波长（及相应的频率）改变 10 倍．标尺两端是开放的，电磁波的波长没有固定的上下界限．

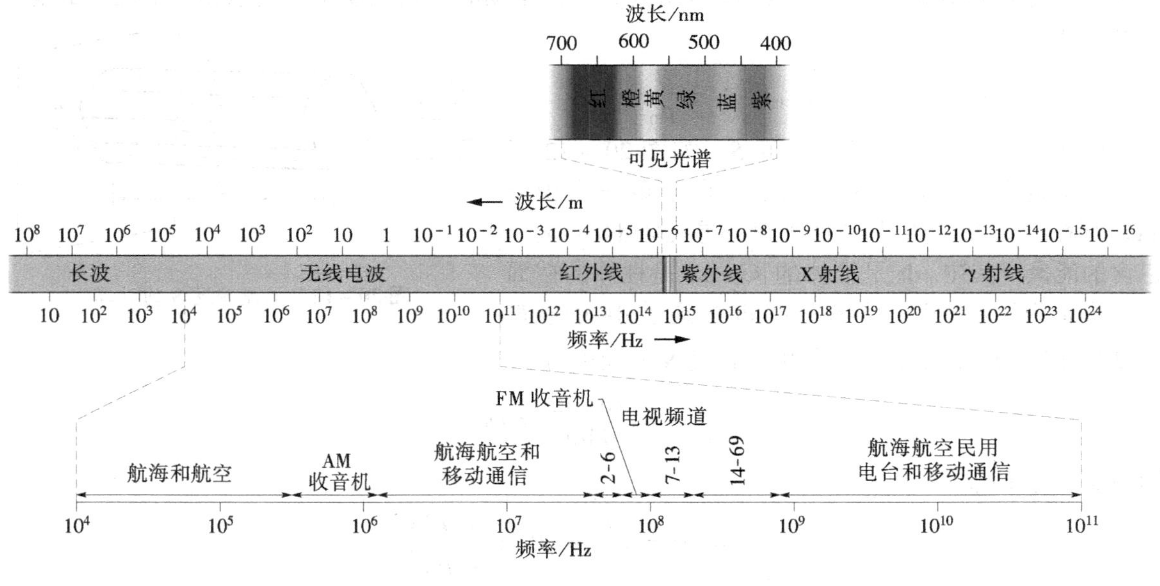

图 20－10　电磁波谱

图 20－10 所示的电磁波谱中，一些特定区域都用熟悉的词语标明，如 **X 射线**和**无线电波**．这些词语粗略地定义了一定种类的常用电磁波源和探测器的波长范围．图 20－10 中的另一些区域，如标记为电视频道和 AM 收音机的，表示为一定的商业或其他用途法定划出的特定波长带．在电磁波谱中没有空白，而且所有的电磁波，不论在波谱中哪一段都以相同的速度 c 在**自由空**

间（真空）中传播．

波谱的可见光区当然是我们特别感兴趣的．图 20－11 所示为人眼对于不同波长的光的相对灵敏度．由图可见，曲线的中心大约在 550nm，它产生我们称之为黄－绿色的感觉．

这个可见光谱的界定不是很严格，因为眼睛灵敏度曲线在长波长和短波长两个方向都渐近地趋于零．如果以眼睛灵敏度降为最大值的 1% 处的波长为限，则这个区间大约是 430～690nm．不过，如果强度足够，人眼可以看到某些超出这界限之外的电磁波．

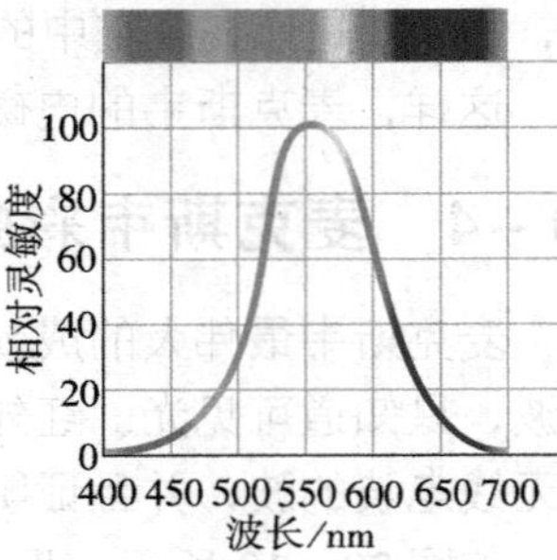

图 20－11　人眼对于不同波长电磁波的平均相对灵敏度．眼睛对之灵敏的这部分电磁波谱叫做**可见光**．

20－5　能量传输和坡印亭矢量

波的传播过程就是能量的传输过程，每秒通过与传输方向垂直的单位面积的能量，叫做**波的能流密度**．本节研究电磁波的能流密度．

在第 15 章曾推导出电场的能量密度，即单位体积电场的能量为

$$w_E = \frac{1}{2}\varepsilon_0 E^2$$

同样，在第 19 章曾推导出磁场的能量密度，即单位体积磁场的能量为

$$w_B = \frac{1}{2}\frac{B^2}{\mu_0}$$

对于电磁场 $\boldsymbol{E}$ 和 $\boldsymbol{B}$ 同时存在，我们定义单位体积的电场能量和磁场能量的总和为电磁场的能量密度，即

$$w = w_E + w_B = \frac{1}{2}\varepsilon_0 E^2 + \frac{1}{2}\frac{B^2}{\mu_0}$$

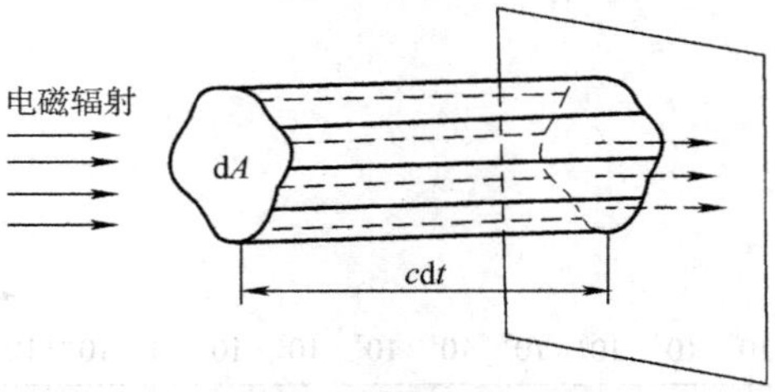

图 20－12　能流密度 $\boldsymbol{S}$ 的计算

现在计算电磁波的能流密度 $\boldsymbol{S}$．如图 20－12 所示，在垂直于电磁波传播方向的平面上取一面积元 dA，则在时间 dt 内通过 dA 的能量就是柱体 dAcdt 内所包含的能量，其中 cdt 是柱体的长，dA 是柱体的截面积．设 w 为能量密度，则在时间 dt 内通过 dA 的能量总量为 wdAcdt，因而，可求得能流密度 $\boldsymbol{S}$ 的大小为

$$S = \frac{w\mathrm{d}Ac\mathrm{d}t}{\mathrm{d}A\mathrm{d}t} = cw$$

因为 $w = w_E + w_B$，所以

$$S = cw = c\left(\frac{1}{2}\varepsilon_0 E^2 + \frac{1}{2}\frac{B^2}{\mu_0}\right)$$

将 $c = \frac{1}{\sqrt{\varepsilon_0\mu_0}}$ 及 $\sqrt{\varepsilon_0}E = \frac{1}{\sqrt{\mu_0}}B$ 代入上式，即得

$$S = \frac{1}{\sqrt{\varepsilon_0\mu_0}}\left(\frac{1}{2}\sqrt{\varepsilon_0}E\cdot\frac{B}{\sqrt{\mu_0}} + \frac{1}{2}\frac{B}{\sqrt{\mu_0}}\cdot\sqrt{\varepsilon_0}E\right) = \frac{1}{\mu_0}EB$$

由于能量沿 $\hat{\boldsymbol{k}}$ 传播，所以能流密度是一个沿 $\hat{\boldsymbol{k}}$ 方向的矢量，即 $\boldsymbol{S} = S\hat{\boldsymbol{k}}$．如前所说，在电磁

波中 $\boldsymbol{E}$ 和 $\boldsymbol{B}$ 互相垂直，而 $\hat{\boldsymbol{k}}$ 平行于 $\boldsymbol{E}\times\boldsymbol{B}$，所以可将能流密度写作

$$\boldsymbol{S} = \frac{1}{\mu_0}\boldsymbol{E}\times\boldsymbol{B} \qquad (20-8)$$

由式（20－8）确定的**能流密度矢量**，也叫做**坡印亭矢量**.

$$S = \left(\frac{\text{能量/时间}}{\text{面积}}\right)_{\text{inst}} = \left(\frac{\text{功率}}{\text{面积}}\right)_{\text{inst}} \qquad (20-9)$$

由此可知，$\boldsymbol{S}$ 的 SI 单位是瓦/米^2（$\mathrm{W/m^2}$）.

电磁波在任意一点的坡印亭矢量 $\boldsymbol{S}$ 的方向给出了波在该点的传播方向及能量传输的方向.

因为在电磁波中 $\boldsymbol{E}$ 和 $\boldsymbol{B}$ 互相垂直，$\boldsymbol{E}\times\boldsymbol{B}$ 的大小是 EB，所以 $\boldsymbol{S}$ 的大小是

$$S = \frac{1}{\mu_0}EB \qquad (20-10)$$

式中，S、E 和 B 都是瞬时值. E 和 B 是相互联系的，所以只需要处理其中之一. 因为大部分探测电磁波的仪器处理的是波的电分量而不是磁分量，所以选择 E. 利用由式（20－6）、式（20－7）导出的 $B=E/c$，可以把式（20－10）重写为

$$S = \frac{1}{c\mu_0}E^2 \quad \text{（瞬时能流密度）} \qquad (20-11)$$

把 $E=E_0\cos\omega\left(t-\frac{r}{c}\right)$ 代入上式，可以得到能量传输速率作为时间函数的公式. 然而，在实际中，更有用的是传输的能量对时间的平均值. 因此，需要得到 S 的时间平均值，记为 S_{avg}，也称为波的**强度** I. 于是，可得强度 I 为

$$I = S_{\text{avg}} = \frac{1}{c\mu_0}[E^2]_{\text{avg}} = \frac{1}{c\mu_0}\left[E_0^2\cos^2\omega\left(t-\frac{r}{c}\right)\right]_{\text{avg}} \qquad (20-12)$$

在一个完整周期内，对于任何角变量 θ，$\sin^2\theta$ 的平均值是 $\frac{1}{2}$. 另外，定义一个新的量 E_{rms}，即电场的**方均根**值为

$$E_{\text{rms}} = \frac{E_0}{\sqrt{2}} \qquad (20-13)$$

就可以把式（20－12）重写为

$$I = \frac{1}{c\mu_0}E_{\text{rms}}^2 \qquad (20-14)$$

强度如何随着离开一个实际的电磁辐射源的距离变化通常是相当复杂的，特别是当源向某一特定的方向发出辐射时. 但是，在某些情况下可以假定源是一个**点源**，它**各向同性地**，即在各个方向上以相同的强度发光. 图 20－13 所示为在某个特定时刻，自这样一个各向同性的点源 S 扩展开的球形波面的截面图.

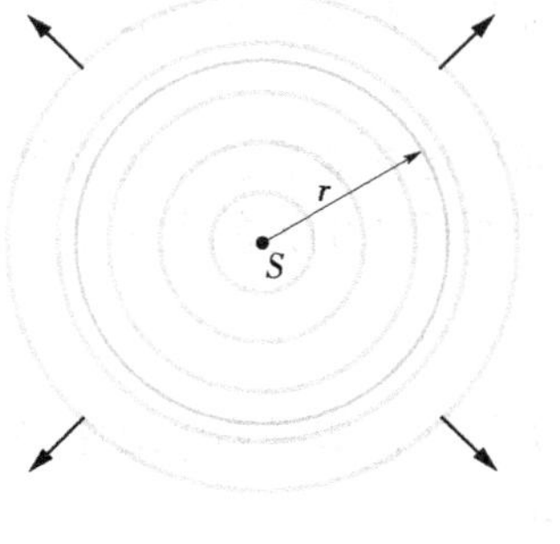

图 20－13 一个点源 S 在各个方向上均匀地发射电磁波. 球形波面都通过一个以 S 为圆心以 r 为半径的假想球.

假定波从这样的源扩展开时，波的能量守恒. 再令一个半径为 r 的假想球面的球心位于源点，如图 20－13 所示. 由点源发射的全部能量必定通过该球面. 这样，由于辐射通过该球面传输能量的时

率必定等于源发射能量的速率，也就是等于源的功率 P_S. 因此，在球面上的强度 I 一定是

$$I = \frac{P_S}{4\pi r^2} \tag{20-15}$$

式中，$4\pi r^2$ 是球面的面积. 式（20－15）说明，从各向同性点源发出的电磁辐射的强度与离源的距离 r 的平方成反比.

20－6 辐射压强

电磁波不仅有能量还有线动量. 这意味着可以通过用光照射来对一个物体施加压强——**辐射压强**. 然而这个压强是非常小的，因为，例如，在用闪光灯照像时，被拍摄的人并不感到这种压强.

为了得到这种压强的表达式，使一束电磁辐射，如光，照射到一个物体上一段时间 Δt. 再假设该物体可以自由移动，而且辐射被物体完全**吸收**. 这意味着在时间段 Δt 内，物体从辐射得到一份能量 ΔU. 麦克斯韦曾证明，物体也得到了线动量. 物体动量的变化量 Δp 与能量变化量 ΔU 的关系是

$$\Delta p = \frac{\Delta U}{c} \quad \text{（完全吸收）} \tag{20-16}$$

式中，c 是光速. 物体动量改变的方向是其吸收的入射光束的方向.

除了被吸收，辐射也可能被物体**反射**，即辐射可以沿一个新的方向被发送出去，好像被物体反弹出去一样. 如果辐射沿原路完全反射回去，物体动量改变的大小是以上给出的两倍，即

$$\Delta p = \frac{2\Delta U}{c} \quad \text{（沿原路完全反射回去）} \tag{20-17}$$

这类似于，一个完全弹性的网球被物体反弹后，该物体动量的改变量是它受到一个相同质量和速度的完全非弹性球（如一团湿油灰）的撞击后，动量改变量的两倍. 如果入射的辐射被部分吸收和反射，物体动量的改变量介于 $\Delta U/c$ 和 $2\Delta U/c$ 之间.

由牛顿第二定律可知，动量改变与力的关系是

$$F = \frac{\Delta p}{\Delta t}$$

为了得到用辐射强度 I 表示的由辐射施加的力，假设一个面积为 A 的平面垂直于辐射路径挡住辐射. 在时间间隔 Δt 内，被面积 A 拦截的能量为

$$\Delta U = IA\Delta t \tag{20-18}$$

如果这些能量被完全吸收，则从式（20－16）可知，$\Delta p = IA\Delta t/c$. 又由式 $F = \Delta p/\Delta t$ 可得作用于面积 A 的力的大小是

$$F = \frac{IA}{c} \quad \text{（完全吸收）} \tag{20-19}$$

类似地，如果辐射沿原路完全反射回去，由式（20－17）可知，$\Delta p = 2IA\Delta t/c$，又由式 $F = \Delta p/\Delta t$，有

$$F = \frac{2IA}{c} \quad \text{（沿原路完全反射回去）} \tag{20-20}$$

如果辐射被部分吸收和反射，作用于面积 A 的力的大小介于 IA/c 和 $2IA/c$ 之间.

辐射对物体单位面积的作用力就是辐射压强 p_r. 把式（20－19）和式（20－20）两边同除

以 A，可得

$$p_r = \frac{I}{c} \quad (\text{完全吸收}) \tag{20-21}$$

及

$$p_r = \frac{2I}{c} \quad (\text{沿原路完全反射回去}) \tag{20-22}$$

小心不要把辐射压强的符号 p_r 与动量的符号 p 混淆. 辐射压强的 SI 单位是牛/米² （N/m^2），称为帕（Pa）.

激光技术的发展使研究人员成功地获得了比照相机闪光灯之类产生的大得多的光压. 所以能够做到这点，是因为激光束不像由小灯泡的灯丝发出的一束光，它可以被聚焦到直径仅为几个波长的极小的斑上. 这就可以把大量的能量传送给置于该斑的小物体.

例题 20-1

当尘埃被从彗星释放出来，它就不再继续沿着彗星轨道，因为太阳光产生的辐射压强把它们沿径向从太阳往外推开. 假设尘埃粒子是半径为 R 的球，密度为 $\rho = 3.5 \times 10^3 kg/m^3$，并且把它所截取的太阳光全部吸收. 半径 R 为多少时，太阳作用于尘埃粒子的引力 $\boldsymbol{F}_g$ 恰好与太阳光对它的辐射压力 $\boldsymbol{F}_r$ 平衡？

【解】 可以假设太阳离作用的粒子足够远，以致可以把太阳看作一个各向同性的点光源. 按题意，辐射压强从太阳沿径向向外推开粒子，可知作用于粒子的辐射力 $\boldsymbol{F}_r$ 由太阳中心沿径向向外. 与此同时，对粒子的引力 $\boldsymbol{F}_g$ 沿径向指向太阳. 于是，可以写出这两个力的平衡条件为

$$F_r = F_g \tag{20-23}$$

下面分别来考虑这两个力.

辐射力：为了计算式（20-23）的左边，用以下三个**关键点**：

1. 因为粒子是完全吸收的，所以通过式 $F = IA/c$，可以从太阳光照射到粒子处的强度 I 和粒子的截面积 A 确定力的大小 F_r.

2. 因为假定太阳是各向同性的点光源，可以用式（20-15）把太阳的功率 P_S 与粒子距太阳 r 处的太阳光强度 I 联系起来.

3. 粒子是球形的，它的截面积是 πr^2（**不是**它表面积的一半）.

把这三点结合在一起就得出

$$F_r = \frac{IA}{c} = \frac{P_S \pi R^2}{4\pi r^2 c} = \frac{P_S R^2}{4r^2 c} \tag{20-24}$$

引力：这里的**关键点**是牛顿的引力定律，它给出对粒子的引力的大小是

$$F_g = \frac{G m_S m}{r^2} \tag{20-25}$$

式中，m_S 为太阳质量；m 为粒子质量. 下一步，粒子质量与其密度 ρ 和体积 V 的关系为

$$\rho = \frac{m}{V} = \frac{m}{\frac{4}{3}\pi R^3}$$

由此解出 m，代入式（20-25）中，得出

$$F_g = \frac{G m_S \rho \left(\frac{4}{3}\pi R^3\right)}{r^2} \tag{20-26}$$

再把式（20-24）和式（20-26）代入式（20-23），解 R 得到

$$R = \frac{3P_S}{16\pi c \rho G m_S}$$

用给出的 ρ 值及已知的 G 值（附录 B）和 m_S（附录

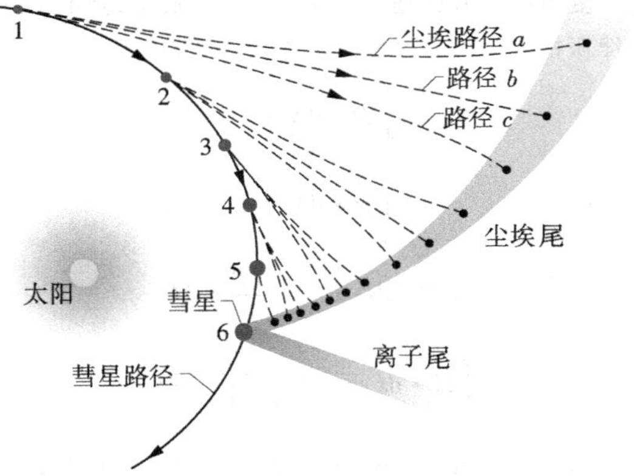

图 20-14 例题 20-1 图　一彗星当前在位置 6. 在前五个位置上释放出的尘埃已被太阳光的辐射压强沿着虚线路径排出，所以这时形成彗星弯曲的尘埃尾.

C)，可以计算分母：

$$(15\pi)(3\times10^{8}\text{m/s})(3.5\times10^{3}\text{kg/m}^3)\times(6.67\times10^{-11}\text{N}\cdot\text{m}^2/\text{kg}^2)(1.99\times10^{30}\text{kg})$$
$$=7.0\times10^{33}\text{N/s}$$

用从附录 C 得到的 P_S，就有

$$R=\frac{(3)(3.9\times10^{26}\text{W})}{7.0\times10^{33}\text{N/s}}=1.7\times10^{-7}\text{m}$$

（答案）

注意，这个结果与粒子离太阳的距离 r 无关.

半径 $R\approx1.7\times10^{-7}$m 的尘埃粒子沿图 20-14 中路径 b 那样的近似直线运动. 对于更大的 R 值，式（20-24）与式（20-26）的比较表明，因为 F_g 随 R^3 变化而 F_r 随 R^2 变化，引力 F_g 比辐射力 F_r 占优势. 于是，这种粒子沿图 20-14 中路径 c 那样向太阳弯曲的路径运动. 类似地，对于更小的 R 值，辐射力占优势，尘埃沿图 20-14 中路径 a 那样从太阳向外弯曲的路径运动. 这些尘埃粒子的总体就是彗星的尘埃尾.

复习和小结

涡旋电场 随时间变化的磁场会在周围空间激发感生电场，其电场线是闭合的，所以被叫做涡旋电场. 引入这一概念，法拉第电磁感应定律可被写作

$$\oint_{(L)}\boldsymbol{E}\cdot d\boldsymbol{s}=\int_{(A)}\frac{\partial\boldsymbol{B}}{\partial t}\cdot d\boldsymbol{A}$$

位移电流 麦克斯韦假设

$$i_d=\frac{d\phi_D}{dt}=\int_{(A)}\frac{\partial\boldsymbol{D}}{\partial t}\cdot d\boldsymbol{A}$$

为位移电流，并把安培环路定理推广为

$$\oint_{(L)}\boldsymbol{H}\cdot d\boldsymbol{s}=i_{enc}+\int_{(A)}\frac{\partial\boldsymbol{D}}{\partial t}\cdot d\boldsymbol{A}$$

位移电流的实质在于揭示：随时间变化的电场会在周围空间激发磁场.

电磁场 电场和磁场相互联系，在一定条件下又会相互转化，电场和磁场的统一体叫做电磁场.

麦克斯韦方程组 麦克斯韦把电磁场运动和变化规律概括成一组方程式，其积分形式是

$$\oint_{(A)}\boldsymbol{D}\cdot d\boldsymbol{A}=q$$

$$\oint_{(A)}\boldsymbol{B}\cdot d\boldsymbol{A}=0$$

$$\oint_{(L)}\boldsymbol{E}\cdot d\boldsymbol{s}=-\int_{(A)}\frac{\partial\boldsymbol{B}}{\partial t}\cdot d\boldsymbol{A}$$

$$\oint_{(L)}\boldsymbol{H}\cdot d\boldsymbol{s}=i+\int_{(A)}\frac{\partial\boldsymbol{D}}{\partial t}\cdot d\boldsymbol{A}$$

在真空中，因 $\boldsymbol{D}=\varepsilon_0\boldsymbol{E}$，$\boldsymbol{H}=\dfrac{\boldsymbol{B}}{\mu_0}$，所以上列方程变为

$$\oint_{(A)}\boldsymbol{E}\cdot d\boldsymbol{A}=\frac{1}{\varepsilon_0}q$$

$$\oint_{(A)}\boldsymbol{B}\cdot d\boldsymbol{A}=0$$

$$\oint_{(L)}\boldsymbol{E}\cdot d\boldsymbol{s}=-\int_{(A)}\frac{\partial\boldsymbol{B}}{\partial t}\cdot d\boldsymbol{A}$$

$$\oint_{(L)}\boldsymbol{B}\cdot d\boldsymbol{s}=\mu_0 i_{enc}+\varepsilon_0\mu_0\int_{(A)}\frac{\partial\boldsymbol{E}}{\partial t}\cdot d\boldsymbol{A}$$

电磁波 交变的涡旋磁场和涡旋电场互相激发，在空间传播，形成电磁波，其基本性质是：

（1）电磁波是横波.

（2）电矢量 $\boldsymbol{E}$ 和磁矢量 $\boldsymbol{B}$ 互相垂直，即

$$\boldsymbol{E}\perp\boldsymbol{B}$$

（3）$\boldsymbol{E}$ 和 $\boldsymbol{B}$ 同相位.

（4）$\boldsymbol{E}$ 和 $\boldsymbol{B}$ 的辐值成正比：

$$\sqrt{\varepsilon_0}E_0=\frac{1}{\sqrt{\mu_0}}B_0$$

（5）因而

$$\sqrt{\varepsilon_0}E=\frac{1}{\sqrt{\mu_0}}B$$

（6）电磁波在真空中的传播速率为

$$C=\frac{1}{\sqrt{\varepsilon_0\mu_0}}\approx3.0\times10^{8}\ \text{m}\cdot\text{s}^{-1}$$

能流密度 每秒通过与传输方向垂直的单位面积的能量，它由坡印亭矢量

$$\boldsymbol{S}=\frac{1}{\mu_0}\boldsymbol{E}\times\boldsymbol{B}$$

给出.

$\boldsymbol{S}$ 的大小随时间变化，它对时间的平均值叫微波的强度.

电磁波的点源可各向同性地发射波，与时率为 P_S 的源相距 r 处的波的强度为

$$I=\frac{P_S}{4\pi r^2}$$

辐射压强 当一表面 A 截取电磁辐射时，表面将受到力和压强，如辐射被表面完全吸收，则力为

$$F = \frac{IA}{c}$$

如辐射被表面沿原路完全反射回去，则力为

$$F = \frac{2IA}{c}$$

如辐射被部分吸收和反射，则力介于 IA/c 和 $2IA/c$ 之间.

相应地，辐射对表面单位面积的作用力，即辐射压强 p_r 为

完全吸收：$p_r = \frac{I}{c}$

完全反射回去：$p_r = \frac{2I}{c}$

部分反射和吸收：介于 I/c 和 $2I/c$ 之间

思考题

1. 试从以下三方面来比较静电场与涡旋电场：(1) 产生的原因；(2) 电场线的分布；(3) 对导体中电荷的作用.

2. 在什么意义下 $\frac{d\phi_D}{dt}$ 相当于电流？位移电流与传导电流有何区别？

3. 如图 20－15 所示，a 是变化电场的位移电流，b 是变化的磁场. 试分别画出与它们相联系的磁场线（即 $\boldsymbol{H}$ 线）和电场线.

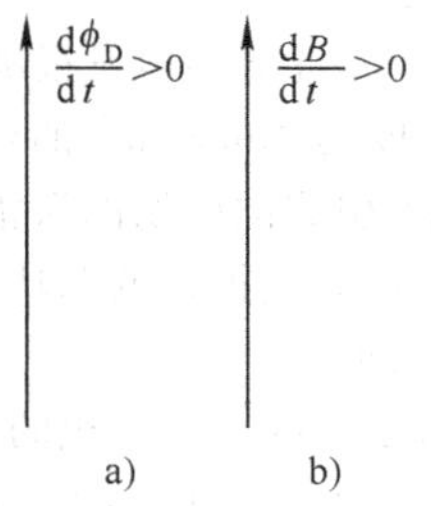

图 20－15 思考题 3 图

4. 一圆柱形导线有均匀的电阻，最初导线中没有电流，当通过导线中的电流慢慢均匀增大时，是否有位移电流，如果有的话，在导体内其方向与传导电流的是否相同？若导线中原来有电流，电流慢慢均匀减小，情况又如何？

5. 推广后的安培环路定理，右边两项各代表什么？试画简图说明下述几种可能情况：(1) 第一项为零，第二项不为零；(2) 第一项不为零，第二项为零；(3) 两项都不为零.

6. 变化电场激发的磁场是否也一定随时间变化？变化磁场激发的电场是否也一定随时间变化？试举例说明.

7. 试证明：平行板电容器中的位移电流可写作

$$i_d = C\frac{dU}{dt}$$

式中，C 是电容器的电容；U 是两极板间的电势差.

8. 图 20－16 所示为两种情况下的一个电场矢量和一圈感应磁场线. 在每种情况中，$\boldsymbol{E}$ 的量值在增大还是减小？

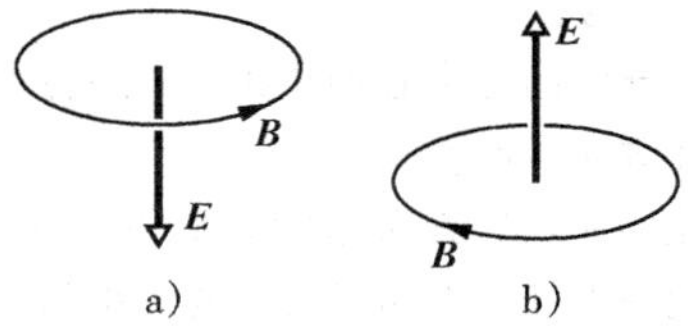

图 20－16 思考题 8 图

9. 图 20－17 所示为一个平行板电容器和对其充电的相连导线中的电流. (a) 电场强度 $\boldsymbol{E}$ 和 (b) 极板之间的位移电流 i_d 向左还是向右？(c) 在 P 点的磁场是进入还是穿出纸面？

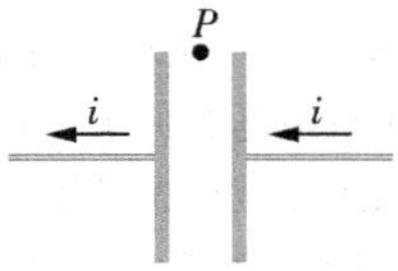

图 20－17 思考题 9 图

10. 一个矩形平行板电容器正在放电. 一个与平板同中心的、在两极板之间的矩形回路尺寸为 $L \times 2L$，平板尺寸为 $2L \times 4L$. 如果位移电流为均匀的，它被回路包围的比例为多大？

11. 图 20－18 所示为某一时刻电磁波的电矢量和磁矢量. 波是向纸面里还是纸面外传播.

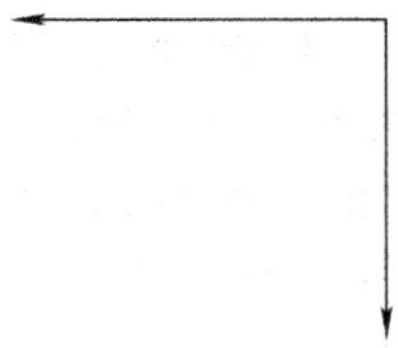

图 20－18 思考题 11 图

习题

1. 在真空中，一平行板电容器的圆形极板半径 $R=0.04\text{m}$，今将电容器充电，使两极板间电场强度的变化率 $\frac{dE}{dt}=2.5\times10^{12}\text{V/m}\cdot\text{s}$，求：(1) 两极板间位移电流的大小；(2) $r=0.02\text{m}$ 处及 $r=0.06\text{m}$ 处的磁感应强度.

2. 极板面积 $A=3.0\text{cm}^2$ 的平行板电容器充电，分别就下列两种情形求两极板间的电场变化率 $\frac{dE}{dt}$：(1) 充电电流 $i=0.01\text{A}$；(2) 充电电流 $i=0.5\text{A}$.

3. 一圆柱形长导线载有恒定电流 I，其截面半径为 R，电阻率为 ρ.

(1) 在导线内与中心轴相距为 r 的各点处，$\boldsymbol{E}$ 矢量的大小和方向如何？

(2) 在同一点处 $\boldsymbol{B}$ 矢量的大小和方向如何？

(3) 同一点处，坡印亭矢量的大小和方向如何？

(4) 在导线内取半径为 r，长为 l 的一段共轴圆柱，试利用以上结果计算单位时间内穿过所取圆柱侧面的能流.

4. (a) 一无线电信号从发射站传播到 150km 以外的接收天线需要多少时间？(b) 我们借助反射的太阳光看到一轮圆月，进入我们眼睛的光是多早以前从太阳发出的？月－地距离为 $3.8\times10^5\text{km}$，日－地距离为 $1.5\times10^8\text{km}$. (c) 光从地球到 $1.3\times10^9\text{km}$ 以外一个围绕土星作轨道运行的太空船，传播一个来回需要多少时间？(d) 约 6500 光年 (ly) 以外的蟹状星云被认为是由中国天文学家在公元 1054 年记录的一次超新星爆发的结果. 这次爆发实际大约发生在哪一年？

5. 某一氦－氖激光器发射以 632.8nm 波长为中心的波段很窄的红光，"波长宽度"（如图 20－10 所示的标度）0.0100nm. 对于此发射，相应的"频率宽度"是多少？

6. 测量光速的一种方法是基于 1676 年 Roemer 对木星的一个卫星公转的表观时间的观察. 公转的实际周期是 42.5h. (a) 考虑到光速是有限的，则当地球在自己轨道上从图 20－19 中的 x 点运行到 y 点，木星的卫星一次公转的表观时间会如何改变？(b) 要计算光速需作哪些观察？忽略木星在它轨道上的运动；图 20－19 不是按比例画出的.

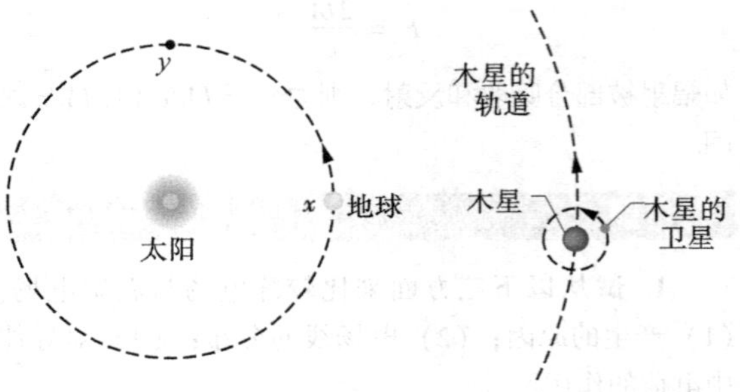

图 20－19　习题 6 图

7. 一平面无线电波的电场分量的最大值为 5.00V/m. 计算 (a) 磁场分量的最大值；(b) 波的强度.

8. 刚刚在地球大气层外侧的太阳光具有 1.40kW/m^2 的强度. 计算该处太阳光的 E_m 和 B_m（假设它是平面波）.

9. 一架飞到离一个无线电发报机 10km 远处的飞机，收到一个强度为 $10\mu\text{W/m}^2$ 的信号. 计算 (a) 这个信号在飞机处引起的电场的振幅；(b) 在飞机处磁场的振幅和 (c) 发报机的总功率. 假设发报机向各方向均匀地发射.

10. 面积 $A=2.0\text{cm}^2$ 的一块黑的全吸收纸板截取来自照相机的 10W/m^2 强度的闪光. 闪光对纸板产生多大的辐射压强？

11. 太阳射到地球（刚刚在大气层外侧）上的辐射强度为 1.4kW/m^2. (a) 假设地球（以及它的大气层）可以看作是垂直于太阳光线的一个圆盘，并且假设所有入射光线都被吸收，计算由辐射压强对地球的力. (b) 将这个力与太阳对地球的引力作比较.

12. 经常在物理实验室中用的一种氦－氖激光器，可发射 5.00mW 功率 633nm 波长的激光束. 这束光被透镜聚焦到一个小圆斑，其有效直径可以取为等于 2.00 个波长. 计算 (a) 聚焦光束的强度；(b) 作用于一个直径等于聚焦光斑直径的完全吸收球体的辐射压强；(c) 作用于球的力和 (d) 给球的加速度的大小. 假设球的密度为 $5.00\times10^3\text{kg/m}^3$.

13. 一平面电磁波，波长为 3.0m，在真空中沿 x 正向传播，其电场 $\boldsymbol{E}$ 沿 y 轴方向，振幅为 300V/m. (a) 波的频率 f 是多少？(b) 波的磁场的方向和大小为何？(c) 如果 $E=E_m\sin(kx-\omega t)$，k 和 ω 为何

值？(d) 波的能流的平均时率是多少 W/m^2？(e) 假如波射到面积为 $2.0m^2$ 的完全吸收面上，对这个面传送动量的时率是多少？作用在这面上的辐射压强多大？

14. 有人提出，可以利用金属片制成的一张大帆，在太阳系中借助辐射压推进太空船．如果要求辐射力的大小等于太阳引力，大帆必须多大？假设船 + 帆的质量为 1500kg，帆为完全反射体，并且帆的取向垂直于太阳光线．所需要的数据见附录 C．（带有大帆的太空船被持续地推离太阳．）

第 4 篇

第 21 章　光的干涉

乍看起来 **Morpho** 蝴蝶翅膀的上表面是单纯的蓝绿色.然而,这种颜色有点怪,因为不像大多数其他物体的颜色,它几乎只是闪现微光,如果改变观察的方向,或者蝴蝶扇动它的翅膀,这种颜色的色彩还会发生改变.这翅膀被说成是彩虹色的,人们看到的蓝绿色掩盖了在翅膀底面出现的"真正的"暗棕色.

那么,显示如此令人炫目的色彩的翅膀的上表面有什么不同呢?

答案就在本章中.

干涉现象是波动过程的基本特征之一. 光的波动性可以从光的干涉现象中得到证实. 本章将通过杨氏双缝、薄膜干涉、迈克耳孙干涉仪等实验说明光的相干性和光的干涉规律，包括干涉的条件和明暗条纹分布的规律，并简单介绍一些干涉现象的应用.

21－1 杨氏双缝干涉

在1801年，托马斯·杨用实验证明了光是一种波，这与当时大多数其他科学家的想法相反. 他演示了光像水波、声波和其他种类的波一样，能够产生干涉. 另外，他还能测出太阳光的平均波长，他测出的数值570nm，与现代被大家接受的555nm的值非常接近. 下面将对杨氏实验作为光波干涉的一个例子来加以考查.

1. 杨氏双缝干涉实验

图21－1给出杨氏实验的基本装置图. 一个远处的单色光源发的光照射屏A上的狭缝S_0. 随后射出的光线通过衍射照射屏B上两个缝S_1和S_2. 这两个缝的衍射发出重叠的半圆形波到屏B的另一侧. 在这里从一个缝发出的波与从另一个缝发出的波发生干涉.

图21－1中的“快照”描绘了重叠的光波的干涉. 然而除非在C放置一个观察屏截取光波，否则看不到干涉现象. 观察屏放在那里时，干涉极大的点在屏上形成可见的一条条明亮的带——称为**明纹**或者**极大**；而相应的暗区称为**暗纹**或者**极小**——由完全相消干涉形成并且在两条相邻明纹之间可以看到（**极大**和**极小**值更恰当地是指条纹的中心）. 显示在观察屏上的亮的和暗的条纹称为**干涉图样**. 图21－2就是从图21－1的左方看去的部分干涉图样的照片.

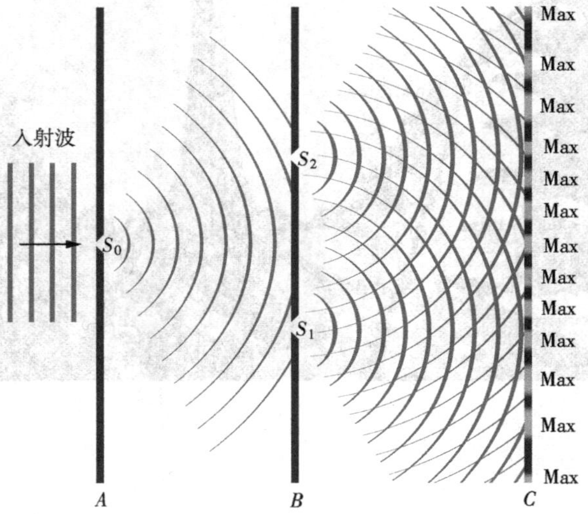

图21－1 在杨氏干涉实验中，入射的单色光被缝S_0衍射. 当这些光到达屏B时，又被缝S_1与S_2作为两个点光源衍射. 从缝S_1与S_2发出的光波重叠并发生干涉，在观察屏C上将形成有极大和极小的干涉图样. 此图是一个横面；屏幕，缝和干涉条纹由页面向页面内外延伸.

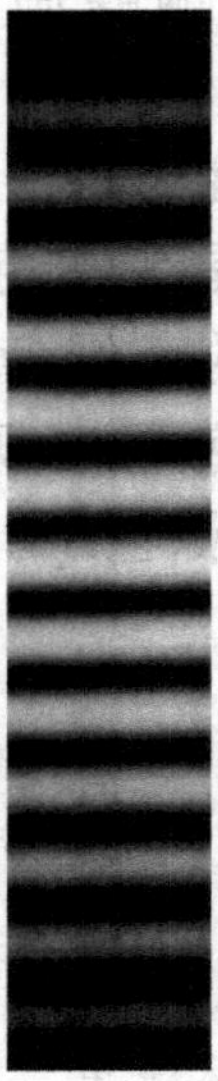

图21－2 图21－1中的装置产生的干涉图样的照片（屏幕C的正视图）. 交替出现的极大和极小称为干涉条纹.

2. 干涉条纹的定位

在被称为杨氏双缝干涉实验装置中光波产生条纹，但是如何精确地确定干涉条纹的位置呢？为了回答这个问题，利用图 21－3a 来分析. 在那里，单色平面光波入射到屏 B 的两条狭缝 S_1 和 S_2 上；光通过缝发生衍射而在屏 C 上产生干涉图样，屏 B 与 C 之间相距 D. 从两缝连线的中点处到屏幕 C 画一条中轴线作为参考. 为了便于讨论，在屏幕上任选一点 P，它到中轴的角度为 θ. 这一点截取由下缝发出的光线 r_1 的波与由上缝发出的光线 r_2 的波.

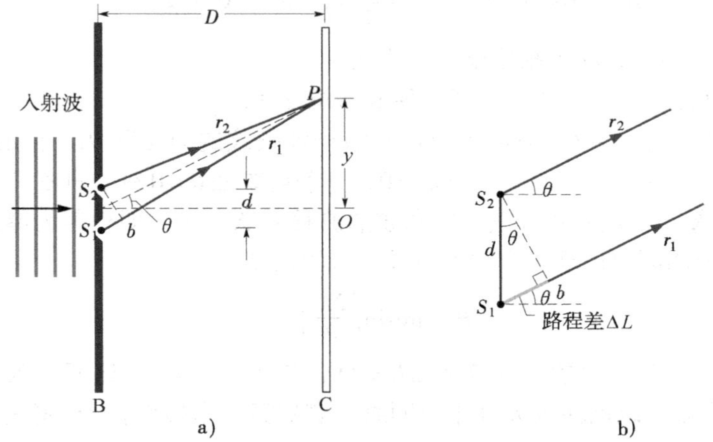

图 21－3 a）来自缝 S_1 和 S_2 的波在 P 点结合，P 点是在屏 C 上任意的离中轴线距离为 y 的点，角 θ 用来方便地指出 P 的位置. b）图 a）的局部放大图

这两列波通过两缝时是同相的. 因为它们都正好是同一入射波的一部分. 然而，一旦它们穿过狭缝，这两列波必须经过不同的距离才能达到 P 点，当它们通过的距离不同时，会导致它们之间的相位差改变，相差的改变来自于两列波经过的路径的波程差 ΔL（$\Delta L = r_2 - r_1$）. 考虑原来正好同相的两列波各沿着波程差为 ΔL 的路径传播并随后经过一个共同点. 当 ΔL 是零或者是波长的整数倍时，两列波到达该点时正好同相，因而在那里完全干涉相长. 那么 P 点就是明条纹的一部分. 如果不是这样，ΔL 是半波长的奇数倍，两列波相交到达共同点时正好反相，它们在那里将完全干涉相消. P 点就是暗纹的一部分（当然也可能有中间干涉的情况，并因而在 P 点有中间的亮度）. 这样，

> 在杨氏双缝干涉实验中的观察屏上的每一点出现什么情况，将由到达该点的光线的波程差决定.

可以用从中轴到条纹的角度 θ 表明每一明纹或暗纹在屏上的位置，为了求出 θ，必须找到它和 ΔL 的关系. 首先回到图 21－3a，沿着光线 r_1 找到一点 b，使从 b 到 P 的路径长度等于从 S_2 到 P 点的路径长度. 于是这两束光之间的波程差就是从 S_1 到 b 的距离.

而 S_1 到 b 的距离和角 θ 之间的关系是复杂的，但是可以大大地简化它，如果把缝到屏的距离 D 安排得远远大于缝距 d，就可以把光线 r_1 和 r_2 近似为彼此平行并且到中轴的角度为 θ（图 21－3b）. 还可以把 S_1、S_2 和 b 形成的三角形近似为直角三角形. 这样，由图可看出从 S_1 和 S_2 到 P 点的波程差为

$$\Delta L = r_2 - r_1 = d\sin\theta \quad (21-1)$$

根据波的干涉规律（参见8－5节），当此波程差为零或是波长的整数倍，即

$$\Delta L = d\sin\theta = \pm m\lambda \qquad m = 0,1,2,\cdots \quad (21-2)$$

时，点 P 处为明条纹中心. 式中的正负号表明干涉条纹在点 O 两侧对称分布，m 称为明条纹的**级次**（此处用 m 代替8－5节中的 n，表示特定整数，以避免与折射率 n 混淆）.

当 ΔL 为半波长的奇数倍，即

$$\Delta L = d\sin\theta = \pm\left(m + \frac{1}{2}\right)\lambda \quad m = 0,1,2,\cdots \quad (21-3)$$

时，点 P 处为暗条纹的中心，m 为相应暗纹的级次.

波程差 ΔL 为其他值的各点，光强介于最明和最暗之间.

由式（21－2）和式（21－3）可以求出任一级干涉条纹的角位置 θ，并由此确定干涉条纹的位置. 例如，由式（21－2）可知，对应 $m=0$，一条明纹在 $\theta=0$ 处，即在中轴 O 点处. 这一**中央明纹**（或**中央极大**）就是从两缝发出的光波的波程差 $\Delta L=0$，即相差为零的那一点. 对于 $m=2$，式（21－2）说明**明**纹出现在中轴上方或下方的角度为

$$\theta = \arcsin\left(\frac{2\lambda}{d}\right)$$

从两条缝发出的波到这两条明纹的波程差为 $\Delta L=2\lambda$，其相差为 4π. 这两个条纹称为**第二级明纹**（意思是 $m=2$）或**第二级侧向极大**（中央明纹一侧的第二个极大），或者说它们是从中央极大数起的第二条明纹.

对于 $m=1$，式（21－3）表明**暗**纹出现在中轴上方或下方的角度为

$$\theta = \arcsin\left(\frac{1.5\lambda}{d}\right)$$

从两条缝发出的波到这两条暗纹的波程差为 $\Delta L=1.5\lambda$，其相差为 3π. 这两个条纹称为**第二级暗纹**，或**第二级极小**，因为它们是从中轴数起的第二条暗纹（第一暗纹，或第一极小，其位置由式（21－3）中令 $m=0$ 给出）.

在实际的实验中，可以在观察屏上看到稳定分布的如图21－2所示形式的明暗相间的条纹. 其中，中心位置为中央明纹，两侧对称、依次分布着各级明暗相间的条纹.

检查点1：在图21－3a中，当 P 点是（a）第三级侧向极大和（b）第三级极小时两条光线的 ΔL（作为波长的倍数）和相差各是多少？

例题21－1

在图21－3a中在屏C上靠近干涉图样中心的两相邻极大的间距是多大？光的波长为546nm，缝距 d 是0.12mm，缝与平面的间距 D 为55cm. 假设在图21－3中的 θ 足够小，以至允许用近似关系 $\sin\theta\approx\tan\theta\approx\theta$，其中的 θ 可以用弧度来量度.

【解】 首先选择一个 m 值较低的极大，以便保证它靠近图样的中心. 于是一个**关键点**是，从图21－3a的几何关系得出，从图样中心到一个极大的垂直距离 y_m 和它离开中轴的 θ 由下式联系起来

$$\tan\theta\approx\theta=\frac{y_m}{D}$$

第二个**关键点**是，由式（21－2），对 m 级极大这个的角 θ 由下式给出：

$$\sin\theta\approx\theta=\frac{m\lambda}{d}$$

将这两个公式联立，求解 y_m，就有

$$y_m=\frac{m\lambda D}{d} \quad (21-4)$$

对于下一级向外的极大值，有

$$y_{m+1}=\frac{(m+1)\lambda D}{d} \qquad (21-5)$$

式（21－5）减去式（21－4），可以得到两相邻极大之间的间距为

$$\Delta y=y_{m+1}-y_m=\lambda\frac{D}{d}$$

$$=\frac{(546\times10^{-9}\text{m})(55\times10^{-2}\text{m})}{0.12\times10^{-3}\text{m}}$$

$$=2.50\times10^{-3}\text{m}\approx2.5\text{mm}$$

实际上，用类似于上例的方法可以证明，只要图 21－3a 中的 d 与 θ 足够小，相邻极大（明纹）或暗纹间的距离就都是

$$\Delta y=\lambda\frac{D}{d} \qquad (21-6)$$

此式表明**干涉条纹的间距** Δy 与级次 m 无关. 也就是说，这些条纹是等间距排列的. 实验上常根据测得的 Δy 值和 D、d 的值求出光的波长，而由于光波的波长 λ 的量值极小，在此之前人们是很难用传统方法测定出其值的.

杨氏干涉实验为光的波动理论确立了实验基础，杨还根据他的实验，推算出光的波长，这是历史上第一次测定了这个重要的物理量.

3. 干涉的光强分布

设图 21－3 中狭缝 S_1 和 S_2 发出的光波，单独到达屏上任一点 P 处引起的光振动的振幅分别为 E_1 和 E_2，由于两振动方向相同，在 P 点叠加后的振幅满足

$$E^2=E_1^2+E_2^2+2E_1E_2\cos\phi$$

式中，ϕ 为两分振动的**相位差**或简称**相差**，$\phi=\frac{2\pi}{\lambda}\Delta L=\frac{2\pi}{\lambda}d\sin\theta$. 由于**光的强度正比于振幅的平方**，所以叠加后的光强为

$$I=I_1+I_2+2\sqrt{I_1I_2}\cos\phi$$

注意到离开双缝的光具有相同的振幅，所以 $E_1=E_2=E_0$，$I_1=I_2=I_0$. 于是，上式可以简化为

$$I=4I_0\cos^2\frac{\phi}{2} \qquad \left(\text{其中},\phi=\frac{2\pi d}{\lambda}\sin\theta\right) \qquad (21-7)$$

由此可知，在两束光的相差为 $\phi=2m\pi$，即波程差 $\Delta L=\pm m\lambda$（$m=0, 1, 2, \cdots$）的地方，光强 $I=4I_0$，是光强极大出现的位置. 而对应于相差 $\phi=(2m+1)\pi$，即波程差 $\Delta L=\pm\left(m+\frac{1}{2}\right)\lambda$（$m=0, 1, 2, \cdots$）的各处，光强 $I=0$，是光强极小出现的位置. 这正是前面推导出的明暗条纹中心位置所对应的结果.

图 21－4 是式（21－7）的图线，它表明双缝干涉图样的强度和两波到达屏上时的相差的函数关系. 水平的实线是 I_0，是当两缝之一被遮住时在屏上的（均匀）强度. 注意在式（21－7）和图中，光强 I 在条纹极小处的零到条纹极大处的 $4I_0$ 之间变化.

如果从两光源（缝）发出的波是**非相干**的，以至于在两者间不存在持久的相位关系，就没有了干涉条纹，在屏上的各点的光强将具有均匀值 $2I_0$. 图 21－4 中虚线表示了这个均匀值.

由图可以看出，光的干涉不能创生或消灭能量，只能使能量在屏上重新分布. 因此，不管光源是否相干，在屏上的**平均**光强都必须是同一值 $2I_0$. 这可以由式（21－7）立即得出. 如果我们将余弦平方的平均值 $\frac{1}{2}$ 代入，这个公式化为 $I_{avg}=2I_0$.

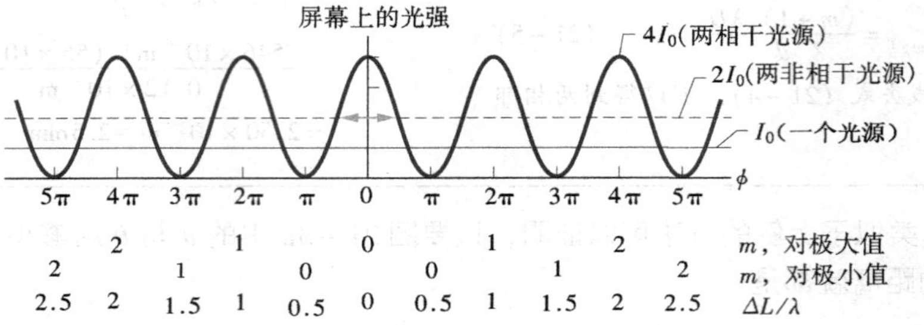

图 21-4 式（21-7）的图线.

21-2 相干光 洛埃镜

1. 相干光

从图 21-2 双缝干涉条纹图像可以看到，在中央明条纹附近干涉条纹较清晰，远离中央的两侧条纹逐渐模糊，再远些干涉条纹几乎都消失了. 如果把双缝换成与其类似而相互独立的两个单色光源，例如两个细的白炽灯丝，则根本观察不到明暗相间的干涉图像. 这是为什么呢?

回想在波动学中曾经指出过的，只有满足相干条件的相干波才能相互干涉. 所谓相干条件就是**振动方向相同，频率相同，相差恒定**. 满足这些相干条件的波叫做**相干波**. 这些条件对机械波来说，比较容易满足. 比如利用两个完全一样的音叉就可以演示干涉现象. 但是对于光波来说，既使是两个很细的白炽灯丝，相干条件仍然不可能满足. 因为一般普通光源发出的光波，是由灯丝中大量原子无规则且独立地在极短的时间内（纳秒量级）发出的一段、一段的光波组成的. 每段光波叫一个**波列**，它不是“无限长”的连续波. 不同原子先后发出的两个波列之间的相位不仅不固定，而且还随时间作无规则且迅速的变化. 其结果是，在观察屏上任意给定的位置，从两个光源发出的两列波之间的干涉会极快地无规则地在完全相长和完全相消干涉之间变化. 而人们的眼睛（和大多数普通的光学检测器）不可能跟上这样的变化，因而也就看不到干涉图像.

要想看到干涉图像，除了使两光波满足相干条件外，还必须保证两个光波的光程差（下节会讲到，光程的定义为：光传播的几何路程与介质的折射率的乘积）不能太大. 因为在某一点考察时，若光程差太大，一光波的波列已通过，而另一光波相应的波列尚未到达，则两相应波列之间没有重叠，故不能产生干涉现象. 我们把

能够观察到干涉现象的最大光程差叫做**相干长度**. 相干长度就等于光波波列的长度.

光源的单色性越好，相干长度越长. 激光光源与普通光源的区别就在于激光具有很高的单色性，且它的原子以协作的形式发光而使相干长度大大增加. 所以激光是目前最好的相干光源.

那么怎样利用普通光源获得两束相干光呢? 设想将光源上同一点发出的光波设法分成两部分，使它们经过不同路程后相遇叠加. 由于这两束光波实际上都来自同一发光原子的同一次发光，所以它们满足于相干条件而成为相干光.

把同一光源发的光分成两部分的方法有两种. 一种是上面讲到的杨氏双缝实验中所利用的**分波振面法**. 另一种是利用两种透明介质的分界面对入射光的反射和透射，把入射光的振幅分

解为两部分，相应方法称为**分振幅法**，下面将讲的薄膜干涉实验用的就是这种方法.

利用分波振面法产生相干光的实验还有菲涅耳双镜实验和洛埃镜实验等. 其中洛埃镜实验除了具有与杨氏干涉实验同样重要的意义之外，还给出了光由光疏介质射向光密介质时，反射光的相位发生突变的实验验证. 下面就来说明.

2. 洛埃镜实验

洛埃镜实验是利用从一个光源直接发出的光线与它在一个平面镜上的反射光线构成相干光的(见图21-5). 图中 S_1 光源发出的光经狭缝后，一部分光线直接射到屏C上，而另一部分经平面镜M反射后也射到屏C上. 反射光可看成是由虚光源 S_2 发出的. S_1 和 S_2 构成一对相干光源. 图中阴影区域表示光在空间叠加的区域，将屏放入时，在屏幕上的阴影区域可以观察到明暗相间的干涉条纹.

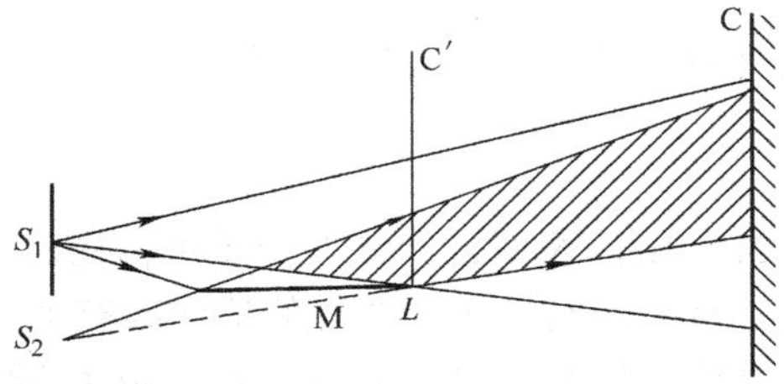

图21-5 洛埃镜实验示意图

若把屏幕放到与镜面相接触，即图中C′的位置时，此时从 S_1、S_2 发出的光到连接触点 L 的路程相等，在 L 处似乎应出现明纹，但在实验中看到的却是暗纹. 这表明直接射到屏上的光与由镜面反射出来的光，在 L 处的相位相反，即相差为 π. 由于直接射到屏上的光不可能有相位变化，所以只能是反射光的相位突变了 π. 根据波动理论，相差 π 相当于反射光与入射光间附加了半个波长的波程差，故常称此为**半波损失**. 上述实验证明了这样一个事实:

光从折射率较小的光疏介质向折射率较大的光密介质表面入射时，在反射过程中反射光的相位改变 π

这个事实在理论上亦有证明.

21-3 光程和光程差

从以上关于双缝干涉的讨论我们看到，干涉条纹的明暗位置是由相差决定的. 当两束相干光都在同一种介质（空气）中传播时，它们在相遇点的相差仅决定于这两个光波的几何路程之差（或称波程差），其间关系满足 $\Delta\phi=\frac{2\pi}{\lambda}\Delta L$. 但当两束相干光分别通过不同介质时，相差则不能仅决定于几何路程之差. 现在就来说明这个问题.

实验指出，单色光波在不同介质中传播时，频率不变，而速度要改变. 设 c 和 v 分别为给定单色光在真空中和在某种介质中的速度，则可将该介质的**折射率** n 定义为

$$n=\frac{c}{v}\quad（介质的折射率）\tag{21-8}$$

设 λ 和 λ_n 分别为该单色光在真空中和在此介质中的波长，ν 为其频率，则有

$$c=\nu\lambda,\ v=\nu\lambda_n$$

代入式（21-8）中得

$$\lambda_n=\frac{\lambda}{n}\tag{21-9}$$

此式将光在任意介质中的波长与其在真空中的波长联系起来. 它说明介质的折射率 n 越大，在此种介质中光的波长就越小. 光的波长决定于介质的折射率的这个事实，在包括光的干涉在内

的一些问题中是重要的.

我们知道，光在介质中每前进一个波长相位就改变2π. 于是当光在介质中前进几何路程L时，其相位将改变

$$\Delta\phi = \frac{2\pi}{\lambda_n}L$$

将式（21－9）代入上式中，有

$$\Delta\phi = \frac{2\pi}{\lambda}nL \tag{21-10}$$

式（21－10）表明，光波在介质中传播时，其相位的变化不仅与光波传播的几何路程和真空中的波长有关，而且还与介质的折射率有关. 光在折射率为n的介质中通过几何路程L所发生的相位变化，相当于光在真空中通过nL的路程所发生的相位变化，所以

介质的折射率n与光传播的几何路程L的乘积nL，就称作**光程**.

有了**光程**这一概念，我们就可以把单色光在不同介质中的传播路程，都折算为该单色光在真空中的传播路程，从而便于比较光在不同介质中所传播路程的长短.

由此可见，在任何一种均匀介质中，给定的单色光通过相等的光程所需时间相同，相位的变化也相同. 当两相干光通过不同介质后，自发出点到相遇点，若**光程差**

$$\Delta = n_2L_2 - n_1L_1 \tag{21-11}$$

则它们在相遇点的相位差

$$\Delta\phi = \frac{2\pi}{\lambda}\Delta \tag{21-12}$$

在前面讨论双缝干涉时，由于两束相干光都在同一种介质——空气中传播，折射率均为1，所以光程与几何路程相等. 当两相干光在不同介质中传播时，就必须用式（21－11）和式（21－12）进行计算. 也就是说，对干涉起决定作用的不是这两束光的几何路程之差，而是它们的光程差. 在下面讨论薄膜干涉时将会用到光程差的概念.

21－4 薄膜干涉

太阳光照射在肥皂泡或水面上的油膜上时，我们常会在其表面上看到彩色的花纹. 这些花纹就是太阳光在透明薄膜的两表面上反射后相互干涉的结果，这类现象叫做**薄膜干涉**.（这里膜的厚度一般是与所涉及的光的波长同数量级的，因为较大的厚度会破坏产生彩色花纹所需的光的相干性.）本节就来找出这类现象的规律和在实际应用中的作用.

在下面的讨论中，将会涉及到两束光波的相差发生改变的三种可能方式包括：

（1）由于反射；

（2）由于波沿着不同距离的路径传播；

（3）由于光通过不同折射率的介质传播.

现在我们就来结合薄膜干涉的具体情形加以分析.

1. 平行平面薄膜上的干涉

图21－6表示一片厚度L均匀的透明薄膜，其折射率为n_2，被遥远的一个点光源发来的波长为λ的亮光照射. 这里我们假设薄膜的两侧都是空气，这样图21－6中的$n_1 = n_3 = 1.0$（实际

上 n_1 可以不同于 n_3)．为简单起见，也假设光线几乎垂直于薄膜照射 ($\theta\approx0$)．我们感兴趣的是，如果几乎垂直地看去，薄膜是亮的还是暗的（薄膜由明亮的光照射，它难道会是暗的吗？请往下看）．

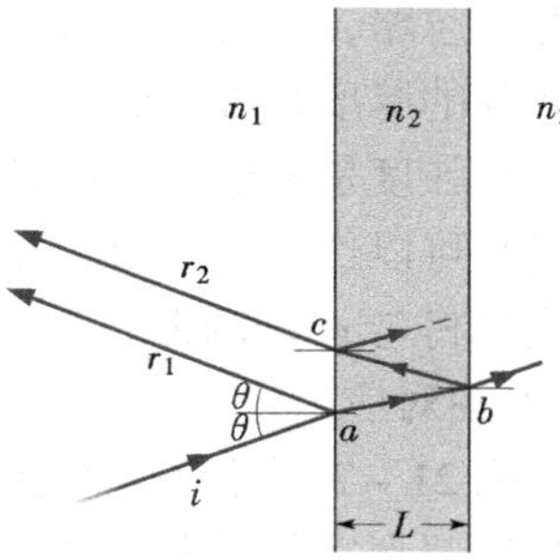

图 21-6 用 i 代表的光波入射在厚度为 L 折射率为 n_2 的薄膜上．光线 r_1 和 r_2 代表在薄膜前、后表面反射的光波（这三条光线实际上都几乎与薄膜垂直）．

由 i 代表的入射光照射到薄膜前（左）表面上的 a 点并在该处发生反射和折射．反射光 r_1 射入观察者的眼睛．折射光穿过薄膜到达后面上的 b 点，在该处发生反射和折射．在 b 点反射的光穿过薄膜回到 c 点，在 c 点发生反射和折射．在 c 点折射的光由 r_2 代表，也将射入观察者的眼睛．因为这两条光线是从同一条入射光线，或者说入射光的波振面上的同一部分分出来的，所以它们一定是相干光，在膜的表面附近相遇会产生干涉现象．

如果光线 r_1 和 r_2 代表的两列波在眼睛中会聚时正好同相，它们产生干涉极大．对观察者说薄膜上的 ac 区是亮的．如果它们正好反相，它们产生干涉极小，对观察者说 ac 区是暗的，**即使该处也被光正好照着**．如果在那里的相差介于中间，该处就出现中间干涉而具有中间亮度．

因此，决定观察者看到什么的关键是 r_1 和 r_2 代表的两光之间的相差．由于两条光线出自同一光线 i，但是产生 r_2 所涉及的路径包含两次横穿薄膜（a 到 b，然后 b 到 c），而产生 r_1 所涉及的路径并不穿过薄膜．而且光线可近似看作垂直入射，所以可以把 r_1 和 r_2 代表的两波的之间的路程差近似为 $2L$．联系上面所讲引起两束光相差的三种可能的方式可以看出，除考虑此项路程差 $2L$ 之外，此处因有反射，且反射发生在光从光疏介质向光密介质表面的入射（由已知条件 $n_1<n_2$），在界面反射时反射光应有 π 的**相位跃变**（亦称**反射相移**）或**附加光程差** $\pm\frac{\lambda}{2}$（我们在此取 $+\frac{\lambda}{2}$）．另外，注意到 r_1 和 r_2 代表的两束光的路程差发生在介质 n_2 中，综合这三方面因素后，可以得出两反射光的总光程差为

$$\Delta = 2n_2L + \frac{\lambda}{2} \tag{21-13}$$

这就是说，如果光线 r_1 和 r_2 的两列波正好同相，以致它们产生完全相长干涉，则它们对应的光程差应为整数个波长，因此对亮的薄膜必定有

$$2n_2L + \frac{\lambda}{2} = m\lambda \quad m = 1,2,3,\cdots(\text{极大,空气中的亮膜}) \tag{21-14}$$

如果两列波反相，以致产生完全相消干涉，则它们之间的光程差必为奇数个半波长，因此对暗的薄膜一定有

$$2n_2L + \frac{\lambda}{2} = (2m+1)\frac{\lambda}{2} \quad m = 0,1,2,\cdots(\text{极小,空气中的暗膜}) \tag{21-15}$$

对于给定的薄膜厚度 L，式（21-14）和式（21-15）告诉我们使薄膜分别显现明亮和黑暗的光的波长．每一个波长对应于一个 m 值，中间的波长给出中间的亮度；对于给定的波长 λ，这两式告诉我们使薄膜分别呈现明亮和黑暗的厚度，一个厚度对应于一个 m 值．中间的厚度给出中间的亮度．

一个特殊的情况会出现，如果薄膜的厚度比 λ 小很多，譬如说，$L<0.1\lambda$，这时 $2L$ 的路程

差可以忽略，而 r_1 与 r_2 之间的相差仅仅由反射相移决定. 如果图 21－6 中产生 0.5 个波长相移的薄膜的厚度为 $L<0.1\lambda$，于是 r_1 与 r_2 正好反相，因而薄膜就是暗的，不管照在它上面的光的波长和强度是多少，这种特殊情况与式（21－15）中的 $m=0$ 相对应. 任何厚度为 $L<0.1\lambda$ 的薄膜都可以作为式（21－15）表明的使图 21－6 的薄膜变暗的最小厚度来处理（每一个这样的厚度都将与 $m=0$ 相对应）. 薄膜产生 0.5 个波长的相移，下一个能使薄膜变暗的较大的厚度与 $m=1$ 相对应.

图 21－7 显示了一个竖直肥皂薄膜，由于重力的影响，其厚度从顶部到底部逐渐增加. 虽然明亮的白光照在薄膜上，但是由于膜的顶部太薄了以至于是暗的. 在中部（稍微厚一些），我们看到了条纹，或者说带，它们的颜色主要决定于在特定厚度处产生完全相长干涉的光反射的波长. 而薄膜底部（最厚的地方），由于重力把液体逐渐向下拉，以致膜中的液体回流使彩色遭到破坏.

图 21－7 张在一个竖直环上的肥皂膜对光的反射.

Morpho 蝴蝶翅膀的彩虹色

薄膜干涉所呈现的彩色被称之为彩虹. 这是因为当改变观察的方向时，彩色也随之发生变化. Morpho 蝴蝶翅膀的上表面的彩虹，就是由于光的薄膜干涉产生的. 这些光是由蝴蝶翅膀上的像角质的透明材料构成的许多细小阶梯反射出来的，这些细小阶梯排列得像垂直于翅面伸展的树样结构的宽而平展的枝.

假设在白光垂直照射翅膀时，垂直向下观察这些细小的阶梯构成的平面，那么这些阶梯反射出来的光，在可见光谱中的蓝绿光区域中形成干涉极大，而在光谱另一端的红色和黄色区域中的光则较弱，因为它们仅发生中间干涉，这样蝴蝶翅膀上表面就呈现蓝绿色.

如果从其他的方向观看从翅膀上反射的光，这些光斜向透过这些小阶梯. 因此产生干涉极大的光的波长将与垂直反射产生干涉极大的光的波长有所不同. 于是，当翅膀在你的视场中摆动时，你观察它角度是变化的，翅膀上最亮的彩色也将有些变化，这就产生了翅膀的彩虹.

在进行了薄膜干涉的分析之后，我们再回到 21－2 节中提到的薄膜干涉实验用的方法称为分振幅法的原因就很好理解了. 从分析中可以看出，在薄膜干涉中，由于在薄膜两表面上方反射出的两束相干光（或从两表面下方透射出的两束相干光），都是从同一条入射光线分出来的，它们的能量也是从那同一条入射光线分出来的，而波的能量又与振幅有关，所以这种产生相干光的方法就叫做分振幅法.

解题线索

线索 1： *薄膜公式*

一些学生认为式（21－14）所给出的极大，式（21－15）所给出的极小值对于**所有**薄膜都是适用的，这是不正确的. 这些公式只对如图 21－6 中 $n_2>n_1$ 和 $n_2>n_3$ 的情况才适用.

对于其他的折射率相对数值适用的公式，可以通过用本节的推理方法推导出来. 在每种情况下，你最后都能得出式（21－14）和式（21－15）. 但有时式（21－14）将给出极小而式（21－15）将给出极大，得出与前面相反的结论. 哪一个公式给出哪一个结果取决于两媒质界面的反射是否给出相同的反射相移或附加光程差.

检查点2：右图表示光从厚度为 L 的薄膜垂直反射（如图21-6）的四种情况，折射率都已给出，(a) 哪种情况下所产生的极大与式（21-14），极小与式（21-15）相应一致？(b) 哪种情况的极大与式（21-15），而极小才与式（21-14）对应？

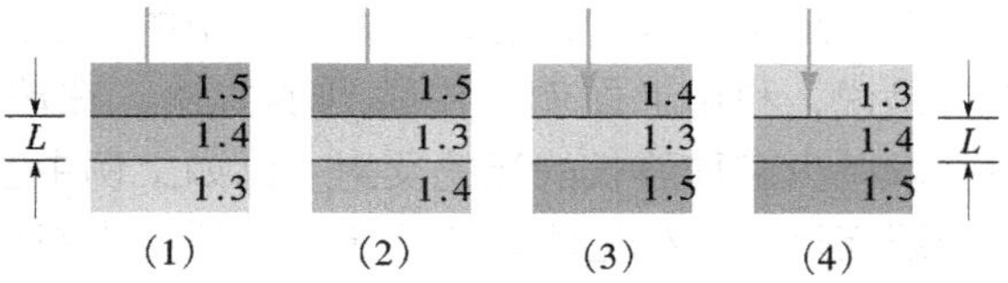

例题 21-2

光强均匀分布在波长为400~690nm的可见光范围内的白光，垂直入射到一个水膜上，水膜的折射率为 $n_2=1.33$，厚度 $L=320\text{nm}$，水膜置于空气之中，请问何种波长的反射光将形成干涉极大？

【解】 这里**关键点**是，使薄膜的反射光是亮的波长为 λ 的光在薄膜上下表面反射的两条光线应该是同相的．这些波长 λ 与给定的薄膜厚度 L 和薄膜折射率 n_2 的关系，是由式（21-14）还是由式（21-15）给出，决定于此薄膜的反射相移．

为了确定所需要的公式，可以仿照推导这两个式子的方法．注意到水膜的两面都是空气，这个情况和图21-6中的完全一样，由此可知，若要反射光线同相（即产生干涉极大），需要

$$2n_2L+\frac{\lambda}{2}=m\lambda \quad m=1,\ 2,\ 3,\ \cdots$$

对 λ 求解并代入 L 和 n_2 的值，可得

$$\lambda=\frac{2n_2L}{m-\frac{1}{2}}=\frac{(2)\ (1.33)\ (320\text{nm})}{m-\frac{1}{2}}=\frac{851\text{nm}}{m-\frac{1}{2}}$$

当 $m=1$ 时，上式给出 $\lambda=1700\text{nm}$，这是在红外光区．当 $m=2$ 时，上式给出 $\lambda=567\text{nm}$，这是黄绿光，接近可见光谱的中间．当 $m=3$ 时，上式得出 $\lambda=340\text{nm}$，这是在紫外光区．因此，观察者所看见的最明亮的光的波长是

$$\lambda=567\text{nm} \quad \text{（答案）}$$

例题 21-3

在图21-8中，一个玻璃透镜的一面镀了一薄层氟化镁（MgF_2）以便减弱从透镜表面的反射．MgF_2 的折射率为1.38；玻璃镜的折射率为1.50．至少为多厚的镀膜能消除可见光谱中间区域的光（$\lambda=550\text{nm}$）的反射？设光几乎是垂直于透镜表面入射的．

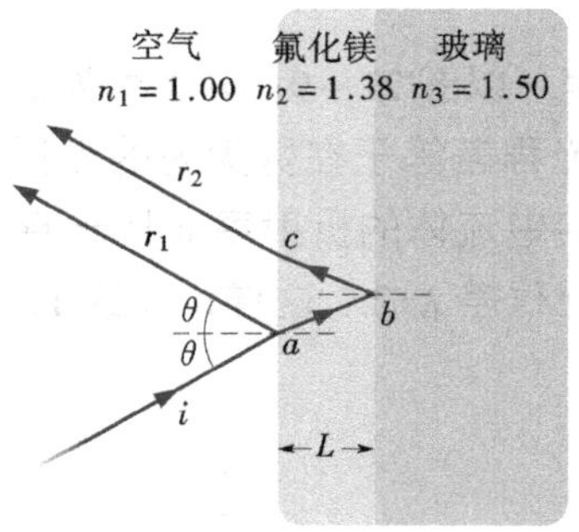

图21-8 例题21-3图 通过在玻璃表面镀一层适当厚度的透明氟化镁薄膜，可以消除不需要的某种波长的反射光．

【解】 这里**关键点**是据题意欲消除反射．要求薄膜的厚度 L 需使从薄膜的两个界面反射的光波正好反相．

第二个**关键点**是需确定此处是否应计入附加光程差．我们来作分析．在第一界面处，入射光在空气中，它的折射率小于 MgF_2（薄膜）的折射率，而在第二交界面处入射光在 MgF_2 中，它的折射率也小于界面另一侧的玻璃的折射率，因此在这两个界面的反射光都具有反射相移，从而可不再计入附加光程差 $\frac{\lambda}{2}$．结合这两点可知，对此情形光程差 $2n_2L$ 必须是半波长的奇数倍，即

$$2n_2L=\frac{奇数}{2}\times\lambda$$

这导致取式（21-14）．对 L 求解该式就得出能消除从透镜和镀膜的反射膜厚为

$$L=\left(m-\frac{1}{2}\right)\frac{\lambda}{2n_2} \quad m=1,\ 2,\ 3,\ \cdots$$

题中要求的是薄膜的最小厚度——即最小的 L．因此，选 $m=1$，即 m 的最小值．将它和已知数据代入式中，就得到

$$L=\frac{\lambda}{4n_2}=\frac{550\text{nm}}{(4)\ (1.38)}=99.6\text{nm} \quad \text{（答案）}$$

在实际中，人们常应用上面例子中的方法来减少光能在光学元件表面上反射而引起的损失．也就是说，利用上面例子中讲到的方法，在玻璃透镜（如照像机镜头）的表面上镀上一层薄膜，以减少某种波长的光的反射．比如上例中波长为550nm的光在薄膜的两界面反射时由于干涉减弱而消失．根据能量守恒定律，反射光减少，透射光就增强了．这种能减少反射光强度而增加透射光强度的薄膜，常被称作**增透膜**．

同理，还可用类似的方法制成**增反射膜**．这时只要使图21－8的薄膜中 $n_1 < n_2 > n_3$，就会看到仅在第一界面处的反射光有相移，于是式（21－14）对应于反射极大，也就是说反射光由于干涉而增强．由能量守恒定律可知，反射光增强了，透射光就会减弱，从而达到在透镜表面镀膜而减少其透射率，以增加反射光强度的目的．可以想象，如果将这种增反射膜用在驾驶员的护目镜上，对夜间安全行车无疑会大有益处．

2. 劈尖形薄膜上的干涉

以上所讲，是光波在平行平面薄膜上产生的干涉．在实际中还常利用薄膜的两表面不平行时产生的干涉．其中最典型的是光波在劈尖形状的薄膜上的干涉．前面曾提到过的，竖直环上的肥皂膜受重力影响，膜厚由顶部到底部逐渐增加，其剖面形成劈尖形状就属于此种情形．下面我们就来讨论这种劈尖薄膜干涉出现明条纹与暗条纹的条件．

在两块相互叠合的玻璃片之间，靠近一端处放入一细丝如图21－9a所示．细丝的直径 D 与劈尖夹角 θ 都非常小（为说明问题，图中将 D 予以放大），因而两玻璃片间的空气层（或充以其他流体）就形成一个劈尖，两玻璃片的交线叫做劈尖的棱边．如果用平行单色光垂直照射劈尖，由于 θ 实际很小，所以在劈尖的上表面处反射的光线和在劈尖下表面处反射的光线都可看做垂直于劈尖表面，它们在劈尖表面处相遇并相干叠加，产生干涉．干涉条件决定于它们的光程差．以图21－9a中 A 点为例，由于两相干光1和2在劈尖上方所经历的光程相等，因而它们的光程差等于在劈尖内的光程差加上因反射而产生的相移．假设入射点 A 处劈尖的厚度为 L，劈尖中流体的折射率 n 比玻璃的折射率 n_1 小，则光线2在劈尖的下表面反射时有相移而产生附加光程差 $\lambda/2$．这样，光线1、2之间的总光程差应为

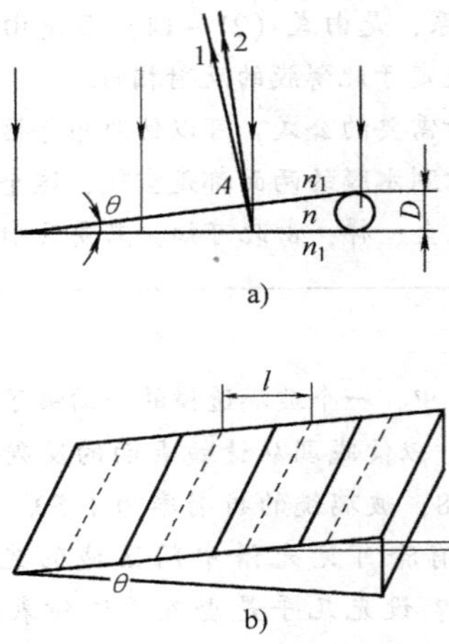

图21－9　劈尖薄膜干涉

$$\Delta = 2nL + \frac{\lambda}{2}$$

在厚度 L 处反射光干涉极大（明纹）的条件为

$$2nL + \frac{\lambda}{2} = m\lambda \quad m = 1,2,3,\cdots \tag{21-16}$$

产生干涉极小（暗纹）的条件为

$$2nL + \frac{\lambda}{2} = (2m+1)\frac{\lambda}{2} \quad m = 0,1,2,\cdots \tag{21-17}$$

式中，m 是干涉条纹的级次. 以上两式表明，每级明或暗条纹都与一定的膜厚 L 相对应. 因此在劈尖膜上表面的同一条等厚线上，就形成同一级次的一条干涉条纹. 这样形成的干涉条纹就称为**等厚条纹**. 用透镜或眼睛聚焦在劈尖的上表面上，就能观察到等厚条纹.

如果玻璃片的表面是严格的几何平面，即劈尖的面是严格的平面，则干涉条纹将是如图 21-9b 所示的与棱边平行的明暗相间的**直条纹**，图中实线表示暗条纹，虚线表示明条纹. 欲检验玻璃是否磨得很平，就可以此为准绳.

在两玻璃片相互接触处，$L=0$，$\Delta=\frac{\lambda}{2}$，说明只是由于有反射相移，两相干光相差为 π，因而形成暗纹. 这与实际观察的结果相一致，这又一次证明光波在光密介质表面上反射时有半波损失.

利用式（21-17），若设第 m 级暗纹处劈尖的厚度为 L_m，第 $m+1$ 级暗纹处劈尖的厚度为 L_{m+1}，不难求出两相邻暗条纹处劈尖厚度之差为

$$\Delta L = L_{m+1} - L_m = \frac{\lambda}{2n} = \frac{\lambda_n}{2} \tag{21-18}$$

这就是说，两相邻暗纹处对应的劈尖的厚度差为光在劈尖介质中波长的 1/2；同理可得，两相邻明纹处对应的劈尖的厚度差也为光在该介质中波长的 1/2. 利用此式，我们可以从观测干涉条纹的数目来计算劈尖薄膜厚度的微小差别.

进一步分析，还可以确定劈尖角 θ 与相邻暗条纹（或相邻明条纹）之间的距离 l 之间的关系. 由图 21-9b 可以看出（考虑到 θ 角很小）

$$\Delta L = \frac{\lambda}{2n} = l\sin\theta \approx l\theta$$

即任何两个相邻的明（或暗）条纹之间的距离 l 满足

$$l = \frac{\lambda}{2n\theta} \tag{21-19}$$

此式表明，劈尖干涉形成的干涉条纹是等间距的，条纹间距与劈尖角 θ 有关. 在入射单色光一定时，劈尖角 θ 越小，干涉条纹间距 l 越大，即条纹越稀疏. 反之，θ 越大，则干涉条纹越密，θ 过大，则观察不到可以分辨的干涉条纹.

在实际中，若已知折射率 n 和入射光波长 λ，又测出条纹间距 l，则可利用式（21-19）求得劈尖角 θ，从而测定细丝直径 D 或玻璃片间所夹的薄片的厚度等. 此外，还可利用等厚条纹特点，检验工件的平整度. 这时只要在待检验的工件上放一光学平面的标准玻璃，使其间形成夹角很小的空气劈尖. 如果被检验的面是平的，则等厚条纹是互相平行的等距离的直线. 否则，等厚条纹是弯曲的. 这种检验方法能检查出不超过$\frac{\lambda}{4}$的凸凹缺陷.

例题 21-4

图 21-10a 图示了一个透明的塑料块，在它的右部有一个薄的空气劈（在图中劈的大小是夸大了的）. 波长 $\lambda=632.8\text{nm}$ 的一宽束红光垂直向下照射. 空气劈的厚度从左端的 L_L 到右端的 L_R 均匀地逐渐增大（空气劈上下的塑料层的厚度太厚了以至于不能当成薄膜）. 当从塑料块的上方往下看时，可看到由沿着劈的六条暗纹和五条明亮的红色条纹所组成的干涉图样. 沿着劈的厚度的变化 ΔL（$=L_R-L_L$）是多少？

【解】 这里一个**关键点**是沿着空气劈的从左到右的长度上任意一点的亮度是由在劈的上、下表面

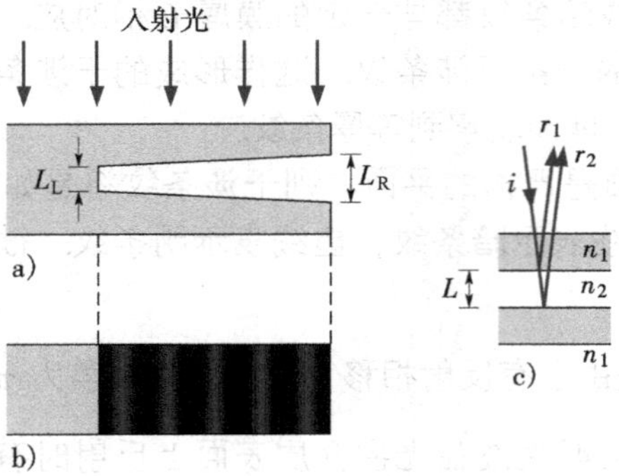

图 21－10 例题 21－4 图

反射的光波的干涉决定的．第二个**关键点**是光的明暗干涉条纹图样中的亮度的变化是由劈的厚度决定的．某些区域的厚度使反射光同相，并因而产生亮的反射（红色的明纹）．其他区域的厚度使反射光反相，并因而不产生反射（暗纹）．

由于观察者看到的暗纹多于明纹，我们可以假设在劈的左、右两端都是暗纹（如图 21－10b 所示）．由于空气劈两侧介质的情形与推导式（21－17）的全同，即 $n_2 < n_1$（见图21－10c），所以可以直接利用该式得到

$$2L = m\frac{\lambda}{n_2} \quad m = 0,\ 1,\ 2,\ \cdots \qquad (21-20)$$

这里是另一个**关键点**：式（21－20）不仅适用于劈的左端，而且适用于包括右端在内的劈上任何出现暗纹的点，对每一暗纹，有不同的 m 值．最小的 m 值对应于出现暗纹处的劈的最小厚度．逐渐增大的 m 值则和暗纹出现处的逐渐增大的劈的厚度相联系．若 m_L 表示在左端的值，由图 21－10b 可见，右端的值一定是 $m_L + 5$．

为求出从左端到右端劈的厚度的变化 ΔL，我们将式（21－20）分别对左端的厚度 L_L 和右端的厚度 L_R 用两次．

$$L_L = (m_L)\frac{\lambda}{2n_2}, \qquad L_R = (m_L + 5)\frac{\lambda}{2n_2}$$

最后可求出厚度的变化 ΔL 为

$$\Delta L = L_R - L_L = \frac{(m_L + 5)\lambda}{2n_2} - \frac{m_L\lambda}{2n_2} = \frac{5}{2}\frac{\lambda}{n_2}$$

$$= \frac{5}{2}\frac{632.8\times10^{-9}\,\mathrm{m}}{1.00}$$

$$= 1.58\times10^{-6}\,\mathrm{m}$$ （答案）

21－5 迈克耳孙干涉仪

干涉仪是借助于干涉条纹来非常精确地测量长度和长度变化的一种装置．下面介绍最初由迈克耳孙在 1881 年设计和制作的干涉仪．

考虑图 21－11 中由扩展光源 S 上点 P 照射到**分束器** M 上的光，分束器是一面镜子，它使一半入射光透过，而反射其另一半．为方便起见，假设在图中的这面镜子的厚度可以忽略．光在 M 处就这样被分成两束，一束透射后射向平面镜 M_1；另一束反射后射向平面镜 M_2．两束光波被平面镜完全反射，沿着它们的入射方向的反方向返回，最后都进入望远镜 T．观察者看到的是弯曲的或近似直线的干涉条纹；在后一种情况，条纹与斑马身上的线条类似．

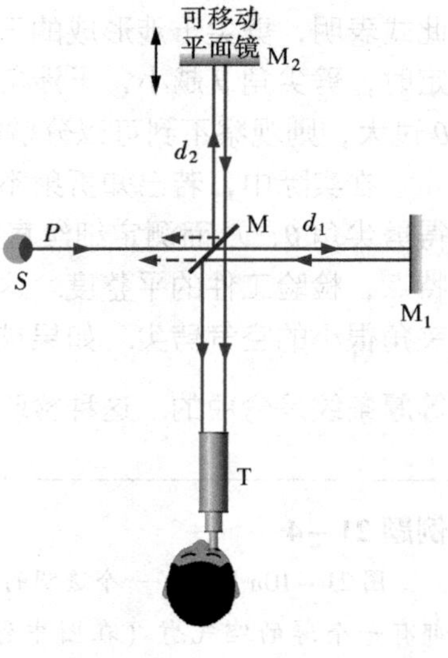

图 21－11 迈克耳孙干涉仪光路示意图

当两束光波在望远镜中会合时，它们的光程差为 $2d_2 - 2d_1$，改变这一光程的任何措施都将引起这两束光波在人眼处的相差的改变．例如，如果镜 M_2 移动 $\frac{\lambda}{2}$ 的距离，光程差将改变 λ，干涉条纹将移过一条（仿佛斑马身上的每一条暗条都移到相邻的暗条曾经所在处一样）．同样，镜 M_2 移动 $\frac{\lambda}{4}$，将引起 $\frac{1}{2}$ 条纹的移动（每一条暗斑马纹都移到相邻的白条曾经所在处）．这就是说，只

要测出视场中移过的条纹数目 ΔN，就可以算出镜 M_2 移动的距离

$$\Delta d = \Delta N \frac{\lambda}{2} \tag{21-21}$$

还有一种情况，那就是条纹的移动也可能是由于在一个平面镜，譬如说 M_1 的光路中插入了一层薄的透明介质. 如果这介质厚度为 L、折射率为 n，在介质插入前，望远镜中的叉丝正对着第 N_m 级条纹，两相干光之间的光程差为 Δ_1；插入介质后，两相干光之间的光程差变为 Δ_2，叉丝中条纹相应变为第 N_n 级，则应有关系 $\Delta_1 - \Delta_2 = 2(n-1)L$. 因为干涉条纹每移动一条，对应于光程变化一个波长，所以

$$N_n - N_m = \frac{2L}{\lambda}(n-1) \tag{21-22}$$

这样，通过计数插入介质所引起的干涉条纹移动的数目，并把这个数代入式（21-22）中的 $N_n - N_m$，就可以得出用 λ 表示的厚度 L.

用这种技术，可以将物体的长度用光的波长表示. 在迈克耳孙时代，长度的标准——米，是国际公认的被选为能存放在巴黎附近的一根金属棒上的两条细刻线之间的距离. 迈克耳孙能利用他的干涉仪证明**标准米相当于 1553 163.5 个某种单色红光的波长**，这红光是由含镉的光源发出的. 由于这种精心的测量，他获得了 1907 年度的物理学诺贝尔奖. 他的工作为最终抛弃以米棒作为长度的标准（1961 年）和用光的波长重新定义米打下了基础. 1983 年，即使是这种波长标准也精确不到能适应日益发展的科学和技术的要求了，因此它也就被基于光速的定义值的一个新标准所取代.

从以上讨论中可以看出，迈克耳孙干涉仪的主要特点是两束相干光在空间上是完全分开的，而且可以用移动平面镜的位置或在光路中插入其他介质的方法改变两相干光之间的光程差，这就使干涉具有广泛的用途. 比如，精确地测定长度；研究光谱的波长或准确测定介质或液体的折射率，并根据其变化判断介质中所含微量的杂质，等等. 在物理学发展史上，迈克耳孙干涉仪也曾起过重大作用，那就是著名的迈克耳孙—莫雷实验，从实验上判定绝对参考系不存在，为创立狭义相对论奠定了重要的实验基础.

复习和小结

杨氏双缝干涉　在**杨氏干涉试验**中，光通过一单缝射到一个屏上的两个缝上再出射后，由于干涉而产生的条纹图样出现在观察屏上. 在视屏上任一点的光强出现极大和极小的条件是

$$d\sin\theta = \pm m\lambda \quad m=0, 1, 2, \cdots \text{（极大——明纹）}$$

$$d\sin\theta = \pm (m+1/2)\lambda, \quad m=0, 1, 2, \cdots$$

（极小——暗纹）

这里 θ 是光路与中轴的夹角，d 是缝距.

双缝干涉中的光强　在杨氏干涉试验中，光强各为 I_0 的两列波，在视屏处合成的波的光强 I 为

$$I = 4I_0\cos^2\frac{\phi}{2} \quad \text{其中 } \phi = \frac{2\pi d}{\lambda}\sin\theta$$

相干性　如果两列光波相遇在一点能产生可观察到的干涉，除了两光波要满足相干条件外，还需保证两光波的光程差不能太大. 一般将能够观察到干涉现象的最大光程差称为**相干长度**，将满足相干条件的两束光称为**相干光**，相应的光源称为**相干光源**

利用普通光源获得相干光的方法有两种：它们是分波振面法和分振幅法.

光程和光程差　折射率 n 和几何路程 L 的乘积 nL，称作光程. 光程差 Δ 与相位差 $\Delta\phi$ 之间满足于关系：

$$\Delta\phi = \frac{2\pi}{\lambda}\Delta$$

薄膜干涉　当光照射到一个透明薄膜上时，从前后表面反射的光波发生干涉. 对近法线的入射，从**空气中的薄膜**反射的光产生极大或极小强度的波长条件是

$$2n_2L + \frac{\lambda}{2} = m\lambda \qquad m = 1,2,3,\cdots$$

（极大 —— 空气中的亮膜）

$$2n_2L + \frac{\lambda}{2} = (2m+1)\frac{\lambda}{2} \quad m = 0,1,2,\cdots$$

（极小 —— 空气中的暗膜）

式中，n_2 是薄膜的折射率；L 是薄膜厚度；λ 是光波在空气中的波长.

如果光是在折射率较小的介质中向两种折射率不同的介质界面上入射，其反射在反射光中产生 π rad 或半个波长的相位改变. 否则，反射不引起相位改变. 在分界面处的折射不引起相移.

迈克耳孙干涉仪 在迈克耳孙干涉仪中一列光波分成两束，经过不同路径后，又合起来发生干涉并形成条纹图样. 改变其中一束光的路径长度可以通过数出由于这个改变引起的干涉条纹移动的数目，精确地用光的波长表示距离. 一般当其中一束光改变距离为 Δd，相应引起的干涉条纹移动数目为 ΔN 时，它们之间满足于关系

$$\Delta d = \Delta N \frac{\lambda}{2}$$

思考题

1. 在双缝干涉的图像中，如果从一条明纹移向更远的下一条. (a) 光程差 ΔL 增大还是减小？(b) 以波长 λ 表示，它变化了多少？

2. 如果 (a) 缝距增加 (b) 光的颜色从红变换为蓝色 (c) 将整个装置浸入水中，双缝干涉图样中条纹的间距是增大、减小还是不变？(d) 如果用白光照射双缝，那么在任一侧向极大处，是蓝色成分还是红色成分更靠近中央极大？

3. 在杨氏双缝干涉实验中，若作如下一些情况的变动时，屏幕上的干涉条纹将如何变化？

(1) 将双缝的间距 d 增大；

(2) 将屏幕 C 向双缝屏 B 靠近；

(3) 在双缝之一的后面放一折射率为 n 的透明薄膜时.

4. 窗玻璃也是一块介质板，但在通常日光照射下，为什么我们观察不到干涉现象？

5. 图 21 – 12 表示两束波长为 600nm 的光线，在相距 150nm 的两个玻璃表面上反射. 两束光原来同相. (a) 这两束光的光程差是多少？(b) 如果它们把反射区域照亮了，两束光是正好同相、正好反相还是处于某种中间状态？

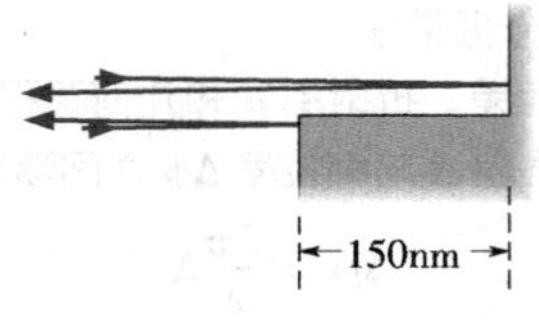

图 21 – 12 思考题 5 图

6. 如图 21 – 13 所示，两束光线遇到界面发生反射和折射，其后哪两列波在界面处是同相的？

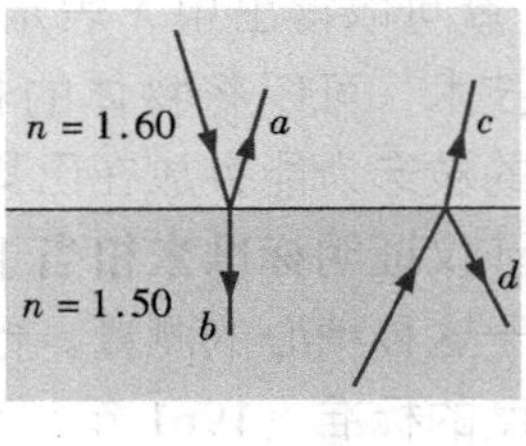

图 21 – 13 思考题 6 图

7. 图 21 – 14a 表示一个竖直薄膜的横截面. 由于重力的作用，薄膜向下逐渐增厚，图 21 – 14b 是该薄膜的正视图，所显示的四条干涉明纹是薄膜被垂直入射的红光照射的结果. 已标出在横截面上与各明纹对应的点，用在薄膜内光的波长表示，(a) 点 a 和 b 和 (b) 点 b 和 d 之间的膜的厚度差是多少？

8. 利用等厚条纹可以检验精密加工工件表面的平整程度. 如图 21 – 15a 所示，在工件上放一平玻璃，使其间形成一空气劈尖，并用单色光照射. 若观察到干涉条纹如图 21 – 15b 所示，试根据干涉条纹的弯曲方向，判断工件表面上对应处是隆起还是凹下，隆起或凹下的最大尺度为多少？

9. 图 21 – 16 表示光垂直穿过一个在空气中的薄膜（为明显在图中光线画斜了）. (a) 光线 r_3 是否因反射而产生相移？(b) 光线 r_4 的反射相移是多少波长？(c) 如果薄膜的厚度为 L，光线 r_3 与 r_4 的光程差是多少？

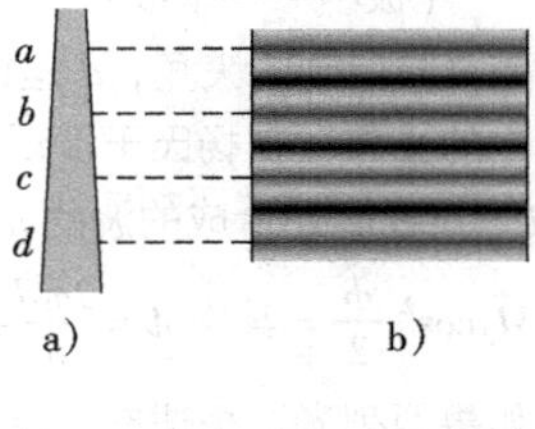

图 21 – 14 思考题 7 图

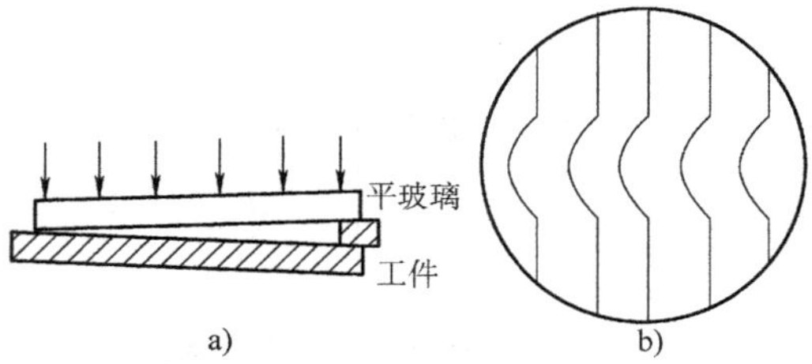

图 21－15　思考题 8 图

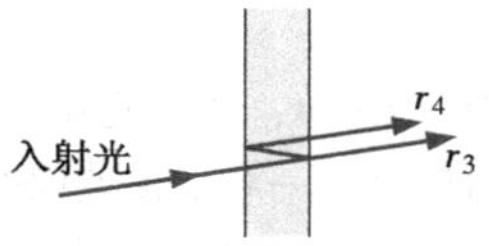

图 21－16　思考题 9 图

习题

1. 若采用 500nm 的蓝绿光做杨氏干涉实验，缝距为 1.20mm，而观察屏离缝 5.40m. 明纹的间距是多少？

2. 在一双缝装置中，双缝的间距为通过双缝的光的波长的 100 倍.（a）用 rad 表示的中央极大和相邻极大的角距离是多大？（b）在离缝为 50.0cm 远的屏上，这两个极大的间距是多少？

3. 用钠光（$\lambda=589$nm）的一套双缝装置产生的干涉条纹的角间距是 0.20°，如果将整个装置浸入水中，条纹的角间距是多大（$n=1.33$）？

4. 在一双缝实验中，缝距为 5.0mm，缝到屏的距离为 1.0m. 在屏幕上形成了两种干涉图样：一种是由波长为 480nm 的光形成，而另一种是由波长为 600nm 的光形成，在屏上两种干涉图样的第三级（$m=3$）明纹的间距多大？

5. 在图 21－17 中，S_1 和 S_2 是同相的而且波长 λ 相等的两个相同的辐射源. 二者相距 $d=3.00\lambda$，求 x 轴上最远的产生完全相消干涉的点离 S_1 的距离，用波长 λ 表示.

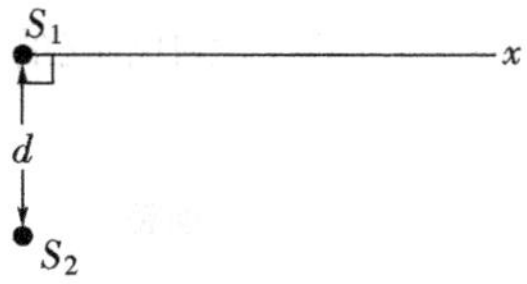

图 21－17　习题 5 图

6. 一云母薄片（$n=1.58$）盖在双缝干涉装置的一条缝上后，未盖薄片时的第七级（$m=7$）明纹现在移到了屏的中点. 若 $\lambda=550$nm，那么云母片的厚度是多少？(提示：考虑媒质中光的波长)

7. 波长为 624nm 的光波垂直入射到悬在空气中的肥皂膜（$n=1.33$）上，求最小的两个使反射光完全干涉相长的薄膜厚度.

8. 折射率大于 1.30 的照相机镜头表面镀一层折射率为 1.25 的透明薄膜. 波长为 λ 的光垂直射向镜头，要想使反射光干涉相消，所需薄膜的最小厚度是多少？

9. 人造珠宝饰物莱茵石是折射率为 1.50 的一种玻璃. 为了让它更加反光耀眼，常在其上镀一层折射率为 2.00 的一氧化硅. 要想确保波长为 560nm 的光垂直照射并在镀层的两表面反射时，得到完全干涉相长的反射光，所需镀层的最小厚度是多少？

10. 想把一种透明材料（$n=1.25$）涂敷在平板玻璃（$n=1.50$）上，使得波长为 $\lambda=600$nm 的反射光干涉相消，最少要涂多厚？

11. 在图 21－18 中，光垂直入射到四个厚度为 L 的薄层上，这些薄层及其上下的介质的折射率在图中已给出. 让 λ 表示光在空气中的波长，而 n_2 表示此薄层在各种情况下的折射率. 仅仅考虑没有反射或有两次反射的透射光，如图 21－18a 所示. 对于哪种情况式

$$\lambda=\frac{2Ln_2}{m},\quad m=1,\ 2,\ 3\cdots$$

给出干涉相长的两透射光的波长？

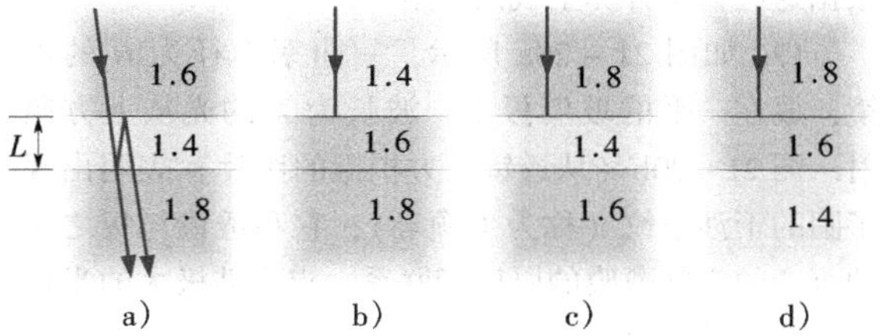

图 21－18　习题 11 和 12 图

12. 一损坏的油船将大量石油（$n=1.20$）泄漏到波斯湾，在海水（$n=1.30$）面上形成了一大片油膜.（a）当太阳光正在头顶时，如果从飞机上往下看，在厚度为 460nm 油膜区域，对哪种波长的可见光由于干涉相长而反射最亮？（b）如果戴着水下呼

吸机在这同一油膜区域的正下方，哪些波长的可见光透射的强度最强？（提示：参照图 21－18a 和适当的折射率考虑）

13. 在图 21－19 中，使一宽束波长为 683nm 的光垂直向下照射通过在一对平板玻璃的上面一块．这对平板玻璃长 120mm，左端互相接触，右端被一直径为 0.048mm 的导线隔开．在两玻璃板之间的空气作用像薄膜一样．求通过上面的玻璃板往下看可以看到多少条干涉明纹？

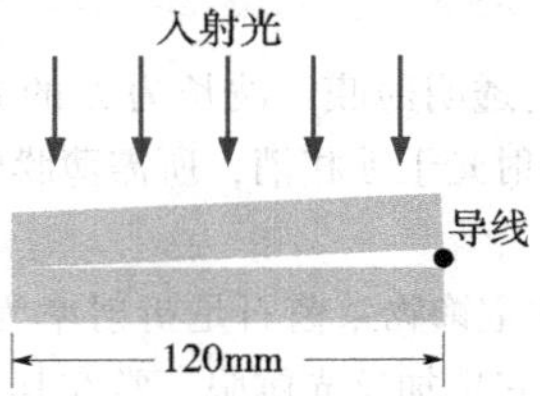

图 21－19 习题 13 图

14. 一波长为 630nm 的宽束光垂直入射到折射率为 1.50 的一个薄的劈形薄膜上．截取透射光的观察者沿膜的长度方向看到了 10 条明纹和 9 条暗纹．沿这个方向膜的厚度改变了多少？

15. 两玻璃平板在一端接触形成一个像薄膜的空气劈尖．一波长为 480nm 的宽束光垂直于第一块板照射，穿过两个平板．一个截取从玻璃板反射的光的观察者在平板上看到了由空气劈尖形成的干涉图样．从接触的那一端数起的第 16 条干涉明纹所在处的膜比第 5 条明纹所在处的膜厚多少？

16. 一宽束单色光垂直射入一端接触在其间形成空气劈尖的两块玻璃板．一个截取从空气劈尖反射的光的观察者，看到了沿劈尖长度方向上有 4001 条暗纹，当劈尖内的空气抽出时，只看到了 4000 条暗纹，根据这些数据计算空气的折射率．

17. 如图 21－20a 所示，一曲率半径为 R 的透镜，放在一平的玻璃板上，波长为 λ 的光从上方照射．图 21－20b（从透镜上方拍摄的照片）表明出现了圆的干涉条纹（称为牛顿环），它和透镜与板之间的可变的空气薄膜的厚度相联系．求干涉极大的半径 r，假设 $r/R \ll 1$．

18. 一套牛顿环装置可以用来测定一个透镜的曲率半径（参见图 21－20 和习题 17），测出第 n 和第 $(n+20)$ 级明环的半径分别为 0.162cm 和 0.368cm，用波长为 546nm 的光，计算透镜底面的曲率半径．

19. 在迈克耳孙干涉仪的一个臂中，垂直于光路放入一个折射率为 $n=1.40$ 的薄膜，如果这样做使波长为 589nm 的光产生的图样移动了 7.0 个条纹，薄膜的厚度是多少？

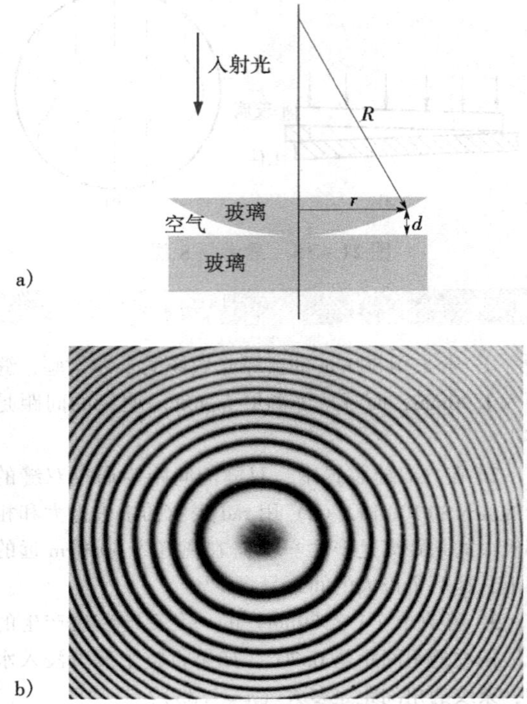

图 21－20 习题 17 和 18 图

20. 如果使迈克耳孙干涉仪（图 21－11）中的反射镜 M_2 移动 0.233mm 时，发生了 792 个条纹的移动，产生此条纹图样的光的波长是多少？

21. 在图 21－21 中，一个不漏气的长为 5.0cm 的有玻璃窗的小室放在迈克耳孙干涉仪的一臂中．用 $\lambda=500$nm 的光．抽空密室中的空气导致 60 个条纹的移动，根据这些数据计算大气中空气的折射率．

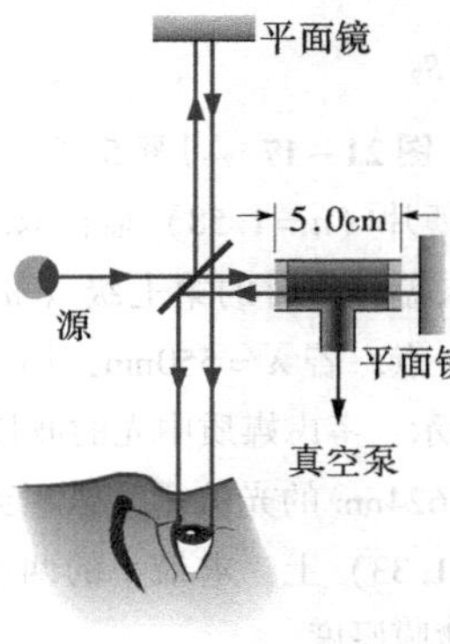

图 21－21 习题 21 图

第22章　光的衍射　光的偏振

Georges Seurat 画过一幅**《大亚特岛上的星期天中午》**，他运用的不是通常意义上的许多笔划，而是无数的小彩色点子. 这种画法现在称为点画法. 当站在离画面足够近时，可以看到这些点，但当移向远处时，这些小彩色点子最后会混合起来而不能分辨. 还有，当远离时看到的画面上任何给定地点的颜色会改变——这就是为什么 **Seurat** 用点来作画.

什么使颜色发生了这种变化?

答案就在本章中.

22-1　光的衍射和光的波动理论

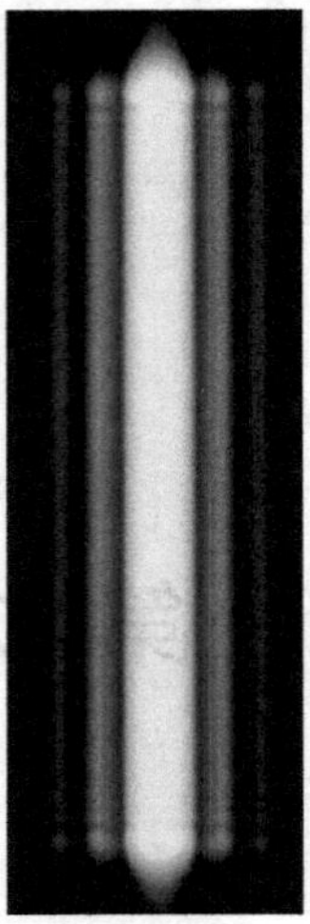

图22-1　光通过竖直窄缝时在屏上显示出的衍射花样.

在波动一章中我们讲过，当波在传播过程中遇到尺寸比光的波长大得不多的障碍物时，波就不沿直线传播，它可以到达沿直线传播时不能到达的障碍物的阴影区，这种现象称为**波的衍射**，作为电磁波，光也能产生衍射现象，而且在障碍物的阴影区还能形成明暗相间的条纹，人们将这种条纹叫做**衍射图样**，例如，当从远处的光源（或激光器）发来的单色光通过一条窄缝射到一个观察屏上时，在屏上产生像图22-1所示的衍射图样. 这图样包括一条宽而强（非常亮）的中央极大和两侧的一些窄的不太强的极大（称为**次**或**侧**极大）. 在极大之间是极小.

在几何光学中这样的图样是不可能想象的：如果光一束一束地沿直线传播，那么缝将允许这些光束的一部分通过，而它们将在观察屏上形成缝的轮廓清晰明亮的像. 因此正如在第21章中一样，我们必须得出几何光学只是障碍物的尺寸远大于光的波长时的一种近似的结论.

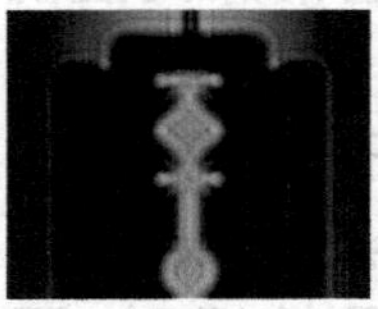

图22-2　单色光经过刀片时产生的衍射图样.

光的衍射不限于光通过窄开口（如一条缝或一个针孔）的情况. 它也发生在通过边缘（例如刀片的边缘），这时的衍射图样如图22-2所示. 注意，对应于光强极大和极小的、明暗相间的条纹近似地平行于边缘，不管是刀片的内缘还是外缘. 当光经过，例如左侧的竖直边时，它向左和右扩展而发生干涉，产生边缘左边的图样. 该图样的最右部分实际上位于几何光学适用时刀片产生的阴影内.

如你朝清澈的蓝色天空看，在视场中可以看到斑点或头发丝状的结构. 这是一种常见的衍射的例子. 看到的结构称为**漂浮物**. 它们是在光通过几乎充满眼球的透明玻璃状液中的微小沉积物的边缘时产生的. 所看到的在视场中的漂浮物是这些小沉积物在视网膜上产生的衍射图样. 如果通过一不透光屏上的针孔看，使得进入眼睛的光近似于平面波，还可以区别图样中的单个的极大和极小.

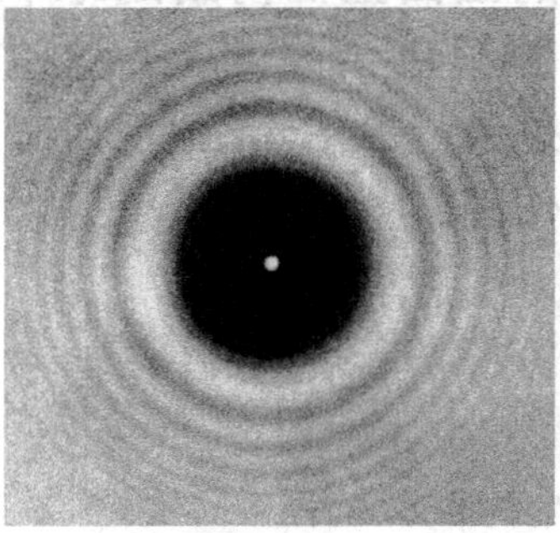

图22-3　一个圆盘的衍射图样照片. 注意那些同心圆和在图样中心的菲涅耳斑. 这一实验基本上和委员会安排的检验菲涅耳理论的实验相同，因为他们用的球和这里用的圆盘都具有圆边的横截面.

1. 菲涅耳亮斑

在光的波动理论中，衍射很容易得到解释. 然而，这一原来在17世纪后期被惠更斯发展了而在123年后被托马斯·杨用来解释双缝干涉的理论，经过了很长时间才被采纳，主要是因为它和光是粒子流的牛顿理论背道而驰.

19世纪初期，在法国科学圈内盛行的观点还是牛顿的观点，当时A. 菲涅耳是一个年轻的军事工程师. 菲涅耳确信光的波动论，向法国科学院提交一篇论文说明自己用光做的实验以及他对波动理论所做的解释.

1819年，由在法国科学院占主导地位的牛顿观点的支持者们组织了对关于衍射问题的这篇论文的有奖辩论会想向波动观点挑战，但最终菲涅耳赢了. 然而，牛顿的信徒们并没有被说服. 其中之一，S. D. 泊松，指出一个“奇怪结果”，即如果菲涅耳的理论是正确的，则光波经过一个球的边缘时，应该照到球的阴影区域并在阴影的中心产生一个光斑. 评奖委员会安排了对这位数学家的预言的检验并发现（见图22-3）预言的菲涅耳光斑（当今这样称呼）确实在那里！没有什么事情比它的一个未料到的，与直觉相反的预言被实验证实而更能强有力地建立对一个理论的信心了.

2. 惠更斯-菲涅耳原理

在波动一章中，曾利用惠更斯原理，即波前上的每一点都是发出次级子波的新波源，子波的包络面决定了一下时刻的波振面，定性解释了波的衍射现象，但它不能确切地解释衍射现象中明暗条纹的产生，原因是这一原理没有讲到子波相遇时能否产生干涉现象.

菲涅耳发展了惠更斯原理，进一步假定从同一波振面上各点发出的子波是相干波，在传播到空间某一点时，各子波进行相干叠加的结果决定了该处的波振幅. 经这样发展的惠更斯原理称为**惠更斯-菲涅耳原理**.

在具体利用惠更斯-菲涅耳原理计算衍射图样中的光强分布时，需要考虑每个子波波源发出的子波的振幅和相位与传播距离及传播方向的关系. 在一般情形中，涉及的是一个比较复杂的积分问题. 为避免复杂的计算，下面我们介绍如何用菲涅耳提出的作图法，即菲涅耳**半波带**法来解释衍射问题.

22-2 单缝衍射

为了便于进行衍射实验，我们使用两个凸透镜 L_1 和 L_2，如图22-4所示. 透镜 L_1 把光源 S 发出的光变成平行光，垂直入射于单缝 a，再经透镜 L_2 的聚焦，在屏 E 上出现明暗相间的衍射条纹. 这种平行光通过单缝时形成的衍射，叫做夫琅禾费衍射.

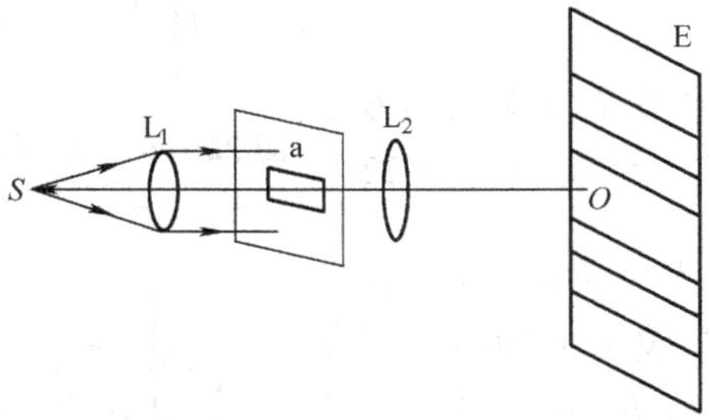

图22-4 单缝衍射实验装置示意图

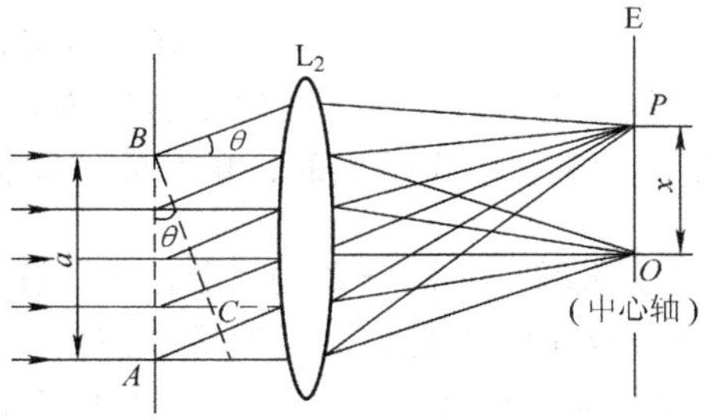

图22-5 单缝衍射

1. 用半波带法确定衍射图样的分布

下面来说明单缝衍射产生的原因和衍射图样中极大、极小的定位方法：如图22-5所示为缝宽为 a 的单缝 AB 的截面，它与单缝的长边相垂直，为了便于说明，图中夸张地特别放大了缝的宽度 a（实际中 a 可与入射光的波长相比较）. 单缝 AB 被沿透镜的主光轴方向入射的平行光束照射，按惠更斯-菲涅耳原理，AB 面上各子波波源将发出球面次级子波向各方向传播. 各次级子波沿某一方向的射线（平行光束）被透镜 L_2 聚焦到屏幕 E 上某点产生干涉效应. 这些聚焦点（如 P 点）的干涉效应是相互加强，还是相互减弱，要通过分析每个光束中的各条光线间的光程差来判断. 由于单缝处波面上有无穷多个点，相应在一定方向上这些点发出的次级子波平行光线也有无穷多条. 为能简化分析，从而获得各子波在点 P 处叠加的结果，我们采用菲涅尔提出的半波带法，其构思之巧妙，使得无需复杂的数学推导，便能得知衍射图样的分布情况.

首先来考虑单缝 AB 面上各子波波源发出的平行于透镜 L_2 的主光轴的平行光束，它们沿着原入射方向被透镜 L_2 会聚于 O 点. 由于单缝处的波面 AB 是同相面，并且由透镜成像实验可知**透镜不会引起附加的光程差**，因此这些子波射线到达点 O 时仍保持相同的相位而相互加强. 这样，在正对狭缝中心的 O 处将会出现明条纹，这条明纹叫做中央明纹.

其次考虑与入射光方向成 θ 角的子波的射线，这些射线经过透镜后会聚于 P 点，θ 角称为**衍射角**. 为确定 P 点的干涉效应，从 B 点作 BC 线垂直于 AC（见图22-5），由透镜的性质可知，从垂直于这些子波射线的平面 BC 上的各点引向会聚点 P 的各条光线的光程相等. 因此，从同相面 AB 上各点发出的各次级子波的射线的光程差，只产生在由 AB 面转向 BC 面的光程之间. 例如，点 A 发出的子波要比点 B 发出的子波多走 $AC=a\sin\theta$ 的光程，这是沿 θ 角方向各子波的最大光程差. 从下面的讨论可知，P 点光强的大小完全决定于这最大的光程差 AC. 现在就用菲涅耳半波带法讨论衍射图样上光强最大与最小出现的方位.

设入射光的波长 λ 已知，用相距为半波长 $\left(\dfrac{\lambda}{2}\right)$ 的平行于 BC 的一系列平面把 AC 分成 k 个相等的部分. 同时，这些平面也将单缝处宽度为 a 的波阵面 AB 分成 k 个相等面积的**波带**. 图22-6 表示 $k=2$ 的情况，即 AB 被分作 AA_1 和 A_1B 两个波带. 这些波带叫做**菲涅耳半波带**，其特点是，每个波带上下边沿发出的子波射线聚焦于 P 点时的光程差恰为半波长 $\left(\dfrac{\lambda}{2}\right)$. 当衍射角 θ 不同时，单缝处波阵面分出的半波带的个数也就不同，这就是说，当单缝宽度 a 和入射光波长为定值时，波阵面 AB 能被分成几个半波带主要决定于衍射角 θ. θ 值增大，k 值相应也增大. 这里先讨论 k 为整数时的情况. 当

$$AC = a\sin\theta$$

等于半波长的偶数倍时，单缝处波阵面可分为偶数个半波带（图22-6）. 当 AC 是半波长的奇数倍时，单数处波阵面可分为奇数个半波带（图22-7）.

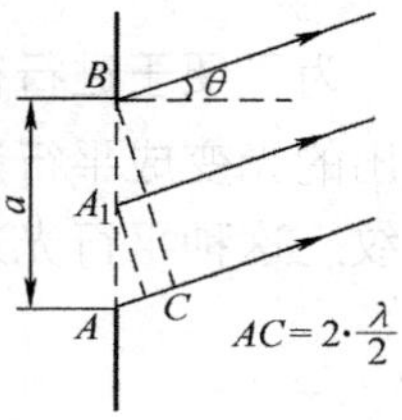

图22-6 菲涅耳半波带，$k=2$

对于图22-6中 $k=2$ 的情形，两个波带 AA_1 与 A_1B 大小相等，可以认为它们各具有同样数量的发出次级子波的点. 由于每一半波带上的相对应点（例如 AA_1 带上的 A 点与 A_1B 带上的 A_1 点）发出的光线在 BC 面上的光程差是 $\dfrac{\lambda}{2}$，所以在 BC 面上的相差是 π，在会聚点 P 上的相差仍然是 π，因而互相干涉抵消. 结果由 AA_1 及 A_1B 两个波带发出的光在 P 点完全相互抵消，P 点为暗点，在这点位置处屏幕上出现暗条纹. 依此类推，对于 $k=4$、$k=6$、$k=8$、…等情形，只要单缝处波阵面可以分成的半波带数 k 为偶数，即 $k=2m$（$m=1, 2, 3, \cdots$）时屏上对应处将出现干涉减弱的暗条纹.

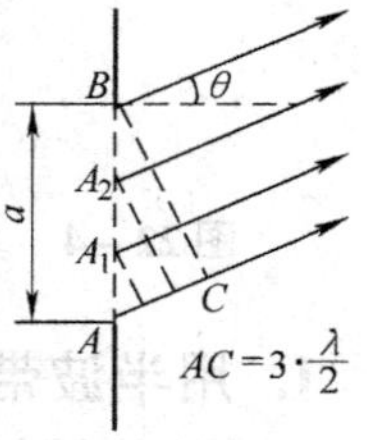

图22-7 菲涅耳半波带，$k=3$

当 $k=3$（见图22-7）时，波面 AB 可分成三个半波带，此时相邻两个半波带（如 AA_1 与 A_1A_2）上各对应点的子波，相互干涉抵消，只剩下一个半波带（如 A_2B）上的子波到达会聚点 P 处时没有被抵消，因此点 P 将出现明条纹，依此类推，$k=5$ 时，也可剩下一个半波带的子波抵消不掉，点 P 出现明条纹. 但是对同一缝宽而言，$k=5$ 的波带面积（单缝面积的 $\dfrac{1}{5}$）要小于

$k=3$ 的波带面积（单缝面积的$\frac{1}{3}$）. 因此，当单缝处波阵面可以分成的半波带数 k 为奇数，即 $k=2m+1$（$m=1$，2，3，…）时，屏幕上出现干涉加强的明条纹，而且波带越多，即衍射角 θ 越大时，明条纹的亮度越小，而且都比中央明纹的亮度小很多.

如果对应于某些衍射角 θ，单缝处的波阵面不能恰好分成整数个半波带（k 不为整数），则在屏上将呈现半明半暗的亮度分布.

概括起来，上述结论可用数学关系表述如下. 当衍射角 θ 满足于

$$a\sin\theta = \pm 2m\frac{\lambda}{2} = \pm m\lambda, m = 1,2,3,\cdots \tag{22-1}$$

时，点 P 处为暗条纹（中心）. 对应于 $m=1$，2，…分别叫做第一级暗条纹（或第一极小）、第二级暗条纹（或第二极小）……. 式中正、负号表示条纹对称分布于中央明纹的两侧. 而当衍射角 θ 满足于

$$a\sin\theta = \pm(2m+1)\frac{\lambda}{2}, \quad m = 1,2,3,\cdots \tag{22-2}$$

时，为明条纹（中心）. 对应于 $m=1$，2，…分别叫做第一级明条纹（或第一侧向极大），第二级明条纹（或第二侧向极大）……. 特别是，对应于 $a\sin\theta=0$（即 $\theta=0$）给出了中央明纹的中心位置.

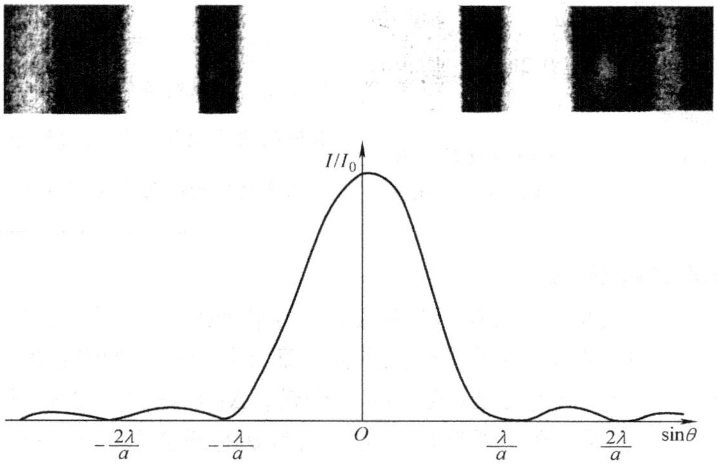

图 22-8 单缝衍射条纹和光强分布曲线

图 22-8 给出单缝衍射条纹和光强分布曲线. 从图中可以看出，单缝衍射各级明暗条纹在中央明纹两侧对称分布. 其中中央明纹光强最大其他明纹光强迅速下降.

两侧对称的第一级暗纹中心之间的距离即为中央明纹的宽度，中央明纹的宽度最宽，约为其他明纹宽度的两倍. 考虑到一般衍射角很小，中央明纹的**半角宽度**为

$$\theta \approx \sin\theta = \frac{\lambda}{a} \tag{22-3}$$

以 f 表示透镜 L 的焦距，则得屏 E 上中央明纹的**线宽度**为

$$\Delta x = 2f\tan\theta \approx 2f\sin\theta = 2f\frac{\lambda}{a} \tag{22-4}$$

上式表明，中央明纹的宽度正比于波长 λ，反比于缝宽 a. 这一关系又称为**衍射反比律**. 这就是

说，当入射光的波长 λ 一定时，缝宽 a 越窄，产生的中央及各级衍射条纹对应的 θ 角越大，光的衍射作用越明显；当 a 变大时，衍射作用则越来越不明显. 当缝宽 $a >> \lambda$ 时，各级衍射条纹都收缩于中央明纹附近而无法分辨，只能观察到一条明纹，它就是单缝的像，这时光可以看成是直线传播的. 此外，当缝宽 a 一定时，入射光的波长越短，产生衍射角 θ 也越小，因此单缝若为白光所照射，则衍射图样中只有中央明纹处仍是白色的，而其两侧则依次呈现为一系列由紫到红的彩色条纹.

检查点1：用蓝光照射一长狭缝，在观察屏上产生一幅衍射图样. 如果 (a) 换用黄光或 (b) 减小缝宽，图样是从明亮中心向外扩展（极大和极小从中心向外移）还是向它收缩？

例题 22-1

在单缝衍射实验中，缝宽 $a=5\lambda$，缝后的透镜焦距 $f=0.5\text{m}$，求：(a) 中央明纹的宽度.

【解】 这里关键点是注意中央明纹的宽度等于两个第一级暗纹之间的距离，或直接利用式 (22-4) 求出中央明纹的宽度为

$$\Delta x_0 = 2x_1 = 2f\tan\theta = 2f\frac{\lambda}{a}$$

$$= (2)(0.5\text{m})\left(\frac{\lambda}{5\lambda}\right) = 0.2\text{m}$$

(b) 第一级明条纹的宽度

【解】 这里的关键点是第一级明条纹的宽度等于第一级暗条纹与第二级暗条纹之间的距离. 注意到此特点，可以利用式 (22-1)，对第一和第二级暗条纹中心有

$$a\sin\theta_1 = \lambda \text{ 和 } a\sin\theta_2 = 2\lambda$$

它们之间的距离

$$\Delta x_1 = f(\sin\theta_2 - \sin\theta_1)$$

$$\approx f\left(\frac{2\lambda}{a} - \frac{\lambda}{a}\right) = \frac{f\lambda}{a}$$

$$= \frac{(0.5\text{m})\lambda}{5\lambda} = 0.1\text{m}$$

这正是第一级明条纹的宽度. 用类似方法可以推出，其他级明条纹的宽度也近似等于 $\frac{f\lambda}{a}$，这说明中央明纹的宽度的确约为其他明条纹宽度的两倍.

2. 衍射图样的光强分布

图 22-8 已画出了衍射图样上光强分布曲线，并定性地作了解释，现在来推求光强分布公式，也就是求图 22-5 中衍射角为 θ 的子波聚焦到观察屏幕 P 点时的光强度.

为此，把图 22-5 的缝分成宽度 Δx 相等的 N 个带，Δx 足够小以致可以假设每个带都像一个惠更斯子波的波源. 现在要把到达观察屏上衍射角为 θ 的任意点 P 的各子波叠加起来以便可以确定在 P 点的合成波的电场分量的振幅 E_θ. 在 P 点光的强度就和该振幅的平方成正比.

为了求 E_θ，需要求到达的子波之间的相位关系. 相邻的带的子波间的相差为

$$(\text{相差}) = \left(\frac{2\pi}{\lambda}\right)(\text{光程差})$$

对于在角 θ 处的 P 点，相邻的带的子波间的相差 $\Delta\phi$ 是

$$\Delta\phi = \left(\frac{2\pi}{\lambda}\right)(\Delta x\sin\theta) \quad (22-5)$$

假设到达 P 的子波都具有相同的振幅 ΔE. 为了求在 P 的合成波的振幅 E_θ，通过相矢量把振幅 ΔE 加起来. 为此，建立一个 N 个相矢量的图，每一个相矢量对应于缝中每一个带发来的子波.

对于在图 22-5 的中心轴上 $\theta=0$ 的 O 点，式 (22-5) 表明子波间的相差是零；就是说，

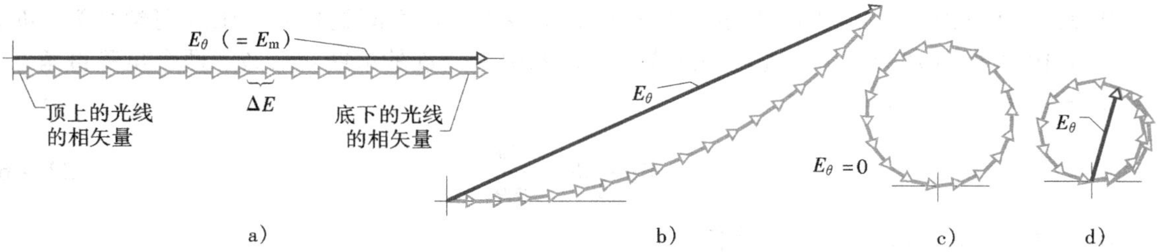

图 22－9 $N=18$ 的相矢量图，对应于单缝分成 18 个带．合振幅 E_θ 表示的是对 a) 在 $\theta=0$ 处的中央极大，b) 在屏上离中心轴一个小角度的点，c) 第一极小和 d) 第一侧向极大．

所有子波都同相到达．图 22－9a 是相应的相矢量图，相邻的相矢量代表来自相邻的带的子波并画得头接尾．因为在各子波间没有相差，所以每对相邻的相矢量间的夹角为零．在 O 点的合成波的振幅 E_θ 是这些相矢量的矢量和．这种相矢量的排布结果就是给出振幅 E_θ 最大值的那种排布．这一值称为 E_m，即 E_m 是 $\theta=0$ 时的 E_θ 值．

其次考虑在对中心轴是一个小角 θ 的 P 点．现在式 (22－5) 表明来自相邻的带的子波间的相差 $\Delta\phi$ 不再是零．图 22－9b 所示为相应的相矢量图．像上面一样，相矢量画得头接尾，但现在相邻的相矢量有一个角 $\Delta\phi$．在这一新点的振幅 E_θ 仍然是这些相矢量的矢量和，但它比图 22－9a 中的要小，这意味着在这一新点 P 光的强度比在 O 点的小．

如果继续增大 θ，相邻相矢量间的 $\Delta\phi$ 增大，最后相矢量链完全弯曲成圆以致最后的相矢量的头正好接上第一个相矢量的尾（图 22－9c）．现在振幅 E_θ 是零，它意味着光的强度也是零．这就到了衍射图样中的第一极小，或暗纹．第一和最后的相矢量间的相差现在是 2π rad，这意味着通过缝的顶上和底下的光线间的光程差等于一个波长．这就是前面对第一级暗纹已确定的条件．

随着继续增大 θ，相邻相矢量间的角 $\Delta\phi$ 将继续增大，相矢量链开始在自己上面绕回来而形成的圈开始缩小．振幅 E_θ 现在增大直到如图 22－9d 中所示排布中的极大值．这一排布相当于衍射图样中第一级明条纹．

如果再稍稍增大 θ，所引起的圈的缩小使 E_θ 减小，它意味着光强也减小．当 θ 增大到足够大时，最后的相矢量的头又一次接第一相矢量的尾．这就到达了第二级暗纹．

类似地，可以用此方法定性地确定出各级衍射明、暗条纹，而欲定量求出光强公式，还需利用图 22－10，用如下方法进一步推导．

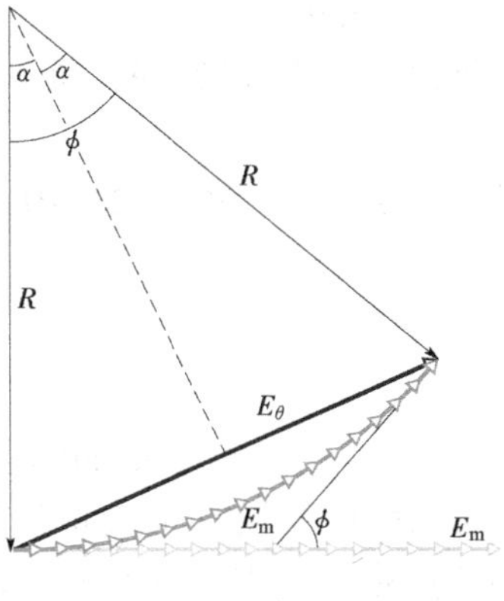

图 22－10 用于计算单缝衍射光强的图．所示相应于图 22－9b 中的情况．

图 22－10 中的相矢量构成的弧表示到达图 22－5 的观察屏上对应于特定的小角 θ 任意一点 P 的各个子波．在 P 点的合成波的振幅 E_θ 是这些相矢量的矢量和．如果把图 22－5 中的缝分成宽 Δx 的无限小的带，图 22－10 中的相量图弧趋近于一个圆的弧；在该图中以 R 表示它的半径．弧长一定等于 E_m，即衍射图样中心的振幅，因为如果把弧拉直，就会

得到图22－9a的相量图排布（在图22－10中用淡色画出）.

图22－10下部的角ϕ是弧E_m左端和右端的无限小矢量之间的相差. 由几何学可知，ϕ也是图22－10中标有R的两个半径之间的夹角. 该图中平分ϕ的虚线就形成了两个全等直角三角形. 对于每一个三角形，可写出

$$\sin\frac{1}{2}\phi = \frac{E_\theta}{2R} \tag{22-6}$$

用弧度量度，ϕ是（认为E_m是一个圆弧）

$$\phi = \frac{E_m}{R}$$

由此式求出R并代入式（22－6），给出

$$E_\theta = \frac{E_m}{\frac{1}{2}\phi}\sin\frac{1}{2}\phi \tag{22-7}$$

由波动理论知道，波的强度正比于它的振幅的平方. 在这里，它意味着极大强度（出现在衍射图样的中心）正比于E_m^2，在角θ处的强度$I(\theta)$正比于E_θ^2. 因此，可以写出

$$\frac{I(\theta)}{I_m} = \frac{E_\theta^2}{E_m^2} \tag{22-8}$$

将式（22－7）代入上式并代入$\alpha = \frac{1}{2}\phi$，可得下面的强度作为θ的函数的表示式：

$$I(\theta) = I_m\left(\frac{\sin\alpha}{\alpha}\right)^2 \tag{22-9}$$

式中

$$\alpha = \frac{1}{2}\phi = \frac{\pi a}{\lambda}\sin\theta \tag{22-10}$$

符号α只是把观察屏上一点的位置θ与强度$I(\theta)$联系起来用的一个方便的量. I_m是在图样中出现在中央极大（$\theta=0$）处的强度$I(\theta)$的最大值. ϕ是来自宽a的缝的顶上和底下的光线之间的相差（rad）.

研究一下式（22－9）就知道强度极小将出现在

$$\alpha = \pm m\pi, m = 1,2,3,\cdots \tag{22-11}$$

如果将此结果代入式（22－10），得

$$\pm m\pi = \frac{\pi a}{\lambda}\sin\theta \qquad m = 1,2,3,\cdots$$

或

$$a\sin\theta = \pm m\lambda, \qquad m=1, 2, 3, \cdots \text{（极小—暗纹）} \tag{22-12}$$

将此与先前用菲涅耳半波带法导出的确定极小位置的表示式式（22－1）相比，可以看出式（22－1）是一个相当好的近似结果.

图22－11所示为三个单缝衍射图样的光强图线. 它们是对三个缝宽：$a=\lambda$，$a=5\lambda$和$a=10\lambda$用式（22－9）和式（22－10）计算得到的. 这些结果显示，随着缝宽增大（相对于波

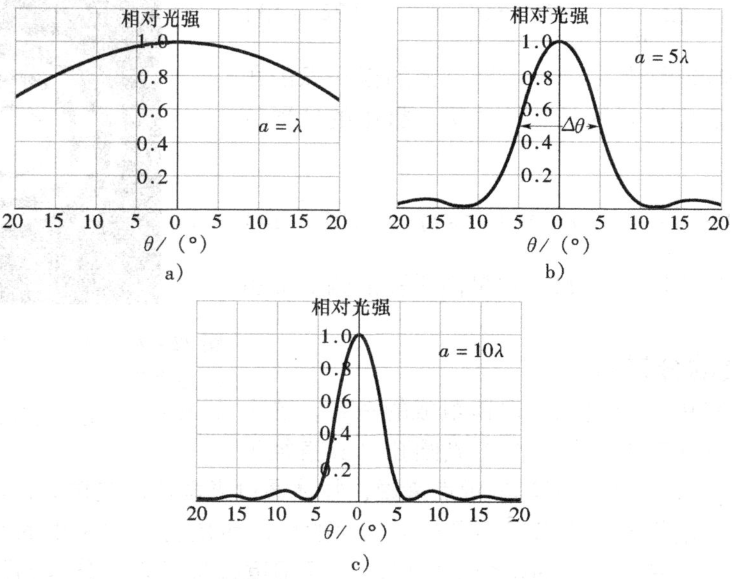

图 22 -11　对于 3 个 a/λ 的单缝衍射的相对光强. 缝越宽，中央衍射极大越窄.

长)，中央衍射极大的宽度减小；第二极大的宽度也减小（和减弱）. 当缝宽 a 达到比波长 λ 大得多的极限时，由于缝而产生的第二级极大消失，就不再有单缝衍射（但仍有由宽缝边缘产生的衍射，如图 22 -2 中刀片边缘产生的那样）. 这些与我们前面得出的结论完全一致.

检查点 2：在一次单缝衍射实验中分别用了两个波长——650nm 和 430nm. 右图以光强 I 对角 θ 的图像表示了两个衍射图样. 如果同时用两种波长，在合成的衍射图样中的 (a) 角 A 和 (b) 角 B 处将看到什么颜色?

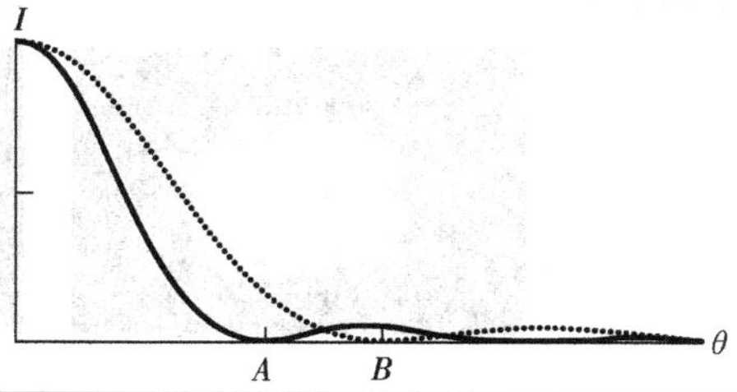

22 -3　圆孔衍射　光学仪器的分辨率

1. 圆孔衍射

本节考虑圆孔的衍射——即光通过一个圆形透镜的圆形开口的衍射. 图 22 -12 所示为远处的一个光源（如一颗恒星）在位于一个会聚透镜焦平面内的照相底片上形成的像. 这个像不是像几何光学所预言的一个点，而是一个圆盘，周围被逐渐减弱的几个次圆环包围着. 和图 22 -1 比较一下可知，毫无疑问这是遇上了一种衍射现象. 不过，这里的开口是一个直径为 d 的圆而不是一个矩形缝. 人们把这种衍射现象称作**圆孔衍射**，所对应的衍射图样的中央光斑较亮，叫做**艾里**（Airy）**斑**.

这种图样的分析比较复杂. 然而，可以证明，一个直径为 d 的圆孔的衍射图样的第一极小的半径由下式给出

$$\sin\theta = 1.22\frac{\lambda}{d} \quad (\text{第一极小；圆孔}) \quad (22-13)$$

式中，θ是从中心轴线到该（圆形）极小上的任一点的角度．把此式和确定宽度为a的长狭缝的第一极小的位置的式（22－1）

$$\sin\theta = \frac{\lambda}{a} \quad (\text{第一极小；单缝}) \quad (22-14)$$

相比较，其主要差别在因子1.22，它是由于孔的圆形而引入的．

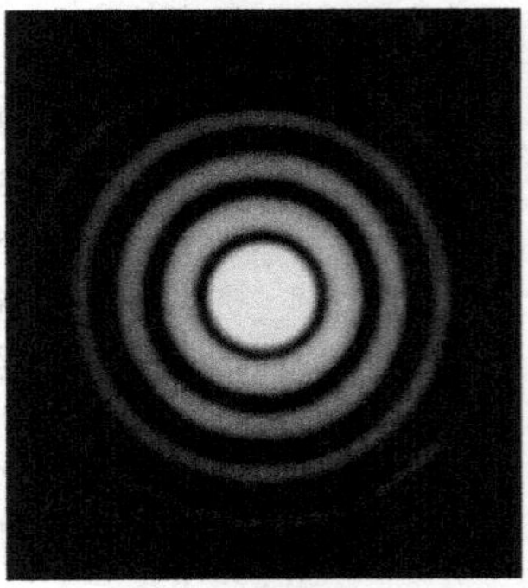

图22－12 圆孔衍射图样．（为了显示这些次极大，图形已过度曝光．实际上这些次极大比中央极大要弱很多．）

2. 光学仪器的分辨率

光学仪器通常是由一个或几个透镜组成的系统，这个系统可以用一个透镜代替而看作一个透光圆孔（其直径为透镜透光部分的直径）．从几何光学的观点来说，物体通过光学仪器成像时，每一物点就有一对应的像点．但由于光的衍射，像点已不是一个几何的点，而是有一定大小的艾里亮斑．因此对相距很近的两个物点，其相对应的两个艾里斑就会互相重叠甚至无法分辨出两个物点的像．这就是说，由于光的衍射现象，使光学仪器的分辨能力受到了限制．

下面以图22－13所示三种情况为例，说明光学仪器的分辨能力与哪些因素有关．图中所示为两个远处的角距离很近的点状物体（例如两颗恒星）在三种情况下的视像和相应的光强图样．在图22－13a中两个物体由于衍射而不能分辨；也就是说，它们的衍射图样（主要是中央极大）重叠太多以致无法分辨到底是两个物体还是一个单个的点状物体．在图22－13b中它们刚刚能分辨开，在图22－13c中它们完全能分辨开了．

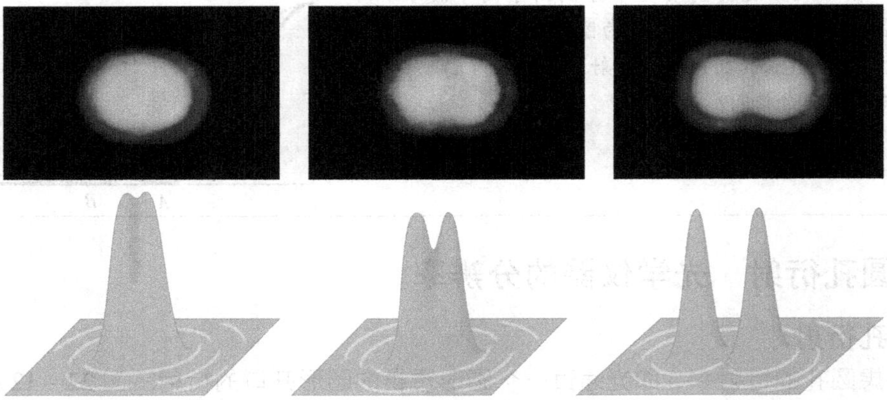

图22－13 上面的是一个会聚透镜形成的两个点状体（恒星）的像，下面表示像的强度．

在图22－13b中，两个点光源的角距离使得一个光源的衍射图样的极大的中心正好在另一个的衍射图样的第一极小上．这时两个衍射图样重叠部分中心处的光强约为两个中央亮斑最大光强的80%，尚可勉强区分这是两个点状体的像．通常把这种情形作为两点状体刚好能被人眼或光学仪器所分辨的临界情形．这一判定准则叫做**瑞利（Rayleigh）判据**．而这个判据刚能分辨

的两物点必须具有的角距离 θ_R 叫做**最小分辨角**，由式（22－13）可知

$$\theta_R = \sin^{-1}\frac{1.22\lambda}{d}$$

由于角度很小，可以把 $\sin\theta_R$ 用 θ_R（rad）代替为

$$\theta_R = 1.22\frac{\lambda}{d} \quad \text{（瑞利判据）} \tag{22-15}$$

实验指出一个人实际能分辨的最小的角距离一般都比式（22－15）给出的值大一些．不过，这里为了便于计算，将认为式（22－15）是一个精确的判据：如果两光源之间的角距离 θ 大于 θ_R，它们可以分辨；如果 θ 小于 θ_R，则不能分辨．

瑞利判据能解释 Seurat 的画作《大亚特岛上的星期天中午》（或任何其他点画作品）．当人站在离画面足够近时，相邻点之间的角距离 θ 比 θ_R 大，因而这些点能被一个个地看出来．它们的颜色是 Seurat 用的颜色．然而，当站得离画面足够远时，角距离 θ 比 θ_R 小因而各点不能被单独地看清楚．由此引起的从任何一组点进入人的眼睛的颜色的混合可以使大脑对该群质点"制造"一种颜色——一种在该群中实际上可能不存在的颜色．以这种方式，Seurat 利用人的视觉系统去创造他的艺术品的颜色．

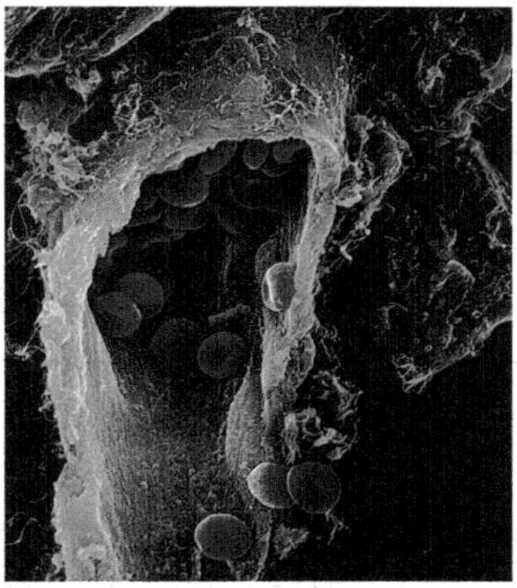

图 22－14 一段含有红血球的假色扫描电子显微照片．

在光学中将光学仪器的最小分辨角的倒数 $1/\theta_R$ 叫做**分辨率**，用符号 R 表示，以表征光学仪器的分辨能力：

$$R = \frac{1}{\theta_R} = \frac{d}{1.22\lambda} \tag{22-16}$$

可以看出

光学仪器的分辨率与仪器的透光孔径 d 成正比，与所用光波的波长成反比．

在天文观察上，采用直径很大的透镜，就是为了提高望远镜的分辨率．同样因为这个原因，显微镜常用紫外线，由于它的波长较短，它能考察比用可见光的同样的显微镜能考察的更细微的结构．在本书后面近代物理部分中，将指出电子束在某些条件下表现得和波一样．在**电子显微镜**中，这种电子束可能具有的有效波长是可见光波长的 10^{-5}．它们容许对细微结构（见图 22－14），进行细致的考察，而用光学显微镜观察则由于衍射会变得模糊起来．

应当说明的是，用于分辨能力的瑞利判据只是一种近似．比如我们的视觉系统的分辨能力会决定于许多因素，例如光源的相对亮度和它们的环境，光源和观察者之间的空气的湍流和观察者的视觉系统的功能等．

检查点 3：假设由于人的瞳孔的衍射，刚能分辨两个红点．如果增强人周围的一般光照使得他的瞳孔的直径减小，他对那两点的分辨能力是改善还是减弱？只考虑衍射．（你可以做实验核对答案．）

例题 22－2

一个直径 $d=32$mm，焦距 $f=24$cm 的圆形会聚透

镜在它的焦平面形成远处点状物体的像. 所用的光的波长 λ =550nm.

(a) 考虑到透镜的衍射，要满足瑞利判据的两个远处的点物体的角距离必须多大?

【解】 图22-15所示为两个远处的点物体 P_1 和 P_2 透镜以及在透镜的焦平面内的观察屏. 它也在右侧给出了透镜形成的像的中央极大的光强 I 对在屏上的位置的图线. 注意，物体的角距离 θ_0 等于像的角距离 θ_i. 因此这里关键点是，如果像在分辨能力上要满足瑞利判据，透镜两侧的角距离必须满足式 (22-15) (对小角度). 代入已知数据，得

$$\theta_0 = \theta_i = \theta_R = 1.22\frac{\lambda}{d} = \frac{(1.22)(550)(10^{-9}\text{m})}{32\times10^{-3}\text{m}}$$

$$= 2.1\times10^{-5}\text{rad} \qquad \text{(答案)}$$

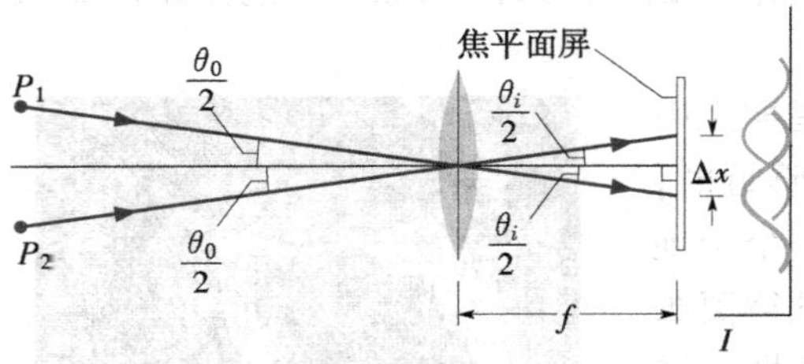

图22-15 例题22-2图.

在这一角距离下，图22-15的两个光强曲线中每一个的中央极大的中心都位于另一曲线的第一极小处.

(b) 两个像的中心在焦平面上的距离 Δx 是多少?

【解】 这里关键点是，把距离 Δx 和已经知道的 θ_i 联系起来. 由图22-15中透镜和屏间的任一个三角形可看到 $\tan\theta_i/2 = \Delta x/f$. 重新组合此式并利用近似 $\tan\theta\approx\theta$，可得

$$\Delta x = f\theta_i = 5.0\mu m$$

$$= (0.24\text{m})(2.1\times10^{-5}\text{rad}) \qquad \text{(答案)}$$

22-4 双缝衍射

在第21章的双缝实验中，暗含地假设了缝的宽度比起照射它们的光的波长是细窄的，就是说，$a \ll \lambda$. 对这样窄的缝，每条缝的衍射图样的中央极大覆盖了全部观察屏. 还有，来自两缝的光的干涉产生强度近似相等的明亮条纹（图21-4).

然而，实际上用可见光时，$a \ll \lambda$ 的条件常常不能满足. 对于相对宽的缝，来自两条缝的光的干涉产生的明纹的强度并不都相同. 其原因在于，当光通过双缝中每一条缝时，就像通过单缝一样要发生衍射，由于两缝宽度 a 相同且平行，所以各缝的衍射图样全同且彼此重合，在相遇区域（即在单缝衍射的各级明条纹区域）会产生缝与缝间的干涉效应，也就是说，双缝干涉（如第21章中讨论的）产生的条纹的强度被通过每条缝的光的衍射调制了.

作为一个例子，图22-16a所示的光强图线表示如果缝是无限窄（因而 $a \ll \lambda$）时会出现的双缝干涉条纹；所有干涉明纹会具有相同的光强. 图22-16b所示的光强图线是由实际的单缝的衍射产生的图线，此衍射图样具有一宽的中央极大和在 ±17°处的较弱的次级极大. 图22-16c表示两条实际的缝的干涉图样，这一图线是用图22-16b中的曲线作为对图22-16a中的图线的包络线画出的，各条纹的位置没有改变，只是由于受到包络线的限制，条纹的强度受到了影响.

图22-17a所示为双缝干涉和衍射都明显的实际图样. 如果一条缝遮住了，就产生图22-17b的单缝衍射图样. 注意，图22-17a和图22-16c之间与图22-17b和图22-16b之间的对应. 比较这些图时，记住图22-17是为了显示微弱的次极大而过度曝光了的并在图中显出了这样两条（而不是一条）次极大.

考虑到衍射效应，双缝干涉图样的光强给出为

$$I(\theta) = I_m(\cos^2\beta)\left(\frac{\sin\alpha}{\alpha}\right)^2 \qquad \text{(双缝)} \qquad (22-17)$$

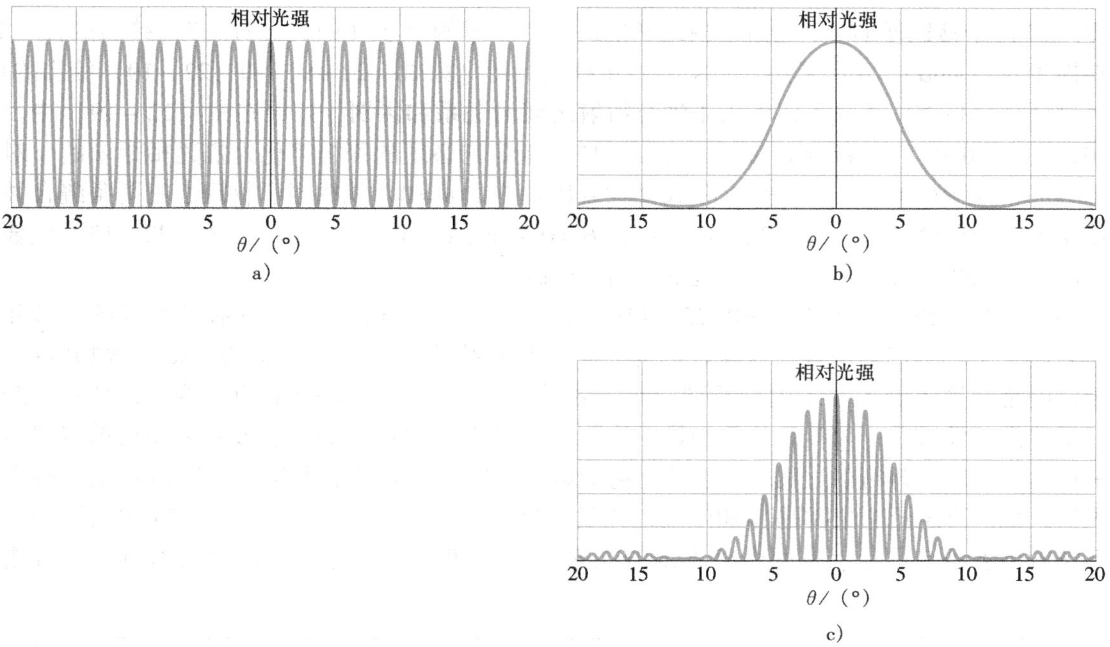

图 22-16 a) 双缝干涉（极窄的缝）的光强曲线. b) 宽度为 a（非极窄）的单缝衍射光强曲线. c) 宽度为 a 的双缝的光强曲线.

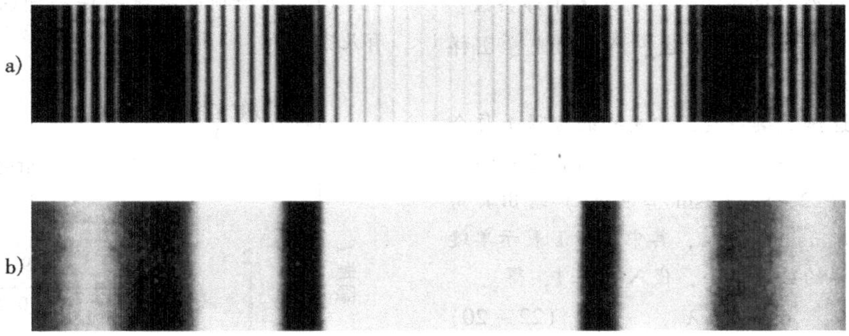

图 22-17 a) 实际双缝系统的干涉条纹. b) 单缝衍射图样.

其中

$$\beta = \frac{\pi d}{\lambda}\sin\theta \qquad (22-18)$$

和

$$\alpha = \frac{\pi a}{\lambda}\sin\theta \qquad (22-19)$$

式中，d 是两缝中心间的距离；a 是缝宽. 仔细地注意式（22－17）的右侧是 I_m 和两个因子的乘积. (1) **干涉因子** $\cos^2\beta$ 是由于相距 d 的两条缝之间的干涉（如式（21－7）给出的）. (2) **衍射因子** $[(\sin\alpha)/\alpha]^2$ 是由于宽度 a 的单缝的衍射（如式（22－9）和（22－10）给出的）.

进一步分析这些关系可以看出**干涉与衍射之间的关系和区别**：如果在式（22－19）中，令 $a=0$，则 $\alpha\to0$ 且 $(\sin\alpha)/\alpha\to1$，式（22－17）就像它必须的那样简化为描述相距 d 的一对极窄的缝的干涉图样的公式. 同样，令式（22－18）中的 $d=0$，就相当于物理上把两条缝合并成宽度 a 的一个单缝，于是式（22－18）给出 $\beta=0$ 且 $\cos^2\beta=1$，这种情况下式（22－17）就像它必须的那样简化为描述宽度 a 的单缝的衍射图样的公式.

由式（22－17）描述的并在图22－17a 中显示的双缝图样，以一种内在的方式把干涉和衍射合并起来了. 它们都是叠加现象，因为它们都是在给定点对相位不同的波相干叠加的结果. 如果波的叠加是由少数基本的同相源（分立的光束）——如在 $a \ll \lambda$ 的双缝实验中——产生的，就称为**干涉**过程. 如果波的叠加是由波阵面上（连续的）无穷多子波——如在单缝实验中——产生的，就称为**衍射**过程. 干涉和衍射的这一区别（颇为任意而常常不坚持）是一种方便的说法，但不可忘记它们都是叠加效应，并且常常同时出现. 就像在图22－17a 中看到的，双缝系统的干涉条纹实际上是两个缝发出的光束的干涉和每个缝自身发出的光的衍射的合成结果.

例题 22－3

在一双缝实验中，光源的波长 λ 是405nm，缝间距离 d 是 19.44μm，缝宽是 4.050μm. 考虑来自两条缝的光的干涉，也考虑通过一条缝的光的衍射.

(a) 在衍射包络线的中央峰内有几条干涉条纹？

【解】 首先分析决定实验中产生的光学图样的两个基本机制：

单缝衍射：这里关键点是，中央峰的边限是每个缝单独形成的衍射图样的第一极小（见图22－16）. 这两个极小由式（22－1）（$a\sin\theta=\pm m\lambda$）给出其角位置. 把此式写成 $a\sin\theta=m_1\lambda$，其中下标1表示单缝衍射. 对衍射图样的第一极小，代入 $m_1=1$，得

$$a\sin\theta=\lambda \qquad (22-20)$$

双缝干涉：这里关键点是，双缝干涉图样的亮纹由式（21－2）给出其角位置，可以写成

$$d\sin\theta=m_2\lambda \qquad m_2=0,1,2,\cdots \qquad (22-21)$$

其中下标2表示双缝干涉.

可以通过用式（22－20）除式（22－21）把第一衍射极小放入双缝条纹图样中并求解 m_2. 这样做了之后再代入已知数据可得

$$m_2=\frac{d}{a}=\frac{19.44\mu\text{m}}{4.050\mu\text{m}}=4.8$$

这表明干涉明纹有 $m_2=4$ 条填入了单缝衍射图样的中央峰内，但是 $m_2=5$ 的明纹没有进入. 在中央衍射峰内有中央明纹（$m_2=0$）和在其两旁的每边4条明纹（到 $m_2=4$），因此共有9条双缝干涉图样的明纹在衍射包络线的中央缝内. 中央明纹一侧的明纹如图22－18所示.

(b) 在衍射包络线的任一侧向第一峰内的明纹有几条？

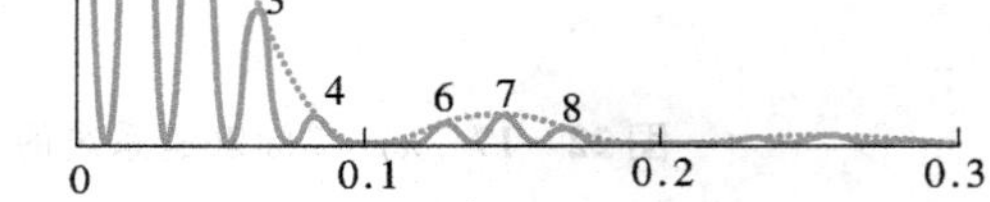

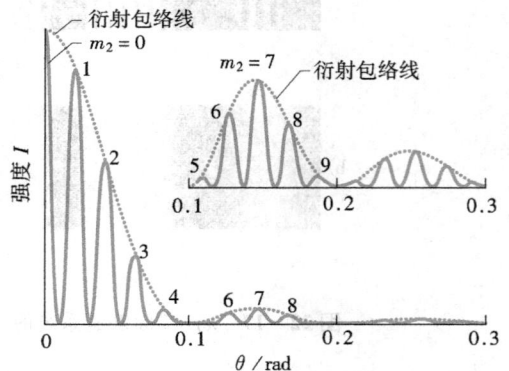

图22－18 例22－3图 双缝干涉实验的一侧的光强曲线. 小插图表示（竖直方向放大了）衍射包络线侧向第一和第二峰内的光强曲线.

【解】 这里**关键点是**，侧向第一衍射峰的外侧限度是第二衍射极小，其所在角度由 $a\sin\theta=m_1\lambda$

在 $m_1=2$ 时给出：

$$a\sin\theta = 2\lambda$$

用此式除式（22 – 21）得

$$m_2 = \frac{2d}{a} = \frac{(2)(19.44\mu m)}{4.050\mu m} = 9.6$$

这表明衍射第二极小刚刚在式（22 – 21）中 $m_2=10$ 的干涉明纹之前出现. 在任一个第一衍射峰内有从 $m_2=5$ 到 $m_2=9$ 总共 5 条双缝干涉图样的明纹出现（如图 22 – 18 的插图中所示）. 不过，如果 $m_2=5$ 的那条明纹（它几乎被第一衍射极小消去了）被认为太弱而不计的话，则在侧向第一衍射峰内就只有 4 条明纹了.

检查点 4：如果把此例中的波长增大到 550nm，(a) 中央衍射峰的宽度和 (b) 这一峰内干涉明纹条数增加，减少，还是保持不变？

22 –5　衍射光栅

在光和发射、吸收光的物体的研究中最有用的工具之一是**衍射光栅**. 这种器件有点像图 21 –3 的双缝装置，但具有非常大数目 N 的缝，称为**刻线**，数目可以达到每毫米几千条以上. 图 22 – 19 为衍射光栅的截面示意图. 当单色光通过这些缝射出时，它形成窄的干涉条纹，可用来分析确定光的波长.

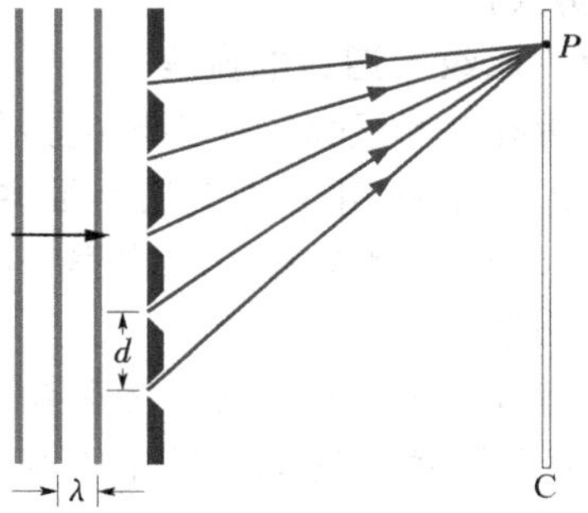

图 22 – 19　衍射光栅在远处观察屏 C 上产生干涉图样的截面示意图

1. 光栅

用金刚石在平玻璃上刻出大量等宽等距的平行刻线，刻线处相当于毛玻璃而不透光，未刻过的部分相当于透光的狭缝，这就做成了衍射光栅. 设图 22 – 19 中光栅的每一条透光部分宽度为 a，不透光部分宽度为 b，则刻线之间的距离 $a+b=d$ 叫做**光栅常量**，它是光栅的空间周期性的表示. 如果 N 条刻线占有总宽度 w，光栅常数就是 $d=w/N$.

2. 光栅衍射图样的形成及其特点

与上节所讲双缝衍射图样形成的特点相类似，光栅衍射中每一条透光缝，由于衍射，也都会在屏幕上呈现衍射图样，又由于各缝发出的衍射光都是相干光，所以在相遇区域同样会产生缝与缝间的干涉效应. 因此，光栅的各级条纹的强度也要被通过每条缝的光的衍射所调制，或者说光栅衍射图样是衍射和干涉的总效果.

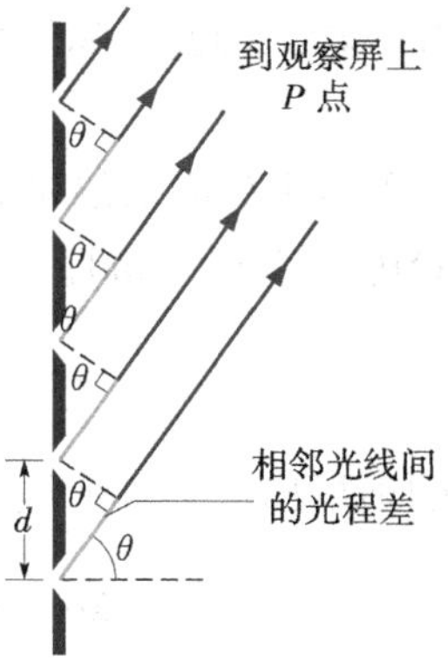

图 22 – 20　从光栅的刻线到远处 P 点的光线是近似平行的. 每一对相邻光线间的光程差是 $d\sin\theta$.

(1) 光栅方程　主明纹

下面就用已经熟悉的方法求出屏上各级明纹所出现的方位. 我们把用于双缝干涉的同样推理应用于每对相邻的刻线. 相邻光线之间的光程差仍然是 $d\sin\theta$（图 22 – 20），其中 θ 是从光栅（和衍射图样）的中心轴到 P 点的角度（衍射角）. 当相邻的光线之间的光程差是入射光波长 λ 的整数倍时，光栅上任意两缝的对应光线的光程差均等于波长 λ 的整数倍，因而各缝发出的光线在 P 点互相加强，P 点处出现明条纹. 这就是说，光栅衍射明条纹的条件是衍射角 θ 必须满足关系式

$$d\sin\theta = \pm m\lambda \quad m = 0,1,2,\cdots \text{(主极大—谱线)} \tag{22-22}$$

上式通常称为**光栅方程**. 式中每一整数 m 代表一条不同的**谱线**，这些整数称作**级数**，而各谱线依次称为第零级明纹（或中央明纹，其 $m=0$），一级明纹，二级明纹，等等. 式中的正负号表示各级明纹在中央明纹两侧对称分布，就像图22-21所示那样. 这些谱线所对应的明条纹的光强有最大值，因此常称为**主极大**（或**主明纹**）.

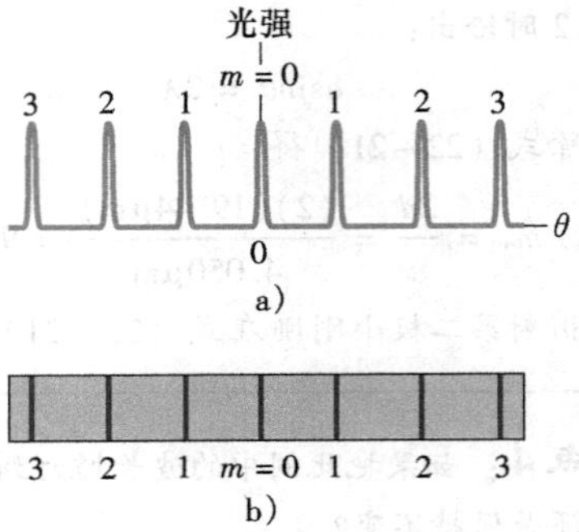

图22-21 a）光栅的光强曲线. b）在屏上看到的相应的主明纹（谱线）.

（2）暗纹 谱线的宽度

再看屏上各级暗纹所出现的方位. 我们可以仿照第22-2节中利用半波带法得到单缝衍射暗纹公式（式（22-1））的方法，求出第一极小，并顺便推出半宽度公式.

对有 N 条刻线的光栅，每两条相邻刻线间的距离是 d，顶上和底下的刻线间的距离是 Nd（见图22-22）. 在稍偏离中央明纹（$\theta=0$ 处）$\Delta\theta_{hw}$ 的方向，最顶和最底两条光线之间的光程差则应是 $Nd\sin\Delta\theta_{hw}$. 当这个光程差恰好等于 λ 时，光栅上下两半宽度内相应的缝发出的光到达屏上将都是反相的. 它们将相消干涉以致总光强为零. 因此，第一极小的发生决定于

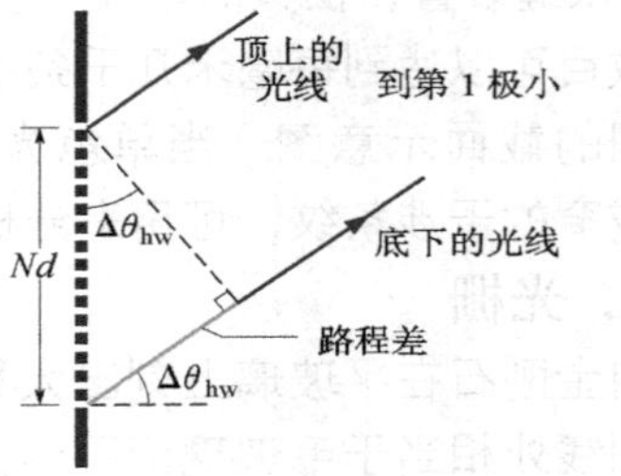

图22-22 有 N 条刻线的光栅. 其中 $\Delta\theta_{hw}$ 是到第1极小的角度.（为了清楚，这里的角度大大地夸大了.）

$$Nd\sin\Delta\theta_{hw} = \lambda \tag{22-23}$$

式中，$\Delta\theta_{hw}$ 代表从中央明纹的中心到第一极小的角度，常称之为**中央明纹的半宽度**. 因为 $\Delta\theta_{hw}$ 很小，故 $\sin\Delta\theta_{hw}=\Delta\theta_{hw}$（rad），代入上式得

$$\Delta\theta_{hw} = \frac{\lambda}{Nd} \quad \text{(中央明纹半宽度)} \tag{22-24}$$

这里不加证明地指出任何其他级别的明纹的半宽度满足于关系

$$\Delta\theta_{hw} = \frac{\lambda}{Nd\cos\theta} \quad \text{(在}\theta\text{处的明纹的半宽度)} \tag{22-25}$$

由式（22-24）知，中央明纹的角宽度应为 $2\Delta\theta_{hw}=\dfrac{2\lambda}{Nd}$，而由光栅方程，式（22-22），求得的中央明纹到第一级明纹的角距离为 $\theta_1\approx\lambda/d$. 由于 N 很大，所以中央明纹宽度要比它和第一级明纹的间距小许多. 事实上，利用上面的方法可推知，在中央明纹和第一级明纹之间，还有一些总光强为零的位置，在这些位置上，最顶和最底缝发出的光的光程差应为 2λ，3λ，$\cdots$，

$(N-1)\lambda$. 也就是说，在相邻两个主明纹之间共有 $N-1$ 个暗纹，因而有 $N-2$ 个明纹（每相邻两个暗纹之间必会有的）如图 22－23 所示方式分布. 理论计算表明，这 $N-2$ 个明纹的光强远小于式（22－22）给出的主明纹的光强，通常相应将这些强度很弱的明纹称为**次极大**（或**次明纹**）. 实际观测中可看到，当 N 很大时，光栅衍射的暗纹和次明纹已连成一片，在两个相邻的衍射主明纹之间形成了微亮的暗背景，所以图 22－21b 中呈现的只是又亮又细的各级主明纹.

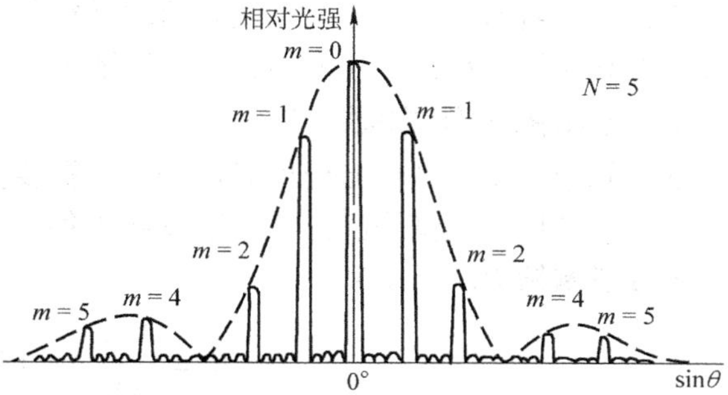

图 22－23 $N=5$ 的光栅衍射光强分布示意图，图中 $m=3$ 级缺级.

另外，由式（22－25）可看出，对于给定波长 λ 的光和给定刻线间距 d，各级明纹的宽度随刻线数 N 的增大而减小. 也就是说，增加光栅上狭缝的总条数，可以使每个明条纹变得更细，因而重叠更少. 实际上，这正是要将光栅的刻线尽可能增多的主要原因. 当然，同时由于衍射光束增多了，每一条明纹的亮度也可以大大增强. 衍射光栅所具有的这种明显效果，使得用它测量光波的波长可以测得非常准确，从而成为进行光谱分析的重要工具。

（3）缺级现象和缺级条件

前面已经说明，光栅的衍射图样是由 N 个狭缝的衍射光相互干涉形成的. 这就是说，在某个衍射角 θ 方向上，先要存在每个缝的衍射光，然后 N 条狭缝的衍射光才能产生干涉效应. 由此可知，即使 θ 角满足了光栅方程使干涉结果为某级明纹，但若该 θ 恰又符合单缝衍射的暗纹条件（$a\sin\theta=m\lambda$），则在该 θ 方向上根本就没有衍射光射出，于是该级明纹也就不会出现. 这种现象称为**缺级现象**. 所缺级次可由令 θ 方向同时满足光栅衍射明纹和单缝衍射暗纹的条件导出，即联立求解

$$d\sin\theta=\pm m\lambda \quad m=0,\ 1,\ 2,\ \cdots$$

和

$$a\sin\theta=\pm m'\lambda \quad m'=0,\ 1,\ 2,\ 3,\ \cdots$$

二式相除可得**缺级条件**为

$$m=\pm\frac{d}{a}m' \tag{22-26}$$

即当光栅常数 d 与缝宽 a 构成整数比时，就会发生缺级现象. 对比例题 22－23 的情形（可以把它看成是只有两条缝的光栅），在 d/a 趋近于 5 的条件下，已可大致看出此种趋势. 在图 22－3 中也可看到，$m=3$ 的级次出现缺级现象.

3. 衍射光谱

由光栅方程可以看出，当光栅常数 d 为一定时，同一级条纹的衍射角 θ 的大小与入射光的波长有关. 如果用白光照射光栅，白光中不同波长的光将产生各自的衍射条纹，除中央明纹由各色光混合仍为白光外，其两侧的各级明纹都由紫到红对称排列. 同级的不同颜色的明纹按波长顺序排列呈现出的彩色光带称为光栅的**衍射光谱**. 如果入射的复色光中只包含若干个波长成分，则衍射光谱由若干条不同颜色的细亮谱线组成.

不同种类光源发出的光所形成的光谱是各不相同的. 例如，处于气态的原子受激发光时，其光谱是线状的**线光谱**；而气态分子受激发光时，其光谱的谱线极多，排列成带而称为**带光谱**.

这些光谱是了解原子和分子结构及其运动规律的重要依据．光谱分析是现代物理学研究的重要手段．在科学研究和工程技术中，也广泛地应用于分析、鉴定等方面．

4. 光栅的分辨本领

在实际中，要想利用光栅作光谱分析，需要光栅不仅能够把不同波长的光区分开，还要能够把波长十分接近的谱线区分开，这就要求每条谱线应尽可能的窄．用另一种说法，即光栅应有高的**分辨本领** R，定义为

$$R = \frac{\lambda_{avg}}{\Delta\lambda} \quad \text{（分辨本领定义）} \tag{22-27}$$

这里 λ_{avg} 是刚能被认为是分开了的两条发射谱线的平均波长，而 $\Delta\lambda$ 是它们之间的波长差．此定义说明，R 越大，光栅能分开的两个波长的波长差 $\Delta\lambda$ 越小．下面具体计算光栅的分辨本领和什么因素有关．

我们从式（22－22）——光栅的衍射图样中谱线位置的表示式（对第 m 级谱线）开始：

$$d\sin\theta = m\lambda$$

把 θ 和 λ 当作变量求此式的微分，得

$$d\cos\theta \mathrm{d}\theta = m\mathrm{d}\lambda$$

对于足够小的角度，可以把这个微分关系写为

$$d\cos\theta\Delta\theta = m\Delta\lambda \tag{22-28}$$

这里 $\Delta\lambda$ 是被光栅衍射的两个非常靠近的波的波长差，而 $\Delta\theta$ 是它们在衍射图样中的角距离．如果 $\Delta\theta$ 是两条谱线能被分辨的最小角度，它必须（根据瑞利判据）等于每条谱线的半宽度，而半宽度由式（22－25）给定为

$$\Delta\theta_{hw} = \frac{\lambda}{Nd\cos\theta}$$

如果将此 $\Delta\theta_{hw}$ 代入式（22－28）中的 $\Delta\theta$，可推出

$$\frac{\lambda}{N} = m\Delta\lambda$$

由此立即可得

$$R = \frac{\lambda}{\Delta\lambda} = Nm \tag{22-29}$$

从这个式子可以看到，光栅的分辨本领与级次成正比，特别是，与光栅的总缝数成正比．因此，为了获得高的分辨本领，必须增大光栅的总缝数，这也正是实际中将光栅制作为几万条甚至几十万条刻线的原因．（再次验证前面讨论的结果）

例题 22－4

一个光栅具有 1.26×10^4、均匀排列在 $w=25.4$mm 的宽度上的刻线．它用来自钠光灯的黄光垂直照射．这种光包含波长 589.00nm 和 589.59nm 两条非常靠近的谱线（称为钠双线）．

(ε) 在什么角度 589.00nm 的波长出现一级极大（在衍射图样中央的任一侧）？

【解】 这里**关键点**是衍射光栅的各极大可以用式（22－22）（$d\sin\theta=\pm m\lambda$）定位．这个光栅的栅线间距是

$$d = \frac{w}{N} = \frac{25.4\times10^{-3}\text{m}}{1.26\times10^4} = 2.016\times10^{-6}\text{m} = 2016\text{nm}$$

一级极大对应于 $m=1$．将 d 和 m 的值代入式（22－

22）得

$$\theta = \sin^{-1}\frac{m\lambda}{d} = \sin^{-1}\frac{1\times 589.00\text{nm}}{2016\text{nm}}$$

$$=16.99° \approx 17.0°$$ （答案）

（b）纳双线第一级光谱的张角有多大？

【解】 这里的**关键点**是，纳双线这两条谱线第一级光谱的张角，实际上就是它们一级衍射角的差，所以若设 $\lambda = 589.00\text{nm}$ 的光波对应的一级衍射角为 θ_1，而 $\lambda' = 589.59\text{nm}$ 的光波对应的一级衍射角为 θ'. 则在式（22-22）中令 $m=1$，即可求出：

$$\theta_1 = \sin^{-1}\frac{\lambda}{d} = \sin^{-1}\frac{589.00\text{nm}}{2016\text{nm}} = 16.987°$$

$$\theta_1' = \sin^{-1}\frac{\lambda'}{d} = \sin^{-1}\frac{589.59\text{nm}}{2016\text{nm}} = 17.005°$$

所以

$$\Delta\theta = \theta_1' - \theta_1 = 0.018°$$ （答案）

（c）光栅的刻线的数目最少是多少才能把钠双线在一级加以分辨？

【解】 这里一个**关键点**是，根据式（22-29）（$R=Nm$），在任何级次 m 光栅的分辨本领在物理上决定于光栅的刻线数目. 第二个**关键点**是，根据式（22-27）（$R=\lambda_{avg}/\Delta\lambda$），能被分辨的最小波长差 $\Delta\lambda$ 决定于平均波长和光栅的分辨本领 R. 为了钠双线刚好分辨，$\Delta\lambda$ 必须是它们的波长差 0.59nm，λ_{avg} 必须是它们的平均波长 589.30nm.

把这些要点放到一起，一个光栅要分辨钠双线的刻线的最小数目为

$$N = \frac{R}{m} = \frac{\lambda_{avg}}{m\Delta\lambda} = \frac{589.30\text{nm}}{1\times 0.59\text{nm}} = 999 \text{ 条}$$

（答案）

22-6 X射线衍射

1895年伦琴发现了由高速电子撞击金属极板时产生的新射线，称为伦琴射线. 由于这种射线人眼看不见，又具有很强的穿透能力，在当时是前所未知的一种射线，故又称为X射线，产生伦琴射线的真空管称为X光管，其装置如图22-24所示. 从热灯丝F逸出的电子被电势差U加速后再撞击金属靶T时，就会产生X射线.

由于X射线在电场或磁场的作用下并不偏转，所以在发现它之后不久，就认定它是一种波长很短的电磁波（后来的实验求得它的波长的数量级是1Å（$=10^{-10}$m））. 既然是电磁波，X射线也应该产生干涉、衍射现象. 不过，当时做这类实验却很困难，原因在于一个标准的光学衍射光栅不能用来辨别X射线波长范围内的不同波长. 例如，对于 $\lambda = 1\text{Å}$（$=0.1\text{nm}$）和 $d=3000\text{nm}$，式（22-22）给出一级极大出现在

$$\theta = \arcsin\frac{m\lambda}{d} = \arcsin\frac{(1)(0.1\text{nm})}{3000\text{nm}} = 0.0019°$$

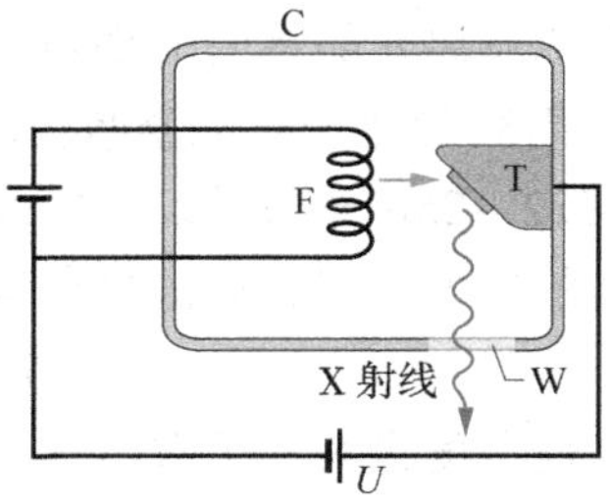

图22-24 X射线是离开热灯丝F的电子通过电势差U加速后再撞击一个金属靶T时产生的. 抽空的室C的"窗"W对X射线是透明的.

距中央极大太近了以至于无法观测到衍射现象. 从理论上说，$d\approx\lambda$ 的光栅挺好，但是，由于X射线波长大约等于原子的直径，这种光栅不能用通常的机械方法加工出来.

1912年，德国物理学家M. von劳厄想到，晶体中相邻原子的间距也是Å的量级，由有规则的原子阵列组成的晶型固体可能形成对X射线的天然三维"衍射光栅". 想法是这样，在如氯化钠（NaCl）的晶体中，一个基本的原子的单元（称为**单胞**）在整个阵列中重复自己. 在NaCl内，每一单胞和4个钠离子、4个氯离子相联系. 图22-25a表示一块NaCl晶体的一部分，其

中标出了这样的基本单元．单胞是边长为 a_0 的立方体．

当一束 X 射线进入像 NaCl 这样的晶体时，X 射线被晶体结构在各方向**散射**，即重新定向．在某些方向，散射波进行相消干涉，产生强度极小；在其他方向，干涉是相长的，产生强度极大．这种散射和干涉的过程是一种形式的衍射，尽管它不像前面讨论过的光通过一条缝或在一个边上经过时发生的衍射．

X 射线被晶体衍射的实际过程比较复杂．为简单起见，可以假设晶体是由一系列平行平面（晶面）组成，这些平面通过原子在晶体内延伸，面上包含有规则的原子阵列．图 22－25b 就表示其中一族中的三个晶面，**晶面间距**为 d，入射射线被说成是由它们反射．射线 1、2 和 3 分别从第 1、第 2 和第 3 个平面上反射．对每一个反射，入射角和反射角都用 θ 代表，反射角等于入射角．和光学中的习惯相反，这些角度相对于平面的**表面**定义而不是相对于表面的法线．对于图 22－25b 的情况，面间距碰巧等于单胞的尺寸 a_0．

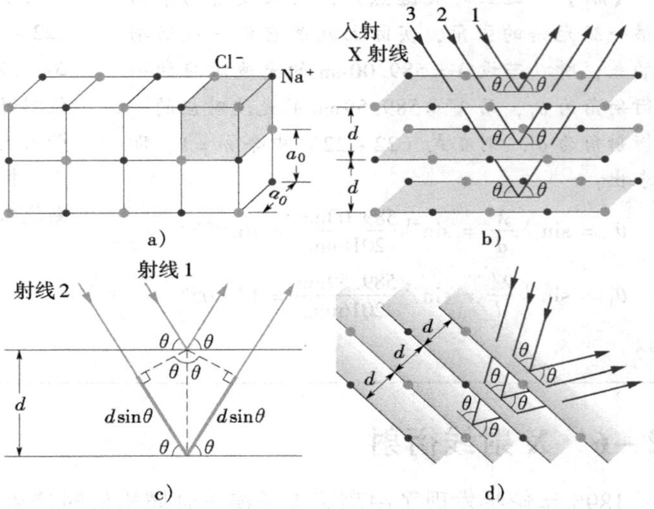

图 22－25 NaCl 晶体内不同方向的晶面族（截面图）

图 22－25c 所示是从相邻的一对平面反射的侧视图．射线 1 和 2 的两列波到达晶体时是同相的．它们被反射后也必须是同相的，因为反射和反射面已经定义只说明晶体对 X 射线衍射的强度极大．和光线不同，X 射线进入晶体不折射；还有，对此情况没有定义折射率．因此，射线 1 和 2 的波离开晶体时的相对相位只由它们的路程差给出．要使这两条射线同相，路程差必须等于 X 射线的波长 λ 的整数倍．

在图 22－25c 画出两条虚垂线可以发现路程差是 $2d\sin\theta$．实际上，这对于在图 22－25b 中的一族平面的任何一对相邻的平面都是对的．因此，作为 X 射线强度极大的判据，有

$$2d\sin\theta = m\lambda, m = 1,2,3,\cdots \quad \text{（布拉格定律）} \qquad (22-30)$$

式中，m 是强度极大的级数．式（22－30）称为**布拉格定律**，从第一位导出它的比利时物理学家 W. L. 布拉格（他和他父亲由于用 X 射线研究晶体结构而共享 1915 年诺贝尔奖．）而得名．式（22－30）中的入射角和反射角称为**布拉格角**．

不管 X 射线以什么角度进入晶体，总有一族平面可以说它们的反射适用布拉格定律．在图 22－25d 中，注意晶体结构和图 22－25a 中的具有相同的方位，但射线进入结构的角度与图 22－25b 中所示的不同．这一新角度要求一族新的有不同的面间隔 d 和布拉格角 θ 的反射平面来用布拉格定律解释 X 射线衍射．

图 22－26 表明如何能把面间距 d 和单胞大小 a_0 联系起来．对该处特定的一族平面，勾股定理给出

$$5d = \sqrt{5}a_0$$

或
$$d=\frac{a_0}{\sqrt{5}} \qquad (22-31)$$
可以看出，一旦用 X 射线衍射测出面间距 d 之后就能求出单胞的大小.

X 射线衍射在研究 X 射线谱和原子在晶体中的配置中都是强有力的工具. 为了研究 X 射线谱，就选择间隔 d 已知的特定晶面族. 这些晶面实际上在不同的角度反射不同的波长. 一个能区分不同角度的探测器就可用来确定到达它的辐射的波长. 晶体本身可以用单色 X 射线束加以研究，以确定各种晶面的间距以及单胞的结构.

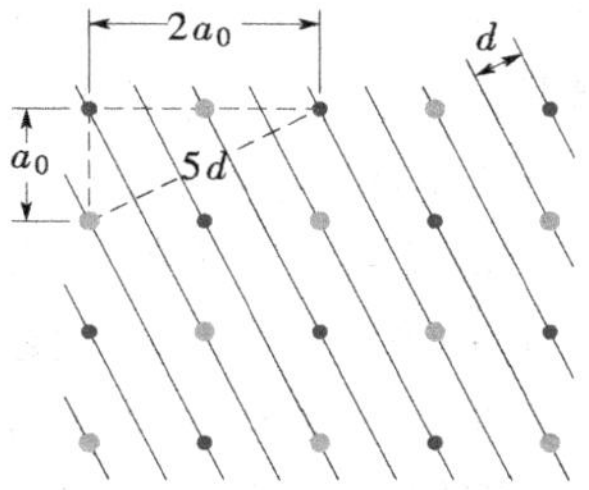

图 22－26 把单胞的边长 a_0 和面间距 d 联系起来的一个方法.

22－7 光的偏振

由第 19 章的学习我们知道，光波是特定频率范围内的电磁波. 电磁波中作周期性变化的电场方向（即电场强度矢量 $\boldsymbol{E}$ 的方向）是与作周期性变化的磁场方向相互正交的，并且电场和磁场都与电磁波的传播方向相垂直，也就是说电磁波是横波. 由于大部分探测电磁波和光波的仪器能够感应接收的是波的电分量而不是磁分量，所以在研究光的**偏振现象**（横波的振动矢量偏于某些方向的现象）时，只需研究电场强度矢量 $\boldsymbol{E}$ 的振动. 有些书中将 $\boldsymbol{E}$ 矢量称为**光矢量**，$\boldsymbol{E}$ 矢量的振动称为光振动.

1. 非偏振光　偏振光　偏振片

在 21－2 节中曾提到过，普通光源发出的光波是由组成光源的大量分子或原子发出的. 这些分子或原子发出的光的振动方向是无序的，没有哪一个方向更占优势，即在所有可能的方向上，电场矢量 $\boldsymbol{E}$ 的振幅都相等. 这样的光叫做**非偏振光**，或**自然光**. 图 22－27 表示非偏振光的情况. 图 22－27a 中每一个双箭头表示光线中某点的电矢量 $\boldsymbol{E}$ 的一个可能的振动方向，图中众多的、双箭头均相交于一点，表示该点的电场矢量在各方向都有振动，并且各方向振动几率均等. 由于每一个方向的电场振动矢量都可以分解成相互垂直的两个分振动矢量，因此通常把各个方向的振动都分解为相互垂直的 y 向和 z 向分振动，再分别把 y 向和 z 向的各分振动合成起来，就成为图 22－27b 中的两个相互垂直的振动矢量. 这是非偏振光的一种图示方法. 为了简明地表示光的传播，还常用图 22－27c 中的图示方法. 其中：箭头表示光的传播方向，点子表示垂直于页面的振动，竖线表示平行于纸面的振动，点子与竖线作等距分

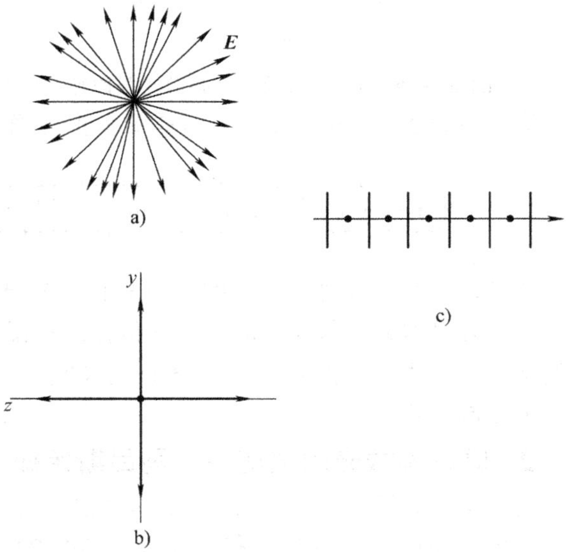

图 22－27 a）非偏振光中电场矢量 $\boldsymbol{E}$ 的振幅在各个方向都相等. b）将非偏振光分解为两个垂直分振动的叠加. c）从左向右传播的非偏振光.

哈里德大学物理学

布，表示这两个方向振动的光强度相等.

非偏振光经反射、折射或吸收后，可能只保留某一方向的电场振动. 如图 22－28 所示情形，迎着传播过来的光看，只存在电场平行于 y 轴方向的振动（图 22－28b）. 这种振动只在某一固定方向上的光叫做**线偏振光**，简称**偏振光**，可用图 22－28c 或 d 的图示法表示. 偏振光的振动方向与传播方向组成的平面，叫做**振动面**（图 22－28a）.

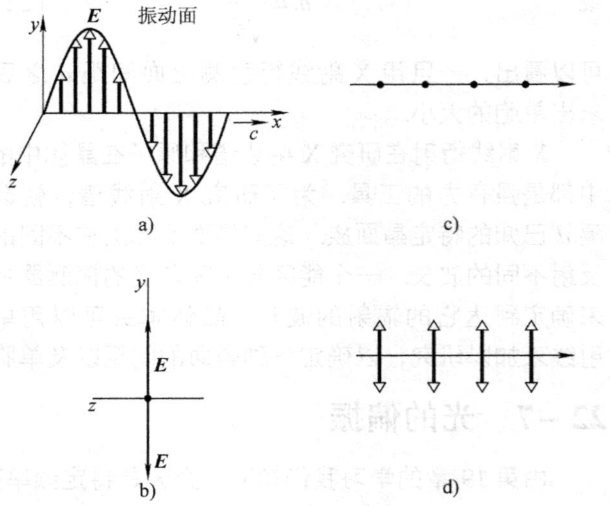

图 22－28　a）偏振光的振动面. b）"迎面"看光，用一双箭头标明振动电场的方向. c）振动方向垂直页面的偏振光. d）振动方向在页面内的偏振光.

若电场在某一方向的振动比与之相垂直方向上的振动更占优势，那么这种光叫做**部分偏振光**. 它是介于偏振光与非偏振光之间的情形，可以用类似的图示方法来表示部分偏振光（见图 22－29）.

让非偏振光通过一个**起偏振片**就可以把它转化为偏振光，如图 22－30 所示. 这种商业上叫做 Polaroid（偏振片）偏振滤光片的薄片是当年的一个大学生 Edwin Land 于 1932 年发明的. 偏振片由嵌在塑料中的某种长分子构成. 在制造时，薄片被拉伸，使分子像犁过的地那样平行排成行. 当光射过薄片时，沿着一个方向的电场分量通过，垂直于该方向的分量被吸收并随之消失.

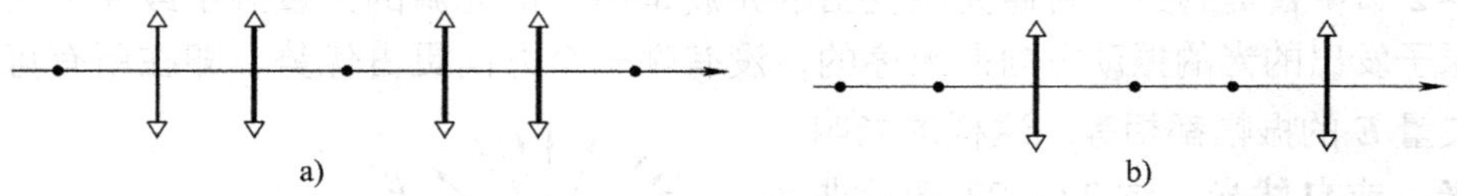

图 22－29　a）在页面内的振动较强的部分偏振光. b）垂直页面的振动较强的部分偏振光

这里不细述分子的情况，而只是给偏振片确定一个**偏振化方向**，沿此方向让电场分量通过.

> 偏振片让平行于偏振化方向的电场分量通过（透过），吸收垂直于这个方向的分量.

这样，从偏振片射出的光的电场只由平行于偏振片的偏振化方向的分量构成，所以光沿此方向偏振. 在图 22－30 中，竖直的电场分量透过偏振片，水平分量被吸收. 因此，透过的光波是竖直偏振的.

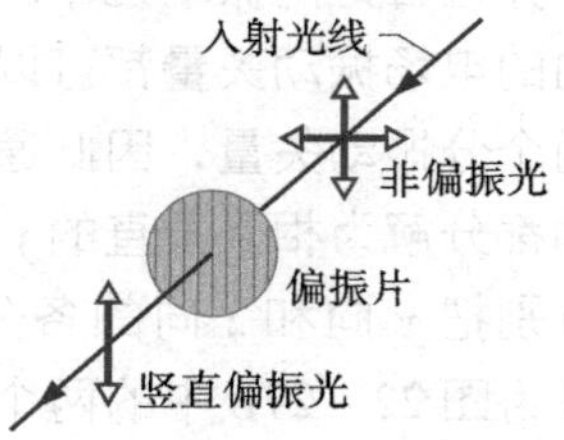

图 22－30　当非偏振光穿过一个偏振片后成为偏振光. 它的偏振方向平行于偏振片的偏振化方向. 该方向在这里用画在片上的竖直线来表示.

2. 透射偏振光的强度——马吕斯定律

现在考虑光透过一个偏振片后的强度. 先讨论非偏振光，它的电场振动可以分解为 y 和 z 分量，如图 22－27b 所示. 然后，可以令 y 轴平行于偏振片的偏振化方向. 这样，偏振片只让光的电场的 y 分量通过，吸收 z 分量. 由图 22－27b 可见，假如最初入射光波的取向是随机的，y 分量之和与 z 分量之和相等，

当 z 分量被吸收后，入射光强度 I_0 的一半失掉了. 所以出射偏振光的强度 I 是

$$I=\frac{1}{2}I_0 \tag{22-32}$$

此式称为**减半定则**，它**只**适用于入射到偏振片的光是非偏振的.

现在假设入射到偏振片的光已经是偏振的. 图 22-31 所示为一个在页面内的偏振片以及向该片行进的偏振光的电场 $\boldsymbol{E}$. 可以相对于偏振片的偏振化方向把 $\boldsymbol{E}$ 分解为两个分量：平行分量 E_y 透过偏振片，垂直分量 E_z 被吸收. 因为 θ 是 $\boldsymbol{E}$ 和偏振片的偏振化方向之间的夹角，透过的平行分量是

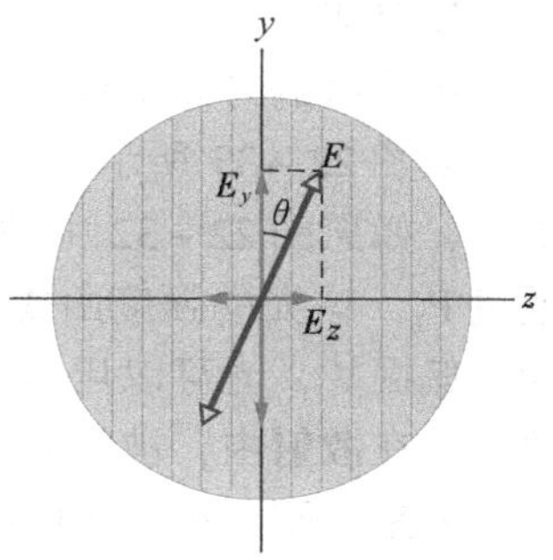

图 22-31 入射到一个偏振片的偏振光.

$$E_y=E\cos\theta \tag{22-33}$$

回想电磁波（譬如此处的光波）的强度正比于电场强度的平方. 在此处讨论的情形中，出射波的强度正比于 E_y^2，而入射波的强度 I_0 正比于 E^2. 所以，由式（22-33）可以写 $I/I_0=\cos^2\theta$ 或

$$I=I_0\cos^2\theta \tag{22-34}$$

此式称为**马吕斯定律**或**余弦平方定则，**它**只能**运用于当光到达偏振片时已经偏振的情况. 于是，当入射的光波平行于偏振片的偏振化方向偏振时（式（22-34）中的 θ 为 0°或 180°），透射强度 I 为最大值，且等于原始强度 I_0. 当入射的光波垂直于偏振片的偏振化方向偏振时（θ 为 90°），I 是零.

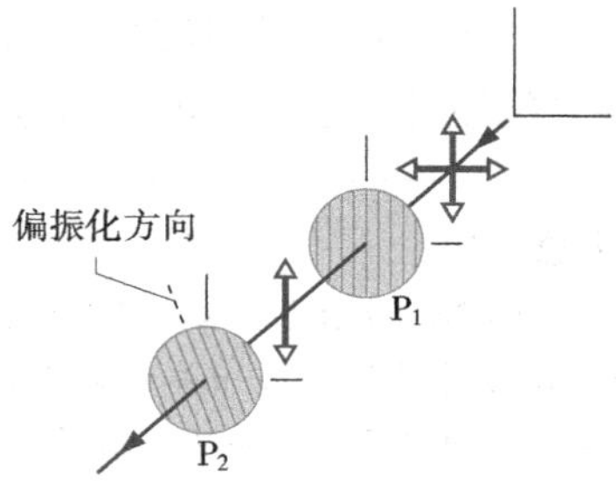

图 22-32 透过偏振片 P_1 的光竖直偏振，用竖直双箭头表示. 透过偏振片 P_2 光量依赖于光的偏振方向与 P_2 的偏振化方向（用画在偏振片上的线和虚线表示）的夹角.

图 22-32 所示为一套装置，让初始的非偏振光先后穿过两个偏振片 P_1 和 P_2.（通常称第一片为**起偏器**，第二片为**检偏器.**）因为 P_1 的偏振化方向是竖直的，透过 P_1 到达 P_2 的光为竖直偏振. 如果 P_2 的偏振化方向也是竖直的，则透过了 P_1 的光全部透过 P_2；如果 P_2 的偏振化方向是水平的，则透过了 P_1 的光完全不能透过 P_2. 只考虑两个

a)　　b)

图 22-33 偏振太阳镜有两个偏振镜片，当戴上时，镜片的偏振化方向是竖直的. a) 重叠的两副太阳镜，当它们的偏振化方向一致时，透光相当好，但是 b) 当它们正交时，就挡住了大部分光.

偏振片的**相对**取向可得到同样的结论：如果它们的偏振化方向平行，通过第一片的光也通过第二片；如果两者的方向垂直（称两片**正交**），没有光通过第二片．这两种极端情况用偏振太阳镜说明，如图 22－33 所示．

最后，如果图 22－32 中的两个偏振化方向成一个在 0°～90°的角度，透过 P_1 的光中的一部分可透过 P_2．该光的强度由式（22－34）决定．

除了偏振片，光可以用其他方法产生偏振，例如通过反射（将在下部分讨论）和被原子或分子散射．在**散射**中，被物体，例如一个分子，截取的光向许多方向（多半是随机的）发送．一个例子就是太阳光被大气中的分子散射，使天空一片光亮．

虽然直接来自太阳的光是非偏振的，由于这种散射，来自天空大部分的光都至少是部分偏振的．蜜蜂在进出蜂箱时利用天空光的偏振导航．类似地，威金人（the Vikings）利用它来导航，在白天太阳低于地平线时（因为北冰洋的高纬度）越过北冰洋．这些早期航海者发现了一种晶体（现在称为堇青石），它在偏振光中转动时会改变颜色．他们透过这种晶体看天空，同时绕着视线转动它，能够找出藏在地平线下的太阳的位置，从而确定何方是南．

例题 22－5

图 22－34a 所示为在入射的非偏振光的路径中的一个三偏振片系统．第一片的偏振化方向平行于 y 轴，第二片的偏振化方向从 y 轴逆时针转过 60°，而第三片的偏振化方向平行于 x 轴．光的初始强度 I_0 的多少部分从系统出射？出射光如何偏振？

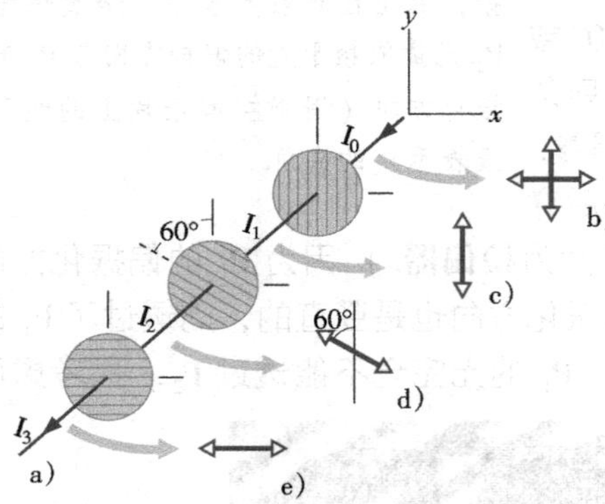

图 22－34 例题 22－5 图

【解】 这里**关键点**是：

1. 顺着系统，从光遇到的第一片到最后一片，逐片计算．

2. 为得到透过任意一片的强度，根据光到达该片时是非偏振的或偏振的，分别运用减半定则或余弦平方定则．

3. 透过一个偏振片后，光总是平行于该片的偏振化方向偏振．

第一片： 入射光波用迎面的双箭头表示，如图 22－34b 所示．因为光起初是非偏振的，透过第一片的光强 I_1 由减半定则式（22－32）给出：

$$I_1=\frac{1}{2}I_0$$

因为第一片的偏振化方向平行于 y 轴，透过它的光的偏振方向也是这样，如正视图 22－34c 所示．

第二片： 因为到达第二片的是偏振光，透过该片后的光强 I_2 由余弦平方定则（式（22－34））给出．定则中的角 θ 是入射光的偏振方向（平行于 y 轴）与第二片的偏振化方向（从 y 轴逆时针转过 60°）之间的夹角，所以 θ 是 60°．因而

$$I_2=I_1\cos^2 60°$$

该透过光的偏振平行于所透过薄片的偏振化方向，即从 y 轴逆时针旋转 60°，如图 22－34d 的正视图所示．

第三片： 因为到达第三片的是偏振光，透过该片后的光强 I_3 由余弦平方定则给出．现在角 θ 是入射光的偏振方向（见图 22－34d）与第三片的偏振化方向（平行于 x 轴）之间的夹角，所以 $\theta=30°$．因而有

$$I_3=I_2\cos^2 30°$$

这最后透过的光平行于 x 轴偏振（见图 22－34e）．把 I_2、I_1 的表达式先后代入上式，得到它的强度

$$\begin{aligned}I_3=I_2\cos^2 30° &= (I_1\cos^2 60°)\cos^2 30°\\ &=\left(\frac{1}{2}I_0\right)\cos^2 60°\cos^2 30°\\ &=0.094I_0\end{aligned}$$

所以
$$\frac{I_3}{I_0}=0.094$$

（答案）

这就是说，初始强度的9.4%从这三片系统出射.（如果现在拿走第二片，则初始强度的百分之几从系统射出?）

检查点5：下图中是四对正面看到的偏振片，每一对都竖直放在初始非偏振光的路径中（就像图22 -34a的三片那样）. 每一片的偏振化方向（用虚线表示）都参照水平的 x 轴或者竖直的 y 轴标出. 按照它们透过的初始强度的比例从大到小将各对排序.

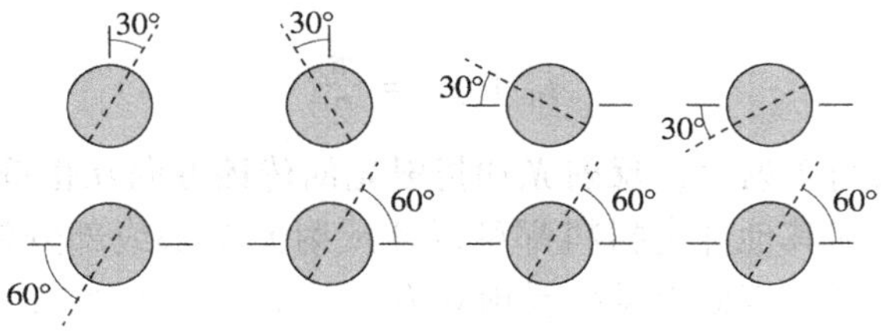

a)　b)　c)　d)

3. 反射和折射引起的光的偏振

如果透过一个偏振片（比如偏振太阳镜），观看如太阳光从水面反射的眩光，当绕着视线转动该片的偏振化轴时，会看到眩光的强度可以改变. 这其中的原因就在于，由于水面的反射，反射光成为完全偏振光或部分偏振光了.

实验表明，非偏振光（自然光）入射到折射率分别为 n_1 和 n_2 的两种介质（如空气和玻璃）的分界面上反射和折射时，不仅光的传播方向要改变，而且偏振状态也要发生变化. 一般情况下，反射光和折射光不再是非偏振光，而成为不同的部分偏振光，即反射光的垂直振动成分多于平行振动，而折射光的平行振动成分多于垂直振动，如图22 -35a所示.

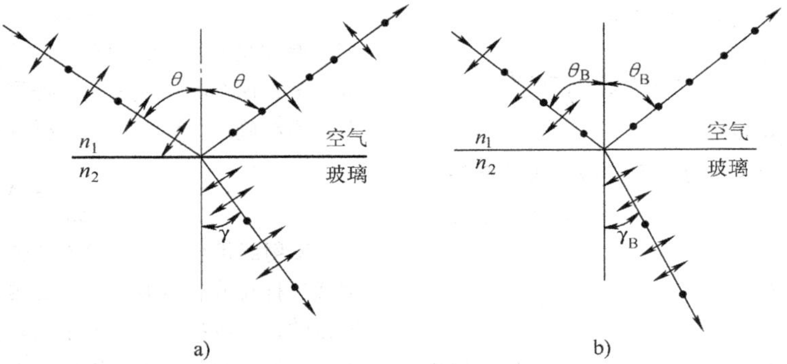

a)　b)

图22 -35　反射光和折射光的偏振特点示意图.

实验还表明，反射光的偏振化程度与入射角有关. 当入射角 θ_B 满足

$$\tan\theta_B = \frac{n_2}{n_1} \quad (布儒斯特定律) \qquad (22-35)$$

时，**反射光成为垂直于入射面的完全偏振光**，而折射光仍为部分偏振光（图22 -35b）. 这时入射光的平行分量并没有消失，而是（与垂直分量一起）折射到玻璃中了. 式（22 -35）是1812年由大卫·布儒斯特爵士从实验中得出的，称为**布儒斯特定律**. i_B 称为**起偏振角**或**布儒斯特角**.

根据折射定律，有

$$\frac{\sin i_B}{\sin\gamma_B}=\frac{n_2}{n_1}$$

而入射角为起偏振角时，又有

$$\tan i_B=\frac{\sin i_B}{\cos i_B}=\frac{n_2}{n_1}$$

所以

$$\sin\gamma_B=\cos i_B$$

即

$$i_B+\gamma_B=\frac{\pi}{2} \tag{22-36}$$

这说明，当光线以**起偏振角入射**时，**反射光和折射光的传播方向互相垂直.**

在实际中，玻璃、水和其他介电材料都可以使反射光全部或部分偏振. 当接受从这样的物质表面反射来的阳光时，看到表面上发生反射处有一个亮点（眩光）. 如果表面如图22－35所示那样，是水平的，则反射光是完全或部分的水平偏振光. 为了消除来自水平表面的这种眩光，戴上偏振太阳镜时，它的透镜的偏振化方向应该是竖直的.

复习和小结

衍射 当波遇到一个边沿或其大小和波的波长可以相比的障碍物或孔时，这些波在传播时扩展开去，而且作为结果，发生干涉. 这称为**衍射.**

单缝衍射 通过一个宽 a 的长狭缝的波在观察屏上产生**单缝衍射图样**，它包含一个中央极大和其他极大，中间隔着到中心轴的角度为 θ 的极小，θ 满足

$$a\sin\theta=m\lambda,\quad m=1,2,3,\cdots \qquad \text{(极小)}$$

在任意给定的角 θ 方向衍射图样的强度为

$$I(\theta)=I_m\left(\frac{\sin\alpha}{\alpha}\right)^2,\text{其中 }\alpha=\frac{\pi a}{\lambda}\sin\theta$$

式中，I_m 是图样中央的强度.

圆孔衍射 一个直径为 d 的圆孔或透镜的衍射产生一个中央极大和同心的极大和极小，其第一极小出现的角度 θ 由下式给出

$$\sin\theta=1.22\frac{\lambda}{d} \qquad \text{(第一极小,圆孔)}$$

瑞利判据 瑞利判据提出如果一个的中央衍射极大在另一个的第一极小处，——两个物体刚刚能被分辨. 它们之间最小的角距离是

$$\theta_R=1.22\frac{\lambda}{d} \qquad \text{(瑞利判据)}$$

式中 d 是光通过的孔的直径.

双缝衍射 通过宽都是 a 而中心相距 d 的两条缝的波显示衍射图样，其强度在角 θ 是

$$I(\theta)=I_m(\cos^2\beta)\left(\frac{\sin\alpha}{\alpha}\right)^2 \qquad \text{(双缝)}$$

式中，$\beta=(\pi d/\lambda)\sin\theta$，而 α 和对单缝衍射的情况一样.

衍射光栅 衍射光栅产生明条纹的条件是衍射角 θ 满足

$$d\sin\theta=\pm m\lambda \quad m=0,1,2,\cdots \text{(光栅方程)}$$

光栅谱线的半宽度给定为

$$\Delta\theta_{hw}=\frac{\lambda}{Nd\cos\theta} \qquad \text{(半宽度)}$$

即，增加光栅上狭缝的数目，可以使每个亮条纹的宽度变窄，这个特点使得用光栅测量光波的波长可以测得非常准确. 具体来说，光栅的**分辨本领** R 满足于

$$R=\frac{\lambda_{avg}}{\Delta\lambda}=Nm$$

X射线衍射 晶体中原子的有规则阵列对于像X射线这样短波长的波是一种三维衍射光栅. 为了分析的目的，可以把原子看成是配置在特定间隔 d 的平面内. 波的入射方向用从这些平面的表面量起的角度 θ 表示，如果它和辐射的波长 λ 满足**布拉格定律**：

$$2d\sin\theta=m\lambda \quad m=1,2,3,\cdots \qquad \text{(布拉格定律)}$$

就出现衍射极大（由于相长干涉）.

偏振 如果电磁波的电场矢量都在一个叫做**振动面**的平面内，此电磁波就是偏振的. 由普通光源发射的光波不是偏振的，就是说，它们是**非偏振**或**无规则偏振的.**

偏振片 当一个偏振片置于光路中时，从偏振片射出的是平行于该片的**偏振化方向**的偏振光.

如果入射到偏振片的光最初是非偏振的，则透射的强度 I 是最初强度 I_0 的一半：

$$I = \frac{1}{2}I_0$$

如果入射到偏振片的光最初是偏振光，则透射的强度依赖于入射光的偏振方向与偏振片的偏振化方向之间的角度 θ：

$$I = I_0\cos^2\theta$$

此式称为**马吕斯定律**或**余弦平方定则**.

反射和折射引起的光的偏振 当非偏振光入射到折射率为 n_1 和 n_2 的两种介质的分界面上时，反射光会成为电场矢量 $\boldsymbol{E}$ 的垂直振动多于平行振动的部分偏振光，而折射光会成为平行振动多于垂直振动的部分偏振光.

如果光波以**布儒斯特角** θ_B 射到这两种介质的分界面，反射光波则为**完全偏振**，电场矢量 $\boldsymbol{E}$ 垂直于入射面，其中

$$\theta_B = \arctan\frac{n_2}{n_1}\ (\text{布儒斯特角})$$

而且，光波以 θ_B 入射时，反射光和折射光的传播方向还会互相垂直.

思考题

1. 用波长 λ 的光做单缝衍射实验. 在远处的观察屏上，在通过缝的顶上和底下的光线的光程差等于（a）5λ 和（b）4.5λ 的地点发生什么现象？

2. 在夜里许多人看到围绕着明亮的室外的灯在黑暗的背景上出现的光环（称为**内晕**）. 这光环被认为是由人的角膜（或可能是晶状体）中的结构产生的衍射图样的第一侧向极大.（这种图样的中央极大重叠成灯的像.）（a）将灯从蓝色换成红色光，光环变小还是变大？（b）如果灯发出白光，光环的外边缘是蓝色还是红色？

3. 图 22－36 表示在用同样波长的光做的两次双缝衍射实验中得到的在中央衍射包络线内的明纹. 实验 B 中的（a）缝宽 a，（b）缝间距 d，和（c）比值 d/a 比实验 A 中的较大，较小，还是相等？

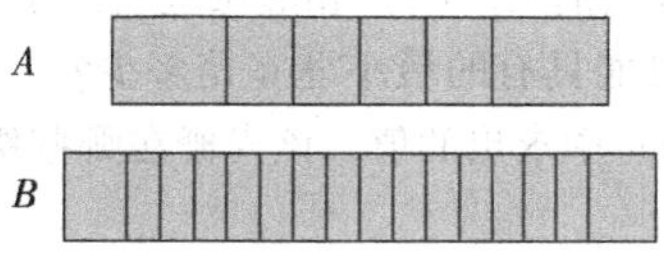

图 22－36 思考题 3 图

4. 图 22－37 所示为一个光栅产生的图样中同级的一条红谱线（左）和一条绿谱线（右）. 如果增大光栅的刻线数目，例如，去掉遮住一半刻线的纸条，（a）谱线的半宽度和（b）谱线的间距增大，减小，还是不变？（c）这些谱线向右移，向左移，或保持不动？

图 22－37 思考题 4 和 5 图

5. 对于思考题 4 的情况和图 22－37，如果增大光栅常数，（a）谱线的半宽度和（b）谱线的间距增大，减小，还是不变？（c）这些谱线向右移，向左移，还是保持不动？

6.（a）图 22－38a 是用衍射光栅 A、B 和波长相同的光产生的谱线（左蓝右红），谱线是同级的而且出现在同一角度. 哪个光栅有较多的刻线？（b）图 22－38b 是用同一个光栅和两种波长的光产生的两级谱线，哪一对谱线，左边的还是右边的，其级数 m 较大？在（c）图 22－38a 和（d）图 22－38b 中，衍射图样的中心在左方，还是在右方？

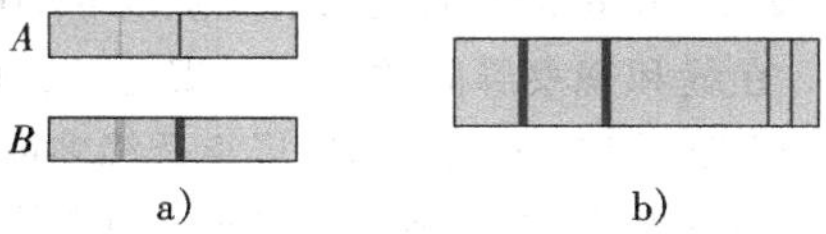

图 22－38 思考题 6 图

7.（a）对于一个给定的衍射光栅，随着波长的增大，它能分辨的两个波长的最小的差 $\Delta\lambda$ 增大，减小，还是不变？（b）对于一给定的波长段（例如，500nm 附近），一级中的或是二级中的 $\Delta\lambda$ 较大？

8. 图 22－39 所示为到达一偏振化方向平行于 y 轴的偏振片的光. 若把偏振片绕着图示的光的传播方向顺时针转 40°，则在转动中，入射光强度通过偏振片的比例是增大，减小，还是不变？设入射光原来是（a）非偏振的；（b）平行于 x 轴偏振；（c）平行于 y 轴偏振.

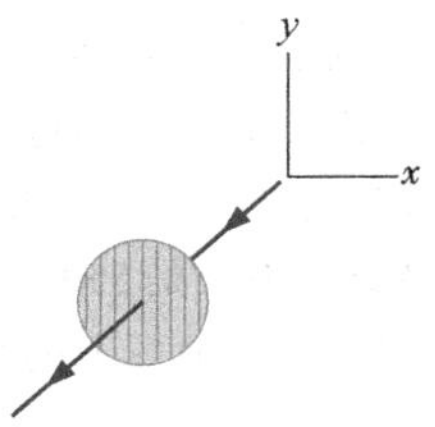

图 22－39 思考题 8 图

9. 在图 22-34a 中，从光最初平行于 x 轴偏振开始，并且把最后的出射强度 I_3 与初始强度 I_0 之比写为 $I_3/I_3 = A\cos^n\theta$. 如果把第一片的偏振化方向从图示的位置（a）逆时针转 60°；（b）顺时针转 90°，A、n 和 θ 分别是多少？

10. 假设在图 22-34a 中转动第二片，从它的偏振化方向与 y 轴一致（$\theta=0$）开始，到它的偏振化方向与 x 轴一致（$\theta=90°$）. 图 22-40 所示的三条曲线中哪一条最适合表示在这个 90°转动过程中通过三片系统的光的强度？

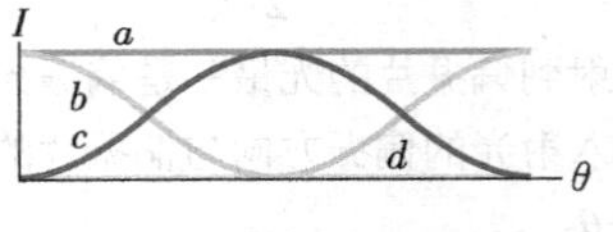

图 22-40 思考题 10 图

习题

1. 波长 633nm 的光入射到一个窄缝上. 在中央极大的一侧的第一衍射极小和另一侧的极小的夹角是 1.20°. 缝的宽度是多少？

2. 波长 441nm 的单色光入射一个窄缝上. 在 2.00m 远的屏上，二级衍射最小和中央极大的距离是 1.50cm.（a）计算二级极小的衍射角 θ.（b）求缝的宽度.

3. 用波长 550nm 的光在离缝 40cm 远的屏上，单缝衍射图样的一级和五级极小之间的距离是 0.35mm.（a）求缝宽.（b）计算第一衍射极小的角 θ.

4. 波长 590nm 的平面波入射到宽度 $a=0.40$mm 的缝上. 在缝和观察屏间放一薄会聚透镜，焦距为 +70cm，把光会聚在屏上.（a）屏离透镜多远？（b）在屏上从衍射图样的中央到第一极小的距离是多少？

5. 波长 589nm 的光照射宽 1.00mm 的缝，在 3.00m 远的屏上看到衍射图样. 在中央衍射极大同一侧的最先两个衍射极小间的距离是多少？

6. 迎面开来的汽车的两个前灯相距 1.4m. 在什么（a）角间距和（b）最大距离处眼睛能分辨它们？假定瞳孔直径是 5.0mm 并用波长为 550nm 的光；也假定只有衍射限制分辨因而可应用瑞利判据.

7. 航天飞机中的宇航员声称她刚刚能分辨 160km 下面地球表面上的两个点源. 假设理想情况，计算它们的（a）角的和（b）线的间距. 取 $\lambda=540$nm 和宇航员的瞳孔的直径为 5.0mm.

8. 一所大房子的墙上铺着消声板，其上钻了中心柜距 5.0mm 的许多小孔. 人离这种板多远还能区分单个的孔？假设理想情况，人的眼睛的瞳孔的直径为 4.0mm，室内光线的波长是 550nm.

9. 估计在理想情况下地球上的观察者刚刚能分辨的火星上两个物体的线间距，（a）用肉眼和（b）用 200in（=5.1m）的帕洛玛望远镜. 用下列数据：到火星的距离 $=8.0\times10^7$m，瞳孔的直径 $=5.0$mm，光的波长 $=550$nm.

10. 一只海军巡洋舰上的雷达系统发射波长为 1.6cm 的电磁波，所用圆形天线直径为 2.3m. 在离舰 6.2km 处的两个快艇之间的最小距离是多少时还能够被雷达系统作为两个分离的物体辨别？

11. 宽 20.0mm 的光栅具有 6000 条刻线，（a）计算相邻刻线的间距，（b）如果入射到光栅上的光的波长是 589nm，在观察屏上什么角度 θ 能出现强度极大？

12. 一光栅有 315 条刻线/mm. 当此光栅用于衍射实验时，在可见光谱中哪些波长的五级衍射能被观察到？

13. 一光栅有 400 条线/mm. 在 $m=0$ 级以外，它在衍射实验中能产生的全部可见光谱有多少级？

14. 波长 600nm 的光垂直入射到光栅上，两个相邻的极大出现的角度 θ 由 $\sin\theta=0.2$ 和 $\sin\theta=0.3$ 给出，四级极大消失.（a）相邻两缝的间距多大？（b）这个光栅可能具有的最小缝宽是多少？（c）假定在（a）和（b）中求出的值，该光栅在哪些级次上产生强度极大.

15. 一个衍射光栅的缝宽 300nm，缝间距 900nm，用波长 $\lambda=600$nm 单色平面光波垂直照射此光栅，（a）在全部衍射图样中，有多少极大？（b）如果光栅有 1000 条缝，在一级观察到的谱线宽度是多少？

16. 推导光栅衍射图样中谱线半宽度的公式（22-25）.

17. 一个每毫米有 350 条刻线的光栅用白光垂直照射，在离光栅 30cm 的屏上形成光谱. 如果在屏上开一个 10mm 的正方形的孔，它的内沿离中央极大 50mm 并平行于它，通过此孔的光的波长范围为何？

18. 光以角 ψ 入射到一个光栅上，如图 22-41 所示. 求证明纹出现满足公式

$$d(\sin\psi+\sin\theta)=m\lambda, m=0,1,2,\cdots$$

（比较此式和式（22－22），在本章只处理了 $\psi=0$ 的情形）.

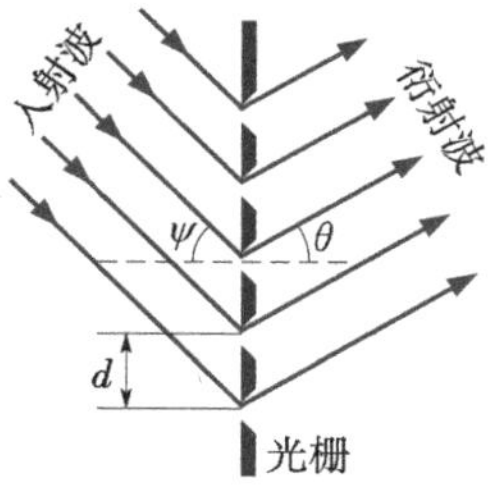

图 22－41　习题 18 图

19. 一个光栅有 600 条刻线/mm，宽度为 5.0mm.（a）在 $\lambda=500$nm 处，在三级能分辨的最小波长间隔是多少？（b）可以看到多少更高级的极大？

20. 发现波长为 0.12nm 的 X 射线在氟化锂晶体上以 28°的布拉格角产生二级反射. 晶体中反射平面的面间距是多少？

21. 某种波长的一束 X 射线以 30°入射到 NaCl 晶体的面间距为 39.8pm 的一族反射平面上. 如果由这族反射的是一级，X 射线的波长是多少？

22. 在图 22－42 中，波长从 95.0pm 到 140pm 的一束 X 射线以 45°入射到一族间距 $d=275$pm 的反射面上，哪些波长被这些平面反射时产生强度极大？

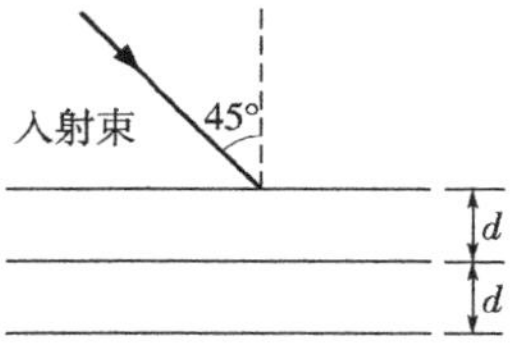

图 22－42　习题 22 图

23. 假定一个宇航员的眼睛从典型的航天飞机高度 400km 向下看地球表面时的分辨极限由瑞利判据给出.（a）在这种理想假设下，估计在地球表面上宇航员能分辨的最小线宽度. 取宇航员的瞳孔直径为 5mm，可见光波长为 550nm.（b）宇航员能分辨中国的长城（图 22－43）吗？长城长 3000km 以上，底部厚 5～10m，顶上厚 4m，高 8m.

24. 在图 22－44 中，使入射非偏振光相继通过三个偏振片，它们的偏振化方向与 y 轴的方向成角度 $\theta_1=40°$、$\theta_2=20°$ 及 $\theta_3=40°$. 光的初始强度的多大百分比透射过这系统？（**提示：** 对这些角度要小心.）

25. 使一束偏振光相继通过一个两偏振片系统. 相对于入射光的偏振方向，第一片的偏振化方向角度为 θ，第二片为 90°. 如果经过两片透射的强度是入射强度的 0.01，问 θ 是多少？

图 22－43　习题 23 图，中国的长城

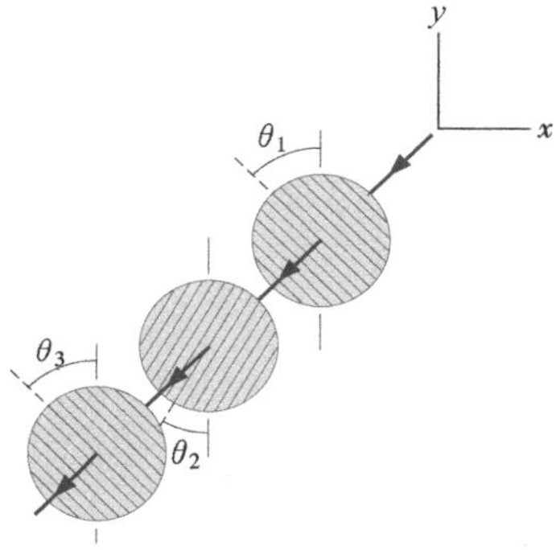

图 22－44　习题 24 图

26. 强度为 $43\mathrm{W/m^2}$，竖直偏振的水平光束相继通过两个偏振片. 第一片的偏振化方向与竖直方向成 70°角，第二片的偏振化方向为水平的. 通过这两片透射的光的强度多大？

27.（a）以多大角度入射的光从水面反射后成为完全偏振光？（b）这个角度是否与光的波长有关？

28. 在图 22－45 中，空气中的光线入射到一层折射率为 $n_2=1.5$ 的物质 2 平板上. 在物质 2 之下是折射率为 n_3 的物质 3. 这条光线以空气－物质 2 的布儒斯特角入射到第一个界面，折射进入物质 3 的光线又恰好是以物质 2－物质 3 界面的布儒斯特角入射到该界面上的，n_3 是多大？

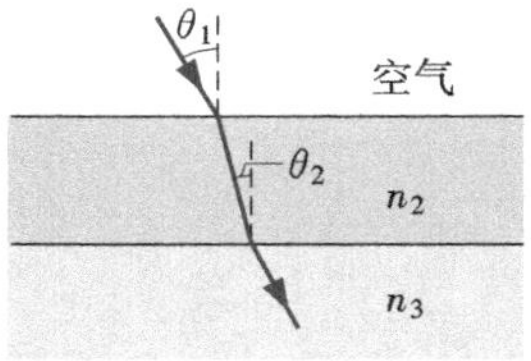

图 22－45　习题 28 图

第 23 章　狭义相对论

阿尔伯特·爱因斯坦（1879—1955）. 1905年在瑞士伯尔尼专利局任职时，发表了他的狭义相对论. 狭义相对论被誉为新时空观理论，爱因斯坦因此被人们称为现代时空观的创始人.

那么，狭义相对论究竟是如何改变人们对时空观的认识的？

答案就在本章中.

相对论主要关注的与事件（发生的事情）的测量有关：它们发生在什么地方和什么时候，以及任何两个事件在空间和时间上相隔多远．除此以外，相对论还和在彼此相对运动的参考系之间变换这种测量有关（这就是名称**相对论**的由来）．其实，在前面1－7节中我们曾经讨论过这些内容，只是那时依据的是牛顿相对性原理和伽利略变换，这套经典理论在19世纪末之前虽已被物理学家充分理解和接受，以致认为它们好像是无可怀疑的常识，但在应用于电磁规律时却出现了矛盾（如光或电磁波的运动不服从伽利略变换等）．1905年，爱因斯坦发表了他的**狭义相对论**．形容词**狭义**的意思是该理论只处理**惯性参考系**，即牛顿定律成立的参考系．这意味着参考系不加速，它们只能彼此相对以恒定速度运动（爱因斯坦的**广义相对论**则处理更具挑战性的参考系加速的情况，在本章内**相对**一词只包含惯性参考系）．

从两个难以置信的简单的假设出发，爱因斯坦证明关于相对性的旧观念是错的，这使整个科学界大为震惊．实际上这些被信以为真的常识只是从运动得相当慢的物体的经验推导出来的．被证明为对所有可能的速率都正确的爱因斯坦的相对论预言了许多效应．由于没有人体验过，它们初看起来是非常奇怪的．

特别是，爱因斯坦证明了空间和时间是纠缠在一起的，这就是说，两事件之间的时间决定于它们是相隔多远发生的，而且反之亦然．还有，这之间的依赖关系对彼此相对运动的观察者是不同的．由他的理论导出的一个结果是时间并不是以固定快慢行进的（像某个统治宇宙的主宰按落地大座钟上的机械规律滴答滴答走着的那样）．相反地，那个快慢是可以调节的：相对运动可以改变时间行进的快慢．1905年以前，除去少数做白日梦的人以外，没有人曾经想到这些．现在，工程师和科学家都认同了这一点，因为他们已用狭义相对论的经验改造了他们的常识．

人们都说狭义相对论很难．其实它在数学上并不难，至少在这里．然而，它的难处在于必须十分小心关于一个事件的**什么**是**谁**测量的，以及该项测量是**如何**完成的．再有就是，由于它可能和经验相矛盾而显得有些难以理解．下面我们就从爱因斯坦提出的两个假设开始，进入狭义相对论的时空观．

23－1　狭义相对论的基本原理和方法

1. 两个假设

爱因斯坦在他1905年发表的第一篇关于狭义相对论的论文中，突破经典力学的时空观，提出了作为狭义相对论理论基础的两个假设：

> 1. 相对性假设：物理定律对所有惯性参考系中的观察者来说是相同的．没有哪一个参考系是特殊的．

伽里略假设在所有惯性参考系中**力学**定律是相同的．（牛顿第一运动定律是一个重要的推论．）爱因斯坦推广了这一概念，使它包括**所有**的物理定律，特别是电磁学和光学．这一假设**不是**说所有物理量的测量值对所有惯性系的观察者来说是相同的，相反，绝大多数并不相同，相同的是把这些测量相互联系起来的**物理定律**．

> 2. 光速假设：光在真空中的速率沿各个方向在所有惯性参考系中具有相同的值 c．

也可以用话把这一假设说成是：自然界有一个**极限速率** c，它沿各个方向在所有惯性参考系中是相同的．光碰巧以此极限速率传播，任何无质量粒子（中微子可能是一个例子）也这样．然而，没有什么携带能量或信息的实体能超过这一限度．还有，没有哪个确实具有质量的粒子实际上能达到 c，不管它以多大加速度加速或加速多长的时间．

这两个假设已经通过了无数次的检验，没有发现任何例外．

(1) 极限速率

加速电子的速率存在极限已在1964年为W．贝托齐的实验证实．他把电子加速到不同的速率（图23－1）并用独立的方法测出了它们的动能．他发现随着对一个非常快的电子的力增大，测量到的电子的动能向非常大的值增大，但它的速率没有明显地增大．电子已经被加速到至少是光的速率的99.999 999 995%，但尽管已非常接近，这速率仍然比极限速率 c 小．

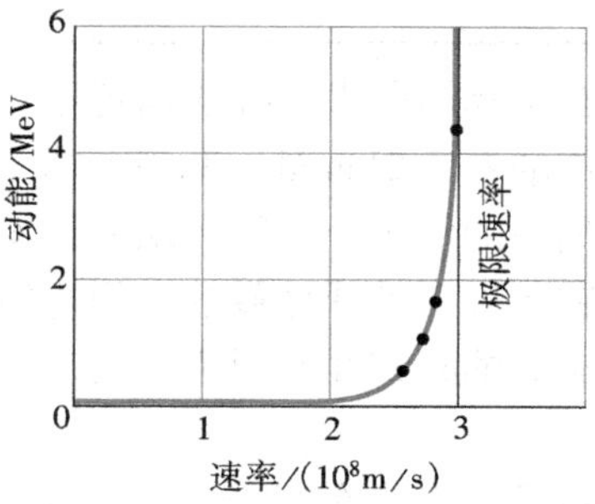

图23－1　图中的点表示对应其速率的测量值的电子动能的测量值．不管给予电子多大能量，它的速率永远不能等于或超过极限速率 c．

这一极限速率已被精确地定义为

$$c = 299\ 792\ 458\text{m/s}$$

在本书中到此为止已经把 c（适当地）近似为 3.0×10^8m/s，但在本章将把它近似为 2.998×10^8m/s．

(2) 检验光速假设

如果光的速率在所有惯性参考系中相同，则一个运动光源发出的光应该和静止于实验室中的光源发出的光的速率相同．这种说法已用高精度的实验直接检验过．"光源"是**中性π介子**（符号 π^0），一种不稳定的、寿命短的、可通过在粒子加速器中的碰撞产生的粒子．它经过下述过程衰变成两个γ射线：

$$\pi^0 \rightarrow \gamma + \gamma$$

γ射线是一种（频率非常高的）电磁波．而且，正像可见光那样，服从光速假设．

在1964年一次实验中，在CERN（日内瓦附近欧洲粒子物理实验室）的物理学家们制出一束相对实验室的速率为0.999 75c的π介子．于是，实验者们就测量了从这些极快的源发射的γ射线的速率．他们发现这些π介子发射的光的速率和π介子在实验室中静止时会测量到的是相同的．

2. 测量一个事件

一个**事件**是发生的某个事情，对于它，一个观察者可以赋于三个空间坐标和一个时间坐标．事件可能是：(1) 一个小灯泡的开或关，(2) 两个质点的碰撞，(3) 一个光脉冲通过某一特定点，(4) 一次爆炸，以及 (5) 一个钟的指针和钟的边沿上的一个记号的重合，等等．在某一惯性参考系中静止的一个观察者可能给例如事件A指定由表23－1给出的坐标．由于在相对论中时间和空间是相互纠缠的，可以把这些坐标总起来称为**时空坐标**．这坐标系本身是观察者的参考系的一部分．

一个给定的事件可能被任意多的观察者记录，每个观察者都在不同的惯性参考系中．一般地说，对同一事件不同的观察者可能指定不同的时空坐标．注意，一个事件并不"属于"哪个特定的参考系．一个事件仅只是发生的一件什么事情，任何人在任何参考系内都可以探测它并指定其时空坐标．

表 23-1 事件 A 的记录

坐标	值
x	3.58m
y	1.29m
z	0m
t	34.5s

在实际问题中这样的指定可能是复杂的. 例如，假设一个气球在你的右方 1km 处爆裂，同时在你的左方 2km 处一只花炮炸开，都在上午 9:00. 然而，你不可能精确地在上午 9:00 检测到它们中的任一个，因为从它们发来的光还没有到达你这里. 由于从花炮来的光要走更远的路程，它比来自气球爆裂的光到达你要晚些，因而花炮炸开好像要比气球爆裂发生得晚一些. 要找到实际的时刻并对两事件指定上午 9:00，就必须计算出光传播的时间并把它们从到达的时刻减去.

对于更复杂的情况，这种步骤可能是很难实现的，因而需要一个更容易的步骤，它自动地消去和从事件到观察者的传播时间有关的任何事情. 为建立这样的步骤，就建造遍及观察者的惯性系的一个由测量棒和钟构成的假想阵列（该阵列牢固地和观察者一起运动）. 这样的结构好像太不自然了，但它省去了许多混乱和计算，并使得能如下求出空间坐标、时间坐标和时空坐标.

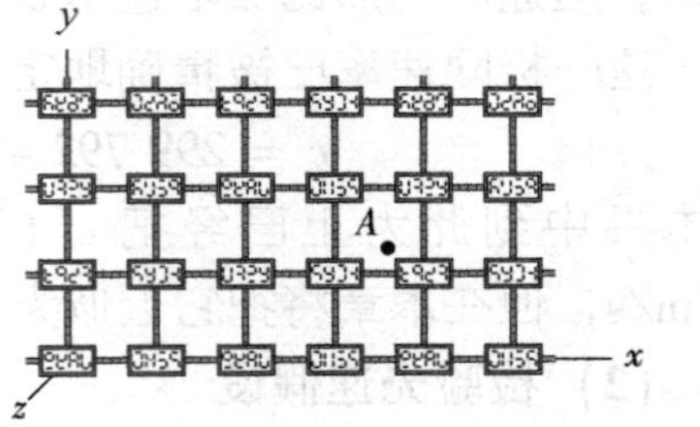

图 23-2 一个三维的钟和杆的阵列的一个截面. 借助于此阵列，观察者可以对一个事件，例如在 A 点的一次闪光，指定时空坐标. 此事件的空间坐标近似地是 $x=3.7$ 杆长，$y=1.2$ 杆长和 $z=0$. 时间坐标是在闪光瞬间出现在最靠近 A 的钟上的那个时刻.

(1) 空间坐标： 假想观察者的坐标系和一套紧密装配的三维的测杆阵列相重合，每一组测杆与三个坐标轴中的一个平行. 这些杆提供了一个确定沿各轴的坐标的方法. 这样，如果事件是，例如，点亮一个小灯泡，为了确定此事件的位置，只需读出灯泡所在处的三个空间坐标就可以了.

(2) 时间坐标： 对于时间坐标，想象在测杆的阵列中每一个交点处都有一个微小的钟，它的标度可借助于事件发出的光读出. 图 23-2 表示钟和上面描述过的测杆构成的这种“错综复杂的体操表演队形”的一个平面.

钟的阵列必须适当地加以同步. 弄来一套钟，把它们调到同一时刻再把它们移到它们的指定位置是不够的. 因为不知道移动这些钟是否会改变它们的快慢.（实际上，会的.）必须先把这些钟归位**然后实现同步**.

如果有一种方法以无限大速率传递信号，同步操作就是一件容易的事情. 然而，没有已知的信号具有这种性质. 因此，选择光（广义地解释为包括整个电磁波谱）来发出进行同步的信号，因为光在真空中以最大的可能速率——极限速率 c——传播.

这里是一个观察者可能利用光信号对钟的阵列进行同步操作的许多方法中的一个. 观察者请求许许多多临时帮手的帮助（每个钟一个），于是观察者站在选为原点的点上，并在原点的钟指示 $t=0$ 时向外发出一光脉冲. 当光脉冲到达一个帮手的地点时，该帮手把该处的钟调到读数为 $t=r/c$，其中 r 是帮手与原点间的距离. 所有的钟就这样调得同步.

（3）**时空坐标**：观察者现在可以对一个事件指定其时空坐标，只需要记录离事件最近的钟上的时刻和在最近的测杆上测得的位置．如果有两个事件，观察者计算它们相隔的时间是接近每个事件的钟上的时刻的差，而它们在空间的间隔是接近每个事件的杆上的坐标的差．这样就避免了计算信号从事件到观察者的传播时间这种实际的问题．

23－2　狭义相对论的时空观

1. 同时性的相对性

经典力学认为所有惯性系具有同一的绝对时间，即在某一个惯性系中同时发生的两个事件，在所有其他惯性系中也认为是同时发生的．但是狭义相对论则认为，在一个惯性系中同时发生的两个事件，在另一个惯性系中观察，一般来说却不再是同时的了．这就是同时性的相对意义．

设想图 23－3 所示情形，两艘长的空间飞船（飞船 Sally 和飞船 Sam），它们可以作为观察者 Sally 和 Sam 的惯性参考系．这两个观察者都在他们的飞船的中心．两个飞船正沿着共同的 x 轴相互离开，Sally 对 Sam 的相对速度为 $\boldsymbol{v}$．图 23－3a 表示两艘船瞬时彼此相对地排在一起．

两颗大的流星撞击两个飞船，一个发出红闪光（“红”事件），另一个发出蓝闪光（“蓝”事件），二者不一定同时．每一个都在飞船上留下了永久的记号，在 R、R' 和 B、B' 位置．

假设两个事件发出的膨胀的波前碰巧同时到达 Sam，如图 23－3c 所示．再假设，事后 Sam 通过在自己船上的测量记号发现，在两个事件发生时他在自己的船上的确是在记号 B 和 R 之间正一半的地方．他会说：

Sam：从红事件和蓝事件发的光同时到达我这里．根据我的飞船上的记号，我发现当光从光源到我这里时我是站在两光源中间一半的地方的．因此，红事件和蓝事件是同时的事件．

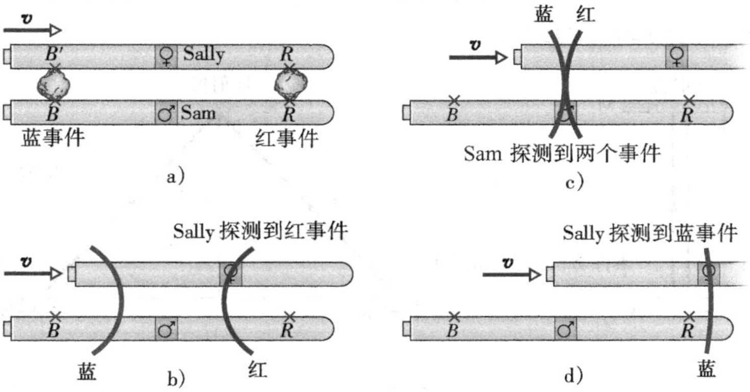

图 23－3　根据 Sam 的观点的 Sally 和 Sam 的飞船和两个事件的发生．Sally 的船向右以速度 $\boldsymbol{v}$ 运动．a）红事件发生在位置 R、R'，蓝事件发生在位置 B、B'，每一事件发出一列光波．b）Sally 探测到红事件来的波．c）Sam 同时探测到从红事件和蓝事件来的波．d）Sally 探测到从蓝事件来的波．

从图 23－3 可看出，Sally 和红事件发出的膨胀的波前是**相向**运动的，同时她和来自蓝事件的膨胀的波前是沿**同一方向**运动的．因此，来自红事件的波前将**先于**来自蓝事件的波前到达 Sally．她会说：

Sally：从红事件来的光先于从蓝事件来的光到达我这里．根据我的船的记号，我发现我也是站在两个源中间一半的地方. 因此, 两个事件**不**是同时的, 红事件先发生, 其后是蓝事件.

这两个报告不一致. 然而, **两个**观察者都正确.

注意, 从每一个事件所在地点只有一个波前膨胀而且**这一波前在两个参考系中以相同速率 c 传播**, 这正是光速假设所要求的.

有可能碰巧流星对两个飞船的撞击在 Sally 看起来是同时的. 如果情况是这样, 则 Sam 将宣布它们不是同时的.

由此可以得出下述结论:

同时性不是一个绝对的而是一个相对的概念, 决定于观察者的运动.

如果两个观察者的相对速率比光的速率小很多, 则测得的对同时的偏离就非常小以致观察不到. 这就是在日常生活中所有我们经历的情形; 也就是为什么不熟悉同时性的相对性的原因.

2. 时间的相对性 (时间延迟)

如果说, 彼此相对运动的两个观察者测量两个事件之间的时间间隔, 他们一般将得到不同的结果. 这是为什么? 因为按照狭义相对论, 两事件的空间间隔和时间间隔是纠缠在一起的. 也就是说, 它们的空间间隔能影响观察者测量的时间间隔. 下面就利用一个具体例子来讨论这种纠缠. 不过, 这个例子限定于一种关键性的方式: **对于两个观察者之一来说, 两个事件发生在同一地点**. 本节的讨论都将针对这种方式.

图 23-4a 表示 Sally 做的一个实验的基本构图, 在其中她和她的设备都乘在相对于车站以恒定速度 $\boldsymbol{v}$ 运动的列车上. 一个光脉冲离开光源 B (事件 1), 竖直向上传播, 被一反射镜竖直向下反射, 然后又在光源处被检测到 (事件 2). Sally 测量的和光源到镜子的距离 D 相联系的两个事件之间的时间间隔 Δt_0 给定为

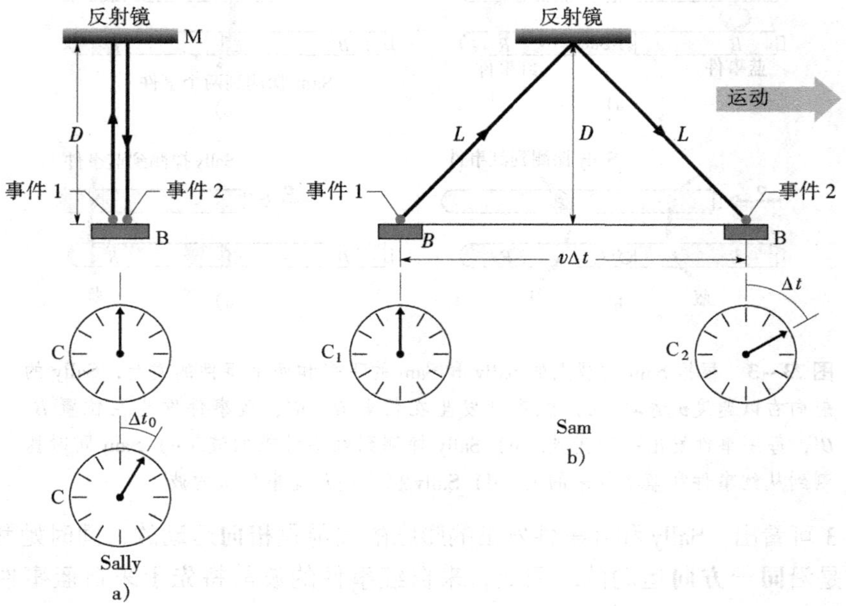

图 23-4 a) Sally 在车上测量二事件. b) Sam, 在车站上观察事件的发生.

$$\Delta t_0=\frac{2D}{c}\qquad \text{(Sally)} \tag{23-1}$$

这两个事件在 Sally 的参考系内发生在同一地点，她只需要在该点的一个钟 C 去测量时间间隔. 在图 23-4a 中，钟 C 画了两次，各在间隔的开始和终了.

现在考虑 Sam 如何测量这同样的两个事件，他在列车通过时站在站台上. 由于在光的传播时间内设备随同列车运动，Sam 看到光的路径如图 23-4b 所示. 对他来说，在他的参考系内两个事件发生在不同地点，因此为了测量事件之间的时间间隔，Sam 必须用两个同步的钟，C_1 和 C_2，每个事件一个. 按照爱因斯坦的光速假说，对 Sam 和对 Sally 一样，光以同样的速率 c 传播. 然而，现在光在事件 1 和 2 之间传播了距离 $2L$. Sam 测得的两事件之间的时间间隔是

$$\Delta t=\frac{2L}{c}\qquad \text{(Sam)} \tag{23-2}$$

其中

$$L=\sqrt{\left(\frac{1}{2}v\Delta t\right)^2+D^2} \tag{23-3}$$

由式（23-1)，可以将此式写成

$$L=\sqrt{\left(\frac{1}{2}v\Delta t\right)^2+\left(\frac{1}{2}c\Delta t_0\right)^2} \tag{23-4}$$

如果在式（23-2）和式（23-4）间消去 L 并解出 Δt，得

$$\Delta t=\frac{\Delta t_0}{\sqrt{1-(v/c)^2}} \tag{23-5}$$

式（23-5）表明 Sam 测得的两事件的间隔 Δt 如何和 Sally 测得的间隔 Δt_0 对比. 由于 v 一定小于 c，式（23-5）中的分母一定小于 1. 因此，Δt 一定比 Δt_0 大：Sam 测得的两事件间的时间间隔一定比 Sally 测得的**大**. Sam 和 Sally 测的是**同样**两个事件之间的时间间隔，但他们之间的相对运动使他们的测量结果**不同**. 由此得出的结论是相对运动能改变在两个事件之间的时间进行的**快慢**；这个效应的关键是对两个观察者光的速率是相同的这一事实.

可用下列术语区别 Sam 和 Sally 的测量结果：

在某一参考系中同一地点先后发生的两个事件之间的时间间隔称为**固有时间间隔**或**固有时**. 同样的时间间隔从任何其他惯性参考系测得的结果总是比固有时要长.

因此，Sally 测得的是固有时间间隔，而 Sam 测得了一个较大的时间间隔. 这就是说，对发生事件的地点作相对运动的惯性系中度量的时间比相对其静止的惯性系度量的时间要长. 这种测得的时间间隔大于相应的固有时间间隔的现象称为**时间延缓效应**. 应注意，时间延缓是一种相对效应，也就是说，反过来 Sally 会发现静止在车站上而相对于自己运动的钟比自己的钟走得慢. 这时 Sam 测得的是固有时，而 Sally 测得较大的时间间隔.

常常把式（23-5）中的无量纲比值 v/c 用 β（称为**速率参量**）代替，而把式（23-5）中的无量纲的平方根的倒数用 γ（称为**洛伦兹因子**）代替：

$$\gamma=\frac{1}{\sqrt{1-\beta^2}}=\frac{1}{\sqrt{1-(v/c)^2}} \tag{23-6}$$

用这样的代替，可以把式（23－5）重写为

$$\Delta t = \gamma \Delta t_0 \quad \text{（时间延缓）} \tag{23－7}$$

速率参量β总是小于1，而只要v不是零，γ总是大于1. 然而，除了$v>0.1c$，γ和1之间的差别是没有什么重要意义的. 因此，一般地说，"旧相对论"对$v<0.1c$适用得足够好. 但是对较大的v值必须用狭义相对论. 如图23－5所示，在β趋近于1（v趋近于c）时，γ的大小迅速增大. 因此，Sally和Sam之间的相对速度越大，Sam测得的时间间隔就越长，直到在一足够大的速率时，时间间隔成为"永久".

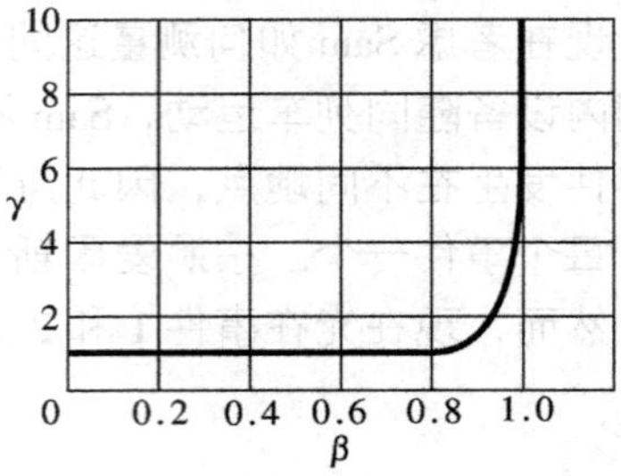

图23－5 作为速率参量β（$=v/c$）的函数的洛伦兹因子γ的图线.

你可能怀疑Sally说的关于Sam已测得了比她自己测得的时间间隔较长的话. 对她来说，他的测量结果没有什么奇怪的，因为对于她，他不可能使他的钟C_1和C_2同步，尽管他坚持说他这样做了. 回忆有相对运动的观察者一般对同时是不可能认同一致的. 这里，Sam坚持当事件1发生时他的两个钟同时读出相同的时刻. 然而，对Sally，Sam的钟C_2在此同步过程中毫无疑问地走到前面去了. 因此，当Sam读它上面的事件2的时刻时，对Sally来说，他正在读出一个大得多的时刻，而这就是他测得的两个事件之间的时间间隔比她测得的大的原因.

下面来看看两个时间延缓的实验：

（1）微观时钟

称为μ子的亚原子粒子是不稳定的. 就是说，一个μ子产生后，在它**衰变**（转变为其他类型的粒子）前，它只延续一段短的时间. μ子的**寿命**是在它的产生（事件1）和它的衰变（事件2）之间的时间间隔. 当μ子静止而它们的寿命用静止的钟（譬如说，在实验室内）测量，平均寿命为2.200μs. 这是一个固有时间间隔，因为对每一个μ子，事件1和事件2是在μ子的参考系内的同一地点，即μ子本身，测定的. 可以用Δt_0代表此固有时间间隔；而把在其中测量的参考系称为μ子的**静系**.

如果不是这样，μ子正在运动，例如，通过一个实验室，用实验室的钟对它们的寿命的测量将给出一个较大的平均寿命（一个延长了的平均寿命）. 为了验证此结论，曾测量了相对实验室以$0.9994c$运动的μ子的平均寿命. 由式（23－6），用$\beta=0.9994$，对此速率的洛伦兹因子是

$$\gamma = \frac{1}{\sqrt{1-\beta^2}} = \frac{1}{\sqrt{1-(0.9994)^2}} = 28.87$$

于是，式（23－7）给出，平均延长了的寿命

$$\Delta t = \gamma \Delta t_0 = 28.87 \times 2.200\mu s = 63.51\mu s$$

实际的测量值在实验误差之内与此结果相符.

（2）宏观时钟

1977年10月，Joseph Hafele和Richard Keating两次把四个便携式原子钟装在商用飞机上绕地球转圈，每一次沿一个方向. 他们的目的是"用宏观钟检验爱因斯坦相对论".（正是由于有了精度非常高的现代原子钟才使这种宏观测量成为可能）. Hafele和Keating所做的实验证实该

理论的预言误差在10%以内.

几年以后，马里兰大学的物理学家以改进了的精度做了一个类似的实验. 他们使一只原子钟在Chesapeake湾上面转了一圈又一圈，延续了15h并成功地检验了时间延缓预言误差小于1%. 今天，当原子钟为了校准或其他目的从一个地方运到其他地方时，常常要考虑它们的运动产生的时间延缓.

检查点1：如右图所示，在车厢内一装备良好的工人从车厢前面向它的后面发射一束激光脉冲.（a）站在铁路旁边的技师对脉冲速率测定的结果大于，小于，还是等于工人测定的？（b）工人测量的脉冲飞行时间是固有的吗？（c）工人测量的和技师测量的结果是由式（23-7）联系起来的吗？

例题23-1

你的星际飞船以相对速率 $0.990c$ 经过地球. 10.0y（你的时间）后，在一警戒标志LP13处停下，调头，接着向地球飞回，用同样的相对速率. 回程又用了10.0y（你的时间）. 在地球测量的来回时间是多长？（忽略由于涉及停下，调头和回到原来速率的加速度的任何影响.）

【解】 用下列**关键点**先只分析去程路途：

1. 此问题涉及从两个（惯性）参考系做的测量，一个在地球上，另一个（你的参考系）在你的飞船上.

2. 去程涉及两个事件：在地球旅程的出发和在LP13处旅程的终止.

3. 你测量的去程用的10y是两事件间的固有时 Δt_0，因为在你的参考系中，即在你的飞船上，两个事件发生在同一地点.

4. 地球参考系测得的去程用的时间间隔 Δt 一定比 Δt_0 大，根据表示时间延缓的式（23-7）（$\Delta t = \gamma\Delta t_0$）.

用式（23-6）代入式（23-7）中的 γ，得

$$\Delta t = \frac{\Delta t_0}{\sqrt{1-(v/c)^2}} = \frac{10.0\text{y}}{\sqrt{1-(0.990c/c)^2}} = 22.37 \times 10.0\text{y} = 224\text{y}$$

对于回程，情况和数据与上相同. 因此，来回旅程需要20y（你的时间），但是所需的地球时间为

$$\Delta t_{\text{total}} = (2)(224\text{y}) = 448\text{y} \qquad \text{（答案）}$$

换句话来说，你已经长了20岁，而地球却已经长了448岁. 虽然我们不能进入过去（像到目前所知道的），但通过用高速相对运动去调整时间进行的快慢，你可能进入，例如，地球的将来.

例题23-2

称为**正K介子**（K^+）的基本粒子在静止时——即在K介子静止的参考系内测量，具有平均寿命0.1237μs. 如果一个正K介子产生时相对于实验室参考系具有速率 $0.990c$，根据**经典物理学**（对于比 c 小很多的速率它是一个合理的近似）和根据狭义相对论（它对所有物理上可能的速率都是正确的）它在该参考系内终生能飞多远？

【解】 这三个**关键点**开始：

1. 此问题涉及从两个（惯性）参考系作的测量，一个属于K介子，一个属于实验室.

2. 此问题也涉及两个事件：K介子的旅程开始（当时K介子产生）和旅程终止（K介子的寿命终止）.

3. 在这两个事件间K介子飞过的距离和它的速率 v 以及飞行的时间间隔由下式相联系：

$$v = \frac{\text{距离}}{\text{时间间隔}} \qquad (23-8)$$

记住这些概念，下面先用经典物理学再用狭义相对论讨论距离.

经典物理学：在经典物理学中，有这样的**关键点**：不管是从K介子参考系还是从实验室参考系求

得的（在式（23－8）中的）距离和时间间隔是一样的. 因此，可以不管实验是在哪个参考系中做的，为了根据经典物理学求K介子飞过的距离 d_{cp}，先把式（23－8）重写为

$$d_{cp} = v\Delta t \qquad (23-9)$$

式中，Δt 是在任一参考系中测得的两个事件之间的时间间隔. 于是以 $0.990c$ 代入式（23－9）中的 v 和以 $0.1237\mu s$ 代入其中的 Δt，可得

$$\begin{aligned} d_{cp} &= (0.990c)\Delta t \\ &= (0.990)(2.998\times 10^8 m/s)(0.1237\times 10^{-6} s) \\ &= 36.7m \end{aligned} \qquad \text{（答案）}$$

这是K介子会飞过的距离（如果经典物理学在速率接近 c 时是正确的）.

狭义相对论：在狭义相对论中，有这样的**关键点**：必须十分注意式（23－8）中的距离和时间间隔都是在**同**一参考系中测量的，特别是速率，像本题中那样接近 c 的时候. 因此，为了求**从实验室参考系**中测得的K介子的实际飞行路程 d_{sr}，把式（23－8）重写成

$$d_{sr} = v\Delta t \qquad (23-10)$$

式中，Δt 是**从实验室参考系**中测得的两事件之间的时间间隔.

在计算式（23－10）中的 d_{sr} 之前，必须用这一**关键点**求 Δt：由于两个事件在K介子参考系中发生在同一地点，即K介子本身，$0.1237\mu s$ 的时间间隔是固有时. 可以用 Δt_0 代表这一固有时. 因此，可以用时间延缓公式（23－7）（$\Delta t = \gamma\Delta t_0$）来求从实验室参考系测得的时间间隔 Δt. 用式（23－6）代入式（23－7）中的 γ，可得

$$\begin{aligned} \Delta t &= \frac{\Delta t_0}{\sqrt{1-(v/c)^2}} = \frac{0.1237\times 10^{-6} s}{\sqrt{1-(0.990c/c)^2}} \\ &= 8.769\times 10^{-7} s \end{aligned}$$

这大约是K介子的固有寿命的7倍. 这就是说，在实验室参考系中，K介子的寿命比在它自己的参考系中的要长到7倍——K介子的寿命延长了. 现在可以为了求在实验室中飞行的距离来计算式（23－10），即

$$\begin{aligned} d_{sr} &= v\Delta t = (0.990c)\Delta t \\ &= (0.990)(2.998\times 10^8 m/s)(8.769\times 10^{-7} s) \\ &= 260m \end{aligned} \qquad \text{（答案）}$$

这大约是 d_{cp} 的7倍. 像这里概述的这种验证狭义相对论的实验，几十年前就变得非常平凡了. 设计和制造应用高速粒子的任何科学的或医学的设备的工程都必须考虑相对论.

3. 长度的相对性（长度收缩）

如果要测量一根对你静止的棒的长度，就要记下它的两端在一根长的静止的刻度尺上的位置，然后从一个读数减去另一个读数. 然而，如果棒是运动的，则必须**同时**（在你的参考系内）记录两端的位置，不然你的测量结果就不能称为长度. 图23－6表明通过在不同时刻确定前后位置来尝试测量一个运动的企鹅的长度时所遇到的困难. 由于同时性是相对的而且它进入了长度的测量，长度也应该是一个相对的量. 事实也确实是这样.

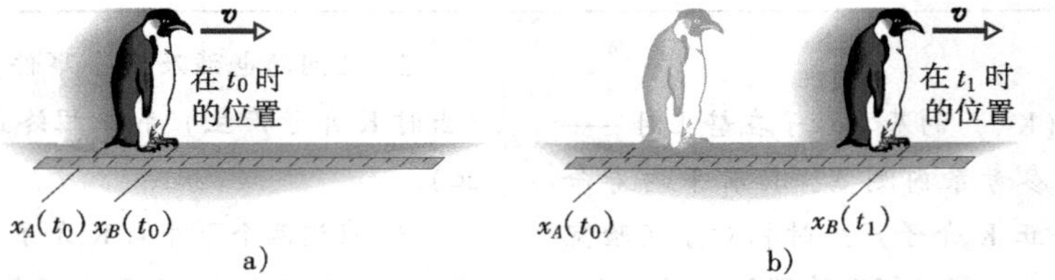

图23－6 如果要测量一只企鹅在运动时的前后长度，必须像在a）中那样同时（在测量人的参考系中）记下它的前和后的位置，而不能像在b）中那样在不同的时刻记下.

我们再一次考虑那两个观察者. 这一次，坐在运动通过车站的列车上的Sally和还是站在车站上的Sam，两人都要测量站台的长度. Sam用一根带尺测得长度是 L_0，一个**固有长度**，因为站台相对于他是静止的. Sam也注意到车上的Sally在时间 $\Delta t = L_0/v$ 内运动通过了这一段长度，其中 v 是列车的速度，即

$$L_0 = v\Delta t \qquad (\text{Sam}) \qquad (23-11)$$

这一时间 Δt 不是固有时，因为定义它的两个事件（Sally 经过车站的后端和 Sally 经过车站的前端）发生在两个不同的地点，而 Sam 必须用两个同步的钟来测量时间间隔 Δt.

然而，对于 Sally，车站正运动经过她. 她发现 Sam 测量的两个事件在她的参考系中发生在**同一地点**. 她可以用一个单独的静止的钟来计时，因此她测量的间隔 Δt_0 是固有时间间隔. 对于她，站台的长度 L 给出为

$$L = v\Delta t_0 \qquad (\text{Sally}) \qquad (23-12)$$

如果用式（23-11）去除式（23-12）并用时间延缓公式（23-7），可得

$$\frac{L}{L_0} = \frac{v\Delta t_0}{v\Delta t} = \frac{1}{\gamma}$$

或

$$L = \frac{L_0}{\gamma} = L_0\sqrt{1-\beta^2} \quad (\text{长度收缩}) \qquad (23-13)$$

由于如果有相对运动时，洛伦兹因子 γ 总大于1，L 就比 L_0 小. 相对运动导致**长度收缩**，L 称为**收缩了的长度**. 由于 γ 随速率 v 增大，长度收缩也随 v 增大. 可见，长度收缩是时间延缓的一个直接推论. 而且，长度收缩与时间延缓一样也是一种相对效应. 例如，假若两人要测量的是车厢的长度，则相对于列车静止的 Sally 测得的是固有长度，而站在站台上，相对于车厢运动的 Sam 测得的长度却要小于固有长度. 概括说来就是：

> 在物体的静止参考系内测得的物体的长度 L_0 是它的固有长度或静长. 在平行于该长度作相对运动的任何参考系内测得的长度都小于固有长度.

注意：长度收缩只发生在相对运动的方向上. 还有，所测量的长度不一定是一个物体如一根棒或一个圆圈，它可以是在同一参考系内的两个物体——例如太阳和一颗邻近的恒星（它们至少近似地相对静止）之间的距离.

那么，一个运动物体**实际上**收缩了吗？我们说实际是建立在观察和测量的基础上的. 如果测量结果总是一致的，而且发现不了错误，则所观察和测量的就是实际的. 在这个意义上，物体实际上收缩了. 然而，一个更准确的说法是物体**实际上测量得**收缩了——运动影响了测量.

当你测量一根棒的缩短了的长度时，和棒一起运动的观察者会对你的测量说些什么呢？对于那个观察者，你并不是同时地确定棒的两端的位置的.（回忆彼此作相对运动的观察者对同时性不一致认同.）对于那个观察者，你是先确定了棒的前端的位置，而后，稍微晚一些，才确定它的后端的位置的，而这也就是你之所以测得了一个比固有长度小的长度的原因.

例题 23-3

在图 23-7 中，Sally（在 A 点）和 Sam 的空间飞船（固有长度 $L_0=230\text{m}$）以恒定相对速率 v 相互飞过. Sally 测量飞船经过她的时间间隔是 3.57μs（从 B 点通过到 C 点通过）. 用 c 表示的 Sally 和飞船之间的相对速率 v 是多少？

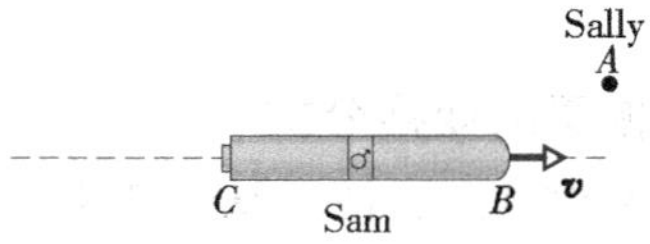

图 23-7 例题 23-3 图. 在 A 点的 Sally 测量空间飞船经过她的时间.

【解】 设速率 v 接近 c，于是从这些**关键点**开始：

1. 此问题涉及从两个（惯性）参考系测量，一个是Sally的，一个是Sam和他的飞船的.

2. 此问题也涉及两个事件：第一个是 B 点的通过，第二个是 C 点的通过.

3. 对于每一个参考系，另一个参考系以速率 v 通过并在两事件之间的时间间隔内通过一段距离：

$$v=\frac{\text{距离}}{\text{时间间隔}} \qquad (23-14)$$

因为假设了速率 v 接近光速，必须注意式（23－14）中的距离和时间间隔是在**同**一参考系中测量的. 为了测量可以随便用一个参考系. 因为已知由Sally参考系测得的两事件之间的时间间隔是3.57μs，所以也用由她的参考系测得的两个事件之间的距离 L. 式（23－14）此时变为

$$v=\frac{L}{\Delta t} \qquad (23-15)$$

于不知道 L，但可以把它和已知 L_0 用这一附加的**关键点**联系起来：由Sam参考系测得的两事件之间的距离是飞船的固有长度 L_0. 因此，由Sally参考系测得的距离 L 一定小于 L_0，就像长度缩短公式（23－13）（$L=L_0/\gamma$）给出的那样. 将 L_0/γ 代入式（23－15）中的 L，再将式（23－6）代入 γ，可得

$$v=\frac{L_0/\gamma}{\Delta t}=\frac{L_0\sqrt{1-(v/c)^2}}{\Delta t}$$

对 v 解此方程得出

$$v=\frac{L_0c}{\sqrt{(c\Delta t)^2+L_0^2}}$$

$$=\frac{(230\text{m})c}{\sqrt{(2.998\times10^8\text{m/s})^2(3.57\times10^{-6}\text{s})^2+(230\text{m})^2}}$$

$$=0.210c$$

（答案）

因此，Sally和飞船之间的相对速度是光速的21%. 注意，在这里只是Sally和Sam的相对运动起作用，至于哪一个相对于哪一个，例如，一个空间站是否静止无关紧要. 在图23－7中取了Sally是静止的，但也可以不这样而取飞船静止，Sally运动经过它. 其结果不会有任何改变.

检查点2：在本例题中，是Sally测量飞船经过的时间. 如果Sam也这样做，（a）哪一个测量结果（如果有的话）是固有时间和（b）哪一个测量结果较小？

23－3 洛伦兹变换

1. 洛伦兹（时空坐标）变换式

图23－8表示惯性参考系S′以相对于参考系S的速率 v 沿它们的水平轴（标以 x 和 x'）的共同的正方向运动. 在S中一个观察者报告一个事件的时空坐标为 x，y，z，t；S′中一个观察者报告同一事件的时空坐标为 x'，y'，z'，t'. 这两套数字有什么关系？

可以立刻指出（虽然它需要证明），垂直于运动方向的 y 和 z 坐标不受运动的影响，即 $y=y'$ 和 $z=z'$. 我们的兴趣就简化为关心 x 和 x' 以及 t 和 t' 之间的关系.

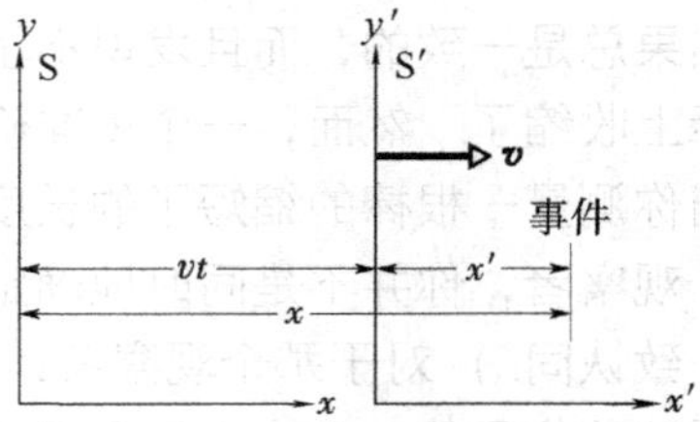

图23－8 两个惯性参考系：参考系S′具有相对于参考系S的速度 $\boldsymbol{v}$.

1）伽里略变换公式

在爱因斯坦发表他的狭义相对论之前上述四个感兴趣的坐标是假设由**伽里略变换公式**相联系的

$$x'=x-vt \qquad t'=t \qquad \text{（伽里略变换公式，对低速近似正确）} \qquad (23-16)$$

（这些公式是在假设S和S′的原点重合时 $t=t'=0$ 写出的.）你可以用图23－8验证式（23－16）的第一式. 第二式实际上是说，对两个参考系内的观察者时间以同样的快慢行进. 对爱因斯坦之前的科学家，这一说法是如此明显地正确以至于甚至不必提它. 当速率 v 远比 c 小时，式（23－16）一般也的确是很好地成立. 然而，伽利略变换显然与狭义相对论的基本原理相矛盾，因此需要寻找一个新的时空变换关系，以取代伽利略变换.

（2）洛伦兹变换公式

由狭义相对论的相对性原理和光速不变原理，可导出对直到光速的所有速率都成立的时空坐标变换公式（推导略）. 其结果，称为**洛伦兹变换公式**[㊀]或有时（不太严格地）只称洛伦兹变换，从S系到S′系的变换关系可表示为

$$\begin{aligned} x' &= \gamma(x - vt) \\ y' &= y \\ z' &= z \\ t' &= \gamma(t - vx/c^2) \end{aligned} \qquad \text{（洛伦兹变换公式，对所有物理上可能的速率都成立）} \qquad (23-17)$$

而从S′系到S系的逆变换关系为

$$\begin{aligned} x &= \gamma(x' + vt') \\ y &= y' \\ z &= z' \\ t &= \gamma(t' + vx'/c^2) \end{aligned} \qquad (23-18)$$

（这些公式是在假设S和S′的原点重合时 $t=t'=0$ 写出的.）注意，在各组第一个和最后一个公式中空间值 x 和时间值 t 是绑在一起了. 这种时间和空间的纠缠是相对论的一个首要的信息，而它长期地被他的许多同代人抛弃了.

对相对论公式的一个正规的要求是如果让 c 趋向无限大，它们应该简化为熟悉的经典公式. 也就是说，如果光速为无限大，**所有**有限的速率都会是"低的"而经典公式永不会失效. 如果令式（23－17）和式（23－18）中的 $c\to\infty$，则 $\gamma\to1$，而这些公式简化（像期望的那样）为伽里略变换公式. 此点也说明，在物体的运动速度远小于光速时，洛伦兹变换与伽利略变换等效.

比较式（23－17）和式（23－18）可以看出，从式（23－17）或式（23－18）出发，可以通过交换有撇的和无撇的量并把相对速率 v 的符号反过来就得到另一套公式.

式（23－17）和式（23－18）把两个观察者看到的一个单个事件的坐标联系起来了. 有时需要知道的不是一个单个事件的坐标而是一对事件的坐标之间的差. 这就是，如果把两个事件标以1和2，可能需要把在S中的观察者测得的

$$\Delta x = x_2 - x_1 \text{ 和 } \Delta t = t_2 - t_1$$

和在S′中的观察者测得的

$$\Delta x' = x_2' - x_1' \text{ 和 } \Delta t' = t_2' - t_1'$$

㊀ 你可能奇怪为什么不把这些公式称为爱因斯坦变换公式（以及为什么不称 γ 为爱因斯坦因子）. H. A. 洛伦兹实际上在爱因斯坦之前导出了这些公式，但是他谦和地承认他没有采取更大胆的步骤把这些公式解释为描述了时间和空间的真正性质. 正是爱因斯坦作出的这种解释使它处于相对论的核心.

联系起来.

表23－2 列出了适用于分析一对事件的不同形式的洛伦兹公式，表中的公式是直接把差（如 Δx 和 $\Delta x'$）代入式（23－17）和式（23－18）中的四个变量导出的.

表23－2 用于一对事件的洛伦兹变换公式

1. $\Delta x=\gamma(\Delta x'+v\Delta t')$	1′. $\Delta x'=\gamma(\Delta x-v\Delta t)$
2. $\Delta t=\gamma(\Delta t'+v\Delta x'/c^2)$	2′. $\Delta t'=\gamma(\Delta t-v\Delta x/c^2)$

$$\gamma=\frac{1}{\sqrt{1-(v/c)^2}}=\frac{1}{\sqrt{1-\beta^2}}$$

参考系 S′相对于参考系 S 以速度 v 运动.

请注意，当对这些差代入数值时，必须前后一致并且不要把第一事件和第二事件的值弄混. 还有，如果 Δx 是一个负的量，代入时一定要连同负号代入.

检查点3：下图表示一个参考系 S 和一个参考系 S′沿它们的 x 和 x' 轴的共同方向作相对运动的三种情况，用连在一个参考系上的速度矢量表示其运动方向. 对于每一种情况，如果选 S′参考系作为静止的，那么在表23－2的公式中的 v 是正的还是负的量？

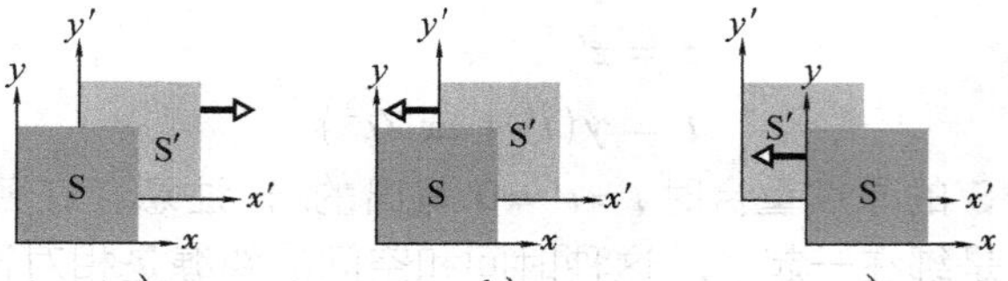

2. 洛伦兹变换的几个推论

下面用表23－2中的变换公式来证实此前根据直接基于两个假设的论据已经得到的一些结论.

（1）同时性

考虑表23－2中的式2

$$\Delta t=\gamma\left(\Delta t'+\frac{v\Delta x'}{c^2}\right) \tag{23-19}$$

如果两事件在图23－8的参考系S′中发生在不同地点，则此式中 $\Delta x'$ 不是零. 由此可得，即使两个事件在S′中是同时的（$\Delta t'=0$），它们在参考系S中也不是同时的.（这和23－2节中的结论相符.）在S中两事件间的时间间隔是

$$\Delta t=\gamma\frac{v\Delta x'}{c^2} \quad \text{（在 S′ 系中事件同时）}$$

（2）时间延缓

现在假定两事件在S′中发生在同一地点（因此 $\Delta x'=0$）但在不同时刻（因此 $\Delta t'\neq 0$），式（23－19）就简化为

$$\Delta t=\gamma\Delta t' \quad \text{（在 S′ 系事件在同一地点）} \tag{23-20}$$

这证实了时间延缓. 由于两个事件在S′中发生在同一地点，它们之间的时间间隔 $\Delta t'$ 可以用在该

地点的一只单个的钟测量．在这种情况下，测得的间隔是固有时间间隔而可以用 Δt_0 标记．这样，式（23－20）就变成

$$\Delta t = \gamma\Delta t_0 \qquad (\text{时间延缓})$$

这正是时间延缓公式——式（23－7）．

（3）长度收缩

考虑表 23－2 中的式 1′

$$\Delta x' = \gamma(\Delta x - v\Delta t) \tag{23-21}$$

如果一根棒在 S′参考系中平行于图 23－8 的 x 和 x'轴放置并且静止，在 S′中的观察者要想测量它的长度，只需将棒的两端的坐标相减，这样得到的 $\Delta x'$的数值将是棒的固有长度 L_0．

假设棒在参考系 S 中运动．这意味着只有当棒两端的坐标**同时**（即 $\Delta t=0$）被测量时 Δx 才能被认定为是棒在参考系 S 中的长度 L．如果令式（23－21）中的 $\Delta x'=L_0$，$\Delta x=L$，$\Delta t=0$，可得

$$L = \frac{L_0}{\gamma} \qquad (\text{长度缩短}) \tag{23-22}$$

这正是长度收缩公式——式（23－13）．

例题 23－4

一只地球星际飞船前往行星 P1407 检查它的前哨阵地．该行星的卫星上驻有不友好的 Reptulia 人的战斗队．当飞船沿着先遇上行星后遇上卫星的一条直线路径飞行时，它检测到在 Reptulia 人的卫星上有一次高能微波爆发，接着，1.10s 后，在行星的前哨阵地上发生一次爆炸．在飞船参考系上测量，从 Reptulia 人基地到行星前哨基地的距离是 4.00×10^8m．很明显，Reptulia 人攻击了行星前哨基地，于是星际飞船开始准备和他们战斗．

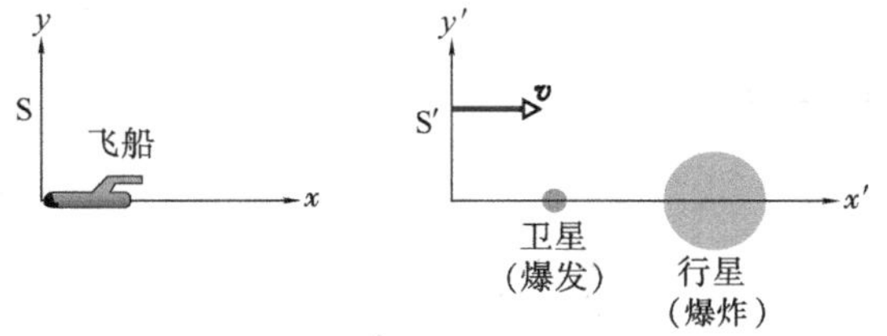

图 23－9 例题 23－4 图 在 S′系中的行星和它的卫星相对于 S 系中的星际飞船以速率 v 向右运动．

（a）飞船相对于行星和它的卫星的速率是 $0.980c$．在行星－卫星惯性系中（并因此相对站上的居民）测量，爆发和爆炸之间的距离和时间间隔是多少？

【解】 从下列**关键点**开始：

1. 此问题涉及从两个参考系——行星－卫星系和星际飞船系——测量．

2. 此问题涉及两个事件：爆发和爆炸．

3. 需要把在星际飞船系中测得的有关两事件之间的距离和时间的已知数据变换为在行星－卫星系中测得的相应的数据．

在变换之前，需要谨慎地选择符号．先画一个像图 23－9 那样的草图．在这里，已经取飞船的参考系 S 是静止的，而行星－卫星参考系以正速度（向右）运动．（这是随便选取的，可以换取行星－卫星参考系静止．这样就把图 23－9 中的箭头画在 S 系上并表示出向左运动，v 将是负值，结果会是一样的．）让下标 e 和 b 分别表示爆炸和爆发．这样，已知数据都在不带撇的（飞船的）参考系中为

$$\Delta x = x_e - x_b = +4.00\times10^8\,\text{m}$$

和

$$\Delta t = t_e - t_b = +1.10\,\text{s}$$

这里，Δx 是正的，因为在图 23－9 中爆炸的坐标 x_e 比爆发的坐标 x_b 大；Δt 也是正的，因为爆炸的时刻 t_e 比爆发的时刻 t_b 大（晚）．

把给出的 S 系数据变换到行星－卫星系 S′就可以得到 $\Delta x'$和 $\Delta t'$．由于考虑的是一对事件，就选用表 23－2 中的式 1′和式 2′：

$$\Delta x' = \gamma(\Delta x - v\Delta t) \tag{23-23}$$

和

$$\Delta t' = \gamma\left(\Delta t - \frac{v\Delta x}{c^2}\right) \qquad (23-24)$$

这里，$v = +0.980c$，洛伦兹因子为

$$\gamma = \frac{1}{\sqrt{1-(v/c)^2}} = \frac{1}{\sqrt{1-(+0.980c/c)^2}} = 5.0252$$

于是，式（23－23）变成

$$\Delta x' = (5.0252)[4.00\times10^8\text{m} - (+0.980(2.998\times10^8\text{m/s})(1.10\text{s})] = 3.86\times10^8\text{m} \qquad \text{（答案）}$$

而式（23－24）变为

$$\Delta t' = (5.0252)\left[(1.10\text{s}) - \frac{(+0.980)(2.998\times10^8\text{m/s})(4.00\times10^8\text{m})}{(2.998\times10^8\text{m/s})^2}\right] = -1.04\text{s} \qquad \text{（答案）}$$

（b）$\Delta t'$值中的负号是什么意思？

【解】 这里**关键点**是，要使在（a）中选取的符号相一致. 回想把爆发和爆炸之间的时间间隔最初定义为 $\Delta t = t_e - t_b = +1.10\text{s}$. 为了和这种符号的选取相一致，$\Delta t'$的定义必须是 $t_e' - t_b'$，因此，就有

$$\Delta t' = t_e' - t_b' = -1.04\text{s}$$

负号在这里表明 $t_b' > t_e'$，即，在行星－卫星参考系中，爆发在爆炸**之后**1.04s发生，不是像在飞船参考系中所检测到的在爆炸**之前**1.10s发生.

（c）是爆发引起的爆炸，或反之？

【解】 在行星－卫星参考系内测得的事件的顺序是和在飞船参考系中测得的相反的. 这里**关键点**是，在每种情况下，如果两个事件之间有因果关系，信息必须从一个事件的地点传到另一个事件的地点去引发它. 让我们核算所需要的信息速率. 在飞船系内，此速率为

$$v_{\text{info}} = \frac{\Delta x}{\Delta t} = \frac{4.00\times10^8\text{m}}{1.10\text{m}} = 3.64\times10^8\text{m/s}$$

但是，由于它超过了 c，这个速率是不可能的. 在行星－卫星系统中，该速率是 $3.70\times10^8\text{m/s}$，也是不可能的. 因此，没有一个事件可以引起另一个事件；这就是说，它们是**不相关**的事件. 因此，星际飞船不应该反击Reptulia人.

3. 洛伦兹速度变换式

这里要用洛伦兹变换公式比较在不同的惯性参考系S和S′中的两个观察者对同一个运动质点测得的速度. 令S′相对于S以速度$\boldsymbol{v}$运动.

假定质点以恒定速度沿平行于图23－10中的x和x'轴运动，在运动中发出两个信号. 每一个观察者都测量这两个事件之间的空间间隔和时间间隔. 这四个测量结果是由表23－2的式1和式2联系着的，

$$\Delta x = \gamma(\Delta x' + v\Delta t')$$

和

$$\Delta t = \gamma\left(\Delta t' + \frac{v\Delta x'}{c^2}\right)$$

如果用第二式去除第一式，可得

$$\frac{\Delta x}{\Delta t} = \frac{\Delta x' + v\Delta t'}{\Delta t' + v\Delta x'/c^2}$$

分子分母都除以$\Delta t'$，可得

$$\frac{\Delta x}{\Delta t} = \frac{\Delta x'/\Delta t' + v}{1 + v(\Delta x'/\Delta t')/c^2}$$

对其取微分极限，同时在y、z方向也用类似方法可得

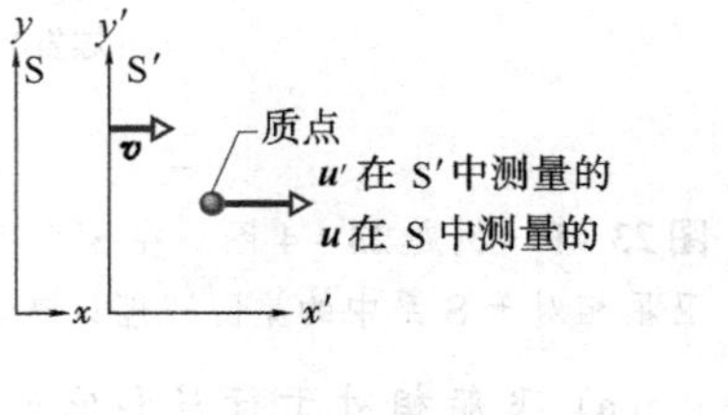

图23－10 参考系S′以速度$\boldsymbol{v}$相对于参考系S运动. 一个质点具有相对于参考系S′的速度$\boldsymbol{u}'$和相对于参考系S的速度$\boldsymbol{u}$.

$$\begin{cases} u_x = \dfrac{u'_x + v}{1 + u'_x v/c^2} \\ u_y = \dfrac{u'_y}{\gamma(1 + u'_x v/c^2)} \\ u_z = \dfrac{u'_z}{\gamma(1 + u'_x v/c^2)} \end{cases} \tag{23-25}$$

这就是**洛伦兹速度变换式**，也称为相对论速度变换式．利用此公式可以由 S′系中的速度分量求出 S 系中的速度分量．其逆变换的公式为

$$\begin{cases} u'_x = \dfrac{u_x - v}{1 - u_x v/c^2} \\ u'_y = \dfrac{u_y}{\gamma(1 - u_x v/c^2)} \\ u'_z = \dfrac{u_z}{\gamma(1 - u_x v/c^2)} \end{cases} \tag{23-26}$$

利用这个公式可以由 S 系中的速度分量求出 S′系中的速度分量．

在低速情况下，$v \ll c$，$\gamma \to 1$，洛伦兹速度变换公式化为伽利略速度变换公式．换句话说，洛伦兹速度变换式对所有物理上可能的速率都正确，而伽利略速度变换式则只对比 c 小得多的速率才近似的正确．以极端情况 $v = c$，$u'_x = c$ 为例，由洛伦兹速度变换式得到

$$u_x = \frac{u'_x + v}{1 + \dfrac{u'_x v}{c^2}} = \frac{c + c}{1 + \dfrac{c \cdot c}{c^2}} = c$$

但按伽利略速度变换式却会得出 $u_x = 2c$ 的错误结论．

23－4 相对论的动力学基础

1. 对动量和质量的新看法

假设若干个观察者，各在一个不同的惯性参考系中，观察两个质点之间的孤立的碰撞．在经典物理学中我们已经看到，尽管这些观察者对碰撞质点测得了不同的速度，可他们都发现动量守恒定律是成立的．这就是说，他们发现质点系统的总动量在碰撞前后是相同的．

这种情况如何受到相对论的影响？研究发现如果继续把一个质点的动量 $\boldsymbol{p}$ 定义为 $m\boldsymbol{v}$，即它的质量和速度的乘积，则在高速运动情况下会出现对于不同惯性系中的观察者，总动量**不**守恒．这样就有两个选择：（1）放弃动量守恒定律或（2）看看能否用某种新方法重新定义一个质点的动量使得动量守恒定律仍然成立．正确的选择是第二个．

考虑一个质点沿 x 正向以恒定速率运动．按经典理论，它的动量的大小为

$$p = mv = m\frac{\Delta x}{\Delta t} \quad \text{（经典定义）} \tag{23-27}$$

式中，Δx 是在时间 Δt 内经过的距离．为了找到动量的相对论表示式，我们从一个新的定义

$$p = m\frac{\Delta x}{\Delta t_0}$$

出发. 其中（和前面一样）Δx 是运动质点经过的距离，它是注视该质点的观察者所看到的. Δt_0 是经过该距离所需的时间，不过它不是注视该运动质点的观察者测定的，而是和质点一起运动的观察者测定的. 质点相对于第二个观察者是静止的，结果这一观察者测得的是固有时.

用时间延缓公式（式（23－7）），可以得到

$$p = m\frac{\Delta x}{\Delta t_0} = m\frac{\Delta x}{\Delta t}\frac{\Delta t}{\Delta t_0} = m\frac{\Delta x}{\Delta t}\gamma$$

其中 $\Delta x/\Delta t$ 正好是粒子速度 v，于是

$$p = \gamma m v \quad（相对论动量） \tag{23-28}$$

注意这和经典定义式（23－27）的差别只在于洛伦兹因子. 然而，这一差别是很重要的：和经典动量不同，随着 v 趋近于 c，相对论动量趋向于无限大值.

把式（23－28）相对论对量的定义推广为矢量形式

$$\boldsymbol{p} = \gamma m \boldsymbol{v} \tag{23-29}$$

这一公式是对所有物理上可能的速度都正确的定义. 而且（可以证明）用式（23－29）的动量定义，动量守恒定律在高速运动情况下仍然成立. 对于远小于 c 的速率，它简化为经典的动量定义（$\boldsymbol{p}=m\boldsymbol{v}$）.

为了不改变动量的基本定义形式，人们把式（23－29）写为

$$\boldsymbol{p} = m_{rel}\boldsymbol{v} \tag{23-30}$$

式中

$$m_{rel} = \gamma m = \frac{m}{\sqrt{1-(v/c)^2}} \tag{23-31}$$

可见，在狭义相对论中，质量 m_{rel} 是与速度有关的，称为**相对论质量**，而 m 则是质点相对于某惯性系静止时的质量，称为**静质量**. 从这个质量与速度的关系式可以看出，当质点的速率远小于光速，即 $v \ll c$ 时，有 $m_{rel} \approx m$，这时，相对论质量与静质量没有明显的差别，可以认为质点的质量为一常量，这正是经典力学的概念（经典力学中涉及的宏观物体的运动速度一般都满足于 $v \ll c$）. 但是对于微观粒子，其运动速度可以大到接近于光速，这时它们的质量就会与静质量明显不同，例如当一快速电子，速度 $v=2.7\times10^8\,\mathrm{m/s}$ 时，其质量

$$m_{rel} = \frac{m}{\sqrt{1-\left(\dfrac{2.7\times10^8}{3\times10^8}\right)^2}} = \frac{m}{\sqrt{1-0.81}} = 2.3m$$

在电子的偏转实验中，以及在高能粒子加速器的实验中，大量的实验结果都证明了式（23－31）的正确性. 这也进一步说明上面给出的这个相对论质量的关系是普遍适用的.

由于在狭义相对论中，质量 m_{rel} 随速度而变化，因此牛顿第二定律不能再取 $\boldsymbol{F}=m\boldsymbol{a}$ 的形式，而必须按式（23－30）的动量定义，将牛顿第二定律写为

$$\boldsymbol{F} = \frac{d\boldsymbol{p}}{dt} = \frac{d(m_{rel}\boldsymbol{v})}{dt} \tag{23-32}$$

即物体动量对时间的变化率等于物体所受的合外力. 在经典力学中，力与加速度成正比，一个恒定的力会产生恒定的加速度；但是，按照上面给出的牛顿第二定律的普遍形式（式（23－

32)), 因为质量随速度而增大, 所以一个**物体在恒力作用下, 不会有恒定的加速度**. 随着粒子速度的增加, 加速度不断减小, 当 $v \to c$ 时, $a \to 0$. 因此, 无论使用多大的力, 也不可能把一个粒子从静止加速到等于或大于光速.

2. 对能量的一种新看法 (质能关系)

(1) 质量能

化学科学最初是在假设化学反应中能量和质量分别守恒的基础上发展起来的. 1905 年, 爱因斯坦证明作为狭义相对论的一个推论, 质量可以被认为是能量的另一种形式, 因此能量守恒定律实际上是质量-能量守恒定律.

在**化学反应** (分子或原子的相互作用的过程) 中, 转化为其他形式能量 (或相反) 的质量的量占有涉及的总质量的比例太小了, 以至于用最好的实验室天平也没有希望测量质量差, 质量和能量**真的**像是分别地守恒. 然而, 在**核反应** (核或基本粒子相互作用的过程) 中, 所释放的能量比化学反应中的要大到百万倍, 质量的改变也就很容易测出, 因此, 在核反应中考虑质量-能量转化早已成为惯例.

一个物体的质量 m 和该质量相当的能量 E_0 由下式联系着:

$$E_0 = mc^2 \tag{23-33}$$

去掉下标 0, 此式就是长期以来最为大家所知的科学公式. 这个和一个物体的质量相联系的能量称为**质量能**或**静能**. 第二个词组暗示 E_0 是物体即使静止时也具有的能量, 仅仅因为它有质量.

表 23-3 列出了一些物体的质量能或静能. 例如, 一个美国分币的质量能是巨大的, 它的电能相当量的价值会超过百万美元. 另一方面, 和美国全年发电量相当的质量不过是几百千克的物质 (石头、碎屑或其他任何东西).

表 23-3 几种物体的能量相当量

物体	质量/kg	能量相当量	
电子	9.11×10^{-31}	8.19×10^{-14} J	(=511keV)
质子	1.67×10^{-27}	1.50×10^{-10} J	(=938MeV)
铀原子	3.95×10^{-25}	3.55×10^{-8} J	(=225GeV)
尘粒	1×10^{-13}	1×10^{4} J	(=2kcal)
美国分币	3.1×10^{-3}	2.8×10^{14} J	(=78GW·h)

在实际工作中, 对式 (23-33) 很少用 SI 单位, 因为它们太大了, 用起来不方便. 质量常用原子质量单位 (u) 测量:

$$1\text{u} = 1.66\times10^{-27}\text{kg} \tag{23-34}$$

而能量常用电子伏 (eV) 或其倍数测量:

$$1\text{eV} = 1.60\times10^{-19}\text{J} \tag{23-35}$$

用式 (23-34) 和式 (23-35) 的单位, 相乘常量 c^2 的值为

$$\begin{aligned} c^2 &= 9.315\times10^{8}\text{eV/u} \\ &= 9.315\times10^{5}\text{keV/u} \\ &= 931.5\text{MeV/u} \end{aligned} \tag{23-36}$$

(2) 总能量

式（23－33）给出和一个物体的质量 m 相联系的质量能（或静能）E_0，不论该物体是运动的还是静止的. 如果物体是运动的，它就有形式为动能 E_k 的附加能量. 如果假定它的势能为零，它的总能量 E 就是它的质量能和动能之和，即

$$E = E_0 + E_k = mc^2 + E_k \tag{23-37}$$

虽然我们不给出证明，总能量 E 也可写成

$$E = \gamma mc^2 \tag{23-38}$$

式中，γ 是对物体运动的洛伦兹因子，或写为

$$E = m_{rel}c^2 \tag{23-39}$$

这就是**质能关系式**. 它是狭义相对论的一个重要结论，充分反映出物质的两个基本属性——质量与能量之间有着密切的关系. 如果一个物体或物体系统的质量发生 Δm_{rel} 的变化，据上式可知，物体的能量也一定有相应的变化

$$\Delta E = \Delta(m_{rel}c^2) = c^2\Delta m_{rel} \tag{23-40}$$

反之，如果其能量发生变化，则它们的质量也一定发生相应的变化.

在第 3 章中，我们曾经讨论过涉及一个质点或一个质点系的总能量变化的例子. 然而，在讨论中并未包括质量能，原因就在于经典力学中所涉及的质量能的改变或者是零或者是足够小而可以忽略. 不过现在我们要指出，总能量守恒即使在质量能变化很大的情况下仍然适用. 也就是说，不管质量能发生了什么变化，3－7 节给出的下述结论依然正确：

一个**孤立系**的总能量 E 不可能改变.

如果在一个孤立系中两个相互作用的质点的总能量减少，系统中另外的某种形式的能量一定增多，因为总能量不可能改变.

一个系统中进行化学反应或核反应时，由反应引起的系统的总质量能的变化通常以一个 Q 值给出（它也是反应过程中释放能量的量度）. 一个反应的 Q 值由下式得出：

$$\begin{pmatrix}\text{系统的初始}\\ \text{总质量能}\end{pmatrix} = \begin{pmatrix}\text{系统的终了}\\ \text{总质量能}\end{pmatrix} + Q$$

或

$$E_{0i} = E_{0f} + Q \tag{23-41}$$

用式（23－33）（$E_0 = mc^2$），可以用初始**总**质量 m_i 和终了**总**质量 m_f 重写为

$$m_ic^2 = m_fc^2 + Q$$

或

$$Q = m_ic^2 - m_fc^2 = -\Delta mc^2 \tag{23-42}$$

其中由反应引起的质量变化是 $\Delta m = m_f - m_i$.

如果反应结果是质量能转化为，例如，产物的动能，则系统的总质量能 E_0（和它的总质量 m）减少而 Q 是正的；如果与此相反，一个反应要求能量转化为质量能，则系统的总质量能 E_0（和它的总质量 m）增多而 Q 是负的.

例如，假设两个氢核进行**聚合反应**使它们结合在一起形成一个新的核并放出两个粒子. 所形成的单一的核和两个被释放的粒子的总质量能比初始的两个氢核的总质量能（和总质量）

小. 因此，此聚合反应的 Q 为正值，即该反应过程**释放**能量. 这种释放非常重要，因为太阳中氢核的聚变是产生地球上的阳光并使生命成为可能的过程的一部分.

利用式（23－39）的质能关系，我们可以得出总能量守恒也意味着总质量守恒的结论. 可见，正如我们上面提到的那样，在历史上能量守恒和质量守恒这两条分别发现且相互独立的自然规律，在相对论中二者却自然完全地统一起来了.

动能

在第 3 章把质量为 m、具有比 c 小得多的速率的物体的动能定义为

$$E_k = \frac{1}{2}mv^2 \tag{23-43}$$

然而，这一经典公式只是一个近似，当速率比光速小得多时是足够准确的.

现在要找一个动能的公式，它对**所有**物理上可能的速率，包括接近 c 的速率，都是正确的. 由式（23－37）解出 E_k 并且用式（23－38）代替 E 可得**相对论动能**表达式为

$$E_k = E - mc^2 = \gamma mc^2 - mc^2$$

$$= mc^2(\gamma - 1) \quad \text{（相对论动能）} \tag{23-44}$$

式中，$\gamma\ (=1/\sqrt{1-(v/c)^2})$ 是对物体运动的洛伦兹因子.

图 23－11 表示用正确定义（式（23－44））和经典近似（式（23－43）），都作为 v/c 的函数，计算出的电子的动能图线. 注意在图的左侧两条曲线是重合的，这就是在本书中到目前为止曾经计算动能的那一部分图线——在低速范围. 该部分图线表明用经典近似式（23－43）计算动能曾经是合理的. 然而，在图的右侧——在接近 c 的速率范围——两条曲线差别明显. 当 v/c 趋近于 1.0 时，动能的经典定义的曲线只是缓慢地增大而动能的正确定义的曲线则急剧地增大，当 v/c 趋近 1.0 时趋近无限大值. 因此，当一个物体的速率 v 接近 c 时，**必须**用式（23－44）计算它的动能.

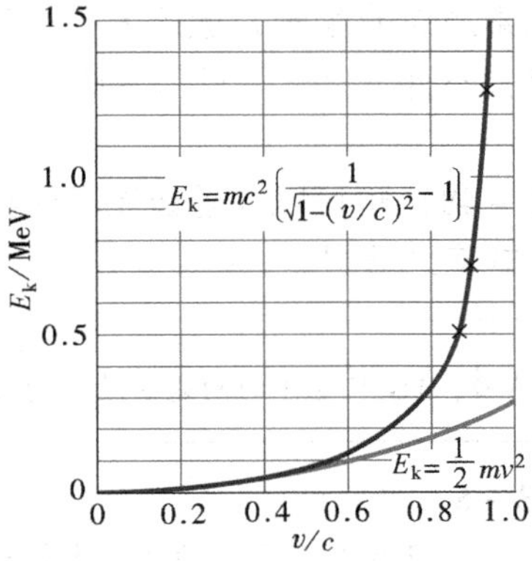

图 23－11　对一个电子的动能的相对论的和经典的公式的图线. 实验数据（标以 × 符号）表明在高速区域相对论曲线和实验相符而经典曲线则不符.

图 23－11 也表明要增大物体的速率，例如，1%，必须对它做的功应如何. 所需要的功等于它引起的物体的动能改变 ΔE_k. 如果这一改变发生在图 23－11 中低速的左侧，所需的功可能是适度的. 然而，如果这一改变发生在图 23－11 中高速的右侧，所需的功就可能很大，因为在那里动能 E_k 随速率的增大而增大得非常快. 使物体的速率增大到 c 在原则上需要无限大量的能量，因此，这样做是不可能的.

电子、质子和其他基本粒子的动能常常用电子伏或它的倍数作为形容词来说明. 例如，一个具有 20MeV 动能的电子可以说成是一个 20MeV 电子.

3. 动量与能量之间的关系

在经典力学中，一个质点的动量 p 是 mv 而它的动能 E_k 是 $\frac{1}{2}mv^2$. 如果在此两式中消去 v，

可得一个动量和动能之间的直接关系：

$$p^2 = 2E_k m \quad (\text{经典}) \qquad (23-45)$$

那么，在相对论中，动量与能量之间的关系又是什么呢？下面就来建立它们之间的关系。

由质能关系式（23－38），可得

$$\left(\frac{E}{mc^2}\right)^2 = \left(\frac{\gamma mc^2}{mc^2}\right)^2 = \frac{1}{1-v^2/c^2}$$

由动量定义式（23－29）可得

$$\left(\frac{p}{mc}\right)^2 = \left(\frac{\gamma mv}{mc}\right)^2 = \frac{v^2/c^2}{1-v^2/c^2}$$

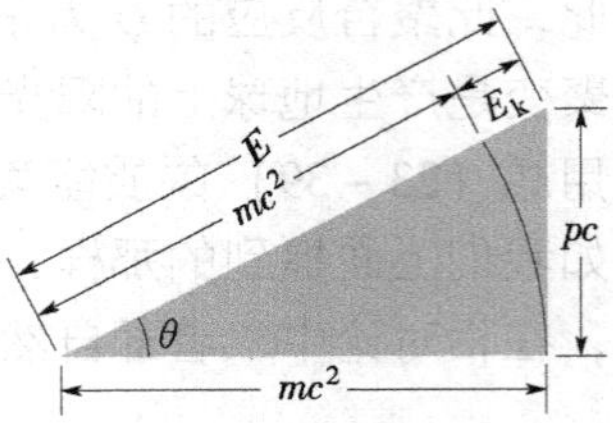

图 23－12 为了记住总能量 E，静能或质量能 mc^2，动能 E_k 和动量 p 之间的相对论关系的一种有用的记忆设计。

将以上两式相减后再整理得

$$E^2 = (pc)^2 + (mc^2)^2 = (pc)^2 + E_0^2 \qquad (23-46)$$

这就是**相对论动量能量关系式**。为便于记忆，它们之间的关系可以用图 23－12 中的直角三角形表示出来。可以证明在该三角形中，

$$\sin\theta = \beta \text{ 和 } \cos\theta = 1/\gamma \qquad (23-47)$$

从式（23－46）可以看到乘积 pc 一定具有和能量 E 相同的单位，因此可以用能量的单位除以 c 表示动量的单位。实际上在基本粒子物理中动量就常用单位 MeV/c 或 GeV/c 表示。

如果质点的能量 E 远远大于其静能 E_0，即 $E \gg E_0$，那么式（23－46）中等号右边第二项可以略去不计，上式可近似写成

$$E \approx pc \qquad (23-48)$$

式（23－48）也可以表述像光子这类静质量为零的粒子的能量和动量之间的关系，只是对于光子，上式应为等号。

检查点 4：1GeV 电子的动能和总能量比 1GeV 质子的这些量较大，较小，还是相等？

例题 23－5

（a）一个 2.53MeV 电子的总能量是多少？

【解】 这里**关键点**是，由式（23－37）总能量是电子的质量能（或静能）mc^2 和它的动能之和：

$$E = mc^2 + E_k$$

题中形容词“2.53MeV”指的是电子的动能是 2.53MeV。为计算电子的静能 mc^2，将附录 B 中的电子质量 m 代入

$$mc^2 = (9.109 \times 10^{-31}\,\text{kg})(2.998 \times 10^8\,\text{m/s})^2 = 8.187 \times 10^{-14}\,\text{J}$$

把这一结果除以 1.602×10^{-13} J/MeV 即给出电子的质量能为 0.511MeV（和表 23－3 中的值相同）。式（23－37）就给出

$$E = 0.511\text{MeV} + 2.53\text{MeV} = 3.04\text{MeV}$$

（答案）

（b）电子的动量的大小 p 是多少 MeV/c？

【解】 这里**关键点**是可以用式（23－46）从总能量 E 和质量能 mc^2 求出 p。

$$pc = \sqrt{E^2 - (mc^2)^2} = \sqrt{(3.04\text{MeV})^2 - (0.511\text{MeV})^2} = 3.00\text{MeV}$$

最后，用 c 除两侧得

$$p = 3.00\text{MeV}/c$$

（答案）

例题 23－6

在从空间来到地球的宇宙射线中曾经检测到的最高能量的质子具有惊人的动能 3.0×10^{20} eV（足够把

一匙水加热几度).

(a) 质子的洛伦兹因子 γ 和速率 v (都相对于地面探测器) 是多少?

【解】 这里一个**关键点**是质子的洛伦兹因子通过式 (23-38) ($E=\gamma mc^2$) 把它的总能量 E 和它的质量能 mc^2 联系起来了. 第二个**关键点**是, 质子的总能量是它的质量能 mc^2 和它的 (给出的) 动能 E_k 之和. 把这些概念放在一起有

$$\gamma=\frac{E}{mc^2}=\frac{mc^2+E_k}{mc^2}=1+\frac{E_k}{mc^2} \qquad (23-49)$$

可以像在例题 23-5a 中那样用附录 B 中给出的质子的质量计算它的质量能 mc^2. 可求得 mc^2 是 938MeV (如表 23-3 中列出的), 将此值和给出的动能代入式 (23-49) 可得

$$\gamma=1+\frac{3.0\times10^{20}\,\text{eV}}{938\times10^{6}\,\text{eV}}$$

$$=3.198\times10^{11}\approx3.2\times10^{11} \qquad \text{(答案)}$$

这一 γ 的计算值太大了以致不能用 γ 的定义 (式 (23-6)) 来求 v. 用计算器试一个会发现 β 基本上等于 1, 因而 v 基本上等于 c. 实际上, v 确是几乎等于 c, 但是必须求一个准确的答案. 不妨通过先对 $1-\beta$ 求解式 (23-6) 得到. 开始写出

$$\gamma=\frac{1}{\sqrt{1-\beta^2}}=\frac{1}{\sqrt{(1-\beta)(1+\beta)}}$$

$$\approx\frac{1}{\sqrt{2(1-\beta)}}$$

其中应用了 β 是如此接近于 1 以致 $1+\beta$ 是非常接近 2 的事实. 要求的速度 v 包括在 $1-\beta$ 项内. 对 $1-\beta$ 求解就得出

$$1-\beta=\frac{1}{2\gamma^2}=\frac{1}{(2)\ (3.198\times10^{11})^2}$$

$$=4.9\times10^{-24}\approx5\times10^{-24}$$

因此 $$\beta=1-5\times10^{-24}$$

由于 $v=\beta c$, 故

$$v\approx0.999\,999\,999\,999\,999\,999\,999\,995c \qquad \text{(答案)}$$

(b) 假设质子沿银河系的直径 (9.8×10^4 ly) 飞行, 在地球和银河系的共同参考系中质子经过这一直径需要多长时间?

【解】 在上面刚看到这一**超相对论**质子是以几乎等于 c 的速率飞行的. 于是这里**关键点**是, 由于光年 (ly) 的定义 (光 1y 走过 1ly) 因此光应该用 9.8×10^4y 经过 9.8×10^4 ly, 而此质子应该用了几乎相同的时间. 因此, 在地球—银河系参考系中, 质子的旅程用了

$$\Delta t=9.8\times10^4\,\text{y} \qquad \text{(答案)}$$

(c) 在质子参考系中测量该旅程用了多长时间?

【解】 这里需要四个**关键点**:

1. 本题涉及从两个 (惯性) 参考系进行测量, 一个是地球-银河系参考系, 另一个是附在质子上的参考系.

2. 本题也涉及两个事件: 第一个是质子经过银河系直径的一端, 第二个是经过相反的一端.

3. 在质子的参考系中测得的两事件之间的时间间隔是固有时间间隔 Δt_0, 因为在该参考系中两事件发生在同一地点, 即在质子本身.

4. 可以用对时间延缓的式 (23-7), 由在地球-银河系中测得的时间间隔 Δt 求出固有时间间隔 Δt_0.

对 Δt_0 求解式 (23-7) 并代入 (a) 中的 γ 和 (b) 中的 Δt, 得

$$\Delta t_0=\frac{\Delta t}{\gamma}=\frac{9.8\times10^4\,\text{y}}{3.198\times10^{11}}$$

$$=3.06\times10^{-7}\,\text{y}=9.7\,\text{s} \qquad \text{(答案)}$$

在我们的参考系内, 该旅程用了 98 000y. 在质子的参考系中, 它只用了 9.7s! 在本章开始时断言, 相对运动能够改变时间进行的快慢. 这里我们有了一个极端的例子.

复习和小结

两个假设 爱因斯坦的**狭义相对论**的基础是两个假设:

1. 物理定律对所有惯性系中的观察者说是相同的. 没有哪一个参考系是特殊的.

2. 光在真空中的速率沿各个方向在所有惯性参考系中具有相同的值 c.

光在真空中的速率是一个极限速率, 任何载有能量和信息的实体都不能超过它.

一个事件的坐标 三个空间坐标和一个时间坐标确定一个**事件**. 狭义相对论的任务之一是把作相对运动的两个观察者认定的这些坐标联系起来.

同时的事件 如果两个观察者作相对运动, 他们

一般不会认同两个事件是否是同时的. 如果一个观察者发现在不同地点的两个事件是同时的，另一个则不会，并且相反也一样. 同时性**不**是一个绝对概念，而是一个相对的，决定于观察者的运动. 同时性的相对性是有限的极限速率 c 的一个直接推论.

时间延缓 如果两个相继的事件在一个惯性参考系中发生在同一地点，在该地点的一只单个的钟测出的它们之间的时间间隔 Δt_0 是两个事件之间的**固有时**. **在相对于该参考系运动的参考系内的观察者将测到比此时间间隔大的值**. 对于以相对速率 v 运动的观察者，他测得的时间间隔是

$$\Delta t = \frac{\Delta t_0}{\sqrt{1-(v/c)^2}} = \frac{\Delta t_0}{\sqrt{1-\beta^2}} = \gamma\Delta t_0 \quad (\text{时间延缓})$$

这里 $\beta = v/c$ 是**速率参量**，而 $\gamma = 1/\sqrt{1-\beta^2}$ 是**洛伦兹因子**. 时间延缓的一个重要推论是由一个静止的观察者测量，运动的钟走慢了.

长度缩短 在一个物体静止的惯性参考系中，一个观察者测定的该物体的长度称为它的**固有长度**. **在相对于该参考系平行该长度方向运动的参考系内的观察者将测到较短的长度**. 对于以相对速率 v 运动的观察者，他测得的长度是

$$L = L_0\sqrt{1-\beta^2} = \frac{L_0}{\gamma} \quad (\text{长度缩短})$$

洛伦兹变换 洛伦兹变换公式把在两个惯性参考系 S 和 S′中的观察者看到的单个事件的时空坐标联系了起来，其中 S′以相对于 S 的速率 v 沿正 x，x'方向运动，4 个坐标的关系是

$$x' = \gamma(x - vt),\quad y' = y,\quad z' = z,\quad t' = \gamma\left(t - \frac{vx}{c^2}\right)$$

（洛伦兹变换公式，对所有物理上可能的速率都正确）

速度的相对性 当一个质点在惯性参考系 S′中沿正 x'方向以速率 u'运动，而 S′本身沿着平行于第二个惯性系 S 的 x 方向以速率 v 运动时，在 S 中测得的质点的速率 u 是

$$u = \frac{u' + v}{1 + u'v/c^2} \quad (\text{相对论速度})$$

动量和能量 下列关于一个质量为 m 的质点的线动量 $\boldsymbol{p}$、动能 E_k 和总能量 E 对所有物理上可能的速率都是正确的：

$$\boldsymbol{p} = \gamma m\boldsymbol{v} \quad (\text{动量})$$

$$E = mc^2 + E_k = \gamma mc^2 \quad (\text{总能量})$$

$$E_k = mc^2(\gamma - 1) \quad (\text{动能})$$

式中，γ 是对质点的运动的洛伦兹因子；mc^2 是和质点的质量相联系的**质量能**或**静能**. 由这些公式可导出相对论动量能量关系式：

$$E^2 = (pc)^2 + (mc^2)^2$$

当一个质点系进行一个化学反应或核反应时，反应的 Q 值是系统的总质量能改变的负值，是释放能量的量度，即

$$Q = m_i c^2 - m_f c^2 = -\Delta mc^2$$

式中，m_i 是反应前系统的总质量；m_f 是反应后它的总质量.

思考题

1. 在图 23－13 中，飞船 A 向飞来的飞船 B 发射一个激光脉冲，其时侦察飞船 C 正向远处飞去. 这些飞船的标出的速率都是从同一个参照系测量的. 根据每个飞船测得的脉冲的速率将这些飞船由大到小排序.

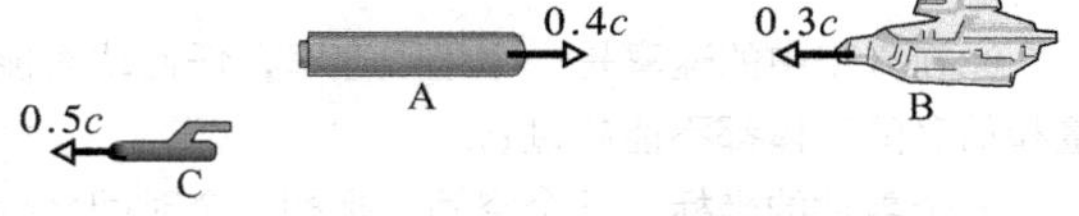

图 23－13 思考题 1 和 6 图

2. 图 23－14a 所示为在静系 S 中的两个钟（在该系中已调好同步）和动系 S′中的一个钟. 钟 C_1 和 C_1'相互错过时的读数为零. 当钟 C_1'和 C_2 相互错过时，(a) 哪个钟的读数较小和 (b) 哪个钟测的是固有时?

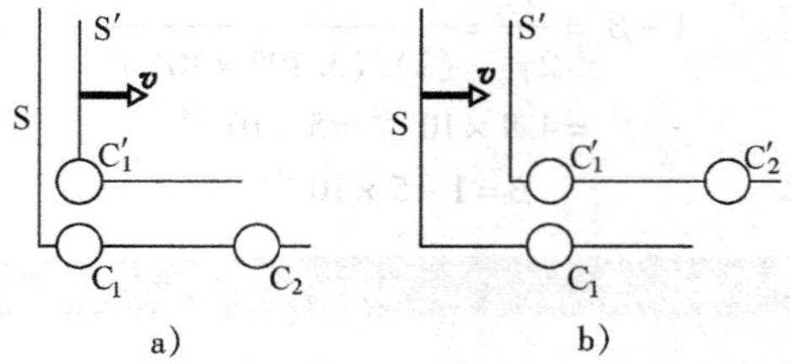

图 23－14 思考题 2 和 3 图

3. 图 23－14b 所示为在静系 S′中的两个钟（在

哈里德大学物理学

该系中同步）和动系 S 中的一个钟．钟 C_1 和 C_1' 相互错过时读数为零．当钟 C_1 和 C_2' 相互错过时，（a）哪个钟的读数较小和（b）哪个钟测的是固有时？

4. Sam 驾飞船从金星飞向火星以相对速率 $0.5c$ 经过地球上的 Sally．（a）每人都测量金星-火星旅程时间，谁测的是固有时间：Sam，Sally，或者都不是？（b）在路上，Sam 向火星发射一光脉冲，每个人都测量脉冲的飞行时间，谁测出的是固有时间？

5.（a）在图 23－8 中，假设在 S′系中的观察者测量两个位于同一地点（例如 x'），但发生在不同时刻的两个事件．在 S 系中的观察者测出它们是在同一地点吗？（b）如果对一个观察者两个事件同时发生在同一地点，对所有其他观察者它们能是同时的吗？（c）对所有其他观察者它们是在同一地点吗？

6. 图 23－13 中的飞船 A 和 B 直接相向飞行，标出的速度都是从同一参考系测量的，飞船 A 对 B 的相对速率是大于，小于，还是等于 $0.7c$？

7. 三个质点的静能和总能量用一基本量 A 表示，分别为（1）A，$2A$；（2）A，$3A$；（3）$3A$，$4A$．根据它们的（a）质量，（b）动能，（c）洛伦兹因子，和（d）速率由大到小将这些质点排序．

习题

1. 洛伦兹因子是（a）1.01，（b）10.0，（c）100 和（d）1000 的速率参量 β 是多大？

2. 一个不稳定的高能粒子进入一探测器并在衰变前留下一条长 1.05mm 的径迹．它对探测器的相对速率是 $0.992c$．它的固有寿命是多长？如果它相对于探测器是静止的，它在衰变前能存在多久？

3. 你打算乘宇宙飞船从地球出发来一次往返的旅游，以恒定速率沿直线飞行 6 个月，接着以同样的恒定速率往回飞．你还希望在返回时发现地球将是在将来 1000 年时的样子．（a）你必须飞多快？（b）是否沿一条直线飞行有关系吗？如果沿一个圆周飞行了一年，你还会发现返回地球时地球的钟已经走了 1000 年吗？

4. 一根在参考系 S 中平行于 x 轴的棒沿此轴以速率 $0.630c$ 运动，它的静长是 1.70m．它在此 S 系中测量的长度是多少？

5. 一个电子以 $\beta = 0.999\ 987$ 沿一个抽空了的管的轴运动，此管在对静止于它的实验室参考系 S 中测得的长度是 3.00m．在对电子静止的参考系 S′中的观察者将看到此管以速率 v（$=\beta c$）运动．S′观察者测得的棒的长度会是多少？

6. 在 S′系中一根米尺与 x' 轴夹角 30°．如果此参考系沿 S 系的 x 轴以相对于 S 系的速率 $0.90c$ 运动，在 S 系中测得的米尺长度是多少？

7. 一只宇宙飞船的长度测得正好是其固有长度的一半．（a）用 c 表示飞船相对于观察者的参考系的速率是多大？（b）和观察者的参考系中的钟相比飞船的钟慢了几分之几？

8.（a）在原则上，一个人在正常寿命内能从地球飞到约 23000ly 远的星系中心吗？用时间延缓或长度缩短论据解释（b）在 30 年（固有时间）内完成这一旅行所需的恒定速率．

9. 一个空间旅行者从地球出发以 $0.99c$ 的速率向 26ly 远的织女星飞去，地球钟经过了多长时间，（a）当旅行者到达织女星时；（b）当地球观察者接收到旅行者发来的她已到达的消息时；（c）地球观察者计算的旅行者到织女星时比她开始旅行时（在她的参考系中）老了多少？

10. 观察者 S 认定一个事件的时空坐标是

$$x = 100\text{km} \text{ 和 } t = 200\mu\text{s}$$

在沿 x 正向以速率 $0.950c$ 相对于 S 运动的参考系中此事件的时空坐标是多少？假定 $t = t' = 0$ 时 $x = x' = 0$.

11. 一个观察者看到离他 1200m 远处一次强闪光和在他和强闪光的直接连线上较近的 720m 处的另一次弱闪光．他测定的两闪光间的时间间隔是 5.00μs，而且强闪光发生在前．（a）在其中观察到这两次闪光发生在同一地点的参考系 S′的相对速度 $\boldsymbol{v}$（大小和方向）为何？（b）从 S′系看来，哪次闪光发生在前？（c）在 S′系中测得的它们之间的时间间隔是多少？

12. 一质点沿 S′系的 x' 轴方向以速率 $0.40c$ 运动．S′系相对于 S 系以 $0.60c$ 运动．在 S 系中测得的质点的速率有多大？

13. S′系相对于 S 系以 $0.62c$ 沿正 x 方向运动．在 S′系中，一质点沿 x' 正向以速率 $0.47c$ 运动．

（a）质点相对于 S 的速度为何？（b）如果质点在 S′系中沿 x' **负**向运动（以速率 $0.47c$），它相对于 S 系的速度为何？在每种情况下，把结果和经典速度变换公式的预言对比一下．

14. 星系 A 被告知以速率 $0.35c$ 离开我们退行．星系 B 位于正相反的方向，也被发现以相同速率离开我们退行. 在星系A上观察到的（a）我们银河系和（b）星系B的退行速率是多少?

15. 把一个电子的速率从零增大到（a）$0.50c$，（b）$0.990c$，和（c）$0.9990c$，必须分别做多少功?

16. 求动能是（a）1.00keV，（b）1.00MeV和（c）1.00GeV的电子的速率参量β和洛伦兹因子γ.

17. 求动能是10.0MeV的一个质点的速率参量β和洛伦兹因子γ，如果这个质点是（a）一个电子，（b）一个质子，和（c）一个α粒子.

18. 用c表示动能为100MeV的电子的速率是多大?

19. 把一个电子的速率（a）由$0.18c$增大到$0.19c$和（b）由$0.98c$增大到$0.99c$，分别需要做多少功?注意两种情况下速率的增加都是$0.01c$.

20. 某个质量为m的质点具有大小为mc的动量，它的（a）速率，（b）洛伦兹因子，和（c）动能各是多少?

21. （a）动能是其静能的两倍和（b）总能量是其静能的两倍的粒子的速率分别是多大?

22. 质量为m的质点的动能必须是多大才能使它的总能量等于其静能的3倍?

23. （a）如果一个粒子的动能E_k和动量p能测定，就能求出它的质量m，从而辨认该粒子. 证明

$$m=\frac{(pc)^2-E_k^{\ 2}}{2E_kc^2}$$

（b）证明当$u/c\to 0$时，此式简化到一个期望的结果，其中u是粒子的速率.（c）求动能为55.0MeV和动量是121MeV/c的粒子的质量. 以电子质量m_e表示你的答案.

24. 静止μ子的平均寿命为2.20μs. 实验室测量的从粒子加速器出来的一束μ子中运动的μ子的平均寿命是6.90μs. 在实验中这些μ子的（a）速率，（b）动能，和（c）动量分别是多少?一个μ子的质量是一个电子的207倍.

25. 在海平面以上120km的大气顶部附近的一个宇宙射线粒子和一个粒子之间的高能碰撞中产生了一个π介子. 此π介子具有总能量$E=1.35\times10^5$MeV，并竖直向下运动. 在π介子参考系中，它在产生后35.0ns衰变. 在地球参考系中测量，此π介子在海平面以上多高处衰变?π介子的静能是139.6MeV.

第 5 篇

第 24 章　光子和物质波

这是一幅气泡室的照片，其中微小的气泡显示电子和正电子运动的路径．一束 γ 射线（它从顶部进入而没有留下径迹）从充满气泡室的液态氢的一个氢原子中打出一个电子（e_0^-）而自身转变为一个电子－正电子对（e_1^--e_1^+）．在图更下方的另一束 γ 射线也经历了电子对产生的过程（e_2^--e_2^+）．图中的径迹（由于磁场而变成曲线）清楚地显示出电子和正电子都是沿着细窄路线运动的粒子．尽管如此，这些粒子也可以用波来说明．

一个粒子能是一列波吗？

答案就在本章中．

对爱因斯坦相对论的讨论使我们进入了一个远离日常经验的世界——物体接近光速运动的世界. 现在我们将去探索在日常经验之外的另一个世界——亚原子世界. 在那里我们将会遇到一系列新的、令人惊奇的结论，它们虽然有时候看起来稀奇古怪，但却使物理学家们逐步对现实世界形成了更深刻的看法，这门新的学科叫**量子物理**.

量子物理主要是对微观世界的研究. 那里有很多量被发现是以某一最小的（基本的）量，或这些基本量的整数倍出现的；它们因此而被说成是**量子化**的，和这样一个量相联系的基本量称为该量的**量子**.

24-1 黑体辐射 能量子

量子的概念是德国物理学家普朗克（M. Plank）在研究黑体辐射问题时，为了克服经典物理遇到的困难，而在1900年作为假设首次提出的. 这一概念的引入敲响了近代物理的晨钟，在历史上具有极重要的意义. 为此，我们先扼要介绍黑体辐射和普朗克的假设.

1. 热辐射

实验证明，任何物体在任何温度下都会向周围空间发射电磁波，物体在单位时间内辐射电磁波能量的多少以及能量按波长（或频率）的分布与物体的温度有关，室温下，物体在单位时间内辐射的能量很少，辐射能大多分布在波长较长的区域，随着温度升高，单位时间内辐射的能量迅速增加，辐射能中短波部分所占的比例也逐渐增大. 例如，铁块在700K左右时，开始发出暗红色的可见光，随着温度再升高，物体由暗红色逐渐变为赤红、黄、白、蓝白色等，**物体的这种由温度所决定的电磁辐射现象**，叫做**热辐射**.

为了定量地表明热辐射能量按波长的分布，在物理学中引入**单色辐射本领** M_λ 的概念，其定义是：物体单位表面面积在单位时间内发射的、波长在 $\lambda \sim \lambda + d\lambda$ 范围内的辐射能 dE 与波长间隔 $d\lambda$ 的比值，即

$$M_\lambda(T) = \frac{dE}{d\lambda} \tag{24-1}$$

M_λ 的SI单位是 W/m^3.

2. 黑体辐射

电磁辐射照射物体表面时，物体表面也能吸收辐射能. 实验表明，辐射本领大的表面吸收本领也大. 反之，吸收本领小的，辐射本领也弱. 一般物体的辐射本领除与温度有关外，还与材料类型及表面状况有关. **能全部吸收照射到其表面各种波长辐射的物体**，称为**绝对黑体**，简称**黑体**. 显然，在相同的温度下，黑体的吸收本领最大，因而其辐射本领也最大. 而且，黑体的单色辐射本领只与温度有关，与其材料及表面状况无关. 因此，对黑体辐射的研究就成为热辐射研究中最重要的课题.

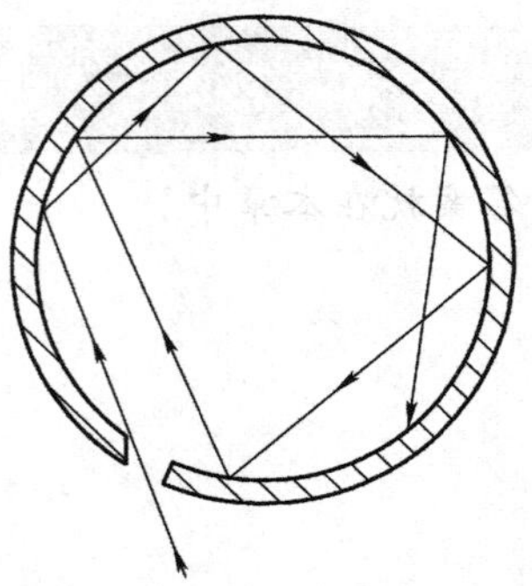

图24-1 用空腔上的小孔近似替代黑体.

在自然界中，绝对黑体并不存在，烟煤是最接近黑体的物体之一，但它也只能发射或吸收99%的电磁辐射. 实际上，可以制造出黑体的一种理想模型，如图24-1所示，取一个封闭的、不透明的空腔，在壁上开一小孔，并且使小孔相对于空腔足够小，不会防碍空腔内电磁辐射的平衡. 从外界进入小孔的电磁辐射进入空腔后会经过多次反射. 每反射一次，空腔内壁都要吸收一部分能量，经过

多次反射，外界射入的能量几乎全部被空腔吸收，再从小孔射出的电磁辐射极少．所以，空腔上的小孔就相当于黑体表面．

在一定的温度下，空腔壁与其他物体一样，不断地发射电磁波并在腔内形成一辐射场，经过一定时间，腔内的辐射场与腔壁达到热平衡，这时平衡辐射的性质只依赖于温度，与腔壁的其他性质无关．由于小孔是腔壁的一部分，也处于同样的温度．因此，小孔的辐射性质就代表了空腔内的辐射性质，加热空腔，使它处于不同的温度，就可以测得黑体的单色辐射本领 M_λ 与波长 λ 在不同温度下的关系曲线，如图 24－2a 所示．

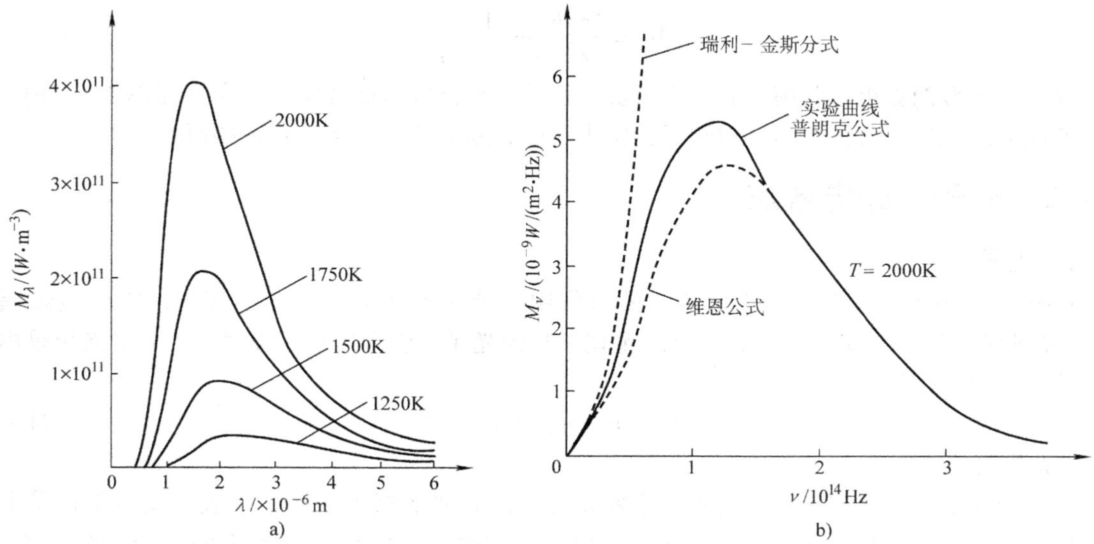

图 24－2 黑体辐射中的 a）单色辐射本领与波长在不同温度下的关系曲线．b）理论与实验结果的比较曲线．

3. 能量子

为了从理论上说明空腔所辐射的能量按波长分布的曲线，并找出与图 24－2a 相符合的数学表达式，19 世纪末许多物理学家从经典电磁理论和经典统计物理出发做了大量工作．根据经典电磁理论，热辐射是物体中大量带电粒子作无规则热运动引起的．腔壁的每个分子、原子或离子都各自在平衡位置附近以各种不同的频率作微小的振动，这种振动的带电粒子可以看做是带电的谐振子，它们向周围空间辐射与各自振动频率相同的电磁波，形成连续的电磁波谱．但从这个观点出发所导出的一些结果却都不能与实验符合得很好．由图 24－2b 可以看到其中按照经典理论由维恩推出的黑体辐射公式给出的结果，在高频范围与实验符合得很好，但在低频范围则有较大的偏差；而由瑞利和金斯导出的公式，却又只在低频范围与实验结果符合，在高频范围则与实验值相差甚远，甚至趋向无限大值．这在当时曾被有些物理学家称为“紫外灾难”．“紫外灾难”给 19 世纪末期看来给很合谐的经典物理理论带来了很大的困难，使许多物理学家感到困惑不解．正是在这个特殊的时期，普朗克把他的研究重点转向黑体辐射理论，特别是把考虑的问题集中到辐射空腔的腔壁物质如何与空腔内的辐射场达到热平衡的问题．他发现理论与实验之间不符合的起因，在于经典理论中假定了谐振子的平均能量可以连续取值．普朗克认为，实际上谐振子的能量不能连续取值，而只能取一系列分立的值，于是提出了如下的**能量子假说**：

谐振子的能量只能取一些分立值，这些分立值从 0 开始，然后取某一最小能量 ε_0 的整数倍，即

$$0,\ \varepsilon_0,\ 2\varepsilon_0,\ \cdots,\ n\varepsilon_0$$

其中 n 为正整数，对振动频率为 ν 的谐振子来说，ε_0 为

$$\varepsilon_0 = h\nu \tag{24-2}$$

式中，ε_0 称为**能量子**；h 为**普朗克常量**，其值为

$$h = 6.63\times10^{-34}\,\mathrm{J\cdot s} = 4.14\times10^{-15}\,\mathrm{eV\cdot s} \tag{24-3}$$

这就是说，谐振子在吸收或发射时，只能按能量 ε_0 的整数倍一份一份地吸收或发射.

普朗克根据他的能量子假说，运用统计理论成功地导出了黑体辐射的 $M_\lambda-\lambda$ 关系式，即

$$M_\lambda = \frac{2\pi ch}{\lambda^5}\frac{1}{e^{hc/\lambda kT}-1} \tag{24-4}$$

这个公式叫做**普朗克黑体辐射公式**，它与实验测得的黑体辐射曲线完全符合（见图 24-2b）.

普朗克的能量子假说是对经典物理的重大突破，从而宣告了量子物理的诞生.

24-2 光子 光电效应

1. 光子

1905 年，爱因斯坦在研究光电效应的过程中发展了普朗克的能量子假说，提出电磁辐射（或简单地说，光）是量子化的，其基本量现在称为**光子**、爱因斯坦假设频率为 ν 的光束是由光子组成的，每一个光子的能量为

$$E = h\nu \quad (\text{光子的能量}) \tag{24-5}$$

式中，h 为普朗克常量.

爱因斯坦还进一步提出，当光被一个物体（物质）吸收或发射时，吸收或发射事件是发生在物体的原子中的. 当频率为 ν 的光被一个原子吸收时，一个光子的能量 $h\nu$ 就从光转入原子. 在这个"**吸收事件**"中，光子消失了，即原子吸收了它. 当原子发射频率为 ν 的光时，能量 $h\nu$ 从原子转入光. 在这个**发射事件**中，光子突然出现即原子发射了它. 这就是物质中原子的**吸收光子**和**发射光子**的过程.

对于由许多原子组成的物体，可能发生许多吸收光子的事件（如用太阳镜）或许多发射光子的事件（如用照明灯）. 但是，每一次吸收或发射事件仍然只涉及能量等于一个光子能量的转移.

在前面我们讨论光的吸收和发射时，所举例子都涉及大量的光以至于不需要量子物理，我们就用经典物理解释了. 但是，在 20 世纪晚期，技术已经发展到完全可以做单光子实验并且已投入实际应用. 从那时起，量子物理就变成一般工程实际，特别是光学工程的一部分了.

例题 24-1

一盏钠光灯置于一个大的球面的中心，该球面能吸收所有照到它上的光. 该灯的发射功率为 100W：设所发射的光的波长全是 590nm. 问球面吸收光子的时率多大？

【解】 假设灯发射的光全部到达球面而被吸收. 此处**关键点**是光作为光子被发射和吸收. 球面吸收光子的时率 R 等于灯发射光子的时率 R_{emit}，后者是

$$R_{\mathrm{emit}} = \frac{\text{能量发射的时率}}{\text{每个被发射光子的能量}} = \frac{P_{\mathrm{emit}}}{E}$$

由式 $E=h\nu$，可得

$$R = R_{\mathrm{emit}} = \frac{P_{\mathrm{emit}}}{h\nu}$$

用式 $\nu=c/\lambda$ 取代 ν 并代入已知数据，即得

$$R = \frac{P_{\mathrm{emit}}\lambda}{hc} = \frac{(100\mathrm{W})(590\times10^{-9}\mathrm{m})}{(6.63\times10^{-34}\mathrm{J\cdot s})(3.0\times10^{8}\mathrm{m/s})}$$
$$= 2.97\times10^{20}\ \text{光子/s} \quad (\text{答案})$$

2. 光电效应

爱因斯坦是在研究光电效应的过程中提出光子概念的，下面我们先介绍光电效应.

如果使一束波长足够短的光射到干净的金属表面上，它就会使电子脱离金属表面（光从表面逐出电子）. 许多设备都应用了这种**光电效应**，如电视摄像机、夜视镜等. 这种效应不用量子物理是完全不能理解的. 爱因斯坦用光子来解释这种效应，以支持他的光子概念.

让我们来分析两个基本的光电实验，所用装置如图 24-3 所示，其中频率为 ν 的光入射到靶 T 上，并从它逐出电子. 这些电子称为**光电子**. 在靶 T 和收集杯 C 之间加一电势差 U 以驱赶这些电子. 收集到的电子形成的**光电流**由电流表 A 测量.

(1) 第一个光电实验

移动图 24-3 中的滑动触头以调节电势差 U，使收集器 C 的电势略低于靶 T 的电势. 这时，被逐出的电子的速度将不断减小. 当 U 到达某一值时，电流表 A 的读数将恰好等于零. 这一电势差称为**遏止电势**，以 U_{stop} 表示. 当 $U=U_{stop}$ 时，能量最大的被逐出电子在刚要到达收集器时就折回了. 于是这些能量最大的电子的动能 E_{kmax} 就是

$$E_{kmax} = eU_{stop} \tag{24-6}$$

式中，e 是基元电荷.

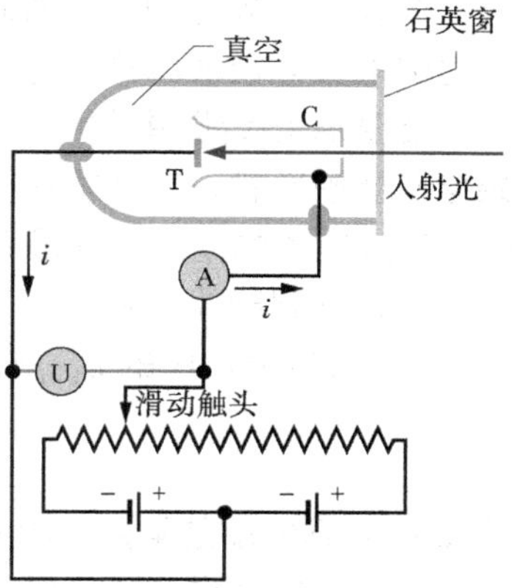

图 24-3 研究光电效应的装置，入射光照射到靶 T 上，被逐出的电子由收集杯 C 收集. 电路中电子沿着与按习惯画出的电流方向相反的方向运动，电池和可变电阻用来产生和调节 T 和 C 之间的电势差.

测量结果显示，对于给定频率的光，E_{kmax} 和光源的强度无关. 不管光源是亮得眩眼还是弱到几乎检测不出来（或某个中间亮度），被逐出电子的最大动能都是相同的.

从经典物理看来，这一实验结果是令人困惑的. 经典物理认为入射光是正弦式振动着的电磁波. 靶中的电子应在波的电场施加的振动电场力的作用下作正弦振动. 如果电子振动的振幅足够大，电子将挣脱表面的束缚，从靶的表面被逐出. 因此，如果增强波及其中振动电场的振幅，电子在被逐出时就会受到更强有力的"一踢". 但是，实际上并不是这样的. 对于给定的频率，强光束和弱光束给予被逐出的电子的最强的"一踢"是完全一样的.

如果用光子来考虑，就能很自然地得出实际结果. 现在入射光能够给予靶中一个电子的能量就是单独一个光子的能量. 增大光的强度只是增大光束中光子的数目，而光子的能量，由于频率没有改变，根据式（24-5），也不会改变. 这样，转移成电子动能的能量也就不会改变了.

(2) 第二个光电实验

现在改变入射光的频率 ν 同时测量相应的遏止电势 U_{stop}. 图 24-4 是 U_{stop} 对 ν 的关系图线，由图可以看出，如果频率小于某一**截止频率** ν_0，或者换个说法，如果波长大于相应的**截止波长** $\lambda_0 = c/\nu_0$，光电效应就不会发出. **不管入射光如何强，总是这样.**

对经典物理来说，这又是一种令人困惑的事. 如果你认为光是电磁波，就必然期望，不管频率如何低，只要能给电子供给足够的能量——就是说，用一个足够亮的光源，电子总会被逐出的. **实际上不是这样.** 对于频率低于截止频率 ν_0 的光，不论光源多亮，光电效应都不会发生.

但是，如果是通过光子转移能量的，截止频率的存在就正是我们所期望的. 靶中的电子是被电力束缚在里面的. 为了刚好脱离靶，电子必须获得一定的最小能量 Φ，这 Φ 是靶材料的一

种性质，称为**功函数**. 如果一个光子转移给一个电子的能量 $h\nu$ 大于靶材料的功函数（如果 $h\nu>\Phi$），电子就能脱离靶. 如果所转移的能量小于功函数（即 $h\nu<\Phi$），电子就不能脱离. 这就是图24-4告诉我们的.

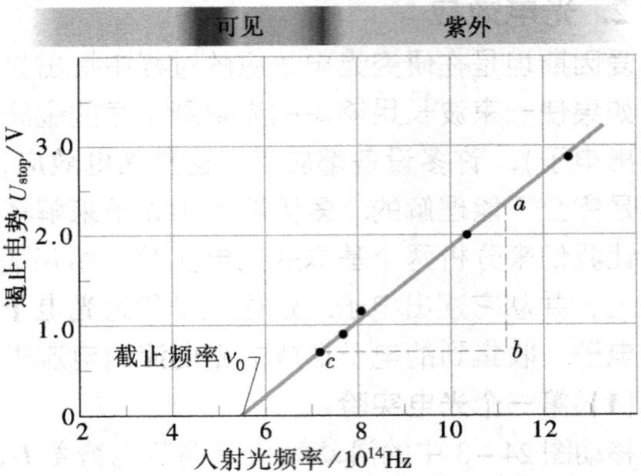

图24-4　图24-3中的T为钠靶时遏止电势 U_{stop} 和入射光频率 ν 的函数关系图线.

(3) 光电方程

爱因斯坦用下述方程总结了这些光电实验的结果

$$h\nu = E_{kmax} + \Phi \quad （光电方程） \tag{24-7}$$

这是一个在功函数为 Φ 时，靶吸收一个单独光子时的能量守恒表示式. 等于光子能量 $h\nu$ 的一份能量转移给靶中的一个单独的电子. 如果电子要脱离靶，它必须获得最小等于 Φ 的能量. 电子从光子获得的任何多余的能量（$h\nu-\Phi$）就变成电子的动能. 在最有利的情况下，在这一过程中，电子可以毫不损失这动能而脱离表面　于是它到靶外时就具有了最大可能的动能 E_{kmax}.

将式（24-6）中的 E_{kmax} 代入式（24-7），稍加整理即可得

$$U_{stop} = \left(\frac{h}{e}\right)\nu - \frac{\Phi}{e} \tag{24-8}$$

比值 h/e 和 Φ/e 都是常量，因此我们可以期望测得的遏止电势对光的频率 ν 的图线是一条直线，就像图24-4中那样. 还可以得出，那条直线的斜率就是 h/e. 作为校核，我们测量图24-4中的 ab 和 bc 并写出

$$\frac{h}{e} = \frac{ab}{bc} = \frac{2.35\text{V} - 0.72\text{V}}{(11.2\times10^{14} - 7.2\times10^{14})\text{Hz}} = 4.1\times10^{-15}\text{V}\cdot\text{s}$$

用基元电荷 e 乘此结果，可得

$$h = (4.1\times10^{-15}\text{V}\cdot\text{s})(1.6\times10^{-19}\text{C}) = 6.6\times10^{-34}\text{J}\cdot\text{s}$$

这一数值和许多用其他方法测得的数值相符.

应该指出，光电效应的解释肯定需要量子物理. 爱因斯坦的解释也曾是关于光子存在的无可争辩的论证. 不过，1969年出现了另一个用量子物理但不用光子概念的对光电效应的解释. 光确实**是**以光子为单位量子化的，但爱因斯坦对光电效应的解释并不是对该事实最好的论证.

检查点1：和图24-4类似，下图中显示了对于铯靶、钾靶、钠靶和锂靶的数据. 图线是相互平行的. (a) 按它们的功函数由大到小对这些靶排序. (b) 按它们给出的 h 值由大到小对这些图线排序.

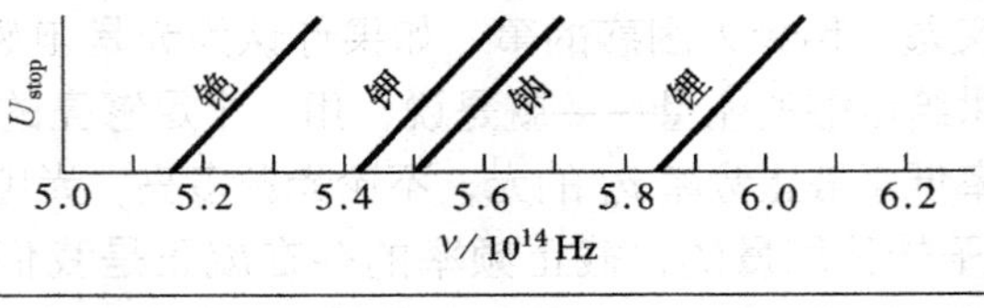

例题 24-2

一个光源以 $P=1.5\mathrm{W}$ 的功率向四周均匀地发射能量. 在离光源距离 $r=3.5\mathrm{m}$ 处放置一钾箔. 钾的功函数 $\Phi=2.2\mathrm{eV}$. 假设入射光的能量是连续地和平稳地（即按经典物理而不是按量子物理那样行事）传给箔靶的. 箔要吸收到足够的能量以逐出电子需要多长的时间? 假设箔完全吸收所有照射到它上面的能量而其中一个要被逐出的电子收集能量的圆形截面的半径约为一个典型原子的半径 $r=5.0\times10^{-11}\mathrm{m}$.

【解】 本题的**关键点**如下:

1. 圆形截面收集到能量 ΔE 所需的时间 Δt 取决于吸收能量的时率 P_{abs}:

$$\Delta t = \frac{\Delta E}{P_{abs}}$$

2. 如果电子要从箔片中被逐出, 它从入射光中获得的能量 ΔE 至少要等于钾的功函数 Φ, 于是

$$\Delta t = \frac{\Phi}{P_{abs}}$$

3. 由于圆形截面是完全吸收的, 所以吸收速率 P_{abs} 等于能量射到它上面的时率 P_{arr}, 即

$$\Delta t = \frac{\Phi}{P_{arr}}$$

4. 由于光的强度 I 是能流密度对时间的平均值, 所以, 能量射到圆形截面上的时率 P_{arr} 等于截面处光的强度 I 和截面面积的乘积, 即

$$P_{arr} = IA$$

于是

$$\Delta t = \frac{\Phi}{IA}$$

5. 由于光源是均匀地向四周发射能量的, 在离光源 r 处的光强取决于光源发射能量的时率 P_{emit}, 根据式 (20-15)

$$I = \frac{P_{emit}}{4\pi r^2}$$

于是最后得

$$\Delta t = \frac{4\pi r^2 \Phi}{P_{emit} A}$$

圆形面积 $A = \pi(5.0\times10^{-11}\mathrm{m})^2 = 7.85\times10^{-21}\mathrm{m}^2$ 而功函数 $\Phi = 2.2\mathrm{eV} = 3.5\times10^{-19}\mathrm{J}$. 将这些以及其他数据代入, 可得

$$\Delta t = \frac{(4\pi)(3.5\mathrm{m}^2)(3.5\times10^{-19}\mathrm{J})}{(1.5\mathrm{W})(7.85)(10^{-21}\mathrm{m}^2)} = 4580\mathrm{s} \approx 1.3\mathrm{h}$$

（答案）

这样, 经典物理告诉我们光照射到箔片上后, 需要等 1 个多小时才能有一个光电子被逐出. 而实际的等候时间小于 $10^{-9}\mathrm{s}$. 这很明显地说明, 电子并不是从射到它所在的截面上的光中逐渐地吸收能量的. 相反地, 电子或是完全不吸收任何能量, 或是瞬时从光中吸收一个光子所带的能量量子.

例题 24-3

利用图 24-4 求钠的功函数 Φ.

【解】 这里**关键点**是能通过截止频率 ν_0（它可以从图上测出来）求出 Φ. 道理是这样: 对应于截止频率, 式 (24-7) 中的动能 E_{kmax} 是零. 因此, 一个光子传给一个电子的全部能量 $h\nu$ 都用来使电子脱离表面的, 而这所需要的能量就是 Φ. 于是使 $\nu=\nu_0$, 式 (24-7) 给出

$$h\nu_0 = 0 + \Phi = \Phi$$

在图 24-4 中, 截止频率是斜直线和水平频率轴相交处的频率, 约为 $5.5\times10^{14}\mathrm{Hz}$. 由此可得

$$\Phi = h\nu_0 = (6.63\times10^{-34}\mathrm{J\cdot s})(5.5\times10^{14}\mathrm{Hz}) = 3.6\times10^{-19}\mathrm{J} = 2.3\mathrm{eV}$$

（答案）

24-3 光子的动量 康普顿效应

1916 年, 爱因斯坦扩展了光量子（光子）的概念, 提出光量子具有线动量. 对于能量为 $h\nu$ 的光子, 它的动量的大小为

$$p = \frac{h\nu}{c} = \frac{h}{\lambda} \quad \text{（光子动量）} \tag{24-9}$$

其中利用式 $\nu = c/\lambda$ 代替了 ν. 因此，当一个光子和物质相互作用时，就会发生能量和动量的转移，就**好像**在经典意义上光子和电子发生一次碰撞一样.

1923 年，美国华盛顿大学的康普顿（A. H. Compton）做了一个实验，支持动量和能量通过光子转移的观点. 他使一束波长为 λ 的 X 射线射到一个用碳制成的靶上，如图 24－5 所示. X 射线是一种电磁辐射，频率高因而波长短. 康普顿测量了被碳靶散射到不同方向的 X 射线的波长和强度.

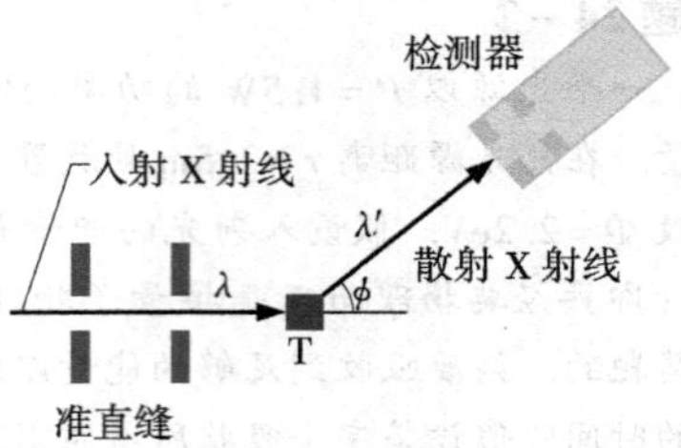

图 24－5　康普顿实验装置. 一束 λ = 71.1pm 的 X 射线射到碳靶 T 上，在相对于入射束的不同方向观察散射 X 射线. 检测器测量散射 X 射线的强度和波长.

他的结果如图 24－6 所示. 虽然在入射 X 射线束中只有一个单一的波长（λ = 71.1pm），我们可以看到散射 X 射线中包含一定范围的波长而且有两个突起的强度峰. 一个峰的中心约在入射波长 λ 处，另一个峰在比 λ 大 $\Delta\lambda$ 的波长 λ' 处. $\Delta\lambda$ 称为**康普顿移位**. 康普顿移位的大小随着被测量的散射 X 射线的角度而改变.

图 24－6 从经典物理看来是令人困惑的. 经典物理认为入射 X 射线束是按正弦振动的电磁波. 由于受到波中电场施加的振动电力，碳靶中的电子应该作正弦振动. 而且，电子振动的频率应该和波的频率一样并且应该像一个小发射天线那样向外发射同样频率的波. 因此，被电子散射的 X 射线应该和入射束中的 X 射线具有相同的频率和相同的波长，但事实不是这样.

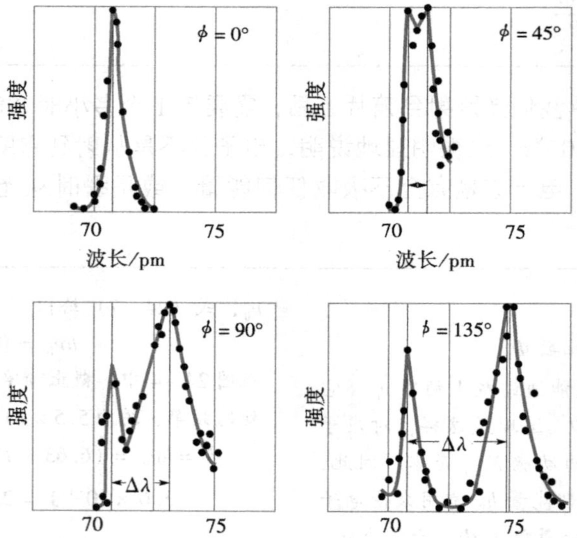

图 24－6　对于 4 个散射角的康普顿实验结果，注意康普顿移位 $\Delta\lambda$ 随着散射角的增大而增大.

康普顿用能量和动量在入射的 X 射线束和碳靶内松散地束缚着的电子之间，通过光子的传递来解释碳对 X 射线的散射. 让我们来看，首先从概念上然后定量地，这一量子物理解释如何导致对康普顿的结果的理解.

假设入射 X 射线束和一个静止的电子的相互作用只涉及一个单独的光子（能量为 $h\nu$）. 一

般来说，入射 X 射线束的运动方向会改变（X 射线被散射了）而同时电子会发生反冲. 这意味着电子获得了一些动能. 在这一孤立的相互作用过程中，能量是守恒的. 因此，被散射光子的能量（$E'=h\nu'$）一定小于入射光子的能量. 图 24-6 所示的康普顿的实验结果正是这样.

为了定量地说明，首先应用能量守恒定律. 图 24-7 画出了 X 射线和靶中一个原来静止的电子生的一次“碰撞”. 碰撞后，波长为 λ'的 X 射线沿角 ϕ 的方向射去而电子沿角 θ 的方向飞开，如图所示. 能量守恒给出

$$h\nu = h\nu' + E_k$$

式中，$h\nu$ 是入射 X 射线光子的能量，$h\nu'$是被散射的 X 射线光子的能量，E_k 是反冲电子的动能. 因为电子反冲的速率可能和光的速率相近，必须用第 23 章提到的相对论公式

$$E_k = mc^2(\gamma - 1)$$

来计算电子的动能. 这里 m 是电子的质量而 γ 是洛伦兹因子

$$\gamma = \frac{1}{\sqrt{1-(v/c)^2}}$$

将上式的 E_k 代入能量守恒方程可得

$$h\nu = h\nu' + mc^2(\gamma - 1)$$

用 c/λ 代替 ν，c/λ'代替 ν'可以得到新的能量守恒方程

$$\frac{h}{\lambda'} = \frac{h}{\lambda'} + mc(\gamma - 1) \qquad (24-10)$$

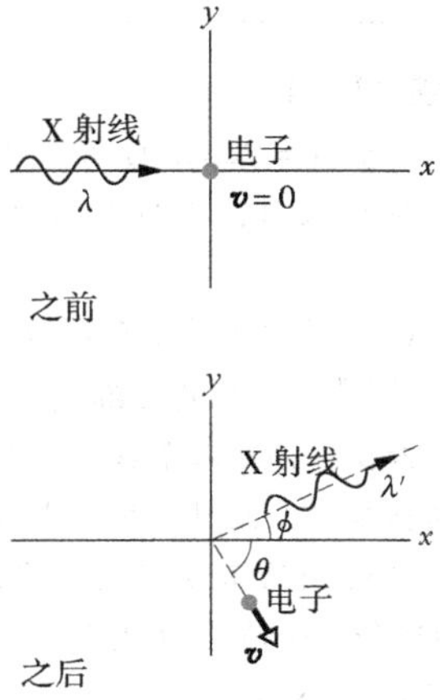

图 24-7 波长为 λ 的 X 射线和一个静止的电子相互作用，X 射线沿角 ϕ 方向被散射，波长增大为 λ' 电子沿 θ 方向以速率 v 飞开.

其次，应用动量守恒定律来分析如图 24-7 所示的 X 射线-电子碰撞. 由式（24-9）入射光子动量的大小为 h/λ，被散射光子的动量为 h/λ'. 根据第 23-4 节，反冲电子的动量的大小是 γmv. 由于这里是二维的情况，需要沿 x 和 y 轴分别列出动量守恒公式，即

$$\frac{h}{\lambda} = \frac{h}{\lambda'}\cos\phi + \gamma mv\cos\theta \quad (x\text{ 轴}) \qquad (24-11)$$

和

$$0 = \frac{h}{\lambda'}\sin\phi - \gamma mv\sin\theta \quad (y\text{ 轴}) \qquad (24-12)$$

为了求出被散射 X 射线的康普顿移位 $\Delta\lambda(=\lambda'-\lambda)$，在式（24-10）、式（24-11）、式（24-12）内出现的五个碰撞变量（λ，λ'，v，ϕ 和 θ）中，我们选择仅涉及反冲电子的 v 和 θ. 经过一定的代数运算（此运算有点复杂）可得作为散射角 ϕ 的函数的康普顿移位公式如下：

$$\Delta\lambda = \frac{h}{mc}(1-\cos\phi) \quad (\text{康普顿移位}) \qquad (24-13)$$

式（24-13）和康普顿的实验结果完全相符.

式（24-13）中量 h/mc 是一个常量，称为**康普顿波长**. 它的值决定于散射 X 射线的粒子的质量. 这里的粒子是松散地被束缚着的电子，因此就把电子的质量代入 m 来求对于电子的康普顿散射的康普顿波长.

需要说明的是，图 24-6 中在入射波长 $\lambda=$（71.7pm）处的峰值仍需解释. 这个峰值并不是由于 X 射线和靶中非常松散地被束缚着的电子之间的相互作用而形成的，而是由于 X 射线和**紧紧地**束缚在靶的碳原子中的电子之间的相互作用产生的. 实际上，这后一种碰撞是发生在入

射 X 射线和整个碳原子之间. 如果以碳原子的质量（它约是电子质量的22000倍）代入式（24－13）中的 m，就可看到 $\Delta\lambda$ 变得比电子的康普顿移位小到约22000倍——太小了，以至不可能检测到. 因此，在这种碰撞中被散射的 X 射线就具有和入射 X 光相同的波长.

例题 24－4

波长 $\lambda = 22\text{pm}$ 的 X 射线（光子能量 = 56keV）被一碳靶散射，在与入射束成85°的方向检测散射束.

(a) 散射光的康普顿移位是多少？

【解】 此处**关键点**是康普顿移位是 X 射线的波长改变. 而这种射线是由靶中松散地被束缚着的电子所散射的，此外，根据式（24－13）这一移位和 X 射线被检测的角度有关. 将式（24－13）中的角度以85°和电子质量（因为是电子散射的）以 $9.11\times10^{-31}\text{kg}$ 代入可得

$$\begin{aligned}\Delta\lambda &= \frac{h}{mc}(1-\cos\phi)\\ &= \frac{(6.63\times10^{-34}\text{J}\cdot\text{s})(1-\cos85°)}{(9.11\times10^{-31}\text{kg})(3.00\times10^{8}\text{m/s})}\\ &= 2.21\times10^{-12}\text{m}\approx 2.2\text{pm}\end{aligned}$$

（答案）

(b) 在这一散射中，原来 X 射线光子的能量转移给电子的百分比是多少？

【解】 这里**关键点**是求被电子散射的光子的**分数能量损失**（用 f_{rac} 表示）

$$f_{rac} = \frac{\text{损失的能量}}{\text{原来的能量}} = \frac{E-E'}{E}$$

由式 $E = h\nu$ 可以用频率表示 X 射线的原来的能量 E 和被检测到的能量 E'. 由式 $\nu = c/\lambda$ 还可以用波长来表示这些频率. 这样，就可得

$$f_{rac} = \frac{h\nu - h\nu'}{h\nu} = \frac{c/\lambda - c/\lambda'}{c/\lambda} = \frac{\lambda'-\lambda}{\lambda'} = \frac{\Delta\lambda}{\lambda+\Delta\lambda} \quad (24-14)$$

代入数据即得

$$f_{rac} = \frac{2.21\text{pm}}{22\text{pm}+2.21\text{pm}} = 0.091 \text{ 或 } 9.1\%$$

（答案）

虽然康普顿移位 $\Delta\lambda$ 与入射 X 射线的波长 λ 无关，X 射线的分数能量损失却和 λ 有关，随着 λ 射光的波长的增大而减小，如式（24－14）所示.

检查点 2：比较 X 射线（$\lambda\approx20\text{pm}$）和可见光（$\lambda = 500\text{nm}$）在一特定角度上的康普顿散射. 那一种光的 (a) 康普顿移位、(b) 分数波长移位、(c) 分数光子能量改变、(d) 给予电子的能量，较大？

24－4 光作为一种概率波

物理学的一个基本奥秘是在经典物理中光能是一种波，而在量子物理中它又是一个个光子. 第21－1节所述的双缝实验是此奥秘的核心. 下面讨论该实验的三个模式.

1. 标准模式

图 24－8 是 1801 年英国物理学家托马斯·扬（T. Young）最早做的双缝实验略图. 光照射到开有两个平行窄缝的屏 B 上. 透过这两个缝的光波由于衍射而散开并在屏 C 上重叠，在那里，由于干涉而形成光强极大和极小交替出现的图样. 在第21－1节，曾把这些干涉条纹的出现当作光的波动性的无可怀疑的证据.

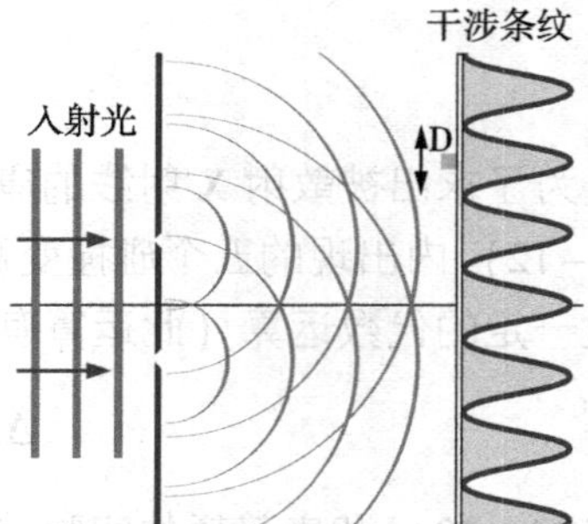

图 24－8 光射向开有两条平行的缝的屏 B 上，通过缝后，光由于衍射已散开. 两列衍射波在屏 C 上重叠而形成具有干涉条纹的图样，在屏 C 的平面内放有一个小小的光子检测器 D，它在每吸收一个光子时，都发出一次清晰的卡嗒声.

让我们在屏 C 的平面内某点上放一个微小的光子检测器 D. 该检测器是一个光电装置，它吸收一个光子时就发出一卡嗒声. 我们会发现该检测器发出一系列的、在时间上是无

序的卡嗒声．每一次卡嗒声都是一次光波通过一个光子的吸收并向屏C转移能量的信号．

如果像图24－8中黑色箭头所示那样向上或向下非常缓慢地移动检测器，就会发现卡嗒的时率时增时减，交替地经过极大值和极小值．这卡嗒时率的极大和极小正好和干涉条纹的最亮和最暗相对应．

这一思想实验的要点如下．我们不可能预知什么时候一个光子会在屏C上的任何特定点被检测到；在个别点光子被检测到的时间是无序．但是，我们可以预言，在一给定的时间间隔内，一个单独的光子在一特定点被检测到的相对**概率**和入射光在该点的强度成正比．

光作为电磁波，它在任意点的强度 I 和波在该点的振动电场强度矢量的振幅 E_0 的平方成正比．因此

> 在光波内一个光子（在单位时间间隔内）在以一给定点为中心的任意小的体积内被检测到的概率与该点波的电场强度矢量的振幅的平方成正比．

我们现在有了一个对光波的概率描述，它是理解光的另一种方法．光不仅是一种电磁波，而且也是一种**概率波**．这就是说，对光波中每一点能够赋予一个数字概率（单位时间间隔），用它来表示在以该点为中心的任意小的体积内一个光子能被检测到的可能性．

2. 单光子模式

双缝实验的单光子模式是泰勒（G. I. Taylor）于1909年首先做成的而其后又被多次重复过．它和标准模式不同之处在于，它用的光源极其微弱，以至于经过无序的时间间隔每一次只发射一个光子．令人惊奇的是，只要实验经历的时间足够长（Taylor早期实验用几个月），在屏C上仍然能够形成干涉条纹．

对于这种单光子双缝实验的结果我们能给出什么解释呢？在考虑这个结果之前，我们不得不问这样的问题：如果这些光子每一次只有一个通过仪器，那么该光子是从屏B上的两个缝中的哪一个通过的？一个给定光子怎么能“知道”还有另一个缝存在而使干涉成为可能？一个单独的光子可能以某种方式通过两个缝而和自己发生干涉吗？

请记住我们只能知道何时光子和物质发生相互作用——在没有和物质（例如一个检测器或一个屏）发生相互作用时，我们没有办法检测它们．因此，在图24－8所示的实验中，我们只能知道光子在光源处产生而在屏上消失．在光源和屏之间，我们不可能知道光子究竟是什么和干些什么．不过，由于干涉图样最后在屏上形成了，我们可以设想每个光子从光源到屏，充满那两个物体之间的空间，并**像波**那样运动，接着在屏上某一点被吸收而消失，同时转移一定的能量和动量．

对于任一给定的在光源处产生的光子，我们**不可能**预言这种能量转移在何处发生（在该处一个光子会被检测到），但是，我们**能够**预言在屏上任意给定点这种转移将要发生的概率．在屏上形成的干涉图样中的亮纹区域，这种转移会有更多的机会发生（因而光子会有更多的机会被吸收）．在所形成的图样中的暗纹区域，这种转移会有更多的机会不发生（因而光子有更多的机会不被吸收）．因此，我们可以说，从光源到屏传播的波是一种概率波，它在屏上形成一组“概率条纹”图样．

3. 单光子、广角模式

在过去，物理学家试着用逐个射向双缝的经典光波的小波包来解释单光子双缝实验．他们把这些小波包定义为光子．但是，近期的实验否定了这样的解释和定义．图 24－9 表示一个这种实验的装置，它是由新墨西哥大学的 Ming Lai 和 Jean-Claude Diels 于 1992 年报告的．源 S 中的分子能在明显地分离的时刻发射光子．镜 M_1 和 M_2 放置在光的两条不同的发射路径，1 和 2 中，并分别使两束光反射，这两条路径分开的角 θ 接近 180°．这种装置和标准双缝实验不同的是在后者的装置中射向两个缝的光路之间的夹角是非常小的．

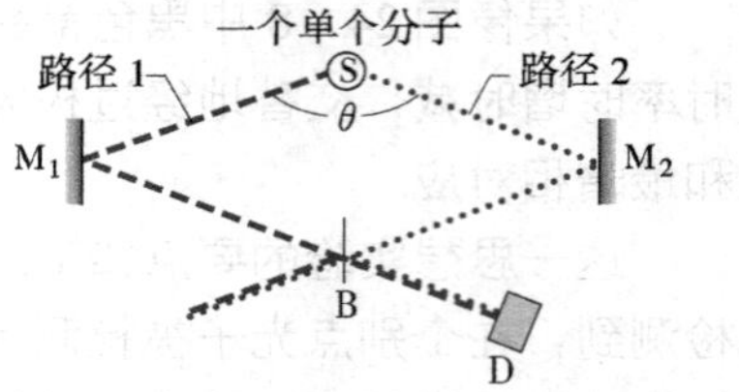

图 24－9　由源 S 的单光子辐射产生的光沿着两条远远分开的路径行进，在分束器 B 后叠加而在检测器 D 处干涉

经过 M_1 和 M_2 反射后，沿着路径 1 和 2 传播的光在分束器 B 处相遇（分束器是一种光学元件，它使入射到它上面的光一半透射一半反射）．图24-9 中，在分束器右侧，沿路径2 传播而被 B 反射的光波和沿路径1 传播而从 B 透过的光波叠加起来，在到达检测器 D 时相互干涉．在检测器的输出信号内出现干涉极大和极小．

用传统概念是很难理解这个实验的．例如，当源中的一个分子发射一个单独的光子时，这个光子到底是沿着图 24－9 中的路径 1 还是路径2（或是任何其他路径）行进的？它怎么能一次沿着两个方向行进？为了解答这一问题，我们假定当一个分子发射一个光子时，一列概率波就从该分子向各方向辐射．本实验从这波的各个方向中选出了几乎相反的两个方向．

我们看到如果假定（1）光在源内以光子的形式产生，（2）光在检测器内以光子的形式被吸收和（3）光在源和检测器之间以概率波的形式传播，则可以解释上述双缝实验．

24－5　实物粒子和物质波

1924 年，法国物理学家路易斯·德布罗意（L. V. de Broglie）根据对称性提出了下述问题．一束光是波，但它通过光子的形式只在点上转移能量和动量．为什么一束粒子不能同样地有这些性质？这就是说，为什么我们不能想像一个运动的电子——或实物的任何其他粒子——作为一种物质波，它也在点上对其他物质转移能量和动量？

特别地，德布罗意提出，式 $p = h/\lambda$ 不仅可以应用于光子而且可以应用于电子．在第24－3 节我们用该方程确定了一个波长为 λ 的光子的动量 p．现在我们用它，以下面这一形式

$$\lambda = \frac{h}{p} \quad (德布罗意波长) \qquad (24-15)$$

来确定具有大小为 p 的动量的一个粒子的波长．用式（24－15）算出的波长称为运动粒子的**德布罗意波长**．在 1927 年首先从实验上证明德布罗意关于物质波存在的预言的是贝尔电话实验室的戴维孙（C. J. Davisson）和革末（L. H. Germer）以及汤姆孙（G. P. Thomson）．

图 24－10 是一个更近代的实验证实物质波存在的照片．在这一实验中，干涉图样是电子**逐个地**通过双缝装置后形成的．该装置像我们以前用来演示光的干涉的装置，只是观察屏和普通的电视屏一样．当一个电子打到屏上时，就产生一个闪光，它的位置随即被记录下来．

最初的若干个电子（上面两个图片）没有显示出什么令人感兴趣的地方，它们无序地打到屏上的若干点．不过，当成千的电子通过双缝后，屏上就出现了图样，显示出很多电子打到屏上出现的条纹和少数电子打到屏上出现的条纹．这种图样正是我们预期的波的干涉产生的图样．

因此，**每一个**电子就像物质波那样通过双缝——通过一个缝的那部分和通过另一个缝的那部分发生干涉．这种干涉就决定了电子在屏上一个给定点现形，即打上该点的概率．许多电子现形的区域对应于光的干涉的亮纹，少数电子现形的区域对应于暗纹．

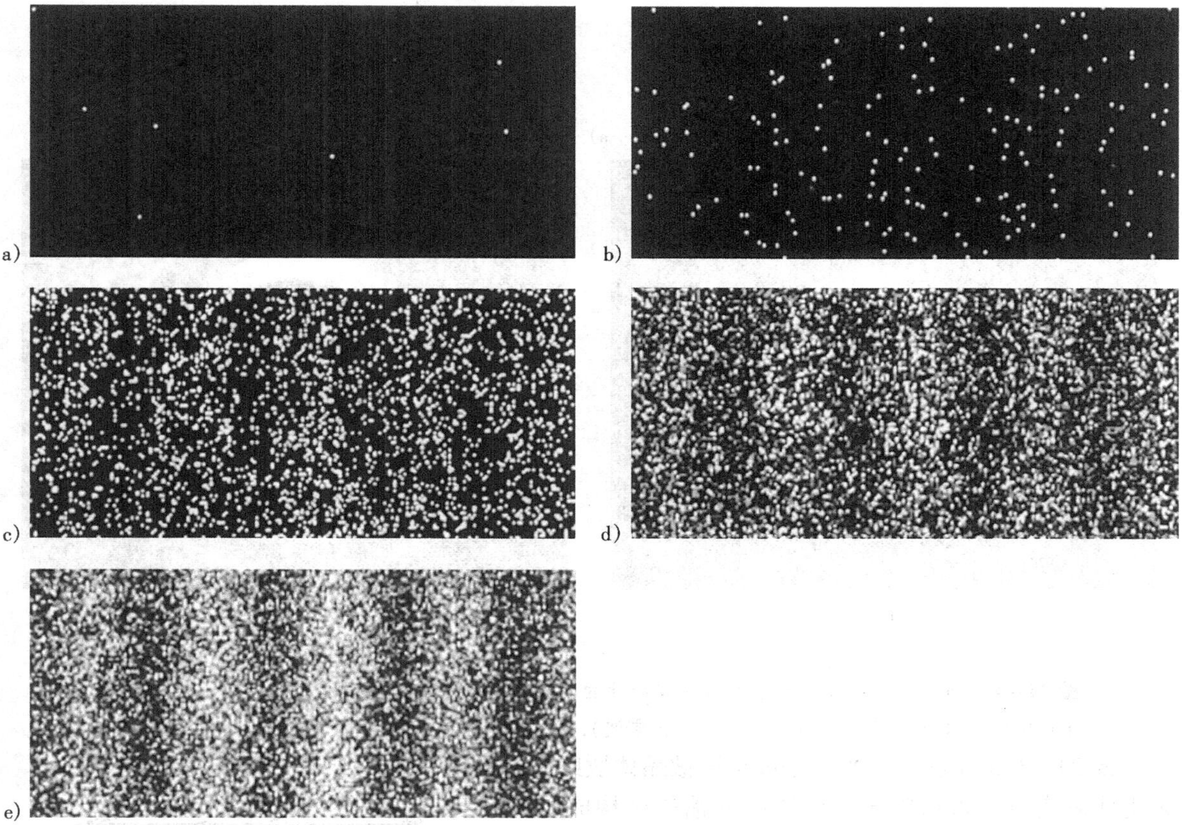

图 24－10 在像图 24－8 那样的双缝实验中，一束电子形成的干涉条纹的照片，物质波像光波一样是**概率波**．各图片所涉及的电子数依次约为 7，100，3 000，20 000 和 70 000．

相似的干涉实验用质子、中子和不同的原子也都做出来了．1994 年，曾用碘分子 I_2 做出来过，而碘分子不但比电子在质量上大到 500 000 倍，而且结构上要复杂得多．1999 年甚至用更复杂的**富勒烯**（或**布奇球**）C_{60}和 C_{70}也做出来了（富勒烯是由碳原子组成的足球似的分子，C_{60}中有 60 个碳原子，C_{70}中有 70 个）．很明显，像电子、质子、原子和分子这样小的物体都以物质波的形式运动．不过，当我们考虑越来越大和越来越复杂的物体时，总要遇到一个限度，超过它时，还要认为一个物体具有波的性质就不再是合理的了．超过这一限度，我们就回到了我们熟悉的非量子世界，其物理规律在本书前几章中已介绍过了．简言之，一个电子具有速度时是一列物质波，它能够和自己发生干涉，但是一只猫就不是一列物质波，它就不能和自己发生干涉．

粒子和原子的波动性在许多科学和工程领域已被认可．例如，电子和中子的衍射被用来研究固体和液体的原子结构，而电子衍射被用来研究固体表面的原子特征．

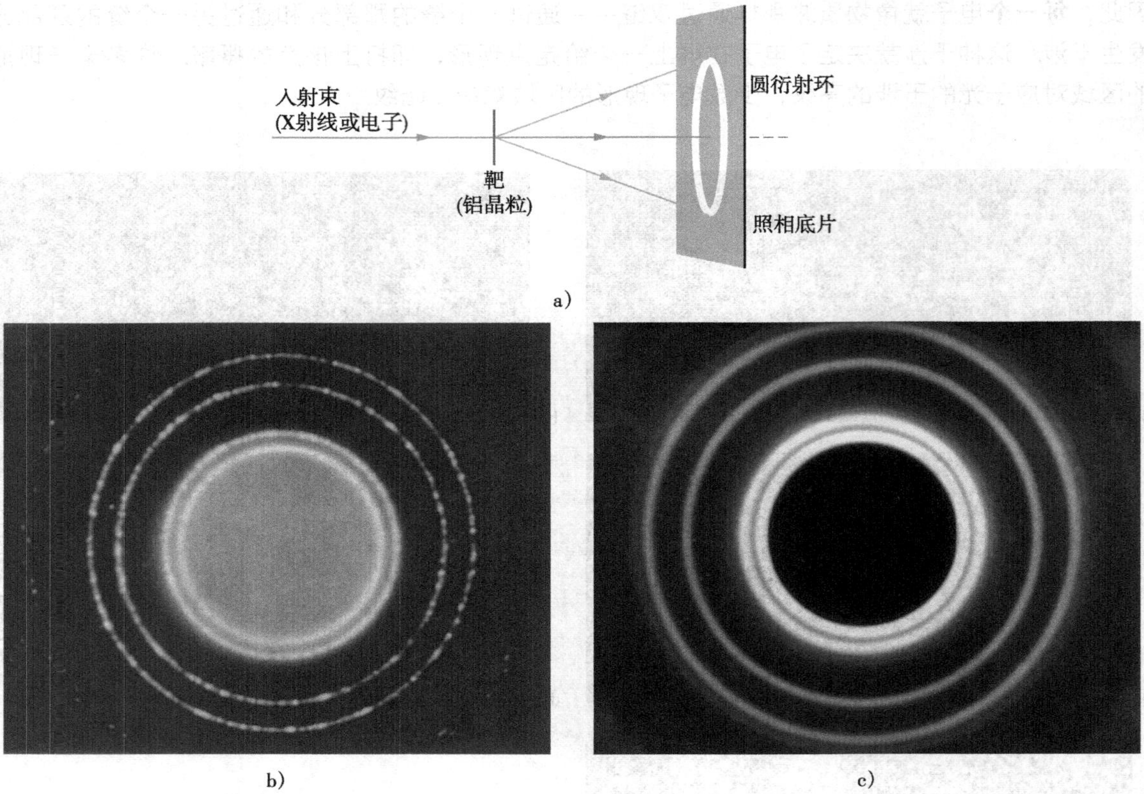

图 24－11　a) 用衍射技术演示入射束波动性的实验装置. 衍射图样照片分别对应于入射束是 b) X 射线束 (光波) 和 c) 电子束 (物质波). 注意两图样的基本几何一致性.

图 24－11a 表示说明 X 射线或电子被晶体散射的装置. X 射线束或电子束射向一个由微小的铝晶粒构成的靶. X 射线具有一定的波长 λ. 电子被给予足够的能量使得它的德布罗意波长与 λ 相同. 晶体对 X 射线或电子的散射在照相底片上产生环状干涉条纹. 图 24－11b 显示 X 射线散射的图样, 图 24－11c 显示电子散射的图样. 图样是相同的——X 射线和光子都是波.

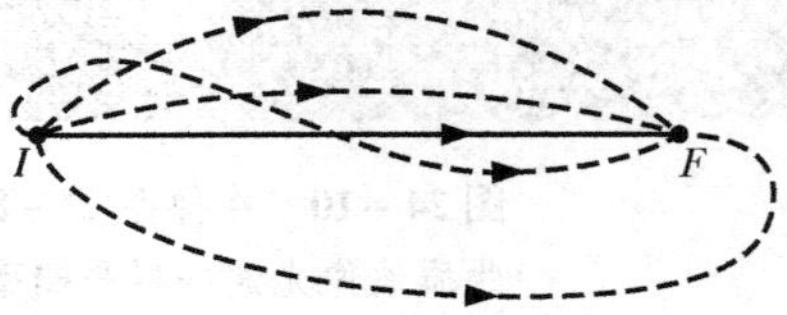

图 24－12　连接一个粒子的两个检测点 I 和 F 之间的许多可能路径中的几条. 只有沿着两点间的近乎直线的路径传播的波才干涉相长. 对其他所有路径, 沿着相邻路径传播的波都干涉相消了. 因此, 物质波就留下了一条直径迹.

图 24－10 和图 24－11 给出了物质的**波动**性的令人信服的证据, 但是我们至少有同样多的实验说明了物质的**粒子性**. 考虑本章开头的照片显示的由电子产生的径迹. 毫无疑问, 这些径迹, 它们是在充满液态氢的气泡室中留下的一连串气泡, 有力地显示一个粒子经过的路径, 哪里是波呢?

为简单起见, 让我们取消磁场使气泡串变成直线的. 可以把每个气泡看成电子的一个检测点. 在两个检测点, 如图 24－12 中的 I 和 F, 之间传播的物质波将试探所有的可能路径, 其中几条如图 24－12 中所示.

一般地说, 对于每一条连接 I 和 F 的路径 (直线路径除外), 都有一条相邻的路径使得沿着这两条路径传播的物质波由于干涉而相消．但对于连接 I 和 F 的直线路径，情况不是这样；这时，所有沿邻近路径传播的物质波都增强沿着直接路径传播的波．你可以认为形成径迹的那些气泡是一系列检测点，在这些点上物质波经历着相长干涉．

例题 24-5

动能为 120eV 的电子的德布罗意波长是多少？

【**解**】 此处一个**关键点**是如果求出了电子的动量的大小 p，就可以根据式 $\lambda = h/p$ 求出它的波长．另一个**关键点**是从电子的给定动能 E_k 求出 p．该动能比电子的静能（0.511MeV，见表 23-3）小得多．因此，我们可以利用动量 $p\ (=mv)$ 和动能 $E_k\ \left(=\frac{1}{2}mv^2\right)$ 的经典近似公式．

在这两个表示式中消去 v 可得

$$p = \sqrt{2mK_k}$$

$$= \sqrt{(2)(9.11\times10^{-31}\text{kg})(120\text{eV})(1.60\times10^{-19}\text{J/eV})}$$

$$= 5.91\times10^{-24}\text{kg}\cdot\text{m/s}$$

于是由式（24-15）得

$$\lambda = \frac{h}{p} = \frac{6.63\times10^{-34}\text{J}\cdot\text{s}}{5.91\times10^{-24}\text{kg}\cdot\text{m/s}} = 1.12\times10^{-10}\text{m} = 112\text{pm}$$

（答案）

这大概是一个典型原子的大小．如果增大动能，波长会变得更小．

检查点 3：一个电子和一个质子可能具有相同的（a）动能，（b）动量，或（c）速率．对于每一种情况，哪个粒子的德布罗意波长较短？

总之，实物粒子和光一样具有波动和微粒这双重属性，这种现象叫做**波粒二象性**．波粒二象性是微观粒子的普遍属性．

24-6 海森伯不确定原理

按照经典力学理论，宏观粒子（质点）总是沿着一定轨道运动的，如果质量为 m 的粒子所受的力和初始条件（$t=0$ 时的位置和速度）已知，则它在以后各个时刻的位置和动量（或速度）原则上都可以求出来，测量坐标和动量的准确程度，由仪器的精确度和测量技术的高低决定，但原则上都是可以测定的，对于微观粒子，情况则不相同．由于其粒子性，我们可以谈论它的位置和动量，但由于其波动性，它在空间的位置需要用概率波来描述，而概率波只能给出粒子在各个位置出现的概率，因而在任一时刻粒子并不具有确定的位置．与此相应，在任一时刻粒子也不具有确定的动量．1927 年，德国物理学家海森伯（W. K. Heisenberg）从量子力学的普遍规律出发，推导出**不确定原理**，明确指出微观粒子的坐标和动量不能同时被测定．定性地说，如果粒子的位置测量得越准确，则对粒子动量测量的准确性就越差．这并不是由于仪器的不精确或测量技术的不完善所导致，而是由微观粒子的二象性本质所决定的．

为了对不确定原理获得一初步认识，我们借助电子的单缝衍射实验对该原理作一粗略的推导．

如图 24-13 所示，一束动量为 p 的电子通过宽度为 d 的单缝后发生衍射而在屏上形成衍射条纹．让我们考虑粒子通过缝时的位置和动量．对于一个电子来说，我们不能确定它是从缝中哪一点通过的，而只能说它是从宽度为 d 的缝中通过的，因此它在 x 方向上的位置不确定量就是 $\Delta x = d$．对于动量，因为电子通过缝后发生了衍射，即电子在屏上的落点沿 x 方向展开了，这就说明在通过缝时电子动量在 x 方向的分量 p_x 就不再为零了．按照衍射图样，电子落在主极大区域内的概率最大. 如果忽略掉次级极大，认为电子全部落在主极大内，则电子在通过缝时可以有大到 θ_1 的偏转角. 也就是说，电子在通过缝时其在 x 方向动量分量 p_x 的大小由以下不等式所限制：

$$0 \leqslant p_x \leqslant p\sin\theta_1$$

这表明，电子在通过缝时在 x 方向动量的不确定量为

$$\Delta p_x = p\sin\theta_1$$

如果考虑到衍射图样的次极大，则有

$$\Delta p_x \geqslant p\sin\theta_1 \qquad (24-16)$$

根据单缝衍射公式，第一极小对应的衍射角 θ_1 由下式决定

$$d\sin\theta_1 = \lambda$$

式中，λ 为电子波的波长. 将德布罗意波长公式

$$\lambda = \frac{h}{p}$$

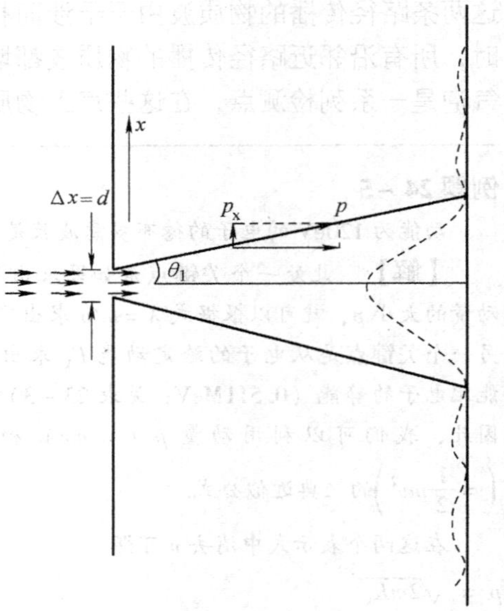

图 24-13 电子单缝衍射实验

代入上式可得

$$\sin\theta_1 = \frac{h}{pd}$$

再代入式（24-16）则得

$$\Delta p_x \geqslant \frac{h}{d}$$

因为电子 x 坐标的不确定量

$$\Delta x = d \qquad (24-17)$$

由以上两式可得

$$\Delta x \Delta p_x \geqslant h \qquad (24-18)$$

式（24-18）只是借助特例粗略导出的，更一般的推导给出

$$\Delta x \Delta p_x \geqslant \frac{h}{4\pi} \qquad (24-19)$$

在物理学中还引入另一个常用的量

$$\hbar = \frac{h}{2\pi} \qquad (24-20)$$

$\hbar$ 读作 “h-bar”，称为**约化普朗克常量**. 于是，上式可写作

$$\Delta x \Delta p_x \geqslant \frac{\hbar}{2}$$

上式常被简写作

$$\Delta x \Delta p_x \geqslant \hbar \qquad (24-21)$$

式（24-18）、式（24-19）和式（24-21）并无本质上的区别，因为它们本来就是一种数量级上的估计，以后我们将采用式（24-21）.

当粒子的运动不是一维的而是三维的时候，关系式（24-21）在 x、y、z 三个方向上都成立，即

$$\Delta x\Delta p_x \geqslant \hbar$$
$$\Delta y\Delta p_y \geqslant \hbar \qquad (24-22)$$
$$\Delta z\Delta p_z \geqslant \hbar$$

例题 24－6

假设一个电子正沿着 x 轴运动，测得它的速率为 $2.05\times10^6\mathrm{m/s}$，精确度为 0.50%. 能够同时测量此电子沿 x 轴的位置的最小不确定度（为量子理论的不确定原理所允许的）是多少？

【解】 此处**关键点**是为量子理论所允许的最小不确定度是由式（24－22）表示的海森伯不确定原理决定的. 我们只需要考虑沿 x 轴的分量，因为运动只沿 x 轴而只需求沿该轴的位置不确定度 Δx. 这里要求最小的允许不确定度，我们就用式（24－22）的 x 轴分量式中的等式而不用不等式，即

$$\Delta x\Delta p_x = \hbar$$

为了求动量不确定度 Δp_x，必须先求出动量分量 p_x. 由于电子的速率 v_x 比光速小得多，就可以不用相对论公式而用经典的动量公式求 p_x，这样可求得

$$p_x = mv_x = (9.11\times10^{-31}\mathrm{kg})(2.05\times10^6\mathrm{m/s})$$
$$=1.87\times10^{-24}\mathrm{kg\cdot m/s}$$

速率的不确定度是以测得的速率的 0.50% 给定的. 由于 p_x 直接有赖于速率，动量的不确定度 Δp_x 必定是动量的 0.50%：

$$\Delta p_x = (0.0050)p_x = (0.0050)(1.87\times10^{-24}\mathrm{kg\cdot m/s})$$
$$=9.35\times10^{-27}\mathrm{kg\cdot m/s}$$

于是不确定原理给出

$$\Delta x = \frac{\hbar}{\Delta p_x} = \frac{(6.63\times10^{-34}\mathrm{J\cdot s})/(2\pi)}{9.35\times10^{-27}\mathrm{kg\cdot m/s}}$$
$$=1.13\times10^{-8}\mathrm{m}\approx 11\mathrm{nm}$$

（答案）

这差不多是原子直径的 100 倍. 电子速率的测量结果给定后，还想以任一更大的精度约束电子的位置是没有意义的.

24－7 薛定谔方程

1. 波函数

任何一种简单的行波，不管是绳上的波，声波或光波，都是用某个按波的形式变化的量来描述的. 例如，对于光波，这个量是波的电场强度分量 $\boldsymbol{E}$（x，y，z，t）. 它在任一点的观测值决定于该点的位置以及观测的时刻.

应该用什么变化着的量去描述物质波呢？这个量叫做波函数 Ψ（x，y，z，t），它比描述光波的量更为复杂，因为物质波除传送能量和动量外，还要传送质量和（也常有）电荷. 实际上，Ψ（大写希腊字母 psi）常常是一个数学上的复函数；这就是说，常可以把它的数值写成 $a+\mathrm{i}b$的形式，其中 a 和 b 是实数而 $\mathrm{i}^2=-1$.

在将遇到的各种情况里，空间和时间变量可以分开组合而 Ψ 能被写成以下形式

$$\Psi(x,y,z,t) = \psi(x,y,z)\mathrm{e}^{-\mathrm{i}\omega t} \qquad (24-23)$$

式中，ω（$=2\pi\nu$）是物质波的角频率；ψ（小写希腊字母 psi）仅表示完整的含时间的波函数的空间部分. 需要指出，一般地说，波函数不一定都像上面提到的那样复杂. 在有些情况下，波函数可以与时间无关，只随空间坐标改变. 这时的波函数 ψ 叫做**定态波函数**. 下面我们将几乎只与 ψ 打交道.

要了解波函数的物理意义，就必须联系到物质波是一种概率波的事实. 一列物质波到达一个小的检测器，那么在一特定的时间间隔内一个粒子会被检测到的概率就和 $|\psi|^2$ 成正比，其中 $|\psi|$ 是波函数在检测器所在位置的绝对值. 虽然 ψ 常常是一个复数，但 $|\psi|^2$ 总是正的实数. 因此，是 $|\psi|^2$，被称为**概率密度**，是它而不是 ψ，具有**物理**意义. 大致说来，其意义是

（单位时间内）在物质波中以一给定点为中心的小体积内检测到一个粒子的概率和在该点 $|\psi|^2$ 的值成正比.

由于 ψ 常是一个复数，我们求它的绝对值的平方时，就用 ψ^*，即 ψ 的复共轭，乘以 ψ.（将 ψ 中各处出现的虚数 i 换成 $-$i 即可得出 ψ^*）

根据概率的意义，在任一时刻粒子在整个空间出现的概率应等于1. 所以，波函数应满足条件

$$\int |\psi|^2 \mathrm{d}V = 1 \qquad (24-24)$$

上式的积分应遍及整个空间，这个条件叫**归一化条件**.

考虑到波函数必须具有的物理意义，作为数学表达式，它还必须在任一时刻，任意地点只有单一的值，而且不能在某处发生突变，也不能在某一地点变为无穷大. 这就是说，波函数必须满足**单值**、**连续**、**有限**的条件.

2. 薛定谔方程

声波和绳上的波是由牛顿力学的方程确定的. 光波是由麦克斯韦方程确定的. 物质波需要由1926年奥地利物理学家薛定谔（E. Schrödinger）提出的**薛定谔方程**确定.

我们将要讨论的许多情形都只涉及沿着 x 方向通过一定区域运动的粒子，在该区域内作用在粒子上的力使它具有势能 $U(x)$. 在这种特殊情况下，薛定谔方程简化为

$$\frac{\mathrm{d}^2\psi}{\mathrm{d}x^2} + \frac{8\pi^2 m}{h^2}[E - U(x)]\psi = 0 \quad \text{（薛定谔方程，一维运动）} \qquad (24-25)$$

式中，E 为运动粒子的总机械能（势能加动能）. 我们不可能从更基本的原理导出薛定谔方程；它**就是**基本原理.

如果式（24－25）中的 $U(x)$ 是零，该方程就确定一个**自由粒子**的运动——这就是说，一个所受合力为零的粒子的运动. 这时粒子的总能量全是动能，而式（24－25）中的 E 就是$\frac{1}{2}mv^2$. 该方程于是变为

$$\frac{\mathrm{d}^2\psi}{\mathrm{d}x^2} + \frac{8\pi^2 m}{h^2}\left(\frac{mv^2}{2}\right)\psi = 0$$

以动量 p 代替式中的 mv 并重新组合，可将上式改写为

$$\frac{\mathrm{d}^2\psi}{\mathrm{d}x^2} + \left(2\pi\frac{p}{h}\right)^2\psi = 0$$

根据式（24－15），我们知道上式中的 p/h 等于 $1/\lambda$，此 λ 即运动粒子的德布罗意波长. 进一步还可以知道 $2\pi/\lambda$ 等于由 $k=2\pi/\lambda$ 式定义的**角波数**. 将 k 代入，上式即变为

$$\frac{\mathrm{d}^2\psi}{\mathrm{d}x^2} + k^2\psi = 0 \quad \text{（薛定谔方程，自由粒子）} \qquad (24-26)$$

式（24－26）的最普遍的解是

$$\psi(x) = A\mathrm{e}^{\mathrm{i}kx} + B\mathrm{e}^{-\mathrm{i}kx} \qquad (24-27)$$

式中，A 和 B 为任意常数. 可以验证此式的确是式（24－26）的解.（如果把此式给出的 ψ 和它的二阶导数代入式（24－26）并注意到得出的恒等结果）

如果将式（24-23）和式（24-27）联系起来，就可得到一个沿 x 方向运动的自由粒子的含时波函数 Ψ

$$\Psi(x,t)=\psi(x)e^{-i\omega t}=(Ae^{ikx}+Be^{-ikx})e^{-i\omega t}=Ae^{i(kx-\omega t)}+Be^{-i(kx+\omega t)} \qquad (24-28)$$

在第8章中我们已看到形式为 $F(kx\pm\omega t)$ 的任何函数 F 都表示一列行波. 这一结论适用于我们已用来描述绳上的波的正弦函数，也适用于式（24-28）那样的指数函数. 实际上，这两种函数表示式有以下的联系：

$$e^{i\theta}=\cos\theta+i\sin\theta \quad 和 \quad e^{-i\theta}=\cos\theta-i\sin\theta$$

其中 θ 是任意角.

这样，式(24-28)中的第一项就表示沿 x 正向传播的波，第二项表示沿 x 负向传播的波. 不过，我们已经假定了所考虑的自由粒子只沿 x 正向运动，为了把式(24-28)简化为我们感兴趣的情形，将式(24-28)和式(24-27)中任意常数 B 选为零. 同时，把 A 改写作 ψ_0. 这样，式(24-27)就变为

$$\psi(x)=\psi_0e^{ikx} \qquad (24-29)$$

为了计算概率密度，取 $\psi(x)$ 的绝对值的平方，得

$$|\psi|^2=|\psi_0e^{ikx}|^2=(\psi_0^2)|e^{ikx}|^2$$

由于

$$|e^{ikx}|^2=(e^{ikx})(e^{ikx})^*=e^{ikx}e^{-ikx}=e^{ikx-ikx}=e^0=1$$

我们得到

$$|\psi|^2=(\psi_0)^2(1)^2=\psi_0^2 \quad (一个常数)$$

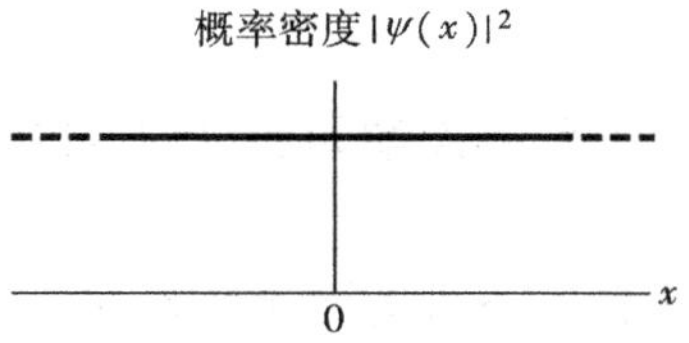

图 24-14 沿 x 正向运动的自由粒子的概率密度曲线. 由于 $|\psi(x)|^2$ 对所有 x 值都有相同的常数值，因而在其运动方向的所有点上粒子被检测到的概率都相同.

图24-14是一个自由粒子的概率密度 $|\psi|^2$ 对 x 的图线——从 $-\infty$ 到 $+\infty$ 的一条平行于 x 轴的直线. 可以看到概率密度 $|\psi|^2$ 对所有 x 值都是相同的，这表示沿 x 轴的任何地方粒子都具有相等的概率. 没有什么明显的特征使我们能预言粒子最可能出现的位置. 这就是说，所有的位置都一样可能.

24-8 薛定谔方程的简单应用

薛定谔方程是量子力学的基本方程. 量子力学对微观粒子运动问题的处理最终将归结为求在各种条件下薛定谔方程的解. 求解薛定谔方程一般较复杂且涉及到较多的数学知识. 由于课程要求的限制，本教材将只应用薛定谔方程分析两个简单实例，用以体验用薛定谔方程处理问题的最基本方法，并介绍几个重要结论.

1. 一维矩形势阱

先讨论一个微观粒子在一种简单的外力场中作一维运动的情形. 设粒子在外力场中的势能函数为

当 $0<x<a$ 时，$U(x)=0$

当 $x\leqslant0$ 或 $x\geqslant a$ 时，$U(x)=\infty$

这样的势能函数可用图24-15表示，它被叫做**一维势阱**.

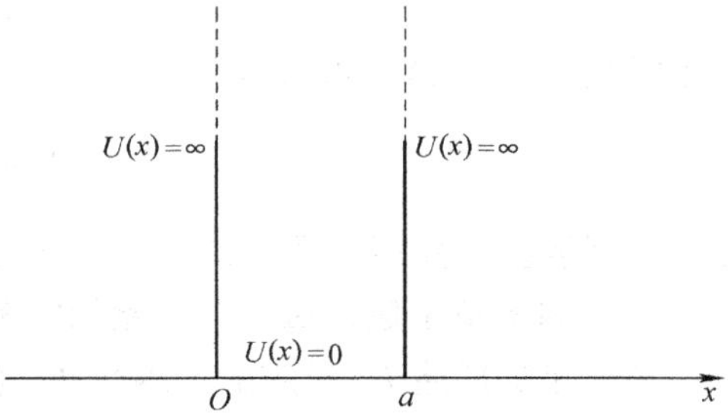

图 24-15 一维矩形势阱

在势阱内，由于势能为常数，所以粒子不受力. 在边界上 $x=0$ 和 $x=a$ 处，势能突然增到无穷大，所以粒子受到无穷大的指向阱内的力，因此在势阱外发

现粒子的概率为零.

我们知道，电子在金属内的运动可以看做是自由的，但若要逸出金属表面，就必须克服正电荷的吸引力做功. 因此，电子在金属内的运动就相当于粒子在势阱中的运动. 在粗略地分析问题时，就可采用一维无限深方势阱这一图像.

现在我们就来求薛定谔方程在这种情形下的解，看看可以得出什么样的结论.

在势阱中，由于粒子的势能 $U=0$，不随时间变化，所以粒子在势阱中的运动是一个定态问题. 根据式（24－26），薛定谔方程为

$$\frac{d^2\psi}{dx^2}+k^2\psi=0$$

其中

$$k^2=\frac{8\pi^2 m}{h^2}E \tag{24-30}$$

这个方程的通解如式（24－27）给出为

$$\psi(x)=Ae^{ikx}+Be^{-ikx}$$

由于粒子不可能到达 $0<x<a$ 的区域之外，所以表示粒子出现概率的波函数 ψ 的值在 $x\leqslant 0$ 和 $x\geqslant a$ 的区域内都应等于零，即波函数的边界条件可写为

$$\psi(0)=0,\psi(a)=0$$

将边界条件代入式（24－27），可得

$$\psi(0)=A+B=0$$
$$\psi(a)=Ae^{ika}+Be^{-ika}=0$$

对以上二式联立求解，即得

$$A=-B$$
$$e^{ika}-e^{-ika}=0$$

于是有

$$e^{i2ka}=1$$

取实数项，得

$$\cos 2ka=1$$

即

$$2ka=2n\pi$$

或

$$k=\frac{n\pi}{a}\quad n=1,2,3,\cdots \tag{24-31}$$

将上式代入式（24－30），可得

$$E=\frac{n^2\pi^2}{a^2}\frac{\hbar^2}{2m}=n^2\frac{\pi^2\hbar^2}{2ma^2} \tag{24-32}$$

由于 n 是整数，所以粒子的能量 E 只能取分立的值，也就是说粒子在势阱内的能量是**量子化**的. 正整数 n 叫做**量子数**，每一个可能的能量值叫做一个**能级**. 图24－16中画出了几个能级.

与一定的能量 E_n 对应的波函数 $\psi_n(x)$ 为

$$\psi_n(x)=A\left(e^{in\pi x/a}-e^{-in\pi x/a}\right)$$

取实数项可得

$$\psi_n(x)=2A\sin\frac{n\pi}{a}x \tag{24-33}$$

或

$$\psi_n(x)=C\sin\frac{n\pi}{a}x \tag{24-34}$$

式中的常数可由归一化条件

$$\int_0^a|\psi_n(x)|^2\mathrm{d}x=1$$

求出．将式（24-34）代入，得

$$\int_0^a C^2\sin^2\left(\frac{n\pi}{a}x\right)\mathrm{d}x=C^2\frac{a}{2}=1$$

即

$$C=\sqrt{\frac{2}{a}}$$

这样就得到定态薛定谔方程的解为

$$\psi_n(x)=\sqrt{\frac{2}{a}}\sin\frac{n\pi}{a}x \tag{24-35}$$

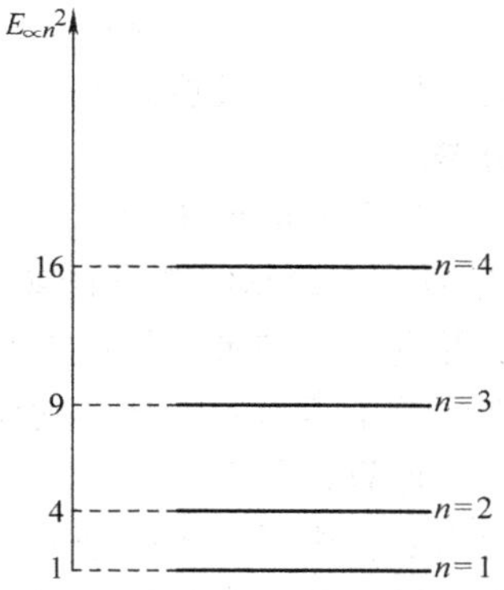

图 24-16 势阱中粒子的能量

对于不同的 n，可画出 $\psi_n(x)$ 和 $|\psi_n(x)|^2$ 的曲线，如图 24-17 所示．

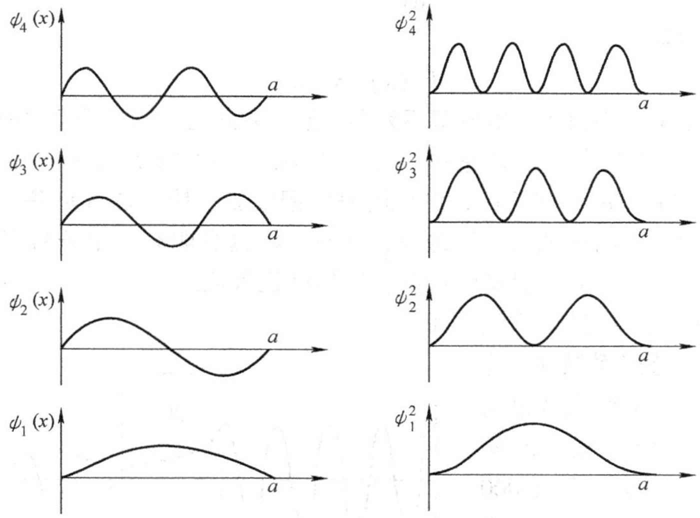

图 24-17 一维势阱中粒子的波函数和概率密度

综合上述，对于无限深势阱，粒子定态薛定谔方程的解只能是一系列的驻波，波节在 $x=0$ 和 $x=a$ 处．正像两端固定的弦线振动那样，振动频率只能取一系列分立的值，粒子的能级也是取一些分立的值．在势阱中发现粒子的概率随位置而变，在边界处发现粒子的概率为零．

2. 一维势垒　隧道效应

假设一粒子在图 24-18 所示的力场中沿 x 方向运动，其势能函数为

$$\text{当 } 0\leqslant x\leqslant a \text{ 时，} U(x)=U_0$$

$$当\ x<0\ 或\ x>a\ 时，U(x)=0$$

这个理想的、高度为 U_0、宽度为 a 的势能曲线叫做**一维矩形势垒**.

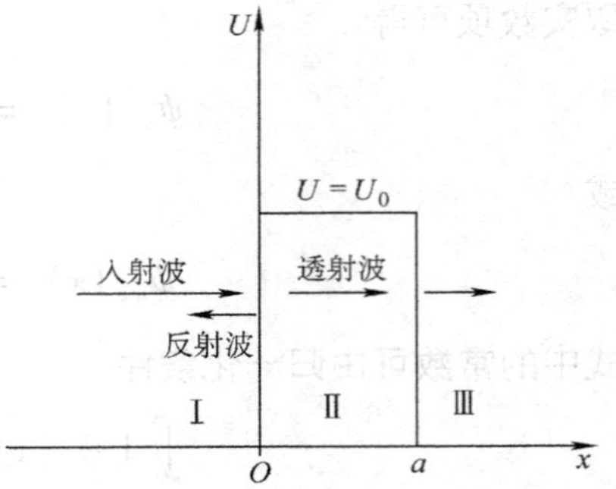

图 24－18　一维势垒

对于从区域Ⅰ沿 x 方向运动的粒子，当粒子的能量 $E>U_0$ 时，无论从经典理论或量子理论来看，粒子都可以穿过区域Ⅱ到达区域Ⅲ. 不过微观粒子在分界面处还有反射. 所以，在区域Ⅰ有入射波和反射波；在区域Ⅱ，有透射波和反射波；在区域Ⅲ，只有透射波. 当粒子的能量 $E<U_0$ 时，从经典理论来看，由于粒子的动能必须为正，所以不可能进入区域Ⅱ. 但从量子理论来分析，粒子仍可以穿过区域Ⅱ而进入区域Ⅲ事实证明，后一种结论是正确的.

下面我们来简单分析，为什么 $E<U_0$ 时粒子仍可能在区域Ⅱ出现.

在区域Ⅱ，粒子的定态薛定谔方程为式（24－25），即

$$\frac{d^2\psi}{dx^2}+\frac{8\pi^2 m}{h^2}(E-U_0)\psi=0$$

令 $a^2=-\frac{8\pi^2 m}{h^2}(E-U_0)$，上式可改写成

$$\frac{d^2\psi}{dx^2}-a^2\psi=0 \tag{24－36}$$

式（24－36）有下列解：

$$\psi(x)=Ce^{-ax} \tag{24－37}$$

$\psi(x)$ 不为零，说明在势垒中找到粒的概率不为零；沿 x 方向运动的粒子可以自左向右穿过势垒.

图 24－19 示出粒子自左向右入射时，三个区域中波函数的情况. 在势垒中，概率密度 $|\psi(x)|^2$ 与 $(e^{-ax})^2=e^{-2ax}$ 成正比，这说明概率密度随着粒子进入势垒的深度而递减. 由于概率密度正比于 e^{-2ax}，到势垒的另一边缘时，并不为零这表明有一部分粒子将穿过势垒而进入区域Ⅲ. 这种 $E<U_0$ 时粒子穿过势垒的现象，叫做**隧道效应**.

对于图 24－19 中的入射物质波和势垒可以定义一个**透射系数** T，这一系数给出入射来的粒子可能透过势垒——即发生隧道效应的概率. 例如，如果 $T=0.020$，那么，每 1 000 个粒子向势垒射去，就会有 20 个（平均地说）透过势垒，其余 980 个将被反射.

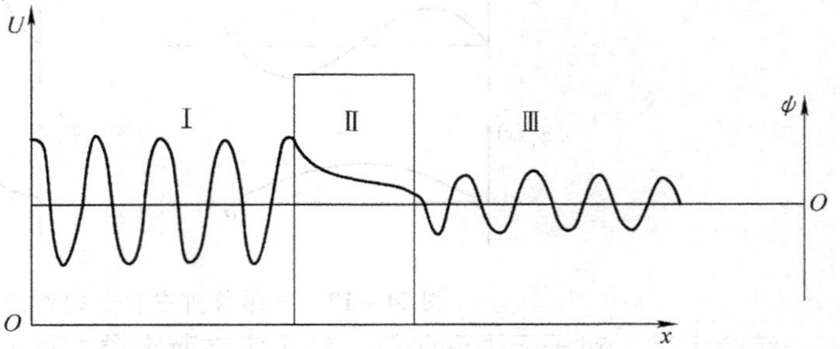

图 24－19　在 $E<U_0$ 的情况下粒子自左向右入射时，三个区域中的波函数 $\psi(x)$

透射系数近似地是

$$T\approx e^{-2ka} \tag{24－38}$$

其中

$$k=\sqrt{\frac{8\pi^2 m(U_0-E)}{h^2}} \tag{24－39}$$

由于式（24－38）的指数形式，T 的值对于它所包含的三个变量：粒子质量 m，势垒厚度 a 和能量差 $U_0 - E$，是非常敏感的.

势垒隧穿在技术中有很多应用，隧道二极管就是其中之一．在这种元件中，通过控制势垒高度能快速地接通或切断（隧穿通过的）电子流．由于这件事能非常快（5ps 以内）地完成，所以这种元件适合于要求快速响应的用途．1973 年的诺贝尔物理奖被三位“隧穿者”分享了，他们是 Leo Esaki（由于半导体中的隧穿），Ivar Giaever（由于超导体中的隧穿）和 B. 约瑟夫森（由于约瑟夫森结，一种基于隧穿的快速量子开关元件）．1986 年的诺贝尔奖授予了 Gerd Binnig 和 Heinrich Rohrer，表彰他们设制了另一种基于隧穿的有用的设备，扫描隧穿显微镜.

扫描隧穿显微镜（STM）是一种基于隧穿的设备，它使人们能获得被观测物表面的详细图象，在原子尺度上揭示其特征，其分辨率大大高于用光学显微镜或电子显微镜所能得到的．图 24－20 表示一个例子，其中表面的单个原子能被容易地显示出来.

图 24－21 表示扫描隧穿显微镜的核心部分．安在三根相互垂直的石英杆交接处的一个很细的金属针尖贴近被检验的表面放着．在针尖和表面之间加上一微小电势差，可能仅有 10mV.

晶体石英具有一种有趣的性质，叫**压电效应**：当在一块晶体石英样品两侧加上电势差时，它的线度会发生微小变化．这一性质被用来平稳地、一点一点地改变图 24－21 中每根杆的长度．这样针尖就可以来回扫描样品表面（沿 x 和 y 方向），而且还可以相对于表面上下移动（沿 z 方向）.

在表面和针尖之间形成一个势垒，就像图 24－18 中那样的．如果针尖离表面足够近，来自样品的电子就能够隧穿此势垒，从表面到针尖形成隧穿电流.

工作时，一个电子回馈装置调整针尖的竖直位置使得针尖扫描时隧穿电流保持不变．这意味着扫描时针尖一表面的距离也保持不变．此装置的输出——例如，图 24－20——形成一幅表面轮廓的图象，把针尖的竖直位置作为 xy 平面内针尖的位置的函数显示出来.

扫描隧穿显微镜已商品化，全世界的实验室都在使用它.

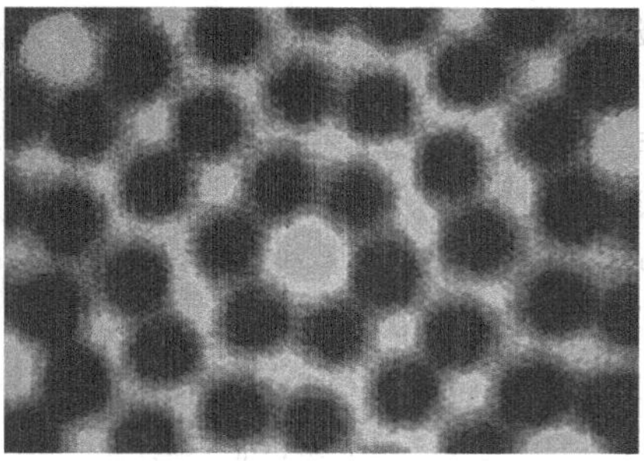

图 24－20 扫描隧穿显微镜揭示的硅原子阵列.

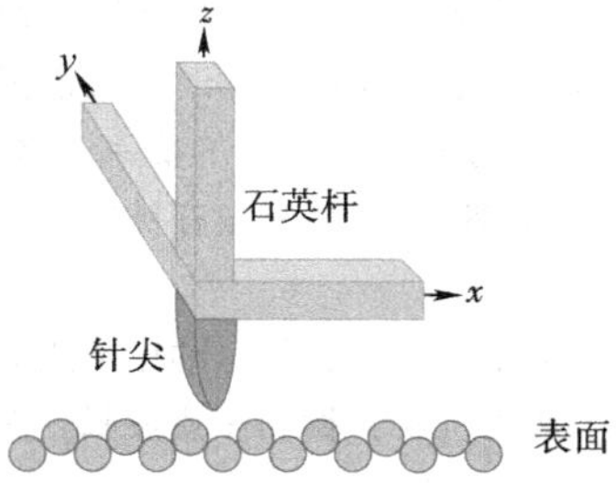

图 24－21 扫描隧穿显微镜的基本结构：三个石英杆用来使一个导电针尖扫描一个样品表面而在针尖和表面之间保持一恒定的距离，于是针尖就按照表面的轮廓上下移动，它运动的记录就是一幅像图 24－20 那样的图像.

复习和小结

能量子 谐振子的能量不能连续变化，只能取一最小单位的 ε_0 的整数倍．谐振子能量的这个最小

单位 ε_0 叫做**能量子**，对于频率为 ν 的谐振子

$$\varepsilon_0 = h\nu$$

其中

$$h = 6.63 \times 10^{-34}\,\mathrm{J \cdot s}$$

叫做**普朗克常量**

光量子——光子 电磁波（光）是量子化的，它的量子称为光子. 对于频率为 ν 和波长为 λ 的光波，一个光子的能量 E 和动量 p 是

$$E = h\nu \quad \text{（光子能量）}$$

和

$$p = \frac{h\nu}{c} = \frac{h}{\lambda} \quad \text{（光子动量）}$$

光电效应 当频率足够高的光入射到干净的金属表面上时，在金属内光子-电子的相互作用就使电子从表面发射出来. 支配此过程的方程是

$$h\nu = E_{\mathrm{kmax}} + \Phi$$

其中 $h\nu$ 是光子能量，E_{kmax} 是发射出的能量最大的电子的动能，Φ 是靶材料的**功函数**——就是，要脱离靶表面的电子必须具有的最小能量. 如果 $h\nu$ 小于 Φ，就不能发生光电效应.

康普顿移位 当 X 射线被靶内松散地束缚着的电子散射时，一些散射光的波长比入射光的波长长. 这种**康普顿移位**（以波长表示）由下式给定

$$\Delta\lambda = \frac{h}{mc}(1 - \cos\phi)$$

其中 ϕ 是 X 射线的散射角.

光波和光子 当光和物质相互作用时，通过光子传递能量和动量. 不过，光在传播时，我们把光波解释为**概率波**，一个光子被检测到的概率（单位时间内）和 E_0^2 成正比，其中 E_0 是光波在被检测处的振动电场强度的振幅.

物质波 像电子或质子这种运动粒子能够用**物质波**来描述；它的波长（称为**德布罗意波长**）为 $\lambda = h/p$，其中 p 是粒子的动量.

海森伯不确定原理 量子物理的概率本性给一个粒子的位置和动量的测量设置了一个重要的限制. 这指的是，以无限的精度同时测量一个粒子的位置和动量是不可能的. 这些量的分量的不确定度由下列公式给出

$$\Delta x \cdot \Delta p_x \geqslant \hbar$$
$$\Delta y \cdot \Delta p_y \geqslant \hbar$$
$$\Delta z \cdot \Delta p_z \geqslant \hbar$$

波函数 物质波用波函数 $\Psi(x,y,z,t)$ 描述. Ψ 可分解为空间部分 $\psi(x,y,z)$ 和时间部分 $\mathrm{e}^{-\mathrm{i}\omega t}$. 质量为 m，恒定总能量为 E、沿 x 方向运动的一个粒子越过势能 $U(x)$ 不随时间变化的区域时，$\psi(x)$ 可以通过解下述简化了的定态薛定谔方程

$$\frac{\mathrm{d}^2\psi}{\mathrm{d}x^2} + \frac{8\pi^2 m}{h^2}[E - U(x)]\psi = 0$$

求得. 波函数必须满足单值、连续、有限、归一等条件. 像光波一样，物质波也是概率波. 这意思是说，如果把一个粒子检测器放入波中，它在任意时间间隔内记录到一个粒子的概率和 $|\psi|^2$ 成正比，$|\psi|^2$ 称为**概率密度**.

对于一个沿 x 方向运动的自由粒子——就是说，其 $U(x) = 0$，在沿 x 轴的所有点上，$|\psi|^2$ 是一个常数.

一维无限矩形势阱 粒子定态薛定谔方程的解只能是一系列的驻波，波节在势阱的两个边界处. 在势阱中粒子的能量只能取一些分立的值：

$$E_n = n^2 \frac{\pi^2 \hbar^2}{2ma^2} \quad n = 1, 2, 3, \cdots$$

隧道效应 根据经典物理，一个粒子射向一个高度大于粒子本身的动能的势能壁垒时，要被反射回来. 但是根据量子物理，一个粒子具有一定的概率隧穿透过这样的势垒，一个质量为 m、能量为 E 的给定粒子隧穿透过高为 U_0、厚为 L 的势垒的概率由透射系数 T 给出：

$$T \approx \mathrm{e}^{-2kL}$$

其中

$$k = \sqrt{\frac{8\pi^2 m(U_0 - E)}{h^2}}$$

思考题

1. 下面关于光电效应的说法中，哪个是正确的，哪个是错误的？(a) 入射光的频率越高，遏止电势越大. (b) 入射光的强度越大，截止频率越高. (c) 靶材料的功函数越大，遏止电势越大. (d) 靶材料的功函数越大，截止频率越高. (e) 入射光的频率越高，被逐出电子的最大动能就越大. (f) 光子的能量越大，遏止电势越小.

2. 在（靶和入射光频率都给定的）光电效应中，下列各量哪个，如果有的话，与入射光束的强度有关：(a) 电子的最大动能，(b) 最大光电流，(c)

遏止电势，（d）截止频率？

3. 用一定频率的光照射金属板. 下列各项中，哪一个决定电子是否被逐出：（a）光的强度，（b）光照时间，（c）板的导热率，（d）板的面积，（e）板的材料.

4. 光子 A 具有的能量为光子 B 的两倍.（a）光子 A 的动量小于，等于还是大于光子 B 的动量？（b）光子 A 的波长小于，等于还是大于光子 B 的波长？

5. 电子和质子具有相同的动能. 哪个的德布罗意波长较大？

6. 下列非相对论粒子具有相同的动能. 请按它们的德布罗意波长由大到小排序：电子，α 粒子，中子.

7. 图 24－22 表示电子在场中运动的四种情况.（a）沿和电场方向相反的方向运动，（b）沿电场方向运动，（c）沿磁场方向运动，（d）沿垂直于磁场方向运动. 在每一种情况中，电子的德布罗意波长是增大，减小还是不变？

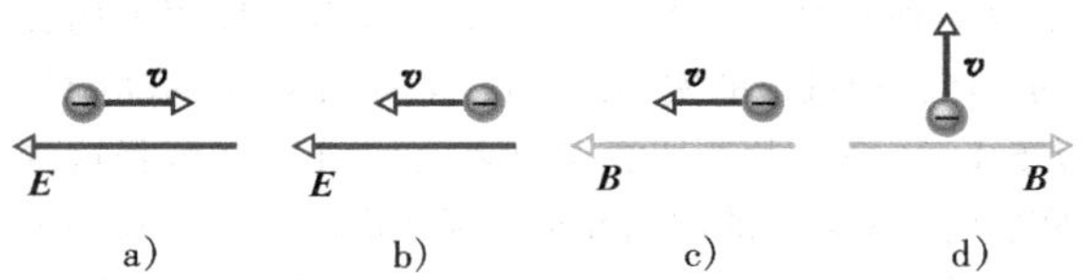

图 24－22 思考题 7 图

8. 一个质子和一个氘核，各具有 3MeV 的动能，射向一高度 U_0 为 10MeV 的势能壁垒. 哪个隧穿透过此势垒的机会更大？（氘核的质量是质子质量的两倍）

9.（a）将势垒高度 U_0 提高 1%，或（b）将入射电子的动能 E 减小 1%，哪种方法对透射系数 T 的影响较大？

10. 假设图 24－18 中的势能壁垒的高度是无限的.（a）射向势垒的电子的透射系数应是多大？（b）可以由式（24－38）导出这一结果吗？

习题

1. 米曾被定义为含有氪－86 原子的光源发出的橙色光的波长的 1650763.73 倍. 该橙色光的光子能量多大？

2. 一种特制的灯泡发射波长为 630nm 的光，向它供给电能的时率是 60W，灯泡把电能转变成光能的效率是 93%. 在整个 730h 的灯泡寿命中，它能发射多少光子？

3. 一紫外光灯以 400W 的功率发射波长为 400nm 的光，一红外光灯也以 400W 的功率但发射波长为 700nm 的光.（a）哪个灯发射光子的时率大？（b）这较大的时率是多少？

4. 钾和铯的功函数分别是 2.25eV 和 2.14eV.（a）波长为 565nm 的入射光可以使这两种元素都能发生光电效应吗？（b）入射光的波长为 518nm 时又如何呢？

5.（a）如果某种金属的功函数为 1.8eV，当用波长 400nm 的光照射它时，从它被逐出的电子的截止电压是多大？（b）被逐出电子的最大速率是多少？

6. 在一次用钠做的光电效应实验中，入射光波长是 300nm 时，遏止电势为 1.85V，而波长为 400nm 时，截止电压是 0.820V. 试由这些数据求：（a）普朗克常量，（b）钠的功函数 Φ，（c）钠的截止波长 λ_0.

7. 波长为 71pm 的 X 射线射到一金箔上从而从金原子内逐出牢固地束缚着的电子. 被逐出的电子接着就在一均匀磁场 $\boldsymbol{B}$ 中沿半径为 r 的圆轨道运动而 $Br = 1.88 \times 10^{-4}\,\mathrm{T \cdot m}$. 求（a）这些电子的最大动能，（b）把它们从金原子中逐出需要做的功.

8. 波长为 0.010nm 的 X 射线射到含有被松散地束缚着的电子的靶上，对由这种电子引起的康普顿散射，在 180°方向上，求以下各参量：（a）康普顿移位，（b）相应的光子能量的变化，（c）反冲电子的动能，（d）电子运动的方向？

9. 一个光子和一个**自由质子**间的康普顿碰撞引起的最大康普顿移位是多少？

10. 证明能量为 E 的光子被自由的静止电子散射时，反冲电子的最大动能是

$$E_{\mathrm{kmax}} = \frac{E^2}{E + mc^2/2}$$

11. 在普通的电视机内，电子是通过 25.0kV 的电势差加速的. 这种电子的德布罗意波长是多大？（不需用相对论）

12. 一个电子和一个质子各具有 0.20nm 的波长. 计算（a）它们的动量和（b）它们的能量.

13. 带有单个电荷的钠离子通过 300V 的电势差加速.（a）这一离子获得的动量多大？（b）它的德布罗意波长多大？

14. 原子核的存在是卢瑟福于 1911 年发现的，

他恰当地解释了一些α粒子束被像金这种原子构成的金属箔所散射的实验．(a) 如果α粒子的动能是7.5MeV，它的德布罗意波长多大？(b) 在解释这些实验时，α粒子的波动性是必须考虑的吗？已知一个α粒子的质量是4.00u（原子质量单位），而在这些实验中，α粒子离核的中心的最近距离约是30fm．（第一次完成这些决定性实验之后十几年才提出了物质的波动性）

15. 将式（24－27）的$\psi(x)$及其二阶导数代入式（24－26）中并注意到得出的恒等结果，从而证明式（24－27）的确是式（24－26）的一个解．

16. 设子弹的质量为0.01kg，枪口的直径为0.5cm．试用不确定原理计算子弹射出枪口时的横向速度．

17. 电视显像管中电子的加速电压为9kV．电子枪的枪口直径取0.1mm，求电子射出枪口后的横向速度．

18. 原子的线度为10^{-10}m，求原子中电子速度的不确定量．

19. 一个质子和一个氘核（后者具有和质子相同的电量，但质量为质子的两倍）撞到一个厚10fm、高10MeV的势垒上．每个粒子在撞前都具有3.0MeV的动能．(a) 每个粒子的透射系数多大？(b) 它们穿过势垒后的动能各是多少？（假定它们都穿过了．）(c) 如果从势垒反射回来，它们的动能又各是多少？

20. 考虑如图24－18所示的势能壁垒，但其高度U_0为6.0eV，厚度L为0.70nm．透射系数为0.0010的入射电子的能量是多少？

第 25 章　原子统论

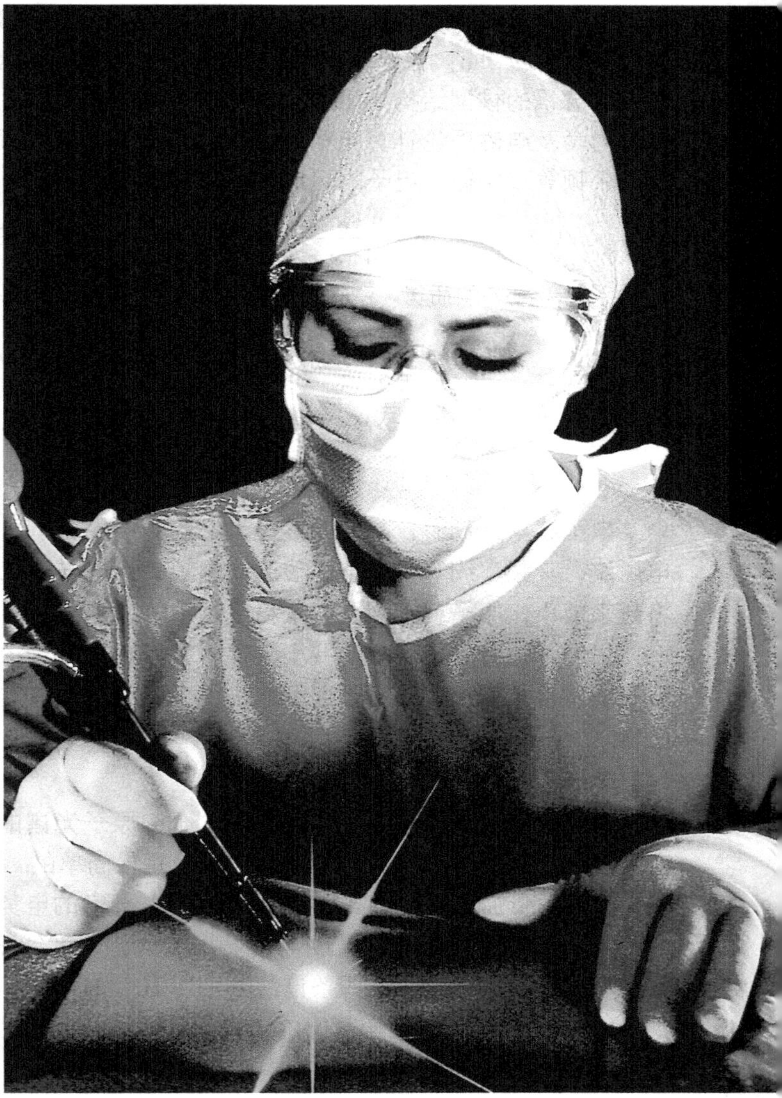

20 世纪 60 年代，激光器刚一发明，就成为研究型实验室中新奇的光源．今天，激光器无处不在，在诸如声音和数据的传送、测量，焊接，百货店价格扫描等各方面都应用着它．图中显示正在使用由光导纤维传导的激光进行的外科手术．激光器发出的激光和任何其他光源发出的光都来自原子的发射．

那么，从激光器发出的光在哪些方面如此地不同？

答案就在本章中．

在20世纪初，许多知名的科学家都怀疑原子的存在，可是今天，每一个受过现代教育的人都相信原子是实际存在的，而且是构成物质世界的基石. 今天，我们甚至可以拣起单个的原子把它移来移去. 例如，图25－1中白色的斑点就是由一个束缚在陷阱中的单个钡离子发光形成的.

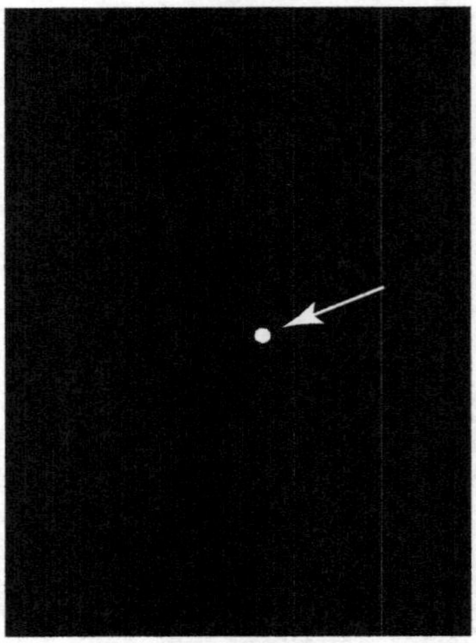

图25－1　白点是华盛顿大学的一个在陷阱中束缚多时的单个钡原子发出的光的照片. 特别技术使得该离子在同样一对能级间一次又一次地跃迁而发光，白点表示许多光子发射的总效果.

25－1　氢原子光谱和玻尔理论

1. 卢瑟福的原子核型结构

自20世纪初起，原子结构问题就是物理学家关注的一个重要课题. 1911年，英国物理学家卢瑟福（E. Rutherford）通过α粒子散射实验，证实了原子的核型结构. 例如，最简单的氢原子是由电荷为$+e$的原子核和一个电荷为$-e$的电子所组成. 在氢原子里，核是质子，其质量约为电子的1836倍，大小约为10^{-15}cm；电子在半径约为10^{-10}cm处绕核运动.

卢瑟福的核型结构虽然是在实验的基础上提出的，但根据经典力学及电磁理论计算电子的绕核运动时，却遇到了困难. 根据牛顿第二定律，电子的运动方程应为

$$\frac{e^2}{4\pi\varepsilon_0 r^2}=m\frac{v^2}{r} \tag{25-1}$$

式中，m为电子的质量；r为电子绕核运动的半径，在原子系统中，电子的能量为$E=U+E_k$，即

$$E=-\frac{e^2}{4\pi\varepsilon_0 r}+\frac{1}{2}mv^2$$

将式（25－1）代入上式，可得

$$E=-\frac{1}{4\pi\varepsilon_0}\frac{e^2}{2r} \tag{25-2}$$

电子绕核运动时，其加速度很大，约为$10^{23}\,\mathrm{m/s^2}$. 加速运动的电子将不断辐射频率很高的电磁波，其频率约等于电子绕核运动的频率. 这样，电子的能量就将逐渐减小，电子的轨道也将越来越小，原子就不会是一个稳定的系统，结果原子将因电子落入核内而坍陷.

另外，随着电子能量的减小，辐射频率也将逐渐改变，原子发出的就应是连续光谱. 但实验表明，原子发出的却是不连续的线状光谱. 总之，这些都说明经典理论无法解释原子的核型结构.

2. 氢原子光谱

原子光谱是原子结构性质的反映，研究原子光谱的规律性是进一步认识原子的关键. 在所有的原子中，氢原子最简单，它的光谱也是最简单的.

在充有低压氢气的放电管两极之间加上一定的电势差，使放电管发生自激导电，同时出现辉光. 用光谱仪观察或拍摄放电管发出的光谱，就能获得氢原子的光谱图. 在可见光范围内，容易观察到四条谱线，这四条谱线分别用H_α、H_β、H_γ和H_δ表示，如图25－2所示.

1885年，瑞士物理学家巴尔末（J. J. Balmer）发现可以用简单的整数关系表示这四条谱线的波长：

$$\lambda = B\frac{n^2}{n^2-2^2} \quad n=3,\ 4,\ 5,\ 6 \qquad (25-3)$$

式中，B 是常量，其数值等于3645.7Å．将 n 的上列四个数值分别代入式（25－3），将得到 H_α、H_β、H_γ 和 H_δ 的波长．后来，还观察到相当于 n 为其他正整数的谱线．这些谱线连同上面的四条谱线，统称为氢原子光谱的**巴尔末线系**.

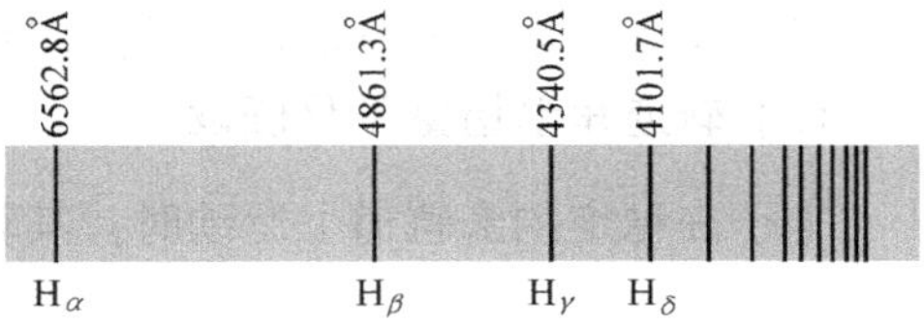

图 25－2 氢原子光谱巴尔末系的四条谱线

如果用频率 $\nu=\frac{c}{\lambda}$ 表示，则式（25－3）可化为

$$\nu = cR\left(\frac{1}{2^2}-\frac{1}{n^2}\right) \quad n=3,4,\cdots \qquad (25-4)$$

$R=1.09\times10^7\mathrm{m}^{-1}$，称为**里德伯常量**.

在氢原子光谱中，除了可见光范围的巴尔末线系以外，在紫外区、红外区和远红外区分别有莱曼线系、帕那线系、布拉开线系和普丰德线系．这些线系中谱线的频率也都可以用与式（25－4）相似的形式表示：

莱曼线系 $$\nu=cR\left(\frac{1}{1^2}-\frac{1}{n^2}\right) \quad n=2,\ 3,\ \cdots \qquad (25-5)$$

帕邢线系 $$\nu=cR\left(\frac{1}{3^2}-\frac{1}{n^2}\right) \quad n=4,\ 5,\ \cdots \qquad (25-6)$$

布拉开线系 $$\nu=cR\left(\frac{1}{4^2}-\frac{1}{n^2}\right) \quad n=5,\ 6,\ \cdots \qquad (25-7)$$

普丰德线系 $$\nu=cR\left(\frac{1}{5^2}-\frac{1}{n^2}\right) \quad n=6,\ 7,\ \cdots \qquad (25-8)$$

可见，氢原子光谱的各个线系所包含的几十条谱线，遵从相似的规律，我们可以把上列各式综合为一个公式：

$$\nu = cR\left(\frac{1}{k^2}-\frac{1}{n^2}\right) \qquad (25-9)$$

对于一定的线系，k 为一定值（如 $k=1,\ 2,\ 3,\ \cdots$）n 则取大于 k 的整数，上式称为**广义的巴尔末公式**.

3．玻尔的氢原子理论

为了克服经典理论的困难，1913 年丹麦物理学家玻尔（N. Bohr）在卢瑟福的核型结构基础上，将普朗克的能量子概念和爱因斯坦的光子概念应用于原子系统，提出三条基本假设作为他的氢原子理论的出发点，使氢原子光谱的规律得到了较满意的解释．玻尔的基本假设如下：

（1）定态假设

原子只能处于能量具有一系列分立值的**稳定状态**．简称**定态**．对应于定态，电子在一系列稳定的圆轨道上运动，这些轨道的半径也只能取一些分立的值，处于定态的电子不辐射电磁能.

（2）量子跃迁假设

当电子从能量较高的定态 E_n 跃迁到另一能量较低的定态 E_k 时，才会产生辐射，发出能量为

$$h\nu = E_n - E_k \qquad (25-10)$$

的光子. 反之，当电子从能量低的定态跃迁到能量高的定态时，将吸收频率相应的光子.

(3) 轨道角动量量子化假设

电子在稳定的圆轨道上运动时，其轨道角动量 $L=mvr$ 只能取$\dfrac{h}{2\pi}$的整数倍，即

$$L=n\frac{h}{2\pi}=n\hbar \tag{25-11}$$

式中，n 是不为零的正整数，称为**量子数**. 式（25-11）称为角动量量子化条件.

玻尔在上述三条假设的基础上，根据牛顿定律和库仑定律，研究了氢原子中电子的运动，成功地解释了氢原子光谱的规律.

由于氢原子核的质量远大于电子的质量，所以可假设它静止在圆轨道的中心，如图25-3所示，质量为 m 的电子绕核作半径为 r 的匀速圆周运动. 电子绕核运动的角动量为 $L=mvr$.

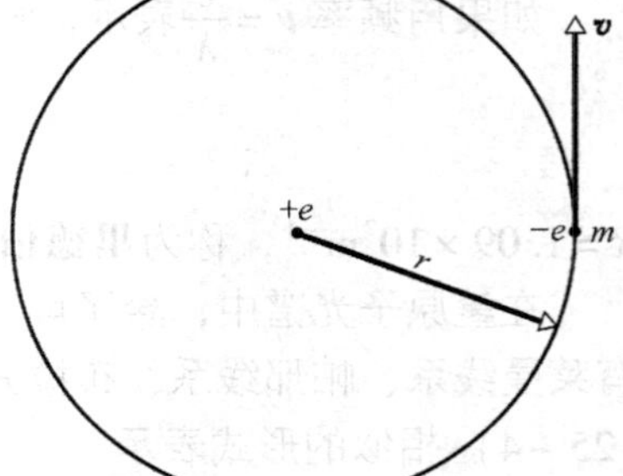

图25-3 氢原子中电子绕核作匀速圆周运动

根据玻尔假设，有

$$mvr=n\hbar \tag{25-12}$$

从上式和式（25-1）中消去 v，得

$$r=\frac{4\pi\varepsilon_0 n^2\hbar^2}{me^2}\quad n=1，2，3，\cdots \tag{25-13}$$

可见，氢原子中电子的轨道半径只能取一系列分立的值. 对应于 $n=1$ 的状态，称为**基态**. 基态的电子轨道半径称为**玻尔半径**，以 a_0 表示：

$$a_0=\frac{4\pi\varepsilon_0\hbar^2}{me^2}=0.529\times10^{-10}\text{m}=0.529\text{Å} \tag{25-14}$$

图25-4中示出了对应于 $n=1，2，3，4$ 的电子轨道半径.

根据式（25-2）和式（25-13）可以求出电子在各个轨道上的能量为

$$E=-\frac{1}{n^2}\frac{me^4}{8\varepsilon_0^2h^2}$$

电子处于基态（$n=1$）的能量为

$$E=-\frac{me^4}{8\varepsilon_0^2h^2}=-2.18\times10^{-18}\text{J}=-13.6\text{eV} \tag{25-15}$$

因而，电子处于其他定态的能量为

$$E=-\frac{1}{n^2}\frac{me^4}{8\varepsilon_0^2h^2}=-\frac{1}{n^2}13.6\text{eV} \tag{25-16}$$

图25-5是根据式（25-16）作出的氢原子能级图，图中用水平线表示与各量子数对应的能级. 根据玻尔的量子跃迁假设，当原子内电子从高能级跃迁到低能级时，便辐射出一定能量的光子. 下面计算原子在跃迁时辐射的光子能量. 由式（25-10）

$$h\nu=E_n-E_k=-\frac{me^4}{8\varepsilon_0^2h^2}\left(\frac{1}{n^2}-\frac{1}{k^2}\right)=\frac{me^4}{8\varepsilon_0^2h^2}\left(\frac{1}{k^2}-\frac{1}{n^2}\right)$$

因此，辐射光子的频率为

$$\nu=\frac{me^4}{8\varepsilon_0^2h^3}\left(\frac{1}{k^2}-\frac{1}{n^2}\right)\quad(n>m) \tag{25-17}$$

将上式与氢原子光谱的实验规律式（25-9）相比较，可得里德伯常量 R 为

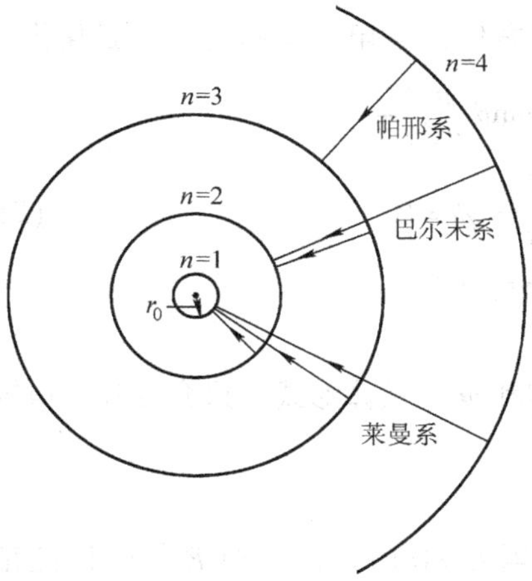

图 25－4　氢原子中电子的轨道，图中还示出对应于电子轨道跃迁的光谱线系

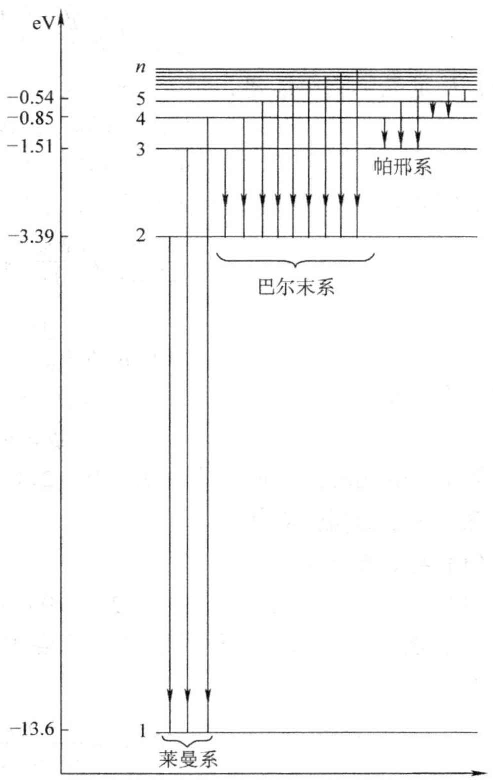

图 25－5　氢原子的能级图及对应于能级跃迁的光谱线系

$$R=\frac{me^4}{8\varepsilon_0^2h^3c}$$

将 m、e、ε_0、h、c 等的值代入，即算出 R 的理论值为

$$R=1.097\,373\,1\times10^7\text{m}^{-1} \tag{25－18}$$

这个值与实验值符合得很好．这样，玻尔的假设很好地解释了氢原子的光谱规律．

25－2　再论氢原子

玻尔的原子理论虽然能解释氢原子的光谱规律，但这个理论是不完善的．在玻尔理论中，电子仍然被当做经典粒子来处理．为了得到与实验符合的结果，还不得不加上一个量子化条件来挑选定态．实际上，**电子**是具有波粒二象性的微观粒子，要完满地描述电子在氢原子中的运动，必须求助于量子力学．

1. 氢原子的定态薛定谔方程

在氢原子中，电子在其中运动的外力场是原子核的库仑电场，电场的势能函数是

$$U(r)=-\frac{e^2}{4\pi\varepsilon_0 r}$$

式中，r 是电子到核的距离．取核所在处为坐标原点，考虑到电子在原子内的运动是三维的，所以定态薛定谔方程应为

$$\frac{\partial^2\psi}{\partial x^2}+\frac{\partial^2\psi}{\partial y^2}-\frac{\partial^2\psi}{\partial z^2}+\frac{2m}{\hbar^2}(E-U)\psi=0 \tag{25-19}$$

式中，E 是电子的总能量，将 $U(r)$ 代入上式，即得

$$\frac{\partial^2\psi}{\partial x^2}+\frac{\partial^2\psi}{\partial y^2}+\frac{\partial^2\psi}{\partial z^2}+\frac{2m}{\hbar^2}\left(E+\frac{e^2}{4\pi\varepsilon_0 r}\right)\psi=0 \tag{25-20}$$

由于势能函数 $U(r)$ 是矢径 r 的函数，所以用球坐标较方便，采用球坐标时，上式化为

$$\frac{1}{r^2}\frac{\partial}{\partial r}\left(r^2\frac{\partial\psi}{\partial r}\right)+\frac{1}{r^2\sin\theta}\frac{\partial}{\partial\theta}\left(\sin\theta\frac{\psi}{\partial\theta}\right)+$$

$$\frac{1}{r^2\sin^2\theta}\frac{\partial^2\psi}{\partial\varphi^2}+\frac{2m}{\hbar^2}\left(E+\frac{e^2}{4\pi\varepsilon_0 r}\right)\psi=0 \tag{25-21}$$

这是一个较复杂的微分方程，其解一般是 r，θ，φ 的函数，即

$$\psi=\psi(r,\theta,\varphi)$$

由于数学上的困难，我们将略去式（25－21）的求解过程和 ψ 的具体形式，只介绍几个重要结论.

2. 几个重要结论

(1) 能量量子化

由氢原子的定态薛定谔方程（25－19）可以得出，当 $E>0$ 时，该式对 E 的一切值都有解，即 E 可以连续地取所有大于零的值. 但当 $E<0$ 时，式（25－19）只对某些分立的值才有解，这些 E 值为

$$E_n=-\frac{1}{n^2}\frac{me^4}{8\varepsilon_0^2h^2}\quad n=1,2,3,\cdots \tag{25-22}$$

这就是说，氢原子的能量是量子化的，n 称为**主量子数**. 这一结果与玻尔理论的结果完全一致.

这个结果与上面讲过的一维无限深势阱中粒子的能级是不相同的，这里的能级间隔随 n 的增大很快地减小，最低的 $n=1$ 的能级称为**基态能级**. 用式（25－22）可以求出它为

$$E_1=-13.6\text{eV}$$

由于 E_n 与 n^2 成反比，可以很容易算出 $n>1$ 的各**激发态能级**分别为 $E_2=-3.40\text{eV}$，$E_3=-1.51\text{eV}$，…. 当 n 很大时，能级间隔非常小，能量可以看做是连续地变化.

由于电子位置的不确定性，我们只能用 $\psi\psi^*\mathrm{d}V$ 表示在体积元 $\mathrm{d}V$ 内找到电子的概率，用电子所带的电荷 $-e$ 乘以这个概率，即 $-e\psi\psi^*\mathrm{d}V$ 就表示在 $\mathrm{d}V$ 中所分布的电荷，电子电荷在空间分布，常形象地称为**电子云**；而空间某点单位体积中电子云的电荷 $-e\psi\psi^*$ 就称为**电子云密度**，由于 e 是恒量，所以电子云的分布特征，是由概率密度 $\psi\psi^*$ 确定的.

由薛定谔方程解出的波函数 ψ 显示，径向概率密度极大值出现在

$$r_1=0.529\text{Å},\ r_2=4a_1,\ r_3=9a_1,\ \cdots \tag{25-23}$$

处，这些数值的意义是电子在运动中最常出现的到核的距离是在这些值的地方. 显然，这与玻尔理论中电子的一些分立的轨道半径存在着对应关系. 正是在这个意义上，我们仍保留轨道这一名词.

(2) 角动量的量子化

薛定谔方程的解还预定，电子在绕核转动. 这个转动可形象地用电子云的转动来说明. 这一转动的角动量也是量子化的. 通过求解薛定谔方程，可得角动量 L 的大小为

$$L=\sqrt{l(l+1)}\hbar\quad l=0,1,2,\cdots,n-1 \tag{25-24}$$

式中，l 称为**角量子数**. 对于一定的主量子数，l 有 n 个可能的取值. l 的值不同表示电子云的转动情况不同.

(3) 角动量的空间量子化

薛定谔方程的解还指出，电子云转动的角动量 $\boldsymbol{L}$ 在空间的取向不能连续地改变，而只能取一些特定的方向. 角动量在空间的取向可以这样理解：电子云的转动相当于环形电流，因而具有一定的磁矩. 因电子带负电，电子云的磁矩与其角动量反向，磁矩在外磁场作用下是有一定取向的，因而使电子云转动的角动量就有一定的取向. 薛定谔方程的解指出，角动量在外磁场方向的投影只能取下列分立的值：

$$L_z = m_l\hbar \quad m_l = 0, \ \pm 1, \ \pm 2, \ \cdots, \ \pm l \qquad (25-25)$$

式中，m_l 称为**磁量子数**，对于一定的角量子数 l，m_l 可取 $(2l+1)$ 个值，这表明角动量在空间有 $(2l+1)$ 个可能的取向. 这个结论叫做**角动量的空间量子化**. 图 25－6 画出了 $l=2$ 时 $\boldsymbol{L}$ 的五种可能的取向.

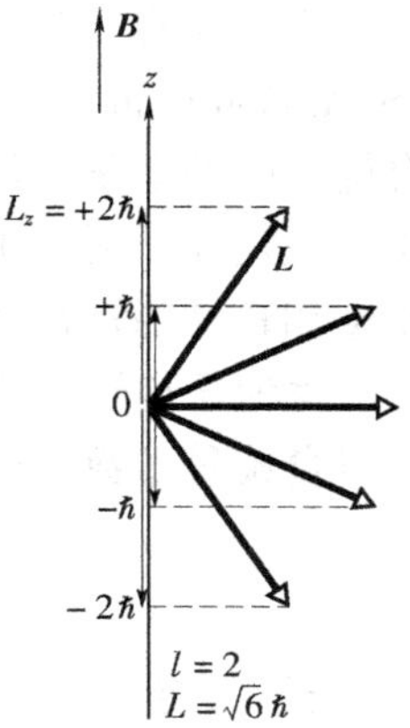

图 25－6　角动量的空间量子化

25－3　电子的自旋　施特恩－格拉赫实验

用量子力学处理氢原子所得到的一些结论，不仅可用来说明氢原子光谱的实验现象，还丰富了我们对原子结构的了解. 但对有些实验结果，如本节将讲述的斯特恩－格拉赫实验，还必须进一步引进电子有自旋运动的假设才能解释.

1. 施特恩－格拉赫实验

1921 年，美国实验物理学家施特恩（O. Stern）和德国实验物理学家格拉赫（W. Gerlach）对角动量的空间量子化进行了实验观察. 实验装置如图 25－7 所示. 银在一加热炉中汽化，蒸气中的一些银原子通过炉壁上的一个狭缝，接着通过被称为准直器的第二个狭缝，形成原子束，然后从一能产生非均匀磁场的电磁铁两极间通过，射到一块玻璃检测板上形成银的沉积. 整个装置放在真空容器中（加热炉和第一个狭缝未在图上画出）. 在实验过程中，如果不加磁场，检测板上就呈现一条正对着准直狭缝的原子沉积；加上磁场时，则呈现上、下两条原子沉积.

实验结果证实，原子具有磁矩，其空间取向是量子化的，且磁矩在外磁场中只有两种可能的取向. 这是因为，具有磁矩的原子在图示的不均匀磁场中除受到磁力矩的作用产生旋进外，还受到与其前进方向垂直的沿 z 轴的磁力作用；这将使原子束偏转，磁矩在外磁场方向投影为正的原子移向磁场较强的方向，反之则移向磁场较弱的方向，如果原子虽有磁矩，但其取向不是量子化的，则检测板上的原子沉积将是连续的，而不是分立的.

需要特别指出，上述的原子磁矩显然不是电子轨道运动的磁矩，我们已经知道，当角量子数为 l 时，轨道角动量和相应的磁矩在外磁场方向的投影 L_z 和 m_z 应有 $(2l+1)$ 个不同的值，因而检测板上的原子沉积应为 $(2l+1)$，而不应只有两条.

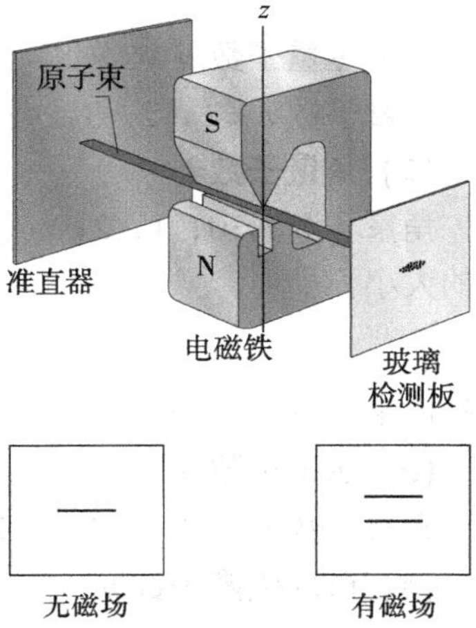

图 25－7　斯特恩－格拉赫实验装置

2. 电子的自旋

为了解释上述施特恩－格拉赫实验的结果，乌伦贝克（G. E. Uhlenbeck）和哥德斯密特（S. A. Goudsmit）于1925年提出，电子除具有绕核运动的公转外，还有绕自身轴的自转，称为**自旋**，因而电子还具有自旋角动量和自旋磁矩；并且根据实验结果指出，电子的自旋角动量和自旋磁矩在外磁场中只有两种可能的取向．上述实验中原子处于基态，且 $l=0$，即处于轨道角动量和轨道磁矩皆为零的状态，因而只有自旋角动量和自旋磁矩．

类似于电子轨道运动的情况，假设电子自旋角动量 $\boldsymbol{S}$ 的大小 S 和它的外磁场方向的投影 S_z 可以**自旋量子数** s 和**自旋磁量子数** m_s 表示为

$$S=\sqrt{s(s+1)}\hbar$$

$$S_z=m_s\hbar$$

而且当 s 一定时，m_s 可取（$2s+1$）个值．因为根据上述实验知道 m_s 只有两个值，即 $2s+1=2$，所以可得

$$s=\frac{1}{2} \tag{25-26}$$

$$m_s=\pm\frac{1}{2} \tag{25-27}$$

因而电子自旋角动量的大小 S 及其在外磁场方向的投影 S_z 分别为

$$S=\sqrt{\frac{1}{2}\left(\frac{1}{2}+1\right)}\hbar=\sqrt{\frac{3}{4}}\hbar \tag{25-28}$$

$$S_z=\pm\frac{1}{2}\hbar \tag{25-29}$$

如图25－8所示．

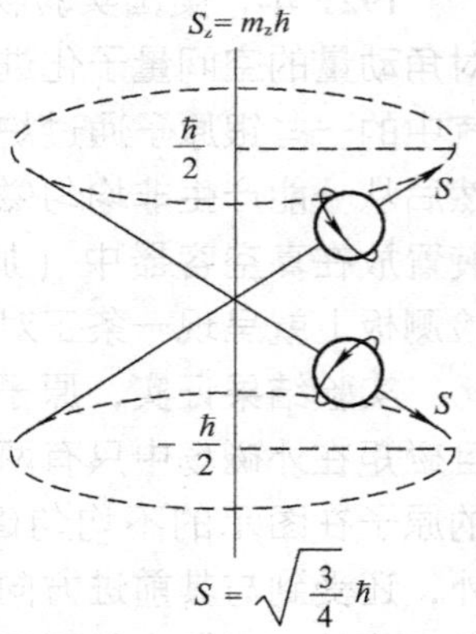

图25－8 电子的自旋

引入电子自旋的概念后，碱金属原子光谱的双线结构等现象得到了很好的解释．

3. 四个量子数

总结上述，原子中电子的运动状态应该由 n、l、m_l 和 m_s 等四个量子数来决定．

（1）主量子数 n

主量子数 $n=1, 2, 3, \cdots$，电子在原子中的能量主要由 n 决定．

（2）角量子数 l

角量子数 $l=0, 1, 2, \cdots, (n-1)$．它决定电子绕核运动的角动量的大小：

$$L=\sqrt{l(l+1)}\hbar$$

一般说来，具有同一主量子数 n，而有不同角量子数的状态中的各个电子，其能量也稍有不同．

（3）磁量子数 m_l

磁量子数 $m_l=0, \pm1, \pm2, \cdots, \pm l$．它决定电子绕核运动角动量 $\boldsymbol{L}$ 在外磁场中的取向．

（4）自旋磁量子数 m_s

自旋磁量子数 $m_s=\pm\frac{1}{2}$，它决定电子自旋角动量矢量 $\boldsymbol{S}$ 在外磁场中的取向．它也影响原子在外磁场中的能量．

25－4 原子的壳层结构

对原子光谱的研究表明，光谱与元素化学性质的周期性有密切关系．玻尔认为，应当用原子内部电子排列的周期性来说明元素的化学周期性．

1916 年，德国物理学家柯塞尔（W. Kossel）对多电子原子的核外电子提出了形象化的壳层分布模型．他认为主量子数 n 不同的电子分布在不同的壳层上，为了标记壳层，n 的值用字母来表示：

$$n=0,\ 1,\ 2,\ 3,\ 4,\ 5,\ 6,\ \cdots$$
$$K,\ L,\ M,\ N,\ O,\ P,\ Q,\ \cdots$$

电子的能量主要由主量子数决定．

主量子数相同而角量子数 l 不同的电子，分布在不同的支壳层上．同样，为了标记支壳层，l 的值用字母表示：

$$l=0,\ 1,\ 2,\ 3,\ 4,\ 5,\ \cdots$$
$$s,\ p,\ d,\ f,\ g,\ h,\ \cdots$$

核外电子在这些壳层和支壳层上的分布情况由下述两条原理决定．

1. 泡利不相容原理

每一壳层能容纳多少个电子？为了解决这一问题，奥地利物理学家泡利（W. Pauli）根据对光谱实验结果的分析，于 1925 年总结出如下的规律：在一个原子中不能有两个或两个以上的电子处于完全相同的量子态．或者说，**一个原子中任何两个电子都不可能具有一组完全相同的量子数**（n，l，m_l，m_s），这被称为**泡利不相容原理**．

利用泡利不相容原理可以计算各个壳层最多可能容纳的电子数．当 n 给定时，l 的可能值为 0，1，2，…，$n-1$，共 n 个．当 l 给定时，m_l 的可能值为 0，±1，±2，…，$\pm l$，共 $2n+1$ 个．当 n、l、m_l 给定时，m_s 有两个可能的取值：$+\frac{1}{2}$和$-\frac{1}{2}$．因此，在主量子数 n 的壳层上，最多能容纳的电子数为

$$Z_n=\sum_{l=0}^{n-1}2(2l+1)=2+\frac{2(2n-1)}{2}=2n^2 \qquad (25-30)$$

由上式可得，对于 K、L、M、N、…，各层最多可容纳 2、8、18、32、…个电子．表 25－1 列出了各壳层和支壳层最多可容纳的电子数．

表 25－1 原子中各壳层和支壳层最多可容纳的电子数

n \ l	0 s	1 p	2 d	3 f	4 g	5 h	6 i	$Z_n=2n^2$
1，K	2	—	—	—	—	—	—	2
2，L	2	6	—	—	—	—	—	8
3，M	2	6	10	—	—	—	—	18
4，N	2	6	10	14	—	—	—	32
5，O	2	6	10	14	18	—	—	50
6，P	2	6	10	14	18	22	—	72
7，Q	2	6	10	14	18	22	26	98

2. 能量最小原理

原子处于正常状态时，其中每个电子都趋向占据最低的能级. 这被称为**能量最小原理**. 具体地讲，电子壳层的填充是从能量最低的壳层开始的，然后依次向能量较高的壳层填充. 能级的高低基本上由主量子数决定，n 越小，能级越低. 根据能量最小原理，电子一般按 n 由小到大的次序填入各壳层. 但由于能级还和角量子数 l 有关，所以在有些情况下，n 较小的壳层尚未填满，下一个壳层就开始有电子填入了. 关于 n 和 l 都不同的状态，我国科学工作者总结出这样的规律：对于原子的外层电子，能级的高低可以用（$n+0.7l$）值的大小来比较，其值越大，能级越高，例如 $3d$ 态的能级比 $4s$ 态的高，所以钾的第 19 个电子不是填入 $3d$ 态，而是填入 $4s$ 态等. 表 25－2 列出了周期表中前 20 个元素原子处于基态时电子的填充情况.

表 25－2　各原子中电子填充壳层的情况

原子序数	元素	各壳层上的电子数							
		K	L		M			N	
		s	s	p	s	p	d	s	p
1	H	1							
2	He	2							
3	Li	2	1						
4	Be	2	2						
5	B	2	2	1					
6	C	2	2	2					
7	N	2	2	3					
8	O	2	2	4					
9	F	2	2	5					
10	Ne	2	2	6	1				
11	Na	2	2	6	2				
12	Mg	2	2	6	2				
13	Al	2	2	6	2	1			
14	Si	2	2	6	2	2			
15	P	2	2	6	2	3			
16	S	2	2	6	2	4			
17	Cl	2	2	6	2	5			
18	Ar	2	2	6	2	6			
19	K	2	2	6	2	6		1	
20	Ca	2	2	6	2	6		2	

25－5　激光器和激光

1. 激光的特性和用途

激光器是 20 世纪 60 年代初期，量子物理学对技术作出的一个巨大贡献：激光，像普通灯泡的光那样，是在原子从一个量子态跃迁到一个能量较低的量子态时发出的. 但是，在激光器中原子同一动作产生的光具有若干特殊的性能：

① 激光是高度单色的. 普通的白炽灯发的光的波长分布在一个连续的区域而肯定不是单色的. 氖霓虹灯的光是单色的，锐度达到约 10^6 分之一. 但是，激光的鲜明的锐度能够大到许

多倍，达到10^{15}分之一.

② 激光是高度相干的. 单个的激光的长波（波列）可能达到几百千米长. 当两束激光经过不同路径传播这样远的距离后再重合时，它们“记得住”它们的共同的原点而能够形成干涉条纹图像. 由灯泡发出的波列的相应的相干长度一般都小于1m.

③ 激光有高度的方向性. 激光束发散甚小；它所以不是严格地平行，仅仅是因为在激光器出口处的衍射. 例如，用来测量到月球的距离的激光脉冲在月球表面产生的光斑的半径只有几米. 普通灯泡发的光可以用一个透镜使之成为近似的平行光束，但是这光束比激光束发散得快得多. 灯丝上的每个点都发出各自分离的光束，而整个合光束的角散度由灯丝的大小决定.

④ 激光可以被精确地焦聚. 如果两束光传送同样的能量，那一束能被焦聚到较小的点上的在该点就有较大的强度. 对于激光，其焦聚点可能如此小以致很容易得到10^{17} W/cm^2 的强度. 作为对比，氧乙炔焰的强度仅是约10^3 W/cm^2.

激光有多种用途，例如，用来通过光纤传送声音和数据的最小的激光器，约一个针头大小的半导体晶体作为它的活性介质. 尽管这么小，这种激光器能够产生约200mW的功率. 又如最大的激光器，用作核聚变研究以及天文和军事用途的，能占满一个大建筑. 这种最大的激光器能够产生约10^{14}W功率的水平的短激光脉冲. 这比美国全国的发电容量要大几百倍. 为了避免在脉冲过程中发生全国范围的短暂停电，每一脉冲所需能量是在脉冲间相隔的相对长的时间内以一定稳定的时率储藏起来的.

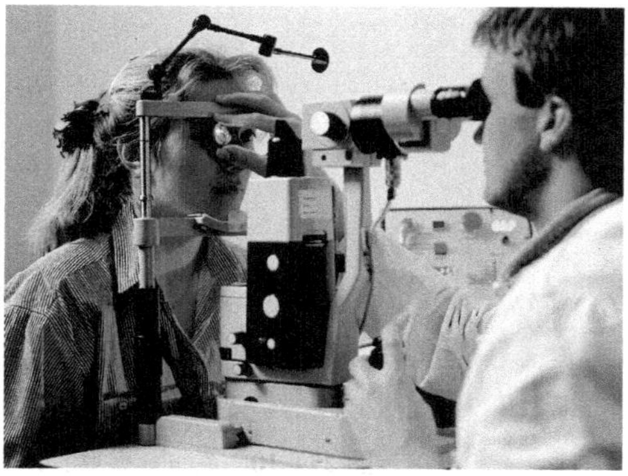

图 25－9 使一束激光射入病人的眼睛把她的脱落的视网膜焊接回原处.

激光器还有许多应用，读条码，制造和读致密光盘，进行多种外科手术（参看本章开头的照片和图25－9），测量，成衣工业中裁布（一次可以裁几百层），焊接车体和产生全息.

2. 激光器的工作原理

激光（laser）一词是“辐射的受激发射的光放大（light amplification by the stimulated emission of radiation）”词组中各主要词的第一字母缩合而成的. 爱因斯坦在1917年引入了受激发射概念. 虽然世界上一直等到1960年才看到一个工作的激光器，但它发展的基础早在几十年前就已经奠定了.

考虑一个孤立的原子，它既可以处于能量为E_0的最低能量状态，也可以处于能量为E_x的较高能量状态（激发态）. 这里可以有三种过程使原子从一个状态过渡到另一状态：

① 吸收. 图25－10a表示原子最初处于基态. 如果原子被置于频率为ν的交变电磁场中，它就能从该场吸收一定量的能量$h\nu$而过渡到较高的能态. 由能量守恒原理可得

$$h\nu = E_x - E_0 \qquad (25-31)$$

这一过程称为**吸收**.

② 自发发射. 在图25－10b中原子处于激发态而没有外加辐射存在. 经过一定时间，原子将自发地过渡到基态，在这一过程中发射一个能量为$h\nu$的光子. 这一过程称为**自发发射**——自发是由于此事件并不是由外界影响引发的，普通灯泡的灯丝发的光就是以这种方式产生的.

正常情况下，在自发发射发生前被激发原子的平均寿命约为 10^{-8}s，但是，对于有些激发态，这一平均寿命可能比这长到 10^5 倍. 这种长寿命态称为**亚稳态**；它们在激光器工作过程中起着重要的作用.

③ 受激发射. 在图 25 - 10c 中，原子也是处于激发态，但此时有其频率为式（25 - 31）给定的辐射存在. 一个能量为 $h\nu$ 的光子能激发原子使其过渡到基态，在这一过程中原子发射一个另外的光子，其能量也是 $h\nu$. 这一过程称为**受激发射——受激**是由于此事件是由外来光子引发的，所发射的光子在各方面都和激发光子相同. 因此，和这些光子相联系的波都具有相同的能量、相位、偏振态以及传播方向.

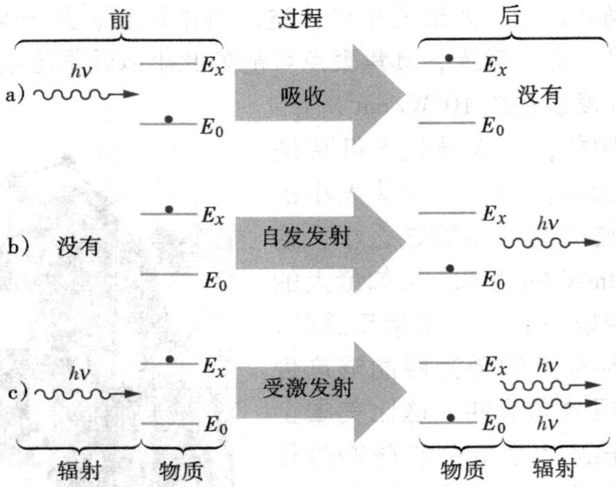

图 25 - 10 在 a) 吸收，b) 自发发射和 c) 受激发射过程中辐射和物质的相互作用. 一个原子（物质）用黑点表示；原子可以是在能量为 E_0 的较低量子态中，也可以是在能量为 E_x 的较高量子态中. 在 a) 原子从过往的光波中吸收一个能量为 $h\nu$ 的光子. 在 b) 中它通过发射一个光子发射一列光波. 在 c) 中，一个过往的光子能量为 $h\nu$ 的光波使原子发射一个能量相同的光子，从而增加光波的能量.

图 25 - 10c 说明对一个单个原子的受激发射. 设想一个样品包含大量的原子而处温度为 T 的热平衡状态. 在没有任何辐射射向样品之前，这些原子中的 N_0 个处于能量为 E_0 的基态，而 N_x 个原子处于较高能量 E_x 的态. 玻耳兹曼证明 N_x 以 N_0 给定为

$$N_x = N_0 e^{-(E_x - E_0)/kT} \tag{25-32}$$

式中，k 是玻耳兹曼常数. 这一公式看来是合理的. 量 kT 是温度为 T 时一个原子的平均动能. 温度越高，就有更多的原子——平均讲来——被热激发（即被原子之间的碰撞）"撞击到"较高的能态 E_x. 还有，由于 $E_x > E_0$，式（25 - 32）要求 $N_x < N_0$；这就是说，在激发态中的原子数总比在基态中的原子数少. 如果能级上粒子数 N_0 和 N_x 仅由热激发的作用决定，我们预期的情况就是这样. 图 25 - 10a 表示这种情况.

如果使大量的能量为 $E_x - E_0$ 的光子涌向图 25 - 11a 所示的原子，则光子将会由于基态原子的吸收而消失，同时会由于大部分通过激发态原子的受激发射而产生. 爱因斯坦证明每个原子进行这两个过程的概率是相等的. 因此，在基态中有更多的原子，净效果将是光子的吸收.

为了产生激光，必须使发射出的光子多于吸收的. 这就是说，必须形成受激发射占优势的

情况．形成这种情况的直接方法是一开始就使激发态中有比基态中更多的原子，如图 25－11b 所示．但是由于这种现象叫**粒子数反转**，这是与热平衡不相容的，我们需要想出巧妙的办法来建立和保持这种状态．

3. 氦－氖气体激光器

图 25－12 是在学生实验室内常见的那种类型的激光器．它是 1961 年 Ali Javan 和他的合作者制成的．玻璃放电管内充以氦和氖混合比为 20∶80 的混合气体，其中氖是激光器的工作介质．

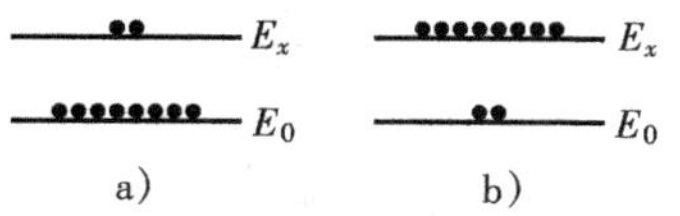

图 25－11　a）由热激发决定的在基态 E_0 和激发态 E_x 之间的原子的平衡分布．b）用特殊方法获得的粒子数反转，这种反转的粒子数是激光器工作所必需的．

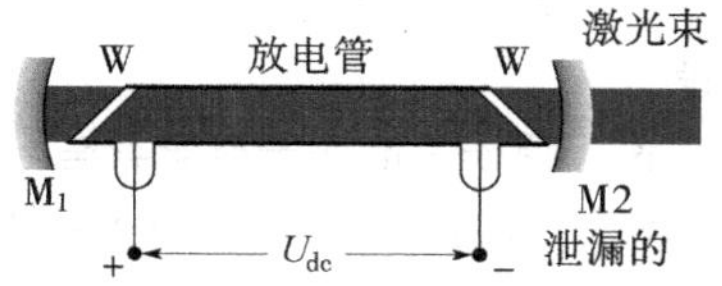

图 25－12　氦－氖气体激光器结构简图．外加电压 U_{dc} 使电子穿过装有氦氖混合气体的放电管．电子和氦原子碰撞，氦原子又和氖原子碰撞，使后者沿管长的方向发射光．这光穿过透明窗 W 被反射镜 M_1 和 M_2 反射，来回在管中传播招致更多的氖原子发射．一些光从反射镜 M_2 漏出形成激光束．

图 25－13 表示两种原子的简化了的能级图．电流通过氦－氖混合气体使——通过氦原子和电流中的电子之间的碰撞——许多氦原子上升到亚稳态 E_3．

氦的 E_3 态的能量（20.61eV）和氖的 E_2 态的能量（20.66eV）非常接近．因此，当一个亚稳态（E_3）氦原子和一个基态（E_0）氖原子碰撞时，氦原子的激发能量常被传送给氖原子使之过渡到态 E_2．通过这种方式，图 25－13 中的氖能级 E_2 上的粒子数能够变得比氖能级 E_1 上的大得多．

这种粒子数反转是相对地容易建立的，因为（1）最初基本上没有氖原子在态 E_1，（2）氦能级 E_3 的亚稳性保证了能级 E_2 上的氖原子的及时的供给，和（3）能级 E_1 上的原子迅速退激（通过未画出的中间能级）回氖基态 E_0．

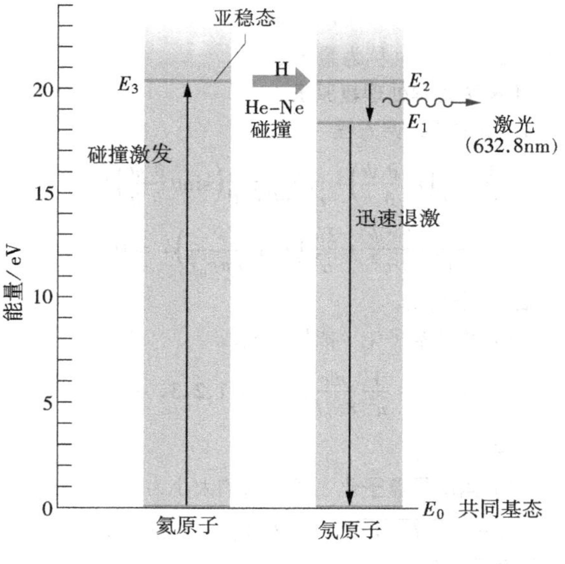

图 25－13　氦－氖气体激光器中氦原子和氖原子的 4 个主要能级．当 E_2 能级上的原子数多于 E_1 能级上的时，在能级 E_2 和 E_1 之间发生激光作用．

设想现在当一个氖原子从态 E_2 过渡到态 E_1 时自发地发射出一光子．这一光子将引发一次受激发射事件，这次事件随后能引发另外的受激发射事件．通过这样的链式反应，就能迅速形成一束沿管轴方向传播的相干的红色激光．这束光，波长为 632.8nm，由于反射镜 M_1 和 M_2（图 25－12）的连续的反射而多次穿过放电管，而每一次都积聚更多的受激发射光子．M_1 是完全反射的但 M_2 是稍微“泄漏”的，这就使得一小部分激光逃逸而在外部形成一有用的激光束．

复习和小结

氢原子光谱 氢原子的光谱线分成若干线系，各线系的公式可综合表示为

$$\nu = cR\left(\frac{1}{n^2} - \frac{1}{k^2}\right) \quad k = 1,2,3,\cdots$$

k 的每个值给出一线系，对于给定的线系，$n = k+1$，$k+2$，…，每个 n 值给出一条光谱线.

玻尔假设

1. 定态假设　原子只能处于能量具有一系列分立值的定态，对应于定态，电子在一系列半径取分立值的圆轨道上绕核运动. 处于定态的电子不辐射电磁能.

2. 量子跃迁假设　当原子从能量 E_n 较高的定态跃迁到能量 E_k 较低的定态时，发射能量为

$$h\nu = E_n - E_k$$

的光子. 反之，当原子从 E_k 跃迁到 E_n 时，将吸收能量相应的光子.

3. 轨道角动量量子化假设　电子在圆轨道上运动时，其轨道角动量 $L = mvr$ 只能取值

$$L = n\hbar$$

$n = 1$，2，3，…，称为量子数.

用量子力学处理氢原子

1. 定态薛定谔方程

$$\frac{1}{r^2}\frac{\partial}{\partial r}\left(r^2\frac{\partial\psi}{\partial r}\right)+\frac{1}{r^2\sin\theta}\frac{\partial}{\partial\theta}\left(\sin\theta\frac{\partial\psi}{\partial\theta}\right)+\frac{1}{r^2\sin^2\theta}\frac{\partial^2\psi}{\partial\varphi^2}+\frac{2m}{\hbar^2}\left(E+\frac{e^2}{4\pi\varepsilon_0 r}\right)\psi = 0$$

2. 几个结论：

（1）能量量子化　能量只能取

$$E_n = -\frac{1}{n^2}\frac{me^4}{8\varepsilon_0^2h^2} \quad n = 1,2,3,\cdots$$

n 称为主量子数.

（2）角动量量子化　角动量的大小为

$$L = \sqrt{l(l+1)}\hbar \quad l = 0,1,2,\cdots,(n-1)$$

l 称为角量子数.

（3）角动量的空间量子化　角动量 $\boldsymbol{L}$ 在外磁场方向的投影只能取

$$L_z = m_l\hbar \quad m_l = 0,\ \pm1,\ \pm2,\cdots,\ \pm l$$

称 m_l 为角量子数.

施特恩－格拉赫实验 该实验证实电子具有自旋运动. 在外磁场中，电子的自旋角动量和自旋磁矩只有两种可能的取向.

电子自旋角动量 $\boldsymbol{S}$ 的大小 S 和它在外磁场方向的投影 S_z 分别为

$$S = \sqrt{s(s+1)}\hbar$$

$$S_z = m_s\hbar$$

其中 s 和 m_s 分别称为自旋量子数和自旋磁量子数，取值分别为

$$s = \frac{1}{2}$$

$$m_s = \pm\frac{1}{2}$$

原子的壳层结构 多电子原子的核外电子按壳层分布. 主量子数 n 不同的电子分布在不同的壳层上，这些主壳层可分别用字母表示：

$$n = 0,1,2,3,4,5,6,\cdots$$

$$K,L,M,N,O,P,Q,\cdots$$

主量子数相同，角量子数 l 不同的电子分布在不同的支壳层上，这些支壳层可分别用字母表示：

$$l = 0,1,2,3,4,5,\cdots$$

$$s,p,d,f,g,h,\cdots$$

核外电子在这些壳层和支壳层上的分布，由两条定理决定：

1. 泡利不相容原理　一个原子中任何两个电子都不可能具有完全相同的一组量子数. 由此可计算出在主量子数为 n 的壳层上最多能容纳的电子数为 $Z_n = 2n^2$，由此可知对 K，L，M，N，…各壳层最多可容纳2，8，18，32，…个电子.

2. 能量最小原理　原子处于正常状态时，其中每个电子都趋向占据最低的能级. 因此，电子壳层的填充是从能量最低的壳层开始，然后依次向能量较高的壳层填充.

激光器和激光 激光源自**受激发射**. 这就是说，由式

$$h\nu = E_x - E_0$$

给出的辐射能使一个原子发生从较高能级（能量 E_x）到较低能级的跃迁同时发射一个频率为 ν 的光子. 引起受激发射的光子和由此发射的光子在各方面都是一样的并结合起来形成激光.

为了使发射占优势，正常地必须有粒子数反转；就是说，在较高能级上的原子必须比较低能级上的多.

思考题

1. 原子的核结构模型与经典理论存在哪些矛盾？

2. 写下广义的巴尔末公式，在什么条件下，它简化为莱曼系公式和巴尔末系公式？计算这两个线系谱线的波长范围.

3. 玻尔氢原子理论的基本假设有三条，它们的具体内容是什么？

4. 从玻尔理论求出氢原子的电离电势表达式.

5. 根据玻尔理论求出处于基态的氢原子的下列各量：量子数、轨道半径、动量和角动量、速率和角速度、电子所受的力、电子的加速度、动能、势能和总能量.

6. 计算氢原子在 $n=8$ 的状态下，电子的轨道半径和运动速率.

7. 一个具有 5.6eV 动能的中子，与一个处于基态的静止氢原子相碰撞，试说明这种碰撞是弹性的还是非弹性的.

8. 试说明原子系统中，n、l、m_l、m_s 四个量子数的取值范围和它们的物理意义.

9. 根据泡利不相容原理，说明原子中 $l=4$、5 两个支壳层所能容纳电子的最大数目.

10. 什么是能量最小原理？它对建立原子的壳层结构学说有什么意义？

11. 一个铀原子有闭合的 $6p$ 和 $7s$ 支壳层. 哪个支壳层具有较多的电子？

12. 指出这些说法是对的还是错的：(a) $2p$，$4f$，$3d$，$1p$ 这几个支壳层中，一个（仅一个）是不可能存在的.（b）被允许的 m_l 值的数目只决定于 l 而与 n 无关.（c）$n=4$ 的支壳层有 4 个.（d）对于给定的 l 值，n 的最小值是 $l+1$.（e）所有 $l=0$ 的态也都是 $m_l=0$.（f）对于每一个 n 值都有 n 个支壳层.

13. 对于发生在一个原子的两个能级之间的激光作用来说，下面哪一项（如果有）是必须的：（a）在高能级上的原子数多于低能级上的；（b）高能级是亚稳的；（c）低能级是亚稳的；（d）低能级是原子的基态；（e）发出激光的介质是气体？

14. 图 25－13 表示涉及氦－氖激光器工作的氦和氖原子的部分能级图. 据说在态 E_3 的一个氦原子可能和一个在基态的氖原子发生碰撞而使氖原子上升到态 E_2. 氦原子态 E_3 的能量（20.61eV）非常接近氖原子 E_2 态的能量（20.66eV）. 如果这些能量并不精确地相等，怎么可能实现能量的转移呢？

习题

1. 氢原子光谱中有一条波长为 1215.7Ů 的谱线，这条谱线属于哪个线系？它是原子在哪两个能级之间跃迁产生的？

2. 试求氢原子的电子与原子核之间库仑引力与万有引力的比值.

3. 处于基态的氢原子，被能量为 12.090eV 的光子激发，问电子的运动半径增加了多少？

4. 试计算氢原子的前四个能级的能量（用 eV 表示)，按比例作出相应的能级图，再确定可能的跃迁是哪些，相应的波长是多少，这些谱线属于哪些线系？

5. 当氢原子发射帕邢线系波长为 12818Ů 的谱线时，电子的轨道角动量变化了多少？

6. 若氢原子处于激发态的平均时间为 10^{-8}s，问氢原子中电子在 $n=2$ 的轨道上运行多少圈，可跃迁到基态的轨道上放出光子？

7. 求量子数 $n=4$、$l=3$ 的各种可能轨道的平面法线与外磁场方向的夹角.

8. 由于电子自旋角动量有两种可能的取向，所以氢原子处于基态的量子数为 $n=1$，$l=0$，$m_l=0$ 和 $m_s=\pm\frac{1}{2}$. 问在外磁场中，状态 $\left(1,\ 0,\ 0,\ \frac{1}{2}\right)$ 和状态 $\left(1,\ 0,\ 0,\ -\frac{1}{2}\right)$ 哪一个能量较低，为什么？

9. 在锂（$Z=3$）原子中的两个电子的量子数是 $n=1$，$l=0$，$m_l=0$ 和 $m_s=\pm\frac{1}{2}$，如果原子在（a）基态和（b）第一激发态中，第三个电子的量子数可能是些什么值？

10. 假设在同一个原子中有两个电子，它们都具有 $n=2$ 和 $l=1$.（a）如果泡利不相容原理不适用，将可能设想有多少混合态？（b）不相容原理禁止的有多少混合态？它们是哪些态？

11. 一个假想的原子具有按 1.2eV 均匀分开的能级. 在温度为 2000K 时，在第 13 激发态上的原子数和第 11 激发态上的原子数的比值是多少？

12. 一个假想的原子只有两个原子能级，间隔

3.2eV. 假设在某一恒星的大气中的一定高度处每 cm^3 有 6.1×10^{13} 个的这种原子在较高能态里，而有 2.5×10^{15} 个的这种原子在较低能态里. 该恒星的大气中这一高度处的温度是多高？

13. 一氦－氖激光器发射波长为632.8nm的激光，功率为2.3mV. 此激光器发射光子的时率多大？

14. 用半导体GaAlAs做成的激光器的活性体积仅为200μm³（比沙粒还小），但这激光器也能连续以5.0mW的功率发射波长为0.80μm的激光. 它产生光子的时率多大？

15. 一个假想原子具有两个能级，其间的过渡波长为580nm. 在一个特定样品中，在300K时，有 4.0×10^{20} 个这种原子处于较低的能态中.（a）根据热平衡条件，有多少个原子在较高的能态中？（b）换一种情况，设想 3.0×10^{20} 个这种原子被外界作用“抽运”到较高能态中，在较低能态中留下 1.0×10^{20} 个原子. 如果每个原子都在这两个态之间进行一次跃迁（通过吸收或受激发射）而形成一个单个的激光脉冲，则样品中原子能释放的最大能量是多少？

附　　录

附录 A　国际单位制(SI)

1. SI 基本单位

量	名称	符号	定　义
长度	米	m	"…在真空中光在 1/299 792 458 秒内传播的路径的长度"(1983)
质量	千克	kg	"…这个原型(一个铂铱圆柱体)将从此被认为是质量的单位."(1889)
时间	秒	s	"…和铯-133 原子的基态的两个超精细能级之间的跃迁对应的辐射的 9 192 631 770 个周期的时间."(1967)
电流	安[培]	A	"…那个恒定电流它,如果保持在两个直的平行的,无限长,圆截面积可以忽略,在真空中相距 1 米放置的导线中,将在这两导线间产生每米长度等于 2×10^{-7} 牛顿的力."(1946)
热力学温度	开[尔文]	K	"…水的三相点的热力学温度的 1/273.16"(1967)
物质的量	摩尔	mol	"…包含和 0.012 千克碳-12 中的原子一样多的基本实体的一个系统的物质的量."(1971)
发光强度	坎[德拉]	cd	"…温度为在 101 325 牛顿每平方米压强下铂的凝固点的黑体的 1/600 000平方米表面沿垂直方向的发光强度."(1967)

2. SI 的一些导出单位

量	单位名称	符号	
面积	平方米	m^2	
体积	立方米	m^3	
频率	赫[兹]	Hz	s^{-1}
质量密度(密度)	千克每立方米	kg/m^3	
速率,速度	米每秒	m/s	
角速度	弧度每秒	rad/s	
加速度	米每二次方秒	m/s^2	
角加速度	弧度每二次方秒	rad/s^2	
力	牛[顿]	N	$kg\cdot m/s^2$
压力	帕[斯卡]	Pa	N/m^2
功,能,热量	焦[耳]	J	N·m
功率	瓦[特]	W	J/s
电荷量	库[仑]	C	A·s

（续）

量	单位名称	符号	
电势差，电动势	伏[特]	V	W/A
电场强度	伏[特]每米（或牛[顿]每库[仑]）	V/m	N/C
电阻	欧[姆]	Ω	V/A
电容	法[拉]	F	A·s/V
磁通量	韦[伯]	Wb	V·s
电感	亨[利]	H	V·s/A
磁通密度	特[斯拉]	T	Wb/m^2
磁场强度	安[培]每米	A/m	
熵	焦[耳]每开[尔文]	J/K	
比热	焦[耳]每千克开[尔文]	J/(kg·K)	
热导率	瓦[特]每米开[尔文]	W/(m·K)	
辐射强度	瓦[特]每球面度	W/sr	

3. SI 的辅助单位

量	单位名称	符号
平面角	弧度	rad
立体角	球面度	sr

附录B　一些基本物理常量①

常量	符号	计算用值	最佳(1998)值	
			值②	不确定度③
真空中光的速率	c	3.00×10^{8}m/s	2.997 924 58	精确
元电荷	e	1.60×10^{-19}C	1.602 176 462	0.039
引力常量	G	$6.67\times10^{-11}\mathrm{m^3/s^2\cdot kg}$	6.673	1500
摩尔气体常数	R	8.31J/mol · K	8.314 472	1.7
阿伏伽德罗常数	N_A	$6.02\times10^{23}\mathrm{mol^{-1}}$	6.022 141 99	0.079
玻耳兹曼常数	k	1.38×10^{-23}J/K	1.380 650 3	1.7
斯特藩-玻耳兹曼常数	σ	$5.67\times10^{-8}\mathrm{W/m^2\cdot K^4}$	5.670 400	7.0
STP⑤下的理想气体的摩尔体积	V_m	$2.27\times10^{-2}\mathrm{m^3/mol}$	2.271 098 1	1.7
真空电容率	ε_0	8.85×10^{-12}F/m	8.854 187 817 62	精确
磁导率	μ_0	1.26×10^{-6}H/m	1.256 637 061 43	精确
普朗克常量	h	$6.63\times10^{-34}\mathrm{J\cdot s}$	6.626 068 76	0.078
电子质量④	m_e	9.11×10^{-31}kg	9.109 381 88	0.079
		5.49×10^{-4}u	5.485 799 110	0.0021
质子质量④	m_p	1.67×10^{-27}kg	1.672 621 58	0.079
		1.0073u	1.007 276 466 88	1.3×10^{-4}
质子质量对电子质量的比	m_p/m_e	1840	1836.152 667 5	0.0021
电子的荷质比	e/m_e	1.76×10^{11}C/kg	1.758 820 174	0.040
中子质量	m_n	1.68×10^{-27}kg	1.674 927 16	0.079
		1.0087u	1.008 664 915 78	5.4×10^{-4}
氢原子质量④	m_{1H}	1.0078u	1.007 825 031 6	0.0005
氘原子质量④	m_{2H}	2.0141u	2.014 101 777 9	0.0005
氦原子质量④	m_{4He}	4.0026u	4.002 603 2	0.067
μ子质量	m_μ	1.88×10^{-28}kg	1.883 531 09	0.084
电子磁矩	μ_e	9.28×10^{-24}J/T	9.284 763 62	0.040
质子磁矩	μ_p	1.41×10^{-26}J/T	1.410 606 663	0.041
玻尔磁子	μ_B	9.27×10^{-24}J/T	9.274 008 99	0.040
核磁子	μ_N	5.05×10^{-27}J/T	5.050 783 17	0.040
玻尔半径	r_B	5.29×10^{-11}m	5.291 772 083	0.0037
里德伯常量	R	$1.10\times10^{7}\mathrm{m^{-1}}$	1.097 373 156 854 8	7.6×10^{-6}
电子康普顿波长	λ_c	2.43×10^{-12}m	2.426 310 215	0.0073

① 本表数值选自1998CODATA推荐值(www.physics.nist.gov).

② 此列的数值需用和计算用值同样的单位和10的幂给出.

③ 百万分之几.

④ 以u给出的质量是用统一的原子质量单位,其中$1\mathrm{u}=1.660\ 538\ 73\times10^{-27}$kg.

⑤ STP意思是标准温度和压强:0℃和1.0atm(0.1MPa).

附录 C 一些天文数据

地球到一些星球的距离

到月球①	3.82×10^{8}m	到银河系中心	2.2×10^{20}m
到太阳①	1.50×10^{11}m	到仙女座星系	2.1×10^{22}m
到最近的恒星(比邻半人马座)	4.04×10^{16}m	到可观测宇宙边缘	$\sim 10^{26}$m

① 平均距离.

太阳、地球和月球的一些数据

性质	单位	太阳	地球	月亮
质量	kg	1.99×10^{30}	5.98×10^{24}	7.36×10^{22}
平均半径	m	6.96×10^{8}	6.37×10^{6}	1.74×10^{6}
平均密度	kg/m^3	1410	5520	3340
表面上自由下落加速度	m/s^2	274	9.81	1.67
逃逸速度	km/s	618	11.2	2.38
自转周期①	—	37d 在两极 26d 在赤道②	23h56min	27.3d
辐射功率③	W	3.90×10^{26}		

① 相对于远方恒星测量.

② 太阳作为一个气体球,不像一个刚体那样转动.

③ 刚好在地球的大气层外接收的太阳能的时率,假设垂直入射,是 $1340W/m^2$.

行星的一些性质

	水星	金星	地球	火星	木星	土星	天王星	海王星	冥王星
离太阳的距离 10^6km	57.9	108	150	228	778	1430	2870	4500	5900
公转周期,y	0.241	0.615	1.00	1.88	11.9	29.5	84.0	165	248
自转周期①,d	58.7	-243②	0.997	1.03	0.409	0.426	-0.451②	0.658	6.39
轨道速率,km/s	47.9	35.0	29.8	24.1	13.1	9.64	6.81	5.43	4.74
轴对轨道的倾角	<28°	≈3°	23.4°	25.0°	3.08°	26.7°	97.9°	29.6°	57.5°
轨道对地球轨道的倾角	7.00°	3.39°		1.85°	1.30°	2.49°	0.77°	1.77°	17.2°
轨道偏心率	0.206	0.0068	0.0167	0.0934	0.0485	0.0556	0.0472	0.0086	0.250
赤道半径,km	4880	12100	12800	6790	143000	120000	51800	49500	2300
质量(地球=1)	0.0558	0.815	1.000	0.107	318	95.1	14.5	17.2	0.002
密度(水=1)	5.60	5.20	5.52	3.95	1.31	0.704	1.21	1.67	2.03
表面 g 值③,m/s^2	3.78	8.60	9.78	3.72	22.9	9.05	7.77	11.0	0.5
逃逸速度③,km/s	4.3	10.3	11.2	5.0	59.5	35.6	21.2	23.6	1.1
已知卫星	0	0	1	2	16+环	18+环	17+环	8+环	1

① 相对于远方恒星测量.

② 金星和天王星自转和公转方向相反.

③ 在行星赤道上测量的引力加速度.

附录D 换算因子

换算因子可以从这些表直接读出. 例如, 1 度 $= 2.778 \times 10^{-3}$ rev, 因而 $16.7° = 16.7 \times 2.778 \times 10^{-3}$ rev. SI 单位用黑体.

平面角

°	′	″	**弧度(rad)**	rev
1 度(°) = 1	60	3600	1.745×10^{-2}	2.778×10^{-3}
1 分(′) = 1.667×10^{-2}	1	60	2.909×10^{-4}	4.630×10^{-5}
1 秒(″) = 2.778×10^{-4}	1.667×10^{-2}	1	4.848×10^{-6}	7.716×10^{-7}
1 弧度(rad) = 57.30	3438	2.063×10^{5}	1	0.1592
1 周(rev) = 360	2.16×10^{4}	1.296×10^{6}	6.283	1

立体角

1 球面 = 4π 球面角 = 12.57 球面角

长度

cm	**米(m)**	km	in.	ft	mi
1 厘米(cm) = 1	10^{-2}	10^{-5}	0.3937	3.281×10^{-2}	6.214×10^{-6}
1 米(m) = 100	1	10^{-3}	39.37	3.281	6.214×10^{-4}
1 千米(km) = 10^{5}	1000	1	3.937×10^{4}	3281	0.6214
1 英尺(in) = 2.540	2.540×10^{-2}	2.540×10^{-5}	1	8.333×10^{-2}	1.578×10^{-5}
1 英寸(ft) = 30.48	0.3048	3.048×10^{-4}	12	1	1.894×10^{-4}
1 英里(mi) = 1.609×10^{5}	1609	1.609	6.336×10^{4}	5280	1

1 埃(Ù) = 10^{-10} m　　1 飞米 = 10^{-15} m　　1 哷 = 6ft　　1 杆 = 16.5ft

1 海里 = 1852m　　1 光年(ly) = 9.460×10^{12} km　　1 玻尔半径 = 5.292×10^{-11} m　　1mil = 10^{-3} in.

= 1.151 英里 = 6076ft　　1 秒差距(Parsec) = 3.084×10^{13} km　　1 码 = 3ft　　1nm = 10^{-9} m

面积

米²(m²)	cm²	ft²	in.²
1 平方米(m²) = 1	10^{4}	10.76	1550
1 平方厘米(cm²) = 10^{-4}	1	1.076×10^{-3}	0.1550
1 平方英尺(ft²) = 9.290×10^{-2}	929.0	1	144
1 平方英寸(in²) = 6.452×10^{-4}	6.452	6.944×10^{-3}	1

1 平方英里 = 2.788×10^{7} ft² = 640 英亩　　1 英亩(acre) = 43 560ft²

1 靶(barn) = 10^{-28} m²　　1 公顷(hectare) = 10^{4} m² = 2.471 英亩

体积

米³(m³)	cm³	L	ft³	in.³
1 立方米(m³)=1	10^6	10000	35.31	6.102×10^4
1 立方厘米(cm³)=10^{-6}	1	1.000×10^{-3}	3.531×10^{-5}	6.102×10^{-2}
1 升(L)=1.000×10^{-3}	1000	1	3.531×10^{-2}	61.02
1 立方英尺(ft³)=2.832×10^{-2}	2.832×10^4	28.32	1	1728
1 立方英寸(in³)=1.639×10^{-5}	16.39	1.639×10^{-2}	5.787×10^{-4}	1

1U.S. 液加仑=4U.S. 液夸脱=8U.S. 品脱=128U.S. 液盎斯=231in³.

1 英国标准加仑=277.4in³.=1.201U.S. 液加仑

质量

本表内虚线外的量不是质量的单位，但常常这样用. 例如，当写 1kg"="2.205lb 时，它的意思是 1kg 是在 g 具有 9.80665m/s^2 的标准值的地点重量是 2.205 磅的质量.

克(g)	千克(kg)	slug	u	oz	lb	ton
1 克(g)=1	0.001	6.852×10^{-5}	6.022×10^{23}	3.527×10^{-2}	2.205×10^{-3}	1.102×10^{-6}
1 千克(kg)=1000	1	6.852×10^{-2}	6.022×10^{26}	35.27	2.205	1.102×10^{-3}
1 斯[勒格](slug)=1.459×10^4	14.59	1	8.786×10^{27}	514.8	32.17	1.609×10^{-2}
1 原子质量单位(u)=1.661×10^{24}	1.661×10^{27}	1.138×10^{28}	1	5.857×10^{-26}	3.662×10^{-27}	1.830×10^{-30}
1 盎斯(oz)=28.35	2.835×10^{-2}	1.943×10^{-3}	1.718×10^{25}	1	6.250×10^{-2}	3.125×10^{-5}
1 磅(lb)=453.6	0.4536	3.108×10^{-2}	2.732×10^{26}	16	1	0.0005
1 吨(ton)=9.072×10^5	907.2	62.16	5.463×10^{29}	3.2×10^4	2000	1

1 米制吨=1000kg

密度

本表内虚线以外的量是重量密度，因而和质量密度在量纲上不同. 见质量表的注解.

slug/ft³	千克每立方米 (kg/m³)	g/cm³	lb/ft³	lb/in.³
1 斯［勒格］每立方英尺（slug/ft³）=1	515.4	0.5154	32.17	1.862×10^{-2}
1 千克每立方米（kg/m³）=1.940×10^{-3}	1	0.001	6.243×10^{-2}	3.613×10^{-5}
1 克每立方厘米（g/cm³）=1.940	1000	1	62.43	3.613×10^{-2}
1 磅每立方英尺（lb/ft³）=3.108×10^{-2}	16.02	16.02×10^{-2}	1	5.787×10^{-4}
1 磅每立方英寸（lb/in³）=53.71	2.768×10^4	27.68	1728	1

时间

y	d	h	min	秒（s）
1 年（y）=1	365.25	8.766×10^{3}	5.259×10^{5}	3.156×10^{7}
1 天（d）$=2.738\times10^{-3}$	1	24	1440	8.640×10^{4}
1 小时（h）$=1.141\times10^{-4}$	4.167×10^{-2}	1	60	3600
1 分钟（min）$=1.901\times10^{-6}$	6.944×10^{-4}	1.667×10^{-2}	1	60
1 秒（s）$=3.169\times10^{-8}$	1.157×10^{-5}	2.778×10^{-4}	1.667×10^{-2}	1

速率

ft/s	km/h	米/秒（m/s）	mi/h	cm/s
1 英尺每秒（ft/s）=1	1.097	0.3048	0.6818	30.48
1 千米每［小］时（km/h）=0.9113	1	0.2778	0.6214	27.78
1 米每秒（m/s）=3.281	3.6	1	2.237	100
1 英里每［小］时（mi/h）=1.467	1.609	0.4470	1	44.70
1 厘米每秒（cm/s）$=3.281\times10^{-2}$	3.6×10^{-2}	0.01	2.237×10^{-2}	1

1 节 =1 海里/时 =1.688ft/s　　1 英里/分 =88.00ft/s =60.00mi/h

力

本表内虚线以外的单位现在很少用. 以例子说明：1 克力（=1gf）是在 g 具有标准值 $9.80665\mathrm{m/s^2}$ 的地点作用于质量为 1 克的物体上的重力.

dyne	牛［顿］（N）	lb	pdl	gf	kgf
1 达因（dyne）=1	10^{-5}	2.248×10^{-6}	7.233×10^{-5}	1.020×10^{-3}	1.020×10^{-6}
1 牛［顿］（N）$=10^{5}$	1	0.2248	7.233	102.0	0.1020
1 磅（lb）$=4.448\times10^{5}$	4.448	1	32.17	453.6	0.4536
1 磅达（pdl）$=1.383\times10^{4}$	0.1383	3.108×10^{-2}	1	14.10	1.410×10^{2}
1 克力（gf）=980.7	9.807×10^{-3}	2.205×10^{-3}	7.093×10^{-2}	1	0.001
1 千克力（kgf）$=9.807\times10^{5}$	9.807	2.205	70.93	1000	1

1 吨 =2000lb

压强

atm	dyne/cm²	英寸水柱	cmHg	帕［斯卡］（Pa）	lb/in.²	lb/ft²
1 大气压（atm）=1	1.013×10^{6}	406.8	76	1.013×10^{5}	14.70	2116
1 达因每平方厘米（$\mathrm{dyne/cm^2}$）$=9.869\times10^{-7}$	1	4.015×10^{-4}	7.501×10^{-5}	0.1	1.405×10^{-5}	2.089×10^{-3}
1 英寸 4℃水柱 $=2.458\times10^{-3}$	2491	1	0.1868	249.1	3.613×10^{-2}	5.202
1 厘米 0℃汞柱（cmHg）① $=1.316\times10^{-2}$	1.333×10^{4}	5.353	1	1333	0.1934	27.85
1 帕［斯卡］（Pa）$=9.869\times10^{-6}$	10	4.015×10^{-3}	7.501×10^{-4}	1	1.450×10^{-4}	2.089×10^{-2}
1 磅每平方英寸（$\mathrm{lb/in^2}$）$=6.805\times10^{-2}$	6.895×10^{4}	27.68	5.171	6.895×10^{3}	1	144
1 磅每平方英尺（$\mathrm{lb/ft^2}$）$=4.725\times10^{-4}$	478.8	0.1922	3.591×10^{-2}	47.88	6.944×10^{-3}	1

① 该处的重力加速度具有标准值 $9.80665\mathrm{m/s^2}$.

1 巴（bar）$=10^{6}\mathrm{dyne/cm^2}=0.1\mathrm{MPa}$　　1 毫巴（millibar）$=10^{3}\mathrm{dyne/cm^2}=10^{2}\mathrm{Pa}$　　1 托（torr）=1mmHg

能，功，热

本表内虚线以外的量不是能量单位，但为了方便也列在这里．它们是根据相对论质能相当公式 $E=mc^2$ 得出的并代表 1 千克或 1 原子质量单位（u）完全转化为能量时所释放出的能量（底下两行）或要完全转化为 1 单位能量的质量（最右两列）．

Btu	erg	ft·lb	hp·h	焦[耳](J)	cal	kW·h	eV	MeV	kg	u
1 英制热量单位(Btu) = 1	1.055×10^{10}	777.9	3.929×10^{-4}	1055	252.0	2.930×10^{-4}	6.585×10^{21}	6.585×10^{15}	1.174×10^{-14}	7.070×10^{12}
1 尔格(erg) = 9.481×10^{-11}	1	7.376×10^{-8}	3.725×10^{-14}	10^{-7}	2.389×10^{-8}	2.778×10^{-14}	6.242×10^{11}	6.242×10^{5}	1.113×10^{-24}	670.2
1 英尺磅(ft·lb) = 1.285×10^{-3}	1.356×10^{7}	1	5.051×10^{-7}	1.356	0.3238	3.766×10^{-7}	8.464×10^{18}	8.464×10^{12}	1.509×10^{-17}	9.037×10^{9}
1 马力小时(hp·h) = 2545	2.685×10^{13}	1.980×10^{6}	1	2.685×10^{6}	6.413×10^{5}	0.7457	1.676×10^{25}	1.676×10^{19}	2.988×10^{-11}	1.799×10^{16}
1 焦[耳](J) = 9.481×10^{-4}	10^{7}	0.7376	3.725×10^{-7}	1	0.2389	2.778×10^{-7}	6.242×10^{18}	6.242×10^{12}	1.113×10^{-17}	6.702×10^{9}
1 卡[路里](cal) = 3.969×10^{-3}	4.186×10^{7}	3.088	1.560×10^{-6}	4.186	1	1.163×10^{-6}	2.613×10^{19}	2.613×10^{13}	4.660×10^{-17}	2.806×10^{10}
1 千瓦小时(kW·h) = 3413	3.600×10^{13}	2655×10^{6}	1.341	3.600×10^{6}	8.600×10^{5}	1	2.247×10^{25}	2.247×10^{19}	4.007×10^{-11}	2.413×10^{16}
1 电子伏[特](eV) = 1.519×10^{-22}	1.602×10^{-12}	1.182×10^{-19}	5.967×10^{-26}	1.602×10^{-19}	3.827×10^{-20}	4.450×10^{-26}	1	10^{-6}	1.783×10^{-36}	1.074×10^{-9}
1 百万电子伏[特](MeV) = 1.519×10^{-16}	1.602×10^{-6}	1.182×10^{-13}	5.967×10^{-20}	1.602×10^{-13}	3.827×10^{-14}	4.450×10^{-20}	10^{-6}	1	1.783×10^{-30}	1.074×10^{-3}
1 千克(kg) = 8.521×10^{13}	8.987×10^{23}	6.629×10^{16}	3.348×10^{10}	8.987×10^{16}	2.146×10^{16}	2.497×10^{10}	5.610×10^{35}	5.610×10^{29}	1	6.022×10^{26}
1 原子质量单位(u) = 1.415×10^{-13}	1.492×10^{-3}	1.101×10^{-10}	5.559×10^{-17}	1.492×10^{-10}	3.564×10^{-11}	4.146×10^{-17}	9.320×10^{8}	932.0	1.661×10^{-27}	1

功率

Btu/h	ft·lb/s	hp	cal/s	kW	瓦[特](W)
1 英制热量单位每(小)时(Btu/h) = 1	0.2161	3.929×10^{-4}	6.998×10^{-2}	2.930×10^{-4}	0.2930
1 英尺磅每秒(ft·lb/s) = 4.628	1	1.818×10^{-3}	0.3239	1.356×10^{-3}	1.356
1 马力(hp) = 2545	550	1	178.1	0.7457	745.7
1 卡[路里]每秒(cal/s) = 14.29	3.088	5.615×10^{-3}	1	4.186×10^{-3}	4.186
1 千瓦(kW) = 3413	737.6	1.341	238.9	1	1000
1 瓦[特](W) = 3.413	0.7376	1.341×10^{-3}	0.2389	0.001	1

磁场

gauss	特［斯拉］（T）	milligauss
1 高斯（gauss）=1	10^{-4}	1000
1 特［斯拉］（T）$=10^4$	1	10^7
1 毫高斯（milligauss）=0.001	10^{-7}	1

1 特［斯拉］=1 韦伯/米^2

磁通量

maxwell	韦伯（Wb）
1 麦［克斯韦］（maxwell）=1	10^{-8}
1 韦伯（Wb）$=10^8$	1

附录 E 数学公式

几何

半径 r 的圆：圆周 $=2\pi r$；面积 $=\pi r^2$.

半径 r 的球：面积 $=4\pi r^2$；体积 $=\frac{4}{3}\pi r^3$.

半径 r 和高 h 的正圆柱体：面积 $=2\pi r^2+2\pi rh$；体积 $=\pi r^2 h$.

底边 a 高 h 的三角形：面积 $=\frac{1}{2}ah$.

二次公式

如果 $ax^2+bx+c=0$，则 $x=\frac{-b\pm\sqrt{b^2-4ac}}{2a}$.

角 θ 的三角函数

$\sin\theta=\frac{y}{r}$　$\cos\theta=\frac{x}{r}$

$\tan\theta=\frac{y}{x}$　$\cot\theta=\frac{x}{y}$

$\sec\theta=\frac{r}{x}$　$\csc\theta=\frac{r}{y}$

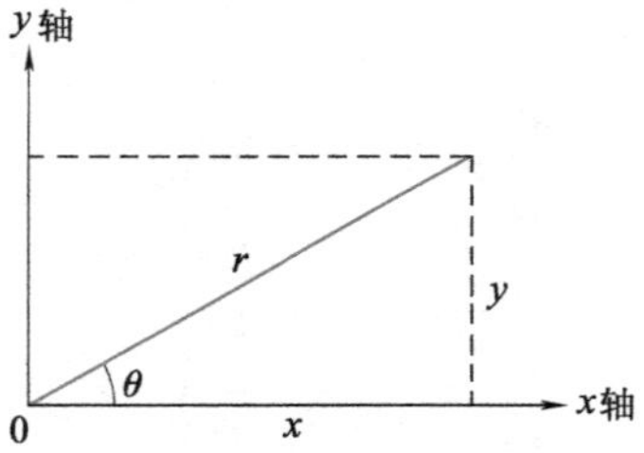

勾股定理

在此直角三角形中，

$$a^2+b^2=c^2$$

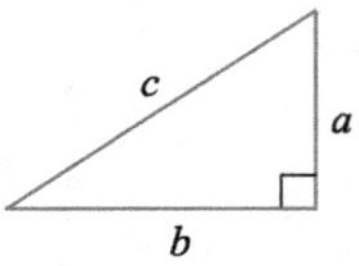

三角形

三个角是 A，B，C

对边是 a，b，c

$$A+B+C=180°$$

$$\frac{\sin A}{a}=\frac{\sin B}{b}=\frac{\sin C}{c}$$

$$c^2=a^2+b^2-2ab\cos C$$

外角 $D=A+C$

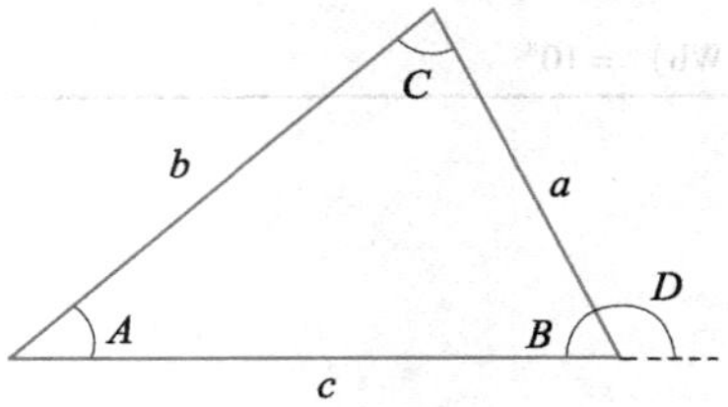

数学符号

$=$　相等

$\approx$　近似相等

$\sim$　大小的数量级是

$\neq$　不等于

$\equiv$　定义为，全等于

$>$　大于（$\gg$远大于）

$<$　小于（$\ll$远小于）

$\geqslant$　大于或等于（或，不小于）

$\leqslant$　小于或等于（或，不大于）

$\pm$　加或减

$\propto$　正比于

$\sum$　之和

x_{avg}　x 的平均值

三角恒等式

$\sin(90°-\theta)=\cos\theta$

$\cos(90°-\theta)=\sin\theta$

$\sin\theta/\cos\theta=\tan\theta$

$\sin^2\theta+\cos^2\theta=1$

$\sec^2\theta-\tan^2\theta=1$

$\csc^2\theta-\cot^2\theta=1$

$\sin 2\theta=2\sin\theta\cos\theta$

$\cos 2\theta=\cos^2\theta-\sin^2\theta=2\cos^2\theta-1=1-$

$2\sin^2\theta$

$$\sin(\alpha\pm\beta)=\sin\alpha\cos\beta\pm\cos\alpha\sin\beta$$

$$\cos(\alpha\pm\beta)=\cos\alpha\cos\beta\mp\sin\alpha\sin\beta$$

$$\tan(\alpha\pm\beta)=\frac{\tan\alpha\pm\tan\beta}{1\mp\tan\alpha\tan\beta}$$

$$\sin\alpha\pm\sin\beta=2\sin\frac{1}{2}(\alpha\pm\beta)\cos\frac{1}{2}(\alpha\mp\beta)$$

$$\cos\alpha+\cos\beta=2\cos\frac{1}{2}(\alpha\pm\beta)\cos\frac{1}{2}(\alpha-\beta)$$

$$\cos\alpha-\cos\beta=-2\sin\frac{1}{2}(\alpha+\beta)\sin\frac{1}{2}(\alpha-\beta)$$

二项式定理

$$(1+x)^n=1+\frac{nx}{1!}+\frac{n(n-1)x^2}{2!}+\cdots$$

$(x^2<1)$

指数展开

$$e^x=1+x+\frac{x^2}{2!}+\frac{x^3}{3!}+\cdots$$

对数展开

$$\ln(1+x)=x-\frac{1}{2}x^2+\frac{1}{3}x^3-\cdots\quad(|x|<1)$$

三角展开(θ 用弧度作单位)

$$\sin\theta=\theta-\frac{\theta^3}{3!}+\frac{\theta^5}{5!}-\cdots$$

$$\cos\theta=1-\frac{\theta^2}{2!}+\frac{\theta^4}{4!}-\cdots$$

$$\tan\theta=\theta+\frac{\theta^3}{3}+\frac{2\theta^5}{15}+\cdots$$

Cramer′规则

未知量 x 和 y 的两个联立方程

$a_1x+b_1y=c_1$ 和 $a_2x+b_2y=c_2$

具有的解为

$$x=\frac{\begin{vmatrix}c_1 & b_1\\ c_2 & b_2\end{vmatrix}}{\begin{vmatrix}a_1 & b_1\\ a_2 & b_2\end{vmatrix}}=\frac{c_1b_2-c_2b_1}{a_1b_2-a_2b_1}$$

及

$$y=\frac{\begin{vmatrix}a_1 & c_1\\ a_2 & c_2\end{vmatrix}}{\begin{vmatrix}a_1 & b_1\\ a_2 & b_2\end{vmatrix}}=\frac{a_1c_2-a_2c_1}{a_1b_2-a_2b_1}$$

矢量的乘积

令 $\boldsymbol{i}$,$\boldsymbol{j}$ 和 $\boldsymbol{k}$ 为沿 x,y 和 z 方向的单位矢量,则

$$\boldsymbol{i}\cdot\boldsymbol{i}=\boldsymbol{j}\cdot\boldsymbol{j}=\boldsymbol{k}\cdot\boldsymbol{k}=1,$$

$$\boldsymbol{i}\cdot\boldsymbol{i}=\boldsymbol{j}\cdot\boldsymbol{k}=\boldsymbol{k}\cdot\boldsymbol{i}=0,$$

$$\boldsymbol{i}\times\boldsymbol{i}=\boldsymbol{j}\times\boldsymbol{j}=\boldsymbol{k}\times\boldsymbol{k}=0,$$

$$\boldsymbol{i}\times\boldsymbol{j}=\boldsymbol{k},\ \boldsymbol{j}\times\boldsymbol{k}=\boldsymbol{i},\ \boldsymbol{k}\times\boldsymbol{i}=\boldsymbol{j}$$

任何具有沿 x,y 和 z 轴的分量 a_x,a_y 和 a_z 的矢量 $\boldsymbol{a}$ 可以写做

$$\boldsymbol{a}=a_x\boldsymbol{i}+a_y\boldsymbol{j}+a_z\boldsymbol{k}$$

令 $\boldsymbol{a}$,$\boldsymbol{b}$ 和 $\boldsymbol{c}$ 是大小是 a,b 和 c 的任意矢量,则

$$\boldsymbol{a}\times(\boldsymbol{b}+\boldsymbol{c})=(\boldsymbol{a}\times\boldsymbol{b})+(\boldsymbol{a}\times\boldsymbol{c})$$

$$(s\boldsymbol{a})\times\boldsymbol{b}=\boldsymbol{a}\times(s\boldsymbol{b})=s(\boldsymbol{a}\times\boldsymbol{b})$$

(s 是一个标量)

令 θ 为 $\boldsymbol{a}$ 和 $\boldsymbol{b}$ 间两个角中较小的那一个,则

$$\boldsymbol{a}\cdot\boldsymbol{b}=\boldsymbol{b}\cdot\boldsymbol{a}=a_xb_x+a_yb_y+a_zb_z=ab\cos\theta$$

$$\boldsymbol{a}\times\boldsymbol{b}=-\boldsymbol{b}\times\boldsymbol{a}=\begin{vmatrix}\boldsymbol{i} & \boldsymbol{j} & \boldsymbol{k}\\ a_x & a_y & a_z\\ b_x & b_y & b_z\end{vmatrix}$$

$$=\boldsymbol{i}\begin{vmatrix}a_y & a_z\\ b_y & b_z\end{vmatrix}-\boldsymbol{j}\begin{vmatrix}a_x & a_z\\ b_x & b_z\end{vmatrix}+\boldsymbol{k}\begin{vmatrix}a_x & a_y\\ b_x & b_y\end{vmatrix}$$

$$=(a_yb_z-b_ya_z)\boldsymbol{i}+(a_zb_x-b_za_x)\boldsymbol{j}$$

$$+(a_xb_y-b_xa_y)\boldsymbol{k}$$

$$|\boldsymbol{a}\times\boldsymbol{b}|=ab\sin\theta$$

$$\boldsymbol{a}\cdot(\boldsymbol{b}\times\boldsymbol{c})=\boldsymbol{b}\cdot(\boldsymbol{c}\times\boldsymbol{a})=\boldsymbol{c}\cdot(\boldsymbol{a}\times\boldsymbol{b})$$

$$\boldsymbol{a}\times(\boldsymbol{b}\times\boldsymbol{c})=(\boldsymbol{a}\cdot\boldsymbol{c})\boldsymbol{b}-(\boldsymbol{a}\cdot\boldsymbol{b})\boldsymbol{c}$$

导数和积分

在下列公式中,字母 u 和 v 代表 x 的函数,而 a 和 m 为常数. 每个不定积分应加上一个任意的积分常数. 更详尽的表见化学和物理学手册(*CRC* Press Inc.)

1. $\frac{dx}{dx}=1$

2. $\frac{d}{dx}(au)=a\frac{du}{dx}$

3. $\frac{d}{dx}(u+v)=\frac{du}{dx}+\frac{dv}{dx}$

4. $\frac{d}{dx}x^{m}=mx^{m-1}$

5. $\frac{d}{dx}\ln x=\frac{1}{x}$

6. $\frac{d}{dx}(uv)=u\frac{dv}{dx}+v\frac{du}{dx}$

7. $\frac{d}{dx}e^{x}=e^{x}$

8. $\frac{d}{dx}\sin x=\cos x$

9. $\frac{d}{dx}\cos x=-\sin x$

10. $\frac{d}{dx}\tan x=\sec^{2}x$

11. $\frac{d}{dx}\cot x=-\csc^{2}x$

12. $\frac{d}{dx}\sec x=\tan x\sec x$

13. $\frac{d}{dx}\csc x=-\cot x\csc x$

14. $\frac{d}{dx}e^{u}=e^{u}\frac{du}{dx}$

15. $\frac{d}{dx}\sin u=\cos u\frac{du}{dx}$

16. $\frac{d}{dx}\cos u=-\sin u\frac{du}{dx}$

1. $\int dx=x$

2. $\int au\,dx=a\int u\,dx$

3. $\int(u+v)\,dx=\int u\,dx+\int v\,dx$

4. $\int x^{m}dx=\frac{x^{m+1}}{m+1}(m\neq-1)$

5. $\int\frac{dx}{x}=\ln|x|$

6. $\int u\frac{dv}{dx}dx=uv-\int v\frac{du}{dx}dx$

7. $\int e^{x}dx=e^{x}$

8. $\int\sin x\,dx=-\cos x$

9. $\int\cos x\,dx=\sin x$

10. $\int\tan x\,dx=\ln|\sec x|$

11. $\int\sin^{2}x\,dx=\frac{1}{2}x-\frac{1}{4}\sin 2x$

12. $\int e^{-ax}dx=-\frac{1}{a}e^{-ax}$

13. $\int xe^{-ax}dx=-\frac{1}{a^{2}}(ax+1)e^{-ax}$

14. $\int x^{2}e^{-ax}dx=-\frac{1}{a^{3}}(a^{2}x^{2}+2ax+2)e^{-ax}$

15. $\int_{0}^{\infty}x^{n}e^{-ax}dx=\frac{n!}{a^{n+1}}$

16. $\int_{0}^{\infty}x^{2n}e^{-ax^{2}}dx=\frac{1\cdot3\cdot5\cdots(2n-1)}{2^{n+1}a^{n}}\sqrt{\frac{\pi}{a}}$

17. $\int\frac{dx}{\sqrt{x^{2}+a^{2}}}=\ln(x+\sqrt{x^{2}+a^{2}})$

18. $\int\frac{x\,dx}{(x^{2}+a^{2})^{3/2}}=-\frac{1}{(x^{2}+a^{2})^{1/2}}$

19. $\int\frac{dx}{(x^{2}+a^{2})^{3/2}}=\frac{x}{a^{2}(x^{2}+a^{2})^{1/2}}$

20. $\int_{0}^{\infty}x^{2n+1}e^{-ax^{2}}dx=\frac{n!}{2a^{n+1}}(a>0)$

21. $\int\frac{x\,dx}{x+d}=x-d\ln(x+d)$

附录 F　元素的性质

一些元素的物理性质

除另有说明外，所有物理性质都是在 1 atm 压强下的.

元素	符号	原子序数 Z	摩尔质量 /(g/mol)	密度 /(g/cm³, 20℃)	熔点 /℃	沸点 /℃	比热 /[J/(g·℃), 25℃]
锕 Actinium	Ac	89	(227)	10.06	1323	(3473)	0.092
铝 Aluminum	Al	13	26.9815	2.699	660	2450	0.900
镅 Americium	Am	95	(243)	13.67	1541	—	—
锑 Antimony	Sb	51	121.75	6.691	630.5	1380	0.205
氩 Argon	Ar	18	39.948	1.6626×10^{-3}	-189.4	-185.8	0.523
砷 Arsenic	As	33	74.9216	5.78	817(28atm)	613	0.331
砹 Astatine	At	85	(210)	—	(302)	—	—
钡 Barium	Ba	56	137.34	3.594	729	1640	0.205
锫 Berkelium	Bk	97	(247)	14.79	—	—	—
铍 Beryllium	Be	4	9.0122	1.848	1287	2770	1.83
铋 Bismuth	Bi	83	208.980	9.747	271.37	1560	0.122
铍 Bohrium	Bh	107	262.12	—	—	—	—
硼 Boron	B	5	10.811	2.34	2030	—	1.11
溴 Bromine	Br	35	79.909	3.12(liquid)	-7.2	58	0.293
镉 Cadmium	Cd	48	112.40	8.65	321.03	765	0.226
钙 Calcium	Ca	20	40.08	1.55	838	1440	0.624
锎 Californium	Cf	98	(251)	—	—	—	—
碳 Carbon	C	6	12.01115	2.26	3727	4830	0.691
铈 Cerium	Ce	58	140.12	6.768	804	3470	0.188
铯 Cesium	Cs	55	132.905	1.873	28.40	690	0.243
氯 Chlorine	Cl	17	35.453	3.214×10^{-3}(0℃)	-101	-34.7	0.486
铬 Chromium	Cr	24	51.996	7.19	1857	2665	0.448
钴 Cobalt	Co	27	58.9332	8.85	1495	2900	0.423
铜 Copper	Cu	29	63.54	8.96	1083.40	2595	0.385
锔 Curium	Cm	96	(247)	13.3	—	—	—
𨧀 Dubnium	Db	105	262.114	—	—	—	—
镝 Dysprosium	Dy	66	162.50	8.55	1409	2330	0.172
锿 Einsteinium	Es	99	(254)	—	—	—	—
铒 Erbium	Er	68	167.26	9.15	1522	2630	0.167
铕 Europium	Eu	63	151.96	5.243	817	1490	0.163
镄 Fermium	Fm	100	(237)	—	—	—	—

（续）

元素	符号	原子序数 Z	摩尔质量 /(g/mol)	密度 /(g/cm³,20℃)	熔点 /℃	沸点 /℃	比热 /[J/(g·℃),25℃]
氟 Fluorine	F	9	18.9984	1.696×10^{-3} (0℃)	−219.6	−188.2	0.753
钫 Francium	Fr	87	(223)	—	(27)	—	—
钆 Gadolinium	Gd	64	157.25	7.90	1312	2730	0.234
镓 Gallium	Ga	31	69.72	5.907	29.75	2237	0.377
锗 Germanium	Ge	32	72.59	5.323	937.25	2830	0.322
金 Gold	Au	79	196.967	19.32	1064.43	2970	0.131
铪 Hafnium	Hf	72	178.49	13.31	2227	5400	0.144
𬭶 Hassium	Hs	108	(265)	—	—	—	—
氦 Helium	He	2	4.0026	0.1664×10^{-3}	−269.7	−268.9	5.23
钬 Holmium	Ho	67	164.930	8.79	1470	2330	0.165
氢 Hydrogen	H	1	1.00797	0.08375×10^{-3}	−259.19	−252.7	14.4
铟 Indium	In	49	114.82	7.31	156.634	2000	0.233
碘 Iodine	I	53	126.9044	4.93	113.7	183	0.218
铱 Iridium	Ir	77	192.2	22.5	2447	(5300)	0.130
铁 Iron	Fe	26	55.847	7.874	1536.5	3000	0.447
氪 Krypton	Kr	36	83.80	3.488×10^{-3}	−157.37	−152	0.247
镧 Lanthanum	La	57	138.91	6.189	920	3470	0.195
铹 Lawrencium	Lr	103	(257)	—	—	—	—
铅 Lead	Pb	82	207.19	11.35	327.45	1725	0.129
锂 Lithium	Li	3	6.939	0.534	180.55	1300	3.58
镥 Lutetium	Lu	71	174.97	9.849	1663	1930	0.155
镁 Magnesium	Mg	12	24.312	1.738	650	1107	1.03
锰 Manganese	Mn	25	54.9380	7.44	1244	2150	0.481
鿏 Meitnerium	Mt	109	(266)	—	—	—	—
钔 Mendelevium	Md	101	(256)	—	—	—	—
汞 Mercury	Hg	80	200.59	13.55	−38.87	357	0.138
钼 Molybdenum	Mo	42	95.94	10.22	2617	5560	0.251
钕 Neodymium	Nd	60	144.24	7.007	1016	3180	0.188
氖 Neon	Ne	10	20.183	0.8387×10^{-3}	−248.597	−246.0	1.03
镎 Neptunium	Np	93	(237)	20.25	637	—	1.26
镍 Nickel	Ni	28	58.71	8.902	1453	2730	0.444
铌 Niobium	Nb	41	92.906	8.57	2468	4927	0.264
氮 Nitrogen	N	7	14.0067	1.1649×10^{-3}	−210	−195.8	1.03
锘 Nobelium	No	102	(255)	—	—	—	—
锇 Osmium	Os	76	190.2	22.59	3027	5500	0.130

(续)

元素	符号	原子序数 Z	摩尔质量 /(g/mol)	密度 /(g/cm^3,20℃)	熔点 /℃	沸点 /℃	比热 /[J/(g·℃),25℃]
氧 Oxygen	O	8	15.9994	1.3318×10^{-3}	−218.80	−183.0	0.913
钯 Palladium	Pd	46	106.4	12.02	1552	3980	0.243
磷 Pbosphorus	P	15	30.9738	1.83	44.25	280	0.741
铂 Platinum	Pt	78	195.09	21.45	1769	4530	0.134
钚 Plutonium	Pu	94	(244)	19.8	640	3235	0.130
钋 Polonium	Po	84	(210)	9.32	254	—	—
钾 Potassium	K	19	39.102	0.862	63.20	760	0.758
镨 Praseodymium	Pr	59	140.907	6.773	931	3020	0.197
钷 Promethium	Pm	61	(145)	7.22	(1027)	—	—
镤 Protactinium	Pa	91	(231)	15.37(estimated)	(1230)	—	—
镭 Radium	Ra	88	(226)	5.0	700	—	—
氡 Radon	Rn	86	(222)	9.96×10^{-3}(0℃)	(−71)	−61.8	0.092
铼 Rhenium	Re	75	186.2	21.02	3180	5900	0.134
铑 Rhodium	Rh	45	102.905	12.41	1963	4500	0.243
铷 Rubidium	Rb	37	85.47	1.532	39.49	688	0.364
钌 Ruthenium	Ru	44	101.107	12.37	2250	4900	0.239
铲 Rutherfordium	Rf	104	261.11	—	—	—	—
钐 Samarium	Sm	62	150.35	7.52	1072	1630	0.197
钪 Scandium	Sc	21	44.956	2.99	1539	2730	0.569
𨭎 Seaborgium	Sg	106	263.118	—	—	—	—
硒 Selenium	Se	34	78.96	4.79	221	685	0.318
硅 Silicon	Si	14	28.086	2.33	1412	2680	0.712
银 Silver	Ag	47	107.870	10.49	960.8	2210	0.234
钠 Sodium	Na	11	22.9898	0.9712	97.85	892	1.23
锶 Strontium	Sr	38	87.62	2.54	768	1380	0.737
硫 Sulfur	S	16	32.064	2.07	119.0	444.6	0.707
钽 Tantalum	Ta	73	180.948	16.6	3014	5425	0.138
锝 Technetium	Tc	43	(99)	11.46	2200	—	0.209
碲 Tellurium	Te	52	127.60	6.24	449.5	990	0.201
铽 Terbium	Tb	65	158.924	8.229	1357	2530	0.180
铊 Thallium	Tl	81	204.37	11.85	304	1457	0.130
钍 Thorium	Th	90	(232)	11.72	1755	(3850)	0.117
铥 Thulium	Tm	69	168.934	9.32	1545	1720	0.159
锡 Tin	Sn	50	118.69	7.2984	231.868	2270	0.226
钛 Titanium	Ti	22	47.90	4.54	1670	3260	0.523

（续）

元素	符号	原子序数 Z	摩尔质量 /(g/mol)	密度 /(g/cm³,20℃)	熔点 /℃	沸点 /℃	比热 /[J/(g·℃),25℃]
钨 Tungsten	W	74	183.85	19.3	3380	5930	0.134
未命名 Un-named	Uun	110	(269)	—	—	—	—
未命名 Un-named	Uuu	111	(272)	—	—	—	—
未命名 Un-named	Uub	112	(264)	—	—	—	—
未命名 Un-named	Uut	113	—	—	—	—	—
未命名 Un-named	Uuq	114	(285)	—	—	—	—
未命名 Un-named	Uup	115	—	—	—	—	—
未命名 Un-named	Uuh	116	(289)	—	—	—	—
未命名 Un-named	Uus	117	—	—	—	—	—
未命名 Un-named	Uuo	118	(293)	—	—	—	—
铀 Uranium	U	92	(238)	18.95	1132	3818	0.117
钒 Vanadium	V	23	50.942	6.11	1902	3400	0.490
氙 Xenon	Xe	54	131.30	5.495×10^{-3}	−111.79	−108	0.159
Ytterbium	Yb	70	173.04	6.965	824	1530	0.155
钇 Yttrium	Y	39	88.905	4.469	1526	3030	0.297
锌 Zinc	Zn	30	65.37	7.133	419.58	906	0.389
锆 Zirconium	Zr	40	91.22	6.506	1852	3580	0.276

在摩尔质量一列内括号内的值对放射性元素是它们的寿命最长的同位素的质量数字.

括号中的熔点和沸点不肯定.

气体的数据只有当它们处于正常的分子状态,如 H_2,He,O_2,Ne 等时才正确.气体的比热是定压下的值.

资料来源:取自 J. Emsley, *The Elements*, 3rd ed., 1998, Clarendon Press, Oxford. 关于最近的值和最新的元素也见 www.webelements.com.

附录 G　元素周期表

金属
类金属
非金属

碱金属　　惰性气体

水平周期	ⅠA	ⅡA	ⅢB	ⅣB	ⅤB	ⅥB	ⅦB	ⅧB	ⅧB	ⅧB	ⅠB	ⅡB	ⅢA	ⅣA	ⅤA	ⅥA	ⅦA	0
1	1 H																	2 He
2	3 Li	4 Be											5 B	6 C	7 N	8 O	9 F	10 Ne
3	11 Na	12 Mg											13 Al	14 Si	15 P	16 S	17 Cl	18 Ar
4	19 K	20 Ca	21 Sc	22 Ti	23 V	24 Cr	25 Mn	26 Fe	27 Co	28 Ni	29 Cu	30 Zn	31 Ga	32 Ge	33 As	34 Se	35 Br	36 Kr
5	37 Rb	38 Sr	39 Y	40 Zr	41 Nb	42 Mo	43 Tc	44 Ru	45 Rh	46 Pd	47 Ag	48 Cd	49 In	50 Sn	51 Sb	52 Te	53 I	54 Xe
6	55 Cs	56 Ba	57-71 *	72 Hf	73 Ta	74 W	75 Re	76 Os	77 Ir	78 Pt	79 Au	80 Hg	81 Tl	82 Pb	83 Bi	84 Po	85 At	86 Rn
7	87 Fr	88 Ra	89-103 +	104 Rf	105 Db	106 Sg	107 Bh	108 Hs	109 Mt	110	111	112	113	114	115	116	117	118

过渡金属（ⅢB—ⅡB）

内过渡金属

镧系 *	57 La	58 Ce	59 Pr	60 Nd	61 Pm	62 Sm	63 Eu	64 Gd	65 Tb	66 Dy	67 Ho	68 Er	69 Tm	70 Yb	71 Lu
锕系 +	89 Ac	90 Th	91 Pa	92 U	93 Np	94 Pu	95 Am	96 Cm	97 Bk	98 Cf	99 Es	100 Em	101 Md	102 No	103 Lr

元素 104 到 109 的名称（铲，𨧀，𨭎，𨨏，𨭆，鿏）为 1997 年国际纯粹和应用化学联合会（IUPAC）所采用. 元素 110，111，112，114，116 和 118 已经发现，但到 2000 年尚未命名. 关于最近的信息和最新的元素见 www. webelements. com.

附录 H 习题参考答案

第 12 章

1. (a)0.17N; (b) −0.046N.
2. -1.00×10^{-6}C, 3.00×10^{-6}C.
3. (a)$q=-\frac{\sqrt{2}}{4}Q$; (b)没有.
4. (a)(略); (b) $\pm2.4\times10^{-8}$C.
5. $x=\frac{1}{2}\left(\frac{q^2L}{\pi\varepsilon_0 mg}\right)^{1/3}$.
6. 1.8×10^{8}N.
7. (a)6.4×10^{-18}N; (b)20N/C.
8. $6.4\times10^{2}\boldsymbol{i}$N/C.
9. (a)$0.613d$; (b)如 H10 图所示.
10. $\frac{q}{\pi\varepsilon_0}$, 场强与 x 轴夹角为 45°.
11. 1.02×10^{5}N/C, 与正方形对角线夹角为 45°.
12. $\boldsymbol{E}=-\frac{\boldsymbol{p}_e}{4\pi\varepsilon_0 r^3}$.
13. (证明题,略).
14. $\boldsymbol{E}=-\frac{q}{\pi\varepsilon_0 R^2}\boldsymbol{j}$
15. $\boldsymbol{E}=-\frac{q}{\pi\varepsilon_0 R^2}\boldsymbol{j}$
16. $\frac{\sqrt{2}}{2}R$.
17. (a) $-\frac{q}{L}$; (b)$\boldsymbol{E}=-\frac{q}{4\pi\varepsilon_0 a(a+L)}\boldsymbol{i}$; (c)$\boldsymbol{E}=-\frac{q}{4\pi\varepsilon_0 a^2}\boldsymbol{i}$.
18. (证明题,略).
19. (证明题,略).
20. $\frac{R}{\sqrt{3}}$
21. 2.7×10^{-5}m.
22. (a)0.245N, 与 x 轴方向的夹角为 −11.3°; (b)(108, −21.6)m.
23. (a)是; (b)2.72×10^{-2}m.
24. 9.30×10^{-15}cm.
25. (a)0; (b)8.5×10^{-22}N·m; (c)0.
26. (a)1.0×10^{3}N/C; (b)不均匀; (c)(略).

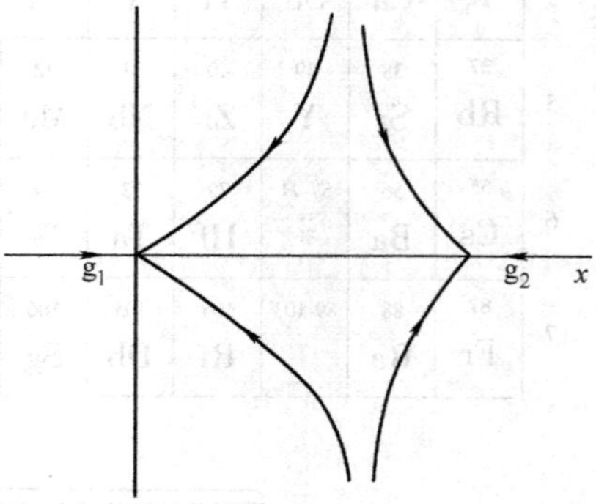

H10 图

第13章

1. $-1.5\times10^{-2}\text{N}\cdot\text{m}^2/\text{C}$.
2. 3.54×10^{-6}C.
3. 5.0×10^{-8}c/m.
4. $\pi a^2 E$.
5. (a)$8.24\text{N}\cdot\text{m}^2/\text{C}$;(b)$8.24\text{N}\cdot\text{m}^2/\text{C}$;(c)$7.29\times10^{-11}$C.
6. (a)(证明,略);(b)$E=\dfrac{R^2\rho}{2\varepsilon_0 r}$
7. (a)2.2×10^6N/C,方向沿径向之外;(b)4.5×10^5N/C,方向沿径向之内.
8. $E=\dfrac{\sigma z}{2\varepsilon_0 R}$,方向沿 z 轴.
9. (a)$\dfrac{\sigma}{\varepsilon_0}$,方向垂直于板面向上;(b)0;(c)$\dfrac{\sigma}{\varepsilon_0}$,方向垂直于板面向下.
10. (a)$\dfrac{\rho}{\varepsilon_0}x$;(b)$\dfrac{\rho d}{2\varepsilon_0}$.
11. (a)2.5×10^4N/C;(b)1.35×10^4N/C. 场强方向均沿径向向外.
12. (证明题,略).
13. (a)2.9×10^{-5}N/C;(b)1.3×10^{-4}N/C.
14. (证明题,略).
15. (a)$\dfrac{e}{2\pi a_0^3}$;(b)0.
16. 如H11图所示.

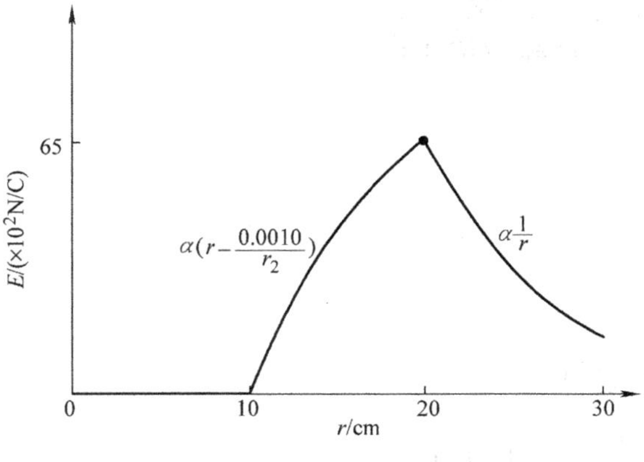

H11图

17. $A=\dfrac{q}{2\pi a^2}$.
18. (证明题,略).
19. $6\varepsilon_0 k r^3$.

第 14 章

1. (a) 3.0×10^{10} J; (b) 7.7×10^{3} m/s; (c) 9.0×10^{4} kg
2. (a) 2.44×10^{4} N/C; (b) 2.93×10^{2} V
3. (a) $-\dfrac{qr^2}{8\pi\varepsilon_0R^3}$; (b) $-\dfrac{q}{8\pi\varepsilon_0R}$; (c) 球心电势高
4. (a) 略; (b) 因为习题 3 中选择球心处为电势零点，而本题选择无穷远处为电势零点，由于电势零点选择不同，电势的表达式也不一样; (c) $-\dfrac{q}{8\pi\varepsilon_0R}$; (d) 与习题 3(b) 的结果相同是因为电势差与电势零点的选择无关。
5. (a) $\dfrac{Q}{4\pi\varepsilon_0r}$; (b) $\dfrac{Q}{4\pi\varepsilon_0}\cdot\dfrac{1}{r_2^3-r_1^3}\left(\dfrac{3r_2^2}{2}-\dfrac{r^2}{2}-\dfrac{r_1^3}{r}\right)$; (c) $\dfrac{3Q}{8\pi\varepsilon_0}\cdot\dfrac{r_2^2-r_1^2}{r_2^3-r_1^3}$; (d) 一样
6. (a) 略; (b) $\dfrac{q\sigma z}{2\varepsilon_0}$
7. $x=\dfrac{d}{4}$ 或 $x=-\dfrac{d}{2}$
8. $x=\dfrac{25d}{24}$ 或 $x=\dfrac{25d}{26}$
9. (a) 5.4×10^{-4} m; (b) 790V
10. $\dfrac{5q}{8\pi\varepsilon_0d}$
11. 1.63×10^{-5} V
12. 略
13. (a) $-\dfrac{5Q}{4\pi\varepsilon_0R}$; (b) $-\dfrac{5Q}{4\pi\varepsilon_0\sqrt{R^2+z^2}}$
14. $-\dfrac{Q}{4\pi\varepsilon_0R}$
15. $\dfrac{\sigma}{8\varepsilon_0}\left(\sqrt{R^2+z^2}-z\right)$
16. $\dfrac{Q}{4\pi\varepsilon_0L}\ln\left(1+\dfrac{L}{d}\right)$
17. $\dfrac{c}{4\pi\varepsilon_0}\left(L-d\ln\left(1+\dfrac{L}{d}\right)\right)$
18. (a) $\dfrac{\lambda}{2\pi\varepsilon_0}\ln\left(\dfrac{L}{2d}+\sqrt{\dfrac{L^2}{4d^2}+1}\right)$; (b) 0
19. (a) 略; (b) $\dfrac{q}{4\pi\varepsilon_0}\cdot\dfrac{z}{(z^2+R^2)^{3/2}}$，此结果与 12-4 节中对 E 的计算结果相同。
20. (a) $-\dfrac{Q}{4\pi\varepsilon_0d(d+L)}$; (b) 0
21. (a) $\dfrac{c}{4\pi\varepsilon_0}\left(\sqrt{L^2+y^2}-y\right)$; (b) $\dfrac{c}{4\pi\varepsilon_0}\left(1-\dfrac{y}{\sqrt{L^2+y^2}}\right)$; (c) 因为电场强度为电势梯度的负值，

其分量 $E_x = -\partial V/\partial x$，本题(a)问中未给出电势在 x 方向的分布函数，无法求得 E_x。

22. (a) 1.15×10^{-19}J；(b)减小
23. 0
24. 2.5km/s
25. (a) −0.12V；(b) 1.8×10^{-8}N/C，方向指向球心
26. 3.2×10^2m/s
27. 1.6×10^{-9}m

第15章

1. (a) $-q$；(b) q，$\dfrac{\sum_i q_i}{4\pi\varepsilon_0 r^2}$；(c) $\dfrac{q}{4\pi\varepsilon_0 r^2}$；(d) 0；(e) $\dfrac{q}{4\pi\varepsilon_0 r^2}$，图略；(f) $\dfrac{q}{4\pi\varepsilon_0 r^2}(r<a)$，$0(r>a)$ (g) $\dfrac{q}{4\pi\varepsilon_0 r^2}(r<a)$，$0(b>r>a)$，$\dfrac{q}{4\pi\varepsilon_0 r^2}(r>b)$；(h)改变；(i)不变；(j)有；(k)没有；(l) 不违背牛顿第三定律

2. (a) $\dfrac{rq}{4\pi\varepsilon_0 R^3}$；(b) $\dfrac{q}{4\pi\varepsilon_0 r^2}$；(c) 0；(d) 0；(e) $-q$，0

3. 场强分布：$0(r<R_1)$，$\dfrac{q_1}{4\pi\varepsilon_0 r^2}(R_2>r>R_1)$，$\dfrac{q_1+q_2}{4\pi\varepsilon_0 r^2}(r>R_2)$；电势分布：$\dfrac{q_1}{4\pi\varepsilon_0 R_1}+\dfrac{q_2}{4\pi\varepsilon_0 R_2}(r<R_1)$，$\dfrac{q_1}{4\pi\varepsilon_0 r}+\dfrac{q_2}{4\pi\varepsilon_0 R_2}(R_2>r>R_1)$，$\dfrac{q_1+q_2}{4\pi\varepsilon_0 r}(r>R_2)$；图略。

4. (a) $\dfrac{q}{12\pi\varepsilon_0 R_1}$，$\dfrac{q}{12\pi\varepsilon_0 R_1}$；(b) $\dfrac{q}{3}$，$\dfrac{2q}{3}$；(c) 2

5. (a) -1.80×10^2V；(b) 2.9×10^3V，-8.9×10^3V

6. (a) 1.2×10^4V/m；(b) 1.80×10^3V；(c) 0.39m

7. (a) $\dfrac{\lambda}{2\pi\varepsilon_0 r}$；(b) 0；图略

8. (a) $-\dfrac{q}{2\pi\varepsilon_0 rL}$；(b) 内表面 $q_1=-q$，外表面 $q_2=-q$；(c) $\dfrac{q}{2\pi\varepsilon_0 rL}$

9. (a) $\dfrac{q}{4\pi\varepsilon_0}\left(\dfrac{1}{R_1}-\dfrac{1}{R_2}+\dfrac{1}{R_3}-\dfrac{1}{R_4}\right)$；(b) $4\pi\varepsilon_0\Big/\left(\dfrac{1}{R_1}-\dfrac{1}{R_2}+\dfrac{1}{R_3}-\dfrac{1}{R_4}\right)$

10. (a) $\dfrac{\lambda}{2\pi r}$，$\dfrac{\lambda}{2\pi\varepsilon_0\varepsilon_r r}$；(b) $\dfrac{\lambda}{2\pi\varepsilon_0\varepsilon_r}\ln\dfrac{R_2}{R_1}$；(c) $\dfrac{2\pi\varepsilon_0\varepsilon_r L}{\ln(R_2/R_1)}$；

11. (a) 3.5×10^{-12}F；(b) 不变；(c)增加了37V
12. (a) 1.44×10^{-10}F；(b) 1.73×10^{-8}C
13. (a) 8.45×10^{-11}F；(b) 0.019m²
14. 3.16×10^{-6}F.
15. 略.
16. $q_1=\dfrac{C_1^2(C_2+C_3)V_0}{C_1C_2+C_1C_3+C_2C_3}$，$q_2=q_3=\dfrac{C_1C_2C_3V_0}{C_1C_2+C_1C_3+C_2C_3}$
17. 0.27J.

18. 1.74 元.

19. (a) 2.0J; (b) 其余能量转化成热能释放了.

20. (a) $2U$; (b) $\frac{\varepsilon_0 AU^2}{2d}$, $\frac{\varepsilon_0 AU^2}{d}$; (c) $\frac{\varepsilon_0 AU^2}{2d}$

21. 0.28J/m^3

22. 略

23. 4

24. 派瑞克斯玻璃

25. 0.63m^2

26. 略

27. (a) 1.05×10^4V/m; (b) 5.0×10^{-9}C; (c) -4.07×10^{-9}C

28. (a) 1.34×10^{-11}F; (b) 1.146×10^{-9}C; (c) 1.126×10^4V/m; (d) 4.31×10^3V/m

29. (a) $\frac{4\pi\varepsilon_0\varepsilon_r ab}{b-a}$; (b) $\frac{4\pi\varepsilon_0\varepsilon_r abU}{b-a}$; (c) $\frac{4\pi\varepsilon_0(1-\varepsilon_r)abU}{b-a}$

30. 略

第 16 章

1. 5.56×10^{-3}s
2. (a) 2.4×10^{-5}A/m^2; (b) 1.8×10^{-15}m/s
3. 3.8×10^{-4}m
4. 100V
5. (a) 1.53×10^3A; (b) 5.41×10^7A/m^2; (c) $1.06\times10^{-7}\Omega\cdot$m, 铂
6. $2R$
7. 3.0
8. 1.8×10^3℃
9. (a) 1.73×10^{-2}m/s; (b) 3.24×10^{-12}A/m^2
10. 略
11. (a) 10.9A; (b) 10.6Ω; (c) 4.50×10^6J
12. (a) 5.85m; (b) 10.4m
13. (a) 36 元; (b) 144Ω; (c) 0.833A; (d) 改变
14. (a) 3.1×10^{11}个; (b) 2.5×10^{-5}A; (c) 1.3×10^4W, 2.5×10^8W
15. (a) 1.7×10^{-2}V/m; (b) 2.4×10^2J
16. (a) 电阻器中的电流由 B 到 A; (b) 电动势为 12V 的电池做正功; (c) B 点电势高
17. (a) 79J; (b) 65J; (c) 14J

第 17 章

1. (a) 6.2×10^{-18}N; (b) 9.4×10^8m/s^2; (c) 保持不变
2. (a) 4.00×10^5m/s; (b) 838eV
3. (a) 1.44×10^{-18}N; (b) 1.6×10^{-19}N; (c) 1.02×10^{-18}N

4. 0.382m/s
5. 证明略，$\boldsymbol{B}$ 垂直纸面向外
6. (a) 0.495T；(b) 2.27×10^{-2}A；(c) 8.17×10^{6}J
7. (a) 0.252T；(b) 130ns
8. 0.467A，电流方向由左至右
9. (a) 1.83×10^{7}Hz；(b) 1.8×10^{7}eV
10. 2T
11. (a) 0，0.138N，0.138N；(b) 证明略
12. 证明略，结果不适用非均匀磁场
13. (a) $(0.600\text{N/m}^2)y\text{d}y\boldsymbol{k}$；(b) $(0.0188\text{N})\boldsymbol{k}$
14. $-(0.10\text{N/C})\boldsymbol{k}$
15. 4.33×10^{-2}N·m，方向：$-y$
16. 证明略
17. 2.45A
18. (a) 12.7A；(b) 80.5N·m，力矩的方向平行于线圈平面且与 $\boldsymbol{B}$ 的方向垂直
19. (a) 0.184A·m^2；(b) 1.45N·m
20. $\frac{1}{2}qvaB$

第18章

1. 1.19×10^{-8}T
2. (a) $\frac{qv\mu_0 i}{2\pi d}$，方向向下；(b) $\frac{qv\mu_0 i}{2\pi d}$，方向向上
3. 0
4. 2rad
5. $\frac{\mu_0 i}{4}\left(\frac{1}{R_1}-\frac{1}{R_2}\right)$，方向垂直纸面向内
6. $\frac{\mu_0 i\theta}{4\pi}\left(\frac{1}{b}-\frac{1}{a}\right)$，方向垂直纸面向外
7. (a) 0；(b) $\frac{\mu_0 i}{4R}$，方向垂直纸面向内；(c) $\frac{\mu_0 i}{4R}$，方向垂直纸面向内
8. 证明略
9. 证明略
10. $\frac{\mu_0 i}{2\pi w}\ln\left(1+\frac{w}{d}\right)$，方向向上
11. 证明略
12. 证明略
13. 证明略
14. 8.0×10^{-5}T，方向向上

15. (a) 4; (b) 1/2

16. $\frac{8\sqrt{5}}{25}\frac{N\mu_0 i}{R}$

17. (a) 证明略; (b) 1.1×10^3m/s

18. 3.2×10^{-3}N

19. (a) 2.5×10^{-6}T·m; (b) 0

20. 图略

21. $\frac{\mu_0 J_0 r^2}{3a}$

22. (a) 1.26×10^{-7}T; (b) 4.71×10^{-8}T

23. 证明略,图略

24. 路径1: -2.5×10^{-6}T·m,路径2: -1.6×10^{-5}T·m

25. (a) 证明略; (b) 证明略

26. 证明略

27. $0.375i$,方向:流入纸面

28. 108m

29. (a) 5.33×10^{-4}T; (b) 4.0×10^{-4}T

30. (a) $\frac{\mu_0 i}{2R}\left(1+\frac{1}{\pi}\right)$,方向垂直纸面向外; (b) $\frac{\mu_0 i}{2R}\sqrt{1+\frac{1}{\pi^2}}$,水平向右偏纸面外17.66°

31. (a) $\frac{i}{2\pi r}$,$\frac{\mu_0\mu_r i}{2\pi r}$; (b) 证明略

32. (a) 2.0×10^3A/m,10T; (b) 10T

33. (a) 200A/m,2.5×10^{-4}T; (b) 200A/m,1.0T

34. (a) $\frac{\mu_0 i}{4}\left(\frac{1}{a}+\frac{1}{b}\right)$,方向垂直纸面向内; (b) $\frac{\pi i}{2}(a^2+b^2)$,方向垂直纸面向内

35. (a) 7.9×10^{-5}T; (b) 1.1×10^{-6}N·m

第19章

1. $-\mu_0 n A i_0 \omega\cos\omega t$

2. 3.0×10^{-2}A

3. (a) 3.1×10^{-2}V; (b) 流过电阻的电流方向由右至左

4. 0

5. (a) 证明略; (b) 感应电流不一定为0

6. (a) 21.7V; (b) 逆时针

7. (a) f; (b) $\pi^2 a^2 B f$

8. -8.0×10^{-5}V,顺时针

9. (a) -5.98×10^{-7}V; (b) 逆时针

10. (a) 4.81×10^{-2}V; (b) 2.67×10^{-3}A; (c) 1.28×10^{-4}W

11. (a) $\frac{\mu_0 ia}{2\pi}\ln\frac{r+b/2}{r-b/2}$; (b) $\frac{\mu_0 iabv}{2\pi R(r^2-b^2/4)}$

12. $\frac{FR}{B^2L^2}$

13. (a) 0.60V,顺时针;(b) 1.5A;(c) 0.90W;(d) 0.18N;(e) 0.90W

14. (a) 2.40×10^{-4}V;(b) 6.00×10^{-4}A;(c) 1.44×10^{-7}W;(d) 2.87×10^{-8}N;(e) 1.44×10^{-7}W

15. 路径1:-1.07×10^{-3}V,路径2:-2.40×10^{-3}V,路径3:1.33×10^{-3}V

16. (a) 7.15×10^{-5}V/m;(b) 1.43×10^{-4}V/m

17. 证明略

18. (a) 2.45×10^{-3}Wb;(b) 6.45×10^{-4}H

19. 证明略

20. 用0.40s的时间将电流由2.0A均匀衰减到0

21. (a) −16V;(b) 3.1V;(c) 23V

22. (a) 减小;(b) 6.8×10^{-4}H

23. (a) 2.4×10^2W;(b) 1.5×10^2W;(c) 3.9×10^2W

24. (a) 97.9H;(b) 1.96×10^{-4}J

25. (a) 34.2J/m^3;(b) 4.94×10^{-2}J

26. 1.50×10^8V/m

27. (a) 1.0J/m^3;(b) 4.8×10^{-15}J/m^3

28. (a) 1.67×10^{-3}H;(b) 6.01×10^{-3}Wb

29. 证明略,因为两个螺线管之间的区域没有磁场

30. 证明略

31. (a) $\frac{\mu_0 Nl}{2\pi}\ln\left(1+\frac{b}{a}\right)$;(b) 1.3×10^{-5}H

第20章

1. (1) 0.11A;(2) 2.8×10^{-7}T,3.7×10^{-7}T

2. (1) 3.8×10^{12}V/(m·s);(2) 1.9×10^{14}V/(m·s)

3. (1) $\frac{\rho I}{\pi R^2}$,方向与电流方向相同,平行于轴线;(2) $\frac{\mu_0 Ir}{2\pi R^2}$,方向沿半径为 r 的圆形环路切线方向,与电流方向符合右手螺旋法则;(3) $\frac{\rho I^2 r}{2(\pi R^2)^2}$,方向与轴线垂直,指向轴心;(4) $\frac{\rho I^2 r^2 l}{\pi R^4}$

4. (a) 5.00×10^{-4}s;(b) 8.4min;(c) 2.4h;(d) 公元前5446年

5. 7.5×10^9Hz

6. (a) $T\left(1+\frac{vd}{c\sqrt{d^2+R^2}}\right)$,其中 R 地球公转半径;d 为木星与太阳距离;v 是地球公转速度。所以表观周期比实际周期变长了;(b) 地球从 x 位置运行到 y 位置,木星的卫星公转了 N 个周期,所用的时间为 t^*;然后再测量地球在 x 位置时,木星的卫星公转 N 个周期的时间 t;若已知地球公转

的半径就可以测量光速：$c = R/(t^* - t)$

7. (a) 1.67×10^{-8}T; (b) 3.31×10^{-2}W/m^2

8. 1.03×10^{3}V/m, 3.43×10^{-6}T

9. (a) 8.7×10^{-2}V/m; (b) 2.9×10^{-10}T; (c) 1.3×10^{4}W

10. 3.3×10^{-8}Pa

11. (a) 6.0×10^{8}N; (b) 3.53×10^{22}N，辐射压力远小于万有引力

12. (a) 3.97×10^{9}W/m^2; (b) 13.2Pa; (c) 1.66×10^{-11}N; (d) 9.8×10^{3}m/s^2

13. (a) 1.0×10^{8}Hz; (b) 1.00×10^{-6}T，方向：$+z$; (c) 6.3×10^{8}rad/s; (d) 119W/m^2; (e) 8.0×10^{-7}N, 4.0×10^{-7}Pa

14. 1.98×10^{6}m^2

第21章

1. 2.25×10^{-3}m
2. (a) 0.01rad; (b) 5.00×10^{-3}m
3. 0.15°
4. 7.2×10^{-5}m
5. 8.75λ
6. 6.64×10^{-6}m
7. 1.17×10^{-7}m
8. 0.2λ
9. 7.00×10^{-8}m
10. 1.2×10^{-7}m
11. (a)和(c)
12. (a) 552nm; (b) 442nm
13. 140 条
14. 1.89×10^{-6}m
15. 2.40×10^{-6}m
16. 1.00025
17. $r=\sqrt{\dfrac{(2m-1)R\lambda}{2}}\quad m=(1,2,3,\cdots)$
18. 1.00m
19. 2.58×10^{-6}m
20. 588nm
21. 1.00015

第22章

1. 6.04×10^{-5}m
2. (a) 7.5×10^{-3}rad; (b) 1.18×10^{-4}m
3. (a) 2.5×10^{-3}m; (b) 2.2×10^{-4}rad

4. (a) 70cm; (b) 13.0×10^{-3}m
5. 1.77×10^{-3}m
6. (a) 1.34×10^{-4}rad; (b) 1.0×10^{4}m
7. (a) 1.32×10^{-4}rad; (b) 21.1m
8. 30m
9. (a) 1.1×10^{7}m; (b) 1.1×10^{4}m
10. 53m
11. (a) 3.33×10^{-6}m; (b) 0°, ±10.2°, ±20.7°, ±32.0°, ±45.0°, ±62.2°
12. 430 ~ 634nm
13. 三级(±1, ±2, ±3)
14. (a) 6.0×10^{-6}m; (b) 1.5×10^{-6}m; (c) 0,1,2,3,5,6,7,9 级
15. (a) 三条谱线 $m=0, \pm1$; (b) 1.8×10^{-3}rad
16. 推导略
17. 470 ~ 561nm
18. 证明略
19. (a) 5.56×10^{-11}m; (b) 可以看到0,1,2,3 级谱线
20. 2.56×10^{-10}m
21. 3.98×10^{-11}m
22. 130pm,97.3pm
23. (a) 54m; (b) 不能; (c) 白天不能,但夜晚城市强光污染会是一个突出的标志
24. 3.1%
25. 5.8°
26. 4.4W/m^2
27. (a) 53.1°; (b) 无关
28. 1.0

第23章

1. (a) 0.140; (b) 0.995; (c) 0.9999; (d) 0.9999995
2. (a) 3.53×10^{-12}s; (b) 0.446ps
3. (a) 0.9999995c; (b) 有关,不会
4. 1.32m
5. 1.53×10^{-2}m
6. 0.626m
7. (a) 0.866c; (b) 一半
8. (a) 可以; (b) 0.998c
9. (a) 26.3 年; (b) 52.3 年; (c) 22.6 年
10. (a) 1.38×10^{5}m; (b) -3.73×10^{-4}s
11. (a) -7.27×10^{7}m/s; (b) 强闪光发生在前; (c) 6.4×10^{-6}s
12. 0.81c

13. (a) $0.84c$,经典 $1.09c$;(b) $0.21c$,经典 $0.15c$

14. (a) $-0.35c$;(b) $-0.62c$

15. (a) 1.27×10^{-14}J;(b) 4.99×10^{-13}J;(c) 1.75×10^{-12}J

16. (a) 6.24×10^{-2}, 1.00195;(b) 0.941, 2.951;(c) 0.99999987, 1952

17. (a) 0.9988, 20.51;(b) 0.144, 1.0106;(c) 0.0731, 1.00268

18. $0.999987c$

19. (a) 1.64×10^{-16}J;(b) 1.69×10^{-13}J

20. (a) $0.707c$;(b) 1.41;(c) $0.414mc^2$

21. (a) $0.943c$;(b) $0.866c$

22. $2mc^2$

23. (a) 证明略;(b) 证明略;(c) $206m_e$

24. (a) $0.948c$;(b) 3.63×10^{-11}J;(c) 1.68×10^{-19}kg·m/s

25. 110km

第24章

1. 3.28×10^{-19}J

2. 4.64×10^{26}个

3. (a) 红外灯发射光子的速率大;(b) 1.41×10^{21}个/s

4. (a) 可以使铯金属发生光电效应,不能使钾金属发生光电效应;(b) 可以使两种金属都发生光电效应

5. (a) 1.3V;(b) 6.76×10^{5}m/s

6. (a) 6.59×10^{-34}J·s;(b) 2.27eV;(c) 544nm

7. (a) 4.96×10^{-16}J;(b) 2.31×10^{-15}J

8. (a) 4.85×10^{-12}m;(b) 6.50×10^{-15}J;(c) 6.50×10^{-15}J;(d) 电子沿X射线入射方向运动

9. 2.65×10^{-15}m

10. 证明略

11. 7.77×10^{-12}m

12. (a) 3.32×10^{-21}kg·m/s;(b) 9.96×10^{-13}J

13. (a) 1.91×10^{-21}kg·m/s;(b) 3.47×10^{-13}m

14. (a) 5.25×10^{-15}m;(b) 可以不考虑α粒子的波动性

15. 证明略

16. $\geqslant 2.11\times10^{-30}$m/s

17. $\geqslant 1.16$m/s

18. 1.16×10^{6}m/s

19. (a) 9.2×10^{-6}, 7.5×10^{-8};(b) 3.0MeV;(c) 3.0MeV

20. 5.07eV

第25章

1. 赖曼系,由激发态 $m=2$ 能级跃迁到基态 $m=1$ 能级

2. 2.27×10^{17}

3. 4.23×10^{-10} m

4. -13.6eV，-3.40eV，-1.51eV，-0.85eV，能级图略；赖曼系 3 条谱线：121.9nm，102.8nm，97.5nm；巴尔末系 2 条谱线：657.7nm，487.5nm，帕邢系 1 条谱线：1884nm

5. 2.11×10^{-34} J·s

6. 8.20×10^{6}

7. 30°，54.7°，73.2°，90°，106.8°，125.3°，150°

8. $\left(1,0,0,-\frac{1}{2}\right)$

9. (a) $\left(2,0,0,\frac{1}{2}\right)$或$\left(2,0,0,-\frac{1}{2}\right)$；(b) 可能为$\left(2,1,1,\frac{1}{2}\right)$，$\left(2,1,1,-\frac{1}{2}\right)$，$\left(2,1,0,\frac{1}{2}\right)$，$\left(2,1,0,-\frac{1}{2}\right)$，$\left(2,1,-1,\frac{1}{2}\right)$，$\left(2,1,-1,-\frac{1}{2}\right)$其中之一

10. (a) 电子 1 和电子 2 的组合态可以是$\left(2,1,1,\frac{1}{2}\right)$，$\left(2,1,1,-\frac{1}{2}\right)$，$\left(2,1,0,\frac{1}{2}\right)$，$\left(2,1,0,-\frac{1}{2}\right)$，$\left(2,1,-1,\frac{1}{2}\right)$，$\left(2,1,-1,-\frac{1}{2}\right)$其中任意 2 个的组合，共 36 种；(b) 有 6 种混合态将被禁止，即电子 1 和电子 2 取完全相同的量子数的 6 种情况

11. 8.7×10^{-7}

12. 9998K

13. 7.32×10^{15}个/s

14. 2.01×10^{16}个/s

15. (a) 1.02×10^{17}个；(b) 68.6J

附录I 《哈里德大学物理学》教学支持信息反馈表

老师您好!

若您在教学中已经使用了《哈里德大学物理学》(上下册),我们可以通过 John Wiley 公司向您免费提供与《哈里德大学物理学》原书英文版教材配套的教辅,为此,烦请您将本表填好后 e-mail 给我们。

配套教辅可能包含下列一项或多项

教师用书(或指导手册)	习题解答	习题库	PPT 讲义	学生指导手册(非免费)	其他

教师信息

学校名称:

院/系名称:

课程名称(Course Name):

年级/程度(Year/Level):□本科 □大专

课程性质(多选项):□必修课 □选修课 □国外合作办学项目 □指定的双语课程

学年(学期):□春季 □秋季 □整学年使用 □其他(起止月份________)

学生: 个班,共 人

授课教师姓名:

职称:

职务:

电话:

传真:

E-mail:

联系地址:

邮编:

其他:

策划编辑:李永联
机械工业出版社 高教分社
北京市百万庄大街 22 号(邮政编码 100037)
TEL: 010-88379723 FAX:010-68997455
E-MAIL:lyljk3@163.com